파이썬으로 시작하는

한국어 정보 검색과 자연어 처리

박건숙 저

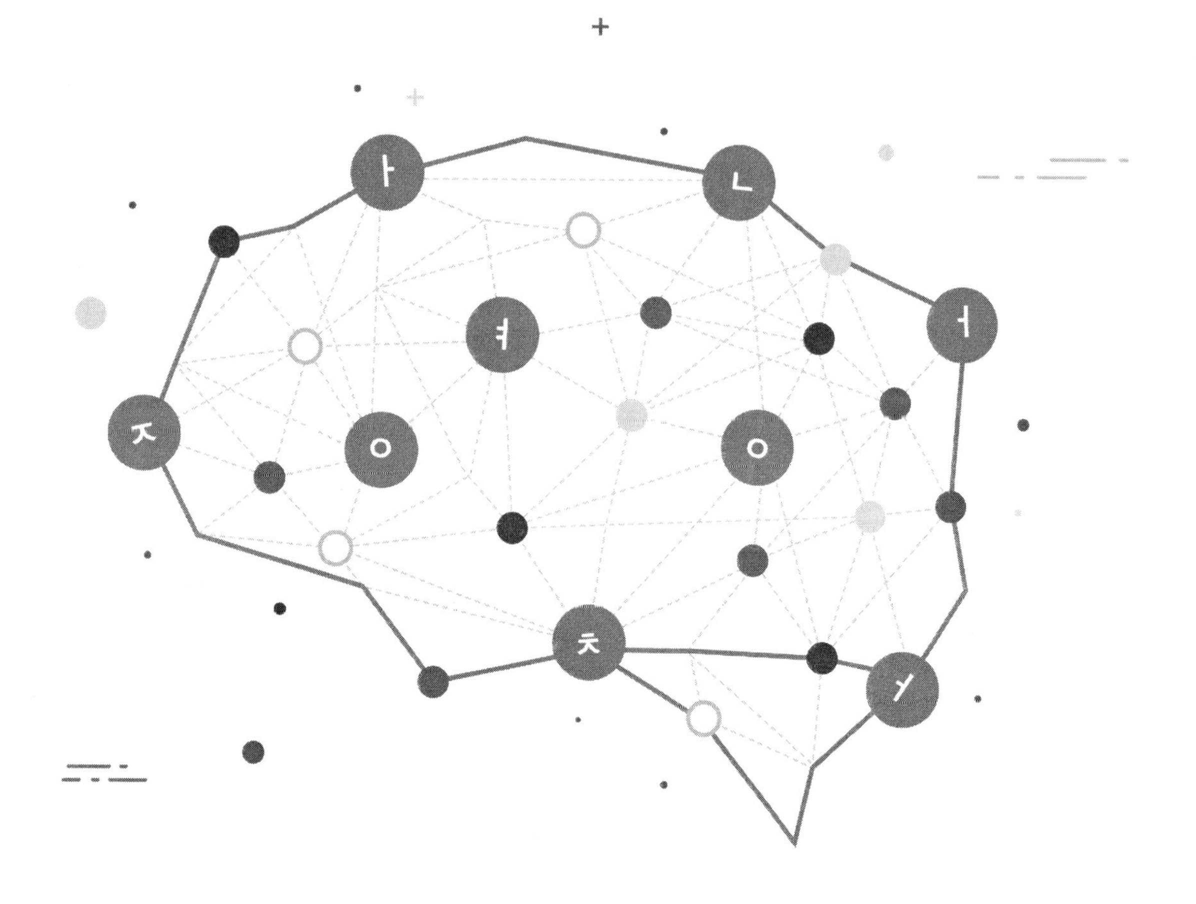

NODE MEDIA
노드미디어

머리말

이 책은 〈한국어 인공지능〉 시리즈의 두 번째 책으로, 1권에서 소개한 한글 코드와 한글 처리를 바탕으로 한국어 정보 검색과 자연어 처리 알고리즘을 소개하고 파이썬으로 구현하는 방법을 상세하게 설명하였습니다. 우리는 생활 속에서 인터넷 정보 검색, 철자 교정, 검색어 자동 추천 등 다양한 자연어 처리 알고리즘을 경험하고 있습니다. 이 책은 자연어 처리 알고리즘을 알기 쉽게 설명하고, 자연어 처리 커널 소스 코드와 300개 이상의 예제 코드를 제공하여 입문자도 자연어 처리 프로그래밍을 경험하고 실용적인 수준의 결과물을 '구현'할 수 있도록 하였습니다. 특히 한글 공학을 바탕으로 한국어 정보 검색과 한국어 처리를 심도 있게 다루었습니다. 자연어 처리를 다룬 책은 많지만 한국어 처리의 이론과 구현을 다룬 책은 찾기 어렵습니다. 이 책은 한국어 처리를 공부하고 한국어 기반의 정보 검색, 철자 교정, 검색어 추천 등을 구현하고자 하는 독자에게 실질적인 도움이 될 것입니다.

한편 자연어 처리를 위해서는 대량의 텍스트 데이터가 필요합니다. 자연어 처리는 어휘 사전을 기반으로 검색, 교정, 추천 등의 작업이 이루어지는데, 어휘 사전을 구축하려면 대량의 데이터를 수집하고 가공해야 합니다. 이 책에서는 구텐베르크 프로젝트의 영문 텍스트를 비롯하여 미국 대통령 취임사, 한국어 뉴스 텍스트, IMDb 영화 평점 데이터 등 실제 데이터를 예제로 사용하면서 데이터 수집과 가공 과정을 상세히 소개하였습니다. 웹 페이지에서 데이터를 추출할 수 있도록 웹 스크래퍼의 구현 방법을 소개하고, 추출한 데이터를 자연어 처리에서는 물론 언어 연구나 언어 교육에서도 활용할 수 있도록 어휘 정렬과 통계, 문맥 키워드와 용례 추출 등을 예제와 함께 소개하였습니다.

이 책은 총 4부로 구성하였습니다. 1부에서는 한국어 처리를 위한 파이썬 문법을 소개하는데, 자연어 처리와 한국어 텍스트 처리에서 핵심적 역할을 하는 목록(list), 사전(dict),

정렬, 탐색, 파일 처리 등을 상세히 다루었습니다. 2부에서는 한글 코드 변환과 한글 오토마타, 한/영 변환 알고리즘을 중심으로 한글 공학의 이론과 구현 방법을 설명하였습니다. 3부에서는 한국어 정보 검색과 철자 교정, 검색어 자동 추천 등 자연어 처리의 핵심 알고리즘을 설명하고 응용 프로그램을 직접 구현할 수 있도록 하였습니다. 마지막 4부에서는 IMDb 영화 데이터를 대상으로 데이터베이스 변환, 상관계수 산출 등을 설명하고 이를 기반으로 추천 알고리즘의 구현 방법을 설명하였습니다.

마지막으로 이 책의 한글 처리 커널 소스 코드와 예제는 t2bot.com에서 제공하였습니다. 이 책은 초보자도 이해하기 쉽도록 서술하면서 동시에 실용적인 수준의 자연어 처리 프로그램을 구현할 수 있도록 하는 데에 목적을 두었습니다. 이에 한국어 처리 전문 기업인 t2bot.com에 소스 코드와 예제를 요청하였습니다. 요청을 흔쾌히 수락하고 아낌없이 지원해 주신 t2bot.com 담당자에게 진심으로 감사의 마음을 전합니다.

이 책은 다음과 같은 방식으로 정리하였습니다. 참고하시기 바랍니다.

- 유니코드(unicode)는 버전 13.0을 기준으로 설명한다.
- 파이썬 프로그래밍 소스 코드는 t2bot.com에서 제공 받아 정리하였고, 소스 코드는 t2bot.com에서 다운로드할 수 있다. 예제 코드는 파이썬 3.8 버전과 PC 윈도우 환경에서 실행한다.
- 주요 용어의 정의 및 개념은 '표준국어대사전'과 공개된 사전을 참고하며, 한글 맞춤법은 국립국어원 홈페이지의 '한국어 어문 규범'을 인용하여 정리한다.
- 예제에 사용한 텍스트는 포함되어 있지 않으므로 해당 사이트에서 다운로드해야 한다. 사이트 주소는 부록에서 제공한다.

t2bot.com 추천사

최근 자연어 처리에 대한 관심이 무척 높아졌습니다. 그러나 한국어 중심의 자연어 처리를 다룬 책은 찾아보기 어렵습니다. 현장에서 자연어 처리는 한글 문자열을 검색하고 정렬하고 검색어 사전을 구축하는 등 한국어 처리에 집중됩니다. 음성 처리, 텍스트 처리, 대화 처리로 확장되어도 '한국어'를 대상으로 한다는 점은 동일합니다. 한국어 처리의 기본이 되는 한글 코드는 훈민정음과 한글 맞춤법을 기반으로 설계되었고, 한글 음절 조합, 두벌식 조합, 한/영 변환, 철자 교정 등의 한국어 처리 알고리즘은 우리의 언어 사용 양상을 절차화한 것입니다. 이 책을 통해 기본적인 한국어 처리를 이해한다면 정보 검색과 추천 알고리즘은 물론 한국어 텍스트 분석까지 구현할 수 있을 것입니다. 특히 컴퓨터학 전공자가 아니더라도 프로그래밍 기초를 공부했다면 자연어 처리와 한국어 처리를 이해하는 데에 많은 도움이 될 것입니다.

이 책은 자연어 처리를 기반으로 검색 엔진의 7가지 핵심 알고리즘을 상세하게 설명하였습니다. 알고리즘 공부는 프로그램을 구현할 수 있을 때 의미가 있습니다. 이에 독자들이 자유롭게 사용할 수 있도록 t2bot에서 구현한 자연어 처리 커널과 300여 개의 소스 코드를 제공하였는데, 이것은 알고리즘을 이해하고 응용 프로그램을 구현하는 데에 큰 도움이 될 것입니다.

디지털 세상의 첫 관문은 '정보 검색'입니다. 이 책에서 한국어 정보 검색을 가장 먼저 다룬 것은, 자연어 처리는 검색으로부터 시작하기 때문입니다. 인공지능 시대에 정보 검색과 자연어 처리 알고리즘으로 여러분의 꿈을 펼치시기 바랍니다.

차 례

PART 1 파이썬 한글 처리

PART 2 한글 공학 이론과 구현

PART 4 데이터 기반 추천

PART 5 부 록

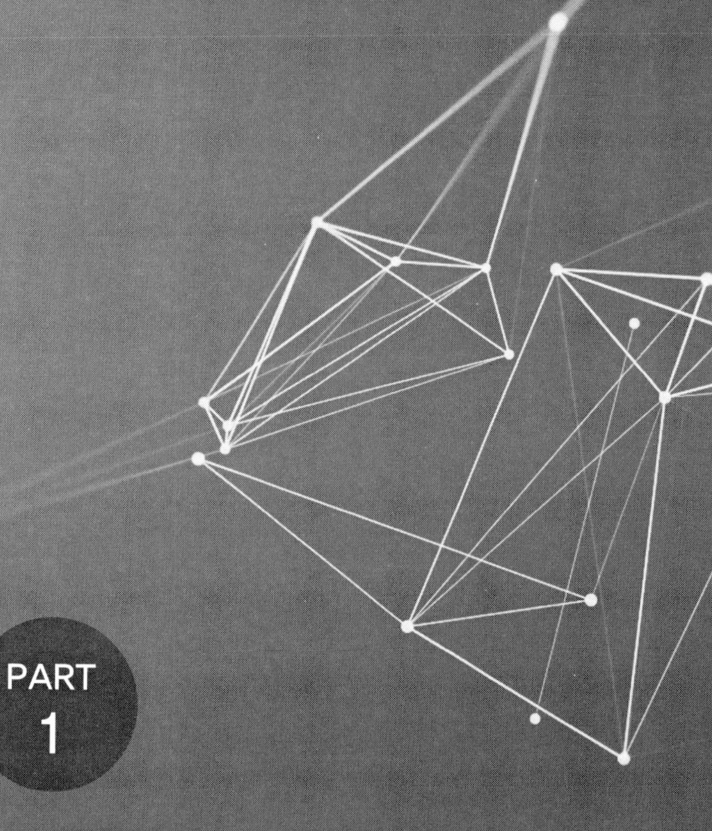

PART
1

파이썬 한글 처리

Chapter 1 파이썬 기초

파이썬(Python)은 귀도 반 로섬(Guido van Rossum)이 1991년에 발표한 프로그래밍 언어이다. 파이썬은 비영리로 운영하는 파이썬 소프트웨어 재단에서 오픈 소스(Open Source) 방식으로 운영하는데 고급 기능을 탑재한 다양한 패키지를 무료로 제공하고 모든 플랫폼에서 사용할 수 있다는 장점 때문에 이용자가 빠르게 증가하였다. 2010년 이전까지는 대학에서 이공계 학생을 중심으로 C, C++, 자바 등의 프로그래밍 언어를 가르쳤으나 최근에는 우리나라의 많은 대학에서 신입생들의 기초 교양으로 파이썬을 가르치고 있다.

파이썬의 특징을 간략하게 제시하면 다음과 같다.

- 파이썬은 들여쓰기 방식으로 블록을 구분하는 문법을 사용한다. 다른 프로그래밍 언어는 들여쓰기가 문법으로 존재하지 않는다. C나 C++에서 들여쓰기로 작성된 소스 코드를 본 적이 있겠지만, 이것은 소스 코드를 이해하기 쉽게 계층적으로 구분해 놓은 것이다. 이와 달리 파이썬은 들여쓰기로 블록을 구분하지 않으면 문법적으로 오류가 발생한다.

- 파이썬은 인터프리터 방식의 언어로, 컴파일 방식의 언어에 비해 속도가 느리다. 인터프리터 언어란 단말기를 통하여 컴퓨터와 대화하면서 작성할 수 있는 프로그래밍 언어를 의미한다.

- 한글 처리 관점에서 유니코드를 기반으로 설계되었기 때문에 한글 처리에 제약이 없다. 물론 자바나 C언어에서도 유니코드를 사용한다.

- 파이썬의 철학(the Zen of Python)은 파이썬이 어떤 프로그래밍 언어인지를 잘 보여준다. 몇 가지를 제시하면 나음과 같다.

  Beautiful is better than ugly.

Explicit is better than implicit.

Simple is better than complex.

파이썬은 단순함과 명료함을 지향하는 언어이다. 사용자가 쉽게 배워서 사용할 수 있게 하는 것이 목적인데, 이것이 파이썬이 빠르게 자리잡게 된 원동력이기도 하다.

마지막으로 파이썬 명칭에 대해 정리하고자 한다. 'Python'의 한글 명칭은 '파이썬' 혹은 '파이선'으로 지칭하고 있는데, 외래어 표기법 제1장 제4항에 따르면 외래어를 적을 때 파열음 표기는 된소리를 쓰지 않는 것을 원칙으로 하므로 '파이선'으로 표기하는 것이 바람직하다. 그러나 관례적으로 '파이썬'으로 불리기 시작하여 '파이선'보다 '파이썬'을 광범위하게 사용하고 외래어 표기법에서도 굳어진 외래어는 관용을 존중한다고 밝히고 있으므로 이 책에서도 관례에 따라 '파이썬'으로 지칭한다.

이 장에서는 한글 처리에 필요한 파이썬의 기초 문법을 상세하게 설명한다.

1. 한글 변수 및 함수 선언

유니코드가 보급되기 이전에는 프로그램을 개발할 때 한글로 변수와 함수를 지정할 수 없었지만 유니코드가 일반화되면서 변수와 함수를 한글로 표기할 수 있게 되었다. 파이썬 외에 유니코드를 지원하는 C, 자바 등의 프로그램 언어에서도 한글로 변수와 함수를 지정할 수 있다.

한글 변수와 한글 함수

파이썬의 변수 선언 규칙은 다음과 같다.

- 한글, 영문자, 한자를 포함하여 유니코드 문자(script)와 '_'(언더스코어)로 선언하며 영문자는 대문자와 소문자를 구분한다.
- 숫자는 변수의 시작으로 사용할 수 없다. 변수의 시작에 숫자를 사용하면 문법적 오류(SyntaxError)가 발생하고 변수의 두 번째 글자부터 사용할 수 있다.

파이썬에서는 변수와 함수를 한글은 물론 한자(漢字)와 옛한글로도 작성할 수 있다. 예제에서는 한글과 한자, 옛한글로 변수를 선언한 후에 print() 함수를 호출하여 출력한다.

```
# 한글 변수
한글변수 = "원더풀 코리아"
print(한글변수)

# 옛한글 변수1
國之語音 = '나랏말쌈'
print(國之語音)

# 옛한글 변수2
나랏말쌈 = '한글'
print(나랏말쌈)
>>>
===== RESTART: C:\...\py-irs\basic\var-hangul.py =====
원더풀 코리아
나랏말쌈
한글
```

파이썬에서 함수는 'def' 키워드로 시작하고 함수 이름 다음에 매개변수를 지정할 수 있도록 소괄호로 둘러싼 후에 ':' 기호로 선언한다. 이름은 변수로 사용할 수 있는 글자로 짓기 때문에 한글이나 한자로도 만들 수 있으며 함수 내부는 반드시 들여쓰기를 해야 한다.

[예제 1-1]은 인사() 함수를 선언한 후 이 함수를 호출하여 "안녕하세요."를 출력한다.

[예제 1-1] # 한글 함수

```
def 인사():
    print ("안녕하세요.")

인사()
>>>
안녕하세요.
```

모듈(module)과 임포트(import)

파이썬에서 모듈은 소스 코드를 저장한 파일을 가리킨다. 파이썬을 비롯한 프로그래밍 언어는 공통으로 사용하는 코드를 따로 모듈로 저장해 두었다가 필요할 때마다 호출(import)함으로써 반복적인 코드 작업을 생략한다. 프로그램이 길어질 경우에는 로직(logic)을 이해하기 어려우므로 여러 개의 작은 파일로 분할한 후에 필요할 때마다 모듈을 호출하면 편리하다. 특히 기능이 비슷한 함수나 변수를 하나의 파일로 모아서 모듈 단위로 범주화하면 직관적으로 이해하기 쉽고 소스 코드를 관리할 때도 편리하다.

[예제 1-2]에서는 '인사'와 관련된 것을 하나로 모아 놓은 '인사.py' 모듈을 생성한다. 이 모듈에는 한글과 한자로 함수를 생성하고 세 개의 한글 변수를 선언한 후 저장한다.

```
[예제 1-2] # module: 인사.py

def 한국():
    print ("안녕하세요.")

def 미국():
    print ("hello.")

def 中國():
    print ("你好.")

# 변수 선언
한국어인사 = '안녕하세요.'
영어인사 = 'hello.'
중국어인사 = '你好.'
```

이번에는 모듈을 호출하여 모듈의 함수를 실행한다. 다른 파일에서 모듈을 호출하려면 'import' 명령을 사용하며 파이썬의 확장자인 '.py'는 포함하지 않는다. 또한 모듈에 속한 함수나 변수를 호출하려면 모듈에 점(.)을 붙여야 한다. [예제 1-3]에서는 'import' 명령을 사용하여 '인사' 모듈을 읽어온 후 모듈에 속한 한글 함수와 변수를 호출한다. ㄱ)은 '인사' 모듈에 속한 한국(), 미국(), 中國() 함수를 호출한다. 처리 결과를 보면 '안녕하세요.', 'hello.' 및 '你好.'를 차례대로 출력한다. ㄴ)은 '인사' 모듈에 속한 '영어인사' 변수와 '중국어인사' 변수를 호출하여 출력하는데 차례대로 'hello.'와 '你好.'가 출력된다.

```
[예제 1-3] # 모듈 호출(import) 예

import 인사

print('# ㄱ)')
인사.한국()
인사.미국()
인사.中國()
```

```
print('# ㄴ)')
print(인사.영어인사)
print(인사.중국어인사)
>>>
# ㄱ)
안녕하세요.
hello.
你好.
# ㄴ)
hello.
你好.
```

'import' 명령은 'from' 키워드와 함께 사용하면 모듈 이름을 생략한 채로 모듈에 소속된 함수나 변수를 직접 호출할 수 있다. 'from' 키워드를 사용하여 모듈명을 생략하려면 'from 모듈명 import [함수명, 변수명]' 형식으로 선언한다. 이때 함수명은 매개변수를 제외한 함수 이름만 선언하고 모듈에 소속된 함수와 변수를 호출할 때는 모듈명을 생략한다. 만약 패키지(모

[예제 1-4] # 모듈 호출(import) 예

```
from 인사 import 한국, 중국어인사

print('# ㄱ)')
한국()
print(중국어인사)

print('# ㄴ)')
인사.한국()
print(인사.중국어인사)
>>>
# ㄱ)
안녕하세요.
你好.
# ㄴ)
Traceback (most recent call last):
  File "~.py", line 10, in <module>
    인사.한국()
NameError: name '인사' is not defined
```

듈 묶음)일 경우에는 'from 패키지명 import 모듈명' 형식으로 선언한다.

[예제 1-4]에서는 'from' 키워드로 '인사' 모듈에 속한 '한국' 함수와 '중국어인사' 변수를 선언한 후 호출한다. ㄱ)은 '인사' 모듈에 속한 한국() 함수와 '중국어인사' 변수를 호출하기 위해서 모듈명을 생략한 채 호출한다. 처리 결과를 보면 '안녕하세요.'와 '你好.'를 차례대로 출력한다. ㄴ)은 ㄱ)과 반대로 '인사' 모듈에 연결된 상태로 한국() 함수와 '중국어인사' 변수를 호출한다. 처리 결과를 보면 오류(NameError)와 동시에 프로그램이 중단된다. 이와 같이 'from' 키워드로 선언한 경우에는 모듈명을 생략한 상태로 호출하지 않으면 오류가 발생하므로 유의해야 한다.

'import' 명령은 'as' 키워드와 함께 사용하면 모듈명과 모듈에 소속된 함수나 변수 이름을 변경할 수 있다. 'as' 키워드를 사용하여 이름을 변경하려면 'import [모듈명, 함수명, 변수명] as 별명' 형식으로 선언한다. 'as' 키워드는 모듈과 함수의 이름을 짧게 줄여서 표기하거나 다른 이름으로 변경할 때 사용한다.

[예제 1-5] # 모듈 호출(import) 예

```
# ㄱ)
import hgunicode as 한글코드
자모변환 = 한글코드.hgGetChoJungJongString_Char('한')
print('# ㄱ)', 자모변환)
# ㄴ)
from hgunicode import hgGetChoJungJongString_Char as 음절_자모_변환
자모변환 = 음절_자모_변환('한')
print('# ㄴ)', 자모변환)
>>>
# ㄱ) ㅎㅏㄴ
# ㄴ) ㅎㅏㄴ
```

[예제 1-5]에서는 유니코드와 관련된 기능을 하나로 모아놓은 'hgunicode.py' 모듈과 이 모듈에 속한 함수명을 변경하기 위해서 'as' 기워드를 사용한다. ㄱ)은 'hgunicode' 모듈을 '한글코드'로 변경한 후에 이 모듈에 속한 hgGetChoJungJongString_Char() 함수를 호출하는데, 이 함수는 유니코드에서 한글 음절을 한글 자모로 변환한다. 처리 결과를 보면 '한'이라는 음절이 'ㅎㅏㄴ'이라는 자모 문자열로 바뀐다. ㄴ)은 'from' 키워드를 함께 사용하여 hgGetChoJungJongString_Char() 함수의 이름을 '음절_자모_변환()'으로 변경한 후에 모듈명을 생략한 상태에서 음절_자모_변환() 함수를 호출한다. 처리 결과는 ㄱ)과 동일하다.

모듈 이름과 실행 시간 측정

파이썬은 다양한 내장 변수를 제공하는데 그 중에서 실행 중인 모듈(파일)을 확인할 수 있도록 '__name__'이라는 변수를 제공한다. 다른 모듈에서 import 명령에 의해서 호출될 때는 파일 이름을 보관하지만 모듈이 직접 실행될 때는 '__main__'이라는 값을 가지고 있다. 따라서 '__name__' 변수를 활용하면 실행 조건에 따라서 모듈을 제어(control)할 수 있다.

```
[예제 1-6] # module: mod2.py

print('__name__:', __name__)
if __name__ == '__main__':
    print('독립적으로 실행된 상태입니다.')
else:
    print("외부에서 모듈로 'import'된 상태입니다.")
>>>
__name__: __main__
독립적으로 실행된 상태입니다.
```

[예제 1-6]에서는 모듈(mod2.py)을 직접 실행할 때 '__name__' 변수의 값을 출력하는데, if 조건문으로 '__name__' 변수의 값이 '__main__'이면 직접 실행된 상태라고 출력한다.

```
[예제 1-7] # 모듈 호출(import) 예

import mod2
>>>
__name__: mod2
외부에서 모듈로 'import'된 상태입니다.
```

[예제 1-7]에서는 다른 파일에서 모듈(mod2.py)을 호출했을 때 'mod2.py' 파일 안에서 '__name__' 변수의 값을 출력하고 조건을 확인한다. import 명령 외에는 아무것도 실행하지 않지만 'mod2.py' 파일이 호출되는 순간 'mod2' 모듈이 실행되면서 if 조건문을 검사한다. 예제에서는 'mod2.py' 파일이 외부에서 호출되었기 때문에 '__name__' 변수의 값은 'mod2'이며 외부에서 모듈로 호출된 상태라고 출력한다.

✿ unittest.TestCase: 단위 테스트(unittest) 프레임워크는 테스트를 자동화할 때 사용하는 것으로 여러 가지 기능을 제공한다. 이 중에서 테스트 케이스(TestCase)를 사용하면 실행 시간을 측정할 수 있다.

[예제 1-8]에서는 unittest 프레임워크를 활용하여 실행 시간을 측정한다. unittest로 실행

[예제 1-8] # 실행 시간 측정 예: unittest.TestCase

```
from unittest import TestCase, main
class HGTest(TestCase):
    def test_1(self):
        import 인사

        인사.한국()
        인사.미국()
        print(인사.중국어인사)

main()
>>>
안녕하세요.
hello.
你好.
----------------------------------------------------------------------
Ran 1 test in 0.004s
```

시간을 측정하려면 먼저 unittest 프레임워크를 호출한 후에 TestCase로부터 유래한 사용자 클래스(HGTest)를 생성해야 한다. 또한 사용자 클래스는 'test'로 시작하는 함수만 자동으로 실행시키므로 실행 시간을 측정하려면 함수 이름을 반드시 'test'로 시작해야 한다. 예제에서는 실행 시간을 측정하기 위해 함수 이름을 'test_1'로 정의한다. 사용자 클래스를 완성한 후에 unittest의 main() 함수를 실행하면 테스트 케이스로부터 유래한 HGTest 클래스에 속한 함수 중에서 'test'로 시작하는 test_1() 함수를 실행한 후에 실행 시간을 출력한다. 예제에서는 '인사.py' 모듈을 호출한 후에 모듈에 소속된 함수와 변수를 출력한다. 모든 작업이 끝나면 HGTest 클래스의 실행 시간을 출력하는데 실행 시간은 0.004s이다. 한편 TestCase로부터 유래한 사용자 클래스에 'test'로 시작하는 함수가 여러 개일 경우에는 모두 실행한 후에 실행 시간을 출력한다.

2. 한글 텍스트 파일 열기(Open)

한글 처리는 문자열 혹은 텍스트를 중심으로 작업한다. 그러나 일반적으로 텍스트는 파일로 저장되어 있어 한글 처리를 위해서는 파일 처리 작업이 필요하다.

파일 열기

프로그래밍 언어에서 파일을 사용하려면 먼저 파일을 열어야 한다. [예제 1-9]에서는 텍스트 파일(text__001.txt)을 열어서 1문단을 읽은 후에 출력하고 종료하는데 과정은 크게 세 단계로 나뉜다. 먼저 open() 함수로 'text__001.txt' 파일을 열어 'file' 객체(object)로 반환하고, 'file' 객체의 readline() 함수를 호출하여 1문단을 읽은 후 출력한다. 끝으로 close() 함수를 호출하여 사용이 끝난 'file' 객체를 닫으면서 종료한다.

[예제 1-9] # 텍스트 파일 처리 예:

```
file = open('text__001.txt')
print(file.readline())
file.close()
>>>
123
```

파이썬 해설서에서는 open() 함수의 매개변수를 다음과 같이 설명한다.

- open(filename, mode='r', encoding=None, errors=None)
- return: open() 함수를 실행하면 'file object'를 반환한다. 만약 파일을 열 수 없으면 오류(OSError)가 발생한다.
- filename: 처리할 파일의 경로명
- mode: 파일 처리 방식을 지정한다. 값을 지정하지 않으면 텍스트('t') 읽기('r') 상태로 간주하므로 단순히 텍스트를 읽을 목적이라면 값을 지정하지 않아도 된다 [표 1-1].
- encoding: 파일 인코딩 방식을 지정한다. 이것은 텍스트 모드에서만 적용되고 값을 지정하지 않으면 시스템 상태를 적용한다. 이 매개변수를 지정하지 않으면 PC 윈도우 환경에서는 CP949(통합 완성형) 한글 코드로 처리하므로 유의해야 한다. 텍스트 파일 처리에서 인코딩은 매우 중요하므로 뒤에서 자세하게 설명한다.

[표 1-1] open( ) 함수 mode 선택 사항

매개변수 값	기능
'r'	읽기용으로 처리함(기본값).
'w'	쓰기용으로 처리함.
'a'	쓰기용으로 처리함. 내용이 있으면 맨 뒤에 기록함.
'b'	바이너리 파일로 처리함.
't'	텍스트 파일로 처리함(기본값).

- errors: 인코딩과 디코딩이 일치하지 않아서 생기는 오류의 처리 방법을 지정한다. 파이썬에서는 인코딩 오류 처리 방법을 다양하게 제공하며 값을 지정하지 않으면 'None' 상태로 처리한다. 만약 파일 인코딩이 일치하지 않아 오류가 있으면 시스템이 종료되므로 인코딩 오류를 무시하고 계속 진행하도록 'ignore'로 지정한다.

한편 파일명을 잘못 지정하거나 해당 파일이 없을 경우 open() 함수로 호출하면 오류가 발생하면서 프로그램이 중단된다.

[예제 1-10] # 텍스트 파일 처리 예:

```
file = open('text__000.txt') # 파일이 없는 경우
print(file.readline())
file.close()
>>>
Traceback (most recent call last):
  File "~.py", line 2, in <module>
    file = open('text__000.txt') # 파일이 없는 경우
FileNotFoundError: [Errno 2] No such file or directory: 'text__000.txt'
```

[예제 1-10]에서는 존재하지 않는 파일(text__000.txt)을 매개변수로 하여 open() 함수로 실행할 때 오류(FileNotFoundError)가 발생하면서 프로그램이 중단된다. 이때 오류가 발생하더라도 프로그램이 멈추지 않고 다음 작업을 수행하려면 try~except 명령문을 사용해야 한다.

[예제 1-11] # 텍스트 파일 처리 예

```
try:
    file = open('text__000.txt') # 파일이 없는 경우
    print(file.readline())
    file.close()
except FileNotFoundError:
```

```
    print("File Not Found: text__000.txt")
>>>
File Not Found: text__000.txt
```

[예제 1-11]에서는 try 블록에서 open() 함수를 호출할 때 파일이 존재하지 않으면 except 명령문으로 넘어가 다음 단계로 진행한다. 예제에서는 파일이 없다는 메시지를 출력하고 다음으로 진행한다.

한편 try~except 명령문을 사용하지 않고 open() 함수를 호출하기 전에 해당 파일이 존재하는지 확인하여 파일이 있을 경우에만 작업을 진행하는 방법도 있다. [예제 1-12]는 open() 함수를 호출하기 전에 먼저 해당 파일의 존재 여부를 확인하기 위해 Path() 함수를 호출한다. 매개변수로 지정한 파일이 있으면 is_file() 함수에서 True로 반환한다. 예제에서는 'text__000.txt' 파일이 존재하면 open() 함수를 호출하고, 그렇지 않으면 else 블록으로 건너가 파일이 존재하지 않는다고 출력한다.

```
[예제 1-12] # 텍스트 파일 처리 예

import pathlib
if pathlib.Path('text__000.txt').is_file():
    file = open("text__000.txt")
    print(file.readline())
    file.close()
else:
    print("File Not Found: text__000.txt")
>>>
File Not Found: text__000.txt
```

한글 코드와 인코딩(encoding)

텍스트 파일에서 데이터를 읽는 것은 비교적 간단하지만 한글 텍스트 문서를 읽을 때에는 인코딩 일치 여부를 확인하는 것이 필요하다.

[예제 1-13]에서는 앞선 예제에서 사용했던 소스 코드로 다른 텍스트 파일을 읽는데, 'text__003.txt' 파일을 읽기 위해 open() 함수를 실행하자 인코딩이 일치하지 않아 오류(UnicodeDecodeError)가 발생하며 "illegal multibyte sequence"라는 메시지가 출력된다. open() 함수는 인코딩 매개변수를 지정하지 않으면 시스템 설정 상태를 기본값으로 사용하는데,

[예제 1-13] # 텍스트 파일 처리 예

```
file = open('text__003.txt') # [text__003.txt ==> encoding='utf-8']
print(file.readline())
file.close()
>>>
Traceback (most recent call last):
  File "~.py", line 3, in <module>
    print(file.readline())
UnicodeDecodeError: 'cp949' codec can't decode byte 0x80 in position 2: illegal multibyte
sequence
```

PC 한글 윈도우 운영 체제에서는 CP949 한글 코드를 사용한다. 따라서 예제처럼 open() 함수를 호출할 때 인코딩 매개변수가 없으면 CP949 인코딩을 기본값으로 적용한다. 이때 텍스트 파일의 인코딩이 CP949가 아니면 오류가 발생하면서 프로그램이 중단된다. 'text__003.txt' 파일은 UTF-8 인코딩으로 생성된 문서인데 CP949 인코딩으로 처리하려고 하여 오류가 발생한 것이다. 인코딩 오류를 방지하려면 인코딩 매개변수를 UTF-8로 지정해야 한다.

[예제 1-14] # 텍스트 파일 처리 예

```
print('ㄱ):')
file = open("text__003.txt", encoding='utf-8')
print(file.readline())
file.close()

print("ㄴ): [text__002.txt ==> encoding='euc-kr']")
file = open("text__002.txt", encoding='utf-8')
print(file.readline())
file.close()
>>>
ㄱ):
가나다
ㄴ): [text__002.txt ==> encoding='euc-kr']
Traceback (most recent call last):
  File "~.py", line 9, in <module>
    print(file.readline())
  File "Python\Python38\lib\codecs.py", line 322, in decode
    (result, consumed) = self._buffer_decode(data, self.errors, final)
UnicodeDecodeError: 'utf-8' codec can't decode byte 0xb0 in position 0: invalid start byte
```

[예제 1-14]에서 ㄱ)은 open() 함수를 호출할 때 텍스트 파일(text__003.txt)과 일치하는 인코딩(UTF-8) 매개변수를 지정하여 파일을 처리한다. 결과를 보면 '가나다'라는 짧은 단어로 된 문단이 출력된다. ㄴ)은 텍스트 파일을 'text__002.txt'로 바꾸어 open() 함수를 호출한 것인데, 오류(UnicodeDecodeError)가 발생하면서 프로그램이 중단된다. "'utf-8' codec can't decode byte 0xb0 in position 0"라는 오류 메시지는 텍스트 파일의 인코딩이 UTF-8이 아니어서 오류가 발생한다는 내용이다. 'text__002.txt' 파일은 EUC-KR(표준 완성형)로 작성된 문서로, 이때에는 인코딩 매개변수를 EUC-KR로 지정해야 한다. 이처럼 open() 함수를 호출할 때에는 해당 파일의 인코딩을 미리 확인한 후 처리해야 한다.

인코딩 매개변수

파이썬 설명서에 따르면 open() 함수의 encoding 매개변수는 인코딩하거나 디코딩할 때 사용하며 텍스트 모드에서만 적용된다. 파이썬이 지원하는 주요 인코딩 목록을 정리하면 다음과 같다.

[표 1-2] 인코딩 목록

Codec	Aliases	Languages
ascii	646, us-ascii	English
big5	big5-tw, csbig5	Traditional Chinese
big5hkscs	big5-hkscs, hkscs	Traditional Chinese
cp037	IBM037, IBM039	English
cp500	EBCDIC-CP-BE, EBCDIC-CP-CH, IBM500	Western Europe
...	...	...
cp932	932, ms932, mskanji, ms-kanji	Japanese
cp949	949, ms949, uhc	Korean
cp950	950, ms950	Traditional Chinese
...	...	...
cp1250	windows-1250	Central and Eastern Europe
cp1252	windows-1252	Western Europe
cp1258	windows-1258	Vietnamese
euc_jp	eucjp, ujis, u-jis	Japanese
euc_kr	EUC-KR, korean, ksc5601, ks_c-5601, ks_c-5601-1987, ksx1001, ks_x-1001	Korean
gb2312	chinese, csiso58gb231280, euc-cn, euccn,	Simplified Chinese

	eucgb2312-cn, gb2312-1980, ...	
gb18030	gb18030-2000	Unified Chinese
iso2022_jp	csiso2022jp, iso2022jp, iso-2022-jp	Japanese
iso2022_jp_1	iso2022jp-1, iso-2022-jp-1	Japanese
iso2022_jp_2	iso2022jp-2, iso-2022-jp-2	Japanese, Korean, Simplified Chinese, Western Europe, Greek
iso2022_jp_3	iso2022jp-3, iso-2022-jp-3	Japanese
iso2022_jp_ext	iso2022jp-ext, iso-2022-jp-ext	Japanese
iso2022_kr	csiso2022kr, iso2022kr, iso-2022-kr	Korean
latin_1	iso-8859-1, iso8859-1, 8859, cp819, ...	Western Europe
johab	cp1361, ms1361	Korean
shift_jis	csshiftjis, shiftjis, sjis, s_jis	Japanese
utf_32	U32, utf32	all languages
utf_32_be	UTF-32BE	all languages
utf_32_le	UTF-32LE	all languages
utf_16	U16, utf16	all languages
utf_16_be	UTF-16BE	all languages
utf_16_le	UTF-16LE	all languages
utf_7	U7, unicode-1-1-utf-7	all languages
utf_8	U8, UTF, UTF-8, cp65001	all languages

EUC-KR, CP949, UTF-8

한글 인코딩의 핵심 코드는 EUC-KR, CP949, UTF-8이다.

EUC-KR은 'Extended Unix Code-Korea'의 줄임말로 유닉스(UNIX)에서 표준 완성형 코드를 지원하기 위한 인코딩 방식이다. 우리나라에 처음 컴퓨터가 보급되던 시기에는 영어 전용 컴퓨터에서 사용하던 아스키코드에 한글을 입혀서 사용하였는데 업체마다 다른 한글 코드를 사용하여 호환성이 없었다. 이에 1987년 한글 코드 규격을 하나로 통일한 KSC5601-1987(표준 완성형)을 제정하는데, 영문자는 1바이트 길이의 아스키코드를 그대로 사용하고 한글(한자, 기호 문자 포함)은 2바이트로 처리하는 멀티바이트(multibyte) 방식을 사용한다. 이 표준 완성형 코드를 유닉스 계열에서 부르는 명칭이 EUC-KR이며, 완성형 방식이어서 초성, 중성, 종성을 구분할 수 없고 한글은 2,350자만을 지원하여 한글을 표현하는 데는 제약이 있다.

CP949는 표준 완성형 코드를 확장하여 1995년 마이크로소프트사 운영 체제인 한글 윈도우 운영 체제에서 지원한 통합 완성형 코드이다. 통합 완성형 코드는 KSC5601-1987을 그대로 사용하면서 한글 8,822자를 보충하였는데, 우리나라 표준 코드는 아니지만 현실에서 널리 사용되어 2000년대 중반 이후 대부분의 프로그램에서 통합 완성형 코드를 지원한다. CP949도 EUC-KR을 확장한 것이어서 아스키코드 영역은 1바이트를, 한글(한자, 기호 포함)은 2바이트를 사용하는 멀티바이트 방식으로 처리한다.

UTF-8은 유니코드를 8비트 단위로 인코딩한 것을 가리킨다. UTF-8에서는 아스키코드 영역을 벗어난 나머지 문자 집합은 2~4바이트까지 가변 길이로 처리하며 한글은 3바이트 길이로 처리한다. 유니코드는 국제 표준 코드로 1991년 1.0버전을 시작으로 13.0버전까지 발표하였으며 한글 코드를 포함하여 전 세계 모든 언어를 지원한다.

이와 같이 인코딩 방식에 따라 한글 문서의 저장 방식이 달라지는데, [표 1-3]은 EUC-KR과 CP949의 한글 코드 저장 방식의 차이를 보여준다. EUC-KR는 2,350자의 한글은 1글자(2바이트) 코드로 처리하지만 나머지 8,822자는 4글자(8바이트)로 처리한다. 표를 보면 문자 '샾'을 EUC-KR에서는 4글자(8바이트) 코드로, CP949에서는 1글자(2바이트) 코드(0x98DE)로 저장함을 알 수 있다. 따라서 파이썬에서는 EUC-KR 인코딩을 확장한 CP949 인코딩을 사용하는 것이 한글 처리에 적합하다.

CP949가 발표된 이후 대부분의 프로그램에서는 통합 완성형 코드를 지원하여 문제없이

[표 1-3] '샾' 인코딩 비교

한글 코드 영역 구분	'샾' 인코딩 구분(16진수)
cp949 (euc_kr 2350자) + 8822자	(아래 표)

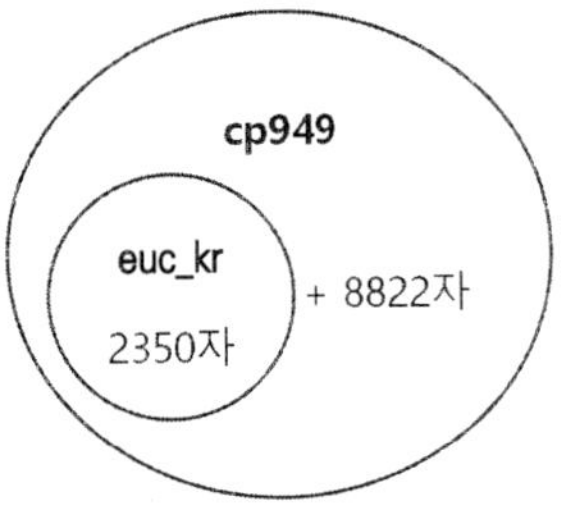

인코딩	코드(16진수)				길이
EUC-KR	채움	초성	중성	종성	8 byte
	A4D4	A4B5	A4C1	A4BD	
	채움문자	ㅅ	ㅑ	ㅍ	4 글자
CP949	0x98DE				2 byte
	샾				1 글자

EUC-KR

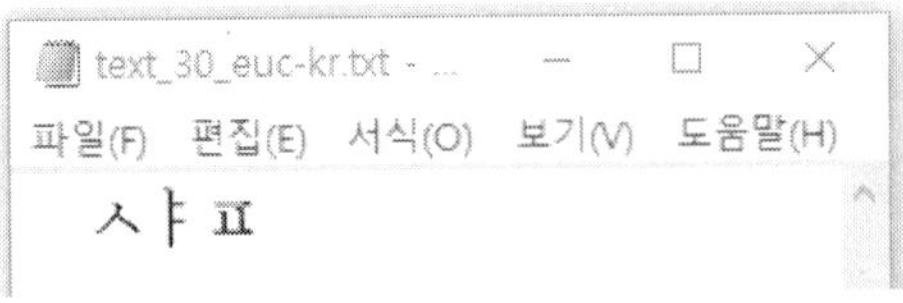

text_30_euc-kr.txt - ...
파일(F) 편집(E) 서식(O) 보기(V) 도움말(H)
ㅅㅑㅍ

CP949

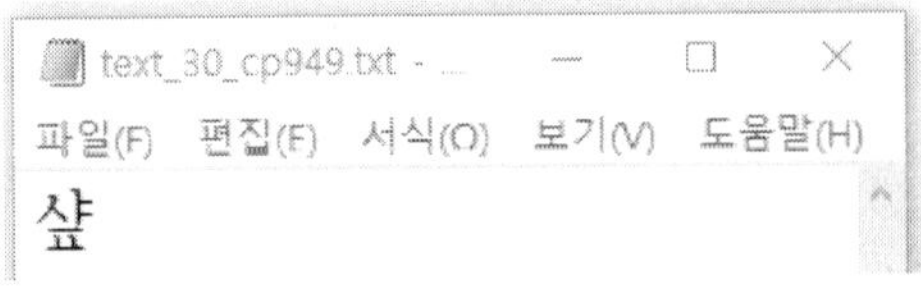

text_30_cp949.txt - ...
파일(F) 편집(E) 서식(O) 보기(V) 도움말(H)
샾

호환되고 있다. 이로 인해 CP949와 EUC-KR를 구분하지 않고 사용하는 경우가 있지만 파이썬에서는 EUC-KR 인코딩과 CP949 인코딩을 엄격하게 구분하기 때문에 유의해야 한다. [예제 1-15]에서는 EUC-KR 인코딩으로 한글 텍스트 파일을 처리할 때 한글 코드 오류가 발생하면서 프로그램이 중단되는 경우이다.

[예제 1-15] # 텍스트 파일 처리 예

```
file = open("text_30_cp949.txt", encoding='euckr')
print(file.readline())
file.close()
>>>
Traceback (most recent call last):
  File "~.py", line 3, in <module>
    print(file.readline())
UnicodeDecodeError: 'euc_kr' codec can't decode byte 0x98 in position 0: illegal multibyte
sequence
```

[예제 1-15]에서는 CP949로 작성된 'text_30_cp949.txt' 파일을 읽기 위해 open() 함수를 호출할 때 인코딩을 EUC-KR로 지정하여 실행과 동시에 오류(UnicodeDecodeError)가 발생하면서 프로그램이 중단된다. [예제 1-16]은 [예제 1-15]의 소스 코드에서 인코딩을 CP949로 변경한 것으로 이와 같이 처리하면 오류 없이 파일 내용을 읽을 수 있다.

[예제 1-16] # 텍스트 파일 처리 예

```
file = open("text_30_cp949.txt", encoding='cp949')
print(file.readline())
file.close()
>>>
샾
```

한글 인코딩 자동 처리

한글 처리를 위한 인코딩은 크게 3가지이지만 EUC-KR은 2,350자의 한글만 처리하여 현실적으로 사용하기 어려우므로 실제로는 UTF-8과 CP949로 구분할 수 있다. 그러나 파일의 인코딩 상태는 직접 확인하기 전까지는 알 수 없고 인코딩이 일치하지 않으면 오류가 발생하므로 try~except 명령문으로 오류를 방지해야 한다. try~except 명령문을 사용하면 한글 텍스트 파일의 인코딩을 자동으로 탐지하여 파일을 읽을 수 있다.

```
[예제 1-17] # 텍스트 파일 처리 예

file = open("text__003.txt") # encoding='utf-8'
try:
    print('cp949):', file.readline())
except UnicodeDecodeError as UDError:
    if("'cp949' codec can't decode" in str(UDError)):
        file.close()
        file = open("text__003.txt", encoding='utf-8')
        print('utf-8):', file.readline())
file.close()
>>>
utf-8): 가나다
```

[예제 1-17]에서는 UTF-8로 인코딩된 'text__003.txt' 파일을 읽기 위해 매개변수 없이 open() 함수를 호출한다. 인코딩 매개변수를 지정하지 않으면 PC 윈도우에서는 기본값 즉 CP949로 처리하여 인코딩 불일치로 오류(UnicodeDecodeError)가 발생한다. 이때 try~except 명령문을 사용하여 CP949로 처리할 수 없다는 오류 메시지가 포함되어 있으면 파일을 닫은 후 UTF-8 인코딩으로 open() 함수를 다시 호출한다. 만일 UTF-8 인코딩으로 open() 함수를 다시 호출해도 인코딩 오류가 발생하면 한글 텍스트 파일이 아니므로 파일을 닫고 작업을 중단해야 한다.

```
[예제 1-18] # 텍스트 파일 처리 예

file = open("text__002.txt", encoding='utf-8')
try:
    print('utf-8):', file.readline())
except UnicodeDecodeError as UDError:
    if("'utf-8' codec can't decode" in str(UDError)):
        file.close()
        file = open("text__002.txt", encoding='cp949')
        print('cp949):', file.readline())
file.close()
>>>
cp949): 가나다
```

[예제 1-18]은 open() 함수를 호출할 때 CP949로 인코딩된 'text__002.txt' 파일을 UTF-8로 지정한 것이다. 앞선 예제의 반대 상황으로 try~except 명령문을 이용하여 파일을 닫은 후 CP949 인코딩으로 open() 함수를 다시 호출하면 오류 없이 파일 내용을 읽을 수 있다.

3. 한글 텍스트 파일 읽기(Read)

파이썬에서는 open() 함수가 반환한 file 객체(Object)는 내용을 읽을 수 있도록 다음과 같은 함수를 제공한다.

- File.readline(): 텍스트 파일에서 개행 문자를 기준으로 1개의 문단을 읽어온다.
- File.readlines(): 텍스트 파일에서 모든 내용을 문단(개행 문자) 단위로 읽은 후에 목록(list)으로 반환한다.
- File.read(size): size 길이만큼 읽어온다. 값을 지정하지 않으면 내용 전체를 읽어온다.

readline() 함수와 readlines() 함수는 텍스트 파일에서만 호출할 수 있다는 점은 같지만 한 번에 처리할 수 있는 텍스트의 분량은 다르다. 1문단 단위로 처리하는 readline() 함수 대신 모든 텍스트를 한 번에 읽는 readlines() 함수만 사용해도 충분할 것으로 보이지만 모든 텍스트를 한 번에 읽어오면 그만큼 메모리를 많이 사용하므로 비효율적이다. 예를 들어 이 책에서 예제로 사용할 영문 텍스트 'Anne of Green Gables'의 파일 크기는 577KB로 한 번에 읽어도 문제가 없지만 뉴스 텍스트의 파일 크기는 26MB이므로 readline() 함수를 반복적으로 호출하여 필요한 만큼만 처리하는 것이 효율적이다.

한편 read() 함수는 텍스트 파일을 포함하여 바이너리(binary) 형식의 파일도 읽을 수 있다는 장점이 있다. 그러나 문단을 구분하려면 직접 계산해야 하고 파일의 물리적 위치로 접근할 때에는 바이트 단위로 글자를 구분하기 때문에 처리 과정이 복잡하다.

문단 단위로 읽기

[예제 1-19]에서는 2문단으로 구성된 텍스트(text_c_euc-kr.txt) 파일을 읽은 후에 문단 단위로 출력한다. 예제는 PC 한글 윈도우에서 작동하므로 open() 함수를 호출할 때 인코딩 매개변수를 지정하지 않는다. ㄱ)은 모든 내용을 한 번에 읽기 위해 readlines() 함수를 호출한다. 이 함수는 문단 단위로 구성된 목록(list)을 반환하므로 목록(list) 처리 방식으로 접근해야 한다. ㄴ)은 루프를 통하여 readline() 함수를 호출한다. 이 함수는 문단 한 개씩을 읽으므로 루프에서 파일의 끝에 도달할 때까지 내용을 출력한다.

[예제 1-19] # 텍스트 파일 처리 예

```
print('ㄱ):')
file = open("text_c_euc-kr.txt")
textlist = file.readlines()
for text in textlist:
    #=print(text)
    print(text, end='')
file.close()

print(), print('ㄴ):')
file = open("text_c_euc-kr.txt")
while True:
    text = file.readline()
    if(text):
        #=print(text)
        print(text, end='')
    else: # 읽은 것이 없으면 파일 끝이므로 종료
        break
file.close()
>>>
ㄱ):
한글 맞춤법은 표준어를 소리대로 적는다.
어법에 맞도록 함을 원칙으로 한다.
ㄴ):
한글 맞춤법은 표준어를 소리대로 적는다.
어법에 맞도록 함을 원칙으로 한다.
```

글자 단위로 읽기

read() 함수는 읽을 분량을 지정할 수 있어 텍스트 파일뿐만 아니라 바이너리 형식의 파일을 정교하게 처리할 때 사용한다. [예제 1-20]에서는 read() 함수로 텍스트 파일의 내용 전체를 읽는다. ㄱ)은 read() 함수를 호출할 때 매개변수를 지정하지 않아 한 번에 파일 내용 전체를 읽는다. 반면에 ㄴ)은 read() 함수를 호출할 때 매개변수를 '1'로 지정하여 파일 끝에 도달할 때까지 루프를 실행하면서 1글자씩 'text' 변수로 통합한다. 루프가 끝나면 'text' 변수와 길이를 출력한다.

```
[예제 1-20] # 텍스트 파일 처리 예
print('ㄱ): 한꺼번에 모두 읽기')
file = open("text_c_euc-kr.txt")
text = file.read()
print(text)
print('text 길이:', len(text))
file.close()

print(), print('ㄴ): 1글자씩 모두 읽기')
file = open("text_c_euc-kr.txt")
text = ''
while True:
    char = file.read(1)
    if(char):
        text += char
    else:
        break
print(text)
print('text 길이:', len(text))
file.close()
>>>
ㄱ): 한꺼번에 모두 읽기
한글 맞춤법은 표준어를 소리대로 적는다.
어법에 맞도록 함을 원칙으로 한다.
text 길이: 42
ㄴ): 1글자씩 모두 읽기
한글 맞춤법은 표준어를 소리대로 적는다.
어법에 맞도록 함을 원칙으로 한다.
text 길이: 42
```

파일 닫기(close)

프로그래밍 언어에서는 파일 작업이 끝나면 close() 함수를 호출하여 작업을 종료한다. 파일 작업을 종료하지 않으면 프로그램이 종료되기 전까지 시스템 자원을 사용하여 자원을 낭비하게 되므로 사용하지 않는 파일은 닫는 것이 좋다. 한편 파이썬에서는 close() 호출 없이 자동으로 닫아주는 'with open() as file object:' 명령문을 제공한다. 이 명령문은 with 블록이 끝나면 자동으로 파일을 닫는다.

[예제 1-21] # 텍스트 파일 처리 예

```
# ㄱ)
file = open("text__001.txt")
print('ㄱ):', file.read())
print('ㄱ):', file.closed) # 파일이 닫혀 있나? No

# ㄴ)
with open('text__001.txt') as file:
    print('ㄴ):', file.read())
print('ㄴ):', file.closed) # 파일이 닫혀 있나? Yes
>>>
ㄱ): 123
ㄱ): False
ㄴ): 123
ㄴ): True
```

[예제 1-21]은 텍스트 파일(text__001.txt)을 열어 내용을 출력한 후 파일을 닫지 않은 채 'file.closed' 변수를 통하여 파일의 상태를 검사한다. ㄱ)은 read() 함수를 호출한 후 파일이 닫혔는지 검사하는데 파일을 닫지 않았으므로 'False'가 출력된다. ㄴ)은 'with open() as file:' 형식으로 파일을 열고 with 블록 안에서 내용을 읽는다. 이 경우에는 with 블록을 빠져 나오면 자동으로 파일이 닫히기 때문에 파일이 닫혔는지 검사하면 'True'가 출력된다.

4. 한글 처리를 위한 내장 함수

파이썬에서는 한글 처리에 필요한 다양한 내장 함수를 제공하고 있으며 파이썬에 내장되지 않은 함수는 호출(import)하여 사용할 수 있다. 언어 처리에서 자주 사용하는 파이썬 내장 함수는 다음과 같다.

- chr(숫자): 숫자를 문자(유니코드)로 반환한다. 예) chr(0xAC00) ⇒ '가'
- hex(숫자): 숫자를 16진수 문자열로 반환한다. 예) hex(123) ⇒ '0x7b'
- ord(문자): 문자를 숫자로 반환한다. 예) ord('a') ⇒ 97, ord('가') ⇒ 44032
- str(객체): 문자열로 반환한다. 예) str(123) ⇒ '123'
- int(x, base=10): 정수로 반환한다. base값을 지정하지 않으면 10진수로 처리한다. 예) int('12') ⇒ 12
- pow(base, exp): base의 exp 거듭제곱을 반환한다. 'base**exp'으로 입력해도 결과는 같다. 예) pow(2, 3) ⇒ 8, 2**3 ⇒ 8
- round(숫자[,자릿수]): 지정한 자릿수로 반올림하여 반환한다. 자릿수를 지정하지 않으면 정수로 반환한다. 예) round(1.6) ⇒ 2, round(1/3, 5) ⇒ 0.33333
- min(연속형 자료형): 가장 작은 값을 반환한다. 예) min([1,3,5]) ⇒ 1
- max(연속형 자료형): 가장 큰 값을 반환한다. 예) max([1,3,5]) ⇒ 5
- sum(연속형 자료형): 항목의 합을 반환한다. 예) sum([1,3,5]) ⇒ 9

한편 파이썬에 내장되지 않은 기능은 외부에서 라이브러리를 호출해야 한다. 언어 처리에서 사용하는 라이브러리는 다음과 같다.

- filelist = glob.glob(pathname): 파일 이름이나 폴더를 지정하면 파일 이름을 목록으로 반환한다.
- datetime.datetime: 현재 시각을 구한다.

[예제 1-22]는 폴더에서 파일 목록을 읽기 위해 glob() 함수를 호출한 후 for 루프를 통하여 파일 목록을 출력한다. 출력 결과를 보면 총 196개의 파일이 있다.

```
[예제 1-22] # 외부 라이브러리와 함수 호출 예

import glob
pathname = '/kbs9news/worker/-txt_mon_all/*.txt'
filelist = glob.glob(pathname)
print(f'filelist ({len(filelist)}):')
for fid, filename in enumerate(filelist):
    print(f'{fid}:', filename)
>>>
filelist (196):
0: /kbs9news/worker/-txt_mon_all\200101.txt
1: /kbs9news/worker/-txt_mon_all\200102.txt
2: /kbs9news/worker/-txt_mon_all\200103.txt
:
194: /kbs9news/worker/-txt_mon_all\201703.txt
195: /kbs9news/worker/-txt_mon_all\201704.txt
```

[예제 1-23]에서는 1부터 10,000까지 누적으로 곱한 후에 경과 시간을 측정하기 위해 for 루프 시작 전후에 datetime.now() 함수를 호출하여 현재 시각을 구한다. 연산이 끝난 후에 시간 간격을 계산하면 경과 시간을 측정할 수 있다. 출력 결과를 보면 1부터 10,000까지 누적곱을 할 때 0.02초가 걸린다.

```
[예제 1-23] # 외부 라이브러리와 함수 호출 예

from datetime import datetime
time_beg = datetime.now() # 시작 시각
mulsum = 1
for i in range(1, 10001):
    mulsum = mulsum * i
time_end = datetime.now() # 종료 시각
print(f'1부터 {i}까지 곱합기 ({len(str(mulsum))}) 자리:', mulsum)
elapsed = time_end - time_beg # 경과 시간
print('시작 시각:', time_beg)
print('종료 시각:', time_end)
print('경과 시간(Elapsed):', elapsed)
>>>
1부터 10000까지 곱합기 (35660) 자리: 2846259680917054518906 4 ... 0000
시작 시각: 2021-07-20 15:42:19.564137
종료 시각: 2021-07-20 15:42:19.588138
경과 시간(Elapsed): 0:00:00.024001
```

Chapter 2

문자열의 한글 처리

인터넷 검색 엔진은 텍스트에서 검색어를 추출하여 검색어 사전을 생성한 후에 사용자가 검색어를 입력하면 결과를 제시한다. 이때 검색 엔진은 검색어를 추출하기 위해 여러 가지 문자열 처리를 수행한다. 기본적으로 토큰 처리 과정을 거쳐 키워드를 분리한 후에 형태소 분석을 통하여 검색어를 추출한다. 이와 같이 문자열에서 검색어를 추출하려면 길이 계산, 자르기, 복제, 정렬 및 탐색 등 다양한 처리 과정이 필요하다. 이 장에서는 한글 처리에 필요한 문자열 처리를 상세하게 설명한다.

1. 문자열(str) 생성과 인덱스

프로그램에서 문자열(string)은 문자(char)를 연속으로 묶어놓은 일종의 배열(array)과 같다. C언어를 비롯한 일부 프로그래밍 언어에서는 문자열이라는 데이터형이 따로 없어서 문자(char)를 배열로 선언하고 조작하지만, 파이썬에서는 문자열을 데이터형(str)으로 제공하며 문자열을 위한 내장형 함수도 제공한다.

문자열(str) 생성

- 문자열(str)을 생성할 때는 따옴표나 str( ) 함수를 사용한다.
- 한 줄(문단)짜리 문자열을 생성할 때는 작은따옴표(')나 큰따옴표(") 두 개 사이에 내용을 처리한다.

여러 줄(문단)로 된 문자열을 생성할 때는 따옴표 세 개로 시작하며 문자열의 끝은 따옴표 세 개로 마무리한다. 이때 따옴표는 시작과 끝 유형이 일치해야 한다.

✿ 문자열 중간에 큰따옴표(")가 있으면 작은따옴표(')로, 작은따옴표(')가 있으면 큰따옴표(")로 문자열을 생성한다.

```
[예제 2-1] # 문자열(str) 처리 예: 생성

# ㄱ)
str1 = '안녕하세요 1'
print("ㄱ) 작은따옴표(') str1:", str1)
# ㄴ)
str2 = "안녕하세요 2"
print('ㄴ) 큰따옴표(") str2:', str2)
# ㄷ)
str11 = """
안녕하세요.
'파이썬'은 대단한 프로그래밍 언어입니다.
그래서 파이썬을 공부합니다.
"""
print('ㄷ) 여러 줄(문단) {큰따옴표 3개} str11:', str11)
# ㄹ)
str12 = '''
그렇지만 배우기 쉽다고 무조건 좋은 것은 아닙니다.
단순함 때문에 모호하게 동작할 때가 있습니다.
'''
print('ㄹ) 여러 줄(문단) {작은따옴표 3개} str12:', str12)
# ㅁ)
str22 = str(123)
print('ㅁ) str22:', str22)
>>>
ㄱ) 작은따옴표(') str1: 안녕하세요 1
ㄴ) 큰따옴표(") str2: 안녕하세요 2
ㄷ) 여러 줄(문단) {큰따옴표 3개} str11:
안녕하세요.
'파이썬'은 대단한 프로그래밍 언어입니다.
그래서 파이썬을 공부합니다.

ㄹ) 여러 줄(문단) {작은따옴표 3개} str12:
```

```
그렇지만 배우기 쉽다고 무조건 좋은 것은 아닙니다.
단순함 때문에 모호하게 동작할 때가 있습니다.

ㅁ) str22: 123
```

[예제 2-1]은 문자열 생성에 관한 것으로 ㄱ-ㄹ)까지는 따옴표로 문자열을 생성하고, ㅁ)은 str() 함수로 문자열을 생성한다. ㄱ)은 작은따옴표(')를, ㄴ)은 큰따옴표(")를 이용하여 문자열을 생성한다. ㄷ)은 여러 줄로 된 문자열을 생성하기 위해 큰따옴표 세 개를, ㄹ)은 작은따옴표 세 개를 사용한다. ㅁ)은 str() 함수에 숫자를 매개변수로 전달하여 문자열로 생성하는데, 이것은 숫자를 문자열로 형(type)을 변환하는 것과 같다.

한편 따옴표로 문자열을 선언할 때 유의해야 할 것이 있다. 문자열 중간에 따옴표가 있으면 문자열을 선언하는 따옴표와 중복되어 오류가 발생한다. 이러한 문제는 파이썬을 비롯하여 대부분의 프로그래밍 언어에서 발생하는데 문제를 해결하기 위해 특수 문자(Escape Character)를 사용하여 예외적으로 처리한다.

[예제 2-2] # 문자열(str) 처리 예: 특수 문자(Escape Character)로 생성

```
# ㄱ)
str1 = 'let's go' # ===> invalid syntax
print('ㄱ) str1:', str1)
# ㄴ)
str2 = 'let\'s go'
print('ㄴ) str2:', str2)
# ㄷ)
str3 = "let's go"
print('ㄷ) str3:', str3)
>>>
ㄴ) str2: let's go
ㄷ) str3: let's go
```

[예제 2-2]는 작은따옴표로 문자열을 선언할 때 문자열 중간에 작은따옴표가 포함되어 있어도 오류를 일으키지 않도록 처리하는 방법이다. ㄱ)은 문자열 중간에 작은따옴표가 포함되어 있어 실행시키면 'invalid syntax'라는 오류 메시지와 함께 프로그램이 중단된다. 오류 없이 처리하려면 ㄴ)처럼 특수 문자(\)를 사용하거나 ㄷ)처럼 문자열 선언 시 큰따옴표를 사용해야 한다.

[예제 2-3] # 문자열(str) 처리 예: 특수 문자(Escape Character)로 생성

```
# ㄱ) 15초를 기호로 표시할 때
str1 = "[15초: 15"]" # ===> unmatched ']' <=== invalid syntax
print('ㄱ) str1:', str1)
# ㄴ)
str2 = "[15초: 15\"]"
print('ㄴ) str2:', str2)
# ㄷ)
str3 = '[15초: 15"]'
print('ㄷ) str3:', str3)
>>>
ㄴ) str2: [15초: 15"]
ㄷ) str3: [15초: 15"]
```

[예제 2-3]은 큰따옴표로 문자열을 선언할 때 문자열 중간에 큰따옴표가 포함되어 있어도 오류를 일으키지 않도록 처리하는 방법이다. ㄱ)은 문자열 중간에 큰따옴표가 포함되어 있어 실행시키면 'unmatched'라는 오류 메시지와 함께 프로그램이 중단된다. 오류 없이 처리하려면 ㄴ)처럼 특수 문자(\)를 사용하거나 ㄷ)처럼 문자열 선언 시 작은따옴표를 사용해야 한다.

문자열(str)의 특수 문자(Escape Character) 처리

파이썬은 다른 프로그래밍 언어처럼 문자열을 처리할 때 프로그래밍 문법 규칙상 직접 입력할 수 없는 문자를 처리하기 위해 특수 문자를 지원한다. 프로그래밍 문법상 큰따옴표(")는 문자열을 선언할 때 사용하는 기호이므로 문자열 중간에 입력하면 문법 오류가 발생한다. 이와 같은 오류가 발생하지 않도록 역슬래시(backslash(\)) 기호를 사용한다. 문자열에서 역슬래시 문자가 나타나면 특수 문자로 간주한다. 만일 역슬래시 문자를 특수 문자가 아닌 일반 문자로 입력하고자 한다면 역슬래시 문자 두 개를 연속해서 사용한다.

[예제 2-4]는 특수 문자로 문자열을 처리하는 방법이다.

[예제 2-4] # 문자열(str) 처리 예: 특수 문자(Escape Character)

```
# 특수 문자(Escape Character)
# \" 큰따옴표(Single Quote)
# \' 작은따옴표(Single Quote)
# \\ Backslash
```

```
# \n새 줄(New Line)
# \r 줄바꿈(Carriage Return)
# \t 탭문자(Tab)
# \xhh 16진수(Hex value)

# ㄱ)
str90 = "C:\Users\string.py" # SyntaxError: (unicode error) 'unicodeescape' ~
print('ㄱ) str90:', str90)
# ㄴ)
str90 = "C:\\Users\\string.py"
print('ㄴ) str90:', str90)
# ㄷ)
str11 = """
안녕하세요.
'파이썬'은 대단한 프로그래밍 언어입니다.
그래서 파이썬을 공부합니다.
"""
str91 = "\n안녕하세요.\n'파이썬'은 대단한 프로그래밍 언어입니다.\n그래서 파이썬을 공부합니
다."
print('ㄷ) str11:', str11)
print('ㄷ) str91:', str91)
>>>
ㄴ) str90: C:\Users\string.py
ㄷ) str11:
안녕하세요.
'파이썬'은 대단한 프로그래밍 언어입니다.
그래서 파이썬을 공부합니다.

ㄷ) str91:
안녕하세요.
'파이썬'은 대단한 프로그래밍 언어입니다.
그래서 파이썬을 공부합니다.
```

[예제 2-4]는 문자열에서 역슬래시 문자로 특수 문자를 처리한다. ㄱ)은 PC 윈도우에서 파일명을 문자열로 선언한 후에 출력한다. 경로명이 포함된 파일명은 'C:\Users\string.py'로 입력하는 것이 맞지만 문자열에서 역슬래시(\)는 특수 문자로 처리하기 때문에 오류가 발생하면서 프로그램이 중단된다. 역슬래시 문자를 특수 문자가 아닌 일반 문자로 처리하려면 역슬래시 문자를 두 번 연속해서 입력해야 한다. ㄴ)은 문자열에서 역슬래시 문자를 두 번 입력하여

'C:\\Users\\string.py'로 선언한 후에 출력하는데 오류 없이 동작하고 "C:\Users\string.py"로 출력된다. ㄷ)은 역슬래시 문자를 조합하여 개행 문자로 처리한다. [예제 2-1]에서는 따옴표를 연속해서 3번 입력하여 여러 줄(문단)의 문자열(str11)을 선언하였는데 'str91'처럼 역슬래시를 사용하면 줄바꿈을 하지 않아도 된다. 두 문자열을 출력해서 비교하면 결과는 같다.

문자열(str) 길이와 인덱스

- len(str): 문자열의 길이를 계산한다.
- str[index]: 문자열의 특정 위치에 접근한다. index값은 0부터 계산하며 문자열의 길이보다 큰 값을 지정하면 오류가 발생한다. index값이 음수일 경우에는 문자열 끝에서부터 순서를 계산한다.

[예제 2-5] # 문자열(str) 처리 예: 길이와 인덱스

```
str31 = "아름다운 대한민국"
# ㄱ)
print( "ㄱ) 문자열(str) 길이:", len(str31))
# ㄴ)
print( "ㄴ) 문자열(str) Index [2]:", str31[2]) # 앞에서 세 번째 '다' 출력
# ㄷ)
print( "ㄷ) 문자열(str) Index [-2]:", str31[-2]) # 뒤에서 2번째 '민' 출력
# ㄹ)
print("ㄹ) 문자열(str) Index [15]:", str31[15]) # 범위를 벗어나면 오류 발생
>>>
ㄱ) 문자열(str) 길이: 9
ㄴ) 문자열(str) Index [2]: 다
ㄷ) 문자열(str) Index [-2]: 민
Traceback (most recent call last):
  File "~.py", line 10, in <module>
    print("ㄹ) 문자열(str) Index [15]:", str31[15]) # 범위를 벗어나면 오류 발생
IndexError: string index out of range
```

[예제 2-5]에서 ㄱ)은 문자열(str31)의 길이를 확인하기 위해서 len() 함수를 호출한다. 파이썬은 유니코드로 글자를 처리하기 때문에 출력 결과를 보면 'str31'의 길이는 공백 문자를 포함하여 9로 계산한다. 파이썬에서 len() 함수는 문자열의 길이뿐만 아니라 연속형 데이터의 항목 수를 계산할 때도 사용한다. ㄴ)은 문자열의 위치로 글자를 확인하기 위해서 [2]를 인덱스로

지정한 후에 출력한다. 일반적으로 프로그래밍에서 문자열(배열)의 인덱스는 '0'부터 시작하므로 인덱스 [2]는 문자열에서 3번째 글자를 가리킨다. 따라서 출력 결과를 보면 목록의 3번째 글자인 '다'를 제시한다. ㄷ)은 인덱스를 음수로 지정한 경우로 끝에서부터 위치를 계산하므로 인덱스 [-2]는 문자열의 끝에서부터 2번째 글자인 '민'을 가리킨다. 파이썬에서 음수 인덱스를 계산할 때, 수학적으로 '-0'은 '0'과 같기 때문에 맨 뒤의 첫 번째는 '-1'로 계산한다. 마지막 ㄹ)은 문자열의 길이를 초과한 인덱스를 지정하여 프로그래밍 오류(IndexError)가 발생하는 사례이다. [예제 2-5]에서 'str31'의 길이는 9이므로 이 값을 벗어난 인덱스를 지정하면 오류가 발생하면서 프로그램이 중단된다. 따라서 이와 같이 인덱스 범위를 초과해서 프로그램이 중단되는 것을 방지하려면 오류 처리를 따로 해야 한다.

[표 2-1] 문자열과 인덱스

인덱스(양수)	0	1	2	3	4	5	6	7	8
글자	아	름	다	운		대	한	민	국
인덱스(음수)	-9	-8	-7	-6	-5	-4	-3	-2	-1

[예제 2-6]은 try~except 명령문을 추가하여 try 블록에서 인덱스 범위 오류가 발생해도 프로그램이 중단되지 않고 except 블록으로 넘어가 해당 오류를 처리한 후에 다음 명령으로 진행한다.

[예제 2-6] # 문자열(str) 처리 예: 탐색 오류 처리

```
str31 = "아름다운 대한민국"
try:
    result1 = str31[15] # 범위를 벗어나면 오류 발생
    print (result1)
except IndexError: #=string index out of range
    result1 = ""
if(result1 == ""):
    print ('string index out of range : str31[15]')
>>>
string index out of range : str31[15]
```

2. 문자열(str) 탐색

- str2 in str1: 문자열(str1)에 탐색 문자열(str2)이 있는지 확인한다. 찾는 문자열이 있으면 True, 없으면 False이다.
- str2 not in str1: 문자열(str1)에 탐색 문자열(str2)이 없는지 확인한다. 찾는 문자열이 없으면 True, 있으면 False이다.
- str1.count(str2): 문자열(str1)에 탐색 문자열(str2)이 포함된 빈도를 계산하여 반환한다.
- str1.index(str2): 문자열(str1)에서 탐색 문자열(str2)과 일치하는 위치(index)를 반환한다. 만약 찾는 문자열(str2)이 없으면 오류(ValueError)가 발생한다.
- str1.find(str2): 문자열(str1)에서 탐색 문자열(str2)과 일치하는 위치(index)를 반환한다. 만약 찾는 문자열(str2)이 없으면 오류를 일으키지 않고 '-1'을 반환한다. index() 함수와 기능이 비슷하지만 find() 함수는 탐색 문자열이 없어도 오류를 일으키지 않기 때문에 안전하다.

[예제 2-7] # 문자열(str) 처리 예: 탐색

```
str32 = "아름다운 대한민국의 수도는 서울이다."
# ㄱ)
if '대한' in str32: # 문자열에 있으면 True, 없으면 False
    print( "'대한' ===> 문자열에 있습니다.")
else:
    print( "'대한'===> 문자열에 없습니다.")
# ㄴ)
if '한국' not in str32:
    print( "'한국'===> 문자열에 없습니다.")
else:
    print( "'한국'===> 문자열에 있습니다.")
# ㄷ)
print("'다' count:", str32.count('다'))  # 문자열에서 '다'의 빈도를 계산
# ㄹ)
print( "'대한' 위치:", str32.index('대한'))
# ㅁ)
print( "'코리아' 위치:", str32.index('코리아'))
>>>
'대한' ===> 문자열에 있습니다.
```

```
'한국'===> 문자열에 없습니다.
'다' count: 2
'대한' 위치: 5
Traceback (most recent call last):
  File "~.py", line 18, in <module>
    print( "'코리아' 위치:", str32.index('코리아'))
ValueError: substring not found
```

[예제 2-7]에서 ㄱ)은 문자열(str32)에서 '대한'이라는 문자열이 있는지 검사한다. 'in' 명령어는 탐색 문자열이 있으면 True로, 없으면 False로 반환하는데, 'str32'에 '대한'이 있으므로 "문자열에 있습니다."를 출력한다. ㄴ)의 'not in' 명령어는 ㄱ)과 반대로 찾는 문자열이 없으면 True로, 있으면 False로 반환하는데, 'str32'에 '한국'이 없으므로 "문자열에 없습니다."를 출력한다. ㄷ)은 문자열에서 탐색 문자열의 빈도를 계산하는 것으로 'str32'에서 '다'는 두 번 나타나므로 출력 결과는 '2'이다. ㄹ)은 문자열에서 탐색 문자열의 위치(인덱스)를 구하는 것으로 'str32'에서 '대한'의 위치는 여섯 번째이므로 인덱스 '5'를 출력한다. 한편 ㅁ)은 탐색 문자열이 없어서 프로그래밍 오류(ValueError)가 발생하는 사례이다. 'str32'에는 '코리아'라는 문자열이 없기 때문에 이것의 위치를 탐색하면 오류가 발생하면서 프로그램이 중단된다. 이때 [예제 2-6]과 같이 try~except ValueError 명령문을 사용하면 오류가 발생해도 프로그램이 중단되지 않고 다음 명령으로 진행할 수 있다.

[예제 2-8]은 find() 함수를 이용하여 문자열을 탐색하는데 이 함수는 탐색 문자열이 없어도 프로그래밍 오류 없이 진행한다. 예제에서는 find() 함수를 이용하여 문자열의 위치를 찾는다. ㄱ)은 'str32'에서 '내한'이라는 문자열의 위치를 찾는 것으로, 출력 결과를 보면 인덱스 '5'이다. ㄴ)은 'str32'에 없는 '코리아'의 위치를 찾는다. 이때 탐색 문자열이 없어도 프로그래밍 오류가 발생하지 않고 '-1'을 반환한다. 이와 같이 find() 함수와 index() 함수는 기능이 유사하지만 탐색 문자열이 없을 때 대응하는 방법이 다른데, 알고리즘이나 프로그래빙 관점에서는 find() 함수를 사용하는 것이 편리하다.

[예제 2-8] # 문자열(str) 처리 예: 탐색

```
str32 = "아름다운 대한민국의 수도는 서울이다."
# ㄱ)
print( "'대한' 위치:", str32.find('대한'))
# ㄴ)
```

```
print( "'코리아' 위치:", str32.find('코리아'))
>>>
'대한' 위치: 5
'코리아' 위치: -1
```

- str1.rindex(str2): 문자열(str1)에서 탐색 문자열(str2)과 일치하는 위치(index)를 찾을 때 문자열 끝에서부터 탐색한다. 만약 찾는 문자열(str2)이 없으면 오류(ValueError)가 발생한다.

- str1.rfind(str2): 문자열(str1)에서 탐색 문자열(str2)과 일치하는 위치(index)를 찾을 때 문자열 끝에서부터 탐색한다. 만약 찾는 문자열(str2)이 없으면 오류를 일으키지 않고 '-1'을 반환한다. rindex() 함수와 기능이 비슷하지만 탐색 문자열이 없어도 오류를 일으키지 않기 때문에 안전하다.

```
[예제 2-9] # 문자열(str) 처리 예: 탐색

str41 = "아름다운 대한민국 아름다운 코리아"
# ㄱ)
print( "ㄱ) '아름다운' 위치:", str41.rindex('아름다운'))
# ㄴ)
print( "ㄴ) '아름다운' 위치:", str41.rfind('아름다운'))
# ㄷ)
print( "ㄷ) '한국' 위치:", str41.rfind('한국'))
# ㄹ)
print( "ㄹ) '한국' 위치:", str41.rindex('한국'))
>>>
ㄱ) '아름다운' 위치: 10
ㄴ) '아름다운' 위치: 10
ㄷ) '한국' 위치: -1
Traceback (most recent call last):
  File "~.py", line 10, in <module>
    print( "ㄹ) '한국' 위치:", str41.rindex('한국'))
ValueError: substring not found
```

[예제 2-9]는 문자열의 끝에서부터 문자열을 탐색한다. ㄱ)은 rindex() 함수를, ㄴ)은 rfind() 함수를 이용하여 문자열(str41)에서 '아름다운'이라는 문자열을 끝에서부터 탐색한다. 'str41'에는 '아름다운'이 두 번 나타나며 가장 뒤에 있는 문자열의 인덱스는 '10'이다. ㄷ)은 rfind() 함수를 이용하여 'str41'에 없는 '한국'이라는 문자열로 탐색하는데, 탐색 문자열이 없으므로 '-1'이 출력된다. ㄹ)은 rindex() 함수를 이용하여 'str41'에 없는 '한국'이라는 문자열로 탐색하는 순간 오류

(ValueError)와 함께 프로그램이 중단된다. 이때 [예제 2-6]과 같이 try~except ValueError 명령문을 사용하면 오류가 발생해도 프로그램이 중단되지 않고 다음 명령으로 진행할 수 있다.

문자열(str) 시작과 끝부분 일치 검사

- str1.startswith(str2[, start[, end]]): 문자열(str1)이 탐색 문자열(str2)로 시작하면 True, 그렇지 않으면 False이다. 'start' 매개변수를 지정하면 탐색 시작 위치를 지정할 수 있고 이 변수를 생략하면 시작부터 탐색한다. 'end' 매개변수를 지정하면 탐색 종료 위치를 지정할 수 있고 이 변수를 생략하면 문자열(str1) 끝까지 탐색한다.

- str1.endswith(str2[, start[, end]]): 문자열(str1)이 탐색 문자열(str2)로 끝나면 True, 그렇지 않으면 False이다. 'start' 매개변수를 지정하면 탐색 시작 위치를 지정할 수 있고 이 변수를 생략하면 시작부터 탐색한다. 'end' 매개변수를 지정하면 탐색 종료 위치를 지정할 수 있고 이 변수를 생략하면 문자열(str1) 끝까지 탐색한다.

```
[예제 2-10] # 문자열(str) 처리 예: 시작과 끝 일치 검사

str31 = "아름다운 대한민국"
# ㄱ)
print( "ㄱ) '아름다운' 시작 일치:", str31.startswith("아름다운"))
# ㄴ)
print( "ㄴ) '아름다운' 끝 일치:", str31.endswith("아름다운"))
>>>
ㄱ) '아름다운' 시작 일치: True
ㄴ) '아름다운' 끝 일치: False
```

[예제 2-10]은 문자열 시작 부분과 끝 부분에서 일치하는지 검사한다. ㄱ)은 문자열(str31)이 '아름다운'이라는 문자열로 시작하는지 검사하는데, 'str31'은 '아름다운'으로 시작하므로 출력 결과는 'True'이다. ㄴ)은 'str31'이 '아름다운'이라는 문자열로 끝나는지 검사하는데, 'str31'은 '아름다운'으로 끝나지 않으므로 출력 결과는 'False'이다.

문자열의 시작 부분이 일치하는지 검사하는 startswith() 함수는 언어 처리에서 접두사를 포함한 어휘를 탐색해서 목록으로 수집할 때 사용한다. 마찬가지로 endswith() 함수는 언어 처리에서 접미사를 포함한 어휘를 탐색하여 목록으로 수집할 때 사용한다. 이 두 함수는 일반적인 문자열 처리에서는 사용 빈도가 낮지만 언어 처리에서는 유용하게 사용하기 때문에 알아두어야 한다.

[예제 2-11] # 접두사와 접미사 포함 어휘 목록 추출

```
Vocabulary = load_dictfreq_us_president() # 미국 대통령 취임 연설(InaugurationSpeech)
print('Dict Num:', len(Vocabulary))
print('# ㄱ) 접두사 일치 출력')
find = 'inter'
inx = 0
for word in Vocabulary:
    if word.startswith(find):
        inx += 1
        print(inx,':', word)
print(f'prefix [{find}] num:', inx)
print('# ㄴ) 접미사 일치 출력')
find = 'ment'
inx = 0
for word in Vocabulary:
    if word.endswith(find):
        inx += 1
        print(inx,':', word)
print(f'suffix [{find}] num:', inx)
>>>
Dict Num: 9110
# ㄱ) 접두사 일치 출력
1 : intercourse
2 : interdependence
3 : interdependent
4 : interest
5 : interested
6 : interesting
7 : interests
:
36 : intervening
37 : intervention
prefix [inter] num: 37

# ㄴ) 접미사 일치 출력
1 : abandonment
2 : accomplishment
3 : achievement
```

```
4 : acknowledgment
5 : adjustment
6 : advancement
7 : aggrandizement
8 : agreement
:
96 : treatment
97 : unemployment
suffix [ment] num: 97
```

[예제 2-11]은 두 함수를 이용하여 미국 대통령 취임사에서 추출한 어휘 목록을 대상으로 접두사와 접미사를 포함한 단어 목록을 출력한다. ㄱ)은 startswith() 함수를 호출하여 접두사('inter-')로 시작하는지 검사하여 결과가 'True'이면 해당 단어를 출력한다. 출력 결과를 보면 'inter-'로 시작하는 단어는 총 37개이다. ㄴ)은 endswith() 함수를 호출하여 접미사('-ment')로 끝나는지 검사하여 결과가 'True'이면 해당 단어를 출력한다. 출력 결과를 보면 '-ment'로 끝나는 단어는 총 97개이다.

3. 문자열(str) 변경과 합성

파이썬에서 문자열은 선언 이후에 내용을 바꿀 수 없는 고정형 데이터이다. 따라서 파이썬에서는 선언된 문자열을 직접 변경할 수 없으며 항상 처리 결과를 반환 받아서 처리해야 한다.

문자열(str) 변경과 삭제

- str1.replace(str2, strNew[, count]): 문자열(str1)에서 탐색 문자열(str2)을 찾아서 새로운 문자열(strNew)로 변경한 후에 결과를 반환한다. 새로운 문자열(strNew)에 빈 문자열을 지정하면 탐색 문자열(str2)을 삭제하는 효과가 있다. 'count' 매개변수에 숫자를 지정하면 지정한 횟수만큼 변경하고, 값을 지정하지 않으면 모두 변경한다.

[예제 2-12]는 replace() 함수를 호출하여 문자열에서 탐색 문자열을 변경한다. ㄱ)은 문자열(str31)에서 '대한민국'을 '한국'으로 변경한 후에 새로운 문자열(str31_r1)로 반환한다. 'str31_r1'을 출력하면 '아름다운 한국'으로 변경된 것을 확인할 수 있는데, replace() 함수는

[예제 2-12] # 문자열(str) 처리 예: 변경

```
str31 = "아름다운 대한민국"
str41 = "아름다운 대한민국 아름다운 코리아"
str3 = "파이썬"

# ㄱ)
str31_r1 = str31.replace("대한민국", "한국")
print('ㄱ) ', str31, " --> ", str31_r1)
# ㄴ)
str31_r2 = str31.replace("코리아", "한국")
print('ㄴ) ', str31, " --> ", str31_r2)
# ㄷ)
str41_r1 = str41.replace("아름다운", "")
print('ㄷ) ', str41, " --> ", str41_r1)
# ㄹ)
print('ㄹ) 변경 전:', str3[2])
str3[2] = '선'
print('ㄹ) 변경 후:', str3)
>>>
ㄱ) 아름다운 대한민국 --> 아름다운 한국
ㄴ) 아름다운 대한민국 --> 아름다운 대한민국
ㄷ) 아름다운 대한민국 아름다운 코리아 -->  대한민국  코리아
ㄹ) 변경 전: 썬
Traceback (most recent call last):
  File "~.py", line 18, in <module>
    str3[2] = '선'
TypeError: 'str' object does not support item assignment
```

원래 문자열(str31)은 변경하지 않는다. ㄴ)은 'str31'에서 '코리아'를 '한국'으로 변경하는데 'str31'에는 '코리아'라는 문자열이 없기 때문에 변경하지 않는다. 이와 같이 변경할 내용이 없으면 'str31'을 그대로 새로운 문자열(str31_r2)로 반환한다. 'str31_r2'를 출력하면 원래 문자열(str31)과 같다.

ㄷ)은 문자열(str41)에서 '아름다운'을 삭제하기 위해 바꿀 문자열에 빈 문자열을 전달한다. 새 문자열(str41_r1)을 출력하면 '아름다운'이 삭제되어 ' 대한민국 코리아'로 변경된 것을 확인할 수 있다. ㄹ)은 '파이썬'에서 3번째 글자 '썬'을 '선'으로 변경하는 상황인데, 인덱스 방식으로 글자 변경을 시도하면 오류와 함께 프로그램이 중단된다. 파이썬에서 문자열은 고정형 데이터

로 선언 이후에 내용을 바꿀 수 없으므로 유의해야 한다.

한편 단어나 문장의 시작과 끝에 있는 공백 문자는 언어 처리에서 불필요하여 이를 제거하는 작업을 수행해야 한다. 파이썬은 문자열 시작 부분과 끝 부분에서 지정한 글자만을 삭제하는 기능을 제공한다.

- str1.lstrip([delChars]): 문자열(str1) 시작 부분에 삭제할 문자(delChars)가 있으면 삭제한 후에 결과를 반환한다. 매개변수로 지정한 'delChars'에 포함된 글자가 하나라도 있으면 해당 글자를 삭제하고 삭제할 문자를 지정하지 않으면 공백 문자를 삭제한다.
- str1.rstrip([delChars]): 문자열(str1) 끝 부분에 삭제할 문자(delChars)가 있으면 삭제한 후에 결과를 반환한다. 매개변수로 지정한 'delChars'에 포함된 글자가 하나라도 있으면 해당 글자를 삭제하고 삭제할 문자를 지정하지 않으면 공백 문자를 삭제한다.
- str1.strip([delChars]): 문자열(str1) 시작 부분과 끝 부분에 삭제할 문자(delChars)가 있으면 삭제한 후에 결과를 반환한다. 매개변수로 지정한 'delChars'에 포함된 글자가 하나라도 있으면 해당 글자를 삭제하고 삭제할 문자를 지정하지 않으면 공백 문자를 삭제한다. 이 함수는 알고리즘 관점에서 lstrip() 함수와 rstrip( ) 함수를 합친 것과 같다.

[예제 2-13] # 문자열(str) 처리 예: 변경

```
str50 = "@@@아름다운 대한민국###"
str51 = "   아름다운 대한민국   "
# ㄱ)
str50_r1 = str50.lstrip('@')
print(f'ㄱ) ({len(str50_r1)}):', str50_r1)
# ㄴ)
str50_r2 = str50.rstrip('#')
print(f'ㄴ) ({len(str50_r2)}):', str50_r2)
# ㄷ)
str50_r3 = str50.strip('@#$')
print(f'ㄷ) ({len(str50_r3)}):', str50_r3)
# ㄹ)
str51_r1 = str51.lstrip()
print(f'ㄹ) ({len(str51_r1)}):', str51_r1)
# ㅁ)
str51_r2 = str51.rstrip()
```

```
print(f'ㅁ) ({len(str51_r2)}):', str51_r2)
# ㅂ)
str51_r3 = str51.strip()
print(f'ㅂ) ({len(str51_r3)}):', str51_r3)
>>>
ㄱ) (12): 아름다운 대한민국###
ㄴ) (12): @@@아름다운 대한민국
ㄷ) (9): 아름다운 대한민국
ㄹ) (12): 아름다운 대한민국
ㅁ) (12):    아름다운 대한민국
ㅂ) (9): 아름다운 대한민국
```

[예제 2-13]에서는 '아름다운 대한민국'을 포함한 문자열의 시작 부분과 끝 부분에 있는 특정 문자를 삭제한다. ㄱ)은 lstrip() 함수를 이용하여 문자열(str50)의 시작 부분에 '@' 문자가 있으면 삭제한 후에 문자열(str50_r1)로 반환한다. 'str50_r1'을 출력하면 시작 부분에 세 개의 '@' 문자가 삭제되어 12글자로 줄어든다. ㄴ)은 rstrip() 함수를 이용하여 'str50'의 끝 부분에 '#' 문자가 있으면 삭제한 후 문자열(str50_r2)로 반환한다. ㄷ)은 strip() 함수를 이용하여 'str50'의 시작 혹은 끝 부분에 '@#$' 문자들 중 하나라도 있으면 삭제하여 문자열(str50_r3)로 반환한다. ㄱ-ㄷ)까지는 삭제할 문자를 지정하여 처리한 것이라면 ㄹ-ㅂ)까지는 삭제할 문자를 지정하지 않아서 공백 문자를 삭제한다. 실제 언어 처리에서는 텍스트 파일을 읽은 후에 단어를 추출하기 위해서 ㅂ)과 같이 매개변수 없이 strip() 함수를 호출하여 공백 문자를 제거하는 기능을 많이 사용한다.

문자열(str) 합치기

- newStr = str1 + str2: 문자열(str1)과 문자열(str2)를 합쳐서 새로운 문자열(newStr)을 생성한다.
- newStr = str1 * num: 문자열(str1)을 num번 반복해서 새로운 문자열(newStr)을 생성한다.
- newStr = str1.join(iterData): 반복형 자료형(iterData)의 항목을 문자열(str1)로 연결하여 새로운 문자열(newStr)을 생성한다. 반복형 자료형은 문자열(str), 목록(list), 튜플(tuple), 사전(dict), 집합(set) 등을 허용한다.

[예제 2-14]에서는 문자열을 합치기 위해서 '+'와 '*' 문자를 사용한다. ㄱ)은 '+' 문자를 사용하여 '아름다운 대한민국'(str31)과 '원더풀 제주도'(str33)를 합쳐서 새로운 문자열(str3133)을 생성한다. ㄴ)은 '*' 문자를 사용하여 문자열(emoji__2)을 3번 반복하여 새로운 문자열(str__3)을

```
[예제 2-14] # 문자열(str) 처리 예: 문자열 합치기('+')

str31 = "아름다운 대한민국"
str33 = "원더풀 제주도"
# ㄱ)
str3133 = str31 + ' ' + str33
print('ㄱ) :', str3133)
# ㄴ)
emoji__2 = '❤☘'
str__3 = emoji__2 * 3
print('ㄴ) :', str__3)
# ㄷ)
int__5 = 5
str__5 = emoji__2 +str(int__5) # 문자열과 숫자를 합치기
print('ㄷ) :', str__5)
# ㄹ)
str__5 = emoji__2 + int__5 # 문자열과 숫자를 합치기
print('ㄹ) :', str__5)
>>>
ㄱ) : 아름다운 대한민국 원더풀 제주도
ㄴ) : ❤☘❤☘❤☘
ㄷ) : ❤☘5
Traceback (most recent call last):
  File "~.py", line 16, in <module>
    str__5 = emoji__2 + int__5 # 문자열과 숫자를 합치기
TypeError: can only concatenate str (not "int") to str
```

생성한다. ㄷ)은 '+' 문자를 사용하여 문자열(str__3)과 숫자(int__5)를 합칠 때 str() 함수를 사용하여 문자열로 변환해서 처리한다. 만약 문자열로 변환하지 않고 문자열과 숫자(int)형을 합치면 ㄹ)과 같이 오류가 발생하므로 유의해야 한다.

[예제 2-15]에서는 join() 함수를 사용하여 새로운 문자열을 생성한다. ㄱ)은 목록을 매개변수(koreaList)로 사용하여 새로운 문자열(str_j1)을 생성한다. 이때 목록의 항목을 연결하기 위해서 공백 문자를 사용했기 때문에 'str_j1'을 출력하면 공백 문자로 구분된 단어가 나열된다. ㄴ)은 튜플(tuple)을 매개변수(koreaTuple)로 사용하여 새로운 문자열(str_j2)을 생성한다. 이때 튜플의 항목을 연결하기 위해서 '=' 문자를 사용한다. ㄷ)은 집합(set)을 매개변수(set1)로 사용하여 새로운 문자열(str_j3)을 생성한다. 이때 집합의 항목을 연결하기 위해서 '〉' 문자를 사용한다.

```
[예제 2-15] # 문자열(str) 처리 예: join

# ㄱ)
joinChar = ' ' # 공백 문자
koreaList = ['대한민국', '코리아', '한국', 'KOREA', '韓國']
str_j1 = joinChar.join(koreaList)
print('ㄱ) :', str_j1)
# ㄴ)
joinChar = '='
koreaTuple = '대한민국', '코리아', '한국', 'KOREA', '韓國'
str_j2 = joinChar.join(koreaTuple)
print('ㄴ) :', str_j2)
# ㄷ)
joinChar = '>'
set1 = {'국어', '영어', '수학', '과학'}
str_j3 = joinChar.join(set1)
print('ㄷ) :', str_j3)
# ㄹ)
joinChar = ','
str_j4 = joinChar.join('아름다운')
print(f'ㄹ) :', str_j4)
>>>
ㄱ) : 대한민국 코리아 한국 KOREA 韓國
ㄴ) : 대한민국=코리아=한국=KOREA=韓國
ㄷ) : 수학>국어>영어>과학
ㄹ) : 아,름,다,운
```

그러나 'str_j3'의 출력 결과는 'set1'의 순서와 다르다. 집합은 순서 없이 데이터를 처리하기 때문에 선언한 순서와 관계없이 임의의 순서로 처리된다. 목록(list), 튜플(tuple) 및 집합(set)은 연속형 자료형으로 다음 장에서 상세하게 설명한다. 마지막으로 ㄹ)은 문자열을 매개변수('아름다운')로 사용하여 새로운 문자열(str_j4)을 생성한다. 이때 문자열의 글자를 연결하기 위해서 쉼표(,)를 사용한다. 'str_j4'를 출력하면 쉼표 단위로 각 글자가 구분되어 있다. 이와 같이 문자열을 반복형 자료형으로 전달하면 문자열 전체를 하나의 단위가 아닌 각각의 개별 글자 단위로 처리하므로 유의해야 한다.

4. 문자열(str) 추출과 분할

문자의 위치에 접근할 때 사용하는 인덱스는 범위(range)를 지정하여 부분 문자열을 추출할 수 있다.

문자열(str) 자르기(slicing)

- newStr = str1[start: end[: step]]: 문자열(str1)에서 시작(start) 인덱스부터 끝(end) 인덱스 직전까지의 부분 문자열을 추출하여 새로운 문자열(newStr)로 반환한다. 간격(step)을 지정하지 않으면 '1'글자 단위로, 음수로 지정하면 문자열의 끝에서부터 처리한다. 간격이 양수일 때 시작(start) 인덱스를 지정하지 않으면 '0'부터 처리하고 끝(end) 인덱스를 지정하지 않으면 문자열의 길이로 처리한다. 반대로 간격이 음수일 때 시작(start) 인덱스를 지정하지 않으면 문자열 길이에서 '-1'부터 처리하고 끝(end) 인덱스를 지정하지 않으면 문자열 첫 글자까지 처리한다.

```
[예제 2-16] # 문자열(str) 처리 예: slicing

str31 = "아름다운 대한민국"
# ㄱ)
str31_s1 = str31[5:7] # 인덱스[5] 글자부터 [6] 글자까지
print('ㄱ) :', str31_s1)
# ㄴ)
str31_s2 = str31[:4] # 시작부터 인덱스[3] 글자까지
print('ㄴ) :', str31_s2)
# ㄷ)
str31_s3 = str31[5:] # 인덱스[5] 글자부터 끝까지
print('ㄷ) :', str31_s3)
# ㄹ)
str31_s4 = str31[6:9:2] # 인덱스[6] 글자부터 [8] 글자까지, 2글자 간격으로
print('ㄹ) :', str31_s4)
>>>
ㄱ) : 대한
ㄴ) : 아름다운
ㄷ) : 대한민국
ㄹ) : 한국
```

[예제 2-16]에서는 인덱스를 지정할 때 쌍점(:) 문자로 범위를 지정하여 부분 문자열을 추출(slicing)한다. ㄱ)은 'str31'에서 인덱스 [5]부터 [7] 이전 글자까지의 부분 문자열(str31_s1)을

생성하며 출력 결과는 '대한'이다. ㄴ)은 범위를 지정할 때 시작 인덱스를 지정하지 않아서 문자열 시작부터 처리한다. 'str31'에서 처음부터 인덱스 [4] 이전 글자까지의 부분 문자열(str31_s2)을 생성하며 출력 결과는 '아름다운'이다. ㄷ)은 범위를 지정할 때 'end' 인덱스를 지정하지 않아 문자열의 끝까지 처리한다. 'str31'에서 인덱스 [5]부터 끝까지의 부분 문자열(str31_s3)을 생성하며 출력 결과는 '대한민국'이다. ㄹ)은 범위를 지정할 때 간격을 2글자 단위로 처리한다. 'str31'에서 인덱스 [6]부터 [9] 이전 글자까지의 부분 문자열을 추출할 때 2글자 단위로 생성하며 출력 결과는 '한국'이다.

한편 문자열의 특정 위치에 있는 글자를 확인하고자 인덱스를 지정할 때 문자열의 길이를 벗어나면 오류가 발생하면서 프로그램이 중단되지만, 인덱스를 범위(range) 방식으로 지정하여 부분 문자열을 추출할 때는 문자열의 길이를 벗어나도 오류가 발생하지 않는다.

```
[예제 2-17] # 문자열(str) 처리 예: slicing

str31 = "아름다운 대한민국"
# ㄱ)
str31_s1 = str31[5:12] # 인덱스[5] 글자부터 [11] 글자까지
print(f'ㄱ) ({len(str31_s1)}):', str31_s1)
# ㄴ)
str31_s2 = str31[:12] # 시작부터 인덱스 [11] 글자까지
print(f'ㄴ) ({len(str31_s2)}):', str31_s2)
# ㄷ)
str31_s3 = str31[12:] # 인덱스 [12] 글자부터 끝까지
print(f'ㄷ) ({len(str31_s3)}):', str31_s3)
>>>
ㄱ) (4): 대한민국
ㄴ) (9): 아름다운 대한민국
ㄷ) (0):
```

[예제 2-17]에서는 인덱스 범위를 지정할 때 문자열의 길이를 벗어난 값을 사용해도 오류가 발생하지 않고 문자열 길이만큼 처리한다. ㄱ)은 'str31'에서 인덱스 [5]부터 [12] 이전 글자까지의 부분 문자열(str31_s1)을 생성한다. 'str31'의 길이는 '9'이지만 이것을 초과하여 지정해도 문자열 길이만큼 처리하기 때문에 출력 결과는 '대한민국'이다. ㄴ)은 범위를 지정할 때 시작 인덱스를 지정하지 않아서 문자열 시작부터 인덱스 [12] 이전까지의 부분 문자열(str31_s2)을 생성하는데, 길이를 초과하여 지정해도 문자열 길이만큼 처리하므로 출력 결과는 'str31'과 같

다. ㄷ)은 'str31'의 길이를 초과하여 인덱스 [12]를 시작 인덱스로 지정하여 끝까지 처리한다. 이런 경우에는 아무것도 반환하지 않으므로 출력 문자열의 길이는 '0'이다.

```
[예제 2-18] # 문자열(str) 처리 예: 변경

str31 = "아름다운 대한민국"
# ㄱ) 실행할 수 없는 코드
str31[2] = '가' # 항목 내용 변경
print('ㄱ) :', str31)
>>>
Traceback (most recent call last):
  File "~.py", line 6, in <module>
    str31[2] = '가' # 항목 내용 변경
TypeError: 'str' object does not support item assignment

# ㄴ) 실행할 수 없는 코드
str31[5:9] = '코리아 ' # 인덱스 5번째 글자부터 9번째 직전(8번째) 글자까지
print('ㄴ) :', str31)
>>>
Traceback (most recent call last):
  File "~.py", line 16, in <module>
    str31[5:9] = '코리아 ' # 인덱스 5번째 글자부터 9번째 직전(8번째) 글자까지
TypeError: 'str' object does not support item assignment
```

[예제 2-18]은 실행할 수 없는 코드이다. ㄱ)은 'str31'의 3번째 글자를 '가'로 변경하도록 실행하자 오류가 발생하면서 프로그램이 중단된다. ㄴ)은 범위를 가진 인덱스를 통하여 'str31'의 일부분을 변경하기 위해서 실행하는 순간 오류가 발생한다. 파이썬에서 문자열은 고정형 데이터로 선언 이후에는 내용을 바꿀 수 없기 때문에 인덱스나 범위(range) 방식으로 변경하려고 하면 오류와 동시에 프로그램이 중단된다. 따라서 파이썬에서 문자열을 변경하려면 문자열을 여러 개로 자른(slicing) 후에 변경할 문자열과 다시 합성하는 방법을 사용해야 한다.

문자열(str) 뒤집기

문자열 뒤집기는 '아름다운 대한민국'을 '국민한대 운다름아'로 바꾸는 것이다. 문자열 자르기(slicing) 기능에서 간격(step)을 지정하지 않으면 '1'글자 단위로 처리하지만 음수를 지정하면 문자열의 끝에서부터 앞으로 처리하기 때문에 문자열을 뒤집을 수 있다. 문자열을 뒤집기 위해

간격을 음수로 지정할 때는 'start'에 큰 값을, 'end'에 작은 값을 지정해야 한다. 이때 'start'와 'end'를 지정하지 않으면 기본값을 적용하는데 'start'는 문자열 길이에서 '-1'을 계산한 값을 적용하고, 'end'는 첫 번째 글자를 포함한다.

```
[예제 2-19] # 문자열(str) 처리 예: slicing(문자열 뒤집기)

str31 = "아름다운 대한민국"
# ㄱ)
str31_s1 = str31[::-1] # 끝에서부터 맨 앞까지, '-1' 간격(뒤에서부터 1글자씩 앞으로)
print(f'ㄱ) ({len(str31_s1)}):', str31_s1)
# ㄴ)
str31_s2 = str31[::-2] # 끝에서부터 맨 앞까지, '-2' 간격(뒤에서부터 2글자씩 앞으로)
print(f'ㄴ) ({len(str31_s2)}):', str31_s2)
# ㄷ)
str31_s3 = str31[8:6:-1] # '-1' 간격(뒤에서부터 1글자씩 앞으로)
print(f'ㄷ) ({len(str31_s3)}):', str31_s3)
# ㄹ)
str31_s4 = str31[6:1:-2] # '-2' 간격(뒤에서부터 2글자씩 앞으로)
print(f'ㄹ) ({len(str31_s4)}):', str31_s4)
# ㅁ)
str31_s5 = str31[1:6:-2] # '-2' 간격
print(f'ㅁ) ({len(str31_s5)}):', str31_s5) # start가 stop보다 작기 때문에 아무것도 없다.
>>>
ㄱ) (9): 국민한대 운다름아
ㄴ) (5): 국한 다아
ㄷ) (2): 국민
ㄹ) (3): 한 다
ㅁ) (0):
```

[예제 2-19]는 간격(step)을 음수로 지정하여 문자열 자르기 기능으로 문자열을 뒤집는다. ㄱ)은 문자열(str31)에서 마지막 글자부터 차례로 앞으로 보내면서 문자열을 뒤집는다. 문자열이 뒤집힌 'str31_s1'은 '국민한대 운다름아'이다. ㄴ)은 문자열을 뒤집을 때 1글자씩 건너뛰도록 간격을 '-2'로 설정한 것으로, 결과를 보면 맨 마지막 글자부터 2글자 간격에 위치한 글자만 출력된다. ㄷ)과 ㄹ)은 범위(start, end)를 지정한 것으로 'start'에 큰 값을, 'end'에 작은 값을 지정하므로 유의해야 한다. 만약 ㅁ)처럼 'end'가 'start'보다 크면 내용이 없는 빈 문자열이 반환된다.

문자열 뒤집기 기능은 한글 처리에서 대량의 텍스트 데이터를 읽어 정렬할 때 사용하는데, 특히 어휘 목록에서 단어의 마지막 음절을 기준으로 정렬하고자 할 때 유용하다. 예를 들어 [표 2-2]는 'Anne of Green Gables'에서 추출한 단어를 대상으로 문자열 뒤집기를 수행한 후에 접미사 '-ness'의 파생어를 출력한 것이다. 'Anne of Green Gables'에서 접미사 '-ness' 파생어는 총 66 단어가 있으며, 가장 많이 등장하는 단어는 'goodness'이다. 이러한 작업에 대해서는 11장에서 상세하게 설명한다.

[표 2-2] **문자열 뒤집기를 활용한 '-ness' 파생어 목록(단어(왼) 및 빈도(오른) 정렬)**

순서	단어	빈도	순서	단어	빈도
1	dumbness	1	1	goodness	14
2	gladness	2	2	business	11
3	unaccustomedness	1	3	consciousness	9
4	kindness	3	4	darkness	7
5	goodness	14	5	happiness	5
6	paleness	1	6	sweetness	5
7	sameness	1	7	loveliness	4
:	:	:	:	:	:
65	shyness	2	65	grayness	1
66	slyness	1	66	slyness	1

문자열(str) 분할(split)

- strList = str1.split(sep=None, maxsplit=-1): 문자열(str1)에서 구분 문자열(sep)을 기준으로 분할하여 목록(list)으로 반환한다. 분할 횟수(maxsplit)를 지정하면 지정한 만큼 분할하고 지정하지 않으면 전부 분할한다. 또한 구분 문자열(sep)을 지정하지 않으면 공백 문자를 기준으로 문자열을 분할한다.
- strList = str1.splitlines([keepends]): 줄바꿈 문자를 기준으로 문자열을 분할하여 목록(list)으로 반환한다. 매개변수(keepends)를 True로 지정하면 분할된 문자열의 끝에 있는 줄바꿈 문자를 포함하고 False로 지정하면 줄바꿈 문자는 포함하지 않는다.

[예제 2-20]은 split() 함수를 이용하여 문자열을 단어로 분할한다. ㄱ)은 '=' 문자를 기준으로 문자열(str92)을 분할하여 목록(str92_list)으로 변환하고, ㄴ)은 구분 문자를 지정하지 않아서 공백 문자를 기준으로 문자열(str61)을 분할하여 목록(str61_list)으로 변환한다. 이때 공백 문자는 띄어쓰기(spacing word)는 물론 화면에 보이지 않으면서 자리를 차지하는 문자까지 포함되

```
[예제 2-20] # 문자열(str) 처리 예: split

str61 = '문장의 각 단어는 띄어 씀을 원칙으로 한다'
str92 = "대한민국=코리아=한국=KOREA=韓國"
# ㄱ)
str92_list = str92.split('=')
print(f'ㄱ) {len(str92_list)}:', str92_list)
# ㄴ)
str61_list = str61.split()
print(f'ㄴ) {len(str61_list)}:', str61_list)
>>>
ㄱ) 5: ['대한민국', '코리아', '한국', 'KOREA', '韓國']
ㄴ) 7: ['문장의', '각', '단어는', '띄어', '씀을', '원칙으로', '한다']
```

므로 탭(\t) 문자와 개행(\r\n) 문자도 공백 문자로 간주하여 단어를 분리한다.

[예제 2-21]은 줄바꿈 문자를 기준으로 문자열을 분할하기 위해서 splitlines() 함수를 이용한다. 예제에서는 줄바꿈 문자를 기준으로 '애국가'를 분할한 후에 사전 순서를 기준으로 정렬하여 출력한다. 출력 결과를 보면 총 11개의 문단이지만 절 구분에 사용한 줄바꿈 문자가 있어서 3개의 빈 줄이 포함되어 있다. 한편 예제에서 정렬을 위해 호출한 sorted() 함수는 뒤에서 상세하게 설명한다.

```
[예제 2-21] # 문자열(str) 처리 예: splitlines

str102 = """동해물과 백두산이 마르고 닳도록 하느님이 보우하사 우리나라 만세.
무궁화 삼천리 화려 강산 대한 사람, 대한으로 길이 보전하세.
...
이 기상과 이 맘으로 충성을 다하여 괴로우나 즐거우나 나라 사랑하세.
무궁화 삼천리 화려 강산 대한 사람, 대한으로 길이 보전하세."""

str102_list = str102.splitlines()
str102_list_sort = sorted(str102_list)
for i, text in enumerate(str102_list_sort):
    print(f'{i+1}:', text)
>>>
1:
2:
3:
```

```
4: 가을 하늘 공활한데 높고 구름 없이 밝은 달은 우리 가슴 일편단심일세.
5: 남산 위에 저 소나무, 철갑을 두른 듯 바람 서리 불변함은 우리 기상일세.
6: 동해물과 백두산이 마르고 닳도록 하느님이 보우하사 우리나라 만세.
7: 무궁화 삼천리 화려 강산 대한 사람, 대한으로 길이 보전하세.
8: 무궁화 삼천리 화려 강산 대한 사람, 대한으로 길이 보전하세.
9: 무궁화 삼천리 화려 강산 대한 사람, 대한으로 길이 보전하세.
10: 무궁화 삼천리 화려 강산 대한 사람, 대한으로 길이 보전하세.
11: 이 기상과 이 맘으로 충성을 다하여 괴로우나 즐거우나 나라 사랑하세.
```

5. 문자열(str) 루프 처리

문자열은 위치를 가리키는 인덱스([])를 통하여 개별 글자에 접근하지만 for 루프 명령문을 사용하면 다양한 방법으로 문자열을 반복 처리할 수 있다.

문자열(str)과 for 루프

for 루프를 사용하여 세 가지 방법으로 문자열을 처리할 수 있다.

```
[예제 2-22] # 문자열(str) 처리 예: for loop

str30 = "대한민국"
print('# ㄱ)')
i = 0
for char_cur in str30:
    print(f'[{i}] 번째 글자:', char_cur)
    i += 1

print('# ㄴ)')
for i, char_cur in enumerate(str30):
    print(f'[{i}] 번째 글자:', char_cur)

print('# ㄷ)')
for i in range(len(str30)):
    print(f'[{i}] 번째 글자:', str30[i])
```

```
print('# ㄹ)')
for i in range(len(str30)-1, -1, -1):
    print(f'[{i}] 번째 글자:', str30[i])
>>>
# ㄱ)
[0] 번째 글자: 대
[1] 번째 글자: 한
[2] 번째 글자: 민
[3] 번째 글자: 국
# ㄴ)
...
# ㄷ)
...
# ㄹ)
[3] 번째 글자: 국
[2] 번째 글자: 민
[1] 번째 글자: 한
[0] 번째 글자: 대
```

[예제 2-22]에서 ㄱ)은 'in' 명령어 뒤에 문자열을 전달하여 루프를 반복하면서 개별 문자를 순차적으로 처리한다. 이 방식은 다른 클래스나 함수를 거치지 않고 직접 처리하기 때문에 조작법이 간단하여 많이 사용한다. 그러나 개별 글자의 인덱스를 알 수 없어 인덱스가 필요한 경우에는 예제처럼 추가 코드를 사용해서 직접 계산해야 한다. 이러한 단점 때문에 enumerate() 함수와 range 클래스를 사용하여 간접적으로 처리하기도 한다. ㄴ)은 enumerate() 함수를 사용하여 루프를 수행한다. 이 함수는 루프를 반복하는 동안 인덱스를 자동으로 처리하면서 글자를 전달하기 때문에 소스 코드가 간결하고 명료하다. ㄷ)은 range 클래스를 호출할 때 문자열(str30)의 길이를 매개변수로 전달한다. range 클래스는 루프를 반복할 때마다 인덱스를 자동으로 처리한다. ㄴ, ㄷ)의 출력 결과는 ㄱ)과 같다. ㄹ)은 range 클래스를 호출할 때 간격(step)을 음수로 지정하여 문자열 끝에서부터 앞으로 처리한다. 예제에서 사용한 range 클래스의 사용법은 다음과 같다.

✿ range(start, stop[, step]): 'start'는 인덱스의 시작 위치, 'stop'은 종료 위치, 'step'은 간격을 가리킨다. 'start'와 'step'이 생략되면 기본값을 사용하고, 'step'이 생략되면 '1'로 처리하므로 range 클래스를 호출할 때 매개변수가 세 개면 range(start, stop, step), 두 개면 range(start, stop), 한 개면 range(stop) 형식으로 처리한다. 특히 'stop'은 지정 위치 이전까지만 처리하므로 유의해야 한다. 한편 range 클래스

는 slicing과 사용법이 비슷해서 'step'을 음수로 지정하면 끝에서부터 앞으로 처리하므로 'start'에는 큰 값을, 'end'에는 작은 값을 지정해야 한다.

문자 상태 확인

- str1.isdecimal(): 문자열(str1)의 모든 글자가 십진수(0~9) 문자이면 True, 그렇지 않으면 False를 반환한다. 파이썬에는 isdecimal() 함수와 비슷하게 숫자 상태를 확인하는 isdigit() 함수와 isnumeric() 함수가 있다. 나머지 두 함수는 좀 더 복잡한 형식의 숫자를 확인할 수 있다.
- str1.isascii(): 문자열(str1)의 모든 글자가 아스키(ASCII)이면 True, 그렇지 않으면 False로 반환한다. 아스키 범위는 0x00~0x7F(0~127)이며, 문자열(str1)에 글자가 하나도 없는 Null(0x00) 상태도 아스키 범위에 포함되므로 True로 반환한다.
- str1.isalpha(): 문자열(str1)의 모든 글자가 알파벳이면 True, 그렇지 않으면 False로 반환한다. 여기서 알파벳은 아스키코드의 영문자를 비롯하여 유니코드 문자(script) 영역에 있는 거의 모든 나라의 문자를 의미한다. 따라서 한글, 한자, 가나 문자를 비롯하여 라틴계 서유럽 문자와 동유럽 문자도 포함된다.
- str1.isspace(): 문자열(str1)의 모든 글자가 공백 문자이면 True, 그렇지 않으면 False로 반환한다. 여기서 공백 문자는 화면에 보이지 않으면서 자리를 차지하는 문자까지 해당하므로 띄어쓰기(space), 탭(\t) 문자, 개행(\r\n) 문자 등을 포함한다.

[예제 2-23]은 문자열의 isalpha() 함수를 호출하여 나라별 문자(script)로 입력된 단어가 알파벳인지 확인한다. 총 12개 중에서 ㅌ)만 알파벳이 아니라 숫자를 전달하여 False이고, 발음 기호를 표기한 ㄹ)을 비롯한 나머지는 모두 True이다. 알파벳 여부를 확인하는 함수는 텍스트 분석 시 단어 추출을 위해 토큰 처리 과정에서 문자 상태를 확인할 때 사용한다.

[예제 2-23] # 함수 처리 예: 알파벳 확인

```
str202_e1 = 'ʧipmʌŋk' # 영어(chipmunk:다람쥐)의 발음 기호
str202_s1 = 'español' # 스페인어: 스페인어
str202_d2 = 'außerhalb' # 독일어
str202_d3 = 'läuten' # 독일어: 종을 울리다.
str202_f1 = 'fâcheux' # 프랑스어: 속상하다
str202_f2 = 'maɲifik' # 프랑스어(magnifique)의 발음 기호
str202_j1 = 'サッポ' # 일본어: 삿포르
str202_r1 = 'Одесса' # 러시아어: 오데사
```

```
str202_sd1 = 'Tjåkkå' # 스웨덴어: 감사하다
str202_k1 = '한국'
str202_c1 = '中國'
str211 = '123'

print(f"ㄱ) [{str202_k1}] isalpha :", str202_k1.isalpha())
print(f"ㄴ) [{str202_c1}] isalpha :", str202_c1.isalpha())
print(f"ㄷ) [{str202_j1}] isalpha :", str202_j1.isalpha())
print(f"ㄹ) [{str202_e1}] isalpha :", str202_e1.isalpha())
print(f"ㅁ) [{str202_s1}] isalpha :", str202_s1.isalpha())
print(f"ㅂ) [{str202_d2}] isalpha :", str202_d2.isalpha())
print(f"ㅅ) [{str202_d3}] isalpha :", str202_d3.isalpha())
print(f"ㅇ) [{str202_f1}] isalpha :", str202_f1.isalpha())
print(f"ㅈ) [{str202_f2}] isalpha :", str202_f2.isalpha())
print(f"ㅊ) [{str202_r1}] isalpha :", str202_r1.isalpha())
print(f"ㅋ) [{str202_sd1}] isalpha :", str202_sd1.isalpha())
print(f"ㅌ) [{str211}] isalpha :", str211.isalpha())
>>>
ㄱ) [한국] isalpha : True
ㄴ) [中國] isalpha : True
ㄷ) [サッポ] isalpha : True
ㄹ) [ʧipmʌŋk] isalpha : True
ㅁ) [español] isalpha : True
ㅂ) [außerhalb] isalpha : True
ㅅ) [läuten] isalpha : True
ㅇ) [fâcheux] isalpha : True
ㅈ) [maɲifik] isalpha : True
ㅊ) [Одесса] isalpha : True
ㅋ) [Tjåkkå] isalpha : True
ㅌ) [123] isalpha : False
```

대문자와 소문자 처리 함수

라틴 계열의 유럽 언어는 대문자와 소문자가 짝을 이루며 상황과 목적에 따라 대문자와 소문자를 구분하여 표기한다. 따라서 같은 단어라도 대문자와 소문자가 다르게 표기되는 경우가 있어 이것을 하나의 단어로 취급해야 할 때가 있다. 특히 정보 검색에서는 표기는 달라도 같은 단어일 경우에 통일된 방법으로 검색할 수 있어야 하는데, 이 경우 소문자로 통일해서 처리한다. 이때 소문자 혹은 대문자 변환 알고리즘이 필요한데 대부분의 프로그래밍 언어는

대소문자 변환 함수를 제공하며 그밖에 텍스트 처리에 필요한 여러 필수 함수를 제공한다.

- newStr = str1.upper(): 문자열(str1)에서 소문자를 대문자로 변환하여 반환한다. 소문자가 없으면 원래 문자열(str1)을 그대로 반환한다.
- newStr = str1.lower(): 문자열(str1)에서 대문자를 소문자로 변환하여 반환한다. 대문자가 없으면 원래 문자열(str1)을 그대로 반환한다.
- str1.islower( ): 문자열(str1)의 모든 문자가 소문자이면 True, 그렇지 않으면 False를 반환한다.
- str1.isupper( ): 문자열(str1)의 모든 문자가 대문자이면 True, 그렇지 않으면 False를 반환한다.

앞에서 설명한 네 개의 함수는 단순히 아스키코드에 있는 영문자만을 가리키는 것은 아니다. 이 함수들은 isalpha() 함수처럼 유니코드 문자(script) 영역에 속하는 문자 중에서 대문자와 소문자를 구분하는 모든 언어에 해당된다.

[예제 2-24] # 함수 처리 예: 대문자 변환

```
print(f"ㄱ) [{str202_k1}] islower :", str202_k1.islower(), str202_k1.upper())
print(f"ㄴ) [{str202_c1}] islower :", str202_c1.islower(), str202_c1.upper())
print(f"ㄷ) [{str202_j1}] islower :", str202_j1.islower(), str202_j1.upper())
print(f"ㄹ) [{str202_e1}] islower :", str202_e1.islower(), str202_e1.upper())
print(f"ㅁ) [{str202_s1}] islower :", str202_s1.islower(), str202_s1.upper())
print(f"ㅂ) [{str202_d2}] islower :", str202_d2.islower(), str202_d2.upper())
print(f"ㅅ) [{str202_d3}] islower :", str202_d3.islower(), str202_d3.upper())
print(f"ㅇ) [{str202_f1}] islower :", str202_f1.islower(), str202_f1.upper())
print(f"ㅈ) [{str202_f2}] islower :", str202_f2.islower(), str202_f2.upper())
print(f"ㅊ) [{str202_r1}] islower :", str202_r1.islower(), str202_r1.upper())
print(f"ㅋ) [{str202_sd1}] islower :", str202_sd1.islower(), str202_sd1.upper())
print(f"ㅌ) [{str211}] islower :", str211.islower(), str211.upper())
>>>
ㄱ) [한국] islower : False 한국
ㄴ) [中國] islower : False 中國
ㄷ) [サッポ] islower : False サッポ
ㄹ) [ʧipmʌŋk] islower : True ʧIPMɅŊK
ㅁ) [español] islower : True ESPAÑOL
ㅂ) [außerhalb] islower : True AUSSERHALB
ㅅ) [läuten] islower : True LÄUTEN
ㅇ) [fâcheux] islower : True FÂCHEUX
```

ㅈ) [maɲifik] islower : True MAƝIFIK
ㅊ) [Одесса] islower : False ОДЕССА
ㅋ) [Tjåkkå] islower : False TJÅKKÅ
ㅌ) [123] islower : False 123

[예제 2-24]에서는 각 나라별로 고유한 문자로 이루어진 단어가 소문자인지 확인한 후에 대문자로 변환한다. 총 12개 중에서 한글을 비롯하여 한자, 가나 문자, 숫자는 대소문자와 관련이 없기 때문에 소문자 검사를 하면 False로 반환한다. ㅊ)과 ㅋ)은 첫 글자가 대문자이므로 소문자 여부를 검사하면 False로 반환한다. ㄹ)에서 ㅋ)까지는 모두 소문자를 포함하기 때문에 대문자로 변환한다. 한편 ㄹ)의 'ʧipmʌŋk'은 'chipmunk'의 발음 기호를 표기한 것으로 소문자인지 확인하면 소문자로 판정한다. 하지만 이것을 대문자로 변환하면 첫 번째 글자 'ʧ'는 그대로이며, 나머지 글자만 대문자로 변환되어 'ʧIPMɅŊK'로 출력된다. ㄹ)과 같이 일부 문자는 소문자로 판정되더라도 대문자로 변경되지 않는 것이 있으므로 텍스트 처리에서는 유의해야 한다.

Chapter 3

목록형 자료의 한글 처리

파이썬에는 문자를 연속해서 처리하는 문자열(str)과 같이 데이터를 연속으로 처리하는 목록(list), 튜플(tuple), 사전(dict), 집합(set) 등 목록형(list style)의 자료 유형(data type)이 있다. 대량의 데이터 처리에서는 탐색, 분할, 정렬 등을 위해 다양한 알고리즘이 필요하며 연산의 반복도 많다. 일반적으로 이러한 작업은 숙련된 프로그래밍 경험이 필요하지만 파이썬에서 제공하는 목록(list), 튜플(tuple), 사전(dict), 집합(set) 등은 기본적인 개념만으로 알고리즘 단계

[표 3-1] 파이썬 자료 유형과 예

유형		예
숫자	int(정수) float(실수) complex(복소수)	37 3.1415 21.5j
논리	bool	True, False
문자열(텍스트)	str	“안녕하세요”
목록	list tuple	abc = ["Korea", "아름다운", "대한민국"] def = ("Korea", "아름다운", "대한민국") tuple: list와 기능이 같지만 변경할 수 없음.

사전	dict: 키와 값의 쌍	KoreaDict = {
		"Seoul": "아름답다",
		"Busan": "바다",
		"Jeju": "섬"
		}

집합	set	동물 = {"토끼", "여우", "호랑이"}

에서 간단하게 처리할 수 있어 언어 처리에서 효과적으로 사용할 수 있다. 이 장에서는 한글 처리의 관점에서 파이썬 목록형의 자료 유형을 상세하게 설명한다.

1. 목록(list)

목록(list)은 하나의 변수에 여러 자료를 모아서 목록처럼 사용하는 것이다. 구체적인 내용은 다음과 같다.

목록(list) 생성

목록(list)을 생성할 때는 대괄호 '[ ]'로 선언하며 쉼표를 사용하여 항목을 구분한다. 형(type) 생성자나 컴프리헨션(comprehension)으로도 생성할 수 있는데 컴프리헨션은 4장에서 설명한다.

[예제 3-1] # 목록(list) 처리 예: 생성

```
# ㄱ) 대괄호 생성
hglist1 = ['조사', '흙', '값', '형태', '여덟', '체언']
# ㄴ) 중복 항목
hglist20 = ['제주도', '거문도', '울릉도', '제주도']
print('ㄴ) hglist20:', hglist20)
# ㄷ) list((,,,)) 생성자: 튜플
hglist21 = list(('제주도', '거문도', '울릉도'))
print('ㄷ) hglist21:', hglist21)
# ㄹ) list([,,,]) 생성자: 목록
hglist22 = list(['제주도', '거문도', '울릉도'])
print('ㄹ) hglist22:', hglist22)
# ㅁ) list(str) 생성자: 문자열
hglist23 = list('제주도')
print('ㅁ) hglist23:', hglist23)
# ㅂ) list({,,,}) 생성자: 집합
hglist24 = list({'서울', '뉴델리', '런던', '자카르타'})
print('ㅂ) hglist24:', hglist24)
# ㅅ) list({,,,}) 생성자: 사전
hglist25 = list({'한국':'서울', '인도':'뉴델리', '영국':'런던'})
print('ㅅ) hglist25:', hglist25)
```

```
>>>
ㄴ) hglist20: ['제주도', '거문도', '울릉도', '제주도']
ㄷ) hglist21: ['제주도', '거문도', '울릉도']
ㄹ) hglist22: ['제주도', '거문도', '울릉도']
ㅁ) hglist23: ['제', '주', '도']
ㅂ) hglist24: ['런던', '자카르타', '뉴델리', '서울']
ㅅ) hglist25: ['한국', '인도', '영국']
```

[예제 3-1]은 목록 생성에 관한 것으로 ㄱ)은 대괄호([])를 이용하여 6개 단어로 목록(hglist1)을 생성한다. ㄴ)은 목록(hglist20)을 생성할 때 같은 항목('제주도')이 2개 있는 경우이다. 목록은 중복 항목을 허용하기 때문에 출력 결과를 보면 '제주도'가 2개 있으며 총 4단어이다.

ㄷ-ㅅ)은 목록을 생성하기 위해 형(type) 생성자 list()를 이용한다. 이때 매개변수는 반복 가능한 연속형 데이터이다. ㄷ)은 소괄호로 묶은 매개변수(tuple)를, ㄹ)은 대괄호로 묶은 매개변수(list)를 각각 사용하여 list() 생성자를 호출한다. ㅁ)은 list() 생성자를 호출할 때 문자열을 매개변수로 전달한 것이다. 문자열은 글자를 모아 놓은 것으로, list() 생성자로 문자열을 처리하면 글자 단위로 분리되므로 유의해야 한다. ㅂ)은 중괄호로 묶은 매개변수(set)를, ㅅ)은 사전(dict) 형식의 중괄호로 묶은 매개변수를 각각 사용하여 list() 생성자를 호출한다. 사전은 키와 값으로 이루어진 연속형 자료형이지만 사전을 매개변수로 전달하면 사전의 키만 전달되므로 유의해야 한다. ㄷ), ㅂ), ㅅ)에서 사용한 튜플(tuple), 집합(set), 사전(dict)은 뒤에서 상세하게 설명한다.

목록(list) 길이와 인덱스

- len(list): 목록의 개수를 계산한다.
- list[index]: 목록의 항목에 접근한다. index값은 0부터 계산하며 목록의 개수보다 큰 값을 지정하면 오류가 발생한다. index값이 음수일 경우에는 목록 끝에서부터 순서를 계산한다.

```
[예제 3-2] # 목록(list) 처리 예: 길이와 인덱스

hglist1 = ['조사', '흙', '값', '형태', '여덟', '체언']
# ㄱ)
print( "ㄱ) 목록(list) 개수:", len(hglist1))
# ㄴ)
```

```
print( "ㄴ) 목록(list) Index [2]:", hglist1[2]) # 앞에서 세 번째 '값' 출력
# ㄷ)
print( "ㄷ) 목록(list) Index [-2]:", hglist1[-2]) # 뒤에서 2번째 '여덟' 출력
# ㄹ)
hglist1[-2] = '접미사' # 항목 내용 변경
print( "ㄹ) 목록(list) Index [-2]:", hglist1[-2]) # 뒤에서 2번째 바뀐 값 '접미사' 출력
# ㅁ)
print("ㅁ) 목록(list) Index [15]:", hglist1[15]) # 범위를 벗어나면 오류 발생
>>>
ㄱ) 목록(list) 개수: 6
ㄴ) 목록(list) Index [2]: 값
ㄷ) 목록(list) Index [-2]: 여덟
ㄹ) 목록(list) Index [-2]: 접미사
Traceback (most recent call last):
  File "~.py", line 13, in <module>
    print("ㅁ) 목록(list) Index [15]:", hglist1[15]) # 범위를 벗어나면 오류 발생
IndexError: list index out of range
```

[예제 3-2]에서 ㄱ)은 목록(hglist1)의 개수를 확인하기 위해서 len() 함수를 호출한다. ㄴ)은 목록의 위치로 항목을 확인하기 위해서 [2]를 인덱스로 지정한 후에 출력하며, 목록의 3번째 항목인 '값'이 출력된다. ㄷ)은 음수로 된 인덱스를 지정할 경우에 맨 뒤에서부터 위치를 계산하므로 인덱스 [-2]는 목록의 끝에서부터 2번째 항목인 '여덟'을 가리킨다. ㄹ)은 특정 위치의 항목을 변경하는 방법으로 뒤에서부터 2번째 항목을 '접미사'로 변경한 후에 결과를 출력한다.

한편 ㅁ)은 목록의 개수를 초과한 인덱스를 지정하여 오류(IndexError)가 발생하는 사례이다. 'hglist1'의 개수는 6개이므로 [5]를 벗어난 인덱스를 지정하면 오류가 발생하면서 프로그램이 중단된다. 이에 [예제 3-3]과 같이 try~except 명령문을 추가하면 인덱스 범위를 초과하여 오류가 발생해도 프로그램이 중단되지 않고 except 블록으로 넘어가 해당 오류를 처리한 후에 다음 명령으로 진행한다.

```
[예제 3-3] # 목록(list) 처리 예: 탐색 오류 처리

hglist1 = ['조사', '흙', '값', '형태', '여덟', '체언']
try:
    result1 = hglist1[15] # 범위를 벗어나면 오류 발생
    print (result1)
except IndexError: # list index out of range
```

```
    result1 = ""
if(result1 == ""):
    print ('Not found : hglist1[15]')
>>>
...
Not found : hglist1[15]
```

목록(list) 탐색

- item in list: 목록에 항목이 있는지 확인한다. 항목이 있으면 True, 없으면 False이다.
- item not in list: 목록에 항목이 없는지 확인한다. 항목이 없으면 True, 있으면 False이다.
- list.index(item): 목록에서 항목의 위치(index)를 반환한다. 항목이 없으면 오류(ValueError)가 발생한다.
- list.count(item): 현재 목록에서 항목의 빈도를 계산한다.

[예제 3-4] # 목록(list) 처리 예: 탐색

```
hglist1 = ['조사', '흙', '값', '형태', '여덟', '체언']
# ㄱ)
if '흙' in hglist1: # 목록에 있으면 True, 없으면 False
    print( "'흙' ===> 목록에 있습니다.")
else:
    print( "'흙'===> 목록에 없습니다.")
# ㄴ)
if '황제펭귄' not in hglist1:
    print( "'황제펭귄'===> 목록에 없습니다.")
else:
    print( "'황제펭귄'===> 목록에 있습니다.")
# ㄷ)
print("'값' count:", hglist1.count('값'))  # 목록에서 '값'의 빈도를 계산
# ㄹ)
print( "'형태' 위치:", hglist1.index('형태'))
# ㅁ)
print( "'황제펭귄' 위치:", hglist1.index('황제펭귄'))
>>>
'흙' ===> 목록에 있습니다.
'황제펭귄'===> 목록에 없습니다.
```

```
'값' count: 1
'형태' 위치: 3
Traceback (most recent call last):
  File "~.py", line 18, in <module>
    print( "'황제펭귄' 위치:", hglist1.index('황제펭귄'))
ValueError: '황제펭귄' is not in list
```

[예제 3-4]에서 ㄱ)은 목록(hglist1)에 '흙'이 있는지, ㄴ)은 목록에 '황제펭귄'이 없는지 검사한다. ㄷ)은 목록에서 찾는 항목의 빈도를 계산하는 것으로 'hglist1'에 '값'은 1개만 있으므로 출력 결과는 '1'이다. ㄹ)은 목록에서 찾는 항목의 위치(인덱스)를 구하는 것으로 'hglist1'에서 '형태'의 위치는 네 번째이므로 인덱스 '3'을 출력한다. ㅁ)은 찾는 항목이 없어서 오류(ValueError)가 발생하는 사례로, [예제 3-3]처럼 try~except ValueError 명령문을 추가하면 프로그램이 중단되는 것을 방지할 수 있다. 한편 목록(튜플 포함)은 문자열과 달리 index() 함수만 지원하므로 프로그램이 중단되지 않도록 탐색 전에 항목이 있는지 확인해야 한다.

목록(list) 항목 추가

- list.append(item): 목록에 항목을 추가한다. 추가 항목은 뒤에 덧붙인다.
- list.insert(index, item): 목록에서 지정한 위치(index)에 항목을 추가한다. index를 음수로 지정하면 끝에서부터 앞쪽으로 위치를 계산한다.

```
[예제 3-5] # 목록(list) 처리 예: 추가

hglist1 = ['조사', '흙', '값', '형태', '여덟', '체언']

# ㄱ)
hglist1.append('첫소리')
print('ㄱ)', hglist1)
# ㄴ)
hglist1.insert(3, '받침')
print('ㄴ)', hglist1)
print("ㄴ) '받침' 인덱스:", hglist1.index('받침'))
# ㄷ)
hglist1.insert(21, '키위새') # 인덱스 범위 초과 지정
print('ㄷ)', hglist1)
```

```
print("ㄷ) '키위새' 인덱스:", hglist1.index('키위새'))
# ㄹ)
hglist1.insert(-3, '돌고래') # 뒤에서 3번째에 추가
print('ㄹ)', hglist1)
print("ㄹ) '돌고래' 인덱스:", hglist1.index('돌고래'))
# ㅁ)
hglist1.insert(-31, '타이티')
print('ㅁ)', hglist1)
print("ㅁ) '타이티' 인덱스:", hglist1.index('타이티'))
>>>
ㄱ) ['조사', '흙', '값', '형태', '여덟', '체언', '첫소리']
ㄴ) ['조사', '흙', '값', '받침', '형태', '여덟', '체언', '첫소리']
ㄴ) '받침' 인덱스: 3
ㄷ) ['조사', '흙', '값', '받침', '형태', '여덟', '체언', '첫소리', '키위새']
ㄷ) '키위새' 인덱스: 8
ㄹ) ['조사', '흙', '값', '받침', '형태', '여덟', '돌고래', '체언', '첫소리', '키위새']
ㄹ) '돌고래' 인덱스: 6
ㅁ) ['타이티', '조사', '흙', '값', '받침', '형태', '여덟', '돌고래', '체언', '첫소리', '키위새']
ㅁ) '타이티' 인덱스: 0
```

[예제 3-5]에서 ㄱ)은 목록(hglist1)에 '첫소리'라는 단어를 추가하여 목록 끝에 '첫소리'가 추가되고, ㄴ)은 'hglist1'에서 인덱스 [3]에 '받침'을 추가하여 인덱스 [3]에 '받침'이 출력된다. ㄷ)은 단어 추가 시 인덱스 범위를 벗어났을 때의 처리 결과로, 인덱스 [21]에 '키위새'를 추가하면 목록 끝에 추가된다. 목록에서 인덱스 방식으로 위치를 탐색할 때 목록의 범위를 벗어나면 오류가 발생하지만 insert() 함수에서는 범위를 벗어나도 오류가 발생하지 않고 끝에 추가한다. ㄹ)은 insert() 함수에 음수로 된 인덱스를 지정하여 단어를 추가한다. 인덱스를 음수로 지정하면 끝에서부터 위치를 계산하므로 인덱스 [-3]은 목록의 끝에서부터 3번째에 '돌고래'를 추가한다. ㅁ)은 단어 추가 시 음수 인덱스가 범위를 벗어났을 때의 결과로, 인덱스 [-31]에 '타이티'를 추가하면 목록 앞에 추가된다.

목록(list) 확장과 합성

- list.extend(listNew): 현재 목록에 새로운 목록(listNew)의 항목을 추가하여 확장한다.
- listNew = list1 + list2: 두 개의 목록을 합쳐서 새로운 목록(listNew)을 생성한다.

```
[예제 3-6] # 목록(list) 처리 예: 확장과 합성

hglist1 = ['조사', '흙', '값', '형태', '여덟', '체언']
hglist2 = ['앞', '형태소', '콩']
hglist3 = ['뒤', '문법', '해운대']

# ㄱ)
hglist1.extend(hglist2)
print('ㄱ)', hglist1)
# ㄴ)
hglist23 = hglist2 + hglist3
print('ㄴ)', hglist23)
>>>
ㄱ) ['조사', '흙', '값', '형태', '여덟', '체언', '앞', '형태소', '콩']
ㄴ) ['앞', '형태소', '콩', '뒤', '문법', '해운대']
```

[예제 3-6]에서 ㄱ)은 6개 단어로 된 목록(hglist1)에 3개 단어 목록(hglist2)을 확장한 것으로, 결과를 보면 총 9단어로 늘어난다. ㄴ)은 목록(hglist2)과 목록(hglist3)을 합쳐 새로운 목록(hglist23)을 생성한 것으로 총 6단어가 출력된다.

목록(list) 항목 삭제

- list.remove(item): 목록에서 item과 일치하는 항목 한 개를 삭제한다. 일치하는 항목이 없으면 오류(ValueError)가 발생한다.

- del list[index]: 목록에서 지정한 위치(index)의 항목을 삭제한다. 범위를 벗어난 인덱스를 지정하면 오류(IndexError)가 발생한다.

- del list[start:end[: step]]: 인덱스를 범위(range) 형식으로 지정하면 'start'부터 'end' 이전 항목까지 삭제한다. 간격(step)을 지정하지 않으면 한 개씩 삭제하고 간격을 음수로 지정하면 목록의 끝에서부터 처리한다. 간격이 양수일 때 'start'를 생략하면 '0'을 기본값으로, 'end'를 생략하면 목록의 개수를 기본값으로 지정한다. 반대로 간격이 음수일 때 'start'를 생략하면 목록의 개수에서 '-1'부터 처리하고 'end'를 지정하지 않으면 목록의 첫 번째 항목까지 처리한다. 'start'와 'end'를 동시에 생략하면 전체 범위를 지정하는 것과 같아서 모두 삭제한다. 한편 목록의 범위를 벗어나도 오류가 발생하지 않고 범위 내에서 삭제한다.

✿ [delitem =] list.pop(index): 목록에서 지정한 위치(index)의 항목을 삭제하고 삭제한 항목을 반환한다. 만약 인덱스를 지정하지 않으면 맨 끝에 있는 항목을 삭제하고, 범위를 벗어난 인덱스를 지정하거나 내용이 없는 빈 목록에서 호출하면 오류(IndexError)가 발생한다.

✿ list.clear( ): 목록에 있는 모든 항목을 삭제한다.

[예제 3-7] # 목록(list) 처리 예: 삭제

```
hglist1 = ['조사', '흙', '값', '형태', '여덟', '체언']
hglist2 = ['앞', '형태소', '콩']
hglist3 = ['뒤', '문법', '해운대']
# ㄱ)
hglist1.remove('형태')
print('ㄱ)', hglist1)
# ㄴ)
del hglist1[2] # 목록에서 지정한 index 위치에 항목을 삭제함.
print('ㄴ)', hglist1)
# ㄷ)
print('ㄷ) 처리 전:', hglist2)
delitem = hglist2.pop(1) # 목록에서 지정한 index 위치에 항목을 삭제함.
print('ㄷ) delitem:', delitem)
print('ㄷ) 처리 후', hglist2)
# ㄹ)
hglist2.pop() # 목록에서 맨 끝에 있는 항목을 삭제함.
print('ㄹ)', hglist2)
# ㅁ)
print('ㅁ) clear() 전 :', hglist3)
hglist3.clear() # 목록 전체를 삭제
print('ㅁ) clear() 후 :', hglist3)
>>>
ㄱ) ['조사', '흙', '값', '여덟', '체언']
ㄴ) ['조사', '흙', '여덟', '체언']
ㄷ) 처리 전: ['앞', '형태소', '콩']
ㄷ) delitem 형태소
ㄷ) 처리 후 ['앞', '콩']
ㄹ) ['앞']
ㅁ) clear() 전 : ['뒤', '문법', '해운대']
ㅁ) clear() 후 : []
```

[예제 3-7]에서 ㄱ)은 6개 단어로 된 목록(hglist1)에서 '형태'라는 단어를 삭제하기 위해 remove( ) 함수를 호출하고, ㄴ)은 'hglist1'에서 del() 함수를 호출하여 인덱스 [2]에 위치한 단어를 삭제한다. ㄷ)은 pop() 함수를 호출하여 'hglist2'에서 인덱스 [1]에 위치한 단어를 삭제하면서 삭제한 항목을 'delitem' 변수에 반환한다. 만약 삭제된 항목이 필요 없으면 반환값(delitem)을 받지 않아도 되므로 프로그래밍 관점에서는 del() 함수보다는 pop() 함수를 사용하는 것이 편리하다. ㄹ)은 pop() 함수를 호출할 때 매개변수를 지정하지 않아 끝에 있는 '콩'을 삭제한다. ㅁ)은 clear( ) 함수로 목록의 모든 항목을 삭제한다.

한편 del() 함수를 호출할 때 범위를 지정하면 동시에 여러 개를 삭제할 수 있는데, [예제 3-8]은 범위를 지정하여 del( ) 함수를 호출한다.

[예제 3-8] # 목록(list) 처리 예: 범위 삭제

```
# ㄱ)
hglist1 = ['조사', '흙', '값', '형태', '여덟', '체언']
del hglist1[1:3] # 목록에서 지정한 index 범위의 항목을 삭제함.
print('ㄱ)', hglist1)
# ㄴ)
hglist2 = ['앞', '형태소', '콩']
del hglist2[2:15] # 목록에서 지정한 index 범위 초과 삭제.
print('ㄴ)', hglist2)
# ㄷ)
hglist3 = ['뒤', '문법', '해운대']
del hglist3[-10:2] # 목록에서 지정한 index 범위 초과 삭제.
print('ㄷ)', hglist3)
# ㄹ)
hglist101 = ['영', '하나', '둘', '셋', '넷', '다섯', '여섯', '일곱', '여덟', '아홉']
del hglist101[::3] # '3' 간격으로
print('ㄹ)', hglist101)
# ㅁ)
hglist102 = ['一', '二', '三', '四', '五', '六', '七', '八', '九', '十']
del hglist102[::-4] # 뒤에서부터 '-4' 간격으로
print('ㅁ)', hglist102)
# ㅂ)
del hglist102[:] # 목록 전체를 삭제함.
print('ㅂ)', hglist102)
>>>
```

```
ㄱ) ['조사', '형태', '여덟', '체언']
ㄴ) ['앞', '형태소']
ㄷ) ['해운대']
ㄹ) ['하나', '둘', '넷', '다섯', '일곱', '여덟']
ㅁ) ['一', '三', '四', '五', '七', '八', '九']
ㅂ) []
```

[예제 3-8]은 목록(list)에서 인덱스의 범위를 지정하여 삭제하는 것이다. ㄱ)은 6개 단어로 된 목록(hglist1)에서 인덱스 [1]부터 [3] 이전까지 총 2개를 삭제한다. ㄴ)은 'end'가 목록의 범위를 벗어난 경우로, 목록의 범위를 벗어나도 오류가 발생하지 않고 범위 내에서 처리하기 때문에 목록 끝의 항목까지 삭제한다. ㄷ)은 'start'가 목록의 범위를 벗어난 경우로 목록 처음부터 삭제한다. 삭제 후 목록을 출력하면 'end'의 바로 앞 인덱스 [1]까지 삭제하므로 1개만 남는다. ㄹ)과 ㅁ)은 'start'와 'end'를 생략하여 처음부터 끝까지 전체 목록을 대상으로 간격(step)을 이용하여 삭제한다. ㄹ)은 간격(step)을 '3'으로 지정하여 첫 번째 항목 '영'을 삭제한 후에 3개 간격으로 삭제한다. ㅁ)은 목록 끝에서부터 4개 간격으로 삭제하기 위해서 음수로 지정한 것으로 마지막 항목 '十'을 삭제한 후에 4개 간격으로 앞쪽으로 삭제한다. ㅂ)은 'start'와 'end'를 지정하지 않아서 'start'는 '0'을, 'end'는 항목 개수만큼 적용하기 때문에 목록 전체를 삭제하는 것과 같다.

한편 remove(), del(), pop() 함수로 삭제할 때 삭제할 항목이 없거나 인덱스의 범위를 벗어나면 오류가 발생하면서 프로그램이 중단되기 때문에 이를 방지하기 위해서 try~except 명령문으로 처리한다.

[예제 3-9] # 목록(list) 처리 예: 삭제 오류 처리

```
hglist1 = ['조사', '흙', '값', '형태', '여덟', '체언']
#----------
# ㄱ)
hglist1.remove('코끼리') # 목록에 없는 항목 삭제
>>>
Traceback (most recent call last):
  File "~.py", line 6, in <module>
    hglist1.remove('코끼리') # 목록에 없는 항목 삭제
ValueError: list.remove(x): x not in list
#----------
```

```
# ㄴ)
try:
    hglist1.remove('코끼리') # 목록에 없는 항목 삭제
    print( "'코끼리' 삭제: 성공")
except ValueError: # list.remove(x): x not in list
    print( "'코끼리' 삭제: 실패")
print(hglist1)
>>>
'코끼리' 삭제: 실패
['조사', '흙', '값', '형태', '여덟', '체언']
#----------
# ㄷ)
del hglist1[21] # 목록을 벗어난 index 위치의 항목을 삭제함.
>>>
Traceback (most recent call last):
  File "~.py", line 6, in <module>
    del hglist1[21] # 목록을 벗어난 index 위치의 항목을 삭제함.
IndexError: list assignment index out of range
#----------
# ㄹ)
hglist1.pop(15) # 목록을 벗어난 index 위치의 항목을 삭제함.
>>>
Traceback (most recent call last):
  File "~.py", line 5, in <module>
    hglist1.pop(15) # 목록을 벗어난 index 위치의 항목을 삭제함.
IndexError: pop index out of range
```

[예제 3-9]는 목록의 항목을 삭제할 때 오류가 발생하더라도 프로그램이 중단되지 않도록 try~except 명령문으로 처리한다. 예제에서 ㄱ)은 목록에 없는 단어 '코끼리'를 삭제하기 위해 remove() 함수를 호출하자 오류와 함께 프로그램이 중단된 경우인데, ㄴ)처럼 try~except ValueError 명령문으로 처리하면 프로그램의 중단을 방지할 수 있다. ㄷ)은 목록의 범위를 벗어난 인덱스 [21]로 삭제하기 위해 del() 함수를 호출하자 오류와 함께 프로그램이 중단된 경우이고, ㄹ)은 목록의 범위를 벗어난 인덱스 [15]로 삭제하기 위해 pop() 함수를 호출하자 오류와 함께 프로그램이 중단된 경우이다. ㄷ)과 ㄹ)도 ㄴ)처럼 try~except IndexError 명령문으로 처리하면 프로그램의 중단을 방지할 수 있다.

목록(list) 복제

- listNew = list[start:end[: step]]: 목록에서 일부 항목을 추출하여 새로운 목록(listNew)을 생성한다. 간격(step)을 지정하지 않으면 기본값으로 1을 적용하고 간격을 음수로 지정하면 목록의 끝에서부터 처리한다. 간격이 양수일 때 'start'를 생략하면 '0'을 기본값으로, 'end'를 생략하면 목록의 개수를 기본값으로 처리한다. 반대로 간격이 음수일 때 'start'를 생략하면 목록의 개수에서 '-1'부터 처리하고 'end'를 지정하지 않으면 목록의 첫 번째 항목까지 처리한다. list[::] 혹은 list[:] 형식으로 사용하면 목록 전체를 복제하는 것과 같다. 한편 목록의 범위를 벗어나도 오류가 발생하지 않고 범위 내에서 복제한다.
- list.copy( ): 목록을 복제하여 새로운 목록을 돌려준다.

[예제 3-10] # 목록(list) 처리 예: 복제

```
hglist1 = ['조사', '흙', '값', '형태', '여덟', '체언']
# ㄱ)
hglist_new = hglist1[2:5] # 목록에서 일부만 추출하여 새로운 목록 생성
print('ㄱ)', hglist_new)
# ㄴ)
hglist_new = hglist1[:5] # 'start' 생략: 목록에서 일부만 추출하여 새로운 목록 생성
print('ㄴ)', hglist_new)
# ㄷ)
hglist_new = hglist1[3:80] # 'end'(80)가 목록의 범위를 벗어난 경우
print('ㄷ)', hglist_new)
# ㄹ)
hglist_new = hglist1[::] # 목록에서 시작에서 끝까지 추출하여 새로운 목록 생성
print('ㄹ)', hglist_new)
# ㅁ)
hglist_new = hglist1[:] # 목록에서 시작에서 끝까지 추출하여 새로운 목록 생성
print('ㅁ)', hglist_new)
# ㅂ)
hglist_new = hglist1.copy()
print('ㅂ)', hglist_new)
# ㅅ)
hglist_new = hglist1[4:1:-1] # 목록 끝에서부터 일부만 추출하여 새로운 목록 생성
print('ㅅ)', hglist_new)
# ㅇ)
hglist_new = hglist1[::-1] # 목록 끝에서부터 전체를 추출하여 역순으로 새로운 목록 생성
print('ㅇ)', hglist_new)
```

```
>>>
ㄱ) ['값', '형태', '여덟']
ㄴ) ['조사', '흙', '값', '형태', '여덟']
ㄷ) ['형태', '여덟', '체언']
ㄹ) ['조사', '흙', '값', '형태', '여덟', '체언']
ㅁ) ['조사', '흙', '값', '형태', '여덟', '체언']
ㅂ) ['조사', '흙', '값', '형태', '여덟', '체언']
ㅅ) ['여덟', '형태', '값']
ㅇ) ['체언', '여덟', '형태', '값', '흙', '조사']
```

[예제 3-10]에서 ㄱ)은 6개 단어로 된 목록(hglist1)에서 인덱스 [2]부터 [4]까지 총 3개를 복제하고, ㄴ)은 'start'를 지정하지 않아 기본값인 [0]부터 인덱스 [4]까지 총 5개를 복제한다. ㄷ)은 'end'가 목록의 범위를 벗어났지만 범위 내에서 처리하기 때문에 목록 끝에 있는 항목까지 복제한다. ㄹ)은 목록에서 일부 항목을 복제할 때 범위와 간격을 지정하지 않은 것으로, 이렇게 범위를 지정하지 않으면 시작 인덱스는 '0'을, 끝 인덱스는 항목 개수만큼 적용하여 목록 전체를 복제하는 것과 같아 'hglist_new'의 출력 결과는 'hglist1'과 같다. ㅁ)은 ㄹ)처럼 목록에서 일부 항목을 복제할 때 범위를 지정하지 않은 경우로, 'step'을 생략하여 기본값을 적용하며 목록 전체를 복제하는 것과 같아 출력 결과도 'hglist1'과 같다. ㅂ)은 copy() 함수를 호출하여 목록 전체를 복제한다. ㅅ)은 'step'을 음수로 지정하여 인덱스 [4]에서 [2]까지 총 3개를 복제하는데, 'step'을 음수로 지정하여 처리할 때는 'start'에 큰 값을, 'end'에 작은 값을 지정해야 한다. 'hglist_new'를 출력하면 목록 끝에서부터 처리하여서 "여덟, 형태, 값" 순서로 출력된다. ㅇ)은 'start'와 'end'를 생략한 채 'step'을 음수로 지정한 경우로, 목록 끝에서부터 앞으로 순서대로 복제하여 "체언, 여덟, ..." 순서로 출력된다.

목록(list) 정렬

- list.sort(reverse=False): 목록의 항목을 정렬한다. 'reverse' 매개변수를 'True'로 지정하면 내림차순으로, 'False'로 지정하거나 아무것도 지정하지 않으면 오름차순으로 정렬한다. 항목이 문자열일 경우 유니코드 값을 기준으로 정렬하기 때문에 한글 음절은 사전 순서에 맞게 정렬된다.
- list.reverse(): 목록의 항목 위치를 뒤집어 배열한다. 첫 항목은 마지막 항목에, 마지막 항목은 첫 항목에 놓는다.

```
[예제 3-11] # 목록(list) 처리 예: 정렬

hglist1 = ['조사', '흙', '값', '형태', '여덟', '체언']
hglist102 = ['一', '二', '三', '四', '五', '六', '七', '八', '九', '十']
# ㄱ)
hglist1.sort()
print('ㄱ)', hglist1)
# ㄴ)
hglist1.sort(reverse=True)
print('ㄴ)', hglist1)
# ㄷ)
hglist102.reverse() # 앞은 뒤로 보내고, 뒤는 앞으로 보낸다.
print('ㄷ)', hglist102)
>>>
ㄱ) ['값', '여덟', '조사', '체언', '형태', '흙']
ㄴ) ['흙', '형태', '체언', '조사', '여덟', '값']
ㄷ) ['十', '九', '八', '七', '六', '五', '四', '三', '二', '一']
```

[예제 3-11]에서 6개 단어로 된 목록(hglist1)을 대상으로 ㄱ)은 목록에 내장된 sort() 함수를 호출하여 작은 값에서 큰 값 순서로 정렬한다. 이때 항목이 문자열일 경우에는 유니코드 코드값을 기준으로 정렬하여 출력 결과를 보면 '값'으로 시작하여 '흙'으로 끝난다. ㄴ)은 sort() 함수를 호출할 때 'reverse' 매개변수를 'True'로 지정하여 정렬 결과를 내림차순으로 배열한다. ㄷ)은 목록에 내장된 reverse() 함수를 호출하여 항목 위치를 뒤집어 배열한다. 결과를 보면 항목의 위치가 hglist102의 역순으로 출력된다. 한편 sort() 함수는 'key' 매개변수를 이용하면 정교하게 정렬할 수 있는데 이와 관련된 내용은 4장에서 설명한다.

목록(list) 루프 처리

목록은 for 루프(loop)의 반복 연산을 통해 처리할 수 있다.

[예제 3-12]에서 목록의 항목에 접근하는 방법은 크게 세 가지로, 처리 방법은 달라도 결과는 같다. ㄱ)은 for 루프에서 'in' 명령어의 매개변수로 목록을 직접 전달하면서 루프를 수행한다. 이 방법은 다른 클래스나 함수를 거치지 않고 직접 처리하기 때문에 조작법이 간단하지만 항목의 인덱스를 알 수 없어 인덱스가 필요한 경우에는 예제처럼 별도의 인덱스 변수를 추가해야 한다. ㄴ)은 enumerate() 함수를 통하여 루프를 수행한다. 이 함수는 인덱스와 목록의 항목을

[예제 3-12] 목록(list) 처리 예: for loop

```
hglist2 = ['앞', '형태소', '콩']
print('# ㄱ)')
i = 0
for item in hglist2:
    print( f"[{i}] 번째 항목 : '{item}'")
    i += 1

print('# ㄴ)')
for i, item in enumerate(hglist2):
    print( f"[{i}] 번째 항목 : '{item}'")

print('# ㄷ)')
for i in range(len(hglist2)):
    item = hglist2[i]
    print( f"[{i}] 번째 항목 : '{item}'")
>>>
# ㄱ)
[0] 번째 항목 : '앞'
[1] 번째 항목 : '형태소'
[2] 번째 항목 : '콩'
# ㄴ)
...
# ㄷ)
...
```

동시에 전달하고 인덱스를 자동으로 처리하기 때문에 소스 코드가 간결하고 명료하다. ㄷ)은 range 클래스를 호출할 때 목록(hglist2)의 개수를 매개변수로 전달하는데 range 클래스는 루프를 반복할 때마다 인덱스를 자동으로 처리한다.

2. 튜플(tuple)

튜플(tuple)은 목록(list)과 기능이 유사하지만 내용을 변경할 수 없는 자료형으로 항목을 변경할 필요가 없는 경우에 사용하며 소괄호 '()'로 선언한다는 점에서 차이가 있다.

튜플(tuple) 생성

✿ 튜플(tuple)을 생성할 때는 소괄호(())로 선언하고 쉼표를 사용하여 항목을 구분한다. 형(type) 생성자나 컴프리헨션(comprehension)으로도 생성할 수 있는데 컴프리헨션은 4장에서 설명한다.

```
[예제 3-13] # 튜플(tuple) 처리 예: 생성

# ㄱ) 소괄호 생성
tuple1 = ('조사', '흙', '값', '형태', '여덟', '체언')
# ㄴ) 중복 항목
tuple20 = ('제주도', '거문도', '울릉도', '제주도')
print('ㄴ) tuple20:', tuple20)
# ㄷ) 쉼표 생성
tuple21 = '제주도', '거문도', '울릉도'
print('ㄷ) tuple21:', tuple21)
# ㄹ) tuple((,,,)) 생성자: 튜플
tuple22 = tuple(('제주도', '거문도', '울릉도'))
print('ㄹ) tuple22:', tuple22)
# ㅁ) tuple((,,,)) 생성자: 목록
tuple23 = tuple(['제주도', '거문도', '울릉도'])
print('ㅁ) tuple23:', tuple23)
# ㅂ) tuple((,,,)) 생성자: 문자열
tuple24 = tuple('제주도')
print('ㅂ) tuple24:', tuple24)
# ㅅ) tuple({,,,}) 생성자: 집합
tuple25 = tuple({'서울', '뉴델리', '런던'})
print('ㅅ) tuple25:', tuple25)
# ㅇ) tuple({,,,}) 생성자: 사전
tuple26 = tuple({'한국':'서울', '인도':'뉴델리', '영국':'런던'})
print('ㅇ) tuple26:', tuple26)
>>>
ㄴ) tuple20: ('제주도', '거문도', '울릉도', '제주도')
```

```
ㄷ) tuple21: ('제주도', '거문도', '울릉도')
ㄹ) tuple22: ('제주도', '거문도', '울릉도')
ㅁ) tuple23: ('제주도', '거문도', '울릉도')
ㅂ) tuple24: ('제', '주', '도')
ㅅ) tuple25: ('뉴델리', '런던', '서울')
ㅇ) tuple26: ('한국', '인도', '영국')
```

[예제 3-13]은 튜플 생성에 관한 것으로 ㄱ)은 소괄호를 이용하여 6개 단어로 튜플(tuple1)을 생성한다. ㄴ)은 튜플(tuple20)을 생성할 때 같은 항목('제주도')이 2개 있는 경우이다. 튜플은 중복 항목을 허용하기 때문에 출력 결과를 보면 '제주도'가 2개 있으며 총 4단어이다. ㄷ)은 쉼표로 튜플을 생성한 것으로, 쉼표로 생성해도 소괄호 형식으로 출력된다.

ㄹ-ㅇ)은 튜플을 생성하기 위해 형(type) 생성자 tuple()을 이용한다. 이때 매개변수는 반복 가능한 연속형 데이터이다. ㄹ)은 소괄호로 묶은 매개변수(tuple)를, ㅁ)은 대괄호로 묶은 매개변수(list)를 사용하여 각각 tuple() 생성자를 호출한다. ㅂ)은 tuple() 생성자를 호출할 때 문자열을 매개변수로 전달한 것이다. 문자열은 글자를 모아 놓은 것으로, tuple() 생성자로 문자열을 처리하면 글자 단위로 분리되므로 유의해야 한다. ㅅ)은 중괄호로 묶은 매개변수(set)를, ㅇ)은 사전(dict) 형식의 중괄호로 묶은 매개변수를 각각 사용하여 tuple() 생성자를 호출한다. 사전은 키와 값으로 이루어진 연속형 자료형이지만 사전(dict)을 매개변수로 전달하면 사전의 키만 전달되므로 유의해야 한다. ㅅ)과 ㅇ)에서 사용한 집합(set)과 사전(dict)은 뒤에서 상세하게 설명한다.

튜플(tuple) 길이와 인덱스

- len(tuple): 튜플의 개수를 계산한다.
- tuple[index]: 튜플의 항목에 접근한다. index값은 0부터 계산하며 튜플의 개수보다 큰 값을 지정하면 오류가 발생한다. index값이 음수일 경우에는 튜플 끝에서부터 순서를 계산한다.

```
[예제 3-14] # 튜플(tuple) 처리 예: 길이와 인덱스

tuple1 = ('조사', '흙', '값', '형태', '여덟', '체언')
# ㄱ)
print( "ㄱ) 튜플(tuple) 개수:", len(tuple1))
# ㄴ)
```

```
print( "ㄴ) 튜플(tuple) Index [2]:", tuple1[2]) # 앞에서 세 번째 '값' 출력
# ㄷ)
print( "ㄷ) 튜플(tuple) Index [-2]:", tuple1[-2]) # 뒤에서 2번째 '여덟' 출력
# ㄹ)
print("ㄹ) 튜플(tuple) Index [15]:", tuple1[15]) # 범위를 벗어나면 오류 발생
>>>
ㄱ) 튜플(tuple) 개수: 6
ㄴ) 튜플(tuple) Index [2]: 값
ㄷ) 튜플(tuple) Index [-2]: 여덟
Traceback (most recent call last):
  File "~.py", line 10, in <module>
    print("ㄹ) 튜플(tuple) Index [15]:", tuple1[15]) # 범위를 벗어나면 오류 발생
IndexError: tuple index out of range
```

[예제 3-14]에서 ㄱ)은 튜플(tuple1)의 개수를 확인하기 위해서 len() 함수를 호출하고, ㄴ)은 튜플의 위치로 항목을 탐색하기 위해 [2]를 인덱스로 지정한 후에 출력한다. ㄷ)은 음수로 된 인덱스를 지정한 경우로 뒤에서부터 위치를 계산하므로 인덱스 [-2]는 '여덟'을 가리킨다. ㄹ)은 튜플의 개수를 초과한 인덱스를 지정하여 오류(IndexError)가 발생하는 사례로, [예제 3-9]처럼 try~except IndexError 명령문을 추가하면 프로그램 중단을 방지할 수 있다.

튜플(tuple) 탐색

- item in tuple: 튜플에 항목이 있는지 확인한다. 항목이 있으면 True, 없으면 False이다.
- item not in tuple: 튜플에 항목이 없는지 확인한다. 항목이 없으면 True, 있으면 False이다.
- tuple.index(item): 튜플에서 항목의 위치(index)를 반환한다. 항목이 없으면 오류(ValueError)가 발생한다.
- tuple.count(item): 현재 튜플에서 항목의 빈도를 계산한다.

```
[예제 3-15] # 튜플(tuple) 처리 예: 탐색

tuple1 = ('조사', '흙', '값', '형태', '여덟', '체언')
# ㄱ)
if '흙' in tuple1: # 튜플에 있으면 True, 없으면 False
    print( "ㄱ) '흙' ===> 튜플에 있습니다.")
else:
    print( "ㄱ) '흙'===> 튜플에 없습니다.")
```

```
# ㄴ)
if '황제펭귄' not in tuple1:
    print( "ㄴ) '황제펭귄'===> 튜플에 없습니다.")
else:
    print( "ㄴ) '황제펭귄'===> 튜플에 있습니다.")
# ㄷ)
print("ㄷ) '값' count:", tuple1.count('값'))  # 튜플에서 '값'의 빈도를 계산
# ㄹ)
print( "ㄹ) '형태' 위치:", tuple1.index('형태'))
# ㅁ)
print( "ㅁ) '황제펭귄' 위치:", tuple1.index('황제펭귄'))
>>>
ㄱ) '흙' ===> 튜플에 있습니다.
ㄴ) '황제펭귄'===> 튜플에 없습니다.
ㄷ) '값' count: 1
ㄹ) '형태' 위치: 3
Traceback (most recent call last):
  File "~.py", line 18, in <module>
    print( "ㅁ) '황제펭귄' 위치:", tuple1.index('황제펭귄'))
ValueError: tuple.index(x): x not in tuple
```

[예제 3-15]에서 ㄱ)은 튜플(tuple1)에 '흙'이 있는지, ㄴ)은 튜플에 '황제펭귄'이 없는지 검사한다. ㄷ)은 튜플에서 찾는 항목의 빈도를 계산하는 것으로 'tuple1'에 '값'은 1개만 있으므로 출력 결과는 '1'이다. ㄹ)은 튜플에서 찾는 항목의 위치(인덱스)를 구하는 것으로 'tuple1'에서 '형태'의 위치는 네 번째이므로 인덱스 '3'을 출력한다. ㅁ)은 찾는 항목이 없어서 프로그래밍 오류(ValueError)가 발생하는 사례로, [예제 3-9]처럼 try~except ValueError 명령문을 추가하면 프로그램 중단을 방지할 수 있다.

튜플(tuple) 합성과 복제

- tupleNew = tuple1 + tuple2: 두 개의 튜플을 합쳐서 새로운 튜플(tupleNew)을 생성한다.
- tupleNew = tuple[start:end[: step]]: 튜플에서 일부 항목을 추출하여 새로운 튜플(tupleNew)을 생성한다. 간격(step)을 지정하지 않으면 기본값으로 1을 적용하고 간격을 음수로 지정하면 튜플의 끝에서부터 처리한다. 간격이 양수일 때 'start'를 생략하면 '0'을 기본값으로, 'end'를 생략하면 튜플의 개수를 기본값으로 처리한다. 반대로 간격이 음수일 때 'start'를 생략하면 튜플의 개수에서 '-1'부터 처리하고 'end'를

지정하지 않으면 튜플의 첫 번째 항목까지 처리한다. tuple[::] 혹은 tuple[:] 형식으로 사용하면 튜플 전체를 복제하는 것과 같다. 한편 튜플의 범위를 벗어나도 오류가 발생하지 않고 범위 내에서 복제한다.

```
[예제 3-16] # 튜플(tuple) 처리 예: 합성과 복제

tuple1 = ('조사', '흙', '값', '형태', '여덟', '체언')
tuple2 = ('앞', '형태소', '콩')
tuple3 = ('뒤', '문법', '해운대')
# ㄱ)
tuple23 = tuple2 + tuple3
print('ㄱ) tuple23:', tuple23)
# ㄴ) 부분 복제
tuple_new = tuple1[2:5] # 튜플에서 일부만 추출하여 새로운 튜플 생성
print('ㄴ)', tuple_new)
# ㄷ)
tuple_new = tuple1[:5] # 'start' 생략: 튜플에서 일부만 추출하여 새로운 튜플 생성
print('ㄷ)', tuple_new)
# ㄹ)
tuple_new = tuple1[3:80] # 'end'(80)가 튜플의 범위를 벗어난 경우
print('ㄹ)', tuple_new)
# ㅁ) 부분 복제 방식으로 전체 복사
tuple_new = tuple1[::] # 튜플에서 시작에서 끝까지 추출하여 새로운 튜플 생성
print('ㅁ)', tuple_new)
# ㅂ) 부분 복제 방식으로 전체 복사
tuple_new = tuple1[:] # 튜플에서 시작에서 끝까지 추출하여 새로운 튜플 생성
print('ㅂ)', tuple_new)
# ㅅ)
tuple_new = tuple1[4:1:-1] # 튜플 끝에서부터 일부만 추출하여 새로운 튜플 생성
print('ㅅ)', tuple_new)
# ㅇ)
tuple_new = tuple1[::-1] # 튜플 끝에서부터 전체를 추출하여 역순으로 새로운 튜플 생성
print('ㅇ)', tuple_new)
>>>
ㄱ) tuple23: ('앞', '형태소', '콩', '뒤', '문법', '해운대')
ㄴ) ('값', '형태', '여덟')
ㄷ) ('조사', '흙', '값', '형태', '여덟')
ㄹ) ('형태', '여덟', '체언')
ㅁ) ('조사', '흙', '값', '형태', '여덟', '체언')
ㅂ) ('조사', '흙', '값', '형태', '여덟', '체언')
```

```
ㅅ) ('여덟', '형태', '값')
ㅇ) ('체언', '여덟', '형태', '값', '흙', '조사')
```

[예제 3-16]에서 ㄱ)은 튜플(tuple2)과 튜플(tuple3)을 합쳐 새로운 튜플(tuple23)을 생성한 것으로 총 6단어가 출력된다. ㄴ)은 6개 단어로 된 튜플(tuple1)에서 인덱스 [2]부터 [4]까지 총 3개를 복제하고, ㄷ)은 'start'를 지정하지 않아 기본값인 [0]부터 인덱스 [4]까지 총 5개를 복제한다. ㄹ)은 'end'가 튜플의 범위를 벗어난 경우로, 범위를 벗어나면 튜플의 마지막 항목까지 복제한다. ㅁ)은 튜플에서 일부 항목을 복제할 때 범위를 지정하지 않은 경우로, 이렇게 범위를 지정하지 않으면 기본값을 적용하여 튜플 전체를 복제하는 것과 같아 출력 결과는 'tuple1'과 일치한다. ㅂ)은 ㅁ)처럼 튜플에서 일부 항목을 복제할 때 범위를 지정하지 않은 경우로, 'step'을 생략하여 기본값을 적용하므로 튜플 전체를 복제하는 것과 같아 출력 결과는 'tuple1'과 일치한다. 한편 튜플은 목록(list)과 유사하지만 copy() 함수를 지원하지 않으므로 유의해야 한다. ㅅ)은 'step'을 음수로 지정하여 인덱스 [4]에서 [2]까지 총 3개를 복제한다. 이처럼 'step'을 음수로 지정하여 처리할 때는 'start'에 큰 값을, 'end'에 작은 값을 지정해야 한다. 결과를 보면 튜플 끝에서부터 처리하기 때문에 "여덟, 형태, 값"의 순서로 출력된다. ㅇ)은 'start'와 'end'를 생략한 채 'step'을 음수로 지정한 경우로, 튜플 끝에서부터 앞으로 순서대로 복제하여 "체언, 여덟, ..." 순서로 출력된다.

튜플(tuple) 루프 처리

튜플은 목록(list)과 성격이 유사해서 목록처럼 for 루프(loop)를 통하여 반복 처리하며, 튜플의 항목을 직접 전달하거나 enumerate() 함수나 range 클래스를 통하여 접근할 수도 있다.

```
[예제 3-17] # 튜플(tuple) 처리 예: for loop

tuple2 = ('앞', '형태소', '콩')

print('# ㄱ)')
i = 0
for item in tuple2:
    print( f"[{i}] 번째 항목 : '{item}'")
    i += 1

print('# ㄴ)')
```

```
for i, item in enumerate(tuple2):
    print( f"[{i}] 번째 항목 : '{item}'")

print('# ㄷ)')
for i in range(len(tuple2)):
    print( f"[{i}] 번째 항목 : '{tuple2[i]}'")
>>>
# ㄱ)
[0] 번째 항목 : '앞'
[1] 번째 항목 : '형태소'
[2] 번째 항목 : '콩'
# ㄴ)
...
# ㄷ)
...
```

[예제 3-17]에서 튜플의 항목에 접근하는 방법은 크게 세 가지로, 처리 방법은 달라도 결과는 같다. ㄱ)은 for 루프에서 'in' 명령어의 매개변수로 튜플을 직접 전달하면서 루프를 수행하고, ㄴ)은 enumerate() 함수를 통하여 루프를 수행한다. ㄷ)은 range 클래스를 호출할 때 'tuple2'의 개수를 매개변수로 전달하며 range 클래스와 enumerate() 함수는 루프를 반복할 때마다 인덱스를 자동으로 처리한다.

3. 사전(dict)

일반적으로 사전은 어떤 범위 안에서 쓰이는 낱말을 모아서 일정한 순서로 배열하여 싣고 그 각각의 발음, 의미, 어원, 용법 따위를 해설한 책을 의미한다. 파이썬에서 사전 처리는 '키(key)'와 키에 대응하는 '값(value)'을 다루기 위한 자료형을 가리키며, 언어 처리에서는 매우 중요한 기능이다.

사전(dict) 생성

- 사전(dict)을 생성할 때는 중괄호 '{}'를 쌍으로 지정하며 각 항목은 쉼표로 구분한다. 형(type) 생성자나 컴프리헨션(comprehension)으로도 생성할 수 있다.
- 사전의 각 항목은 '키(key):값(value)' 쌍으로 생성한다.
- 사전(dict)의 키는 중복되지 않는 것이 좋다. 키가 중복되면 오류를 일으키지는 않지만 하나만 처리하고 나머지는 무시한다.

```
[예제 3-18] # 사전(dict) 처리 예: 생성

# ㄱ) 중괄호 생성
한글사전 = {'표제어':'흙', '품사':'명사', '등록자':'세종대왕'}
# ㄴ) 중복 항목
한글사전20 = {'표제어':'흙', '품사':'명사', '등록자':'세종대왕', '등록자':'t2bot'}
print('ㄴ) 한글사전20:', 한글사전20)
# ㄷ) dict() 생성자
한글사전21 = dict(표제어='푸르다', 품사='형용사', 등록='t2bot')
print('ㄷ) 한글사전21:', 한글사전21)
# ㄹ) dict() 생성자
한글사전22 = dict([('표제어', '푸르다'), ('품사', '형용사'), ('등록', 't2bot')])
print('ㄹ) 한글사전22:', 한글사전22)
>>>
ㄴ) 한글사전20: {'표제어': '흙', '품사': '명사', '등록자': 't2bot'}
ㄷ) 한글사전21: {'표제어': '푸르다', '품사': '형용사', '등록': 't2bot'}
ㄹ) 한글사전22: {'표제어': '푸르다', '품사': '형용사', '등록': 't2bot'}
```

[예제 3-18]은 사전 생성에 관한 것으로 ㄱ)은 중괄호({})를 이용하여 3개 항목으로 사전(한글사전)을 생성한다. ㄴ)은 사전(한글사전20)을 생성할 때 '등록자' 항목이 두 개 있는 경우이다. 사전은 중복 항목을 허용하지 않기 때문에 4항목을 선언하더라도 '등록자' 항목의 값은 마지막에 지정한 것만 처리되어 총 3항목만 처리된다. ㄷ)과 ㄹ)은 형(type) 생성자 dict()로 사전을 생성한 것으로, 사전 생성 시 ㄷ)은 '키=값' 형식의 매개변수를, ㄹ)은 튜플(키, 값)로 된 목록(대괄호) 형식의 매개변수를 사용한다.

사전(dict) 길이와 탐색 키

- len(dict): 사전의 개수를 계산한다.
- value = dict[key]: key의 값을 value에 전달한다. key가 없으면 오류(KeyError)가 발생한다.
- value = dict.get(key): key의 값을 value에 전달한다. get() 함수는 key가 없더라도 오류(KeyError)를 일으키지 않고 'None' 값을 반환하기 때문에 dict[key] 방식보다 프로그래밍 관점에서는 안전하다.

[예제 3-19] # 사전(dict) 처리 예: 길이와 탐색

```
한글사전 = {'표제어':'흙', '품사':'명사', '등록자':'세종대왕'}
# ㄱ)
print("ㄱ) 사전(dict) 개수:", len(한글사전))
# ㄴ)
print("ㄴ) 사전(dict) '표제어':", 한글사전['표제어']) # 사전(dict)에서 '키:값' 조회
# ㄷ)
print("ㄷ) 사전(dict) '품사':", 한글사전.get('품사')) # 사전(dict)에서 '키:값' 조회
# ㄹ)
print("ㄹ) 사전(dict) '빈도':", 한글사전.get('빈도')) # dict에 없는 키('빈도') 조회하면 'None'
# ㅁ)
print("ㅁ) 사전(dict) '빈도':", 한글사전['빈도']) # dict에 없는 키('빈도') 조회하면 오류 발생
>>>
ㄱ) 사전(dict) 개수: 3
ㄴ) 사전(dict) '표제어': 흙
ㄷ) 사전(dict) '품사': 명사
ㄹ) 사전(dict) '빈도': None
Traceback (most recent call last):
  File "~.py", line 12, in <module>
    print("ㅁ) 사전(dict) '빈도':", 한글사전['빈도']) # dict에 없는 키('빈도') 조회하면 오류
발생
KeyError: '빈도'
```

[예제 3-19]에서 ㄱ)은 사전(한글사전)의 항목 개수를 확인하기 위해서 len() 함수를 호출한다. ㄴ)은 사전의 항목을 탐색하기 위해 '표제어'를 키(key)로 지정한 후에 출력하는데, 결과를 보면 '표제어'에 대응하는 값('흙')을 출력한다. ㄷ)은 사전의 항목을 탐색하기 위해서 get() 함수를 호출하는데, 결과를 보면 '품사'에 대응하는 값('명사')을 출력한다. 이 방식은 ㄴ)과 기능은 같지만 탐색하려는 키가 없을 때의 처리 방법은 다른데, ㄹ)처럼 사전에 없는 키('빈도')로 get() 함수를 호출하면 'None'을 반환하지만 ㅁ)처럼 대괄호 방식으로 사전에 없는 키를 탐색하면

오류(KeyError)가 발생하므로 이때에는 try~except KeyError 명령문을 추가하면 프로그램 중단을 방지할 수 있다.

사전(dict) 탐색

- key in dict: 사전에 key가 있는지 검사한다. key가 있으면 True, 없으면 False이다.
- key not in dict: 사전에 key가 없는지 검사한다. key가 없으면 True, 있으면 False이다.

[예제 3-20] # 사전(dict) 처리 예: 탐색

```
한글사전 = {'표제어':'흙', '품사':'명사', '등록자':'세종대왕'}
# ㄱ)
if '표제어' in 한글사전: # 사전에 있으면 True, 없으면 False
    print( "ㄱ) '표제어' ===> 사전에 있습니다.")
else:
    print( "ㄱ) '표제어'===> 사전에 없습니다.")
# ㄴ)
if '빈도' not in 한글사전:
    print( "ㄴ) '빈도'===> 사전에 없습니다.")
else:
    print( "ㄴ) '빈도'===> 사전에 있습니다.")
>>>
ㄱ) '표제어' ===> 사전에 있습니다.
ㄴ) '빈도'===> 사전에 없습니다.
```

[예제 3-20]에서 ㄱ)은 사전(한글사전)에 '표제어'가 있는지, ㄴ)은 사전에 '빈도'가 없는지 검사하여 결과를 출력한다.

사전(dict) 항목 추가와 갱신

- dict[key] = value: key가 있으면 기존의 값을 value로 변경하고, key가 없으면 key와 value를 추가한다.
- dict.update({key:value}): 사전(dict) '{key:value}' 쌍으로 접근하는 것으로 key가 있으면 기존의 값을 value로 변경하고, key가 없으면 key와 value를 추가한다.
- dict.update(key=value): 'key=value' 쌍으로 접근하는 것으로 key가 있으면 기존의 값을 value로 변경하고, key가 없으면 key와 value를 추가한다.

✿ dict.copy( ): 사전을 복제하여 새로운 사전을 돌려준다.

사전의 항목을 갱신하는 방법은 크게 두 가지이다. 첫 번째는 키에 값을 직접 전달하는 것이고, 두 번째는 update() 함수를 호출하는 것이다. update() 함수는 갱신하려는 항목의 키가 없을 경우에 오류로 처리하지 않고 새로운 항목으로 추가한다.

```
[예제 3-21] # 사전(dict) 처리 예: 갱신

훈민정음 = {'제작':'세종대왕', '반포':'1446년', '소장':'간송미술관'}
# ㄱ)
훈민정음['제작'] = '世宗大王' # 내용 변경
print("ㄱ) 사전(dict) ['제작']:", 훈민정음['제작'])
# ㄴ)
훈민정음.update({'반포':'1446년10월9일'}) # 사전(dict) {key:value} 방식 내용 변경
print("ㄴ) 사전(dict) ['반포']:", 훈민정음['반포'])
# ㄷ)
훈민정음.update(소장='澗松美術館') # 키=값 방식 내용 변경
print("ㄷ) 사전(dict) ['소장']:", 훈민정음['소장'])
print('훈민정음:', 훈민정음)
>>>
ㄱ) 사전(dict) ['제작']: 世宗大王
ㄴ) 사전(dict) ['반포']: 1446년10월9일
ㄷ) 사전(dict) ['소장']: 澗松美術館
훈민정음: {'제작': '世宗大王', '반포': '1446년10월9일', '소장': '澗松美術館'}
```

[예제 3-21]에서는 3개의 항목으로 된 사전(훈민정음)을 갱신한다. ㄱ)은 '제작'의 값을 **'世宗大王'**으로 변경한다. ㄴ)은 중괄호로 된 사전 방식으로 update() 함수를 호출하여 '훈민정음' 사전에서 '반포'의 값을 '1446년10월9일'로 변경한다. ㄷ)도 update() 함수를 호출하여 '훈민정음' 사전에서 '소장'의 값을 **'澗松美術館'**으로 변경하지만 매개변수의 전달 방법은 ㄴ)과 달리 '키=값' 형식을 사용한다.

[예제 3-22]는 사전에 없는 항목을 추가하는 방법이다. ㄱ)은 3개의 항목으로 된 사전(훈민정음)에 '창제'의 값을 '1443년'으로 추가한다. ㄴ)은 중괄호로 된 사전 방식으로 update() 함수를 호출하여 '훈민정음' 사전에 '언어'의 값을 '한글'로 추가한다. ㄷ)도 update() 함수를 호출하여 사전에 '사용자'의 값을 '8천만'으로 추가하지만 매개변수의 전달 방법은 ㄴ)과 달리 '키=값' 형식을 사용한다.

[예제 3-22] # 사전(dict) 처리 예: 추가

```
훈민정음 = {'제작':'세종대왕', '반포':'1446년', '소장':'간송미술관'}
# ㄱ
훈민정음['창제'] = '1443년' # 내용 추가
항목수 = len(훈민정음)
print(f"ㄱ) 사전(dict) [{항목수}]:", 훈민정음)
# ㄴ)
훈민정음.update({'언어':'한글'}) # 사전 방식 내용 추가
항목수 = len(훈민정음)
print(f"ㄴ) 사전(dict) [{항목수}]:", 훈민정음)
# ㄷ)
훈민정음.update(사용자='8천만') # 키=값 방식 내용 추가
항목수 = len(훈민정음)
print(f"ㄷ) 사전(dict) [{항목수}]:", 훈민정음)
>>>
ㄱ) 사전(dict) [4]: {'제작': '세종대왕', '반포': '1446년', '소장': '간송미술관', '창제': '1443년'}
ㄴ) 사전(dict) [5]: {'제작': '세종대왕', '반포': '1446년', '소장': '간송미술관', '창제': '1443년',
'언어': '한글'}
ㄷ) 사전(dict) [6]: {'제작': '세종대왕', '반포': '1446년', '소장': '간송미술관', '창제': '1443년',
'언어': '한글', '사용자': '8천만'}
```

사전(dict) 항목 확장과 복제

update() 함수는 매개변수로 사전을 전달하면 사전을 확장하는 효과가 있는데, 목록(list)을 확장하기 위해 extend() 함수를 호출하는 것과 유사하다. 그러나 목록은 갱신, 추가, 확장에 각각 다른 함수를 사용하는데, 사전은 update() 함수로 모두 처리할 수 있다는 점에서 차이가

[예제 3-23] # 사전(dict) 처리 예: 확장(list.extend( ) 유사)

```
훈민정음 = {'제작':'세종대왕', '반포':'1446년', '소장':'간송미술관'}
훈민정음보충 = {'창제':'1443년', '언어':'한글', '사용자':'8천만'}

훈민정음.update(훈민정음보충) # 사전(dict) {key:value} 방식 내용 변경
print("사전(dict) update(dict):", 훈민정음)
>>>
사전(dict) update(dict): {'제작': '세종대왕', '반포': '1446년', '소장': '간송미술관', '창제': '1443년
', '언어': '한글', '사용자': '8천만'}
```

있다.

[예제 3-23]은 사전과 사전을 합쳐서 확장하는 예제이다. 출력 결과를 보면 '훈민정음' 사전에 '훈민정음보충'의 모든 항목이 추가되어 총 6개의 항목이 된다.

```
[예제 3-24] # 사전(dict) 처리 예: 복제

한글사전 = {'표제어':'흙', '품사':'명사', '등록자':'세종대왕'}

복제사전 = 한글사전.copy()
print('한글사전: ', 한글사전)
print('복제사전: ', 복제사전)
>>>
한글사전:  {'표제어': '흙', '품사': '명사', '등록자': '세종대왕'}
복제사전:  {'표제어': '흙', '품사': '명사', '등록자': '세종대왕'}
```

[예제 3-24]는 사전을 복제하기 위해 copy() 함수를 호출하여 '한글사전'을 '복제사전'으로 복제하는데, 출력 결과를 보면 두 사전이 같다. 한편 사전(dict)은 목록(list)과 달리 부분 복제 명령이나 함수가 없기 때문에 사전의 일부 항목을 복제하려면 별도의 프로그램을 작성해야 한다.

사전(dict) 항목 삭제

- del dict[key]: key 항목을 삭제한다. 일치하는 항목이 없으면 오류(KeyError)가 발생한다.
- [delvalue =] dict.pop(key[, default]): key 항목을 삭제하고 삭제한 항목의 값(value)을 반환한다. key 항목이 없으면 오류가 발생하지만 default를 지정하면 오류를 일으키지 않고 default를 반환하므로 del( ) 함수보다 안전하고 편리하다.
- [delitem =] dict.popitem( ): 맨 마지막 항목을 삭제한 후에 삭제한 항목을 (key, value) 쌍으로 반환(delitem)하고, 반환값(delitem)이 필요 없을 경우에는 값을 받지 않는다. 빈 사전에서 호출하면 오류(KeyError)가 발생한다.
- dict.clear( ): 사전에 있는 모든 항목을 삭제한다.

[예제 3-25]에서 ㄱ)은 3개의 항목으로 된 사전(한글사전)에서 '등록자'를 삭제한다. ㄴ)은 사전의 모든 항목을 삭제하는 것으로 clear() 함수를 실행한 후에 출력 결과를 보면 항목이 없다. ㄷ)은 pop( ) 함수를 호출하여 '반포' 항목을 삭제하면서 삭제된 항목의 값(value)을

```
[예제 3-25] # 사전(dict) 처리 예: 삭제

한글사전 = {'표제어':'흙', '품사':'명사', '등록자':'세종대왕'}
훈민정음 = {'제작':'세종대왕', '반포':'1446년', '소장':'간송미술관'}

# ㄱ)
del 한글사전['등록자'] # 사전에서 '등록자' 항목을 삭제함.
print('ㄱ)', 한글사전)
# ㄴ)
한글사전.clear() # 사전 전체를 삭제
print('ㄴ) clear() 후 :', 한글사전)
# ㄷ)
delvalue = 훈민정음.pop('반포') # 사전에서 '반포' 항목을 삭제함.
print('ㄷ) delvalue:', delvalue)
print('ㄷ)', 훈민정음)
>>>
ㄱ) {'표제어': '흙', '품사': '명사'}
ㄴ) clear() 후 : {}
ㄷ) delvalue: 1446년
ㄷ) {'제작': '세종대왕', '소장': '간송미술관'}
```

'delvalue' 변수에 반환한다. 한편 del() 함수와 pop() 함수는 삭제 시 항목이 없으면 오류가 발생하면서 프로그램이 중단되므로 이를 방지하기 위해서 try~except 명령문으로 처리한다.

[예제 3-26]은 사전의 항목을 삭제할 때 오류(KeyError)가 발생하더라도 프로그램이 중단되지 않도록 try~except 명령문으로 처리한다. 예제에서 ㄱ)은 사전에 없는 단어인 '언어'를 삭제하기 위해 del() 함수를 호출하자 오류와 함께 프로그램이 중단된 것으로, ㄴ)처럼 try~except KeyError 명령문으로 처리하면 프로그램 중단을 방지할 수 있다. ㄷ)은 사전에 없는 단어 '가격'을 삭제하기 위해 pop() 함수를 호출하자 오류와 함께 프로그램이 중단된 경우로, ㄴ)과 같이 try~except KeyError 명령문으로 처리하거나 ㄹ)과 같이 'default' 매개변수를 지정하면 프로그램 중단을 방지할 수 있다. ㄹ)에서는 사전에 없는 단어 '가격'을 삭제하기 위해 pop() 함수를

```
[예제 3-26] # 사전(dict) 처리 예: 삭제 오류 처리

한글사전 = {'표제어':'흙', '품사':'명사', '등록자':'세종대왕'}
#----------
# ㄱ)
```

```
del 한글사전['언어'] # 사전에 없는 항목을 삭제함.
>>>
Traceback (most recent call last):
  File "~.py", line 6, in <module>
    del 한글사전['언어'] # 사전에 없는 항목을 삭제함.
KeyError: '언어'

#----------
#----------
# ㄴ)
try:
    del 한글사전['언어'] # 사전에 없는 항목을 삭제함.
    print( "ㄴ) 삭제: 성공")
except KeyError: # '언어'
    print( "ㄴ) 삭제: 실패")
print(한글사전)
>>>
ㄴ) 삭제: 실패
{'표제어': '흙', '품사': '명사', '등록자': '세종대왕'}

#----------
#----------
# ㄷ)
delvalue = 한글사전.pop('가격') # 사전에서 없는 '가격' 항목을 삭제함.
>>>
Traceback (most recent call last):
  File "~.py", line 5, in <module>
    delvalue = 한글사전.pop('가격') # 사전에서 없는 '가격' 항목을 삭제함.
KeyError: '가격'

#----------
#----------
# ㄹ)
delvalue = 한글사전.pop('가격', '사전에 없는 항목입니다.') # 사전에서 없는 '가격' 항목을 삭제
함.
print( "ㄹ) 삭제:", delvalue)
>>>
ㄹ) 삭제: 사전에 없는 항목입니다.
```

호출하면 'default' 매개변수로 지정한 '사전에 없는 항목입니다.'를 반환한다.

한편 파이썬은 사전(dict)에서 목록(list)의 pop() 함수처럼 매개변수 없이 마지막 항목을 지울 수 있도록 popitem() 함수를 제공한다. 사전에서 popitem() 함수를 호출하면 마지막 항목을 삭제한 후 해당 항목을 튜플(key, value)로 반환한다. [예제 3-27]은 사전의 마지막 항목을 삭제한 후에 반환하는 방법이다.

```
[예제 3-27] # 사전(dict) 처리 예: 삭제

한글사전 = {'표제어':'흙', '품사':'명사', '등록자':'세종대왕'}
# ㄱ)
delitem = 한글사전.popitem() # 사전에서 맨 마지막 항목을 삭제함.
print('ㄱ) delitem:', delitem)
print('ㄱ)', 한글사전)
>>>
ㄱ) delitem: ('등록자', '세종대왕')
ㄱ) {'표제어': '흙', '품사': '명사'}
```

사전(dict) 루프 처리

사전 항목은 for 루프의 반복 연산을 통해서 처리할 수 있다. 기본적으로 사전에서 키를 직접 받아 처리하는 방법을 사용하지만 자료 구조의 특수성을 고려해 사전뷰(dictview)로 변환하여 처리하는 방법도 있다. 먼저 사전에서 직접 키를 받아서 처리하는 방법부터 설명한다.

```
[예제 3-28] # 사전(dict) 처리 예: for loop

한글사전 = {'표제어':'흙', '품사':'명사', '등록자':'세종대왕'}
print('# ㄱ)')
i = 0
for key in 한글사전:
    value = 한글사전[key]
    print( f"[{i}] : '{key}':'{value}'")
    i += 1

print('# ㄴ)')
for i, key in enumerate(한글사전):
    value = 한글사전[key]
    print( f"[{i}] : '{key}':'{value}'")
```

```
>>>
# ㄱ)
[0] : '표제어':'흙'
[1] : '품사':'명사'
[2] : '등록자':'세종대왕'
# ㄴ)
[0] : '표제어':'흙'
[1] : '품사':'명사'
[2] : '등록자':'세종대왕'
```

[예제 3-28]에서 사전의 키를 받아 접근하는 방법은 크게 두 가지로 처리 방법은 달라도 결과는 같다. ㄱ)은 for 루프에서 'in' 명령어의 매개변수로 사전을 직접 전달하여 루프를 수행한다. 이렇게 사전을 전달하면 실제로 전달되는 것은 사전의 키(key)이므로 값(value)을 따로 구해야 하고, 항목의 인덱스를 알 수 없어 인덱스가 필요한 경우에는 예제처럼 별도의 변수를 추가로 사용해야 한다. ㄴ)은 enumerate() 함수를 통하여 루프를 수행한다. 이 방식은 인덱스와 사전 키를 동시에 전달하며 인덱스를 자동으로 처리하기 때문에 소스 코드가 간결하고 명료하지만, 이 방식도 사전의 키만 전달하기 때문에 키를 통하여 값을 따로 구해야 한다.

사전뷰(dictview) 처리

파이썬에서는 '키와 값'이라는 사전(dict)의 자료 구조 특수성을 고려하여 사전뷰(dictview)를 제공한다. 사전뷰는 사전(dict)과 관련된 뷰(view)를 통칭하는 것으로 다음과 같이 세 가지가 있다.

- dict.keys( ): 사전의 모든 키(key)를 사전뷰(dictview)로 반환한다.
- dict.values( ): 사전의 모든 값(value)을 사전뷰(dictview)로 반환한다.
- dict.items( ): 사전의 모든 항목을 (key, value) 쌍으로 된 사전뷰(dictview)로 반환한다.

[예제 3-29] # 사전(dict) 처리 예: dict.keys( )

```
한글사전 = {'표제어':'흙', '품사':'명사', '등록자':'세종대왕'}

print('# ㄱ) 한글사전.keys() len:', len(한글사전.keys()))

print('# ㄴ)')
```

```
i = 0
for key in 한글사전.keys():
    value = 한글사전[key]
    print( f"[{i}] : '{key}':'{value}'")
    i += 1

print('# ㄷ)')
for i, key in enumerate(한글사전.keys()):
    value = 한글사전[key]
    print( f"[{i}] : '{key}':'{value}'")

>>>
# ㄱ) 한글사전.keys() len: 3
# ㄴ)
[0] : '표제어':'흙'
[1] : '품사':'명사'
[2] : '등록자':'세종대왕'
# ㄷ)
...
```

[예제 3-29]에서는 keys() 함수에서 반환한 사전뷰로 처리하는데 ㄴ)과 ㄷ)의 출력 결과는 같다. ㄱ)은 keys() 함수가 반환한 사전뷰의 개수를 확인하고, ㄴ)은 keys() 함수가 반환한 사전뷰로 직접 루프를 수행하고, ㄷ)은 keys() 함수가 반환한 사전뷰로 enumerate() 함수를 통해 루프를 수행한다. keys() 함수를 이용하는 사전뷰 방식은 사전을 직접 전달하는 [예제 3-28]과 같기 때문에 처리 결과도 같다.

[예제 3-30] # 사전(dict) 처리 예: dict.values( )

```
us_speech = {'govern':19, 'governed':10, 'governing':6, 'government':620,
    "government's":6, 'governmental':10, 'governments':50, 'governs':1}
print('# ㄱ)')
i = 0
sum = 0
for value in us_speech.values():
    print( f"[{i}] : {value}")
    sum += value
    i += 1
print('sum:', sum)
```

```
print('# ㄴ)')
sum = 0
for i, value in enumerate(us_speech.values()):
    print( f"[{i}] : {value}")
    sum += value
print('sum:', sum)
>>>
# ㄱ)
[0] : 19
[1] : 10
[2] : 6
[3] : 620
[4] : 6
[5] : 10
[6] : 50
[7] : 1
sum: 722
# ㄴ)
...
```

[예제 3-30]에서는 'govern'으로 시작하는 단어 빈도 사전의 합계를 계산하기 위해서 사전의 values() 함수에서 반환한 사전뷰로 루프를 수행하는데 ㄱ)과 ㄴ)의 출력 결과는 같다. ㄱ)은 values() 함수가 반환한 사전뷰로 직접 루프를 수행하고 ㄴ)은 values() 함수가 반환한 사전뷰로 enumerate() 함수를 통해 루프를 수행한다.

[예제 3-29/30]에서는 keys() 함수와 values() 함수를 각각 따로 처리하였는데 items() 함수를 사용하면 사전의 key와 value를 동시에 처리할 수 있다. [예제 3-31]에서는 사전의 items() 함수에서 반환한 사전뷰로 처리하는데 출력 결과는 모두 같다. ㄱ)은 사전의 items() 함수가 반환한 (키, 값)의 튜플(item)로, ㄴ)은 enumerate() 함수를 통하여 items() 함수가 반환한 (키, 값)의 튜플(item)로 루프를 수행한다. ㄷ)은 items() 함수가 반환한 (키, 값)의 튜플을 (key, value)로 전달 받아 루프를 수행한다.

[예제 3-31] # 사전(dict) 처리 예: dict.items( )

```
한글사전 = {'표제어':'흙', '품사':'명사', '등록자':'세종대왕'}
print('# ㄱ)')
```

```
i = 0
for item in 한글사전.items():
    key = item[0]
    value = item[1]
    print( f"[{i}] : '{key}':'{value}'")
    i += 1

print('# ㄴ)')
for i, item in enumerate(한글사전.items()):
    key = item[0]
    value = item[1]
    print( f"[{i}] : '{key}':'{value}'")

print('# ㄷ)')
i = 0
for key, value in 한글사전.items():
    print( f"[{i}] : '{key}':'{value}'")
    i += 1
>>>
# ㄱ)
[0] : '표제어':'흙'
[1] : '품사':'명사'
[2] : '등록자':'세종대왕'
# ㄴ)
...
# ㄷ)
...
```

사전(dict) 항목 뒤집기(reverse)

사전 항목의 순서를 뒤집는다는 것은 맨 뒤의 항목부터 순차적으로 앞으로 보내 최종적으로 맨 앞의 항목이 가장 뒤에 놓이도록 하는 것이다. 이를 위해서 reversed() 함수와 for 루프를 활용한다.

- reversed(dict.keys()): 사전의 키를 역순으로 반환한다.
- reversed(dict): reversed(dict.keys())와 같다. reversed() 함수에서는 사전(dict)을 전달해도 사전의 키(keys)만 처리한다.

[예제 3-32] # 사전(dict) 처리 예: 항목 뒤집기

```
한글사전 = {'표제어':'흙', '품사':'명사', '등록자':'세종대왕'}
print('# ㄱ)')
한글사전_reversed = reversed(한글사전) # == reversed(d.keys())
print(type(한글사전_reversed))
한글사전_거꾸로 = {}
for key in 한글사전_reversed:
    한글사전_거꾸로[key] = 한글사전[key]
print(한글사전_거꾸로)

print('# ㄴ)')
한글사전_reversed = reversed(한글사전.items())
print(type(한글사전_reversed))
한글사전_거꾸로 = {}
for key, value in 한글사전_reversed:
    한글사전_거꾸로[key] = value
print(한글사전_거꾸로)

print('# ㄷ)')
한글사전_거꾸로 = dict(reversed(한글사전.items()))
print(한글사전_거꾸로)
>>>
# ㄱ)
<class 'dict_reversekeyiterator'>
{'등록자': '세종대왕', '품사': '명사', '표제어': '흙'}

# ㄴ)
<class 'dict_reverseitemiterator'>
{'등록자': '세종대왕', '품사': '명사', '표제어': '흙'}

# ㄷ)
{'등록자': '세종대왕', '품사': '명사', '표제어': '흙'}
```

[예제 3-32]에서는 reversed() 함수를 호출하여 사전을 뒤집는다. ㄱ)은 reversed() 함수를 호출할 때 매개변수로 '한글사전'을 전달하는데 실제로 처리되는 것은 사전의 키(keys)이다. 따라서 reversed() 함수가 반환한 '한글사전_reversed'는 사전의 키(keys)로 된 목록이며 순서가 뒤집힌 상태이다. 이것으로 for 루프를 통하여 새로운 '한글사전_거꾸로'를 생성한 후 처리

결과를 보면 마지막에 있던 '등록자'가 처음으로 이동하고 처음에 있던 '표제어'는 마지막에 놓인다. ㄴ)과 ㄷ)은 reversed() 함수의 매개변수로 '한글사전'의 항목(items)을 전달한다. 이때 반환된 것은 '키와 값'으로 된 튜플 목록이며, 키를 기준으로 순서가 뒤집힌 상태이다. ㄴ)에서는 '한글사전_reversed' 변수와 for 루프를 통하여 새로운 '한글사전_거꾸로'를 생성하지만 ㄷ)처럼 사전 생성자 dict()를 이용하면 간단하게 처리할 수 있다.

사전(dict)의 키와 값 바꾸기

사전의 키와 값은 for 루프를 활용하여 사전의 키를 값으로, 값을 키로 변경할 수 있다.

[예제 3-33] # 사전(dict) 처리 예: '키':'값' 뒤집기

```
한글사전 = {'표제어':'흙', '품사':'명사', '등록자':'세종대왕'}
중복한글사전 = {'표제어': '흙', '품사': '명사', '등록자': '명사'}
print('# ㄱ)')
한글사전_kv_거꾸로 = {}
for key in 한글사전:
    value = 한글사전[key]
    한글사전_kv_거꾸로[value] = key
print(한글사전_kv_거꾸로)

print('# ㄴ)')
한글사전_kv_거꾸로 = {}
for key, value in 한글사전.items():
    한글사전_kv_거꾸로[value] = key
print(한글사전_kv_거꾸로)

print('# ㄷ)')
중복한글사전_kv_거꾸로 = {}
for key, value in 중복한글사전.items():
    중복한글사전_kv_거꾸로[value] = key
print(중복한글사전_kv_거꾸로)
>>>
# ㄱ)
{'흙': '표제어', '명사': '품사', '세종대왕': '등록자'}
# ㄴ)
{'흙': '표제어', '명사': '품사', '세종대왕': '등록자'}
```

```
# ㄷ)
{'흙': '표제어', '명사': '등록자'}
```

[예제 3-33]에서는 for 루프를 통하여 사전의 키(key)와 값(value)을 서로 맞바꾼다. ㄱ)은 for 루프에서 'in' 명령어의 매개변수로 '한글사전'을 전달한다. 이때 for 루프에 전달되는 것은 사전의 키(key)이며 루프를 진행하면서 새로운 '한글사전_kv_거꾸로'를 생성한다. 처리 결과를 보면 각 항목의 키(표제어)는 값으로, 값은 키로 변경된다. ㄴ)은 for 루프에서 'in' 명령어의 매개변수로 '한글사전'의 항목(items)을 전달한다. 이때 for 루프에 전달되는 것은 사전의 키와 값으로 된 튜플이며, 루프를 진행하면서 새로운 '한글사전_kv_거꾸로'를 생성하는데 처리 결과는 ㄱ)과 같다. 한편 ㄷ)은 ㄴ)처럼 for 루프에서 'in' 명령어의 매개변수로 사전의 항목(items)을 전달하지만 '중복한글사전'은 값(value)이 중복된 상태이다. 곧 '중복한글사전'에서 '품사'와 '등록자'의 값이 '명사'로 중복된 상태인데, 이런 경우에 키와 값을 바꾸면 키가 중복되어 하나만 처리하고 나머지를 버리므로 유의해야 한다.

4. 집합(set)

집합(set)은 집합 연산을 위해 도입된 자료형으로 중복을 허용하지 않아 항목이 중복되면 한 개만 처리하고 나머지는 무시한다. 또한 집합은 순서가 없어 목록(list)처럼 인덱스를 통하여 접근할 수 없으므로 인덱스와 관련된 기능은 사용할 수 없다.

집합(set) 생성

- 집합(set)을 생성할 때는 중괄호 '{}'로 선언하고 쉼표를 사용하여 항목을 구분한다. 형(type) 생성자나 컴프리헨션(comprehension)으로도 생성할 수 있다.
- 빈 집합(set)을 생성할 때는 중괄호 '{}'를 사용하지 않고 형(type) 생성자로 생성한다. 중괄호 '{}' 형식은 사전에서도 사용하여 내용이 없는 중괄호 '{}'는 사전으로 처리하므로 유의해야 한다.
- 집합(set)의 항목은 중복되지 않는 것이 좋다. 항목이 중복되면 하나만 처리하고 나머지는 무시한다.

[예제 3-34]는 집합 생성에 관한 것으로 집합은 순서가 없어 생성 단계에서 내부적으로 임의의 순서로 처리하기 때문에 출력 결과는 선언했던 순서와 다를 수 있다. ㄱ)은 중괄호({})를

[예제 3-34] # 집합(set) 처리 예: 생성

```
# ㄱ) 중괄호 생성
hgset1 = {'참새', '비둘기', '까치', '오리', '닭'}
print('ㄱ) hgset1:', hgset1)
# ㄴ) 중복 항목
hgset11 = {'참새', '비둘기', '까치', '오리', '까치', '까치', '까치'} # 중복 상태
print('ㄴ) hgset11:', hgset11)
# ㄷ) set() 생성자: 목록
hgset21 = set(['호랑이', '곰', '늑대', '여우'])
print('ㄷ) hgset21:', hgset21)
# ㄹ) set() 생성자: 튜플
hgset22 = set(('호랑이', '곰', '늑대', '여우'))
print('ㄹ) hgset22:', hgset22)
# ㅁ) set(str) 생성자: 문자열
hgset23 = set('호랑이')
print('ㅁ) hgset23:', hgset23)
# ㅂ) set({,,,}) 생성자: 집합
hgset24 = set({'서울', '뉴델리', '런던'})
print('ㅂ) hgset24:', hgset24)
# ㅅ) set({,,,}) 생성자: 사전
hgset25 = set({'한국':'서울', '인도':'뉴델리', '영국':'런던'})
print('ㅅ) hgset25:', hgset25)
>>>
ㄱ) hgset1: {'참새', '비둘기', '닭', '까치', '오리'}
ㄴ) hgset11: {'참새', '오리', '까치', '비둘기'}
ㄷ) hgset21: {'호랑이', '여우', '곰', '늑대'}
ㄹ) hgset22: {'호랑이', '여우', '곰', '늑대'}
ㅁ) hgset23: {'이', '랑', '호'}
ㅂ) hgset24: {'뉴델리', '서울', '런던'}
ㅅ) hgset25: {'한국', '영국', '인도'}
```

이용하여 5개 단어로 집합(hglist1)을 생성하는데 출력 결과는 선언했던 순서와 다르게 임의의 순서로 처리한다. ㄴ)은 집합(hgset11)을 생성할 때 같은 항목('까치')이 네 개 있는 경우로, 집합은 중복 항목을 허용하지 않으므로 1개만 처리한다.

ㄷ-ㅇ)까지는 형(type) 생성자 set()로 집합을 생성한 것으로 이때 매개변수는 반복 가능한 연속형 데이터이다. ㄷ)은 대괄호로 묶은 매개변수(list)를, ㄹ)은 소괄호로 묶은 매개변수(tuple)

를 사용하여 set() 생성자로 집합을 생성한다. ㅁ)은 set() 생성자를 호출할 때 문자열을 매개변수로 전달한 것이다. 문자열은 글자를 모아 놓은 것으로, set() 생성자로 문자열을 처리하면 글자 단위로 분리되므로 유의해야 한다. ㅂ)은 중괄호로 묶은 매개변수(set)를, ㅅ)은 사전(dict) 형식의 중괄호로 묶은 매개변수를 사용하여 각각 set() 생성자를 호출한다. 사전은 키와 값으로 이루어진 연속형 자료형이지만 사전 형식으로 된 매개변수를 전달하면 사전의 키만 전달되므로 유의해야 한다.

집합(set) 길이와 탐색

- len(set): 집합의 개수를 계산한다.
- item in set: 집합에 항목이 있는지 확인한다. 항목이 있으면 True, 없으면 False이다.
- item not in set: 집합에 항목이 없는지 확인한다. 항목이 없으면 True, 있으면 False이다.

[예제 3-35] # 집합(set) 처리 예: 길이와 탐색

```
hgset1 = {'참새', '비둘기', '까치', '오리', '닭'}
# ㄱ)
print( "ㄱ) 집합(set) 개수:", len(hgset1))
# ㄴ)
if '참새' in hgset1: # 집합에 있으면 True, 없으면 False
    print( "ㄴ) '참새'===> 집합에 있습니다.")
else:
    print( "ㄴ) '참새'===> 집합에 없습니다.")
# ㄷ)
if '알바트로스' not in hgset1: # 집합에 없으면 True, 있으면 False
    print( "ㄷ) '알바트로스'===> 집합에 없습니다.")
else:
    print( "ㄷ) '알바트로스'===> 집합에 있습니다.")
>>>
ㄱ) 집합(set) 개수: 5
ㄴ) '참새'===> 집합에 있습니다.
ㄷ) '알바트로스'===> 집합에 없습니다.
```

[예제 3-35]에서 ㄱ)은 집합(hgset1)을 생성한 후 항목의 개수를 확인하기 위해 len() 함수를 호출한다. ㄴ)은 'hgset1'에서 '참새'가 있는지, ㄷ)은 'hgset1'에 '알바트로스'가 없는지 검사한다.

한편 집합은 순서가 없어 인덱스와 관련된 기능은 사용할 수 없고 중복 항목은 한 개만 처리하기 때문에 각 항목(item)의 빈도를 계산하는 count() 기능을 제공하지 않는다.

집합(set) 항목 추가와 복제

- set.add(item): 집합에 항목을 추가한다.
- set.update(setNew): 집합에 새 집합(setNew)의 모든 항목을 추가한다.
- set.copy(): 집합을 복제하여 새로운 집합을 돌려준다.

[예제 3-36] # 집합(set) 처리 예: 추가

```
hgset1 = {'참새', '비둘기', '까치', '오리', '닭'}
hgset2 = {'사자', '표범', '참새', '닭'}
hgset3 = {'호랑이', '곰', '늑대'}
# ㄱ)
hgset1.add('알바트로스')
print('ㄱ) hgset1:', hgset1)
# ㄴ)
hgset1.update(hgset2)
print('ㄴ) [후] hgset1:', hgset1)
# ㄷ) # set.add()와 set.update()를 혼동하는 사례
print('ㄷ) [전] hgset3:', hgset3)
hgset3.update('펭귄')
print('ㄷ) [후] hgset3:', hgset3)
>>>
ㄱ) hgset1: {'알바트로스', '비둘기', '오리', '까치', '참새', '닭'}
ㄴ) [후] hgset1: {'알바트로스', '비둘기', '오리', '까치', '사자', '참새', '표범', '닭'}
ㄷ) [전] hgset3: {'곰', '늑대', '호랑이'}
ㄷ) [후] hgset3: {'곰', '귄', '호랑이', '펭', '늑대'}
```

[예제 3-36]에서 ㄱ)은 5개 단어로 된 집합(hgset1)에 '알바트로스'라는 단어를 추가한 것으로, 'hgset1'을 출력하면 맨 앞에 '알바트로스'가 추가되어 6개로 늘어난다. add() 함수로 추가된 단어의 위치는 임의로 지정되는 것으로 재실행하면 달라질 수 있다. ㄴ)은 6개로 늘어난 집합(hgset1)에 다른 집합(hgset2)을 확장한 것으로, 중복된 항목은 무시하여 실제로 추가된 항목은 '사자'와 '표범'뿐이다. ㄷ)은 update() 함수를 호출할 때 문자열('펭귄')을 매개변수로 전달한

것으로, 결과를 보면 '펭귄' 대신 글자 단위로 '펭'과 '귄'이 있다. update() 함수는 매개변수로 반복 가능한 연속형 데이터로 받아들이기 때문에 '펭귄'을 매개변수로 전달하면 글자 단위로 분해하여 처리하므로 유의해야 한다. 이에 'hgset3'에 '펭귄'이라는 단어를 추가하려면 add() 함수를 사용해야 한다.

한편 집합을 동적으로 확장할 때도 오류가 발생하지 않도록 유의해야 한다. [예제 3-37]은 빈 집합을 생성한 후에 동적으로 항목을 추가할 때 오류가 발생하는 상황이다.

[예제 3-37] # 집합(set) 처리 예: 빈 집합 생성과 추가

```
# ㄱ)
hgset11 = set()
print('ㄱ) type(hgset11):', type(hgset11))
hgset11.add('알바트로스')
print('ㄱ) hgset11:', hgset11)
# ㄴ)
hgset12 = {}
print('ㄴ) type(hgset12):', type(hgset12))
hgset12.add('알바트로스')
print('ㄴ) hgset12:', hgset11)
>>>
ㄱ) type(hgset11): <class 'set'>
ㄱ) hgset11: {'알바트로스'}
ㄴ) type(hgset12): <class 'dict'>
Traceback (most recent call last):
  File "~.py", line 11, in <module>
    hgset12.add('알바트로스')
AttributeError: 'dict' object has no attribute 'add'
```

[예제 3-37]에서 ㄱ)은 set() 함수로 집합을 생성한 후 add() 함수를 이용하여 '알바트로스'를 추가한 것이다. 그러나 ㄴ)처럼 중괄호로 생성한 'hgset12'에 '알바트로스'를 추가하기 위해 add() 함수를 호출하면 오류(AttributeError)가 발생하면서 프로그램이 중단된다. 오류 메시지는 사전(dict)에는 add() 함수가 없어 처리할 수 없다는 내용으로, 이런 오류는 파이썬에서 중괄호 방식으로 데이터를 다루는 집합과 사전의 사용법을 혼동해서 발생하는 것이다. 중괄호는 집합과 사전을 생성할 때 공통적으로 사용하는데, 항목 없이 중괄호를 사용하면 사전으로 처리하므로 빈 집합을 생성할 때는 set() 함수를 사용해야 한다. ㄴ)에서 중괄호로 생성한 'hgset12'의 타입(type)을 출력해 보면 사전(dict)임을 확인할 수 있다.

```
[예제 3-38] # 집합(set) 처리 예: 복제

hgset1 = {'참새', '비둘기', '까치', '오리', '닭'}

hgset_copy = hgset1.copy()
print('hgset1: ', hgset1)
print('hgset_copy: ', hgset_copy)
>>>
hgset1:  {'까치', '비둘기', '오리', '닭', '참새'}
hgset_copy:  {'까치', '닭', '참새', '비둘기', '오리'}
```

[예제 3-38]에서는 집합을 복제하기 위해서 copy() 함수를 호출하여 'hgset1'을 'hgset_copy'로 복제한다. 집합은 순서가 없어 복제된 사전(hgset_copy)의 순서는 원래 사전(hgset1)과 다를 수 있다.

집합(set) 기본 연산

- set.union(setNew): 집합(set)과 새로운 집합(setNew)으로 합집합을 생성하여 반환한다. 두 집합 중 한 군데라도 속해 있는 항목들의 집합으로 '|' 문자는 합집합 연산자로 사용한다.
- set.intersection(setNew): 집합과 새로운 집합(setNew)으로 교집합을 생성하여 반환한다. 두 집합에 공통으로 속해 있는 항목들의 집합으로 '&' 문자는 교집합 연산자로 사용한다.
- set.difference(setNew): 집합과 새로운 집합(setNew)으로 차집합을 생성하여 반환한다. 집합에서 새로운 집합에 속해 있는 항목을 제외하고 남은 항목들의 집합으로 '-' 문자는 차집합 연산자로 사용한다.
- set.symmetric_difference(setNew): 집합과 새로운 집합(setNew)으로 대칭 차집합을 생성하여 반환한다. 두 집합 중에서 공통으로 있는 항목을 제외한 나머지 항목들의 집합으로 '^' 문자는 대칭 차집합 연산자로 사용한다.

```
[예제 3-39] # 집합(set) 처리 예: 연산

hgset1 = {'참새', '비둘기', '까치', '오리', '닭'}
hgset2 = {'사자', '표범', '참새', '닭'}
# ㄱ) 교집합
hgset12i = hgset1.intersection(hgset2)
print('ㄱ) intersection hgset12i:', hgset12i)
# ㄴ) 합집합
```

```
hgset12u = hgset1.union(hgset2)
print('ㄴ) union hgset12u:', hgset12u)
# ㄷ) 차집합
hgset12d = hgset1.difference(hgset2)
print('ㄷ) difference hgset12d:', hgset12d)
# ㄹ) 대칭 차집합
hgset12sd = hgset1.symmetric_difference(hgset2)
print('ㄹ) symmetric difference hgset12sd:', hgset12sd)
# ㅁ) 교집합(&)
hgset12i = hgset1 & hgset2 # intersection
print("ㅁ) intersection(&) hgset12i:", hgset12i)
# ㅂ) 합집합(|)
hgset12u = hgset1 | hgset2 # union
print("ㅂ) union(|) hgset12u:", hgset12u)
# ㅅ) 차집합(-)
hgset12d = hgset1 - hgset2 # difference
print("ㅅ) difference(-) hgset12d:", hgset12d)
# ㅇ) 대칭 차집합(^)
hgset12sd = hgset1 ^ hgset2 # symmetric difference
print('ㅇ) symmetric difference(^) hgset12sd:', hgset12sd)
>>>
ㄱ) intersection hgset12i: {'닭', '참새'}
ㄴ) union hgset12u: {'오리', '표범', '까치', '참새', '비둘기', '사자', '닭'}
ㄷ) difference hgset12d: {'까치', '오리', '비둘기'}
ㄹ) symmetric difference hgset12sd: {'오리', '표범', '까치', '비둘기', '사자'}
ㅁ) intersection(&) hgset12i: {'닭', '참새'}
ㅂ) union(|) hgset12u: {'오리', '표범', '까치', '참새', '비둘기', '사자', '닭'}
ㅅ) difference(-) hgset12d: {'까치', '오리', '비둘기'}
ㅇ) symmetric difference(^) hgset12sd: {'오리', '표범', '까치', '비둘기', '사자'}
```

[예제 3-39]에서 ㄱ)은 교집합 함수 intersection()을 이용하여 두 집합의 교집합(hgset12i)을 생성한 뒤 공통으로 속해 있는 {'닭', '참새'}를 출력한다. ㄴ)은 합집합 함수 union()을 이용하여 두 집합의 합집합(hgset12u)을 생성한다. 이때 두 집합의 교집합인 {'닭', '참새'}는 중복된 것이므로 한 항목씩만 남는다. ㄷ)은 차집합 함수 difference()를 이용하여 두 집합의 차집합(hgset12d)을 생성한다. ㄹ)은 대칭 차집합 함수 symmetric_difference()를 이용하여 두 집합의 대칭 차집합(hgset12sd)을 생성하여 두 집합에 공통으로 속한 {'닭', '참새'}를 제외하고 출력한다. 한편 ㅁ-ㅇ)까지는 집합 함수 대신 집합 연산자를 사용한 것이다.

집합(set) 갱신 연산

- set.intersection_update(setNew): 집합과 새로운 집합(setNew)의 교집합으로 집합을 갱신한다. '&=' 문자는 교집합 갱신 연산자로 사용한다.
- set.difference_update(setNew): 집합과 새로운 집합(setNew)의 차집합으로 집합을 갱신한다. '-=' 문자는 차집합 갱신 연산자로 사용한다.
- set.symmetric_difference_update(setNew): 집합과 새로운 집합(setNew)의 대칭 차집합으로 집합을 갱신한다. '^=' 문자는 대칭 차집합 갱신 연산자로 사용한다.

[예제 3-40] # 집합(set) 처리 예: 갱신 연산

```
hgset1 = {'참새', '비둘기', '까치', '오리', '닭'}
hgset2 = {'사자', '표범', '참새', '닭'}
hgset21 = {'까치', '까마귀', '오리', '닭'}
hgset22 = {'호랑이', '곰', '사자', '닭'}

# ㄱ) 교집합 갱신
hgset1.intersection_update(hgset2)
print('ㄱ) intersection update hgset1:', hgset1)
# ㄴ) 차집합 갱신
hgset2.difference_update(hgset21)
print('ㄴ) difference update hgset2:', hgset2)
# ㄷ) 대칭 차집합 갱신
hgset22.symmetric_difference_update(hgset21)
print('ㄷ) symmetric difference update hgset22:', hgset22)
# ㄹ) 합집합 갱신
hgset1.union_update(hgset2) # AttributeError: 'set' object has no attribute 'union_update'
print('ㄹ) union_update hgset1:', hgset1)
>>>
ㄱ) intersection update hgset1: {'닭', '참새'}
ㄴ) difference update hgset2: {'표범', '참새', '사자'}
ㄷ) symmetric difference update hgset22: {'까마귀', '오리', '사자', '까치', '곰', '호랑이'}
Traceback (most recent call last):
  File "~.py", line 18, in <module>
    hgset1.union_update(hgset2) # AttributeError: 'set' object has no attribute 'union_update'
AttributeError: 'set' object has no attribute 'union_update'
```

[예제 3-40]은 집합을 갱신하는 것으로 ㄱ)은 intersection_update()를 이용하여 두 집합의 교집합으로 집합(hgset1)을 갱신하고 ㄴ)은 difference_update()를 이용하여 두 집합의 차집합으로 집합(hgset2)을 갱신한다. ㄷ)은 symmetric_difference_update()를 이용하여 두 집합의 대칭 차집합으로 집합(hgset22)을 갱신한다. 한편 파이썬에는 합집합 갱신 함수 union_update()는 없으므로 ㄹ)처럼 호출하면 오류(AttributeError)가 발생한다.

[예제 3-41] # 집합(set) 처리 예: 갱신 연산

```
hgset1 = {'참새', '비둘기', '까치', '오리', '닭'}
hgset2 = {'사자', '표범', '참새', '닭'}
hgset3 = {'호랑이', '곰', '늑대'}
hgset21 = {'까치', '까마귀', '오리', '닭'}
hgset22 = {'호랑이', '곰', '사자', '닭'}
# ㄱ) 교집합(&) 갱신
hgset1 &= hgset2
print('ㄱ) intersection update hgset1:', hgset1)
# ㄴ) 차집합(-) 갱신
hgset2 -= hgset21 # difference
print('ㄴ) difference update hgset2:', hgset2)
# ㄷ) 대칭 차집합(^) 갱신
hgset22 ^= hgset21
print('ㄷ) symmetric difference update hgset22:', hgset22)
# ㄹ) 합집합(|) 갱신
hgset3 |= hgset23
print('ㄹ) union_update hgset3:', hgset3)
>>>
ㄱ) intersection update hgset1: {'닭', '참새'}
ㄴ) difference update hgset2: {'표범', '사자', '참새'}
ㄷ) symmetric difference update hgset22: {'곰', '오리', '호랑이', '까치', '사자', '까마귀'}
ㄹ) union_update hgset3: {'표범', '곰', '호랑이', '늑대', '사자'}
```

[예제 3-41]은 갱신 연산자를 사용하여 집합을 갱신한다. ㄱ)은 교집합 갱신 연산자(&=)를, ㄴ)은 차집합 갱신 연산자(-=)를, ㄷ)은 대칭 차집합 갱신 연산자(^=)를, ㄹ)은 합집합 갱신 연산자(|=)을 이용하여 집합을 갱신한다. 한편 [예제 3-40]에서는 합집합 갱신 연산을 의미하는 union_update() 함수를 호출하면 오류가 발생하지만 ㄹ)에서 합집합 갱신 연산자(|=)는 정상적으로 작동하는데, '|=' 연산자는 합집합(|) 연산을 수행한 후에 결과를 집합에 되돌려주는 것이므로 프로그래밍 논리상 오류가 없기 때문이다.

집합(set) 검사 연산

- set.isdisjoint(setNew): 집합(set)이 새로운 집합(setNew)과 공통 항목이 없으면 True, 공통 항목이 있으면 False이다.
- set.issubset(setNew): 집합이 새로운 집합(setNew)의 부분 집합이면 True, 그렇지 않으면 False이다.
- set.issuperset(setNew): 집합이 새로운 집합(setNew)의 상위 집합이면 True, 그렇지 않으면 False이다.

```
[예제 3-42] # 집합(set) 처리 예: 검사

hgset1 = {'참새', '비둘기', '까치', '오리', '닭'}
hgset2 = {'사자', '표범', '참새', '닭'}
hgset3 = {'호랑이', '곰', '늑대'}
hgset31 = {'참새', '비둘기', '까치', '까마귀', '오리', '닭'}
hgset32 = {'사자', '표범', '참새', '닭', '독수리'}
# ㄱ) 공통 항목이 없는지 검사
print('ㄱ1) hgset1 isdisjoint hgset2:', hgset1.isdisjoint(hgset2))
print('ㄱ2) hgset1 isdisjoint hgset3:', hgset1.isdisjoint(hgset3))
# ㄴ) 부분 집합 검사
print('ㄴ1) hgset2 issubset hgset32:', hgset2.issubset(hgset32))
print('ㄴ2) hgset32 issubset hgset2:', hgset32.issubset(hgset2))
print('ㄴ3) hgset2 issubset hgset2:', hgset2.issubset(hgset2))
# ㄷ) 상위 집합 검사
print('ㄷ1) hgset2 issuperset hgset32:', hgset2.issuperset(hgset32))
print('ㄷ2) hgset32 issuperset hgset2:', hgset32.issuperset(hgset2))
print('ㄷ3) hgset2 issuperset hgset2:', hgset2.issuperset(hgset2))
>>>
ㄱ1) hgset1 isdisjoint hgset2: False
ㄱ2) hgset1 isdisjoint hgset3: True
ㄴ1) hgset2 issubset hgset32: True
ㄴ2) hgset32 issubset hgset2: False
ㄴ3) hgset2 issubset hgset2: True
ㄷ1) hgset2 issuperset hgset32: False
ㄷ2) hgset32 issuperset hgset2: True
ㄷ3) hgset2 issuperset hgset2: True
```

[예제 3-42]는 집합을 비교하는데, ㄱ)은 두 집합 사이에 공통 항목이 있는지를, ㄴ)은 두 집합 사이의 부분 집합 관계를, ㄷ)은 두 집합 사이에 상위 집합 관계를 검사한다. ㄴ3)은 자기

자신을 대상으로 부분 집합 검사를 수행하는 것이므로 True이고, ㄷ3)은 자기 자신을 대상으로 상위 집합 검사를 수행하는 것이므로 True이다.

집합(set) 항목 삭제

- set.remove(item): 집합에서 항목과 일치하는 항목을 삭제한다. 일치하는 항목이 없으면 오류(KeyError)가 발생한다.
- set.discard(item): 집합에서 항목과 일치하는 항목이 있을 때만 삭제한다. 일치하는 항목이 없어도 오류가 발생하지 않는다.
- [item =] set.pop(): 집합에서 임의의 항목을 삭제하고 반환한다. 빈 집합이면 오류(KeyError)가 발생한다.
- set.clear( ): 집합의 모든 항목을 삭제한다.

[예제 3-43] # 집합(set) 처리 예: 삭제

```
hgset1 = {'참새', '비둘기', '까치', '오리', '닭'}
# ㄱ)
hgset1.remove('참새')
print('ㄱ)', hgset1)
# ㄴ)
hgset1.discard('까치')
print('ㄴ)', hgset1)
# ㄷ)
delitem = hgset1.pop()
print('ㄷ) delitem:', delitem)
print('ㄷ)', hgset1)
# ㄹ)
hgset1.clear()
print('ㄹ)', hgset1)
>>>
ㄱ) {'오리', '닭', '비둘기', '까치'}
ㄴ) {'오리', '닭', '비둘기'}
ㄷ) delitem: 오리
ㄷ) {'닭', '비둘기'}
ㄹ) set()
```

[예제 3-43]에서는 5개 단어로 생성한 집합(hgset1)에서 항목을 삭제한다. ㄱ)은 remove() 함수를 호출하여 'hgset1'에서 '참새'라는 단어를 삭제하고 ㄴ)은 discard() 함수를 호출하여 '까치'라는 단어를 삭제한다. ㄷ)은 pop() 함수를 호출하여 'hgset1'에서 임의의 항목을 삭제하면서 삭제한 항목(delitem)을 반환하는데, 삭제한 항목이 필요 없으면 반환값(delitem)을 받지 않는다. ㄹ)은 clear() 함수를 호출하여 집합의 모든 항목을 삭제한다.

한편 remove() 함수와 pop() 함수는 삭제할 때 항목이 없으면 오류가 발생하면서 프로그램이 중단되기 때문에 이를 방지하기 위해서 try~except 명령문으로 처리한다. [예제 3-44]는

[예제 3-44] # 집합(set) 처리 예: 삭제 오류 처리

```
hgset1 = {'참새', '비둘기', '까치', '오리', '닭'}
#----------
# ㄱ)
hgset1.remove('독수리') # 집합에 없는 항목 삭제
>>>
Traceback (most recent call last):
  File "~.py", line 5, in <module>
    hgset1.remove('독수리') # 집합에 없는 항목 삭제
KeyError: '독수리'
#----------
# ㄴ)
try:
    hgset1.remove('독수리') # 집합에 없는 항목 삭제
    print( "'독수리' 삭제: 성공")
except KeyError: # '독수리'
    print( "'독수리' 삭제: 실패")
print('ㄴ)', hgset1)
#----------
# ㄷ)
print('ㄷ) 삭제 전:', hgset1)
hgset1.discard('독수리')
print('ㄷ) 삭제 후:', hgset1)
>>>
ㄴ) '독수리' 삭제: 실패
ㄴ) {'비둘기', '참새', '까치', '닭', '오리'}
ㄷ) 삭제 전: {'비둘기', '참새', '까치', '닭', '오리'}
ㄷ) 삭제 후: {'비둘기', '참새', '까치', '닭', '오리'}
```

remove() 함수로 삭제할 때 항목이 없어도 오류(KeyError)가 발생하지 않도록 try~except 명령문으로 처리하거나 discard() 함수를 사용한다. ㄱ)은 집합(hgset1)에 없는 '독수리'를 삭제하기 위해 remove() 함수를 호출하자 오류(KeyError)가 발생한 것으로 ㄴ)처럼 try~except 명령문으로 처리하거나 ㄷ)처럼 discard() 함수를 이용하면 프로그램 중단을 방지할 수 있다. discard() 함수는 집합에 항목이 있을 때만 삭제하고 항목이 없어도 오류가 발생하지 않아 편리하지만 항목 삭제 여부를 확인하기 어렵다는 단점이 있다.

한편 pop() 함수는 집합에서 임의의 항목을 삭제하는 것이므로 반드시 내용이 있는 상태에서 호출해야 한다. 만약 내용이 없는 빈 집합에서 pop() 함수를 호출하면 오류(KeyError)가 발생하면서 프로그램이 중단된다. [예제 3-45]는 빈 집합(hgset1)에서 pop() 함수를 호출하자 오류와 함께 프로그램이 중단된 것으로 [예제 3-44]와 같이 try~except KeyError 명령문으로 처리하면 프로그램 중단을 방지할 수 있다.

```
[예제 3-45] # 집합(set) 처리 예: 삭제 오류 처리

hgset1 = {'참새', '비둘기', '까치', '오리', '닭'}
hgset1.clear()
hgset1.pop() # 내용이 없는 집합에서 항목을 삭제함.
>>>
Traceback (most recent call last):
  File "~.py", line  4, in <module>
    hgset1.pop() # 내용이 없는 집합에서 항목을 삭제함.
KeyError: 'pop from an empty set'
```

집합(set) 루프 처리

집합은 for 루프(loop)의 반복 연산을 통해 처리할 수 있다.

```
[예제 3-46] # 집합(set) 처리 예: for loop

hgset3 = {'호랑이', '곰', '늑대'}
print('# ㄱ)')
i = 0
for item in hgset3:
    print( f'[{i}] 번째 항목 :', item)
    i += 1
```

```
print('# ㄴ)')
for i, item in enumerate(hgset3):
    print( f'[{i}] 번째 항목 :', item)

print('# ㄷ)')
num = len(hgset3)
for i in range(num):
    print( f'[{i}] 번째 항목 :', hgset3[i])
>>>
# ㄱ)
[0] 번째 항목 : 곰
[1] 번째 항목 : 호랑이
[2] 번째 항목 : 늑대
# ㄴ)
[0] 번째 항목 : 곰
[1] 번째 항목 : 호랑이
[2] 번째 항목 : 늑대
# ㄷ)
Traceback (most recent call last):
  File "~.py", line 16, in <module>
    print( f'[{i}] 번째 항목 :', hgset3[i])
TypeError: 'set' object is not subscriptable
```

[예제 3-46]에서 집합 항목에 접근하는 방법은 크게 두 가지로 처리 방법은 달라도 결과는 같다. ㄱ)은 for 루프에서 'in' 명령어의 매개변수로 집합을 직접 전달하면서 루프를 수행하는데, 항목의 인덱스를 알 수 없으므로 인덱스가 필요한 경우에는 예제처럼 별도의 코드를 추가해야 한다. ㄴ)은 인덱스와 집합의 항목을 동시에 전달하는 enumerate() 함수를 통하여 루프를 수행한다. ㄷ)은 인덱스 방식으로 접근하다 오류(TypeError)가 발생한 것으로 집합은 순서가 없기 때문에 목록(list)처럼 인덱스로 접근할 수 없다.

Chapter 4

정렬과 컴프리헨션

정렬은 데이터를 특정한 조건에 따라 일정한 순서가 되도록 다시 배열하는 것으로, 일반적으로 작은 값에서 큰 값으로 배열하는 오름차순 정렬과 큰 값에서 작은 값으로 배열하는 내림차순 정렬로 구분한다. 목적에 따라 정렬 기준을 2개 이상 적용한 복합 정렬을 수행하기도 하는데 파이썬에서는 간단한 명령만으로 다양한 정렬을 수행할 수 있다.

파이썬은 정렬을 위해 기본적으로 sorted() 함수를 제공하는데 연속형 자료형 중에서 목록(list)은 직접 호출할 수 있는 내장형 sort() 함수를 따로 지원한다. 이 책에서는 먼저 목록(list)을 중심으로 한국어 정보 처리에 필요한 다양한 정렬의 예를 설명한 후에 나머지 자료형(튜플, 집합, 사전)을 대상으로 정렬을 설명한다.

1. 목록(list) 정렬(sort)

연속형 자료형은 sorted() 함수를 통하여 정렬을 수행하는데 목록(list)은 직접 호출할 수 있는 내장형 sort() 함수를 따로 지원하기 때문에 먼저 목록에 내장된 sort() 함수를 설명한다.

오름/내림차순 정렬

목록(list)에 내장된 sort() 함수는 'key'와 'reverse'라는 두 개의 매개변수를 사용한다. 'key'는 정렬 방법을, 'reverse'는 정렬 방향을 지시할 때 사용한다. 매개변수를 지정하지 않으면 기본값으로 처리하는데 목록의 항목을 작은 값에서 큰 값으로 배열하는 오름차순 정렬을 수행한다. 이때 목록의 항목이 문자열이면 유니코드를 기준으로 정렬하므로 한글은 사전 순서에 맞게 정렬된다. 만약 'reverse' 매개변수를 'True'로 지정하면 큰 값에서 작은 값으로 배열하는 내림차순으로 정렬하기 때문에 한글 단어도 역순으로 정렬된다.

[예제 4-1] # 정렬(sort) 처리 예

```
wordlist101 = ['조사', '다람쥐', '흙', '값', '형태', '여덟', '체언', '갈매기', '하와이', '용언']

# ㄱ) 사전 순서
wordlist101.sort()
print('ㄱ):', wordlist101)

# ㄴ) 사전 역순
wordlist101.sort(reverse=True)
print('ㄴ):', wordlist101)
>>>
ㄱ): ['갈매기', '값', '다람쥐', '여덟', '용언', '조사', '체언', '형태', '하와이', '흙']
ㄴ): ['흙', '하와이', '형태', '체언', '조사', '용언', '여덟', '다람쥐', '값', '갈매기']
```

[예제 4-1]에서는 목록에 내장된 sort() 함수를 호출하여 정렬한 후에 출력한다. ㄱ)은 매개변수 없이 기본값 상태로 호출하여 사전 순서로 정렬한 것으로 결과를 보면 가나다순으로 정렬된다. ㄴ)은 단어 목록(wordlist101)을 역순으로 정렬하기 위해 sort() 함수를 호출할 때 'reverse' 매개변수에 'True'로 전달한다. 정렬 후 출력하면 'ㅎ'으로 시작하는 단어부터 내림차순으로 정렬된다.

정렬 키(key) 함수

sort() 함수에서 정렬 방법을 구체적으로 지시하려면 'key' 매개변수에 함수(func)를 전달해야 한다. [예제 4-2]에서는 단어 길이를 기준으로 정렬하기 위해 'len' 함수를 'key' 매개변수로 전달한다. ㄱ)은 단어 길이를 기준으로 길이가 짧은 것부터 오름차순으로 정렬한다. ㄴ)은 단어 길이를 기준으로 길이가 긴 것부터 내림차순으로 정렬하기 위해 'reverse' 매개변수에 'True'로 전달한다. 결과를 보면 길이가 가장 긴 3음절 단어('다람쥐')로 시작하여 길이가 가장 짧은 1음절 단어('값')로 끝난다.

[예제 4-2] # 정렬(sort) 처리 예: 길이 순서

```
wordlist101 = ['조사', '다람쥐', '흙', '값', '형태', '여덟', '체언', '갈매기', '하와이', '용언']

# ㄱ) 길이 순서
wordlist101.sort(key=len)
print('ㄱ)', wordlist101)

# ㄴ) 길이 역순
wordlist101.sort(key=len, reverse=True)
print('ㄴ)', wordlist101)
>>>
ㄱ) ['흙', '값', '조사', '형태', '여덟', '체언', '용언', '다람쥐', '갈매기', '하와이']
ㄴ) ['다람쥐', '갈매기', '하와이', '조사', '형태', '여덟', '체언', '용언', '흙', '값']
```

[예제 4-2]에서는 sort() 함수의 'key' 매개변수에 파이썬에서 제공하는 len() 함수를 사용했지만 파이썬에서 제공하지 않는 사용자 함수를 만들어 전달할 수도 있다.

[예제 4-3] # 정렬(sort) 처리 예: 사용자 함수

```
def revlen(i):
    return -(len(i)) # 길이를 음수로 반환

wordlist101.sort(key=revlen)
print(wordlist101)
>>>
['다람쥐', '갈매기', '하와이', '조사', '형태', '여덟', '체언', '용언', '흙', '값']
```

[예제 4-3]에서는 길이의 역순으로 정렬하기 위해 사용자 함수(revlen)를 생성한 후에 'key' 매개변수에 revlen() 함수를 전달한다. revlen() 함수는 항목의 길이를 구한 후 이 값을 음수로 전환하는데, 이처럼 길이를 음수로 전환하면 길이가 길수록 값이 작아지므로 역순으로 정렬하는 효과가 있다. 출력 결과를 보면 [예제 4-2]의 ㄴ)에서 sort(key=len, reverse=True) 방식으로 처리한 것과 같다. 정렬을 정교하게 처리하려면 사용자 함수를 만들어 호출하는 방식이 효과적이다.

2차 정렬과 람다(lambda)

앞선 예제에서 길이로 정렬한 결과를 보면 길이가 같은 단어들은 사전 순서로 정렬되어 있지 않아 사전 순서로 2차 정렬을 수행할 필요가 있다.

[예제 4-4] # 정렬(sort) 처리 예: 2차 정렬(다중 정렬)

```
wordlist101.sort()
print('1차 사전 순:', wordlist101)
wordlist101.sort(key=len)
print('2차 길이 순:', wordlist101)
>>>
1차 사전 순: ['갈매기', '값', '다람쥐', '여덟', '용언', '조사', '체언', '하와이', '형태', '흙']
2차 길이 순: ['값', '흙', '여덟', '용언', '조사', '체언', '형태', '갈매기', '다람쥐', '하와이']
```

[예제 4-4]에서는 사전 순서로 1차 정렬한 후 단어 길이를 기준으로 2차 정렬을 수행한다. 예제의 출력 결과를 보면 같은 길이의 단어들이 사전 순서로 정렬되는데, 정렬 함수를 2번 호출하여 2차 정렬을 수행하면 보다 정교하게 정렬할 수 있다.

한편 파이썬은 lambda(람다)라는 짧은 코드로 된 이름 없는 인라인 함수를 제공하는데 이것을 sort() 함수의 'key'로 전달할 수 있다. 'key' 매개변수로 람다를 사용하면 사용자 함수를 사용하지 않고 다중 정렬 조건을 지정할 수 있다.

[예제 4-5] # 정렬(sort) 처리 예: lambda

```
wordlist101.sort(key=lambda wd: -len(wd)) # by len: high -> low
print(wordlist101)
>>>
['다람쥐', '갈매기', '하와이', '조사', '형태', '여덟', '체언', '용언', '흙', '값']
```

[예제 4-5]에서는 단어 길이의 역순으로 정렬하기 위해 'key' 매개변수에 '람다'라는 인라인 함수를 사용한다. 예제에서 람다의 조건은 길이 함수(len)를 음수로 변환하여 처리하도록 지시하는데, 출력 결과는 [예제 4-2]의 sort(key=len, reverse=True) 방식과 [예제 4-3]의 사용자 함수(revlen)를 'key' 매개변수에 전달한 방식과 모두 같다.

한편 [예제 4-4]에서는 단어의 길이로 정렬한 것을 다시 사전 순서로 정렬하기 위해서 sort() 함수를 두 번 호출하는 방식으로 다중 정렬을 수행하였는데 람다를 이용하면 다중 정렬을 한 번에 처리할 수 있다.

```
[예제 4-6] # 정렬(sort) 처리 예: lambda

# ㄱ)
wordlist101.sort(key=lambda wd: (len(wd), wd)) # by len: low->high, ㄱ->ㅎ
print('ㄱ) :', wordlist101)
# ㄴ)
wordlist101.sort(key=lambda wd: (-len(wd), wd)) # by len: high->low, ㄱ->ㅎ
print('ㄴ) :', wordlist101)
>>>
ㄱ) : ['값', '흙', '여덟', '용언', '조사', '체언', '형태', '갈매기', '다람쥐', '하와이']
ㄴ) : ['갈매기', '다람쥐', '하와이', '여덟', '용언', '조사', '체언', '형태', '값', '흙']
```

[예제 4-6]에서는 정렬을 위해 단어의 길이와 사전 순서를 동시에 비교하는 다중 정렬을 수행한다. ㄱ)은 단어의 길이가 짧은 것부터 오름차순으로 1차 정렬을 수행하고 단어 길이가 같은 경우에는 사전 순서에 맞게 오름차순으로 2차 정렬을 수행한다. ㄴ)은 단어의 길이가 긴 것부터 내림차순으로 정렬하기 위해 길이 함수(len)를 음수로 변환하여 1차 정렬을 수행하고, 단어 길이가 같은 경우에는 사전 순서에 맞게 오름차순으로 2차 정렬을 수행한다.

2. sorted() 함수 정렬

파이썬은 목록(list)만 내장형 sort() 함수를 지원하고 나머지 연속형 자료형, 곧 튜플(tuple), 집합(set), 사전(dict)은 sorted() 함수를 호출하여 정렬한다. sorted() 함수는 목록(list)을 포함하여 연속형 자료형을 정렬한 후에 정렬된 결과를 목록(list)으로 반환한다.

목록(list) 정렬

sorted() 함수는 목록(list)을 포함하여 연속형 자료형을 정렬한 후에 정렬된 결과를 새로운 목록으로 반환하며 원래 목록(list)은 그대로 둔다. sorted() 함수는 list.sort() 함수처럼 'key'와 'reverse'라는 매개변수를 지원하며 매개변수의 사용법은 목록(list)의 sort() 함수와 같다. 따라서 매개변수를 지정하지 않으면 기본값으로 처리하여 작은 값에서 큰 값으로 오름차순 정렬을 수행한다. 이때 목록의 항목이 한글 단어인 경우에는 사전 순서에 맞게 정렬된다. 'reverse' 매개변수를 'True'로 지정하면 큰 값에서 작은 값으로 내림차순 정렬을 수행하여 한글 단어는

[예제 4-7] # 정렬(sorted) 처리 예: 사전 순서

```
wordlist101 = ['조사', '다람쥐', '흙', '값', '형태', '여덟', '체언', '갈매기', '하와이', '용언']
# ㄱ) # == wordlist101.sort()
wordlist101_s1 = sorted(wordlist101)
print('ㄱ)', wordlist101_s1)

# ㄴ) # == wordlist101.sort(reverse=True)
wordlist101_s2 = sorted(wordlist101, reverse=True)
print('ㄴ)', wordlist101_s2)
>>>
ㄱ) ['갈매기', '값', '다람쥐', '여덟', '용언', '조사', '체언', '형태', '하와이', '흙']
ㄴ) ['흙', '하와이', '형태', '체언', '조사', '용언', '여덟', '다람쥐', '값', '갈매기']
```

역순으로 정렬된다.

[예제 4-7]에서는 sorted() 함수를 호출하여 목록을 정렬한 후에 출력한다. ㄱ)은 매개변수로 목록(wordlist101)만 전달하고 나머지 매개변수를 지정하지 않아 기본값으로 처리하여 출력 결과를 보면 사전 순서에 맞게 정렬된다. ㄴ)은 'wordlist101'을 역순으로 정렬하기 위해서 sorted() 함수를 호출할 때 'reverse' 매개변수에 'True'로 전달하여 출력 결과를 보면 역순 정렬된다. ㄱ)과 ㄴ) 모두 앞선 예제에서 목록에 내장된 sort() 함수를 호출하여 사용할 때와 결과는 같다.

한편 sorted() 함수도 정렬 방법을 구체적으로 지시하려면 sort() 함수처럼 'key' 매개변수에 함수(func)를 전달해야 한다.

[예제 4-8] # 정렬(sorted) 처리 예: 길이 순서

```
# ㄱ) # == wordlist101.sort(key=len)
wordlist101_s1 = sorted(wordlist101, key=len)
print('ㄱ)', wordlist101_s1)

# ㄴ) # == wordlist101.sort(key=len, reverse=True)
wordlist101_s2 = sorted(wordlist101, key=len, reverse=True)
print('ㄴ)', wordlist101_s2)
>>>
ㄱ) ['흙', '값', '조사', '형태', '여덟', '체언', '용언', '다람쥐', '갈매기', '하와이']
ㄴ) ['다람쥐', '갈매기', '하와이', '조사', '형태', '여덟', '체언', '용언', '흙', '값']
```

[예제 4-8]에서는 단어 길이를 기준으로 정렬하기 위해 'key' 매개변수를 사용한다. ㄱ)은 len() 함수를 매개변수로 전달하여 길이가 짧은 것부터 오름차순으로 정렬하고, ㄴ)은 단어 길이가 긴 것부터 내림차순으로 정렬하기 위해 'reverse' 매개변수를 'True'로 지정한다.

한편 sorted() 함수의 'key' 매개변수에 사용자 함수를 지정하거나 인라인 람다(lambda) 함수를 이용하여 다중 정렬 조건을 지정할 수도 있다.

[예제 4-9] # 정렬(sorted) 처리 예: 사용자 함수, lambda

```
def revlen(i):
    return -(len(i)) # 길이를 음수로 반환

# ㄱ) # == wordlist101.sort(key=revlen)
wordlist101_s1 = sorted(wordlist101, key=revlen)
print('ㄱ)', wordlist101_s1)

# ㄴ) # == wordlist101.sort(key=len, reverse=True)
wordlist101_s2 = sorted(wordlist101, key=lambda wd: -len(wd)) # by len: high -> low
print('ㄴ)', wordlist101_s2)
>>>
ㄱ) ['다람쥐', '갈매기', '하와이', '조사', '형태', '여덟', '체언', '용언', '흙', '값']
ㄴ) ['다람쥐', '갈매기', '하와이', '조사', '형태', '여덟', '체언', '용언', '흙', '값']
```

[예제 4-9]에서는 항목의 길이를 구한 후 길이의 역순으로 정렬한다. ㄱ)은 길이를 음수로 전환한 사용자 함수(revlen)를 이용하여 길이의 역순으로 정렬하는데, 출력 결과는 sorted(wordlist101, key=len, reverse=True) 방식으로 처리한 것과 같다. ㄴ)은 람다를 사용하여 길이 역순으로 정렬한 것으로, 출력 결과는 ㄱ)과 같고 'wordlist101'에서 직접 호출하는 sort(key=len, reverse=True) 방식과도 같다.

[예제 4-10] # 정렬(sorted) 처리 예: lambda

```
# ㄱ) #= wordlist101.sort(key=lambda wd: (len(wd), wd)) # by len: low->high, ㄱ->ㅎ
wordlist101_s1 = sorted(wordlist101, key=lambda wd: (len(wd), wd))
print('ㄱ)', wordlist101_s1)

# ㄴ) #= wordlist101.sort(key=lambda wd: (-len(wd), wd)) # by len: high->low, ㄱ->ㅎ
wordlist101_s2 = sorted(wordlist101, key=lambda wd: (-len(wd), wd))
print('ㄴ)', wordlist101_s2)
```

```
>>>
ㄱ) ['값', '흙', '여덟', '용언', '조사', '체언', '형태', '갈매기', '다람쥐', '하와이']
ㄴ) ['갈매기', '다람쥐', '하와이', '여덟', '용언', '조사', '체언', '형태', '값', '흙']
```

[예제 4-10]에서는 sorted() 함수를 호출할 때 인라인 람다 함수를 이용하여 단어의 길이와 사전 순서를 동시에 비교하는 다중 정렬을 수행한다. ㄱ)은 단어의 길이가 짧은 것부터 오름차순으로 1차 정렬을 수행하고, 단어 길이가 같은 경우에는 사전 순서에 맞게 오름차순으로 2차 정렬을 수행한다. ㄴ)은 단어의 길이가 긴 것부터 내림차순으로 정렬하기 위해 길이 함수(len)를 음수로 변환하여 1차 정렬을 수행하고, 단어 길이가 같은 경우에는 사전 순서에 맞게 오름차순으로 2차 정렬을 수행한다.

목록(list)의 정렬 방법을 표로 정리하면 [표 4-1]과 같다.

[표 4-1] 목록(list)의 정렬 방법 비교

정렬 기준	목록(list)에서 직접 호출	sorted( ) 함수에서 목록 호출
오름차순	list.sort( )	sorted(list)
내림차순	list.sort(reverse=True)	sorted(list, reverse=True)
길이순	list.sort(key=len)	sorted(list, key=len)
길이 역순	list.sort(key=len, reverse=True)	sorted(list, key=len, reverse=True)
사용자 함수	list.sort(key=userFunc)	sorted(list, key=userFunc)
길이 역순	list.sort(key=lambda wd:-len(wd))	sorted(list, key=lambda wd:-len(wd))
다중 정렬 (길이순→사전순)	list.sort (key=lambda wd:(len(wd), wd))	sorted (list, key=lambda wd:(len(wd), wd))
다중 정렬 (길이 역순→사전순)	list.sort (key=lambda wd:(-len(wd), wd))	sorted (list, key=lambda wd:(-len(wd), wd))

튜플(tuple)과 집합(set) 정렬

튜플(tuple)과 집합(set)의 정렬은 sorted() 함수를 호출할 때 목록(list) 대신 튜플(tuple)과 집합(set)을 매개변수로 전달하는 것 외에는 차이가 없다. 다만 sorted() 함수의 정렬 결과는 목록(list)형으로 반환되어 원래 자료형인 집합(set)과 튜플(tuple)의 속성이 유지되지 않으므로 유의해야 한다.

[예제 4-11]에서는 5단어로 된 튜플(tuple21)을 sorted() 함수를 이용하여 정렬한다. ㄱ)은 매개변수 없이 기본값 상태로 호출하여 사전 순서로 정렬하는데, 결과를 보면 사전 순서로

```
[예제 4-11] # 정렬(sorted) 처리 예: 튜플

tuple21 = ('김치냉장고', '김치전', '김치', '김치볶음밥', '김치찌게')
# ㄱ) 사전 순서
tuple_sort_s1 = sorted(tuple21)
print('ㄱ)', tuple_sort_s1)
# ㄴ) 역순 정렬
tuple_sort_s2 = sorted(tuple21, reverse=True)
print('ㄴ)', tuple_sort_s2)
# ㄷ) 정렬 후 튜플 변환
tuple_sort_s3 = tuple(sorted(tuple21))
print('ㄷ)', tuple_sort_s3)
>>>
ㄱ) ['김치', '김치냉장고', '김치볶음밥', '김치전', '김치찌게']
ㄴ) ['김치찌게', '김치전', '김치볶음밥', '김치냉장고', '김치']
ㄷ) ('김치', '김치냉장고', '김치볶음밥', '김치전', '김치찌게')
```

정렬된 대괄호 형식의 목록(tuple_sort_s1)으로 출력된다. ㄴ)은 튜플을 역순으로 정렬하기 위해 sorted() 함수를 호출할 때 'reverse' 매개변수에 'True'로 전달한다. ㄷ)은 튜플을 정렬한 뒤에 튜플 생성자 tuple()를 이용하여 다시 튜플로 변환한다. 새롭게 정렬된 튜플(tuple_sort_s3)은 튜플을 가리키는 소괄호 형식으로 출력된다. 한편 집합(set)도 튜플처럼 sorted() 함수를 이용하여 정렬하는데, 다만 집합은 순서가 없어 ㄷ)처럼 정렬된 것을 다시 집합으로 생성하면 정렬 순서가 유지되지 않으므로 유의해야 한다.

사전(dict) 정렬

sorted() 함수를 호출할 때 사전(dict)을 매개변수로 전달하면 정렬된 결과를 목록(list)으로 반환한다. 이때 매개변수로 전달한 사전은 사전의 키(key)만 전달되고 값(value)은 전달되지 않으므로 유의해야 한다. 또한 'key'와 'reverse' 매개변수를 지정하지 않으면 기본값으로 처리하므로 사전의 키(key)를 정렬할 때 오름차순 정렬을 수행한다.

[예제 4-12]에서는 sorted() 함수를 호출할 때 사전을 매개변수로 전달하고 나머지 매개변수를 지정하지 않아 기본값으로 정렬한다. 매개변수로 전달한 사전(dict1)을 정렬한 후 정렬된 목록(sort_dict1)을 출력하면, 'dict1'은 달라진 것이 없고 'sort_dict1'은 사전의 키(key)만 오름차순으로 정렬되고 값(value)은 없는 상태이다. sorted() 함수에 사전을 매개변수로 전달해도

```
[예제 4-12] # 정렬(sorted) 처리 예: dict

dict1 = {'장르':'소설', '저자':'허균', '시대':'조선', '제목':'홍길동'}
# ㄱ)
sort_dict1 = sorted(dict1)
print('dict1:', dict1)
print('sort_dict1:', type(sort_dict1), sort_dict1)
>>>
dict1: {'장르': '소설', '저자': '허균', '시대': '조선', '제목': '홍길동'}
sort_dict1: <class 'list'> ['시대', '장르', '저자', '제목']
```

내부적으로는 사전의 keys() 함수를 호출하여 처리하는 것과 같고 정렬된 반환 결과(sort_dict1)는 목록(list)이므로 유의해야 한다.

사전뷰(dictview)를 통한 정렬

사전(dict)은 키(key)와 값(value)으로 이루어진 자료형으로 사전의 특성을 고려하여 사전뷰(dictview)라는 객체를 통하여 사전 항목에 접근할 수 있다. 이때 사전뷰는 '키, 값, 키-값' 등 세 가지이며 sorted( ) 함수도 목적에 따라 세 가지 사전뷰(dictview)를 활용한다.

```
[예제 4-13] # 정렬(sorted) 처리 예: dict

# ㄱ)
sort_keys = sorted(dict1.keys())
print('ㄱ) sort_keys:', sort_keys)
print('ㄱ) sorted(dict1):', sorted(dict1))
# ㄴ)
sort_values = sorted(dict1.values())
print('ㄴ) sort_values:', sort_values)
# ㄷ)
sort_items = sorted(dict1.items()) # (key, value)
print('ㄷ) sort_items:', sort_items)
>>>
ㄱ) sort_keys: ['시대', '장르', '저자', '제목']
ㄱ) sorted(dict1): ['시대', '장르', '저자', '제목']
ㄴ) sort_values: ['소설', '조선', '허균', '홍길동']
ㄷ) sort_items: [('시대', '조선'), ('장르', '소설'), ('저자', '허균'), ('제목', '홍길동')]
```

[예제 4-13]에서는 sorted() 함수를 호출할 때 사전의 키(keys)와 값(values)을 매개변수로 전달한 후 정렬된 결과를 출력한다. ㄱ)은 'dict1'의 키(keys)를 매개변수로 전달한 후에 정렬된 결과(sort_keys)를 출력한 것으로 'dict1'의 키(key)만 오름차순으로 정렬된다. 한편 사전 자체를 매개변수로 전달하는 sorted(dict1)는 내부적으로 sorted(dict1.keys())로 처리하기 때문에 형식은 달라도 처리 결과는 같다. ㄴ)은 'dict1'의 값(values)을 매개변수로 전달하여 정렬된 결과(sort_values)를 출력하면 'dict1'의 값(value)만 오름차순으로 정렬된다. 반면 ㄷ)은 'dict1'의 항목(items)을 매개변수로 전달하여 정렬한 것으로 키(key)를 기준으로 오름차순으로 정렬된 튜플(key, value)의 목록이 출력된다. 한편 사전뷰(dictview)를 sorted() 함수로 정렬해도 결과는 목록(list)으로 반환되므로 원래 사전처럼 처리하려면 반환된 목록을 다시 사전으로 변환해야 한다.

[예제 4-14] # 정렬(sorted) 처리 예: dict

```
# ㄱ)
sort_keys = sorted(dict1.keys())
sort_dict_keys = {}
for key in sort_keys:
    sort_dict_keys[key] = dict1[key]
print('ㄱ) sort_dict_keys:', sort_dict_keys)
# ㄴ)
sort_items = sorted(dict1.items()) # (key, value)
sort_dict_items = {}
for key, value in sort_items:
    sort_dict_items[key] = value
print('ㄴ) sort_dict_items:', sort_dict_items)

# ㄷ)
sort_dict_items = {}
for item in sort_items:
    key = item[0]
    value = item[1]
    sort_dict_items[key] = value
print('ㄷ) sort_dict_items:', sort_dict_items)

# ㄹ)
sort_dict_items = dict(sorted(dict1.items())) # (key, value)
```

```
print('ㄹ) sort_dict_items:', sort_dict_items)
>>>
ㄱ) sort_dict_keys: {'시대': '조선', '장르': '소설', '저자': '허균', '제목': '홍길동'}
ㄴ) sort_dict_items: {'시대': '조선', '장르': '소설', '저자': '허균', '제목': '홍길동'}
ㄷ) sort_dict_items: {'시대': '조선', '장르': '소설', '저자': '허균', '제목': '홍길동'}
ㄹ) sort_dict_items: {'시대': '조선', '장르': '소설', '저자': '허균', '제목': '홍길동'}
```

[예제 4-14]에서는 sorted() 함수로 정렬된 목록을 새롭게 정렬된 사전으로 변환한다. ㄱ)은 사전(dict1)의 키(keys)로 정렬한 목록(sort_keys)을 생성한 후 새롭게 정렬된 사전을 생성하기 위해서 for 루프를 수행한다. 이때 'sort_keys'에서 'key'를 차례대로 받아 'key'에 대응하는 값(value)으로 새로운 사전 항목을 생성하는데, 새로 정렬된 사전(sort_dict_keys)을 출력하면 키를 기준으로 오름차순으로 정렬된 것을 확인할 수 있다. ㄴ)과 ㄷ)은 'dict1'의 항목(items)으로 정렬하여 반환한 튜플('key'와 'value') 목록(sort_items)을 생성한 후 for 루프를 수행하는데, 결과는 ㄱ)과 같다. ㄹ)은 사전 생성자 dict()으로 간단하게 처리하는데, 'dict1'의 항목(items)으로 된 튜플(key, value) 목록을 정렬하여 dict( )의 매개변수로 전달한다. 처리 결과는 ㄴ)과 ㄷ)의 출력과 같다.

한편 사전은 목록(list)처럼 sorted() 함수를 호출할 때 'key' 매개변수에 함수(func)를 전달하면 정렬 방법을 지시할 수 있다. 이번에는 sorted( ) 함수의 'key' 매개변수에 사용자 함수와 람다 함수를 전달하여 정렬하는 방법에 대하여 설명한다. 이를 위해 김치 빈도 사전을 사용한다.

[예제 4-15] # 정렬(sorted) 처리 예: dict

```
kimchi_dict ={'김치지수':2, '김치냉장고':82, '김치유산균':16, '김치국':1, '김치전':3,
    '김치제조업체':13, '김치':1578, '김치볶음밥':9, '김치찌게':5, '김치업체':12,
    '김치전골':1, '김치비빔국수':1, '김치파동':38, '김치찌개':38, '김치축제':5, '김치공장':40,
    '김치독':3, '김치맛':28, '김치시장':15, '김치담그기':18, '김치양념':5, '김치코너':2,
}
# ㄱ)
def dictkey(item):
    return item[0] # by key from (key, value)

sort_items_kf = sorted(kimchi_dict.items(), key=dictkey) # by key from (key, value)
print('ㄱ) sort_items_kf:', sort_items_kf)

# ㄴ)
```

```
def dictvalue(item):
    return -item[1] # by value from (key, value)

sort_items_vf = sorted(kimchi_dict.items(), key=dictvalue) # by value from (key, value)
print('ㄴ) sort_items_vf:', sort_items_vf)

# ㄷ)
sort_items_kl = sorted(kimchi_dict.items(), key=(lambda item:item[0])) # by key (key,
value)
print('ㄷ) sort_items_kl:', sort_items_kl)

# ㄹ)
sort_items_vl = sorted(kimchi_dict.items(), key=(lambda item:-item[1]))# by value (key,
value)
print('ㄹ) sort_items_vl:', sort_items_vl)
>>>
ㄱ) sort_items_kf: [('김치', 1578), ('김치공장', 40), ('김치국', 1), ..., ('김치파동', 38)]
ㄴ) sort_items_vf: [('김치', 1578), ('김치냉장고', 82), ('김치공장', 40), .., ('김치비빔국수', 1)]
ㄷ) sort_items_kl: [('김치', 1578), ('김치공장', 40), ('김치국', 1), ..., ('김치파동', 38)]
ㄹ) sort_items_vl: [('김치', 1578), ('김치냉장고', 82), ('김치공장', 40), .., ('김치비빔국수', 1)]
```

[예제 4-15]에서는 '김치'로 시작하는 22개 단어의 빈도 사전을 '키(key)'와 '값(value)'으로 정렬한 후에 출력한다. ㄱ)과 ㄴ)은 사용자 함수를 생성한 후 'key' 매개변수에 전달하고, ㄷ)과 ㄹ)은 사용자 함수를 사용하지 않고 인라인 람다(lambda) 함수를 전달한다.

ㄱ)은 '김치 빈도 사전'(kimchi_dict)의 키(key)를 기준으로 오름차순 정렬을 수행하기 위해 dictkey() 함수를 호출한다. 이 함수는 'kimchi_dict'의 items() 함수 호출로 받아온 튜플(key, value)에서 'key'를 가리키는 첫 번째 항목(item[0])을 반환한다. 튜플의 'key'를 기준으로 정렬된 'sort_items_kf'를 출력하면 사전 순서에 맞게 '김치'부터 오름차순으로 정렬된다. ㄴ)은 'kimchi_dict'의 값(value)을 기준으로 내림차순 정렬을 수행하기 위해 dictvalue() 함수를 호출한다. 이 함수는 튜플(key, value)에서 'value'를 가리키는 두 번째 항목(item[1])을 음수로 변환하여 반환한다. 'value'를 기준으로 정렬된 'sort_items_vf'를 출력하면 빈도가 가장 높은 '김치(1578)'부터 내림차순으로 정렬된다. 한편 ㄷ)은 람다 함수를 호출하여 'kimchi_dict'의 키(key)를 기준으로 오름차순 정렬을, ㄹ)은 'kimchi_dict'의 값(value)을 기준으로 내림차순 정렬을 수행하는데, 출력 결과는 각각 ㄱ), ㄴ)과 같다.

3. 컴프리헨션(comprehension)

파이썬은 연속형 자료형을 생성할 때 간단한 명령문으로 처리할 수 있도록 컴프리헨션을 제공한다. 컴프리헨션을 이용하면 간결한 문법으로 목록(list), 튜플(tuple), 사전(dict), 집합(set) 등을 생성할 수 있다.

목록(list) 컴프리헨션

[예제 4-16]은 for 루프(loop)와 컴프리헨션을 사용하여 'Anne of Green Gables'에서 추출한 어휘 사전에서 'lov'로 시작하는 단어를 추출한다.

[예제 4-16] # 컴프리헨션(comprehension) 처리 예:

```
import hgsysinc
from hgtest import load_dictfreq_Anne_of_Green_Gables
Vocabulary = load_dictfreq_Anne_of_Green_Gables() # 빨강 머리 앤
print('word num:', len(Vocabulary))

print('# 접두사 일치 단어 목록')
find = 'lov'
print('# ㄱ) for loop')
wordlist_for = []
for word in Vocabulary:
    if word.startswith(find):
        wordlist_for.append(word)
print(f'ㄱ) wordlist_for ({len(wordlist_for)}):', wordlist_for)

print('# ㄴ) comprehension')
wordlist_com = [word for word in Vocabulary if word.startswith(find)]
print(f'ㄴ) wordlist_com ({len(wordlist_com)}):', wordlist_com)
>>>
word num: 7427
# 접두사 일치 단어 목록
# ㄱ) for loop
ㄱ) wordlist_for (11): ['love', 'loved', 'lovelier', 'loveliest', 'loveliness', 'lovely', 'lovemaking',
'lovcr', 'lovers', 'loves', 'loving']
```

```
# ㄴ) comprehension
ㄴ) wordlist_com (11): ['love', 'loved', 'lovelier', 'loveliest', 'loveliness', 'lovely', 'lovemaking', 'lover', 'lovers', 'loves', 'loving']
```

[예제 4-16]에서는 총 7,427개의 단어 빈도 사전에서 'lov'로 시작하는 단어를 추출하여 목록(list)을 생성한다. 이를 위해 load_dictfreq_eng_ textfile() 함수를 이용하는데, 이 함수는 대문자를 소문자로 변환하여 통합하며 형태소 분석을 하지 않아 단어의 원형과 활용형을 서로 다른 단어로 처리한다. 단어가 'lov'로 시작하는지 확인하기 위해 문자열에 내장된 startswith() 함수를 사용한다. ㄱ)은 for 루프를 통하여 사전(Vocabulary)의 키(word)를 전달 받은 후 'lov'로 시작하면 목록(wordlist_for)에 추가하는데 루프 처리가 끝난 후에 'wordlist_for'를 확인하면 총 11단어의 목록을 출력한다. ㄴ)은 1줄로 된 컴프리헨션을 사용하여 'lov'로 시작하는 단어

[예제 4-17] # 컴프리헨션(comprehension) 처리 예:

```
...
print('# 접미사 일치 단어 목록')
find = 'ment'
print('# ㄱ) for loop')
wordlist_for = []
for word in Vocabulary:
    if word.endswith(find): # 접미사 일치
        if len(word) >= 10: # 10글자 이상
            wordlist_for.append(word)
print(f'ㄱ) wordlist_for ({len(wordlist_for)}):', wordlist_for)

print('# ㄴ) comprehension')
wordlist_com = [word for word in Vocabulary if word.endswith(find) if len(word) >= 10]
print(f'ㄴ) wordlist_com ({len(wordlist_com)}):', wordlist_com)
>>>
...
# 접미사 일치 단어 목록
# ㄱ) for loop
ㄱ) wordlist_for (29): ['abandonment', 'accomplishment', 'achievement', 'arrangement', 'astonishment', ..., 'presentiment', 'punishment', 'resentment', 'settlement']

# ㄴ) comprehension
ㄴ) wordlist_com (29): ['abandonment', 'accomplishment', 'achievement', 'arrangement', 'astonishment', ..., 'parliament', 'presentiment', 'punishment', 'resentment', 'settlement']
```

목록(list)을 생성하는데 결과는 ㄱ)과 같다. for 루프를 통하여 단어 목록을 추출하려면 최소한 3줄의 명령문이 필요하지만 컴프리헨션은 1줄로 간단하게 처리할 수 있다.

[예제 4-17]에서는 for 루프(loop)와 컴프리헨션을 사용하여 어휘 사전에서 'ment'로 끝나는 단어를 추출하는데, 단어가 'ment'로 끝나는지 확인하기 위해서 endswith() 함수를 호출하고 단어의 길이가 10글자 이상인 것만 추출하도록 조건을 추가한다. ㄱ)은 for 루프를 통하여 'ment'로 끝나는 단어 중 단어 길이가 10글자 이상이면 목록에 추가한다. 루프 처리가 끝난 후 'wordlist_for'를 확인하면 총 29단어를 출력한다. ㄴ)은 1줄로 된 컴프리헨션을 사용하여 단어 길이가 10글자 이상의 'ment'로 끝나는 단어 목록을 생성한 것이며 출력 결과는 ㄱ)과 같다.

사전(dict) 컴프리헨션

이번에는 컴프리헨션을 통하여 사전을 생성한다. 예제에서는 총 11단어로 된 'lov'로 시작하는 단어 빈도 사전(dict_lov1)을 대상으로 빈도에 의한 내림차순으로 정렬된 새로운 사전을 생성한다.

[예제 4-18] # 컴프리헨션(comprehension) 처리 예

```
dict_lov1 = {'lovelier': 1, 'lovers': 5, 'loving': 7, 'lover': 13, 'lovely': 64, 'lovemaking': 1, 'loved': 15, 'loveliness': 4, 'loves': 1, 'love': 71, 'loveliest': 9}

dict_sort_list = sorted(dict_lov1.items(), key=lambda item:-item[1]) # by rev-value
# ㄱ)
dict_sort_d = dict(dict_sort_list)
print('ㄱ) dict_sort_d:', dict_sort_d)
# ㄴ)
dict_sort_f = {}
for key, value in dict_sort_list:
    dict_sort_f[key] = value
print('ㄴ) dict_sort_f:', dict_sort_f)
# ㄷ)
dict_sort_c1 = {key:value for key, value in dict_sort_list}
print('ㄷ) dict_sort_c1:', dict_sort_c1)
# ㄹ)
dict_sort_c2 = {key:value for key, value in
```

```
        sorted(dict_lov1.items(), key=lambda item:-item[1])} # by rev-value
print('ㄹ) dict_sort_c2:', dict_sort_c2)
>>>
ㄱ) dict_sort_d: {'love': 71, 'lovely': 64, 'loved': 15, 'lover': 13, 'loveliest': 9, ..., 'loves': 1}
ㄴ) dict_sort_f: {'love': 71, 'lovely': 64, 'loved': 15, 'lover': 13, 'loveliest': 9, ..., 'loves': 1}
ㄷ) dict_sort_c1: {'love': 71, 'lovely': 64, 'loved': 15, 'lover': 13, 'loveliest': 9, ..., 'loves': 1}
ㄹ) dict_sort_c2: {'love': 71, 'lovely': 64, 'loved': 15, 'lover': 13, 'loveliest': 9, ..., 'loves': 1}
```

[예제 4-18]에서는 총 11단어로 된 'lov'로 시작하는 'dict_lov1'을 정렬하기 위해 sorted() 함수를 호출하는데, 인라인 람다 함수를 호출할 때 빈도를 기준으로 내림차순 정렬을 수행하기 위해 튜플(key, value)에서 'value'를 가리키는 두 번째 항목(item[1])을 음수로 전달한다. ㄱ)은 빈도를 기준으로 하여 내림차순으로 정렬된 튜플 목록(dict_sort_list)을 사전 생성자 dict()에 전달하여 사전(dict_sort_d)을 생성한다. 'dict_sort_d'를 출력하면 가장 많이 출현한 'love(71)'를 시작으로 내림차순으로 정렬된다. ㄴ)은 'dict_sort_list'를 for 루프에 전달하여 사전(dict_sort_f)을 생성하고, ㄷ)은 1줄로 된 컴프리헨션을 사용하여 사전(dict_sort_c1)을 생성한다. ㄹ)은 정렬을 위한 sorted() 함수와 for 루프를 컴프리헨션 안에 통합한 것으로 출력 결과는 ㄱ)과 같다.

튜플(tuple)과 집합(set) 컴프리헨션

튜플(tuple)과 집합(set)도 컴프리헨션으로 처리할 수 있다. 튜플은 목록(list)과 유사하므로 따로 설명하지 않고 집합을 중심으로 살펴본다.

[예제 4-19]에서는 '김치'로 시작하는 22개 단어의 빈도 사전(kimchi_dict)으로 '김치' 집합을 생성한다. 이때 'kimchi_dict'에서 단어를 가리키는 키(key)를 받은 후 단어 길이가 3음절 이하인 단어로 제한한다. ㄱ)은 for 루프를 통하여 'kimchi_dict'의 키(key)를 전달 받아 단어 길이가 3음절 이하이면 집합(kimchi_set_f)에 추가한다. 루프 처리가 끝난 후에 'kimchi_set_f'를 출력하면 3음절 이하의 총 5단어가 출력된다. ㄴ)은 1줄로 된 컴프리헨션을 사용하여 3음절 이하 단어의 집합을 생성한 것으로 출력 결과는 ㄱ)과 같다. 집합은 순서가 없기 때문에 실행 결과는 예제의 출력 순서와 다를 수 있다.

컴프리헨션은 짧은 코드로 작성하여 편리하지만 여러 조건을 복합적으로 사용할 경우에는 코드를 이해하기 어렵다는 단점이 있다. 또한 파이썬 도큐먼트(해설서)에 의하면, 대용량 데이터

[예제 4-19] # 컴프리헨션(comprehension) 처리 예

```
kimchi_dict ={'김치지수':2, '김치냉장고':82, '김치유산균':16, '김치국':1, '김치전':3,
    '김치제조업체':13, '김치':1578, '김치볶음밥':9, '김치찌게':5, '김치업체':12,
    '김치전골':1, '김치비빔국수':1, '김치파동':38, '김치찌개':38, '김치축제':5, '김치공장':40,
    '김치독':3, '김치맛':28, '김치시장':15, '김치담그기':18, '김치양념':5, '김치코너':2,
}
# ㄱ)
kimchi_set_f = set()
for key in kimchi_dict:
    if(len(key) <= 3):
        kimchi_set_f.add(key)
print(f'ㄱ) kimchi_set_f ({len(kimchi_set_f)}):', kimchi_set_f)

# ㄴ)
kimchi_set_c = {key for key in kimchi_dict if(len(key) <= 3)}
print(f'ㄴ) kimchi_set_c ({len(kimchi_set_c)}):', kimchi_set_c)
>>>
ㄱ) kimchi_set_f (5): {'김치국', '김치독', '김치', '김치전', '김치맛'}
ㄴ) kimchi_set_c (5): {'김치국', '김치독', '김치', '김치전', '김치맛'}
```

를 연속형 자료형으로 생성하는 경우에는 컴프리헨션이 유용하지 않다고 밝히고 있으므로 유의해야 한다.

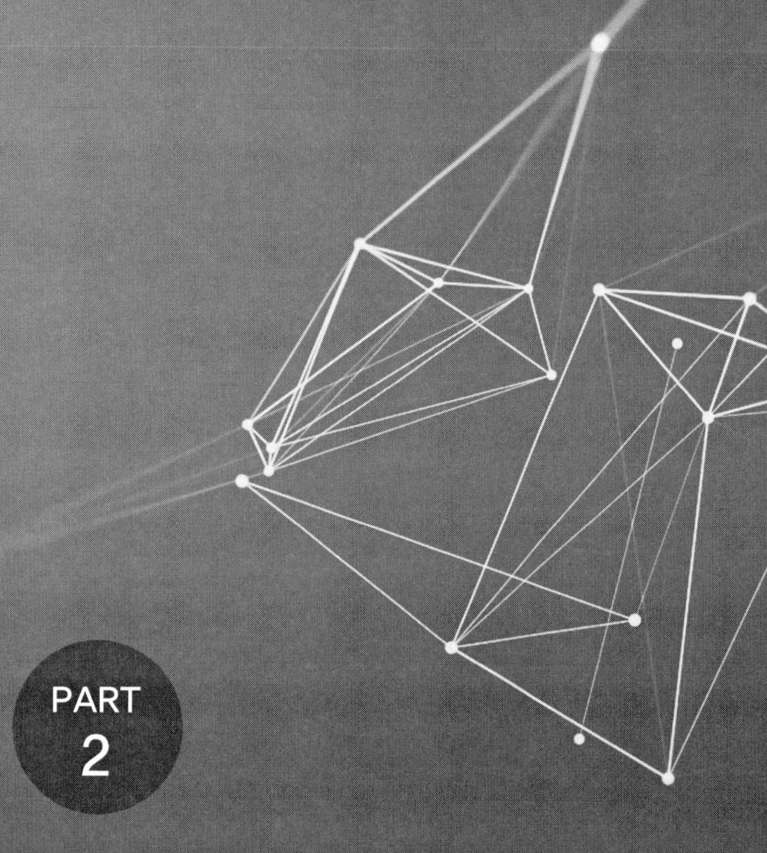

PART
2

한글 공학 이론과 구현

Chapter 5 한글 코드와 유니코드

한국어는 한반도 전역 및 제주도를 위시한 한반도 주변의 섬에서 쓰는 언어이다. 한국어는 문자 언어로 한글을 사용하는데, 한글은 우리의 고유 글자로 음소 문자이다. 한국어를 구성하는 단어는 다양한 기준으로 나누어볼 수 있는데, 어원을 기준으로 하면 크게 고유어, 한자어, 외래어로 구분할 수 있다. '하늘, 구름' 등은 고유어, '노력(努力)'과 같이 한자로 표기할 수 있는 단어는 한자어, '커피(coffee)'와 같이 영어나 일본어 등에서 유래한 단어는 외래어라 한다. 한자어와 외래어는 어원은 다르지만 한국어 어휘의 상당 부분을 구성하고 이들 모두 우리의 언어생활에서는 '한글'로 표기하여 사용한다.

한국어의 범위를 살펴본 이유는 한글 코드에서 '한국어'의 범위는 조금 다르기 때문이다. 한글 코드에서 한국어의 범위는 다음과 같은 특징이 있다.

- 한글 코드에서 가장 중요한 부분은 '한글 음절'과 '한글 자모'이다. 현대어에서는 24개의 자모만을 사용하는데, 이것이 한글 코드에서 처리해야 하는 기본 자모이다. 컴퓨터에서 한글을 처리하려면 기본적으로 한글 자모에 대한 이해가 필요하다.

- 한글 코드에는 '한자 영역'이 있다. 한자는 우리나라, 중국, 일본 등에서도 널리 사용되고 유니코드에는 9만자 이상 등록되어 있지만 한글 코드에서 다루는 한자는 우리나라에서만 사용하는 한자를 의미한다.

- 한글 코드에는 '특수 문자' 영역이 있다. 특수 문자는 숫자나 로마자 이외에 컴퓨터에서 사용되는 문자로, '+', '−', '( )', '=' 따위를 말한다. 표준 완성형 코드에는 문장 부호, 수학 기호, 단위 기호, 도형 문자, 괘선 문자, 원문자 및 괄호 문자 등 1,128개의 특수 문자가 있다. 또한 현대 한글 낱자, 옛한글 낱자, 전각 로마자, 그리스 문자, 라틴 문자, 히라가나/가타카나, 키릴 문자 등도 있다. 한국어의 외래어에 해당하는 어휘 중 일부는 특수 문자 영역의 문자를 이용하여 표기할 수 있다.

한글 코드에서 '한글'은 한글 자모는 물론 한자, 옛한글 등 그 범위가 넓다. 그러나 한글 코드에서 가장 중요한 부분은 역시 우리 문자인 '한글'이고, 이를 코드화하기 위해서는 한글에 대한 이해가 필요하다. 이 장에서는 한글 자모와 음절의 특징을 간단히 살펴보고 한글 코드의 변천 과정을 설명한다.

1. 한글 자모와 음절

한글을 이해하기 위해 한글의 기본 단위인 자음과 모음, 그리고 그것을 모아서 만드는 음절에 대해 살펴본다.

한글의 자모

자모(字母)는 음소 문자 체계에 쓰이는 낱낱의 글자로, 자음과 모음을 지칭하는 말이다. 한글 맞춤법 제4항에 따르면, 현대 한글 자모의 수는 스물넉 자이다. 한글 맞춤법의 내용은 [표 5-1]과 같다.

[표 5-1] 한글 맞춤법의 자모

제4항 한글 자모의 수는 스물넉 자로 하고, 그 순서와 이름은 다음과 같이 정한다.

ㄱ(기역) ㄴ(니은) ㄷ(디귿) ㄹ(리을) ㅁ(미음)
ㅂ(비읍) ㅅ(시옷) ㅇ(이응) ㅈ(지읒) ㅊ(치읓)
ㅋ(키읔) ㅌ(티읕) ㅍ(피읖) ㅎ(히읗)
ㅏ(아) ㅑ(야) ㅓ(어) ㅕ(여) ㅗ(오)
ㅛ(요) ㅜ(우) ㅠ(유) ㅡ(으) ㅣ(이)

[붙임 1] 위의 자모로써 적을 수 없는 소리는 두 개 이상의 자모를 어울러서 적되, 그 순서와 이름은 다음과 같이 정한다.

ㄲ(쌍기역) ㄸ(쌍디귿) ㅃ(쌍비읍) ㅆ(쌍시옷) ㅉ(쌍지읒)
ㅐ(애) ㅒ(얘) ㅔ(에) ㅖ(예) ㅘ(와) ㅙ(왜)
ㅚ(외) ㅝ(워) ㅞ(웨) ㅟ(위) ㅢ(의)

(해설) 한글 자모 스물넉 자만으로 적을 수 없는 소리들을 적기 위하여, 자모 두 개를 어우른 글자인 'ㄲ, ㄸ, ㅃ, ㅆ, ㅉ', 'ㅐ, ㅒ, ㅔ, ㅖ, ㅘ, ㅚ, ㅝ, ㅟ, ㅢ'와 자모 세 개를 어우른 글자인 'ㅙ, ㅞ'를 쓴다는 것을 보여 준 것이다.

[붙임 2] 사전에 올릴 적의 자모 순서는 다음과 같이 정한다.

자음: ㄱ	ㄲ	ㄴ	ㄷ	ㄸ	ㄹ	ㅁ	ㅂ
ㅃ	ㅅ	ㅆ	ㅇ	ㅈ	ㅉ	ㅊ	ㅋ
ㅌ	ㅍ	ㅎ					
모음: ㅏ	ㅐ	ㅑ	ㅒ	ㅓ	ㅔ	ㅕ	ㅖ
ㅗ	ㅘ	ㅙ	ㅚ	ㅛ	ㅜ	ㅝ	ㅞ
ㅟ	ㅠ	ㅡ	ㅢ	ㅣ			

(해설) 사전에 올릴 적의 순서를 명확하게 하려고 제시한 것이다. 한편 받침 글자의 순서는 아래와 같다.

ㄱ ㄲ ㄳ ㄴ ㄵ ㄶ ㄷ ㄹ ㄺ ㄻ ㄼ ㄽ ㄾ ㄿ ㅀ ㅁ ㅂ ㅄ ㅅ ㅆ ㅇ ㅈ ㅊ ㅋ ㅌ ㅍ ㅎ

한글 맞춤법에서는 한글 자모의 수와 이름, 사전에 올릴 적의 순서를 명확하게 밝히고 있다. 한글 맞춤법 제4항에서는 한글 자모의 수는 스물넉 자라고 기술하고 있으나, 붙임에서 자모 두 개 혹은 세 개를 어우른 글자를 추가해서 자음 19자, 모음 21자로 설명한다. 제4항의 내용 중 [붙임 2]의 해설을 보면 받침 글자의 순서를 제시하고 있는데, 앞서 제시한 자음에는 보이지 않던 글자가 있는 것을 알 수 있다. 'ㄳ, ㄵ, ㄺ'과 같은 글자는 받침에만 쓰이는 글자인데, 이에 따르면 한글의 자음 중에는 음절의 첫소리 곧 초성에만 쓰이거나 음절의 마지막 소리 곧 종성에만 쓰이는 것이 있음을 알 수 있다.

이를 바탕으로 초성, 중성, 종성에 놓이는 한글 자모를 정리하면 [표 5-2]와 같다.

[표 5-2] 초성, 중성, 종성의 자모

초성 (19자)	ㄱ ㄲ ㄴ ㄷ ㄸ ㄹ ㅁ ㅂ ㅃ ㅅ ㅆ ㅇ ㅈ ㅉ ㅊ ㅋ ㅌ ㅍ ㅎ
중성 (21자)	ㅏ ㅐ ㅑ ㅒ ㅓ ㅔ ㅕ ㅖ ㅗ ㅘ ㅙ ㅚ ㅛ ㅜ ㅝ ㅞ ㅟ ㅠ ㅡ ㅢ ㅣ
종성 (27자)	ㄱ ㄲ ㄳ ㄴ ㄵ ㄶ ㄷ ㄹ ㄺ ㄻ ㄼ ㄽ ㄾ ㄿ ㅀ ㅁ ㅂ ㅄ ㅅ ㅆ ㅇ ㅈ ㅊ ㅋ ㅌ ㅍ ㅎ

한글의 음절

음절은 하나의 종합된 음의 느낌을 주는 말소리의 단위이다. 한국어의 음절 구성은 기본적으로 모음 하나에서부터 시작하는데, 하나의 모음을 기준으로 자음이 앞이나 뒤에 놓이는 방식으

[표 5-3] 한글의 음절 구성

음절 구성			
(자음 Consonant) + 모음 Vowel + (자음 Consonant)			
V	CV	VC	CVC
아, 여	가, 귀	옥, 울	잠, 말

로 음절을 형성한다.

한글은 자음과 모음이 결합하여 음절을 구성하는데 다음과 같은 특징이 있다.

- 한글은 모음 혼자서 음절을 구성하기도 하고, '자음+모음', '모음+자음', '자음+모음+자음'이 합쳐져서 음절을 구성하기도 한다. 음운적으로는 모음만으로 음절 구성이 가능하지만, 일반적으로 한글 한 음절을 글자로 쓸 때에는 'ㅏ, ㅓ'로 쓰지 않는다. 음절은 근본적으로 말소리 단위이고 모음 하나만으로 음절을 구성한다는 것은 음성학적인 기준에 근거한 것이다. 한 음절을 쓸 때 기본적으로 자음 'ㅇ'과 모음 'ㅏ'를 함께 쓰는데, 이때 음절 첫소리 자리에 놓인 'ㅇ'은 소릿값이 없는 것이다.
  이는 컴퓨터에 한글을 입력할 때에도 마찬가지이다. 자음 'ㅇ'의 결합 없이 모음 'ㅏ'만으로는 하나의 음절을 형성한다고 보지 않는다. 이때 'ㅏ'는 자모 단위의 입력이지 음절 단위의 입력이 아니다. 곧 음성 및 음운적으로는 'ㅏ'와 '아'의 소릿값이 같지만, 한글 입력 층위에서 'ㅏ'와 '아'는 문자 코드도 다르고 단위도 다르다.
- 한글 입력 층위에서 입력 가능한 한글의 음절은 '가, 다'와 같은 '초성+중성'과 '감, 달'과 같은 '초성+중성+종성'의 구조를 형성한다. 이때 초성에 오는 자음의 수는 19개이고 중성에 오는 모음은 21개인데, 종성에 오는 자음의 수는 초성에 오는 자음의 수와 차이가 있다. 홑받침으로 쓰이는 자음은 16개로, 초성에 쓰인 자음 중 'ㄸ, ㅃ, ㅉ'은 종성에 사용되지 않는다. 이와 함께 겹받침으로 쓰이는 자음은 총 11자로, '넋, 흙, 앎' 등의 'ㄳ, ㄺ, ㄻ' 등이 있다.
- 한글 자음 중 초성 혹은 종성에만 쓰이는 글자가 있다. 예를 들어, '까'의 'ㄲ'은 '깎'처럼 종성에도 쓰이지만 '빠'의 'ㅃ'은 종성에는 쓰이지 않아서 '빫'과 같은 음절은 존재하지 않는다. 마찬가지로 '넋, 흙, 앎' 등의 'ㄳ, ㄺ, ㄻ'은 초성에는 쓰이지 않는다. 이러한 제약을 제외하면 총 11,172개의 음절이 만들어진다.

[표 5-4] 한글 입력 층위의 한글 음절 구성

초성	자음 (19자)	ㄱ ㄲ ㄴ ㄷ ㄸ ㄹ ㅁ ㅂ ㅃ ㅅ ㅆ ㅇ ㅈ ㅉ ㅊ ㅋ ㅌ ㅍ ㅎ
중성	모음 (21자)	ㅏ ㅐ ㅑ ㅒ ㅓ ㅔ ㅕ ㅖ ㅗ ㅘ ㅙ ㅚ ㅛ ㅜ ㅝ ㅞ ㅟ ㅠ ㅡ ㅢ ㅣ
종성	홑받침 (16자)	ㄱ ㄲ ㄴ ㄷ ㄹ ㅁ ㅂ ㅅ ㅆ ㅇ ㅈ ㅊ ㅋ ㅌ ㅍ ㅎ
	겹받침 (11자)	ㄳ ㄵ ㄶ ㄺ ㄻ ㄼ ㄽ ㄾ ㄿ ㅀ ㅄ (넋, 앉-, 않-, 읽-, 삶, 밟-, 돐, 핥-, 읊-, 싫-, 없-)

초성+중성	19자 × 21자 = 399자
초성+중성+종성	19자 × 21자 × 27자 = 10,773자
합계	11,172자

그러나 조합 가능한 음절 중에는 '잠, 말'처럼 자주 사용하는 음절도 있고 '걁, 줅, 쉥'처럼 거의 사용하지 않는 음절도 있다.

2. 한글 코드의 역사와 종류

한글 코드는 좁은 의미로는 훈민정음에서 시작된 한글을 코드화한 것을 의미하지만 넓은 의미로는 우리나라에서 사용하는 문자 시스템을 가리킨다. 우리는 한글을 비롯하여 숫자, 영문자, 한자 및 기호 등을 문자로 사용하는데, 이처럼 우리나라에서 사용하는 문자를 코드로 정의한 것이 한글 코드이다.

컴퓨터가 우리나라에 보급되던 초기에는 컴퓨터에 한글을 입력하고 처리하는 일이 매우 중요한 과제였다. 영문자를 기반으로 개발된 컴퓨터는 기본적으로 한글의 입출력이 불가능하여서 우리가 독자적으로 한글 처리 시스템을 구현하였다. 이 시기에 컴퓨터에서 한글 처리를 위해 한글 입력 방법이나 저장 방법에 대한 논의가 활발하게 이루어졌다. 자판 배열과 관련하여서는 두벌식(2벌식)과 세벌식(3벌식)의 논의가 주를 이루었고, 한글 코드의 저장 방법에 대해서는 완성형 코드와 조합형 코드의 논의가 주를 이루었다. 두벌식과 세벌식의 논쟁은 한글 자판 입력에 대한 것으로, 사용자 인터페이스와 직접적으로 관련이 있어 비교적 많이 알려져 왔다. 이에 비해 한글 코드의 저장 방법은 컴퓨터 프로그램이 내부적으로 처리하는 문제여서 일반 사용자는 관심이 적었지만 한글 처리를 담당하는 소프트웨어 개발자에게는 중요한 문제였다.

한글 코드의 역사

한글 코드의 역사를 간략히 기술하면 다음과 같다.

- 1974년 처음으로 한글 코드가 도입되었으며 이후 10년간 다양한 한글 코드 시스템이 만들어졌다. 그러나 통일된 기준 없이 업체별로 한글 코드 시스템을 개발하였기 때문에 기종이 다른 컴퓨터에서는 호환되지 않았다.
- 1987년 컴퓨터 기종이 달라도 호환될 수 있도록 한글 코드를 완성형으로 표준화하였다. 그러나 당시 표준 한글 코드는 전체 한글 음절의 21%만 수용하여 표현할 수 없는 문자가 많았고 완성형 방식은 초성, 중성, 종성의 자모 단위 해석이 불가능하였다.

⚙ 1995년 유니코드 버전 2.0을 국가표준 한글 코드로 채택함으로써 모든 한글 음절을 비롯하여 옛한글까지 처리할 수 있게 되었다.

한글 코드의 표준화 과정을 정리하면 다음과 같다.

[표 5-5] 한글 코드의 표준화 과정 및 내용

연도	표준 번호	바이트	내용
1974	KS C 5601-1974	N-바이트	한글 자모 51자, 가변 길이
1977	KS C 5714-1977	-	한자 7,200자에 코드 부여 (1982년 폐지)
1982	KS C 5601-1982	2바이트	조합형
	KS C 5619-1982	2바이트	완성형 한글 1,316자, 한자 1,692자 (1985년 폐지)
1987	KS C 5601-1987	2바이트	완성형 한글 2,350자, 한자 4,888자 (ISO 2022 규격 준수)
1991	KS C 5657-1991	2바이트	완성형 확장 한글 1,930자, 옛한글 1,675자, 한자 2,856자 추가 (KS C 5601-1987 보충, 총 한글 4,280, 한자 7,744)
1992	KS C 5601-1992	2바이트	조합형 (1987년 완성형 한글과 함께 복수 표준화)
1995	KS C 5700-1995	2바이트	한글 음절 11,172자, 한글 자모 240자, 한자 20,902자 (유니코드 2.0 버전을 국가 표준으로 삼음)

※ 한국전산원(1996) 참조

표준 완성형 코드

1987년 완성형 한글을 기반으로 국가 표준 코드 KS C 5601, 이른바 '정보 교환용 부호(한글 및 한자)'가 제정되는데, 국가 표준의 한글 코드라는 의미에서 표준 완성형 혹은 KS 완성형으로도 부른다. 이후 문자셋이 확장되면서 1987년 제정된 완성형 코드를 KS C 5601-1987로 지칭하였고, 현재는 명칭이 바뀌어 KS X 1001로 지칭한다.

완성형 한글은 훈민정음의 초성, 중성, 종성을 조합해서 음절을 만들지 않고 음절 글자가 완성된 상태로 사용한다는 것으로, 한 음절의 초성, 중성, 종성에 쓰인 각 음소를 해석할 수 없음을 의미한다. 표준 완성형 코드의 원리와 특징을 간략하게 정리하면 다음과 같다.

⚙ 표준 완성형 코드는 정보 교환용 부호 확장법인 ISO-2022를 따라 제정되었다. ISO-2022는 국제표준기구(ISO, International Standards Organization)에서 아스키코드를 확장하여 2바이트 이상의 코드 시스템으로 확장할 때 준수해야 하는 국제 규격이다. ISO-2022에 따르면 7비트 혹은 8비트로 적용할 수 있으며 1바이트부터 4바이트까지 확장할 수 있는데 KS C 5601-1987은 2바이트 확장법을 적용하였다.

- ISO-2022의 부호 확장법에 따르면 첫 번째 바이트와 두 번째 바이트 모두 164~256까지의 영역만을 사용하여, 실제로 사용 가능한 문자는 94×94, 총 8,836자이다. 현대 한글 음절만으로도 11,172자이고 한자와 특수 문자까지 포함하면 최소 2만 자 이상의 공간이 필요했지만, ISO-2022 부호 확장법을 지키려면 코드에 수록할 문자의 수를 줄일 수밖에 없었다. 결국 최종적으로 한글 음절 2,350자와 한자 4,888자, 특수 문자 1,128자, 사용자 영역 188자와 정의되지 않은 영역 282자를 배정한다 [표 5-6].

- 한글 음절은 11,172자를 모두 등록할 수 없어서 문서에서 한글 음절의 사용 빈도를 계산하여 빈도가 높은 2,350자를 뽑아 사전 순서로 할당하였다. 한글 음절과 달리 한자는 4,888자가 할당되었으며 한글보다 글자 수가 많았다. 자료에 따르면 80년대에는 한자를 많이 사용하고 한글 코드 제정 당시 국어학 분야의 참여가 부족하여 이러한 결정이 갖는 문제를 고민하지 못하였고, 공학적 측면에서 상위 빈도 99.99%에 해당하는 2,350자만 있어도 정보 처리에는 문제가 없다고 보는 견해도 있었다고 한다(한국전산원 1996).

[표 5-6] KS C 5601-1987 **표준 완성형 코드의 글자 배치도**

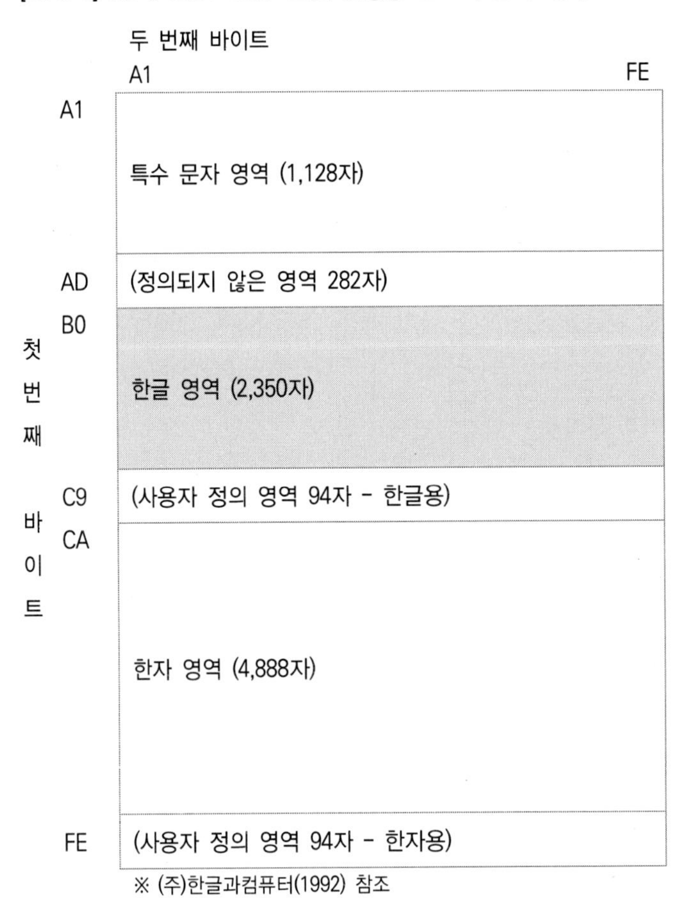

※ (주)한글과컴퓨터(1992) 참조

표준 완성형 한글 코드를 보완하기 위해 1991년에 한국어 보조 문자 집합을 만들어 추가한다 (KS C 5657-1991). 이때 한글 1,930자, 한자 2,856자, 옛한글 1,675자 등이 추가되었으나, 여전히 현대 한글 6,892자는 포함되지 않았다. 그러나 한자 영역이 늘어나고 특히 옛한글이 표준 코드에 반영되었다는 점에서는 중요한 의의를 지닌다. 현재 이 코드는 사용하지 않지만, 이후에 확장 한자와 옛한글을 표준 코드에 포함시키는 데에 중요한 역할을 한다. 한편 KS C 5657-1991은 한글 영역이 두 군데로 분리되어 있어서 코드값을 기준으로 정렬(sorting)하면 사전식 순서로 배열되지 않아서 문제가 된다.

표준 조합형 코드

1987년 KS C 5601 완성형 코드로 표준화를 이루게 되었지만 당시 완성형 코드는 한글 입력에 제한이 있어 논란이 많았고 학계와 산업 현장에서도 현대 한글을 완벽하게 표현할 수 있는 조합형 코드의 필요성을 강하게 주장하였다. 이에 1992년 또 하나의 표준 코드를 제정하는데, 이것이 KS C 5601-1992 조합형 코드로 표준 조합형 혹은 KS 조합형이나 KSSM으로도 부른다.

조합형은 훈민정음 원리를 기반으로 자음과 모음을 조합하여 글자를 표현하도록 한 문자 인코딩 형식을 의미한다. 조합형 코드는 한글 1음절을 표현하기 위하여 초성, 중성, 종성을 조합하여 하나의 음절을 이루도록 만든 것으로, 초성, 중성, 종성에 각각 5비트씩 배정하고, 7비트 아스키코드에서 사용하지 않는 최상위 비트(MSB)를 '1'로 배정하여 하나의 음절을 2바이트로 처리한다. 최상위 비트가 '1'로 되어 있으면 프로그램에서 한글 1음절로 해석하고, '0'으로 되어 있으면 영문자로 구분한다 [표 5-7].

[표 5-7] 조합형 코드의 구성 원리

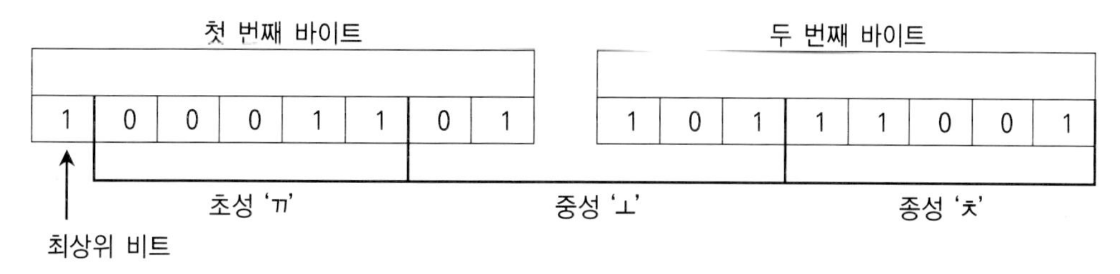

표준 조합형 코드 배열표를 중심으로 조합형 코드의 특징을 설명하면 다음과 같다 [표 5-8].

[표 5-8] 조합형 코드의 배열표

	십육진수	이진수	초성	중성	종성
0	00	00000	*	*	*
1	01	00001	(FILL)	*	(FILL)
2	02	00010	ㄱ	(FILL)	ㄱ
3	03	00011	ㄲ	ㅏ	ㄲ
4	04	00100	ㄴ	ㅐ	ㄳ
5	05	00101	ㄷ	ㅑ	ㄴ
6	06	00110	ㄸ	ㅒ	ㄵ
7	07	00111	ㄹ	ㅓ	ㄶ
8	08	01000	ㅁ	*	ㄷ
9	09	01001	ㅂ	*	ㄹ
10	0A	01010	ㅃ	ㅔ	ㄺ
11	0B	01011	ㅅ	ㅕ	ㄻ
12	0C	01100	ㅆ	ㅖ	ㄼ
13	0D	01101	ㅇ	ㅗ	ㄽ
14	0E	01110	ㅈ	ㅘ	ㄾ
15	0F	01111	ㅉ	ㅙ	ㄿ
16	00	10000	ㅊ	*	ㅀ
17	11	10001	ㅋ	*	ㅁ
18	12	10010	ㅌ	ㅚ	–
19	13	10011	ㅍ	ㅛ	ㅂ
20	14	10100	ㅎ	ㅜ	ㅄ
21	15	10101		ㅝ	ㅅ
22	16	10110		ㅞ	ㅆ
23	17	10111		ㅟ	ㅇ
24	18	11000		*	ㅈ
25	19	11001		*	ㅊ
26	1A	11010		ㅠ	ㅋ
27	1B	11011		ㅡ	ㅌ
28	1C	11100		ㅢ	ㅍ
29	1D	11101		ㅣ	ㅎ
30	1E	11110			
31	1F	11111			

※ 출처: 한국어정보처리연구소(1999)

✿ '*' 표시는 다른 코드와 겹쳐 사용할 수 없는 영역이다.

✿ 'FILL'은 해당 위치에 자모가 입력되지 않은 상태를 의미한다. 조합형 코드에서는 초성과 중성, 종성의 해당 비트를 모두 마련해 놓았기 때문에 초성이나 종성이 입력되지 않더라도 해당 자리에 FILL 코드값을

부여해야 한다. 예를 들어, '아'는 초성 'ㅇ', 중성 'ㅏ'와 함께 종성에는 FILL 곧 이진법으로는 '00001'이 들어간다. 초성이 빠진 입력도 가능하여, 'ᅥᆫ, ᅯᆨ'과 같은 형태도 초성 자리에 FILL(이진수:00001) 코드를 채운다.

✿ '보람'의 조합형 코드를 알아보면 다음과 같다.

[표 5-9] **'보람'의 조합형 코드**

	최상위비트	초성	중성	종성
보		ㅂ	ㅗ	(FILL)
	1	01001	01101	00001
	10100101 10100001 → A5 A1 (2바이트)			
람		ㄹ	ㅏ	ㅁ
	1	00111	00011	10001
	10011100 01110001 → 9C 71 (2바이트)			

✿ 조합형 코드는 미완성 음절 문자를 표현할 수 있다. 미완성 음절 문자는 초성으로 시작하지 않거나 중성 글자가 없는 한글 문자를 가리키는데, 조합형 코드 방식으로는 초성, 중성, 종성, 중성+종성, 초성+종성 등과 같은 글자로 1,147자가 있다. 이들 조합 문자를 미완성 음절 문자라 하는데 표준 완성형의 자모 낱글자와는 다르다. 미완성 음절 문자의 한글 코드 내부 상태는 [표 5-10]과 같다.

[표 5-10] **표준 조합형의 미완성 음절 문자와 표준 완성형의 자모 비교**

화면 출력 상태		조합형 한글 코드 내부 상태	음절 수	완성형 자모 글자
자모	글자			
초성	'ᄀ'	초성+중성(Fill)+종성(Fill)	19	낱글자 'ㄱ'
중성	'ᅴ'	초성(Fill)+중성+종성(Fill)	21	낱글자 'ㅢ'
종성	'ᆷ'	초성(Fill)+중성(Fill)+종성	27	(없음)
중성+종성	'ᅡᆺ'	초성(Fill)+중성+종성	567	(없음)
초성+종성	'ᄀᆷ'	초성+중성(Fill)+종성	513	(없음)

통합 완성형 코드

통합 완성형 한글 코드(Unified Hangul Code)는 마이크로소프트사의 PC 윈도우 운영 체제에서 지원하는 것으로 표준 완성형 코드(KS C 5601-1987)를 확장하여 1995년에 발표한 것이다. 통합 완성형 코드는 국가 표준은 아니지만 윈도우 운영 체제를 기반으로 하여 '사실상 표준'

처럼 사용하는 한글 코드이다.

통합 완성형 한글 코드는 1987년 완성형 코드에는 포함되지 않은 한글 음절 8,822자를 표준 완성형 코드에서 사용하지 않는 영역에 추가로 배정함으로써 현대어 한글 음절 11,172자를 운영 체제에서 모두 처리할 수 있게 하였다. 통합 완성형 한글 코드는 표준 완성형 코드에 나머지 8,822를 추가로 확장했다는 의미로 확장 완성형 코드로 불리기도 하며, 마이크로소프트사가 도입한 코드 페이지 949(CP949)로 부르기도 한다. 통합 완성형 코드의 원리와 특징을 간략하게 정리하면 다음과 같다.

- 통합 완성형 코드는 한글 음절 11,172자를 문자 코드로 등록함으로써 기존의 표준 완성형만을 지원하는 프로그램과의 호환성을 유지하면서 그동안 표현할 수 없었던 나머지 8,822자를 처리할 수 있게 되었다는 점에서 의의가 있다.
- 통합 완성형 코드는 표준 완성형 코드를 확장하였기 때문에 한글에 대한 사전식 순서는 유지할 수 없었다. 즉 한글 단어를 코드값을 기준으로 정렬(sorting)하면 사전식 순서로 배열되지 않아서 추가로 정렬 프로그램을 사용하여야 한다 [표 5-11].

[표 5-11] **통합 완성형 코드 영역**

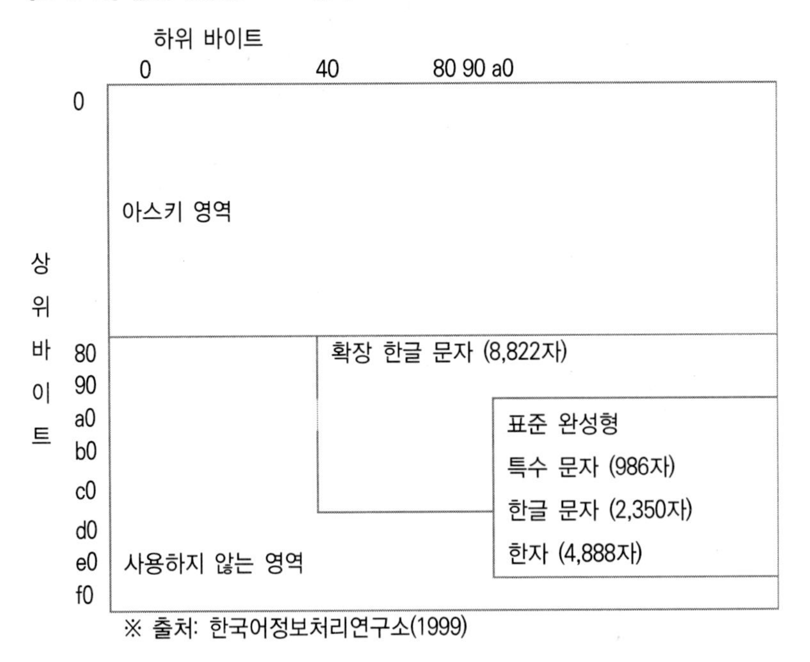

※ 출처: 한국어정보처리연구소(1999)

3. 유니코드(Unicode)

유니코드는 세계 각국의 언어를 통일된 방법으로 컴퓨터에서 쓸 수 있게 만든 국제적인 문자 코드 규약으로, 문자 한 개에 부여되는 값을 통일한 것이다. 유니코드 협회(Unicode Consortium)는 컴퓨터 관련 업계를 중심으로 다국어 언어를 효율적으로 처리하기 위해 1989년 컨소시엄 형태로 설립된 기구이다. 유니코드 버전 1.0은 1991년 10월에 발표되었고, 2020년에 버전 13.0까지 발표되었다.

등장 배경 및 문자 처리 방식

초기 컴퓨터의 문자 코드는 영문자 처리에 최적화되어 있어 아스키코드(ASCII)는 1바이트 체계로 문자를 처리하였다. 아스키코드에서 128부터 255까지의 영역을 확장하여 각 나라별로 자신만의 문자를 배정하여 사용하거나 개별적으로 문자 코드를 개발하여 사용하였다. 그러나 개발 시스템 혹은 국가에 따라서 코드에 배정된 문자가 서로 다르다 보니 시스템이 달라지면 문자 코드가 호환되지 않는 문제가 발생하였다. 이에 시스템 간에 통일된 문자 코드 집합을 사용해야 할 필요성이 대두되었다.

한편 라틴 문자를 사용하는 언어권에서는 1바이트로 충분하지만 한국어, 중국어, 일본어 등의 아시아권 언어의 문자를 처리하려면 2바이트가 필요했다. 이에 유니코드는 전 세계의 모든 문자를 담고자 2바이트 체계를 채택한다. 유니코드의 발전 과정에서 문자 처리 방식의 주요 특징을 정리하면 다음과 같다.

- 유니코드는 초기에 16비트(2바이트) 단위로 문자를 처리하였는데 버전 3.1부터는 21비트까지 확장되었다. 글자 범위는 'U+10FFFF'까지이며, 최대 1,114,112자까지 처리할 수 있다. 13.0 버전을 기준으로 143,859자의 문자 코드가 할당되어 있다.

- 유니코드는 통합(Unification) 원리를 적용하여 여러 나라에서 두루 사용하는 문자는 하나로 통합한다. 예를 들어, 우리나라에서 사용하는 한자는 중국, 일본에서도 서로 다른 코드로 사용해 왔기 때문에 같은 글자가 중복되지 않도록 통합한 것이다.

- 유니코드는 동등 서열(Equivalent Sequences) 원리에 의해서 조합하여 한 글자를 이룬 것과 이미 음절로 구성되어 있는 글자를 동등한 것으로 간주한다. 예를 들어, 완성형 음절 '가(0xAC00)'는 'ㄱ'과 'ㅏ'를 조합한 음절 '가(0x1100, 0x1161)'와 동등하게 취급한다. 라틴 문자의 경우, 독일어 움라우트(umlaut)와

프랑스어 악상(accents) 기호를 함께 표기하는 글자도 동등 서열 원리를 적용한다.

✿ 유니코드는 인코딩 형식으로 UTF-32(32비트), UTF-16(16비트), UTF-8(8비트)을 제공한다. 이때 UTF는 'Unicode Transformation Format'의 약자이다.

한글 음절 영역과 자모 영역

유니코드에서는 한글을 음절과 자모로 구분하며 유니코드 5.2까지 총 3번에 걸쳐서 수정 보완되었다. 유니코드에서 한글 코드가 음절과 자모, 두 영역으로 나누어진 것은 현대어 한글 음절은 한 글자로 처리하고 나머지 글자 즉 미완성 음절이나 옛한글 음절은 자모를 조합하여 두세 글자로 처리하기 위해서이다.

유니코드의 한글 음절 코드와 자모 코드를 설명하면 다음과 같다.

✿ 한글 음절 영역은 한글 맞춤법에서 제시하는 현대어 음절 11,172자가 배정되어 있다.

[표 5-12] 유니코드의 한글 음절

구분	글자 수	구성
한글 음절(Hangul Syllable)	11,172	한글 맞춤법에서 제시하는 현대어 음절 11,172자

0x	0	1	2	3	4	5	6	7	8	9	A	B	C	D	E	F
AC0	가	각	갂	갃	간	갅	갆	갇	갈	갉	갊	갋	갌	갍	갎	갏
AC1	감	갑	값	갓	갔	강	갖	갗	갘	같	갚	갛	개	객	갞	갟
AC2	갠	갡	갢	갣	갤	갥	갦	갧	갨	갩	갪	갫	갬	갭	갮	갯
:	:	:	:	:	:	:	:	:	:	:	:	:	:	:	:	:

✿ 한글 자모는 현대어는 물론 옛한글에 사용된 자모를 의미한다. 초성, 중성, 종성으로 코드가 구분되어 있으며 이는 옛한글 자모도 마찬가지이다. 한글 자모 영역은 자모, 호환 자모, 반각 자모로 나누어진다. 한글 자모의 코드표는 부록을 참고한다.

[표 5-13] 유니코드의 한글 자모

<table>
<tr><th>영역</th><th>글자 수</th><th>구성</th><th>음절 조합</th></tr>
<tr><td>한글 자모(Hangul Jamo)</td><td>256</td><td>현대어 초/중/종성
옛한글 초/중/종성</td><td rowspan="3">가능</td></tr>
<tr><td>한글 자모 확장 A(Hangul Jamo Extended-A)</td><td>29</td><td>옛한글 초성</td></tr>
<tr><td>한글 자모 확장 B(Hangul Jamo Extended-B)</td><td>72</td><td>옛한글 중/종성</td></tr>
</table>

한글 호환 자모(Hangul Compatibility Jamo)	94	호환 자모 낱글자	불가능
반각 자모(Halfwidth Jamo)	52	자모의 반각	

- 한글 자모 확장은 유니코드에 한글 자모를 등록한 이후에 새롭게 발견된 자모를 추가한 것이다. 옛 문헌을 연구하는 과정에서 새롭게 찾아낸 초/중/종성을 추가, 확장한 것이다.
- 한글 호환 자모는 유니코드에서 이전에 사용한 표준 완성형 코드와 호환하기 위해서 만든 것으로, 유니코드 이전의 표준 코드를 계승하고 교환하는 데에 사용한다.
- 반각 자모는 출력할 때 글자의 폭을 절반으로 줄인 것이다. '반각(半角)'은 출판 또는 전산 인쇄 과정에서 해당 활자의 절반이 되는 크기와 같은 공간이나 사이를 뜻하는 것으로, 이에 대한 상대어는 '전각(全角)'이다. 예를 들어 호환 자모는 'ㄱ'인 반면 반각 자모는 'ﾡ'으로 글자의 폭이 반으로 줄어든다.
  한편 반각 자모가 속한 영역의 이름은 전각/반각 모양(Halfwidth and Fullwidth Forms)이다. 이 영역에는 총 225자가 있고, 이중 한글 자모는 채움 문자(HALFWIDTH HANGUL FILLER)를 포함하여 총 52자가 있다. 반각 자모는 한글 호환 자모와 짝을 이루어 상호 변환이 가능하다.
- 유니코드에서 한글 자모는 총 다섯 영역이지만 음절로 변환할 수 있는 자모는 초성, 중성, 종성으로 분류된 것만 가능하다. 곧 한글 자모와 한글 자모 확장 영역의 문자는 음절 구성이 가능한 반면, 한글 호환 자모와 반각 자모는 음절 구성이 불가능하다.

[표 5-14] **음절형 한글 코드와 자모형 한글 코드**

구분	음절 코드 길이	표현 가능한 음절 수
음절형 한글 코드	1	11,172자 = 초성(19)×중성(21)×종성(27+1)
자모형 한글 코드	2~3	1,608,528자 = 초성(124)×중성(94)×종성(137+1)

[표 5-15] **유니코드의 한글 코드 영역**

코드값 및 영역	설명
0000	아스키 & 라틴 호환 영역
1100	한글 자모 영역(Hangul Jamo): 1100 ~ 11FF
2000	
3000	한글 호환 자모(Hangul Compatibility Jamo): 3130-318F

A000	
	한글 자모 확장A(Hangul Jamo Extended-A): A960 ~ A97F
AC00	한글 음절(Hangul Syllables): AC00-D7AF
	한글 자모 확장B(Hangul Jamo Extended-B): D7B0 ~ D7FF
D800	
E000	Private Use Area
F000	
	반각 자모(Halfwidth and Fullwidth Forms): FFA1 ~ FFDC

한글 인코딩과 한글 코드 변환

한글 처리를 위한 프로그래밍에서는 다양한 인코딩 용어를 알아야 하는데, 대표적인 것이 EUC-KR, CP949, UTF-32, UTF-16 및 UTF-8 등이다. CP949는 앞에서 다루었으므로 나머지를 중심으로 설명한다.

- EUC-KR은 'Extended Unix Code-Korea'의 줄임말로 유닉스(UNIX)에서 표준 완성형을 지원하기 위한 인코딩 방식이다. 즉 표준 완성형 코드를 유닉스 계열에서 부르는 명칭이라 할 수 있다.

- 유니코드는 UTF-32(32비트), UTF-16(16비트), UTF-8(8비트) 등 세 가지 인코딩을 제공한다. 유니코드는 21비트로 설계되었지만 21비트 방식으로 처리하면 라틴 문자와 같이 1바이트(8비트)를 사용하는 문자권에서는 정보 처리의 효율이 낮아지므로 유니코드를 8비트 값으로 인코딩하는 UTF-8을 사용한다. 실제 UTF-8과 UTF-16을 가장 많이 사용하고 있으며 웹페이지와 DB에서도 유니코드를 지원하는 경우에는 대부분 UTF-8을 사용한다.

- 우리나라에서는 유니코드 외에 표준 완성형과 통합 완성형도 많이 사용하기 때문에 유니코드와 표준 완성형 혹은 통합 완성형을 서로 변환할 수 있어야 한다. 특히 통합 완성형은 표준 완성형을 확장하여 현대 한글 음절을 모두 표현할 수 있기 때문에, 유니코드와 변환할 때에는 통합 완성형으로 변환하는 것이 좋다.

  한편 유니코드를 표준 완성형으로 변환하면 2,350 음절에 없는 음절은 네 글자(채움+초성+중성+종성) 자모로 바뀌어 데이터의 길이가 늘어나므로 유의해야 한다. 예를 들어, 유니코드 '갂' 글자를 통합 완성형으로 변환하면 한 글자로 바뀌는데, 표준 완성형으로 변환하면 네 글자로 바뀐다. 표준 완성형에서

2,350자로 표현할 수 없는 음절은 표준 완성형 자모로 조합하여 처리하는데, 이때 채움 문자로 시작하여 '채움, ㄱ, ㅏ, ㄲ'의 네 글자로 변환된다. 또한 종성 받침이 없는 '쌰' 음절을 표준 완성형으로 변환하여도 '채움, ㅆ, ㅑ, 채움'의 네 글자로 변환된다. 따라서 유니코드를 완성형 코드로 변환할 때에는 통합 완성형으로 변환하여 사용하도록 한다 [표 5-16].

[표 5-16] **한글 코드 변환에서 글자 길이 비교(16진수)**

음절		유니코드	통합 완성형	표준 완성형(EUC-KR)
갂	코드값	AC02	8141	A4D4 A4A1 A4BF A4A2
	글자 수	1 (갂)	1 (갂)	4 (채움, ㄱ, ㅏ, ㄲ)
쌰	코드값	C330	9B58	A4D4 A4B6 A4C1 A4D4
	글자 수	1 (쌰)	1 (쌰)	4 (채움, ㅆ, ㅑ, 채움)
가	코드값	AC00	B0A1	B0A1
	글자 수	1 (가)	1 (가)	1 (가)

유니코드와 통합 완성형 코드를 변환할 때 통합 완성형 글자가 사전 순으로 배치되지 않았기 때문에 '가'보다 '갂'이 앞에 놓인다. 이처럼 코드 변환에서 호환은 되더라도 정렬에 차이가 생길 수 있으므로 유의해야 한다 [표 5-17].

[표 5-17] **유니코드와 통합 완성형 코드의 변환 목록**

글자	통합 완성형	유니코드
갂	0x8141	0xAC02
갃	0x8142	0xAC03
갅	0x8143	0xAC05
...	...	...
컾	0xB09F	0xCEFE
컿	0xB0A0	0xCEFF
가	0xB0A1	0xAC00
각	0xB0A2	0xAC01
간	0xB0A3	0xAC04
...	...	...
힙	0xC8FC	0xD799
힛	0xC8FD	0xD79B
힝	0xC8FE	0xD79D

한자 영역

유니코드에서 한자는 최초의 유니코드 버전에 포함되지 않고 한글보다 나중에 할당되었다. 한자는 여러 지역에서 오랫동안 사용되면서 각 나라에서 사용하는 글자가 중복되는 경우가 많아 이를 정리하는 데에 오랜 시간이 걸렸기 때문이다. 처음에 국제한자특별위원회에 제안된 한자는 27,486자였지만 중복된 글자를 정리하여 1992년 유니코드 버전 1.0.1에서 처음으로 20,902자를 배정하였다. 이때 한자는 우리나라뿐만 아니라 중국, 일본 등에서 사용하던 한자를 통합 원칙에 의하여 부수와 획수 순서로 배열한 것이다. 그 이후에 버전 3.0부터 13.0까지 지속적으로 확장되어 총 92,856자까지 늘어났다.

- 유니코드의 한자는 한국, 중국, 일본에서 사용하는 한자를 모아놓은 것으로 한중일 통합 한자(CJK Unified Ideographs)라고 부른다. 한중일 통합 한자는 버전 1.01에서 20,902자가 등록된 이후 A, B 등으로 확장되면서 한자를 추가하였는데, 13.0에서는 G까지 확장되었다.

- 한자와 관련하여 유니코드와 한국 표준 완성형 코드의 차이점은 배열 기준이다. 표준 완성형 코드에서는 한자에 대한 한국어 발음을 기준으로 하여 사전 순서에 의해서 배열하였기 때문에 '伽(가), 佳(가)'로 시작하여 '稀(희), 羲(희), 詰(힐)'로 끝난다. 반면 유니코드는 자전(字典)처럼 부수와 획수 순서로 배열한다 [표 5-18].

[표 5-18] **유니코드의 한중일 통합 한자**(CJK Unified Ideographs)

0x	0	1	2	3	4	5	6	7	8	9	A	B	C	D	E	F
4E0	一	丁	丂	七	丄	丅	丆	万	丈	三	上	下	丌	不	与	丏
4E1	丐	丑	丒	专	且	丕	世	丗	丘	丙	业	丛	东	丝	丞	丟
4E2	丠	両	丢	丣	两	严	並	丧	丨	丩	个	丫	丬	中	丮	丯
:	:	:	:	:	:	:	:	:	:	:	:	:	:	:	:	:

- 유니코드에는 한중일 호환 한자(CJK Compatibility Ideographs)가 있다. 한중일 호환 한자는 유니코드 이전에 각 나라에서 사용된 한자 코드를 상호 변환하는 목적으로 할당된 것이다. 우리나라의 호환 한자의 예는 [표 5-19]와 같다.

[표 5-19]에서 보듯이 우리나라에서 한자 '樂'은 글자가 놓이는 위치와 의미에 따라 음이 달라진다. 표준 완성형(KS X 1001)에서는 한자 음을 중심으로 네 개의 글자로 등록하였지만 한자로는 동일한 글자이기 때문에 유니코드에서는 KS X 1001의 '0xE4C5'에 해당하는 글자만

[표 5-19] 유니코드의 한자 '樂'

음	한자	KS X 1001	유니코드	영역
낙	樂	0xD1E2	U+F914	호환 한자
락	樂	0xD5A5	U+F95C	호환 한자
악	樂	0xE4C5	U+6A02	통합 한자
요	樂	0xE8F9	U+F9BF	호환 한자

통합 한자에 등록하였다. 나머지 세 개의 글자, '낙(0xD1E2), 락(0xD5A5), 요(0xE8F9)'는 호환 한자 영역에 등록하여 유니코드와 KS X 1001을 상호 변환할 수 있도록 한 것이다. 이러한 문자는 우리나라만 있는 것이 아니어서 한중일의 호환 한자를 모아 배정한 것이다.

✿ 유니코드에 등록된 한자도 한글 자모처럼 뒤늦게 글자가 추가됨으로써 코드값을 기준으로 정렬하면 부수와 획수에 따라 정렬되지 않는 문제가 발생한다. 이에 한자 역시 부수와 획수에 따라 정렬하려면 추가적인 작업이 필요하다.

한편 유니코드를 표준 코드로 채택하면서 우리식 한자음을 기준으로 한 한글 처리에 문제가 생긴다. 유니코드의 통합 한자는 자전에 제시된 부수와 획수 순서로 배열하였지만, 한글 처리에서는 한자에 대한 우리식 한자음을 기준으로 정렬하기 때문이다. 이에 명확한 한자음 정리 작업을 학계에서 진행하고 있다.

[표 5-20] 유니코드에서 한글 및 한자 영역의 발전 과정

버전	연도	특징
1.0.0	1991년	2바이트(16비트) 유니코드 개시
		KS X 1001에 있던 한글 음절 2,350자와 한글 자모 94자, 반각 자모 52자 (한글 자모: 자음, 모음)
1.0.1	1992년	한중일 통합 한자 20,902 할당
1.1	1993년	한글 음절 4,306자 추가, 한글 자모 240자 할당 (한글 자모: 초성, 중성, 종성)
2.0	1996년	이전 버전 한글 음절을 삭제하고, 새로 한글 음절 11,172자를 할당.
3.0	1999년	한중일 통합 한자 확장A 6,582자 추가
3.1	2001년	한중일 통합 한자 확장B 42,711자 추가
		21비트로 확장(110만자 수용)

버전	연도	특징
5.2	2009년	한글 자모 117자 추가 = 한글 자모 16자 + 옛한글 확장 자모A 29자 추가 + 옛한글 확장 자모B 72자
		한중일 통합 한자 확장C 4,149자 추가
6.0	2010년	한중일 통합 한자 확장D 222자 추가
8.0	2015년	한중일 통합 한자 확장E 5,762자 추가
10.0	2017년	한중일 통합 한자 확장F 7,473자 추가
11.0	2018년	한중일 통합 한자 5자 추가
13.0	2020년	한중일 통합 한자 확장G 추가 4,939자 추가 최종 버전(유니코드 총 글자 수: 143,859자)

Chapter 6 한글 코드 변환 알고리즘

유니코드에서는 한글을 음절과 자모, 두 개의 영역으로 할당하여 음절 혹은 자모 조합의 두 가지 방법으로 한글을 표현할 수 있다. 자모 영역은 초성, 중성, 종성으로 구성되어 있어서 이들을 조합하여 음절을 만들 수 있으며, 문자 코드의 측면에서는 음절 코드를 자모 코드로 변환할 수도 있다. 현대어 음절은 음절 영역에 등록된 글자로 표현이 가능하고, 자모 영역에 등록된 초성, 중성, 종성의 조합으로도 표현이 가능하다. 그러나 초성, 중성, 종성의 조합으로 현대어 음절을 표현하면 2개 혹은 3개의 글자를 사용하게 되므로 정보 처리 관점에서는 효율적이지 않기 때문에 유니코드에서는 음절 영역에 등록된 한 글자로 표현하도록 하고 있다. 그럼에도 불구하고 현대어 음절과 겹치는 자모 코드를 두는 이유는 형태소 분석이나 음절의 자모 분해, 옛한글과 미완성 음절 표현 등을 위해서이다. 이 장에서는 정보 검색을 비롯하여 한글 처리를 위해 음절을 자모로, 자모를 음절로 변환하는 알고리즘을 설명한다. 이를 위해 유니코드의 음절 코드와 자모 코드를 각각 '음절형 한글 코드'와 '자모형 한글 코드'로 지칭한다.

1. 음절형 한글 코드와 자모형 한글 코드

한글 코드 변환을 위해서는 음절형 한글 코드의 조합 원리를 알아야 하는데, 이를 기반으로 자모형 한글 코드의 변환 방법을 설명한다.

음절형 한글 코드

유니코드에서 음절형 한글 코드는 한글 맞춤법에서 제시한 초성, 중성, 종성으로 조합 가능한 모든 음절을 만든 후에 코드값을 차례대로 부여한 것이다.

음절형 한글 코드의 원리는 다음과 같다.

- 음절형 한글 코드는 한글 자모 순서에 맞게 음절 목록을 만들었다. 첫 번째 초성 'ㄱ'을 선택하고 첫 번째 중성 'ㅏ'를 선택하여 초성과 중성을 조합하여 음절 '가'를 만든다. 음절 '가'에 종성 'ㄱ'부터 'ㅎ'까지 차례로 조합하여 28개의 음절을 만든다 [표 6-1].

[표 6-1] 'ㄱ+ㅏ'의 종성 결합 음절 순서

	순서	0	1	2	3	4	5	6	7	8	9	10	11	12	13	14	15	16	17	18	19	20	21	22	23	24	25	26	27
ㄱ + ㅏ	종성		ㄱ	ㄲ	ㄳ	ㄴ	ㄵ	ㄶ	ㄷ	ㄹ	ㄺ	ㄻ	ㄼ	ㄽ	ㄾ	ㄿ	ㅀ	ㅁ	ㅂ	ㅄ	ㅅ	ㅆ	ㅇ	ㅈ	ㅊ	ㅋ	ㅌ	ㅍ	ㅎ
	음절	가	각	갂	갃	간	갅	갆	갇	갈	갉	갊	갋	갌	갍	갎	갏	감	갑	값	갓	갔	강	갖	갗	갘	같	갚	갛

음절 '가'에 대한 종성 조합이 끝나면, 초성 'ㄱ'에 중성 'ㅐ'부터 'ㅣ'까지, 종성 'ㄱ'부터 'ㅎ'까지 차례로 조합하여 588개의 음절을 만든다 [표 6-2].

[표 6-2] 초성 'ㄱ'의 중성 및 종성 결합 음절

초성	종성		0	1	2	3	4	5	6	7	8	9	10	11	12	13	14	15	16	17	18	19	20	21	22	23	24	25	26	27
	중성			ㄱ	ㄲ	ㄳ	ㄴ	ㄵ	ㄶ	ㄷ	ㄹ	ㄺ	ㄻ	ㄼ	ㄽ	ㄾ	ㄿ	ㅀ	ㅁ	ㅂ	ㅄ	ㅅ	ㅆ	ㅇ	ㅈ	ㅊ	ㅋ	ㅌ	ㅍ	ㅎ
ㄱ	0	ㅏ	가	각	갂	갃	간	갅	갆	갇	갈	갉	갊	갋	갌	갍	갎	갏	감	갑	값	갓	갔	강	갖	갗	갘	같	갚	갛
	1	ㅐ	개	객	갞	갟	갠	갡	갢	갣	갤	갥	갦	갧	갨	갩	갪	갫	갬	갭	갮	갯	갰	갱	갲	갳	갴	갵	갶	갷
	2	ㅑ	갸	갹	갺	갻	갼	갽	갾	갿	걀	걁	걂	걃	걄	걅	걆	걇	걈	걉	걊	걋	걌	걍	걎	걏	걐	걑	걒	걓
	3	ㅒ	걔	걕	걖	걗	걘	걙	걚	걛	걜	걝	걞	걟	걠	걡	걢	걣	걤	걥	걦	걧	걨	걩	걪	걫	걬	걭	걮	걯
	4	ㅓ	거	걱	걲	걳	건	걵	걶	걷	걸	걹	걺	걻	걼	걽	걾	걿	검	겁	겂	것	겄	겅	겆	겇	겈	겉	겊	겋
	5	ㅔ	게	겍	겎	겏	겐	겑	겒	겓	겔	겕	겖	겗	겘	겙	겚	겛	겜	겝	겞	겟	겠	겡	겢	겣	겤	겥	겦	겧
	6	ㅕ	겨	격	겪	겫	견	겭	겮	겯	결	겱	겲	겳	겴	겵	겶	겷	겸	겹	겺	겻	겼	경	겾	겿	곀	곁	곂	곃
	7	ㅖ	계	곅	곆	곇	곈	곉	곊	곋	곌	곍	곎	곏	곐	곑	곒	곓	곔	곕	곖	곗	곘	곙	곚	곛	곜	곝	곞	곟
	8	ㅗ	고	곡	곢	곣	곤	곥	곦	곧	골	곩	곪	곫	곬	곭	곮	곯	곰	곱	곲	곳	곴	공	곶	곷	곸	곹	곺	곻
	9	ㅘ	과	곽	곾	곿	관	괁	괂	괃	괄	괅	괆	괇	괈	괉	괊	괋	괌	괍	괎	괏	괐	광	괒	괓	괔	괕	괖	괗
	10	ㅙ	괘	괙	괚	괛	괜	괝	괞	괟	괠	괡	괢	괣	괤	괥	괦	괧	괨	괩	괪	괫	괬	괭	괮	괯	괰	괱	괲	괳
	11	ㅚ	괴	괵	괶	괷	괸	괹	괺	괻	괼	괽	괾	괿	굀	굁	굂	굃	굄	굅	굆	굇	굈	굉	굊	굋	굌	굍	굎	굏
	12	ㅛ	교	굑	굒	굓	굔	굕	굖	굗	굘	굙	굚	굛	굜	굝	굞	굟	굠	굡	굢	굣	굤	굥	굦	굧	굨	굩	굪	굫
	13	ㅜ	구	국	굮	굯	군	굱	굲	굳	굴	굵	굶	굷	굸	굹	굺	굻	굼	굽	굾	굿	궀	궁	궂	궃	궄	궅	궆	궇
	14	ㅝ	궈	궉	궊	궋	권	궍	궎	궏	궐	궑	궒	궓	궔	궕	궖	궗	궘	궙	궚	궛	궜	궝	궞	궟	궠	궡	궢	궣
	15	ㅞ	궤	궥	궦	궧	궨	궩	궪	궫	궬	궭	궮	궯	궰	궱	궲	궳	궴	궵	궶	궷	궸	궹	궺	궻	궼	궽	궾	궿

초성	중성	종성	0	1	2	3	4	5	6	7	8	9	10	11	12	13	14	15	16	17	18	19	20	21	22	23	24	25	26	27
				ㄱ	ㄲ	ㄳ	ㄴ	ㄵ	ㄶ	ㄷ	ㄹ	ㄺ	ㄻ	ㄼ	ㄽ	ㄾ	ㄿ	ㅀ	ㅁ	ㅂ	ㅄ	ㅅ	ㅆ	ㅇ	ㅈ	ㅊ	ㅋ	ㅌ	ㅍ	ㅎ
	16	ㅟ	귀	귁	귂	귃	귄	귅	귆	귇	귈	귉	귊	귋	귌	귍	귎	귏	귐	귑	귒	귓	귔	귕	귖	귗	귘	귙	귚	귛
	17	ㅠ	규	귝	귞	귟	균	귡	귢	귣	귤	귥	귦	귧	귨	귩	귪	귫	귬	귭	귮	귯	귰	귱	귲	귳	귴	귵	귶	귷
	18	ㅡ	그	극	귺	귻	근	귽	귾	귿	글	긁	긂	긃	긄	긅	긆	긇	금	급	긊	긋	긌	긍	긎	긏	긐	긑	긒	긓
	19	ㅢ	긔	긕	긖	긗	긘	긙	긚	긛	긜	긝	긞	긟	긠	긡	긢	긣	긤	긥	긦	긧	긨	긩	긪	긫	긬	긭	긮	긯
	20	ㅣ	기	긱	긲	긳	긴	긵	긶	긷	길	긹	긺	긻	긼	긽	긾	긿	김	깁	깂	깃	깄	깅	깆	깇	깈	깉	깊	깋

✿ 초성을 'ㄲ'부터 'ㅎ'까지 차례대로 위의 과정을 반복하여 총 11,172개의 음절을 만든다 [표 6-3].

[표 6-3] 유니코드의 한글 음절 순서

음절	순서
[ㄱ]	1 28
	29 56
	57 84
[ㄲ]	... ...
[ㄴ]	:
[ㅎ]	:
	11116 ... 11144
	11145 ... 11172

✿ 한글 음절 기준값 '0xAC00'(16진수)을 첫 번째 음절 '가'에 할당하고 차례대로 맨 마지막 음절 '힣'까지 '+1'씩 하면서 코드값을 할당한다 [표 6-4].

[표 6-4] 유니코드의 한글 음절 코드 순서

음절	가	각	갂	...	힡	힢	힣
인덱스	0	1	2	...	11169	11170	11171
코드값	AC00	AC01	AC02	...	D7A1	D7A2	D7A3

자모형 한글 코드

자모형 한글 코드는 초성, 중성, 종성 자모의 한글 코드로, 음절형 한글 코드에 없는 미완성 음절과 옛한글 음절을 만들 때도 사용한다. 이에 자모를 조합하면 음절형 한글 코드로 변환할 수 있고, 반대로 음절형 한글 코드를 초성, 중성, 종성 자모로 변환할 수도 있다. 자모형 한글 코드는 초성, 중성, 종성 모두 합하여 357자가 있는데, 자모 글자 355자에 채움(Filler) 문자 2개가 합쳐진 것이다. 채움 문자는 초성 코드 끝과 중성 코드 시작에 각각 있는데 미완성 음절을 만들 때 사용하고 코드값은 있지만 출력 시에는 보이지 않는다. 자모형 한글 코드의 음절 조합을 설명하면 다음과 같다.

[표 6-5] 한글 자모 목록

구분	자모(코드값 순서)
초성 (125자)	ᄀ ᄁ ᄂ ᄃ ᄄ ᄅ ᄆ ᄇ ᄈ ᄉ ᄊ ᄋ ᄌ ᄍ ᄎ ᄏ ᄐ ᄑ ᄒ ᄓ ᄔ ᄕ ᄖ ᄗ ᄘ ᄙ ᄚ ᄛ ᄜ ᄝ ᄞ ᄟ ᄠ ᄡ ᄢ ᄣ ᄤ ᄥ ᄦ ᄧ ᄨ ᄩ ᄪ ᄫ ᄬ ᄭ ᄮ ᄯ ᄰ ᄱ ᄲ ᄳ ᄴ ᄵ ᄶ ᄷ ᄸ ᄹ ᄺ ᄻ ᄼ ᄽ ᄾ ᄿ ᅀ ᅁ ᅂ ᅃ ᅄ ᅅ ᅆ ᅇ ᅈ ᅉ ᅊ ᅋ ᅌ ᅍ ᅎ ᅏ ᅐ ᅑ ᅒ ᅓ ᅔ ᅕ ᅖ ᅗ ᅘ ᅙ ᅚ ᅛ ᅜ ᅝ ᅞ HCF ꥠ ꥡ ꥢ ꥣ ꥤ ꥥ ꥦ ꥧ ꥨ ꥩ ꥪ ꥫ ꥬ ꥭ ꥮ ꥯ ꥰ ꥱ ꥲ ꥳ ꥴ ꥵ ꥶ ꥷ ꥸ ꥹ ꥺ ꥻ ꥼ
중성 (95자)	HJF ᅡ ᅢ ᅣ ᅤ ᅥ ᅦ ᅧ ᅨ ᅩ ᅪ ᅫ ᅬ ᅭ ᅮ ᅯ ᅰ ᅱ ᅲ ᅳ ᅴ ᅵ ᅶ ᅷ ᅸ ᅹ ᅺ ᅻ ᅼ ᅽ ᅾ ᅿ ᆀ ᆁ ᆂ ᆃ ᆄ ᆅ ᆆ ᆇ ᆈ ᆉ ᆊ ᆋ ᆌ ᆍ ᆎ ᆏ ᆐ ᆑ ᆒ ᆓ ᆔ ᆕ ᆖ ᆗ ᆘ ᆙ ᆚ ᆛ ᆜ ᆝ ᆞ ᆟ ᆠ ᆡ ᆢ ᆣ ᆤ ᆥ ᆦ ᆧ ힰ ힱ ힲ ힳ ힴ ힵ ힶ ힷ ힸ ힹ ힺ ힻ ힼ ힽ ힾ ힿ ퟀ ퟁ ퟂ ퟃ ퟄ ퟅ ퟆ
종성 (137자)	ᆨ ᆩ ᆪ ᆫ ᆬ ᆭ ᆮ ᆯ ᆰ ᆱ ᆲ ᆳ ᆴ ᆵ ᆶ ᆷ ᆸ ᆹ ᆺ ᆻ ᆼ ᆽ ᆾ ᆿ ᇀ ᇁ ᇂ ᇃ ᇄ ᇅ ᇆ ᇇ ᇈ ᇉ ᇊ ᇋ ᇌ ᇍ ᇎ ᇏ ᇐ ᇑ ᇒ ᇓ ᇔ ᇕ ᇖ ᇗ ᇘ ᇙ ᇚ ᇛ ᇜ ᇝ ᇞ ᇟ ᇠ ᇡ ᇢ ᇣ ᇤ ᇥ ᇦ ᇧ ᇨ ᇩ ᇪ ᇫ ᇬ ᇭ ᇮ ᇯ ᇰ ᇱ ᇲ ᇳ ᇴ ᇵ ᇶ ᇷ ᇸ ᇹ ᇺ ᇻ ᇼ ᇽ ᇾ ᇿ ퟋ ퟌ ퟍ ퟎ ퟏ ퟐ ퟑ ퟒ ퟓ ퟔ ퟕ ퟖ ퟗ ퟘ ퟙ ퟚ ퟛ ퟜ ퟝ ퟞ ퟟ ퟠ ퟡ ퟢ ퟣ ퟤ ퟥ ퟦ ퟧ ퟨ ퟩ ퟪ ퟫ ퟬ ퟭ ퟮ ퟯ ퟰ ퟱ ퟲ ퟳ ퟴ ퟵ ퟶ ퟷ ퟸ ퟹ ퟺ ퟻ

※ HCF는 한글 초성 채움, HJF는 한글 중성 채움을 의미한다.

✿ 자모형 한글 코드는 미완성 음절 조합에 사용된다. 미완성 음절은 초성으로 시작하지 않거나 중성 없이 구성된 음절로 1,147자가 있다. 이러한 미완성 음절은 음성학이나 음운론처럼 음소와 음운 단위의

설명에서도 중요하지만 특히 한글 처리 프로그래밍에서는 반드시 필요한 글자이다. 예를 들면 한글 처리 프로그래밍을 통해 다음과 같은 작업이 가능하다.

- 초성과 종성에 같은 자음이 포함된 음절 찾기: 'ᄀᅠᆨ, ᄁᅠᆩ, ᄂᅠᆫ, ᄇᅠᆸ …'
- 중성 'ㅏ'와 종성 'ㄴ'으로 끝나는 음절(ᅟᅡᆫ) 찾기: '간, 난, 만, 안, 판, 한'

[표 6-6] **자모형 한글 코드의 미완성 음절 문자 유형**

화면 출력 상태		자모형 한글 코드 내부 상태	길이
자모	글자 예		
초성	'ᄀ'	초성+중성(Fill)	2 글자
중성	'ᅱ'	초성(Fill)+중성	2 글자
종성	'ᆷ'	초성(Fill)+중성(Fill)+종성	3 글자
중성+종성	'ᅣᆺ'	초성(Fill)+중성+종성	3 글자
초성+종성	'ᄀᅠᆷ'	초성+중성(Fill)+종성	3 글자

✿ 자모형 한글 코드는 옛한글 음절 조합에 사용된다. 한글 음절 표기는 '초성+중성'과 '초성+중성+종성'으로 구성되므로 옛한글 음절도 '초성, 중성'이나 '초성, 중성, 종성'의 순서대로 자모 코드를 입력해야 한다. 이때 '초성, 중성, 종성의 순서대로 입력'이란 초성 다음에 중성이 오면 '초성+중성'의 음절로 해석하고, 중성이 없는 연속된 초성은 모두 낱글자로 처리한다는 것을 의미한다. 예를 들어, 초성 'ㅂ'(0x1107)과 'ㅅ'(0x1109)이 연속해서 있으면 'ᄡ'(0x1121)의 한 글자로 해석하지 않고 'ㅂㅅ'의 초성 두 글자로 해석한다. 자모형 한글 코드에는 초성 'ᄡ'이 한 글자로 코드가 부여되어 있기 때문에 초성 조합을 통한 어두자음군의 변환은 허용하지 않는다.

✿ 자모형 한글 코드는 옛한글이 포함된 경우에 코드값을 기준으로 정렬하면 사전 순서와 일치하지 않는다. [표 6-5]를 보면 한글맞춤법에서 규정한 자모 뒤에 옛한글 자모를 배치하였기 때문에 현대어 음절만 있는 경우에는 코드 순서와 사전 순서가 일치하므로 문제가 없지만 옛한글 자모가 포함된 경우에는 사전 순서와 일치하지 않는다. 예를 들어 초성 'ㅎ' 뒤에 'ᄓ'이 오기 때문에 사전 순서대로 정렬하려면 별도의 정렬 프로그램을 사용해야 한다.

✿ 자모형 한글 코드로 조합된 한글 음절의 길이는 음절형 한글 코드의 길이와 다르다. 일반적으로 한글 문자열에서 음절 수는 글자 수와 일치하지만 프로그램은 물리적인 데이터(코드값) 길이를 글자 수로 계산하기 때문에 차이가 있다. 예를 들어 '나랏말ᄊᆞ미'의 글자 수는 5자이지만 프로그램에서 데이터의 길이, 곧 코드 길이를 계산하면 6자가 된다 [표 6-7].

[표 6-7] 자모형 한글 코드 조합 음절의 길이

출력 문자	나	랏	말	ᄊᆞ		미
출력 위치	1	2	3	4		5
코드 문자	나	랏	말	ᄊ	ᆞ	미
코드 위치	1	2	3	4	5	6
코드값	B098	B78F	B9D0	110A	119E	BBF8

유니코드에서는 한글을 음절형 코드와 자모형 코드 모두 사용하는데 대부분의 응용 프로그램에서는 음절형으로 표현이 가능한 것은 음절 한 글자로 처리하고 음절형으로 처리할 수 없는 나머지는 자모로 처리한다. 위의 표를 보면, 음절형 코드에 있는 글자 '나, 랏, 말, 미'는 각각 한 글자로 처리하고 'ᄊᆞ'는 초성 'ᄊ'과 중성 'ᆞ'로 구성된 두 개의 글자로 처리하여 코드값은 6개가 되고, 이 때문에 자모형 한글 코드가 조합된 문자열은 눈에 보이는 음절 수보다 더 많은 코드 길이를 갖게 된다. 곧 음절 'ᄊᆞ'는 내부적으로는 두 개의 글자인데 한글 문서처리기와 같은 응용 프로그램에서는 하나의 글자로 출력하는 것뿐이다. 따라서 한글 처리에서 글자 수로 통계를 구하려면 직접 프로그램을 구현하여 글자 수를 계산해야 한다.

한편 2007년 우리나라에서는 공식적으로 '정보교환용 한글 처리 지침', 이른바 KS X 1026-1을 발표한다. 지침서에서는 현대어 음절은 자모 코드로 조합하지 않고 음절형 코드(한 글자)를 사용하도록 권장하는데, 정보 처리 관점에서 저장 공간을 아끼기 위해 현대어 음절은 음절 코드 한 문자로 처리하도록 한 것이다. 이러한 측면에서 현대어 음절은 음절 코드 하나로 입력된 것인지, 자모 코드 둘 이상이 조합하여 입력된 것인지 확인할 필요가 있다. 예를 들어 응용 프로그램에서 초성 'ᄒ', 중성 'ᅡ', 종성 'ᆫ'으로 조합된 글자는 음절 코드로 입력된 '한'과 동일하게 글자 '한'으로 출력되므로 '한'과 'ᄒ ᅡ ᆫ'은 데이터의 길이를 계산해야 구별할 수 있다. 참고로 한글 문서처리기에서는 'CTL+F10' 키를 입력한 후 유니코드 표에서 '한글 자모'를 선택하여 차례대로 초성, 중성, 종성 자모를 입력하면 자모 조합 음절을 만들 수 있다.

- 'ᄂ ᅡ' (0x1102, 0x1161) ≠ '나' (0xB098)
- '가ᇙ' (0xAC00, 0x11D9) ≠ '가ᇙ' (0x1100, 0x1161, 0x11D9)

마찬가지로 두 개 이상의 자음 혹은 모음을 모아 한 글자 자음 혹은 모음으로 처리하지 않도록 권장한다. 예를 들어, 초성 'ᄀ' 두 개를 'ᄁ'으로 처리하지 않거나, 중성 'ᅩ'와 'ᅡ'를 나열하여 'ᅪ'로 처리하지 말라는 것을 의미한다. 앞에서 언급한 초성 'ᄇ'과 'ᄉ'을 연속해서

나열한 것은 어두자음군 'ㅄ' 글자로 처리하지 않고 'ㅂㅅ'의 초성 두 글자로 처리하는 것도 이 권장 지침에 해당하는 것이다.

- 자음 조합: 'ㄱㄱ' (0x1100, 0x1100) ≠ 'ㄲ' (0x1101)
- 모음 조합: 'ㅗㅏ' (0x1169, 0x1160) ≠ 'ㅘ' (0x116A)

2. 음절의 자모 변환

정보교환용 한글 처리 지침에서는 현대어 음절은 자모 코드로 조합하지 않고 음절형 코드(한 글자)를 사용하도록 권장하지만, 한글 처리를 위해서는 음절 글자를 자모 조합 코드로, 자모 조합 글자를 음절 코드로 변환해야 하는 경우가 있다. 예를 들어 글자 '한'을 분해하여 초성 'ㅎ', 중성 'ㅏ', 종성 'ㄴ'으로 분해된 자모 문자 코드로 변환할 수 있다. 반대로 초성 'ㅎ', 중성 'ㅏ', 종성 'ㄴ' 자모 코드를 '한'이라는 음절 코드로 변환할 수도 있다 [표 6-8]. 이러한 경우 음절형 한글 코드는 훈민정음 원리에 의해서 조합한 상태이므로 간단한 수식을 적용하면 초성, 중성, 종성으로 분해할 수 있다.

[표 6-8] '한'의 음절과 자모의 상호 변환

음절(1글자)		화면 출력	자모(3글자)	
코드값	글자	글자	글자	코드값
0xD55C	한	한 ⇔	ㅎ	0x1112
			ㅏ	0x1161
			ㄴ	0x11AB

한글 음절의 초성 및 종성 계산

한글 음절에서 초성을 구하기 위해서는 자모를 조합하여 음절을 만드는 과정을 역으로 진행한다. 예를 들어 초성 'ㄱ'에 중성 모음과 종성 받침으로 음절을 만들면 중성 21자와 종성 28자(받침 없는 경우 포함)를 곱하여 총 588자를 조합할 수 있으며, 초성 마지막인 'ㅎ'까지 반복하면 [표 6-3]과 같은 음절 목록이 된다. 이를 역으로 계산하여 음절 위치값을 588로 나누면 초성 자모의 위치값이 되는데, '한'이라는 글자의 인덱스를 구한 후에 588(중성×종성)로 나누면 초성 'ㅎ'의 위치를 구할 수 있다 [표 6-9]. 구체적인 계산 과정은 다음과 같다.

[표 6-9] 음절 '한'의 초성 계산 과정

순서	내용
ㄱ. 음절 코드값 구하기	한글 음절 '한'의 코드값 구하기 ⇒ 0xD55C
ㄴ. 음절 위치 구하기	'한'의 코드값에서 인덱스 구하기: '한' 코드값 0xD55C에서 한글 음절 시작인 '가'의 코드값 0xAC00을 빼기 ⇒ 10,588(0x295C)
ㄷ. 초성 위치 구하기	'한'의 인덱스 10,588을 588(중성×종성)로 나누기 ⇒ 18
ㄹ. 초성 자음 구하기	초성 자음 목록에서 인덱스 [18]의 자음 구하기 ⇒ 'ㅎ'
ㅁ. 최종 확인	'한'의 초성 자음 ⇒ 'ㅎ'

[표 6-10] 음절 '한'의 초/중/종성 자모 인덱스

	0	1	2	3	4	5	6	7	8	9	10	11	12	13	14	15	16	17	18	19	20	21	22	23	24	25	26	27
초	ㄱ	ㄲ	ㄴ	ㄷ	ㄸ	ㄹ	ㅁ	ㅂ	ㅃ	ㅅ	ㅆ	ㅇ	ㅈ	ㅉ	ㅊ	ㅋ	ㅌ	ㅍ	ㅎ									
중	ㅏ	ㅐ	ㅑ	ㅒ	ㅓ	ㅔ	ㅕ	ㅖ	ㅗ	ㅘ	ㅙ	ㅚ	ㅛ	ㅜ	ㅝ	ㅞ	ㅟ	ㅠ	ㅡ	ㅢ	ㅣ							
종		ㄱ	ㄲ	ㄳ	ㄴ	ㄵ	ㄶ	ㄷ	ㄹ	ㄺ	ㄻ	ㄼ	ㄽ	ㄾ	ㄿ	ㅀ	ㅁ	ㅂ	ㅄ	ㅅ	ㅆ	ㅇ	ㅈ	ㅊ	ㅋ	ㅌ	ㅍ	ㅎ

한글 음절에서 종성을 구하는 것도 자모를 조합하여 음절을 만드는 과정을 역으로 진행한다. 예를 들어 '한'이라는 글자의 순서를 구하고 종성 글자 수(28)로 나누었을 때의 나머지 값으로 종성 'ㄴ'의 위치를 구할 수 있다. 구체적인 과정은 다음과 같다.

[표 6-11] 음절 '한'의 종성 계산 과정

순서	내용
ㄱ. 음절 코드값 구하기	한글 음절 '한'의 코드값 구하기 ⇒ 0xD55C
ㄴ. 음절 위치 구하기	'한'의 코드값에서 인덱스 구하기: '한' 코드값 0xD55C에서 한글 음절 시작인 '가'의 코드값 0xAC00을 빼기 ⇒ 10,588(0x295C)
ㄷ. 종성 위치 구하기	'한'의 인덱스 10,588을 종성 개수 28로 나눈 후의 나머지 값 ⇒ 4
ㄹ. 종성 자음 구하기	종성 자음 목록에서 인덱스 [4]의 자모 구하기 ⇒ 'ㄴ'
ㅁ. 최종 확인	'한'의 종성 자음 ⇒ 'ㄴ'

한글 음절의 자모 변환

유니코드 해설서에서는 한글 음절 자모 변환 알고리즘을 제공한다. 그러나 이것은 파이썬 코드가 아니므로 이 책에서는 파이썬으로 구현된 한글 음절 자모 변환 알고리즘을 사용한다.

한글 음절을 자모로 변환하려면 음절을 초성, 중성, 종성 자모 인덱스로 변환한 후에 각각의 인덱스에 해당하는 자모 글자로 변환해야 한다. [예제 6-1]은 한글 음절을 초성, 중성, 종성

자모 인덱스로 변환하는 예제이다. 예제에서는 hgGetChoJungJongInx_Char() 함수를 이용하여 음절 글자를 자모 인덱스로 변환한 후에 출력한다. 이 함수는 음절 글자에 대한 음절 인덱스를 구하기 위해서 hgGetSyllable_inx() 함수를 호출한 후에 각각 초성, 중성, 종성 자모의 인덱스로 변환한다. 예제에서는 음절 '한'을 초성, 중성, 종성 인덱스로 변환한 후에 출력한다.

[예제 6-1]

```
__HG_SYL_LEADING_DEC__ = 44032 # ord('가')
__HG_SYL_NUM__ = 11172  # (ord('힣') - ord('가') + 1), 0xAC00
__HG_CHO_NUM__ = 19 # 초성 개수
__HG_JUNG_NUM__ = 21 # 중성 개수
__HG_JONG_NUM__ = 28 # 종성 개수[종성(27) + 채움(1)]
__HG_JUNG_X_JONG_NUM__ = (__HG_JUNG_NUM__ * __HG_JONG_NUM__) # 중성 개수
x 종성 개수 = 588

def hgGetSyllable_inx(hgchar):
    syllable_inx = (-1)
    hglen = len(hgchar)
    if(hglen != 1):
        return syllable_inx
    dec_char = ord(hgchar)
    syllable_inx = dec_char - __HG_SYL_LEADING_DEC__
    if((syllable_inx < 0) or (syllable_inx >= __HG_SYL_NUM__)): # 한글 음절 범위 초과
        syllable_inx = (-1)
    return syllable_inx

def hgGetChoJungJongInx_Char(hgchar):
    # 한글 음절에 대한 자모 인덱스 구하기:
    ChoJungJongInx = {}
    syllable_inx = hgGetSyllable_inx(hgchar) # 음절 인덱스 구하기
    if(syllable_inx < 0):
        return ChoJungJongInx
    # 종성 인덱스
    jongsung_inx = syllable_inx % __HG_JONG_NUM__
    # 중성 인덱스
    syl_jong_div_jong_inx = int(syllable_inx / __HG_JONG_NUM__)
    jungsung_inx = syl_jong_div_jong_inx % __HG_JUNG_NUM__ # 나머지 값 구하기
    # 초성 인덱스
```

```
    chosung_inx = int(syllable_inx / __HG_JUNG_X_JONG_NUM__) # 중성 x 종성 = 588
    #
    ChoJungJongInx = {'cho': chosung_inx, 'jung': jungsung_inx, 'jong':jongsung_inx}
    return ChoJungJongInx

#-----
#-----
hgchar = '한'
ChoJungJongInx = hgGetChoJungJongInx_Char(hgchar)
print(hgchar, ':', ChoJungJongInx)
>>>
한 : {'cho': 18, 'jung': 0, 'jong': 4}
```

[예제 6-2]는 초성, 중성, 종성 자모 인덱스를 자모 문자로 변환한 후에 자모 문자열로 통합한다. 예제에서는 hgGetChoJungJongString_Inx() 함수를 이용하여 자모 인덱스를 자모 문자로 변환한 후에 문자열로 통합하여 출력하는데 초성, 중성, 종성 자모 인덱스를 각각 [9], [0], [4]로 지정한 후에 자모 문자로 변환하여 문자열로 통합하면 'ᄉ ᅡᆫ'이라는 자모 문자열이 된다.

```
[예제 6-2]

# 초성, 중성, 종성 자모
__chosung_jamo_string__ = 'ᄀᄁᄂᄃᄄᄅᄆᄇᄈᄉᄊᄋᄌᄍᄎᄏᄐᄑᄒ'
__jungsung_jamo_string__ = 'ᅡᅢᅣᅤᅥᅦᅧᅨᅩᅪᅫᅬᅭᅮᅯᅰᅱᅲᅳᅴᅵ'
__jongsung_jamo_string__ = 'ᆨᆩᆪᆫᆬᆭᆮᆯᆰᆱᆲᆳᆴᆵᆶᆷᆸᆹᆺᆻᆼᆽᆾᆿᇀᇁᇂ'

# 초성, 중성, 종성 호환 자모
__compa_jamo_string_4_chosung__ = 'ㄱㄲㄴㄷㄸㄹㅁㅂㅃㅅㅆㅇㅈㅉㅊㅋㅌㅍㅎ' # Hangul
Compatibility Jamo (0x3131-0x314E)(ksc5601: 0xA4A1~0xA4BE)
__compa_jamo_string_4_jungsung__ = 'ㅏㅐㅑㅒㅓㅔㅕㅖㅗㅘㅙㅚㅛㅜㅝㅞㅟㅠㅡㅢㅣ' #
Hangul Compatibility Jamo (0x314F-0x3163)(ksc5601:0xA4BF~0xA4D3)
__compa_jamo_string_4_jongsung__ = 'ㄱㄲㄳㄴㄵㄶㄷㄹㄺㄻㄼㄽㄾㄿㅀㅁㅂㅄㅅㅆㅇㅈㅊㅋㅌ
ㅍㅎ' # Hangul Compatibility Jamo (ksc5601 0xA4A1 ~ 0xA4BE <= 종성부용초성)

def __HG_CHO_CHAR(chosung_inx, jamo=True):
    # jamo=True: Hangul Jamo,
    # jamo=False: Hangul Compatibility Jamo
    chosung_jamo = ''
    if((chosung_inx < 0) or (chosung_inx >= __HG_CHO_NUM__)):
        return chosung_jamo  # logic error
```

```
    if(jamo==True):
        return __chosung_jamo_string__[chosung_inx]
    else:
        return __compa_jamo_string_4_chosung__[chosung_inx]

def __HG_JUNG_CHAR(jungsung_inx, jamo=True):
    # jamo=True: Hangul Jamo,
    # jamo=False: Hangul Compatibility Jamo
    jungsung_jamo = ''
    if((jungsung_inx < 0) or (jungsung_inx >= __HG_JUNG_NUM__)):
        return jungsung_jamo  # logic error
    if(jamo==True):
        return __jungsung_jamo_string__[jungsung_inx]
    else:
        return __compa_jamo_string_4_jungsung__[jungsung_inx]

def __HG_JONG_CHAR(jongsung_inx, jamo=True):
    # jamo=True: Hangul Jamo,
    # jamo=False: Hangul Compatibility Jamo
    jongsung_jamo = ''
    if((jongsung_inx < 0) or (jongsung_inx >= __HG_JONG_NUM__)):
        return jongsung_jamo  # logic error
    if(jongsung_inx == 0): return jongsung_jamo # fill-state
    if(jamo==True):
        return __jongsung_jamo_string__[jongsung_inx - 1]
    else:
        return __compa_jamo_string_4_jongsung__[jongsung_inx - 1]

def hgGetChoJungJongString_Inx(ChoJungJongInx, jamo=True):
    '''한글 자모 인덱스로부터 한글 자모 문자열 변환
    jamo=True: Hangul Jamo,
    jamo=False: Hangul Compatibility Jamo
    '''
    ChoJungJongString = '';
    if(ChoJungJongInx == None) or (len(ChoJungJongInx) <= 0):
        return ChoJungJongString
    #
    ChoInx = ChoJungJongInx.get('cho')
    JungInx = ChoJungJongInx.get('jung')
```

```
    JongInx = ChoJungJongInx.get('jong')
    #
    if (ChoInx != None) and (ChoInx >= 0):
        ChoJungJongString += __HG_CHO_CHAR(ChoInx, jamo)
    if (JungInx != None) and (JungInx >= 0):
        ChoJungJongString += __HG_JUNG_CHAR(JungInx, jamo)
    if (JongInx != None) and (JongInx >= 1):  # 0-inx, fill-code
        ChoJungJongString += __HG_JONG_CHAR(JongInx, jamo)
    return ChoJungJongString

#-----
#-----
ChoJungJongInx = {
    'cho' :9, # 'ㅅ'
    'jung':0, # 'ㅏ'
    'jong':4, # 'ㄴ'
}
ChoJungJongString = hgGetChoJungJongString_Inx(ChoJungJongInx)
print(ChoJungJongInx, ':', ChoJungJongString)
>>>
{'cho': 9, 'jung': 0, 'jong': 4} : ㅅㅏㄴ
```

[표 6-12] 음절 '산'의 초/중/종성 자모 인덱스

	0	1	2	3	4	5	6	7	8	9	10	11	12	13	14	15	16	17	18	19	20	21	22	23	24	25	26	27
초	ㄱ	ㄲ	ㄴ	ㄷ	ㄸ	ㄹ	ㅁ	ㅂ	ㅃ	ㅅ	ㅆ	ㅇ	ㅈ	ㅉ	ㅊ	ㅋ	ㅌ	ㅍ	ㅎ									
중	ㅏ	ㅐ	ㅑ	ㅒ	ㅓ	ㅔ	ㅕ	ㅖ	ㅗ	ㅘ	ㅙ	ㅚ	ㅛ	ㅜ	ㅝ	ㅞ	ㅟ	ㅠ	ㅡ	ㅢ	ㅣ							
종		ㄱ	ㄲ	ㄳ	ㄴ	ㄵ	ㄶ	ㄷ	ㄹ	ㄺ	ㄻ	ㄼ	ㄽ	ㄾ	ㄿ	ㅀ	ㅁ	ㅂ	ㅄ	ㅅ	ㅆ	ㅇ	ㅈ	ㅊ	ㅋ	ㅌ	ㅍ	ㅎ

[예제 6-2]에서는 자모 인덱스를 자모 문자로 변환할 때 매개변수 'jamo'를 통하여 두 가지 방식으로 변환한다. 매개변수를 True로 지정하면 초성, 중성, 종성 자모로, False로 지정하면 호환 자모로 변환한다. 일반적으로 한글 음절을 자모로 변환할 때는 초성, 중성, 종성 자모로 변환하지만, 두벌식 오토마타 처리나 정보 검색의 자동 추천 및 철자 교정 등에서는 호환 자모로 변환한다.

[예제 6-3]에서는 음절 자모 변환 알고리즘을 사용하여 한글 음절을 입력한 후에 자모 문자열로 변환하기 위해 hgGetChoJungJongString() 함수를 호출한다. 이 함수는 문자열의 각 음절마다 자모 문자열로 변환하기 위해 hgGetChoJungJongString_Char() 함수를 호출한 후에 각각의

[예제 6-3]

```
def hgGetChoJungJongString(string, jamo=True):
    # jamo=True: Hangul Jamo,
    # jamo=False: Hangul Compatibility Jamo
    ChoJungJongString = '';
    for hgchar in string:
        ChoJungJongString_Cur = hgGetChoJungJongString_Char(hgchar, jamo)
        if(len(ChoJungJongString_Cur) <= 0): # 초중종 자모로 변환되지 않은 경우
            ChoJungJongString += hgchar # 원래 글자를 넘겨 줌
        else: # 초,중,종 자모 문자열로 변환된 경우
            ChoJungJongString += ChoJungJongString_Cur
    return ChoJungJongString

def hgGetChoJungJongString_Char(hgchar, jamo=True):
    # 한글 음절을 초성, 중성, 종성 문자열로 변환
    # jamo=True: Hangul Jamo,
    # jamo=False: Hangul Compatibility Jamo
    ChoJungJongString = ''
    ChoJungJongInx = hgGetChoJungJongInx_Char(hgchar)
    if(len(ChoJungJongInx) >= 1):  # 한글 음절이 아닌 경우에는 길이가 없다.
        ChoJungJongString = hgGetChoJungJongString_Inx(ChoJungJongInx, jamo=jamo)
    return ChoJungJongString

#-----
#-----
string ='사랑' # 출력했을 때 {메모장}에서 글자 모양을 구별하기 좋다.
ChoJungJongString = hgGetChoJungJongString(string, jamo=True)
print('음절 문자열:', string)
print('자모 문자열:', ChoJungJongString)
>>>
음절 문자열: 사랑
자모 문자열: ᄉ ᅡᄅ ᅡᆼ
```

자모 문자열을 통합한다. 예제에서는 2글자의 '사랑'을 자모 문자열로 변환하는데, 변환 결과를 보면 5글자 길이의 자모 문자열 'ᄉ ᅡᄅ ᅡᆼ' 형태로 출력된다.

한편 [표 6-13]과 같이 응용 프로그램마다 자모 문자열을 출력하는 방식에 차이가 있다. 파이썬은 5글자 'ᄉ ᅡᄅ ᅡᆼ' 형태로, 한글 문서처리기(hwp)는 2글자 '사랑' 형태로 출력하는데,

이는 한글 문서처리기가 입출력 전용 프로그램으로 옛한글과 미완성 음절을 처리하기 위해 유니코드 자모가 입력되면 자동으로 음절로 조합하여 출력하기 때문이다. 메모장에서도 음절 형태로 출력하지만 자세히 보면 음절 형태의 글자와 모양이 다르다. 자모 문자열에서 첫 글자 '사'는 종성 자리를 비우고 출력하고 '랑'은 초성 'ㄹ'의 모양이 음절 형태와는 다르다. 이와 같이 응용 프로그램마다 자모 문자열을 출력하는 방식이 달라 출력 형태만으로는 음절인지 자모인지 구별하기 어려우므로 유의해야 한다.

[표 6-13] 응용 프로그램의 자모 문자열 출력 비교

[표 6-14] '사랑'의 음절과 자모 문자열 비교

음절				자모			
index	글자	십진수	십육진수	index	글자	십진수	십육진수
0	사	49324	0xC0AC	0	ᄉ	4361	0x1109
				1	ᅡ	4449	0x1161
1	랑	46993	0xB791	2	ᄅ	4357	0x1105
				3	ᅡ	4449	0x1161
				4	ᆼ	4540	0x11BC

한편 상호 변환은 음절 코드가 있는 경우에만 가능하여 옛한글 음절인 'ᄒᆞᆫ'은 변환이 불가능하다 [표 6-15].

[표 6-15] 옛한글 음절 'ᄒᆞᆫ'의 음절과 자모

음절(1글자)		⇹	자모(3글자)	
코드값	글자		글자	코드값
없음	ᄒᆞᆫ	⇹	ᄒ	0x1112
			ᆞ	0x119E
			ᆫ	0x11AB

3. 자모의 음절 변환

자모를 음절로 변환하는 것은 음절을 자모로 분해하는 과정을 역으로 하는 것과 논리적으로 같다. 그러나 유니코드의 한글 음절은 현대 국어의 음절만을 할당하였기 때문에 옛한글 자모나 미완성 음절은 변환할 수 없다. 따라서 한글 자모를 음절로 변환할 때는 현대 한글 음절로 변환이 가능한가를 확인한 후에 변환해야 한다.

자모 조합 음절의 한글 음절 변환

초성 'ㅎ', 중성 'ㅏ', 종성 'ㄴ' 자모로 조합한 글자를 '한'이라는 음절로 변환하는 과정은 [표 6-16]과 같다.

[표 6-16] 자모 글자의 한글 음절 변환 과정

순서	내용
ㄱ. 자모 코드값 구하기	각 자모의 코드값 구하기 ⇒ 초성 0x1112, 중성 0x1161, 종성 0x11AB
ㄴ. 자모 위치 구하기	각 자모의 인덱스 구하기 ⇒ 초성 18, 중성 0, 종성 4
ㄷ. 음절 위치 구하기	각 자모의 인덱스로 음절 조합 연산을 수행하여 음절 인덱스 구하기 ⇒ 10,588(0x295C) ((초성인덱스×588)+(중성인덱스×28)+ 종성인덱스)
ㄹ. 음절 코드값 구하기	음절 인덱스에 음절 시작 '가'의 코드값 0xAC00을 더하여 음절 코드값 구하기 ⇒ 0xD55C = 0xAC00 + 0x295C
ㅁ. 음절 변환	변환 음절 출력 ⇒ '한'

유니코드 해설서에서는 자모 조합 음절의 한글 음절 변환 알고리즘을 제공하지만 파이썬 코드가 아니므로 이 책에서는 파이썬으로 구현된 한글 처리 모듈을 사용한다.

자모 조합 음절을 한글 음절로 변환하려면 먼저 각각의 초성, 중성, 종성 자모를 인덱스로 변환한 후에 음절 조합 규칙으로 음절 인덱스로 변환하여 코드값을 구해야 한다. [예제 6-4]는 초성, 중성, 종성 자모를 음절로 변환하기 위한 hgGetSyllable__Jamo3() 함수의 소스 코드이다. 이 함수는 초성, 중성, 종성 자모를 인덱스로 변환한 후에 음절로 변환하기 위해서 get_hangul_syllable__index( ) 함수를 호출한다.

[예제 6-4]

```
def get_hangul_syllable__index(cho_i, jung_i, jong_i=0, SyllableFalg=True):
```

```
    """
    초성, 중성, 종성 자모 인덱스로 음절 문자 변환
    if(SyllableFalg==True) 음절 문자로 반환, else 음절 인덱스로 반환
    """
    if(SyllableFalg == True):  # 한글 음절을 돌려준다.
        syllable = ""
    else: # 한글 음절 인덱스를 돌려준다.
        syllable = (-1)
    #
    if((cho_i < 0) or (cho_i >= __HG_CHO_NUM__)): # 초성 범위
        return syllable
    if((jung_i < 0) or (jung_i >= __HG_JUNG_NUM__)): # 중성 범위
        return syllable
    if((jong_i < 0) or (jong_i >= __HG_JONG_NUM__)): # 종성 범위
        return syllable
    #
    syllable_index = (cho_i * __HG_JUNG_X_JONG_NUM__) + \
                     (jung_i * __HG_JONG_NUM__) + jong_i
    if(SyllableFalg == True):  # 한글 음절을 돌려준다.
        syllable = chr(syllable_index + __HG_SYL_LEADING_DEC__)
        return syllable
    else: # 한글 음절 인덱스를 돌려준다.
        return syllable_index

def hgGetSyllable__Jamo3(ChoJamo, JungJamo, JongJamo=''):
    HGSyllable = ''
    #
    ChoJamo_Inx = __chosung_jamo_string__.find(ChoJamo)
    if(ChoJamo_Inx <= (-1)):
        return HGSyllable
    JungJamo_Inx = __jungsung_jamo_string__.find(JungJamo)
    if(JungJamo_Inx <= (-1)):
        return HGSyllable
    JongJamo_Inx = 0
    if(len(JongJamo) > 0): # 종성-0: 종성 채움 상태
        JongJamo_Inx = __jongsung_jamo_string__.find(JongJamo)
        if(JongJamo_Inx <= (-1)):
            return HGSyllable
        JongJamo_Inx += 1 # 종성 인덱스는 채움 상태를 반영하여 [종성자모목록]에 '+1'처리
```

```
    # 현대어 음절 규칙에 맞게 음절 생성
    HGSyllable = get_hangul_syllable__index \
                (ChoJamo_Inx, JungJamo_Inx, JongJamo_Inx)
    #
    return HGSyllable
```

[예제 6-5]에서는 음절 변환 알고리즘을 사용하여 한글 자모를 음절로 변환한 후에 출력한다. 일반적으로 자판에서 직접 유니코드 초성, 중성, 종성 자모를 입력할 수 없기 때문에 예제에서는 자판 글자만으로 유니코드 자모를 코딩할 수 있도록 변수를 정의해 두고 사용한다. 예제에서는 유니코드 자모 'ᄀ ᅡ', 'ᄀ ᅡᆩ', 'ᄒ ᅡᆫ'을 초성, 중성, 종성 매개변수로 전달한 후에 각각 '가, 갂, 한'의 음절로 출력한다.

[예제 6-5]

```
## 초성_자모 대응 # Hangul Jamo (0x1110-0x1112)
## 변수명은 키보드에서 입력가능한 문자를 사용해야 하므로 Hangul Compatibility Jamo 이고,
실제값은 Hangul Jamo (0x1110-0x1112)이다
초성_ㄱ = 'ᄀ' # 4352 0x1100
초성_ㄲ = 'ᄁ' # 4353 0x1101
초성_ㄴ = 'ᄂ' # 4354 0x1102
초성_ㄷ = 'ᄃ' # 4355 0x1103
...
## 중성자모  # Hangul Jamo (0x1161-0x1175)
## 변수명은 키보드에서 입력가능한 문자를 사용해야 하므로 Hangul Compatibility Jamo 이고,
실제값은 Hangul Jamo (0x1161-0x1175)이다
중성_ㅏ = 'ᅡ' # 4449 0x1161'
중성_ㅐ = 'ᅢ' # 4450 0x1162'
중성_ㅑ = 'ᅣ' # 4451 0x1163'
...
## 종성자모 # Hangul Jamo (0x11A8-0x11C2)
## 변수명은 키보드에서 입력가능한 문자를 사용해야 하므로 Hangul Compatibility Jamo 이고,
실제값은 Hangul Jamo (0x11A8-0x11C2)이다
종성_ㄱ = 'ᆨ' # 4520 0x11a8
종성_ㄲ = 'ᆩ' # 4521 0x11a9
종성_ㄳ = 'ᆪ' # 4522 0x11aa
종성_ㄴ = 'ᆫ' # 4523 0x11ab
...
# 초중종 자모로 한글 음절 조합
```

```
음절1 = hgGetSyllable__Jamo3(초성_ㄱ, 중성_ㅏ) # ㄱ ㅏ
print('변환 결과 1:', 음절1)

음절2 = hgGetSyllable__Jamo3(초성_ㄱ, 중성_ㅏ, 종성_ㄲ) # ㄱ ㅏㄲ
print('변환 결과 2:', 음절2)

음절3 = hgGetSyllable__Jamo3(초성_ㅎ, 중성_ㅏ, 종성_ㄴ) # ㅎ ㅏㄴ
print('변환 결과 3:', 음절3)
>>>
변환 결과 1: 가
변환 결과 2: 갂
변환 결과 3: 한
```

[예제 6-6]은 한글 음절 문자열을 자모 문자열로 변환했다가 다시 음절 문자열로 변환한다. 예제에서는 hgGetChoJungJongString() 함수를 이용하여 음절 문자열을 자모 문자열로 변환하고 hgSyllableStr__Jamo3Str() 함수를 이용하여 자모 문자열을 음절 문자열로 변환한다. 출력 결과를 보면 자모 문자열로 변환했다가 다시 음절 문자열로 변환한 것은 원래 입력 문자열과 일치한다.

[예제 6-6]

```
def hgSyllableStr__Jamo3Str(JamoStr): # 초중종 자모 문자열을 음절로 변환
    SyllableStr = ''
    StrLen = len(JamoStr)
    StrPos = 0
    while(StrPos < StrLen):
        Syllable = ''
        CurChar = JamoStr[StrPos]
        chosung_jamo_inx = __chosung_jamo_string__.find(CurChar)
        if(chosung_jamo_inx >= 0): # 초성 자모 인가
            if((StrPos + 1) < StrLen):
                NextChar = JamoStr[StrPos+1]
                jungsung_jamo_inx = __jungsung_jamo_string__.find(NextChar)
                if(jungsung_jamo_inx >= 0): # 중성 자모인가
                    if((StrPos + 2) < StrLen):
                        NextNextChar = JamoStr[StrPos+2]
                        jongsung_jamo_inx = \
                            __jongsung_jamo_string__.find(NextNextChar)
```

```
                    if(jongsung_jamo_inx >= 0): # 종성 자모인가
                        # 초성+중성+종성
                        Syllable = get_hangul_syllable__index(chosung_jamo_inx,
                                jungsung_jamo_inx, (jongsung_jamo_inx + 1)) #
종성 자모 인덱스는 종성 채움을 위해서 '+1'을 한다.
                        StrPos += 3
                    else: # 초성+중성_^_자모
                        Syllable = get_hangul_syllable__index \
                                (chosung_jamo_inx, jungsung_jamo_inx)
                        StrPos += 2
                else: # 초성+중성__JamoStr끝
                    Syllable = get_hangul_syllable__index \
                            (chosung_jamo_inx, jungsung_jamo_inx)
                    StrPos += 2
            else: # 초성__^_자모 => 음절 구성이 안 되므로 통과
                pass
        else:   # 초성__문자열끝 => 음절 구성이 안 되므로 통과
            pass
        # 앞에서 음절이 생성되었으면 음절과 합치고, 아니면 현재 글자를 합친다.
        if(len(Syllable) > 0):
            SyllableStr += Syllable
        else:
            SyllableStr += CurChar
            StrPos += 1
    return SyllableStr

#-----
#-----
# 한글 음절을 자모로 변환한 후에 다시 음절로 변환
string = '나랏말씀이 중국과 달라'
print(f'입력 문자열 ({len(string)}):', string)

# 음절 문자열을 자모 문자열로 변환
string_jamo = hgGetChoJungJongString(string)
print(f'자모 문자열 변환 ({len(string_jamo)}):', string_jamo)

# 자모 문자열을 음절 문자열로 변환
string_syllable = hgSyllableStr__Jamo3Str(string_jamo)
print(f'음절 문자열 변환 ({len(string_syllable)}):', string_syllable)
```

```
if(string != string_syllable):
    print('변환 결과가 다릅니다.')
>>>
입력 문자열 (12): 나랏말쌈이 중국과 달라
자모 문자열 변환 (28): ㄴㅏㄹㅏㅅㅁㅏㄹㅆㅡㅁㅇㅣㅈㅜㅇㄱㅜㄱㄱㅘㄷㅏㄹㄹㅏ
음절 문자열 변환 (12): 나랏말쌈이 중국과 달라
```

[예제 6-7]에서는 옛한글 자모가 포함된 문자열을 자모 문자열로 변환했다가 다시 음절 문자열로 변환하는데 출력 결과를 보면 원래 입력 문자열과 일치하지 않는다. 예제의 첫 번째 글자 '핤'은 음절 코드가 없기 때문에 자모 문자열('ㅎㅏㅭ')로 입력해야 한다. 그런데 이 글자를 음절로 변환하면 '하'만 음절로 변환되고 쌍리을('ㅭ') 받침은 분리되기 때문에 원래 입력 문자열과 달라진다. 일반적인 한글 처리에서는 현대 한글만 다루기 때문에 유니코드에서 설명하는 알고리즘으로 처리해도 문제가 없지만, 옛한글 자모가 포함된 자모 문자열은 예제와 같이 원래 문자열로 복원되지 않는다. 따라서 예제에서 사용한 hgSyllableStr_Jamo3Str() 함수는 옛한글이 포함되

[예제 6-7]

```
# 한글 음절을 자모로 변환한 후에 다시 음절로 변환
string = 'ㅎㅏㅭ글' # hgSyllableStr_Jamo3Str()로 원래대로 복원 안 됨
print(f'입력 문자열 ({len(string)}):', string)

# 음절 문자열을 자모 문자열로 변환
string_jamo = hgGetChoJungJongString(string)
print(f'자모 문자열 변환 ({len(string_jamo)}):', string_jamo)

# 자모 문자열을 음절 문자열로 변환
string_syllable = hgSyllableStr_Jamo3Str(string_jamo)
print(f'음절 문자열 변환 ({len(string_syllable)}):', string_syllable)

if(string != string_syllable):
    print('변환 결과가 다릅니다.')
>>>
입력 문자열 (4): ㅎㅏㅭ글
자모 문자열 변환 (6): ㅎㅏㅭㄱㅡㄹ
음절 문자열 변환 (3): 하ㅭ글
변환 결과가 다릅니다.
```

지 않는 경우에만 사용하고, 옛한글 자모까지 처리할 수 있도록 자모 조합 알고리즘을 보완해야 한다.

[표 6-17] 유니코드 조합 알고리즘의 옛한글 포함 음절과 자모 변환

입력	
글자	**코드값**
ᄒ	0x1112
ᅡ	0x1161
ᇐ	0x11D0
글	0xAE00

⇒

자모 변환	
글자	**코드값**
ᄒ	0x1112
ᅡ	0x1161
ᇐ	0x11D0
ᄀ	0x1100
ᅳ	0x1173
ᆯ	0x11AF

⇒

음절 변환	
글자	**코드값**
하	0xD558
ᇐ	0x11D0
글	0xAE00

옛한글 지원용 한글 음절과 자모 변환

[예제 6-8]에서는 옛한글이 포함된 한글 음절 문자열을 자모 문자열로 변환했다가 다시 음절

```
[예제 6-8]

# (옛한글 포함) 한글 음절을 자모로 변환한 후에 다시 음절로 변환
# 옛한글만 유니코드 자모 문자열
string = '百姓이 니르고져 호ᇙ배이셔도' # 자모_음절변환()로 원래대로 복원됨
print(f'입력 문자열 ({len(string)}):', string)

# 음절 문자열을 자모 문자열로 변환
string_jamo = hgGetChoJungJongString(string)
print(f'자모 문자열 변환 ({len(string_jamo)}):', string_jamo)

# 자모 문자열을 음절 문자열로 변환
string_syllable = 자모_음절변환(string_jamo)
print(f'음절 문자열 변환 ({len(string_syllable)}):', string_syllable)

if(string != string_syllable):
    print('변환 결과가 다릅니다.')
>>>
입력 문자열 (16): 百姓이 니르고져 호ᇙ배이셔도
자모 문자열 변환 (25): 百姓이 니르고져 호ᇙ배이셔도
음절 문자열 변환 (16): 百姓이 니르고져 호ᇙ배이셔도
```

문자열로 변환한다. 예제에서는 hgGetChoJungJongString() 함수를 이용하여 음절 문자열을 자모 문자열로 변환하고, 자모_음절변환() 함수를 이용하여 자모 문자열을 음절 문자열로 복원한다. 자모_음절변환() 함수는 옛한글이 포함된 자모 문자열을 음절 문자열로 변환하는 것으로 초성, 중성, 종성 자모 단위로 음절 변환을 시도하여 한글 음절 코드가 있으면 그것을 사용하고 그렇지 않으면 옛한글 문자열이므로 그대로 통과하여 다음 음절 경계를 찾는다.

[예제 6-8]에서는 훈민정음 서문의 일부를 텍스트로 사용한다. 예문에서 현대어는 유니코드 음절을 사용하지만 'ᄒᆞᇙ'과 같은 옛한글은 유니코드 자모를 사용한다. 예제 텍스트의 글자 수는 공백 문자를 포함하여 14글자이지만 파이썬 문자열 길이로 계산하면 16글자이며 이것을 전부 자모 문자열로 변환하면 25글자로 늘어난다.

한편 한글 문서처리기(hwp)에서는 'ᄊᆞ, ᄍᆞᆼ, ᄉᆞ, ᄆᆞᆺ, ᄒᆞᆯ, ᄊᆡ'가 모두 1음절로 보이지만 응용 프로그램마다 출력 방식이 달라 2~3글자 형태인 'ㅆㆍ, ㅉㆍㅇ, ㅅㆍ, ㅁㆍㅅ, ㅎㆍㄹ, ㅆㆍㅣ'로 출력되기도 한다.

[표 6-18] 응용 프로그램의 옛한글 문자열 출력 방식 비교

프로그램	옛한글 자모 문자열 출력 방식
hwp	빈 문서 1 - 한컴오피스 한글 파일(F) 편집(E) 보기(U) 입력(D) 서식(J) 쪽(W) 보안(R) 검토(H) 도구(K) string = '나랏말ᄊᆞ미 듕귁에 달아 문ᄍᆞᆼ와로 서르 ᄉᆞᄆᆞᆺ디 아니ᄒᆞᆯᄊᆡ' print(f'입력 문자열 ({len(string)}):', string)
xcode	파일(F) 편집(E) 선택 영역(S) 보기(V) 이동(G) 실행(R) 터미널(T) ··· ● Untitled-1.py - Visual Stuc Untitled-1.py ● C: > Users > ia > Desktop > Untitled-1.py > ... 1 string = '나랏말ㅆㆍ미 듕귁에 달아 문ㅉㆍㅇ와로 서르 ㅅㆍㅁㆍㅅ디 아니ㅎㆍㄹㅆㆍㅣ' 2 print(f'입력 문자열 ({len(string)}):', string)
파이썬	자모_테스트60_c.py - C:\Users\ia\Desktop\pyexam\hgmorp\자모_테스트60_c.py (3.8.0) File Edit Format Run Options Window Help 14 string = '나랏말ᄊᆞ미 듕귁에 달아 문ᄍᆞᆼ와로 서르 ᄉᆞᄆᆞᆺ디 아니ᄒᆞᆯᄊᆡ' 15 print(f'입력 문자열 ({len(string)}):', string)

[예제 6-9]는 옛한글이 포함된 자모 문자열을 음절 문자열로 변환하는 '자모_음절변환' 함수의 소스 코드이다. 이 함수는 초성, 중성, 종성 자모 단위로 음절 경계를 계산한 후에 이에 해당하는 음절 코드가 있으면 그것으로 변환하고 그렇지 않으면 옛한글 문자열이므로 글자

수만큼 지나치고 다음 글자로 이동한다. 한편 이 함수는 한글 프로그래밍 구현에 초점을 두고자 주요 변수와 함수를 한글로 하였으며, 음절 길이만을 계산할 수 있도록 매개변수('_음절수계산_')를 지원한다.

[예제 6-9]

```
def 길이값(문자열):
    return len(문자열)

def 음절조합(초성자, 중성자, 종성자=''):
    음절조합 = ''
    if(isinstance(초성자, str) != True):  return 음절조합
    if(isinstance(중성자, str) != True):  return 음절조합
    if(isinstance(종성자, str) != True):
        # 한글출력('(isinstance(종성자, str) != True)')
        return 음절조합
    if(len(초성자) != 1): return 음절조합
    if(len(중성자) != 1): return 음절조합
    if(len(종성자) > 0):
        if(len(종성자) != 1): return 음절조합
        else :
            if(자모인가(종성자, '종성') == False):
                return 음절조합
    #
    if((자모인가(초성자, '초성') == False) or (자모인가(중성자, '중성') == False)):
        return 음절조합
    #
    옛한글자모인가 = False
    if((옛자모인가('초성', 초성자) == True) or (옛자모인가('중성', 중성자) == True)):
        옛한글자모인가 = True
    if(len(종성자) > 0):
        if(옛자모인가('종성', 종성자) == True):
            옛한글자모인가 = True
    #
    if(옛한글자모인가 == True):
        음절조합 += 초성자
        음절조합 += 중성자
        if(len(종성자) > 0):
            음절조합 += 종성자
```

```
    else: # 현대어는 음절 규칙에 맞게 음절을 만들어 준다.
        초성자_순위 = __초성자모__.find(초성자)
        중성자_순위 = __중성자모__.find(중성자)
        종성자_순위 = 0
        if(len(종성자) > 0):
            종성자_순위 = (__종성자모__.find(종성자) + 1)
        음절조합 = get_hangul_syllable__index(초성자_순위,중성자_순위,종성자_순위)
    #
    return 음절조합

def 자모3_1음절변환(초성자, 중성자, 종성자=''):
    # 음절조합() 함수는 음절 조합이 가능할 경우에만 값이 있고 아닐 경우에는 길이가 '0'이다.
    return 음절조합(초성자, 중성자, 종성자)

def 자모_음절변환(문자열, _음절수계산_=None):
    변환문자열 = ''
    길이 = 길이값(문자열)
    글자수 = 0
    위치 = 0
    while(위치 < 길이):
        음절 = ''
        글자 = 문자열[위치]
        if(초성자모냐(글자) == True):
            if((위치 + 1) < 길이):
                다음글자 = 문자열[위치+1]
                if(중성자모냐(다음글자) == True):
                    if((위치 + 2) < 길이):
                        다다음글자 = 문자열[위치+2]
                        if(종성자모냐(다다음글자) == True): # 초성+중성+종성
                            음절 = 자모3_1음절변환(글자, 다음글자, 다다음글자)
                            if(길이값(음절) > 0): # 변환에 성공했을 때만 위치 조정
                                위치 += 3 # [초+중+종]
                        else: # 초성+중성_^_X(종성 자모 아님)
                            음절 = 자모3_1음절변환(글자, 다음글자)
                            if(길이값(음절) > 0): # 변환에 성공했을 때만 위치 조정
                                위치 += 2 # [초+중]
                    else: # 초성+중성__문자열끝
                        음절 = 자모3_1음절변환(글자, 다음글자)
                        if(길이값(음절) > 0): # 변환에 성공했을 때만 위치 조정
```

```
                위치 += 2 # [초+중]
            else: # 초성__^_자모 => 음절 구성이 안 되므로 통과
                pass
        else:  # 초성__문자열끝 => 음절 구성이 안 되므로 통과
            pass
    else: # 초성이 아닌 자모 => 음절 구성이 안 되므로 통과
        pass
    # 앞에서 음절이 생성되었으면 음절과 합치고, 아니면 현재 글자를 합친다.
    if(길이값(음절) > 0):
        변환문자열 += 음절
    else:
        변환문자열 += 글자
        위치 += 1
    #
    글자수 += 1
#
if(_음절수계산_ is not None):
    return 글자수
else:
    return 변환문자열
```

Chapter 7

한글 오토마타와 두벌식 자모 변환 알고리즘

현재 우리가 사용하는 표준 한글 자판은 두벌식이다. 1980년대 한글 코드와 한글 자판을 표준화하였는데 이 과정에서 한글 코드는 조합형과 완성형이 논쟁 대상이었다면 한글 자판은 두벌식과 세벌식이 쟁점 대상이었다. 세벌식 자판은 조합형 한글 코드처럼 초성, 중성, 종성의 세 가지 글자 집합을, 두벌식 자판은 자음과 모음, 두 가지 글자 집합을 각각 사용하였다. 이후 두벌식 자판이 한글 표준 자판으로 채택되면서 오늘날에는 두벌식 조합 알고리즘에 의한 두벌식 한글 입력기를 사용한다.

두벌식 자판은 자음과 모음 단위로 입력하기 때문에 이를 초성, 중성, 종성으로 조합하여 음절로 변환하려면 조합 알고리즘이 필요한데, 이것이 두벌식 조합 알고리즘이다. 두벌식 조합 알고리즘은 단순히 글자를 입력하기 위해 음절을 조합하는 것에 머물지 않고 인터넷 검색 엔진에서 검색어를 추천하거나 한/영 변환 및 철자 오류를 교정할 때에도 핵심적인 역할을 한다. 이 장에서는 두벌식 자판에 기반한 두벌식 자모의 특징과 한글 오토마타를 중심으로 두벌식 조합 알고리즘의 원리를 설명한다.

1. 두벌식 조합과 자모

두벌식 자판은 한글을 입력할 때 자음과 모음, 두 가지 글자 집합을 사용한다. 글자 집합이 자음과 모음으로 구성되기 때문에 초성, 중성, 종성으로 변환하여 음절을 생성할 때 입력된 자음이 초성인지 종성인지 구분하는 것이 필요한데, 이것을 알고리즘으로 해결한다. 예를 들어, 자음('ㅎ')과 모음('ㅏ')에 이어 자음('ㄴ')을 입력하면 한글 입력기는 일단 '한' 상태로 화면에 출력하고, 'ㄴ' 다음에 입력되는 글자에 따라서 종성으로 처리할 것인지 초성으로 처리할 것인지 결정한다.

[표 7-1] 두벌식 자판에서 모음 뒤에 입력되는 자음(초성/종성) 구분

한글 입력기	-2	-1	0	1	구분
ㅎ	ㅎ	_	_	_	_
하	ㅎ	ㅏ	_	_	_
한	ㅎ	ㅏ	ㄴ	_	종성
한ㄱ	ㅎ	ㅏ	ㄴ	ㄱ	종성(+초성)
하나	ㅎ	ㅏ	ㄴ	ㅏ	초성(+중성)

두벌식 자판의 한글 입력 원리

두벌식 자판의 한글 입력 원리는 다음과 같다. 두벌식 자판에는 자음 19자와 모음 14자가 있으며 중성 모음 중 'ㅘ ㅙ ㅚ ㅝ ㅞ ㅟ ㅢ' 글자는 자판의 모음 두 개를 조합하는 방식을 사용하는데, 예를 들어 'ㅗ'와 'ㅏ'를 연달아 입력하여 'ㅘ'를 조합한다. 종성 받침은 알고리즘적으로 구분하고 겹받침 'ㄳ ㄵ ㄶ ㄺ ㄻ ㄼ ㄽ ㄾ ㄿ ㅀ ㅄ' 글자는 자판의 자음 두 개를 입력하여 조합하는데, 예를 들어 'ㄱ'과 'ㅅ'을 연달아 입력하여 'ㄳ'을 조합한다. 이처럼 모음 혹은 자음을 연달아 입력하여 하나의 모음 혹은 자음으로 조합하는 특성 때문에 음절과 자모 변환에서 한글 코드와는 처리 방식이 달라진다. 한글 맞춤법에 근거한 한글 코드는 음절과 자모로 변환할 때 초성, 중성,

[표 7-2] 두벌식 자판 자모와 초/중/종성 자모의 입력 비교

글자	두벌식 자판 자모						초/중/종성 자모			
	자음	모음	자/모	자음	자음	글자수	초성	중성	종성	글자수
ㅎ	ㅎ	_	_	_	_	1	ㅎ	_	_	1
하	ㅎ	ㅏ	_	_	_	2	ㅎ	ㅏ	_	2
한	ㅎ	ㅏ	ㄴ	_	_	3	ㅎ	ㅏ	ㄴ	3
봐	ㅂ	ㅗ	ㅏ	_	_	3	ㅂ	ㅘ	_	2
봤	ㅂ	ㅗ	ㅏ	ㅆ	_	4	ㅂ	ㅘ	ㅆ	3
삶	ㅅ	ㅏ	ㄹ	ㅁ	_	4	ㅅ	ㅏ	ㄻ	3
뷁	ㅂ	ㅜ	ㅔ	ㄹ	ㄱ	5	ㅂ	ㅞ	ㄺ	3

종성으로 분해하지만 두벌식 자판의 입력을 기준으로 음절과 자모로 변환할 때는 {초성, 중성-중성, 종성}, {초성, 중성, 종성-종성}, {초성, 중성-중성, 종성-종성} 경우까지 고려해야 한다.

두벌식 자판에는 자음 19자와 모음 14자가 있지만 자모를 연달아 입력하여 조합하는 자음과 모음을 포함하면 총 자음 30자와 모음 21자를 입력할 수 있다. 이것은 한글 맞춤법의 초/중/종성 자모와 구별되기 때문에 이 책에서는 두벌식 자판으로 입력 가능한 자모 낱자를 '두벌식 자모'로 지칭하여 설명한다.

[표 7-3] 두벌식 자판/두벌식 입력/한글 맞춤법의 자모 비교

구분		글자 목록
두벌식 자판 자모(33자)	자음(19자)	ㄱ ㄲ ㄴ ㄷ ㄸ ㄹ ㅁ ㅂ ㅃ ㅅ ㅆ ㅇ ㅈ ㅉ ㅊ ㅋ ㅌ ㅍ ㅎ
	모음(14자)	ㅏ ㅐ ㅑ ㅒ ㅓ ㅔ ㅕ ㅖ ㅗ ㅛ ㅜ ㅠ ㅡ ㅣ
두벌식 입력 자모(51자)	자음(30자)	ㄱ ㄲ ㄳ ㄴ ㄵ ㄶ ㄷ ㄸ ㄹ ㄺ ㄻ ㄼ ㄽ ㄾ ㄿ ㅀ ㅁ ㅂ ㅃ ㅄ ㅅ ㅆ ㅇ ㅈ ㅉ ㅊ ㅋ ㅌ ㅍ ㅎ
	모음(21자)	ㅏ ㅐ ㅑ ㅒ ㅓ ㅔ ㅕ ㅖ ㅗ ㅘ ㅙ ㅚ ㅛ ㅜ ㅝ ㅞ ㅟ ㅠ ㅡ ㅢ ㅣ
한글 맞춤법 자모(67자)	초성(19자)	ㄱ ㄲ ㄴ ㄷ ㄸ ㄹ ㅁ ㅂ ㅃ ㅅ ㅆ ㅇ ㅈ ㅉ ㅊ ㅋ ㅌ ㅍ ㅎ
	중성(21자)	ㅏ ㅐ ㅑ ㅒ ㅓ ㅔ ㅕ ㅖ ㅗ ㅘ ㅙ ㅚ ㅛ ㅜ ㅝ ㅞ ㅟ ㅠ ㅡ ㅢ ㅣ
	종성(27자)	ㄱ ㄲ ㄳ ㄴ ㄵ ㄶ ㄷ ㄹ ㄺ ㄻ ㄼ ㄽ ㄾ ㄿ ㅀ ㅁ ㅂ ㅄ ㅅ ㅆ ㅇ ㅈ ㅊ ㅋ ㅌ ㅍ ㅎ

[표 7-4] 두벌식 자판의 입력 가능 낱자

구분	조합 구분	자모 글자
자음(30자)	기본 자음(19)	ㄱ ㄲ ㄴ ㄷ ㄸ ㄹ ㅁ ㅂ ㅃ ㅅ ㅆ ㅇ ㅈ ㅉ ㅊ ㅋ ㅌ ㅍ ㅎ
	조합 자음(11)	ㄳ ㄵ ㄶ ㄺ ㄻ ㄼ ㄽ ㄾ ㄿ ㅀ ㅄ
모음(21자)	기본 모음(14)	ㅏ ㅐ ㅑ ㅒ ㅓ ㅔ ㅕ ㅖ ㅗ ㅛ ㅜ ㅠ ㅡ ㅣ
	조합 모음(7)	ㅘ ㅙ ㅚ ㅝ ㅞ ㅟ ㅢ

한편 한국어 모음은 크게 단모음과 이중 모음으로 구분되는데, 한국어 어문 규범에 따르면 단모음 10개(ㅏ ㅐ ㅓ ㅔ ㅗ ㅚ ㅜ ㅟ ㅡ ㅣ)와 이중 모음 11개(ㅑ ㅒ ㅕ ㅖ ㅘ ㅙ ㅛ ㅝ ㅞ ㅠ ㅢ)로 나뉜다. 그런데 두벌식 한글 조합 알고리즘에서는 한 글자의 중성 모음을 처리하기 위해 자판 두 개를 연달아 입력하는 모음(ㅘ ㅙ ㅚ ㅝ ㅞ ㅟ ㅢ)이 있다. 이렇게 연달아 조합하여 입력하는 문자에 단모음과 이중 모음이 모두 포함되어 있어서 이들을 두벌식 자판에서도 단모

음 혹은 이중 모음으로 지칭하는 것은 적절하지 않다. 따라서 중성 모음 한 글자를 처리하기 위해 자판 두 개를 연달아 입력한 모음은 '조합 모음'으로, 겹받침 한 글자를 처리하기 위해 자판 두 개를 연달아 입력한 자음은 '조합 자음'으로 지칭하여 설명한다.

두벌식 한글 자모 코드

앞서 제시한 [표 7-4]는 두벌식 자모에 대한 논리적인 문자 집합으로 한국어 정보 처리 관점에서는 물리적인 코드값이 있어야 한다. 두벌식 자모의 코드값은 한글 코드 유형에 따라 달라지는데, 표준 완성형에서는 코드값 0xA4A1(ㄱ)부터 0xA4D3(ㅣ)까지로 '한글 낱자' 영역에 위치하며, 유니코드에서는 코드값 0x3131(ㄱ)부터 0x3163(ㅣ)까지로 '한글 호환 자모' 영역에 위치한다. 이때 한글 호환 자모는 표준 완성형 코드와 호환성을 유지한다는 의미로 정해진 명칭이다. 한편 운영 체제나 응용 프로그램에 따라서도 물리적인 코드값은 달라진다. 특히 한글 운영 체제(OS)는 표준 완성형 한글 코드를 사용하지만 이를 기반으로 작동하는 문서처리기, 웹브라우저 및 주요 검색 엔진은 유니코드를 사용하기 때문에 자모와 음절의 코드값은 환경에 따라 다르다. 이 책에서는 파이썬으로 알고리즘을 구현하므로 이후에 설명하는 두벌식 한글 자모의 코드값은 유니코드의 '한글 호환 자모' 영역의 한글 낱자를 가리킨다.

[표 7-5] 표준 완성형과 유니코드의 두벌식 자모 코드값 비교

순서	글자	표준 완성형	유니코드	순서	글자	표준 완성형	유니코드
1	ㄱ	0xA4A1	0x3131	1	ㅏ	0xA4BF	0x314F
2	ㄲ	0xA4A2	0x3132	2	ㅐ	0xA4C0	0x3150
3	ㄳ	0xA4A3	0x3133	3	ㅑ	0xA4C1	0x3151
4	ㄴ	0xA4A4	0x3134	4	ㅒ	0xA4C2	0x3152
5	ㄵ	0xA4A5	0x3135	5	ㅓ	0xA4C3	0x3153
6	ㄶ	0xA4A6	0x3136	6	ㅔ	0xA4C4	0x3154
7	ㄷ	0xA4A7	0x3137	7	ㅕ	0xA4C5	0x3155
8	ㄸ	0xA4A8	0x3138	8	ㅖ	0xA4C6	0x3156
9	ㄹ	0xA4A9	0x3139	9	ㅗ	0xA4C7	0x3157
10	ㄺ	0xA4AA	0x313A	10	ㅘ	0xA4C8	0x3158
11	ㄻ	0xA4AB	0x313B	11	ㅙ	0xA4C9	0x3159
12	ㄼ	0xA4AC	0x313C	12	ㅚ	0xA4CA	0x315A
13	ㄽ	0xA4AD	0x313D	13	ㅛ	0xA4CB	0x315B
14	ㄾ	0xA4AE	0x313E	14	ㅜ	0xA4CC	0x315C
15	ㄿ	0xA4AF	0x313F	15	ㅝ	0xA4CD	0x315D

16	ㅀ	0xA4B0	0x3140	16	ㅞ	0xA4CE	0x315E
17	ㅁ	0xA4B1	0x3141	17	ㅟ	0xA4CF	0x315F
18	ㅂ	0xA4B2	0x3142	18	ㅠ	0xA4D0	0x3160
19	ㅃ	0xA4B3	0x3143	19	ㅡ	0xA4D1	0x3161
20	ㅄ	0xA4B4	0x3144	20	ㅢ	0xA4D2	0x3162
21	ㅅ	0xA4B5	0x3145	21	ㅣ	0xA4D3	0x3163
22	ㅆ	0xA4B6	0x3146				
23	ㅇ	0xA4B7	0x3147				
24	ㅈ	0xA4B8	0x3148				
25	ㅉ	0xA4B9	0x3149				
26	ㅊ	0xA4BA	0x314A				
27	ㅋ	0xA4BB	0x314B				
28	ㅌ	0xA4BC	0x314C				
29	ㅍ	0xA4BD	0x314D				
30	ㅎ	0xA4BE	0x314E				

2. 한글 오토마타(Automata)

오토마타는 어떤 입력을 받아서 중간 단계에서 상태를 전이(transition)시키면서 출력에 도달하는 수학적 모델이다. 한글 처리에서 한글 오토마타는 훈민정음 원리에 의하여 자모를 조합하여 음절로 변환하는 것을 의미하는데, 표준 자판을 통하여 입력한 자음과 모음, 두 종류의 문자 집합으로 처리하므로 한글 두벌식 오토마타라 부른다. 한편 운영 체제와 응용 프로그램마다 한글 오토마타도 차이가 있는데 이 책에서는 마이크로소프트사의 한글 윈도우(Windows) 운영 체제와 호환되는 한글 오토마타를 기준으로 설명한다.

두벌식 오토마타 원리

두벌식 오토마타의 전체적인 알고리즘은 [그림 7-1]과 같다. 두벌식 오토마타의 입력 조건은 {자음, 모음, 나머지 글자}의 세 가지로 구분된다. 자음 혹은 모음이 입력되면 한글 조합 오토마타를 진행하고, 한글 자모 외의 글자가 입력되면 이전에 입력된 오토마타를 종료하고 새로 입력된 글자를 그대로 반환한다. 여기서 오토마타를 위한 자음과 모음은 자판에 있는 기본 자음 19자와 기본 모음 14자를 가리킨다.

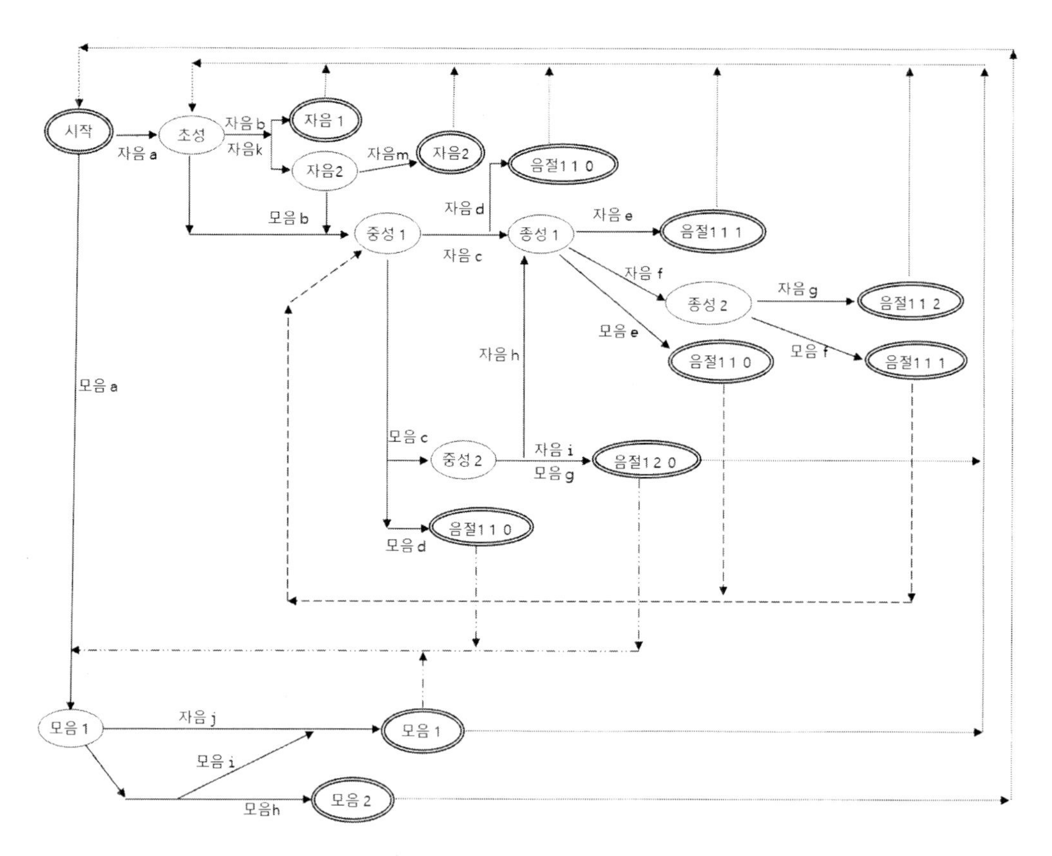

[그림 7-1] 두벌식 오토마타

[표 7-6] 입력 초기 및 조합 완료

항목	초/중/종성 구분	자모 구분	입력 예
자음1	초성	자음	ㄱ
자음2	(조합 자음)	자음+자음	ㄺ
모음1	(낱글자)	모음	ㅏ
모음2	(조합 모음)	모음+모음	ㅘ
음절110	초성+중성	자음+모음	가
음절120	초성+중성(조합 모음)	자음+모음+모음	과
음절111	초성+중성+종성	자음+모음+자음	강
	초성+중성(조합 모음)+종성	자음+모음+모음+자음	광
음절112	초성+중성+종성(조합 자음)	자음+모음+자음+자음	갉
	초성+중성(조합 모음)+종성(조합 자음)	자음+모음+모음+자음+자음	괞

✿ [초기 상태]에서 자음(a)이 입력되면 초성 상태가, 모음(a)이 입력되면 초성 없이 음절을 만들 수 없으므로 모음 상태가 된다. [표 7-7]에서 회색 배경의 'ㄱ'은 한글 입력기에서 다음 글자를 입력 받기 위한 대기 상태를 나타낸 것으로, 한글 입력기는 음절 조합이 완성되지 않으면 자모가 입력된 후에 커서를 다음 칸으로 이동시키지 않는다.

[표 7-7] [초기 상태]에서 자음/모음 입력

입력 조건	구분	이전 상태	입력 글자	음절 조합
자음	글자	초기	ㄱ	ㄱ
	자모	-		자음
	초/중/종성	-		초성
모음	글자	초기	ㅏ	ㅏ
	자모	-		모음
	초/중/종성	-		-

✿ [자음 상태]에서 자음이 입력되면 두 가지 경우로 구분한다. 입력된 자음(b)으로 조합 자음이 될 수 없으면 초성 자리에 있는 자음(a)을 미완성 음절로 완성하고 새로 입력된 자음(b)은 초성 상태로 전환한다. 입력된 자음(k)이 이전에 입력된 초성과 합쳐서 조합 자음이 될 수 있으면 자음 2개를 1개로 변환한다. 음절을 완성한 것은 아니므로 다음 글자를 입력 받기 위해서 대기 상태로 전환한다. 한편 모음(b)이 입력되면 음절을 생성할 수 있으므로 초성과 합쳐서 음절을 생성하고 다음 글자를 입력 받기 위해 대기 상태로 전환한다.

[표 7-8] [자음 상태]에서 자음/모음 입력

입력 조건	구분	이전 상태	입력 글자	출력
자음	글자	ㄱ	ㄴ	ㄱㄴ
	자모	자음		자음 자음
	초/중/종성	초성		- 초성
	글자	ㄹ	ㄱ	ㄺ
	자모	자음		자음+자음
	초/중/종성	초성		-
모음	글자	ㄱ	ㅏ	가
	자모	자음		자음+모음
	초/중/종성	초성		초성+중성

✿ [자음+자음 상태]에서 자음(m)이 입력되면 음절을 생성할 수 없으므로 이전에 입력된 조합 자음을 미완성 음절로 완성하고 새로 입력된 자음(m)은 초성 상태로 전환한다. 한편 모음(b)이 입력되면 두 번째 자음과 음절을 생성할 수 있으므로 첫 번째 자음을 미완성 음절로 완성하고 두 번째 자음과 모음(b)

을 합쳐서 음절을 생성하고 다음 글자를 입력 받기 위해 대기 상태로 전환한다.

[표 7-9] [자음+자음 상태]에서 자음/모음 입력

입력 조건	구분	이전 상태	입력 글자	출력
자음	글자	ㄺ	ㄱ	ㄺㄱ
	자모	조합 자음		자음 자음
	초/중/종성	-		- 초성
모음	글자	ㄺ	ㅏ	ㄹ가
	자모	조합 자음		자음 자음+모음
	초/중/종성	-		- 초성+중성

✿ [초성+중성 상태]에서 자음이 입력되면 두 가지 경우로 구분한다. 입력된 자음(c)이 종성으로 올 수 있으면 이것을 합쳐 음절을 생성하고 다음 글자를 입력 받기 위해 대기 상태로 전환한다. 이와 달리 입력된 자음(d)이 종성으로 올 수 없는 'ㄸ, ㅃ, ㅉ'이면 이전에 입력된 [초성+중성]으로 음절을 완성하고 새로 입력된 자음(d)은 초성 상태로 전환한다.

[표 7-10] [초성+중성 상태]에서 자음 입력

입력 조건	구분	이전 상태	입력 글자	출력
자음	글자	가	ㅇ	강
	자모	자음+모음		자음+모음+자음
	초/중/종성	초성+중성		초성+중성+종성
	글자	가	ㅃ	가ㅃ
	자모	자음+모음		자음+모음 자음
	초/중/종성	초성+중성		초성+중성 초성

✿ [초성+중성 상태]에서 모음이 입력되면 두 가지 경우로 구분한다. 입력된 모음(c)이 이전에 입력된 중성과 합쳐서 조합 모음이 될 수 있으면 모음 2개를 1개로 변환한 후 이것을 합쳐서 음절을 생성하고 다음 글자를 입력 받기 위해 대기 상태로 전환한다. 이와 달리 입력된 모음(d)이 이전에 입력된 중성과

[표 7-11] [초성+중성 상태]에서 모음 입력

입력 조건	구분	이전 상태	입력 글자	출력
모음	글자	고	ㅏ	과
	자모	자음+모음		자음+모음+모음
	초/중/종성	초성+중성		초성+중성
	글자	고	ㅓ	고ㅓ
	자모	자음+모음		자음+모음 모음
	초/중/종성	초성+중성		초성+중성 -

합쳐서 조합 모음이 될 수 없으면 이전에 입력된 [초성+중성]으로 음절을 완성하고 새로 입력된 모음(d)은 낱글자 상태로 전환한다.

- [초성+중성+종성 상태]에서 자음이 입력되면 두 가지 경우로 구분한다. 입력된 자음(f)이 이전에 입력된 종성과 합쳐서 조합 자음이 될 수 있으면 종성 2개를 1개로 변환한 후 이것을 합쳐 음절을 생성하고 다음 글자를 입력 받기 위해 대기 상태로 전환한다. 이와 달리 입력된 자음(e)이 이전에 입력된 종성과 합쳐서 조합 자음이 될 수 없으면 이전에 입력된 [초성+중성+종성]으로 음절을 완성하고 새로 입력된 자음(e)은 초성 상태로 전환한다. 한편 모음(e)이 입력되면 이전 상태에서 종성을 분리하여 [초성+중성]으로 음절을 완성하고, 이전 상태에서 분리한 종성은 초성으로 전환하여 새로 입력된 모음(e)과 합쳐서 새로운 음절을 생성한 후 다음 글자를 입력 받기 위해 대기 상태로 전환한다.

[표 7-12] **[초성+중성+종성 상태]에서 자음/모음 입력**

입력 조건	구분	이전 상태	입력 글자	출력
자음	글자	발	ㄱ	밝
	자모	자음+모음+자음		자음+모음+자음+자음
	초/중/종성	초성+중성+종성		초성+중성+종성
	글자	발	ㄷ	발ㄷ
	자모	자음+모음+자음		자음+모음+자음 자음
	초/중/종성	초성+중성+종성		초성+중성+종성 초성
모음	글자	발	ㅏ	바라
	자모	자음+모음+자음		자음+모음 자음+모음
	초/중/종성	초성+중성+종성		초성+중성 초성+중성

- [초성+중성+종성(조합 자음) 상태]에서 자음(g)이 입력되면 이전 상태로 음절을 완성하고 새로 입력된 자음(g)은 초성 상태로 둔다. 한편 모음(f)이 입력되면 이전 상태에서 두 번째 종성을 분리한 후에 [초성+중성+종성]으로 음절을 완성하고, 이전 상태에서 분리한 두 번째 종성을 초성으로 전환하여 새로 입력된

[표 7-13] **[초성+중성+종성(조합 자음) 상태]에서 자음/모음 입력**

입력 상태	구분	이전 상태	입력 글자	출력
자음	글자	밝	ㄱ	밝ㄱ
	자모	자음+모음+자음+자음		자음+모음+자음+자음 자음
	초/중/종성	초성+중성+종성		초성+중성+종성 초성
모음	글자	밝	ㅐ	발개
	자모	자음+모음+자음+자음		자음+모음+자음 자음+모음
	초/중/종성	초성+중성+종성		초성+중성+종성 초성+중성

모음(f)과 합쳐 새로운 음절을 생성하고 다음 글자를 입력 받기 위해 대기 상태로 전환한다.

- [초성+중성(조합 모음) 상태]에서 자음이 입력되면 두 가지 경우로 구분한다. 입력된 자음(h)이 종성으로 올 수 있으면 이전에 입력된 [초성+중성(조합 모음)]과 합쳐 새로운 음절을 생성한 후 다음 글자를 입력 받기 위해 대기 상태로 전환한다. 이와 달리 입력된 자음(i)이 종성으로 올 수 없는 'ㄸ, ㅃ, ㅉ'이면 이전에 입력된 [초성+중성(조합 모음)]으로 음절을 완성하고 새로 입력된 자음(i)은 초성 상태로 전환한다. 한편 모음이 입력되면 이전 상태인 [초성+중성(조합 모음)]으로 음절을 완성하고 새로 입력된 모음(g)은 모음 상태로 전환한다.

[표 7-14] **[초성+중성(조합 모음) 상태]에서 자음/모음 입력**

입력 상태	구분	이전 상태	입력 글자	출력
자음	글자	과	ㅇ	광
	자모	자음+모음+모음		자음+모음+모음+자음
	초/중/종성	초성+중성		초성+중성+종성
	글자	과	ㅉ	과ㅉ
	자모	자음+모음+모음		자음+모음+모음 자음
	초/중/종성	초성+중성		초성+중성 초성
모음	글자	과	ㅣ	과ㅣ
	자모	자음+모음+모음		자음+모음+모음 모음
	초/중/종성	초성+중성		초성+중성 -

- [모음 상태]에서 자음(j)이 입력되면 음절을 생성할 수 없으므로 이전에 입력된 모음은 낱글자 상태로 미완성 음절을 완성하고 새로 입력된 자음(j)은 초성 상태로 전환한다. 한편 모음이 입력되면 두 가지 경우로 구분한다. 입력된 모음(h)이 이전에 입력된 모음과 합쳐서 조합 모음(ㅘ ㅙ ㅚ ㅝ ㅞ ㅟ ㅢ)이 될 수 있으면 모음 2개를 1개로 변환하여 조합 모음 낱글자를 생성한 후에 대기한다. 그렇지 않으면 이전에 입력된 모음으로 미완성 음절을 완성하고 새로 입력된 모음(i)은 모음 상태로 전환한다.

[표 7-15] **[모음 상태]에서 자음/모음 입력**

입력 상태	구분	이전 상태	입력 글자	출력
자음	글자	ㅏ	ㄱ	ㅏㄱ
	자모	모음		모음 자음
모음	글자	ㅗ	ㅏ	ㅘ
	자모	모음		모음+모음
	글자	ㅗ	ㅜ	ㅗㅜ
	자모	모음		모음 모음

✿ [조합 상태]와 백스페이스(Backspace) 키: 한글 오토마타에서는 다음 입력되는 글자에 의해서 초성과 종성이 결정되기 때문에 음절 조합 중에는 다음 입력을 기다리는 대기 상태로 있어야 한다. 만약 음절을 완성하지 않은 상태에서 백스페이스 키가 입력되면 가장 마지막에 조합된 자모만 삭제하고 조합 중인 나머지 자모로 조합 상태를 유지한다. 반면에 음절이 완성된 이후에 백스페이스 키가 입력되면 이전에 완성된 음절을 한번에 삭제한다. 초성 없는 조합 모음(ㅘ ㅙ ㅚ ㅝ ㅞ ㅟ ㅢ)도 대기 상태에서 백스페이스 키가 입력되면 두 번째 모음은 삭제하고 첫 번째 모음(ㅗ ㅜ ㅡ)만 남은 상태로 대기한다. 대기 상태가 아닐 경우에 백스페이스 키가 입력되면 조합 모음을 한번에 삭제한다. 조합 자음(ㄳ ㄵ ㄶ ㄺ ㄻ ㄼ ㄽ ㄾ ㄿ ㅀ ㅄ)도 대기 상태에서 백스페이스 키가 입력되면 두 번째 자음은 삭제하고 첫 번째 자음(ㄱ ㄴ ㄹ ㅂ)만 남은 상태로 대기하고, 대기 상태가 아닐 경우에는 조합 자음을 한번에 삭제한다.

[표 7-16] **오토마타에서 백스페이스(Backspace) 키 입력**

입력 상태	이전 상태	입력	출력
음절 조합 대기	ㅏ	Backspace	(없음)
	ㅘ		ㅗ
	ㄹ		(없음)
	ㄺ		ㄹ
	가		ㄱ
	밝		발

두벌식 오토마타 구현

지금까지 설명한 두벌식 오토마타의 원리를 프로그램으로 구현하면 다음과 같다. 예제는 한글 두벌식 오토마타 HGAutom() 클래스의 소스 코드로 한글 입력기처럼 PressChar() 함수를 통하여 1글자씩 입력 받는다. PressChar() 함수는 글자가 입력될 때 음절이 완성되면 음절을 반환하지만 음절이 완성되지 않으면 아무 것도 반환하지 않고 내부에 저장해 두고 다음 입력을 기다린다. 음절이 완성되지 않으면 현재 조합 중인 글자를 확인할 수 있도록 GetSyllable() 함수를 제공한다. 모든 입력이 끝난 후 오토마타를 사용하지 않으면 EndAutomata() 함수를 호출하여 오토마타를 종료시키고 남아 있는 자모들을 조합해서 음절로 반환한다.

[표 7-17] HGAutom( ) **클래스의 함수**

함수 이름	기능	출력
PressChar()	글자를 입력 받아 음절 조합	완성된 음절이 있으면 음절 반환
EndAutomata()	오토마타 종료	남아 있는 자모로 조합한 음절
GetSyllable()	현재 조합 중인 자모로 음절 생성	조합 중인 자모로 생성한 음절

[예제 7-1]

```
class HGAutom():
    # automata
    _syl_init_ = 0 # 초기 상태
    _syl_cho_ = 1  # 초성 상태
    _syl_jung_ = 2 # 중성 상태
    _syl_jung2_ = 3 # 조합 모음 상태
    _syl_jong_ = 4  # 종성 상태
    _syl_jong2_ = 5 # 조합 자음(겹받침) 상태

    def __init__(self):
        #
        self.reset()

    def reset(self):
        #
        self.cho = ''
        self.jung1 = ''
        self.jung2 = ''
        self.jong1 = ''
        self.jong2 = ''
        self.automata_state = self._syl_init_

    def GetSyllable(self, reset=False):
        # 오토마타에서 '초성, 중성, 종성'을 읽어 음절로 변환한다.
        cho_v = self.cho
        jung_v = self.jung1
        if(self.jung2 != ''):
            #=jung_v += self.jung2
            jung_v = __moum1_from_moum2_7_dict__.get(self.jung1 + self.jung2)
        jong_v = self.jong1
        if(self.jong2 != ''):
            #=jong_v += self.jong2
            jong_v = __jaum1_from_jaum2_11_dict__.get(self.jong1 + self.jong2)

        if(reset == True):
            self.reset()
```

```
        # '초성, 중성, 종성'을 음절로 변환한다.
        if(cho_v ==''): # [초성]이 없는 경우
            if(jung_v ==''): # [중성]이 없는 경우
                if(jong_v): # [초성], [중성]이 없는데 종성이 있는 경우 - 오류 상태
                    assert False
            else:
                if(jong_v): # [중성]은 있는데 [종성]이 있는 경우 - 오류 상태
                    assert False
                else: # [중성]만 있는 경우 - 낱글자 [모음]
                    return jung_v
        else: # [초성]이 있는 경우
            if(jung_v ==''): # [초성]은 있고, [중성]이 없는 경우
                if(jong_v): # [초성]있어도, [중성]이 없는데 [종성]이 있는 경우 - 오류 상태
                    assert False
                else: # [초성]만 있는 경우 - 낱글자 [자음]
                    return cho_v
            else: # [초성/중성] 모두 있는 경우 - 음절 조합
                hgSyllable = HGGetSyllable_JaumMoum3(cho_v, jung_v, jong_v)
                return hgSyllable

    def PressChar(self, PressChar):
        #
        hgSyllable = ''
        #---------------------------------------------
        # 자음 처리
        #---------------------------------------------
        if(PressChar in __compa_jamo_string_4_chosung__): # 키보드 자음()
            if(self.automata_state == self._syl_init_): # 시작 + [자음] -> 초성
                self.automata_state = self._syl_cho_
                self.cho = PressChar
            elif(self.automata_state == self._syl_cho_): # 초성 + [자음] -> 1. 겹받침 2.초
성 자음 + 초성 자음
                # 1. 조합 자음(겹받침) 검사
                TwoChar = self.cho + PressChar
                TwoJaum = __jaum1_from_jaum2_11_dict__.get(TwoChar)
                if(TwoJaum):
                    self.cho = TwoJaum # 초성에 겹받침
                else:
                    #. 2 초성(자음) + 초성(자음) ===> 자음 낱글자 + 새로운 초성
```

```
                hgSyllable = self.cho
                self.cho = PressChar
            #
            self.automata_state = self._syl_cho_ # 이미 이 상태라서 필요없지만 로직을
구분하기 위해서 넣어 둔다.
        elif((self.automata_state == self._syl_jung_) or # 중성1 + [자음]
            (self.automata_state == self._syl_jung2_)):  # 중성2 + [자음]
            # 초성 검사
            if(self.cho == ''): # [초성]없이 [중성] 낱글자만 있는 경우 => 중성 낱글자
++ 새로운 초성
                #. [중성] 낱글자 완성
                hgSyllable = self.GetSyllable(reset=True)
                #. 새로운 초성
                self.cho = PressChar
                self.automata_state = self._syl_cho_
            else: # [초성]^[중성]++[자음]
                # 1. (중성+)종성 검사
                if(PressChar in __compa_jamo_string_4_jongsung__): # 자음이 종성인 경우
                    self.jong1 = PressChar # 종성
                    self.automata_state = self._syl_jong_
                else: # 자음이 종성이 아닌 경우
                    #. 2 중성 + 초성(자음) ===> 음절 완성 + 새로운 초성
                    hgSyllable = self.GetSyllable(reset=True)
                    #
                    self.cho = PressChar
                    self.automata_state = self._syl_cho_
        elif(self.automata_state == self._syl_jong_): # 종성 + [자음] -> 1. 종성+종성
2. 중성 + 초성 자음
            # 1. 종성+종성 검사
            if(self.jong2 != ''): # [종성]상태이므로 [종성2]는 값이 없음. 논리적 오류
                assert False

            # 종성-종성이 온 경우 = 겹받침 검사
            TwoChar = self.jong1 + PressChar
            TwoJaum = __jaum1_from_jaum2_11_dict__.get(TwoChar)
            if(TwoJaum): # 자음이 겹받침인 경우
                self.jong2 = PressChar # 종성
                self.automata_state = self._syl_jong2_
            else: # 자음이 겹받침이 아닌 경우
```

```
                #. 종성 + 초성(자음) ===> 음절 완성 + 새로운 초성
                hgSyllable = self.GetSyllable(reset=True)
                #
                self.cho = PressChar
                self.automata_state = self._syl_cho_
        elif(self.automata_state == self._syl_jong2_): # 종성+[자음]->종성+초성 자음
            if(self.jong2 == ''): #[종성+종성]상태,[종성2]는 값이 있어야 함.논리적 오류
                assert False
            # [종성1+종성2++자음] => 음절 완성 ++ 초성
            hgSyllable = self.GetSyllable(reset=True)
            #
            self.cho = PressChar
            self.automata_state = self._syl_cho_
        else:
            assert False
    #-------------------------------------------------
    # 모음 처리
    #-------------------------------------------------
    elif(PressChar in __basic_moum14__): # 키보드 [모음]
        if(self.automata_state == self._syl_init_): # 시작++[모음] -> 중성 낱글자
            self.jung1 = PressChar
            self.automata_state = self._syl_jung_
        elif(self.automata_state == self._syl_cho_): # 초성++[모음] -> 1.초성++중성
2. 자음 낱글자++초성+중성
            TwoJaum = __jaum2_from_jaum1_11_dict__.get(self.cho)
            if(TwoJaum): # 초성이 겹받침인 경우: [ㄺ++ㅏ] -> [ㄹ++가]
                # 2. [자음1+자음2++모음] => 자음 낱글자 ++ 초성 + 중성
                hgSyllable = TwoJaum[0] # 겹받침을 분리하여 첫 글자를 낱글자 자음
                self.cho = TwoJaum[1] # 겹받침을 분리하여 두 번째 글자를 초성으로
                self.jung1 = PressChar
            else: # 초성++중성
                self.jung1 = PressChar
            self.automata_state = self._syl_jung_
        elif(self.automata_state == self._syl_jung_): # 중성++[모음] -> 1. 중성++중
성 2. 중성++중성 낱글자
            if(self.jung2 != ''): # [중성]상태, [중성2]는 값이 없어야 함. 논리적 오류
                assert False
            # 중성++중성
            TwoChar = self.jung1 + PressChar
```

```
            TwoMoum = __moum1_from_moum2_7_dict__.get(TwoChar)
            if(TwoMoum): # 모음이 {조합 모음}인 경우
                self.jung2 = PressChar # 중성
                self.automata_state = self._syl_jung2_
            else: # 모음이 {조합 모음}이 아닌 경우
                #. 중성++중성 낱글자 ===> 음절 완성++새로운 중성
                hgSyllable = self.GetSyllable(reset=True)
                # 새로운 중성
                self.jung1 = PressChar
                #
                self.automata_state = self._syl_jung_
        elif(self.automata_state == self._syl_jung2_): # 중성++[모음] -> 1. 중성++중
성 2. 중성++중성 낱글자
            if(self.jung2 == ''): #[중성+중성]상태,[중성2]는 값이 있어야 함.논리적 오류
                assert False
            # 중성^중성++중성 ==> 음절 완성++새로운 중성
            hgSyllable = self.GetSyllable(reset=True)
            self.jung1 = PressChar
            #
            self.automata_state = self._syl_jung_
        elif(self.automata_state == self._syl_jong_): # 종성++[모음] -> 초성++중성
            # 종성++모음 검사
            if(self.jong2 != ''): # [종성]상태, [종성2]는 값이 없어야 함. 논리적 오류
                assert False
            # 종성-모음이 온 경우 => 음절 완성++초성+중성(모음)
            # 종성을 다음 글자 초성으로 옮기고, 초기화한다.
            NewCho = self.jong1
            self.jong1 = '' # 종성 초기화
            hgSyllable = self.GetSyllable(reset=True)

            # 새 음절 구성
            self.cho = NewCho
            self.jung1 = PressChar
            #
            self.automata_state = self._syl_jung_
        elif(self.automata_state == self._syl_jong2_): # 종성++[모음] -> 초성++중성
            # 종성+종성++모음 검사
            if(self.jong2 == ''): #[종성+종성]상태,[종성2]는 값이 있어야 함.논리적 오류
                assert False
```

```
            # [종성1+종성2++모음] => (종성1)음절 완성++(종성2)초성+중성(모음)
            NewCho = self.jong2
            self.jong2 = '' # 종성2 초기화
            hgSyllable = self.GetSyllable(reset=True)

            # 새 음절 구성
            self.cho = NewCho
            self.jung1 = PressChar
            #
            self.automata_state = self._syl_jung_
        else:
            assert False
    #-----------------------------------------------------
    #-----------------------------------------------------
    else: # 두벌식 기본 [자모](33자)가 아닌 경우, 조합 중인 자모를 음절 완성.
        if(self.automata_state != self._syl_init_): # 음절 조합이 끝나지 않은 나머지 처리
            hgSyllable = self.GetSyllable(reset=True)
        #
        hgSyllable += PressChar
    #-----------------------------------------------------
    #-----------------------------------------------------
    return hgSyllable

def EndAutomata(self):
    hgSyllable = ''
    if(self.automata_state != self._syl_init_): # 음절 조합이 끝나지 않은 나머지 처리
        hgSyllable = self.GetSyllable(reset=True)
    #
    return hgSyllable
```

이번에는 HGAutom 클래스를 이용하여 두벌식 자모 문자열을 음절 문자열로 변환한다. HGAutom() 클래스는 한글 입력기처럼 PressChar() 함수를 통하여 1글자씩 입력 받기 때문에 자모 문자열을 1글자씩 전달한다. 문자 전달이 끝나면 오토마타를 종료시키고 남아 있는 자모를 모아 음절로 변환하기 위해 EndAutomata() 함수를 호출한다. 한편 HGAutom() 클래스는 문자열 처리를 위해 설계하였기 때문에 백스페이스(Backspace) 문자를 비롯하여 나머지 제어(Control) 문자는 처리하지 않는다.

[예제 7-2]에서는 HGGetSyllable_JaumMoumString() 함수를 이용하여 자모 문자열을 음절 문자열로 변환한다. 이 함수는 컴퓨터 자판을 통하여 자모를 차례대로 입력하는 상황을 가정한다. 자판을 통하여 'ㅎㅏㄴㄱㅡㄹ'을 차례대로 입력하는 것과 같이 for 루프를 통하여 자모 문자열을 1글자씩 HGAutom 클래스의 PressChar( ) 함수에 전달한다. for 루프를 진행하는 동안 PressChar() 함수에서 음절이 완성될 때마다 반환된 음절을 문자열로 통합한 후 for 루프가 끝나면 EndAutomata( ) 함수를 호출하여 남아 있는 자모를 반환 받아 문자열에 통합한다.

```
[예제 7-2]

def HGGetSyllable_JaumMoumString(JaumMoumString):
    #
    hgSyllable = ''
    curHng = HGAutom()
    for jamoChar in JaumMoumString:
        #=BeforeInnerSyllable = curHng.GetSyllable() # 입력 전 조합 상태
        hgSyllable += curHng.PressChar(jamoChar)
        #=AfterInnerSyllable = curHng.GetSyllable() # 입력 후 조합 상태
        #=CurState = curHng.State()
    #
    hgSyllable += curHng.EndAutomata() # 음절 조합이 끝나지 않은 나머지 처리
    #
    return hgSyllable

#-----
JaumMoumString = 'ㅎㅏㄴㄱㅡㄹ' # {한글}
HGSyllable = HGGetSyllable_JaumMoumString(JaumMoumString)
print('한글 자모:', JaumMoumString)
print('한글 음절:', HGSyllable)
>>>
한글 자모: ㅎㅏㄴㄱㅡㄹ
한글 음절: 한글
```

[예제 7-2]의 HGAutom에서 두벌식 오토마타를 처리하는 내부 과정은 다음과 같다. 먼저 'ㅎㅏㄴ'을 차례대로 입력 받아서 기억해 두는데 음절이 완성되지 않았기 때문에 PressChar( ) 함수에서 반환하는 글자는 없다. 이때 현재 조합 중인 음절을 확인(GetSyllable)할 수 있다. 4번째 자모('ㄱ')가 입력되면 이전에 입력된 자모들로 음절을 완성하여 '한'을 반환하고 새로

입력된 자모('ㄱ')를 기억해 둔다. 마지막 6번째 자모('ㄹ')의 입력이 끝나 오토마타를 종료(EndAutomata)한다고 알려 주면 남아 있던 자모로 음절을 완성하여 '글'을 반환한다.

[표 7-18] HGAutom.PressChar() 함수의 자모 문자열 처리 과정

순서	입력 전 상태	입력 자모	반환 글자	입력 후 상태	입력 후 오토마타 상태	
	GetSyllable()	PressChar()	PressChar()	GetSyllable()	State()	
1	None	ㅎ	None	ㅎ	state:1	초성
2	ㅎ	ㅏ	None	하	state:2	중성
3	하	ㄴ	None	한	state:4	종성
4	한	ㄱ	한	ㄱ	state:1	초성
5	ㄱ	ㅡ	None	그	state:2	중성
6	그	ㄹ	None	글	state:4	종성
End	글	EndAutomata	글	None	state:0	초기

3. 음절의 두벌식 자모 변환

앞 절에서는 한글 입력에서 두벌식 자모를 초/중/종성의 음절로 조합하는 알고리즘에 대해 설명하였는데 이와는 반대로 음절을 두벌식 자모로 변환해야 하는 경우도 있다. 예를 들어 인터넷 검색 엔진에서 '한국'을 검색하기 위해 차례대로 'ㅎ, ㅏ, ㄴ'을 입력하면 [표 7-19]와 같이 단어를

[표 7-19] 인터넷 검색 엔진의 '한' 추천 목록

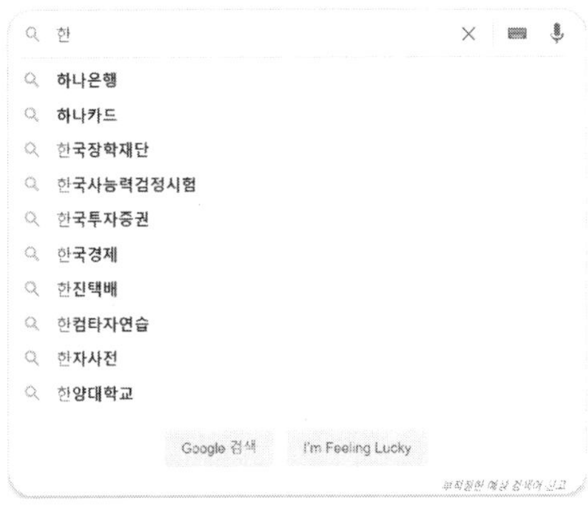

추천한다. 사용자는 '한'으로 입력했지만 검색 엔진은 세 번째 입력된 'ㄴ'을 종성과 초성의 경우 모두 고려하여 단어를 추천한다. 이와 같이 추천하려면 음절을 두벌식 자모로 변환해야 한다. 따라서 이 절에서는 음절을 두벌식 자모로 변환하는 과정과 구현 방법을 설명한다.

음절의 두벌식 자모 변환 원리

알고리즘 관점에서 음절을 두벌식 자모로 변환하는 방법은 두 가지이다. 첫 번째는 음절에 대응하는 두벌식 자모 테이블을 생성한 후에 각 음절별로 변환 테이블을 탐색하여 음절에 대응하는 두벌식 자모로 바꾸는 것이다. 예를 들어 '한'이라는 검색어가 입력되면 변환 테이블에서 '한'을 탐색한 후에 이에 대응하는 두벌식 자모('ㅎㅏㄴ')로 바꾼다. 그런데 현대어 한글 음절은 총 11,172자로 이에 해당하는 두벌식 자모 목록을 테이블로 생성하는 것은 메모리를 많이 사용하기 때문에 비효율적이다.

[표 7-20] 한글 음절의 두벌식 자모 변환 테이블

순서	음절	두벌식 자모
1	가	ㄱㅏ
2	각	ㄱㅏㄱ
3	갂	ㄱㅏㄲ
:	:	:
10589	한	ㅎㅏㄴ
:	:	:
11170	힡	ㅎㅣㅌ
11171	힢	ㅎㅣㅍ
11172	힣	ㅎㅣㅎ

두 번째 방법은 초성, 중성, 종성에 해당하는 두벌식 자모 테이블을 생성하고 한글 음절을 초성, 중성, 종성으로 분해하여 이에 대응하는 두벌식 자모로 바꾸는 것이다. 음절을 두벌식 자모로 변환할 때는 51자의 두벌식 자모 코드 집합이 아니라 자판에 있는 33자(자음 19자, 모음 14자)를 대상으로 변환하기 때문에 자판을 2번 입력해야 하는 조합 모음과 조합 자음은 2글자의 자모로 분해한다.

[표 7-21] 초/중/종성과 두벌식 자모 변환 테이블

인덱스	초성	두벌식 자모	중성	두벌식 자모	종성	두벌식 자모
0	ㄱ	ㄱ	ㅏ	ㅏ	-	-
1	ㄲ	ㄲ	ㅐ	ㅐ	ㄱ	ㄱ
2	ㄴ	ㄴ	ㅑ	ㅑ	ㄲ	ㄲ
3	ㄷ	ㄷ	ㅒ	ㅒ	ㄳ	ㄱㅅ
4	ㄸ	ㄸ	ㅓ	ㅓ	ㄴ	ㄴ
5	ㄹ	ㄹ	ㅔ	ㅔ	ㄵ	ㄴㅈ
6	ㅁ	ㅁ	ㅕ	ㅕ	ㄶ	ㄴㅎ
7	ㅂ	ㅂ	ㅖ	ㅖ	ㄷ	ㄷ
8	ㅃ	ㅃ	ㅗ	ㅗ	ㄹ	ㄹ
9	ㅅ	ㅅ	ㅘ	ㅗㅏ	ㄺ	ㄹㄱ
10	ㅆ	ㅆ	ㅙ	ㅗㅐ	ㄻ	ㄹㅁ
11	ㅇ	ㅇ	ㅚ	ㅗㅣ	ㄼ	ㄹㅂ
12	ㅈ	ㅈ	ㅛ	ㅛ	ㄽ	ㄹㅅ
13	ㅉ	ㅉ	ㅜ	ㅜ	ㄾ	ㄹㅌ
14	ㅊ	ㅊ	ㅝ	ㅜㅓ	ㄿ	ㄹㅍ
15	ㅋ	ㅋ	ㅞ	ㅜㅔ	ㅀ	ㄹㅎ
16	ㅌ	ㅌ	ㅟ	ㅜㅣ	ㅁ	ㅁ
17	ㅍ	ㅍ	ㅠ	ㅠ	ㅂ	ㅂ
18	ㅎ	ㅎ	ㅡ	ㅡ	ㅄ	ㅂㅅ
19			ㅢ	ㅡㅣ	ㅅ	ㅅ
20			ㅣ	ㅣ	ㅆ	ㅆ
21					ㅇ	ㅇ
22					ㅈ	ㅈ
23					ㅊ	ㅊ
24					ㅋ	ㅋ
25					ㅌ	ㅌ
26					ㅍ	ㅍ
27					ㅎ	ㅎ

예를 들어, '한'을 초성('ㅎ'), 중성('ㅏ'), 종성('ㄴ')으로 변환한 후 변환 테이블에서 각 자모에 대응하는 두벌식 자모 **'ㅎ, ㅏ, ㄴ'**으로 바꾸는 것이다. 이 방법은 자모 변환 테이블의 크기가 67개(초성 19, 중성 21, 종성 27)면 충분하여 음절 변환 테이블 방식보다 메모리는 적게 사용하지만 음절을 자모로 분해하는 과정이 추가된다. 이 책에서는 자모 변환 테이블 방식으로 알고리즘을 구현한다.

음절의 두벌식 자모 변환 구현

유니코드에서 한글 음절은 초성, 중성, 종성 자모와 상호 변환이 가능하다. 이때 유니코드 자모는 '글자(코드값)'가 아니라 '인덱스'로 변환한다는 점에 유의해야 한다. 예를 들어 유니코드 음절 '한'의 코드값(0xD55C)에서 한글 음절 시작값(0xAC00 '가')을 빼서 '한'에 대한 음절 인덱스 [10588]을 구한다. 그리고 음절 인덱스를 자모 조합 알고리즘 공식으로 분해하면 초성값으로 'ㅎ'에 대한 인덱스(18)를 반환한다. 이렇게 반환된 초성 인덱스(18)로 두벌식 자모 목록에서 'ㅎ'으로 변환한다. 중성 모음 'ㅏ'의 인덱스는 [0]이므로 두벌식 자모 목록에서 'ㅏ'로, 종성의 인덱스는 [4]이므로 두벌식 자모 목록에서 'ㄴ'으로 변환한다.

[표 7-22] 음절 '한'의 두벌식 자모 변환

음절			음절		초성, 중성, 종성 분해			두벌식 자모 변환	
글자	코드값		인덱스		인덱스	글자		글자	코드값
한	0xD55C	⇔	10588	⇔	18	ㅎ(초성)	⇔	ㅎ	0x314E
					0	ㅏ(중성)		ㅏ	0x314F
					4	ㄴ(종성)		ㄴ	0x3134

한편 두벌식 자판에 없는 조합 모음과 조합 자음은 자판에 있는 2개의 모음과 2개의 자음으로 변환해야 한다. 이때 조합 모음과 조합 자음은 1글자를 2개로 분해하는 것처럼 보이지만 알고리즘 관점에서는 두 개로 분해할 필요 없이 1:2 변환 방식으로 변환할 수 있다. 예를 들어 조합 모음 'ㅞ'의 인덱스는 [15]이므로 변환 테이블에서 'ㅜㅔ'로 변환한다.

[표 7-23] 음절 '뷁'의 두벌식 자모 변환

음절			음절		초성, 중성, 종성 분해			두벌식 자모 변환	
글자	코드값		인덱스		인덱스	글자		글자	코드값
뷁	0xBDC1	⇔	4545	⇔	7	ㅂ(초성)	⇔	ㅂ	0x3142
					15	ㅞ(중성)		ㅜ	0x315C
								ㅔ	0x3154
					9	ㄺ(종성)		ㄹ	0x3139
								ㄱ	0x3131

[예제 7-3]은 한글 음절이 포함된 문자열을 두벌식 자모 문자열로 변환한다. 초성, 중성, 종성 인덱스에 대응하는 두벌식 자모로 변환하기 위해서 67개의 자모를 각각의 변환 목록(list)으로 구성하여 변환한다. 또한 낱글자 자모 중에서 조합 모음과 조합 자음은 2개의 자모로

변환하기 위해서 1:2 변환 사전(dict)을 생성한다. 이에 음절의 두벌식 자모 변환에서는 입력 문자열을 '한글 음절, 조합 모음과 조합 자음, 나머지 문자'의 3가지로 구분한다. 입력된 문자가 음절이면 초성, 중성, 종성 인덱스로 분해한 후 두벌식 자모 변환 목록에서 해당 자모로 변환하고, 조합 모음과 조합 자음이면 변환 사전에서 해당 자모로 변환하고, 나머지 문자는 그대로 전달한다.

[예제 7-3]

```
__kbd_jamo_from_chosung_inx_list__ = [ # chosung-inx (호환 자모 글자:19)
    'ㄱ','ㄲ','ㄴ','ㄷ','ㄸ',  'ㄹ','ㅁ','ㅂ','ㅃ','ㅅ',  'ㅆ','ㅇ','ㅈ','ㅉ','ㅊ',  'ㅋ','ㅌ','ㅍ','ㅎ',]
__kbd_jamo_from_jungsung_inx_list__ = [ # jungsung-inx (호환 자모 글자:21)
    'ㅏ','ㅐ','ㅑ','ㅒ','ㅓ',          'ㅔ','ㅕ','ㅖ','ㅗ','ㅗㅏ',
    'ㅗㅐ','ㅗㅣ','ㅛ','ㅜ','ㅜㅓ',   'ㅜㅔ','ㅜㅣ','ㅠ','ㅡ','ㅡㅣ',
    'ㅣ',]
__kbd_jamo_from_jongsung_inx_list__ = [ # jongsung-inx (호환 자모 글자:27)
    'ㄱ','ㄲ','ㄱㅅ','ㄴ','ㄴㅈ',          'ㄴㅎ','ㄷ','ㄹ','ㄹㄱ','ㄹㅁ',
    'ㄹㅂ','ㄹㅅ','ㄹㅌ','ㄹㅍ','ㄹㅎ',   'ㅁ','ㅂ','ㅂㅅ','ㅅ','ㅆ',
    'ㅇ','ㅈ','ㅊ','ㅋ','ㅌ',              'ㅍ','ㅎ',]

# 1글자 자모를 2글자 자모로 변환
__moum2_from_moum1_7_dict__ =  {#--- 1글자로 된 조합 모음을 2글자로 변환(7)
    'ㅘ':'ㅗㅏ', 'ㅙ':'ㅗㅐ', 'ㅚ':'ㅗㅣ',
    'ㅝ':'ㅜㅓ', 'ㅞ':'ㅜㅔ', 'ㅟ':'ㅜㅣ',
    'ㅢ':'ㅡㅣ',
} # Hangul Compatibility Jamo (0x3131-ex314E)(ksc5601: 0xA4A1~0xA4D3)
__jaum2_from_jaum1_11_dict__ =  {#--- 1글자로 된 겹받침을 2글자로 변환(11)
    'ㄳ':'ㄱㅅ', 'ㄵ':'ㄴㅈ',
    'ㄶ':'ㄴㅎ', 'ㄺ':'ㄹㄱ', 'ㄻ':'ㄹㅁ',
    'ㄼ':'ㄹㅂ', 'ㄽ':'ㄹㅅ', 'ㄾ':'ㄹㅌ', 'ㄿ':'ㄹㅍ', 'ㅀ':'ㄹㅎ',
    'ㅄ':'ㅂㅅ',
} #Hangul Compatibility Jamo (0x3131-0x314E)(ksc5601: 0xA4A1~0xA4D3)
__double_jamo_from_single_jamo_18_dict__ = __moum2_from_moum1_7_dict__.copy() # 조
합 모음(7)
__double_jamo_from_single_jamo_18_dict__.update(__jaum2_from_jaum1_11_dict__) # 겹받
침(11)

def HGTransString2KBDJamo(string):
    from hgunicode import hgGetChoJungJongInx_Char
```

```
    #
    KBDCharString = ''
    for hgchar in string:
        CJJ_Inx = hgGetChoJungJongInx_Char(hgchar)
        # 형식 : {'cho': chosung_inx, 'jung': jungsung_inx, 'jong':jongsung_inx}
        if(len(CJJ_Inx) > 0): # [음절인 경우]
            KBDCharString += __kbd_jamo_from_chosung_inx_list__[CJJ_Inx['cho']]
            KBDCharString += __kbd_jamo_from_jungsung_inx_list__[CJJ_Inx['jung']]
            if(CJJ_Inx['jong'] >= 1): # jonugsung=0: filler
                jongsung_inx = (CJJ_Inx['jong'] - 1)
                KBDCharString += __kbd_jamo_from_jongsung_inx_list__[jongsung_inx]
        else: # 한글 음절이 아님: [초/중/종성]인덱스 없음(한글 낱글자[호환 자모]도 이쪽으로)
            # 조합 모음(7)과 조합 자음(겹받침)(11)은 1글자를 2글자 자모로 바꿈
            JaumMoum = __double_jamo_from_single_jamo_18_dict__.get(hgchar)
            if(JaumMoum): # [조합 모음이거나 조합 자음인 경우]
                KBDCharString += JaumMoum
           ...
            # 추가 확인
            if(JaumMoum is None): # 자음/모음 낱글자로 바뀌지 않은 경우
                KBDCharString += hgchar # 원래 문자를 전달
    #
    return KBDCharString
#----------
#----------
string = '뷁'
KBDCharString = HGTransString2KBDJamo(string)
print('입력 문자열:', string)
print('한글 두벌식 자모:', KBDCharString)

string = 'ㄺㅅ'
KBDCharString = HGTransString2KBDJamo(string)
print('입력 문자열:', string)
print('한글 두벌식 자모:', KBDCharString)

string = 'ㅞa1'
KBDCharString = HGTransString2KBDJamo(string)
print('입력 문자열:', string)
print('한글 두벌식 자모:', KBDCharString)
>>>
```

```
입력 문자열: 뷁
한글 두벌식 자모: ㅂㅜㅔㄹㄱ
입력 문자열: ㄺㅅ
한글 두벌식 자모: ㄹㄱㅅ
입력 문자열: ㅞa1
한글 두벌식 자모: ㅜㅔa1
```

[예제 7-3]은 HGTransString2KBDJamo() 함수를 이용하여 한글 음절을 두벌식 자모로 변환한다. 이 함수는 한글 음절을 초성, 중성, 종성 인덱스로 분해하기 위해 hgGetChoJungJongInx_Char() 함수를 호출한 후 각각의 인덱스에 해당하는 두벌식 자모로 변환한다. 이때 한글 코드에서는 종성 없이 '초성+중성'만으로 음절을 구성할 수 있어 종성 없는 음절 상태를 반영하기 위해 종성 인덱스 [0]을 비워 두고 인덱스 [1]부터 한글 맞춤법의 종성 목록 27개를 할당하므로 유의해야 한다. 따라서 27개의 종성 변환 목록(__kbd_jamo_from_jongsung_inx_list__)에서 두벌식 자모로 변환하려면 항상 종성 인덱스값에서 '-1'을 계산해야 한다. 한편 예제에서는 낱글자 자모 중 조합 모음과 조합 자음을 2개의 자모로 분해하기 위해 사전형(__double_jamo_from_single_jamo_18_dict__) 변수를 사용한다. 이 변수는 조합 모음과 조합 자음에 해당하는 18글자에 대한 변환 테이블이다.

[예제 7-4]

```
def Hng2Jamo_511(string):
    JaumMoumString = HGTransString2KBDJamo(string)
    print(string, ':', JaumMoumString)
    return JaumMoumString

def Hng2Jamo_521(JaumMoumString):
    HGSyllable = HGGetSyllable_JaumMoumString(JaumMoumString)
    print(JaumMoumString, ':', HGSyllable)
    return HGSyllable
#----------
#----------
print('문자열을 두벌식 자모 문자열로 변환')
JaumMoumString1 = Hng2Jamo_511('한')
JaumMoumString2 = Hng2Jamo_511('하ㄴ')
JaumMoumString3 = Hng2Jamo_511('ㅎㅏㄴ')
print()
```

```
print('두벌식 자모 문자열을 음절 문자열로 변환')
Hng2Jamo_521(JaumMoumString1) # from 'ㅎㅏㄴ' <== '한'
Hng2Jamo_521(JaumMoumString2) # from 'ㅎㅏㄴ' <== '하ㄴ'
Hng2Jamo_521(JaumMoumString3) # from 'ㅎㅏㄴ' <== 'ㅎㅏㄴ'
>>>
문자열을 두벌식 자모 문자열로 변환
한 : ㅎㅏㄴ
하ㄴ : ㅎㅏㄴ
ㅎㅏㄴ : ㅎㅏㄴ

두벌식 자모 문자열을 음절 문자열로 변환
ㅎㅏㄴ : 한
ㅎㅏㄴ : 한
ㅎㅏㄴ : 한
```

[예제 7-4]에서는 '한', '하ㄴ', 'ㅎㅏㄴ'을 차례대로 두벌식 자모로 변환하여 출력하고, HGGetSyllable_JaumMoumString() 함수를 이용하여 두벌식 자모를 음절로 역변환한 후에 출력한다. [예제 7-4]의 출력 결과를 보면 세 단어를 두벌식 자모로 변환하면 모두 'ㅎㅏㄴ'으로 바뀐다. 단어 '한'은 초성, 중성, 종성 인덱스로 분해한 후에 두벌식 자모로 변환한다. 단어 '하ㄴ'은 음절('하')과 자음('ㄴ')이 합쳐진 단어이므로 음절 형태인 '하'만 초성, 중성, 종성 인덱스로 분해하여 두벌식 자모로 변환하고 자음('ㄴ')은 두벌식 자모이므로 그대로 둔다. 단어 'ㅎㅏㄴ'은 음절이 없어 자모로 바뀐 것도 없으므로 입력 상태 그대로 출력한다.

[표 7-24] 입력 문자열의 두벌식 자모 변환 과정

단어	상태 구분 (코드값)	초성, 중성, 종성 분해			두벌식 자모 변환		
		글자	상태	코드값	글자	상태	코드값
한	음절 (0xD55C)	ᄒ	초성	0x1112	ㅎ	자음	0x314E
		ᅡ	중성	0x1161	ㅏ	모음	0x314F
		ᆫ	종성	0x11AB	ㄴ	자음	0x3134
하ㄴ	음절+자모 (0xD558, 0x3134)	ᄒ	초성	0x1112	ㅎ	자음	0x314E
		ᅡ	중성	0x1161	ㅏ	모음	0x314F
		ㄴ	(낱글자)	0x3134	ㄴ	자음	0x3134
ㅎㅏㄴ	자모+자모+자모 (0x314E, 0x314F, 0x3134)	ㅎ	(낱글자)	0x314E	ㅎ	자음	0x314E
		ㅏ	(낱글자)	0x314F	ㅏ	모음	0x314F
		ㄴ	(낱글자)	0x3134	ㄴ	자음	0x3134

한편 이렇게 자모 문자열로 바뀐 세 단어를 두벌식 오토마타를 이용하여 다시 음절로 변환하면 모두가 음절 '한'으로 바뀌는데 '하ㄴ'과 'ㅎㅏㄴ'은 원래 형태로 복원되지 않는다. 이는 두벌식 자모를 한글 음절로 변환할 때 자음과 모음으로 이루어진 두벌식 오토마타를 사용하므로 무조건 음절 단위로 처리하기 때문이다.

4. 반각 자모와 초/중/종성 자모의 두벌식 자모 변환

검색 엔진은 두벌식 자모를 기반으로 사전을 탐색하는 동시에 검색어를 추천하고 철자를 교정하기 때문에 음절이 아닌 두벌식 자모 문자열 'ㅎㅏㄴ'을 입력해도 '한'으로 검색할 수 있다. 두벌식 자모 문자열을 입력한 [표 7-25]는 '한'을 입력한 [표 7-19]의 추천 목록과 같다.

[표 7-25] 검색 엔진의 'ㅎㅏㄴ' 추천 목록

그런데 유니코드에는 한글 입력기에서 사용하는 두벌식 자모(Hangul Compatibility Jamo) 이외에 반각 자모(Halfwidth Jamo)와 초/중/종성 한글 자모(Hangul Jamo)가 있다. 검색 엔진은 이들 문자열이 검색어로 입력되어도 두벌식 자모 문자열로 변환해서 사전 탐색이나 검색어 추천, 철자 교정 등을 수행할 수 있어야 한다.

반각 자모의 두벌식 자모 변환

반각 자모(Halfwidth Hangul variants)는 활판 인쇄에서 글자 폭을 절반으로 줄여서 사용하던 것을 유니코드에 반영한 것이다. 반각 자모는 유니코드에서 'Halfwidth and Fullwidth Forms' 영역에 위치하며 호환 자모(Hangul Compatibility Jamo)와 짝을 이룬다. 한글 입력기는 두벌식 자모를 사용하기 때문에 반각 자모를 직접 입력할 수 없지만 문서 편집을 위해 입력된 반각 자모 문자열 'ﾡￂﾸￂﾱￜ'를 웹 브라우저나 문서 편집기에서 복사하여 검색창에 입력하는 경우가 있다. 반각 자모 문자열('ﾡￂﾸￂﾱￜ')은 음절 문자열('가자미')과 모양도 코드값도 다른데 이런 경우에도 검색 엔진은 적절한 결과를 제시하기 위해 반각 자모를 두벌식 자모로 변환해야 한다 [표 7-26/29].

[표 7-26] 반각 자모 문자열의 추천 목록

반각 자모	두벌식 자모	음절
Google	Google	Google
ﾡￂﾸￂﾱￜ	ㄱㅏㅈㅏㅁㅣ	가자미
가자미과	가자미과	가자미과
가자미 조림	가자미 조림	가자미 조림
가자미식해	가자미식해	가자미식해
가자미근	가자미근	가자미근
가자미구이	가자미구이	가자미구이
가자미 미역국	가자미 미역국	가자미 미역국
가자미눈	가자미눈	가자미눈
가자미회	가자미회	가자미회
가자미 요리	가자미 요리	가자미 요리
가자미효능	가자미효능	가자미효능
Google 검색 I'm Feeling Lucky	Google 검색 I'm Feeling Lucky	Google 검색 I'm Feeling Lucky

프로그래밍 관점에서 반각 자모는 코드값을 기준으로 호환 자모와 1:1 매칭이 가능하지만 [표 7-27]와 같이 연속적이지 않기 때문에 변환 테이블을 이용하여 호환 자모로 변환할 수 있다 [표 7-28]. 한편 반각 자모를 두벌식 자모로 변환할 때는 두벌식 자판에 있는 33자의 자모를 적용하므로 조합 모음과 조합 자음은 자판에 있는 2개의 자모로 변환해야 한다.

[표 7-27] 호환 자모(위) 및 반각 자모(아래) 코드

	0x0	0x1	0x2	0x3	0x4	0x5	0x6	0x7	0x8	0x9	0xA	0xB	0xC	0xD	0xE	0xF
0x3130		ㄱ	ㄲ	ㄳ	ㄴ	ㄵ	ㄶ	ㄷ	ㄸ	ㄹ	ㄺ	ㄻ	ㄼ	ㄽ	ㄾ	ㄿ
0x3140	ㅀ	ㅁ	ㅂ	ㅃ	ㅄ	ㅅ	ㅆ	ㅇ	ㅈ	ㅉ	ㅊ	ㅋ	ㅌ	ㅍ	ㅎ	ㅏ
0x3150	ㅐ	ㅑ	ㅒ	ㅓ	ㅔ	ㅕ	ㅖ	ㅗ	ㅘ	ㅙ	ㅚ	ㅛ	ㅜ	ㅝ	ㅞ	ㅟ
0x3160	ㅠ	ㅡ	ㅢ	ㅣ												

	0x0	0x1	0x2	0x3	0x4	0x5	0x6	0x7	0x8	0x9	0xA	0xB	0xC	0xD	0xE	0xF
0xFFA0	HHF	ﾡ	ﾢ	ﾣ	ﾤ	ﾥ	ﾦ	ﾧ	ﾨ	ﾩ	ﾪ	ﾫ	ﾬ	ﾭ	ﾮ	ﾯ
0xFFB0	ﾰ	ﾱ	ﾲ	ﾳ	ﾴ	ﾵ	ﾶ	ﾷ	ﾸ	ﾹ	ﾺ	ﾻ	ﾼ	ﾽ	ﾾ	
0xFFC0			ￂ	ￃ	ￄ	ￅ	ￆ	ￇ			ￊ	ￋ	ￌ	ￍ	ￎ	ￏ
0xFFD0			ￒ	ￓ	ￔ	ￕ	ￖ	ￗ			ￚ	ￛ	ￜ			

[표 7-28] 반각 자모와 두벌식 자모 변환 테이블

순서	반각 자모(16진수)	두벌식 자모(16진수)	반각 자모(16진수)	두벌식 자모(16진수)
1	ﾡ (FFA1)	ㄱ (3131)	ￂ (FFC2)	ㅏ (314F)
2	ﾢ (FFA2)	ㄲ (3132)	ￃ (FFC3)	ㅐ (3150)
3	ﾣ (FFA3)	ㄱㅅ (3131, 3145)	ￄ (FFC4)	ㅑ (3151)
4	ﾤ (FFA4)	ㄴ (3134)	ￅ (FFC5)	ㅒ (3152)
5	ﾥ (FFA5)	ㄴㅈ (3134, 3148)	ￆ (FFC6)	ㅓ (3153)
6	ﾦ (FFA6)	ㄴㅎ (3134, 314E)	ￇ (FFC7)	ㅔ (3154)
7	ﾧ (FFA7)	ㄷ (3137)	ￊ (FFCA)	ㅕ (3155)
8	ﾨ (FFA8)	ㄸ (3138)	ￋ (FFCB)	ㅖ (3156)
9	ﾩ (FFA9)	ㄹ (3139)	ￌ (FFCC)	ㅗ (3157)
10	ﾪ (FFAA)	ㄹㄱ (3139, 3131)	ￍ (FFCD)	ㅗㅏ (3157, 314F)
11	ﾫ (FFAB)	ㄹㅁ (3139, 3141)	ￎ (FFCE)	ㅗㅐ (3157, 3150)
12	ﾬ (FFAC)	ㄹㅂ (3139, 3142)	ￏ (FFCF)	ㅗㅣ (3157, 3163)
13	ﾭ (FFAD)	ㄹㅅ (3139, 3145)	ￒ (FFD2)	ㅛ (315B)
14	ﾮ (FFAE)	ㄹㅌ (3139, 314C)	ￓ (FFD3)	ㅜ (315C)
15	ﾯ (FFAF)	ㄹㅍ (3139, 314D)	ￔ (FFD4)	ㅜㅓ (315C, 3153)
16	ﾰ (FFB0)	ㄹㅎ (3139, 314E)	ￕ (FFD5)	ㅜㅔ (315C, 3154)
17	ﾱ (FFB1)	ㅁ (3141)	ￖ (FFD6)	ㅜㅣ (315C, 3163)
18	ﾲ (FFB2)	ㅂ (3142)	ￗ (FFD7)	ㅠ (3160)
19	ﾳ (FFB3)	ㅃ (3143)	ￚ (FFDA)	ㅡ (3161)
20	ﾴ (FFB4)	ㅂㅅ (3142, 3145)	ￛ (FFDB)	ㅡㅣ (3161, 3163)
21	ﾵ (FFB5)	ㅅ (3145)	ￜ (FFDC)	ㅣ (3163)
22	ﾶ (FFB6)	ㅆ (3146)		
23	ﾷ (FFB7)	ㅇ (3147)		
24	ﾸ (FFB8)	ㅈ (3148)		
25	ﾹ (FFB9)	ㅉ (3149)		
26	ﾺ (FFBA)	ㅊ (314A)		
27	ﾻ (FFBB)	ㅋ (314B)		
28	ﾼ (FFBC)	ㅌ (314C)		
29	ﾽ (FFBD)	ㅍ (314D)		
30	ﾾ (FFBE)	ㅎ (314E)		

[예제 7-5]에서는 반각 자모 문자열을 두벌식 자모 문자열로 변환한다. 이를 위해 한글 음절의 두벌식 자모 변환에 사용한 HGTransString2KBDJamo() 함수를 수정하여 반각 자모 문자까지 처리한다. 예제에서는 51자의 반각 자모에 대응하는 두벌식 자모를 변환 사전(dict)으로 구성하여 변환한다. 한편 [예제 7-3]에서는 두벌식 자모 변환의 입력 조건을 '한글 음절, 조합 모음과 조합 자음, 나머지 문자'로 구분하였는데 이번 예제에서는 반각 자모를 추가한다.

[예제 7-5]

```
#-----------------------------
#- 반각(Halfwidth) 자모를 두벌식(키보드) 자모로 변환하기 위한 사전
#-----------------------------
__jaummoum_from_half_jamo_dict__ = { # 반각 자모(51자)에 대응하는 두벌식(키보드) 자모
    'ﾡ': 'ㄱ', 'ﾢ': 'ㄲ', 'ﾣ': 'ㄱㅅ', 'ﾤ': 'ㄴ', 'ﾥ': 'ㄴㅈ', 'ﾦ': 'ㄴㅎ', 'ﾧ': 'ㄷ', 'ﾨ': 'ㄸ',
    'ﾩ': 'ㄹ', 'ﾪ': 'ㄹㄱ', 'ﾫ': 'ㄹㅁ', 'ﾬ': 'ㄹㅂ', 'ﾭ': 'ㄹㅅ', 'ﾮ': 'ㄹㅌ', 'ﾯ': 'ㄹㅍ', 'ﾰ': 'ㄹㅎ',
    'ﾱ': 'ㅁ', 'ﾲ': 'ㅂ', 'ﾳ': 'ㅃ', 'ﾴ': 'ㅂㅅ', 'ﾵ': 'ㅅ', 'ﾶ': 'ㅆ', 'ﾷ': 'ㅇ', 'ﾸ': 'ㅈ', 'ﾹ': 'ㅉ',
    'ﾺ': 'ㅊ', 'ﾻ': 'ㅋ', 'ﾼ': 'ㅌ', 'ﾽ': 'ㅍ', 'ﾾ': 'ㅎ',
    'ￂ': 'ㅏ', 'ￃ': 'ㅐ', 'ￄ': 'ㅑ', 'ￅ': 'ㅒ', 'ￆ': 'ㅓ', 'ￇ': 'ㅔ', 'ￊ': 'ㅕ', 'ￋ': 'ㅖ', 'ￌ': 'ㅗ',
    'ￍ': 'ㅗㅏ', 'ￎ': 'ㅗㅐ', 'ￏ': 'ㅗㅣ', 'ￒ': 'ㅛ', 'ￓ': 'ㅜ', 'ￔ': 'ㅜㅓ', 'ￕ': 'ㅜㅔ', 'ￖ': 'ㅜㅣ',
    'ￗ': 'ㅠ', 'ￚ': 'ㅡ', 'ￛ': 'ㅡㅣ', 'ￜ': 'ㅣ',}

def HGTransString2KBDJamo(string, HalfJamoTrans=True):
    # HalfJamoTrans: 반각 자모를 두벌식 자모로 변환
    ...
    ...
        else: # 한글 음절이 아님: [초-중-종성]값 없음(한글 낱글자[호환 자모]도 이쪽으로)
            # 조합 모음(7)과 조합 자음(겹받침)(11)은 1글자를 2글자 자모로 바꿈
            JaumMoum = __double_jamo_from_single_jamo_18_dict__.get(hgchar)
            if(JaumMoum): # [조합 모음이거나 조합 자음인 경우]
                KBDCharString += JaumMoum
            # 추가 확인
            if(JaumMoum is None): # 자음/모음 낱글자로 바뀌지 않은 경우
                if(HalfJamoTrans == True): # 반각 자모를 두벌식 자모로 변환
                    JaumMoum = __jaummoum_from_half_jamo_dict__.get(hgchar)
                    if(JaumMoum): # [반각 자모인 경우]
                        KBDCharString += JaumMoum
            # 추가 확인
            if(JaumMoum is None): # 자음/모음 낱글자로 바뀌지 않은 경우
                KBDCharString += hgchar # 원래 문자를 전달
```

```
    #
    return KBDCharString

def String2KBDJamo_711(String):
    from hgkbd import HGTransString2KBDJamo, HGGetSyllable_JaumMoumString
    #
    KBDString = HGTransString2KBDJamo(String)
    HGSyllable = HGGetSyllable_JaumMoumString(KBDString)
    print(f'입력 ({len(String)}):', String)
    print(f'두벌식 자모 문자열 ({len(KBDString)}):', KBDString)
    print(f'음절 문자열 ({len(HGSyllable)}):', HGSyllable)
    #
    return KBDString, HGSyllable # 두벌식(키보드) 자모, 음절

#-----------
#-----------
# 반각 자모를 두벌식 자모로 변환
String = '가자미' # 반각(Halfwidth) 자모: <-- 'ㄱㅏㅈㅏㅁㅣ' <-- {가자미}
String2KBDJamo_711(String)
print()

String = '하ᄂ구ᄀ' # 반각(Halfwidth) 자모: <-- 'ㅎㅏㄴㄱㅜㄱ' <-- {한국}
String2KBDJamo_711(String)
>>>
입력 (6): 가자미
두벌식 자모 문자열 (6): ㄱㅏㅈㅏㅁㅣ
음절 문자열 (3): 가자미

입력 (6): 하ᄂ구ᄀ
두벌식 자모 문자열 (6): ㅎㅏㄴㄱㅜㄱ
음절 문자열 (2): 한국
```

[예제 7-5]에서는 두벌식 자모로 변환하기 위해 HGTransString2KBDJamo() 함수의 매개변수(HalfJamoTrans)를 True로 지정하여 반각 자모까지도 변환한다. 일반적인 경우에 반각 자모는 자모 문자가 아니라 특수 문자로 간주하여 키워드로 처리하지 않지만 검색 엔진은 예제와 같이 두벌식 자모로 변환해야만 검색은 물론 철자 교정과 검색어 추천이 가능하다.

[표 7-29] 반각 자모 문자열 비교

순서	반각 자모		두벌식 자모		음절	
	글자	16진수	글자	16진수	글자	16진수
1	ﾡ	FFA1	ㄱ	3131	가	AC00
2	ￂ	FFC2	ㅏ	314F		
3	ﾸ	FFB8	ㅈ	3148	자	C790
4	ￂ	FFC2	ㅏ	314F		
5	ﾱ	FFB1	ㅁ	3141	미	BBF8
6	ￜ	FFDC	ㅣ	3163		

초/중/종성 자모의 두벌식 자모 변환

한글 입력기는 두벌식 자모를 사용하기 때문에 초/중/종성 자모(Hangul Jamo)를 직접 입력할 수 없지만, 문서 편집을 위해 입력된 초/중/종성 자모 문자열 'ᄂ ᅡᆰ'(낡)을 웹브라우저나 문서 편집기에서 복사하여 검색창에 입력하는 경우가 있다. 검색 엔진은 이런 경우에도 적절한 결과를 제시하기 위해 초/중/종성 자모 문자열을 두벌식 자모로 변환해야 한다. 한편 초/중/종성 자모 문자열('ᄂ ᅡᆰ')을 복사하여 검색창에 입력하면 자동으로 조합하여 음절('낡') 형태로 제시하고, 일부 응용프로그램에서도 '낡' 형태로 출력한다.

[표 7-30] 초/중/종성 자모 문자열의 추천 목록

초/중/종성 자모를 두벌식 자모로 변환하는 것은 논리적으로 한글 음절을 두벌식 자모 문자열로 변환하는 방식과 같다. 다만 한글 음절의 두벌식 자모 변환에서는 초/중/종성 인덱스

변환 테이블을 사용했지만, 초/중/종성 자모의 두벌식 자모 변환에서는 코드값 변환 테이블을 사용한다.

[예제 7-6]에서는 초/중/종성 자모 문자열을 두벌식 자모 문자열로 변환한다. 이를 위해 한글 음절의 두벌식 자모 변환에 사용한 HGTransString2KBDJamo() 함수를 수정하여 초/중/종성 자모 문자까지 처리한다. 예제에서는 67자의 초/중/종성 자모에 대응하는 두벌식 자모를 변환 사전(dict)으로 구성하여 변환한다. 한편 [예제 7-5]에서는 두벌식 자모 변환의 입력 조건에 반각 자모를 추가하여 '한글 음절, 조합 모음과 조합 자음, 반각 자모, 나머지 문자'로 구분하였는데 이번 예제에서는 초/중/종성 자모가 추가된다.

[예제 7-6]

```
#----------------------------
#- 초,중,종 자모(Hangul Jamo)를 두벌식(키보드) 자모로 변환하기 위한 사전
#----------------------------
__cho_jaum_from_cho_jamo19_dict__ = { # 초성 자모(19)에 대응 두벌식(키보드) 자모 사전:
    # key: Hangul Jamo (0x1110-0x1112)
    # value: Hangul Compatibility Jamo (0x3131-0x314E)(ksc5601: 0xA4A1~0xA4D3)
    'ᄀ': 'ㄱ', 'ᄁ': 'ㄲ', 'ᄂ': 'ㄴ', 'ᄃ': 'ㄷ', 'ᄄ': 'ㄸ', 'ᄅ': 'ㄹ', 'ᄆ': 'ㅁ',
    'ᄇ': 'ㅂ', 'ᄈ': 'ㅃ', 'ᄉ': 'ㅅ', 'ᄊ': 'ㅆ', 'ᄋ': 'ㅇ', 'ᄌ': 'ㅈ', 'ᄍ': 'ㅉ',
    'ᄎ': 'ㅊ', 'ᄏ': 'ㅋ', 'ᄐ': 'ㅌ', 'ᄑ': 'ㅍ', 'ᄒ': 'ㅎ',
}
__jung_moun_from_jung_jamo21_dict__ = { # 중성 자모(21)에 대응 두벌식(키보드) 자모 사전:
    # key: Hangul Jamo (0x1110-0x1112)
    # value: Hangul Compatibility Jamo (0x3131-0x314E)(ksc5601: 0xA4A1~0xA4D3)
    'ᅡ': 'ㅏ', 'ᅢ': 'ㅐ', 'ᅣ': 'ㅑ', 'ᅤ': 'ㅒ', 'ᅥ': 'ㅓ',  'ᅦ': 'ㅔ', 'ᅧ': 'ㅕ',
    'ᅨ': 'ㅖ', 'ᅩ': 'ㅗ', 'ᅪ': 'ㅗㅏ', 'ᅫ': 'ㅗㅐ', 'ᅬ': 'ㅗㅣ', 'ᅭ': 'ㅛ', 'ᅮ': 'ㅜ',
    'ᅯ': 'ㅜㅓ', 'ᅰ': 'ㅜㅔ', 'ᅱ': 'ㅜㅣ', 'ᅲ': 'ㅠ', 'ᅳ': 'ㅡ', 'ᅴ': 'ㅡㅣ', 'ᅵ': 'ㅣ',
}
__jong_jaum_from_jong_jamo27_dict__ = { # 종성 자모(27)에 대응 두벌식(키보드) 자모 사전:
    # key: Hangul Jamo (0x1110-0x1112)
    # value: Hangul Compatibility Jamo (0x3131-0x314E)(ksc5601: 0xA4A1~0xA4D3)
    'ᆨ': 'ㄱ', 'ᆩ': 'ㄲ', 'ᆪ': 'ㄱㅅ', 'ᆫ': 'ㄴ', 'ᆬ': 'ㄴㅈ', 'ᆭ': 'ㄴㅎ', 'ᆮ': 'ㄷ',
    'ᆯ': 'ㄹ', 'ᆰ': 'ㄹㄱ', 'ᆱ': 'ㄹㅁ', 'ᆲ': 'ㄹㅂ', 'ᆳ': 'ㄹㅅ', 'ᆴ': 'ㄹㅌ', 'ᆵ': 'ㄹㅍ',
    'ᆶ': 'ㄹㅎ', 'ᆷ': 'ㅁ', 'ᆸ': 'ㅂ', 'ᆹ': 'ㅂㅅ', 'ᆺ': 'ㅅ', 'ᆻ': 'ㅆ',  'ᆼ': 'ㅇ',
    'ᆽ': 'ㅈ', 'ᆾ': 'ㅊ', 'ᆿ': 'ㅋ', 'ᇀ': 'ㅌ', 'ᇁ': 'ㅍ', 'ᇂ': 'ㅎ',
}
# 초중종 자모를 두벌식(키보드) 자모로 변환 사전
```

```
__jaummoum_from_hangul_jamo_dict_ = ___cho_jaum_from_cho_jamo19_dict__.copy()
__jaummoum_from_hangul_jamo_dict_.update(__jung_moun_from_jung_jamo21_dict__)
__jaummoum_from_hangul_jamo_dict_.update(__jong_jaum_from_jong_jamo27_dict__)

def HGTransString2KBDJamo(string, HalfJamoTrans=True, ChoJungJongJamoTrans=True):
    # HalfJamoTrans: 반각 자모를 두벌식 자모로 변환
    # ChoJungJongJamoTrans: 초중종 자모를 두벌식 자모로 변환
    ...
    ...
        else: # 한글 음절이 아님: [초-중-종성]값 없음(한글 낱글자[호환 자모]도 이쪽으로)
            # 조합 모음(7)과 조합 자음(겹받침)(11)은 1글자를 2글자 자모로 바꿈
            JaumMoum = __double_jamo_from_single_jamo_18_dict__.get(hgchar)
            if(JaumMoum): # [조합 모음이거나 조합 자음인 경우]
                KBDCharString += JaumMoum
            # 추가 확인
            if(JaumMoum is None): # 자음/모음 낱글자로 바뀌지 않은 경우
                if(HalfJamoTrans == True): # 반각 자모를 두벌식 자모로 변환
                    JaumMoum = __jaummoum_from_half_jamo_dict__.get(hgchar)
                    if(JaumMoum): # [반각 자모인 경우]
                        KBDCharString += JaumMoum
            # 추가 확인
            if(JaumMoum is None): # 자음/모음 낱글자로 바뀌지 않은 경우
                if(ChoJungJongJamoTrans == True): # 초중종 자모를 두벌식 자모로 변환
                    JaumMoum = __jaummoum_from_hangul_jamo_dict_.get(hgchar)
                    if(JaumMoum): # [초중종 자모인 경우]
                        KBDCharString += JaumMoum
            # 추가 확인
            if(JaumMoum is None): # 자음/모음 낱글자로 바뀌지 않은 경우
                KBDCharString += hgchar # 원래 문자를 전달    #
    #
    return KBDCharString

#-----------
#-----------
# 초중종 자모를 두벌식 자모로 변환
String = 'ᄀ ᅡᆽ ᅡᆷ ᅵ' # 초중종 자모(Hangul Jamo) 자모: <-- 6글자 길이의 문자열
String2KBDJamo_711(String)
print()
```

```
String = 'ᄂ ᅡᆰ' # 초중종 자모(Hangul Jamo) 자모: <-- 3글자 길이의 문자열
String2KBDJamo_711(String)
>>>
입력 (6): ᄀ ᅡᄌ ᅡᄆ ᅵ
두벌식 자모 문자열 (6): ㄱㅏㅈㅏㅁㅣ
음절 문자열 (3): 가자미

입력 (3): ᄂ ᅡᆰ
두벌식 자모 문자열 (4): ㄴㅏㄹㄱ
음절 문자열 (1): 낡
```

[예제 7-6]에서는 두벌식 자모로 변환하기 위해 HGTransString2KBDJamo() 함수의 매개변수(ChoJungJongJamoTrans)를 True로 지정하여 초/중/종성 자모까지 변환한다. 일반적인 경우에는 초/중/종성 자모를 두벌식 자모로 변환하지 않지만 검색 엔진은 예제와 같이 두벌식 자모로 변환해야만 검색은 물론 철자 교정과 검색어 추천이 가능하다.

[표 7-31] 초/중/종성 자모 문자열 비교

순서	초/중/종성 자모		두벌식 자모		음절	
	글자	16진수	글자	16진수	글자	16진수
1	ᄂ	1102	ㄴ	3134	낡	B0A1
2	ᅡ	1161	ㅏ	314F		
3	ᆰ	11B0	ㄹ	3139		
4	-	-	ㄱ	3131		

Chapter 8 한/영 변환 알고리즘

한글 자판은 영문 자판에 한글 자모를 배치한 것으로 한글을 입력하려면 [한/영] 변환키를 한글 상태로 전환해야 한다. 이때 [한/영] 변환키를 누르지 않거나 영문자 입력 상태를 한글 입력 상태로 착각하여 문자열을 입력하는 경우가 있다. 예를 들어 검색 엔진에서 '한국'을 검색하려면 차례대로 'ㅎㅏㄴㄱㅜㄱ'을 입력해야 하는데 [한/영] 변환이 되지 않아 'gksrnr'로 입력하는 경우가 있다. 그런데 검색 엔진은 영문자로 입력한 단어를 '한국'으로 변환하여 적절한 검색어를 제안한다. 한편 반대의 입력 오류도 많은데, 예를 들어 두벌식 자판으로 검색 엔진에서 'ebs'를 검색하고자 할 때 실수로 [한/영] 변환키를 영문자 입력 상태로 바꾸지 않으면 '듄'으로 입력된다.

[표 8-1] 인터넷 검색 엔진의 한/영 변환

Google gksrnr	Google 듄
전체 지도 동영상 이미지	전체 이미지 동영상 뉴스
검색결과 약 673,000,000개 (0.70초)	검색결과 약 815,000개 (0.71초)
수정된 검색어에 대한 결과: **한국** 다음 검색어로 대신 검색: gksrnr	이것을 찾으셨나요? **ebs**

입력된 검색어에 한/영 변환 오류가 있어도 [표 8-1]과 같이 정확한 검색어를 제안하려면 잘못 입력된 영문자 단어를 영문자에 대응하는 한글 자모로 변환한 뒤에 음절 문자열로 변환하거나, 잘못 입력된 한글 단어를 초/중/종성으로 분해하여 이에 대응하는 영문자 변환 테이블을 이용하여 변환해야 한다. 이 장에서는 한/영 변환 알고리즘의 원리와 구현 방법을 설명한다.

[표 8-2] 한/영 변환 과정

영한 변환	구분	영문자		한글 두벌식 자모		한글 음절
	글자	gksrnr		ㅎㅏㄴㄱㅜㄱ		한국
	과정	문자열 입력 ⇒	영한 변환	⇒ 두벌식 오토마타	⇒	음절 완성

한영 변환	구분	한글 음절		초/중/종성 자모		영문자
	글자	듄		ㄷ ㅠ ㄴ		ebs
	과정	문자열 입력 ⇒	초/중/종성으로 분해	⇒ 한영 변환	⇒	단어 완성

1. 영한 변환

영한 변환 알고리즘은 2단계로 구분된다. 1단계에서는 1:1 변환 테이블을 이용하여 영문자를 두벌식 자모로 변환한다. 이때 영문자 중에서 7글자는 대문자와 소문자일 때 각각 다른 자모로 변환하고 나머지 영문자는 대소문자를 구분하지 않고 똑같은 자모로 변환하므로 대문자와 소문자를 나누어 각각 1:1 변환 테이블을 만든다.

[예제 8-1]은 영문자를 두벌식 자모로 변환한다. 영문자에 대응하는 두벌식 자모로 변환하기

[표 8-3] 영문자와 한글 자모 변환 테이블

	영문자	자음	영문자	자음	영문자	모음	영문자	모음
0	r	ㄱ	R	ㄲ	k	ㅏ	K	ㅏ
1	s	ㄴ	S	ㄴ	o	ㅐ	O	ㅒ
2	e	ㄷ	E	ㄸ	i	ㅑ	I	ㅑ
3	f	ㄹ	F	ㄹ	j	ㅓ	J	ㅓ
4	a	ㅁ	A	ㅁ	p	ㅔ	P	ㅖ
5	q	ㅂ	Q	ㅃ	u	ㅕ	U	ㅕ
6	t	ㅅ	T	ㅆ	h	ㅗ	H	ㅗ
7	d	ㅇ	D	ㅇ	y	ㅛ	Y	ㅛ
8	w	ㅈ	W	ㅉ	n	ㅜ	N	ㅜ
9	c	ㅊ	C	ㅊ	b	ㅠ	B	ㅠ
10	z	ㅋ	Z	ㅋ	m	ㅡ	M	ㅡ
11	x	ㅌ	X	ㅌ	l	ㅣ	L	ㅣ
12	v	ㅍ	V	ㅍ				
13	g	ㅎ	G	ㅎ				

위해서 26개의 대문자와 소문자를 하나의 변환 테이블로 구성하여 총 52자를 해당하는 자모로 1:1 변환한다. 이를 위해서 사전형(dict) 테이블로 선언한다.

```
[예제 8-1]

__jaummoum_from_eng_low_dict__ = {
    'a': 'ㅁ', 'b': 'ㅠ', 'c': 'ㅊ', 'd': 'ㅇ', 'e': 'ㄷ',     'f': 'ㄹ', 'g': 'ㅎ', 'h': 'ㅗ', 'i': 'ㅑ', 'j': 'ㅓ',
    'k': 'ㅏ', 'l': 'ㅣ', 'm': 'ㅡ', 'n': 'ㅜ', 'o': 'ㅐ',     'p': 'ㅔ', 'q': 'ㅂ', 'r': 'ㄱ', 's': 'ㄴ', 't': 'ㅅ',
    'u': 'ㅕ', 'v': 'ㅍ', 'w': 'ㅈ', 'x': 'ㅌ', 'y': 'ㅛ', 'z': 'ㅋ', }
__jaummoum_from_eng_cap_dict__ = {
    'A': 'ㅁ', 'B': 'ㅠ', 'C': 'ㅊ', 'D': 'ㅇ', 'E': 'ㄸ',  'F': 'ㄹ', 'G': 'ㅎ', 'H': 'ㅗ', 'I': 'ㅑ', 'J': 'ㅓ',
    'K': 'ㅏ', 'L': 'ㅣ', 'M': 'ㅡ', 'N': 'ㅜ', 'O': 'ㅒ',  'P': 'ㅖ', 'Q': 'ㅃ', 'R': 'ㄲ', 'S': 'ㄴ', 'T': 'ㅆ',
    'U': 'ㅕ', 'V': 'ㅍ', 'W': 'ㅉ', 'X': 'ㅌ', 'Y': 'ㅛ', 'Z': 'ㅋ',}


__jaummoum_from_eng52_dict__ = __jaummoum_from_eng_low_dict__.copy()
__jaummoum_from_eng52_dict__.update(__jaummoum_from_eng_cap_dict__)

#----------
#----------
def Eng2JaumMoum_Simple(EngString):
    # [영문자 -> 자음/모음]
    HngKBDCharString = ''
    for EngChar in EngString:
        HngKBDChar = __jaummoum_from_eng52_dict__.get(EngChar)
        if(HngKBDChar):
            HngKBDCharString += HngKBDChar
        else: # 영문자에 해당하는 자모가 아닌 경우
            HngKBDCharString += EngChar # 원래 문자를 전달
    #
    return HngKBDCharString
#----------
#----------
EngString = 'gksrnr'  # 한글 자모: ㅎㅏㄴㄱㅜㄱ <==> '한국'
HngKBDCharString = Eng2JaumMoum_Simple(EngString)
print('영문자:', EngString)
print('한글 자모:', HngKBDCharString)
>>>
영문자: gksrnr
한글 자모: ㅎㅏㄴㄱㅜㄱ
```

[예제 8-1]에서는 영문자 단어를 두벌식 자모 문자열로 변환하기 위해서 Eng2JaumMoum_Simple() 함수를 이용한다. 이 함수는 입력된 문자열을 각 글자별로 두벌식 자모로 변환한다. 예제에서는 '한국' 대신 'gksrnr'으로 입력했을 때의 상황을 가정한 것으로 변환 결과는 'ㅎㅏㄴㄱㅜㄱ'이다. 이 함수는 1:1 사전형 변환 테이블에서 영문자에 대응하는 자모를 탐색하기 위해 get() 함수를 호출한다. 한편 두벌식 자모는 초성과 종성을 따로 구분하지 않고 자음으로 처리한다. 이에 변환된 자모 문자열의 여섯 번째 글자(종성 자리) 'ㄱ'의 코드값을 보면 네 번째 글자(초성 자리) 'ㄱ'의 값(0x3131)과 같아 글자만으로는 초성과 종성을 구분할 수 없다.

[표 8-4] 'gksrnr'과 'ㅎㅏㄴㄱㅜㄱ' 코드값 비교

순서	영문자	16진수	자모	16진수
0	g	0x67	ㅎ	0x314E
1	k	0x6B	ㅏ	0x314F
2	s	0x73	ㄴ	0x3134
3	r	0x72	ㄱ	0x3131
4	n	0x6E	ㅜ	0x315C
5	r	0x72	ㄱ	0x3131

다음 단계에서는 두벌식 자모를 음절로 변환한다. 자모 문자열의 음절 문자열 변환은 HGGetSyllable_JaumMoumString( ) 함수를 이용한다.

[예제 8-2]

```
def HGGetSyllable__EngString(string):
    JaumMoumString = HGGetJaumMoum__EngString(string)
    HGSyllable = HGGetSyllable_JaumMoumString(JaumMoumString)
    return HGSyllable

#-----------
EngString = 'gksrnr'  # 한글 자모: ㅎㅏㄴㄱㅜㄱ <==> '한국'
HGSyllable = HGGetSyllable__EngString(EngString)
print('영문자:', EngString)
print('한글 음절:', HGSyllable)

EngString = 'rsef'  # 한글 자모: ㄱㄴㄷㄹ <==> ㄱㄴㄷㄹ
HGSyllable = HGGetSyllable__EngString(EngString)
print('영문자:', EngString)
```

```
print('한글 음절:', HGSyllable)
>>>
영문자: gksrnr
한글 음절: 한국

영문자: rsef
한글 음절: ㄱㄴㄷㄹ
```

[예제 8-2]에서는 HGGetSyllable__EngString() 함수를 사용하여 영문자 단어를 한글 단어로 변환한다. 이 함수는 영문자 문자열을 두벌식 자모 문자열로 변환한 후에 자모 문자열을 음절 문자열로 변환하는데, 두벌식 오토마타에서는 초성, 중성, 종성으로 변환하여 음절로 조합한다. 한편 이번 예제의 HGGetJaumMoum__EngString() 함수는 조합 모음과 조합 자음의 변환 기능이 추가된 것으로, 이후 영문자의 두벌식 자모 변환에서는 이 함수를 사용한다. 영한 변환 과정에 따른 글자의 코드값을 비교하면 [표 8-5]와 같다.

[표 8-5] 두벌식 자모 'ㅎㅏㄴㄱㅜㄱ'과 초/중/종성 'ᄒ ᅡᆫ 국' 비교

순서	영문자		두벌식 자모			초성, 중성, 종성			한글 음절		
	글자	16진수	글자	구분	16진수	글자	구분	16진수	글자	구분	16진수
0	g	0x67	ㅎ	자음	0x314E	ᄒ	초성	0x1112	한	음절	0xD55C
1	k	0x6B	ㅏ	모음	0x314F	ᅡ	중성	0x1161			
2	s	0x73	ㄴ	자음	0x3134	ᆫ	종성	0x11AB			
3	r	0x72	ㄱ	자음	0x3131	ᄀ	초성	0x1100	국	음절	0xAD6D
4	n	0x6E	ㅜ	모음	0x315C	ᅮ	중성	0x116E			
5	r	0x72	ㄱ	자음	0x3131	ᆨ	종성	0x11A8			

한편 한글 코드의 아스키(ASCII) 영역은 기본 라틴(Basic Latin) 영역과 반각과 전각(Halfwidth and Fullwidth Forms) 영역으로 나누어져 있다. 일반적으로 아스키코드는 1바이트의 기본 라틴 문자를 가리키는 것으로, 앞서 설명한 영한 변환은 기본 라틴 문자를 대상으로 한 것이다. 이와 달리 반삭/전각 문자는 한중일 코드 시스템에서 사용하던 2바이트 아스키 문자와 호환하기 위한 것으로 유니코드의 반각과 전각에 할당되어 있다.

한글 입력기에서는 전각 문자 입력이 가능하여 입력 오류가 발생하기도 한다. 예를 들어 한글 입력기가 전각 상태일 때 아스키코드인 'korea'를 입력하면 'ｋｏｒｅａ'로 입력되어 글자 폭이 2배로 늘어난다. 글자 폭만 달라지는 것이 아니라 전각 문자를 특수 문자로 취급하면 키워드로 추출되지 않아 정보 검색에서 검색이 불가능해진다. 이에 검색 엔진은 전각 문자로

[표 8-6] 유니코드에서 아스키(ASCII(위))와 전각 아스키(Fullwidth ASCII variants(아래))

	0x0	0x1	0x2	0x3	0x4	0x5	0x6	0x7	0x8	0x9	0xA	0xB	0xC	0xD	0xE	0xF
0x20		!	"	#	$	%	&	'	(	)	*	+	,	-	.	/
0x30	0	1	2	3	4	5	6	7	8	9	:	;	<	=	>	?
0x40	@	A	B	C	D	E	F	G	H	I	J	K	L	M	N	O
0x50	P	Q	R	S	T	U	V	W	X	Y	Z	[	₩	]	^	_
0x60	`	a	b	c	d	e	f	g	h	i	j	k	l	m	n	o
0x70	p	q	r	s	t	u	v	w	x	y	z	{	|	}	~	

	0x0	0x1	0x2	0x3	0x4	0x5	0x6	0x7	0x8	0x9	0xA	0xB	0xC	0xD	0xE	0xF
0xFF00		！	＂	＃	＄	％	＆	＇	（	）	＊	＋	，	－	．	／
0xFF10	０	１	２	３	４	５	６	７	８	９	：	；	＜	＝	＞	？
0xFF20	＠	Ａ	Ｂ	Ｃ	Ｄ	Ｅ	Ｆ	Ｇ	Ｈ	Ｉ	Ｊ	Ｋ	Ｌ	Ｍ	Ｎ	Ｏ
0xFF30	Ｐ	Ｑ	Ｒ	Ｓ	Ｔ	Ｕ	Ｖ	Ｗ	Ｘ	Ｙ	Ｚ	［	＼	］	＾	＿
0xFF40	｀	ａ	ｂ	ｃ	ｄ	ｅ	ｆ	ｇ	ｈ	ｉ	ｊ	ｋ	ｌ	ｍ	ｎ	ｏ
0xFF50	ｐ	ｑ	ｒ	ｓ	ｔ	ｕ	ｖ	ｗ	ｘ	ｙ	ｚ	｛	｜	｝	～	

입력된 단어도 아스키(기본 라틴) 문자로 간주하여 검색어로 처리해야 한다. 이는 영한 변환에도 적용되는데, '한국' 대신 전각 영문자 'ｇｋｓｒｎｒ'로 잘못 입력되어도 검색 엔진은 올바른 검색어를 제시할 수 있어야 한다 [표 8-7].

[표 8-7] 인터넷 검색 엔진에서 전각 영문자의 한글 변환

Google ｇｋｓｒｎｒ

전체 지도 이미지 뉴스

검색결과 약 647,000,000개 (0.86초)

이것을 찾으셨나요? **한국**

Google ｚｈｆｌｄｋ

전체 이미지 뉴스 동영상

검색결과 약 2,200,000,000개 (0.90초)

이것을 찾으셨나요? **코리아**

전각 아스키 영역은 아스키 영역과 코드 값만 다를 뿐 모든 글자가 연속적으로 1:1 매칭되므로 두 코드 영역의 간격인 0xFEE0(65248) 값을 빼주면 아스키 문자로 바꿀 수 있다. 따라서 프로그래밍 관점에서 한/영 변환 오류의 전각 영문자 검색어를 한글 단어로 변환하기 위해서는 전각 아스키 문자를 아스키 문자로 변환한 후에 기존의 영한 변환 알고리즘을 적용한다.

[표 8-8]에서는 전각 아스키 문자열을 아스키 문자열로 변환한 뒤 두벌식 자모로 변환하는데, 알고리즘 관점에서는 [표 8-9]와 같이 아스키 문자열로의 변환 없이 곧바로 두벌식 자모 변환 테이블을 사용하여 변환하는 것이 더 효율적이다.

[표 8-8] 전각 아스키 문자열의 한글 음절 변환(1)

순서	전각 아스키			영한 변환 알고리즘: 아스키			두벌식 자모			한글 음절	
	글자	16진수		글자	16진수		글자	16진수		글자	16진수
1	g	0xFF47		g	0x67		ㅎ	0x314E			
2	k	0xFF4B		k	0x6B		ㅏ	0x314F		한	0xD55C
3	s	0xFF53	⇒	s	0x73	⇒	ㄴ	0x3134	⇒		
4	r	0xFF52		r	0x72		ㄱ	0x3131			
5	n	0xFF4E		n	0x6E		ㅜ	0x315C		국	0xAD6D
6	r	0xFF52		r	0x72		ㄱ	0x3131			

[표 8-9] 전각 아스키 문자열의 한글 음절 변환(2)

순서	전각 아스키			두벌식 오토마타: 두벌식 자모			한글 음절	
	글자	16진수		글자	16진수		글자	16진수
1	g	0xFF47		ㅎ	0x314E			
2	k	0xFF4B		ㅏ	0x314F		한	0xD55C
3	s	0xFF53	⇒	ㄴ	0x3134	⇒		
4	r	0xFF52		ㄱ	0x3131			
5	n	0xFF4E		ㅜ	0x315C		국	0xAD6D
6	r	0xFF52		ㄱ	0x3131			

[예제 8-3]에서는 영한 변환에 사용한 HGGetSyllable__EngString() 함수를 수정하여 전각 아스키 문자까지 처리한다. 예제에서는 [예제 8-1]에서와 같이 두벌식 자모에 대응하는 26개의 전각 대문자와 전각 소문자를 하나의 변환 사전(dict)으로 구성하여 총 52자를 1:1 변환한다.

[예제 8-3]

```
#---- 전각(Fullwidth) 아스키 영문자를 두벌식(키보드) 자모로 변환하기 위한 사전
__jaummoum_from_full_eng_low_dict__ = { # 블록 안에 있는 영문자는 전각 아스키
    'a':'ㅁ', 'b':'ㅠ', 'c':'ㅊ', 'd':'ㅇ', 'e':'ㄷ',    'f':'ㄹ', 'g':'ㅎ', 'h':'ㅗ', 'i':'ㅑ', 'j':'ㅓ',
    'k':'ㅏ', 'l':'ㅣ', 'm':'ㅡ', 'n':'ㅜ', 'o':'ㅐ',    'p':'ㅔ', 'q':'ㅂ', 'r':'ㄱ', 's':'ㄴ', 't':'ㅅ',
    'u':'ㅕ', 'v':'ㅍ', 'w':'ㅈ', 'x':'ㅌ', 'y':'ㅛ', 'z':'ㅋ', }
__jaummoum_from_full_eng_cap_dict__ = { # 블록 안에 있는 영문자는 전각 아스키
```

```
    'A':'ㅁ', 'B':'ㅠ', 'C':'ㅊ', 'D':'ㅇ', 'E':'ㄸ',    'F':'ㄹ', 'G':'ㅎ', 'H':'ㅗ', 'I':'ㅑ', 'J':'ㅓ',
    'K':'ㅏ', 'L':'ㅣ', 'M':'ㅡ', 'N':'ㅜ', 'O':'ㅒ',    'P':'ㅖ', 'Q':'ㅃ', 'R':'ㄲ', 'S':'ㄴ', 'T':'ㅆ',
    'U':'ㅕ', 'V':'ㅍ', 'W':'ㅉ', 'X':'ㅌ', 'Y':'ㅛ', 'Z':'ㅋ',}

__jaummoum_from_full_eng52_dict__ = __jaummoum_from_full_eng_low_dict__.copy()
__jaummoum_from_full_eng52_dict__.update(__jaummoum_from_full_eng_cap_dict__)
#----------
#----------

def HGGetJaumMoum__EngChar(char, FullwidthAsciiTrans=True):
    """FullwidthAsciiTrans: 전각 영문자를 처리할 것인가"""
    HngKBDChar = ''
    if(len(char) == 1):
        # 아스키 영문자 확인
        HngKBDChar = __jaummoum_from_eng52_dict__.get(char)
        if(HngKBDChar is None): # 두벌식(키보드) 자모에 해당하지 않는 경우
            if(FullwidthAsciiTrans == True): # 전각 영문자를 처리하는 경우
                # 전각 영문자 확인
                HngKBDChar = __jaummoum_from_full_eng52_dict__.get(char)
        #
        if(HngKBDChar is None): # 두벌식(키보드) 자모에 해당하지 않는 경우
            HngKBDChar = char # 원래 문자를 전달
    elif(len(char) == 2): # 글자가 2자 - {조합 모음}, {조합 자음:겹받침} 확인
        HngKBDChar = __jaummoum_from_eng2_dict__.get(char)
        if(HngKBDChar is None): # 두벌식(키보드) 자모에 해당하지 않는 경우
            HngKBDChar = char # 원래 문자를 전달
    elif(len(char) == 0):
        pass
    else:
        assert False, f'{char}:{len(char)}'
    #
    return HngKBDChar

def HGGetJaumMoum__EngString(string, FullwidthAsciiTrans=True):#영문자->두벌식 자모
    """FullwidthAsciiTrans: 전각 영문자를 처리할 것인가"""
    HngKBDCharString = ''
    for char in string:
        HngKBDCharString += HGGetJaumMoum__EngChar(char, FullwidthAsciiTrans)
    return HngKBDCharString
```

```
def HGGetSyllable__EngString(string, FullwidthAsciiTrans=True):
    """FullwidthAsciiTrans: 전각 영문자를 처리할 것인가"""
    JaumMoumString = HGGetJaumMoum__EngString(string,
                            FullwidthAsciiTrans=FullwidthAsciiTrans)
    HGSyllable = HGGetSyllable_JaumMoumString(JaumMoumString)
    return HGSyllable
#------------
#------------
String = 'ｇｋｓｒｎｒ' # 전각(Fullwidth) 아스키: <-- 'gksrnr' <-- {한국}
HGSyllable = HGGetSyllable__EngString(String)
print('입력:', String)
print('한글 음절:', HGSyllable)
print()
String = 'ｚｈｆｌｄｋ' # 전각(Fullwidth) 아스키: <-- 'zhfldk' <-- {코리아}
HGSyllable = HGGetSyllable__EngString(String)
print('입력:', String)
print('한글 음절:', HGSyllable)
>>>
입력: ｇｋｓｒｎｒ
한글 음절: 한국

입력: ｚｈｆｌｄｋ
한글 음절: 코리아
```

[예제 8-3]에서는 영문자를 한글로 변환하기 위해 HGGetSyllable__EngString() 함수의 매개변수(FullwidthAsciiTrans)를 True로 지정하여 전각 영문자까지 변환한다. 일반적으로 전각 영문자는 특수 문자로 간주하여 한글로 변환하지 않지만 검색, 철자 교정, 검색어 추천 등을 위해서는 한글로 변환해야 한다.

2. 한영 변환

잘못 입력한 한글 단어를 영문자 단어로 변환하는 방법은 두 가지이다. 첫 번째 방법은 한글 음절에 대응하는 영문자 테이블을 생성한 후에 각 음절별로 변환 테이블에서 탐색하여 대응하는 영문자로 바꾸는 것이다. 예를 들어, '듄'이라는 검색어가 입력되면 변환 테이블에서 '듄'을 탐색한 후 대응하는 영문자 'ebs'로 바꾸는 것이다. 그러나 이런 방법으로 총 11,172자의 현대어 한글 음절을 모두 처리하면 메모리를 많이 사용하기 때문에 비효율적이다.

[표 8-10] 한글 음절의 영문자 변환 테이블

순서	음절	영문자
1	가	rk
2	각	rkr
3	갂	rkR
:	:	:
2244	듄	ebs
:	:	:
10589	한	gks
:	:	:
11171	힖	glv
11172	힣	glg

두 번째 방법은 한글 음절을 초성, 중성, 종성으로 분해한 후 각 자모별로 대응하는 영문자 변환 테이블에서 각각의 자모를 영문자로 바꾸는 것이다. 예를 들어, '듄'이라는 검색어가 입력되면 초성('ㄷ'), 중성('ㅠ'), 종성('ㄴ')으로 변환한 후에 변환 테이블에서 각 자모에 대응하는 영문자 'e, b, s'로 바꾸는 것이다. 이 방법은 자모 변환 테이블의 크기가 67개(초성 19, 중성 21, 종성 27)가 되어 음절 변환 테이블 방식보다 효율적이다. 따라서 이 절에서는 두 번째 방법을 중심으로 알고리즘을 설명한다.

[표 8-11] 유니코드에서 한글 음절의 영문자 변환

음절			음절		초성, 중성, 종성 분해			영문자 변환	
글자	코드값		인덱스		인덱스	글자		글자	코드값
듄	0xB4C4	⇔	2244	⇔	3	ㄷ(초성)	⇔	e	0x65
					17	ㅠ(중성)		b	0x62
					4	ㄴ(종성)		s	0x73

한글 단어를 영문자 단어로 변환하려면 우선 한글 음절을 초성, 중성, 종성 자모로 변환한 후에 각각의 자모에 대응하는 자판의 영문자로 변환해야 한다. 한글 코드에서는 음절을 초성,

중성, 종성으로 분해할 때 자모 글자가 아닌 자모의 인덱스로 변환한다. 따라서 초성, 중성, 종성 자모 테이블에서 각각의 인덱스에 대응하는 영문자 목록이 필요하다. 이때 7글자는 대문자로, 중성의 조합 모음과 종성의 조합 자음은 2글자의 영문자로 변환한다.

예를 들어, 유니코드의 음절 조합 알고리즘을 기반으로 '듄'을 초성('ㄷ'), 중성('ㅠ'), 종성('ㄴ')으로 분해하면 초성, 중성, 종성은 자모 글자가 아닌 인덱스 값으로 변환한다. 먼저 '듄(0xB4C4)'에서 한글 음절 시작값(0xAC00 '가')을 빼서 '듄'에 대한 음절 인덱스 [2242]를 구한다. 그리고 음절 인덱스를 자모 조합 알고리즘 공식으로 분해하면 인덱스 [3]인 초성 'ㄷ'은 영문자 변환 테이블에서 'e'로, 인덱스 [17]인 중성 모음 'ㅠ'는 'b'로, 인덱스 [4]인 종성 자음 'ㄴ'은 's'로 각각 변환된다.

[표 8-12] '듄' 음절의 초/중/종성 자모 인덱스

	0	1	2	3	4	5	6	7	8	9	10	11	12	13	14	15	16	17	18	19	20	21	22	23	24	25	26	27
초	ㄱ	ㄲ	ㄴ	ㄷ	ㄸ	ㄹ	ㅁ	ㅂ	ㅃ	ㅅ	ㅆ	ㅇ	ㅈ	ㅉ	ㅊ	ㅋ	ㅌ	ㅍ	ㅎ									
중	ㅏ	ㅐ	ㅑ	ㅒ	ㅓ	ㅔ	ㅕ	ㅖ	ㅗ	ㅘ	ㅙ	ㅚ	ㅛ	ㅜ	ㅝ	ㅞ	ㅟ	ㅠ	ㅡ	ㅢ	ㅣ							
종		ㄱ	ㄲ	ㄳ	ㄴ	ㄵ	ㄶ	ㄷ	ㄹ	ㄺ	ㄻ	ㄼ	ㄽ	ㄾ	ㄿ	ㅀ	ㅁ	ㅂ	ㅄ	ㅅ	ㅆ	ㅇ	ㅈ	ㅊ	ㅋ	ㅌ	ㅍ	ㅎ

[표 8-13] 한글 초/중/종성의 영문자 변환 테이블

인덱스	초성	영문자	중성	영문자	종성	영문자
0	ㄱ	r	ㅏ	k	–	–
1	ㄲ	R	ㅐ	o	ㄱ	r
2	ㄴ	s	ㅑ	i	ㄲ	R
3	ㄷ	e	ㅒ	O	ㄳ	rt
4	ㄸ	E	ㅓ	j	ㄴ	s
5	ㄹ	f	ㅔ	p	ㄵ	sw
6	ㅁ	a	ㅕ	u	ㄶ	sg
7	ㅂ	q	ㅖ	P	ㄷ	e
8	ㅃ	Q	ㅗ	h	ㄹ	f
9	ㅅ	t	ㅘ	hk	ㄺ	fr
10	ㅆ	T	ㅙ	ho	ㄻ	fa
11	ㅇ	d	ㅚ	hl	ㄼ	fq
12	ㅈ	w	ㅛ	y	ㄽ	ft
13	ㅉ	W	ㅜ	n	ㄾ	fx
14	ㅊ	c	ㅝ	nj	ㄿ	fv
15	ㅋ	z	ㅞ	np	ㅀ	fg

인덱스	초성	영문자	중성	영문자	종성	영문자
16	ㅌ	x	ㅟ	nl	ㅁ	a
17	ㅍ	v	ㅠ	b	ㅂ	q
18	ㅎ	g	ㅡ	m	ㅄ	qt
19			ㅢ	ml	ㅅ	t
20			ㅣ	l	ㅆ	T
21					ㅇ	d
22					ㅈ	w
23					ㅊ	c
24					ㅋ	z
25					ㅌ	x
26					ㅍ	v
27					ㅎ	g

한편 두벌식 자판으로는 한글 음절뿐만 아니라 총 51개의 자음과 모음의 낱글자를 입력할 수 있기 때문에 이에 대한 영문자 변환 테이블도 필요하다. 변환 테이블에서 7글자는 대문자로, 중성의 조합 모음과 종성의 조합 자음은 2글자의 영문자로 변환한다.

[표 8-14] 한글 낱글자 자모의 영문자 변환 테이블

인덱스	자음	영문자	모음	영문자
0	ㄱ	r	ㅏ	k
1	ㄲ	R	ㅐ	o
2	ㄳ	rt	ㅑ	i
3	ㄴ	s	ㅒ	O
4	ㄵ	sw	ㅓ	j
5	ㄶ	sg	ㅔ	p
6	ㄷ	e	ㅕ	u
7	ㄸ	E	ㅖ	P
8	ㄹ	f	ㅗ	h
9	ㄺ	fr	ㅘ	hk
10	ㄻ	fa	ㅙ	ho
11	ㄼ	fq	ㅚ	hl
12	ㄽ	ft	ㅛ	y
13	ㄾ	fx	ㅜ	n
14	ㄿ	fv	ㅝ	nj
15	ㅀ	fg	ㅞ	np
16	ㅁ	a	ㅟ	nl
17	ㅂ	q	ㅠ	b

인덱스	자음	영문자	모음	영문자
18	ㅃ	Q	ㅡ	m
19	ㅄ	qt	ㅢ	ml
20	ㅅ	t	ㅣ	l
21	ㅆ	T		
22	ㅇ	d		
23	ㅈ	w		
24	ㅉ	W		
25	ㅊ	c		
26	ㅋ	z		
27	ㅌ	x		
28	ㅍ	v		
29	ㅎ	g		

[예제 8-4]는 한글 음절이 포함된 문자열을 영문자 문자열로 변환한다. 초성, 중성, 종성 인덱스에 대응하는 영문자로 변환하기 위해서 67개의 자모를 각각의 변환 목록(list)으로 구성한 뒤 자모별로 해당하는 영문자로 변환한다. 또한 낱글자인 자음과 모음을 변환하기 위해 51개의 자모에 대응하는 영문자 변환 사전(dict)을 생성한다. 따라서 알고리즘 관점에서 한글을 영문자로 변환할 때 '한글 음절, 한글 자모, 나머지 문자'로 구분하여, 문자가 음절이면 초성, 중성, 종성 인덱스로 분해한 후에 영문자로, 낱글자 자모면 직접 영문자로 변환하고, 나머지 문자는 그대로 전달한다.

[예제 8-4]

```
__eng_from_chosung_inx_list__ = [ # chosung-inx(초성 자모:19)
    'r','R','s','e','E',    'f','a','q','Q','t', # ㄱㄲㄴㄷㄸ    # ㄹㅁㅂㅃㅅ
    'T','d','w','W','c',    'z','x','v','g',]     # ㅆㅇㅈㅉㅊ    # ㅋㅌㅍㅎ
__eng_from_jungsung_inx_list__ = [ # jungsung-inx(중성 자모:21)
    'k', 'o', 'i', 'O', 'j',    'p', 'u', 'P', 'h','hk', # ㅏㅐㅑㅒㅓ    # ㅔㅕㅖㅗㅘ
    'ho','hl','y', 'n','nj',    'np','nl', 'b','m','ml',    'l'] # ㅙㅚㅛㅜㅝ    # ㅞㅟㅠㅡㅢ    # ㅣ
__eng_from_jongsung_inx_list__ = [ # jongsung-inx(종성 자모:27)
    'r',  'R','rt', 's','sw',   'sg', 'e', 'f','fr','fa', # ㄱㄲㄳㄴㄵ    # ㄶㄷㄹㄺㄻ
    'fq','ft','fx','fv','fg',   'a',  'q','qt', 't', 'T', # ㄼㄽㄾㄿㅀ    # ㅁㅂㅄㅅㅆ
    'd',  'w', 'c', 'z', 'x',   'v',  'g',] # ㅇㅈㅊㅋㅌ    # ㅍㅎ

__eng_from_cho_jaum19_dict__ = {# 초성 순서에 의한 {호환 자모:영문자} 19자
    'ㄱ':'r', 'ㄲ':'R', 'ㄴ':'s', 'ㄷ':'e', 'ㄸ':'E',     'ㄹ':'f', 'ㅁ':'a', 'ㅂ':'q', 'ㅃ':'Q', 'ㅅ':'t',
```

```
    'ㅆ':'T', 'ㅇ':'d', 'ㅈ':'w', 'ㅉ':'W', 'ㅊ':'c',     'ㅋ':'z', 'ㅌ':'x', 'ㅍ':'v', 'ㅎ':'g',}
__eng_from_moum21_dict__ = {# 중성 순서에 의한 {호환 자모:영문자} 21자
    'ㅏ':'k', 'ㅐ':'o', 'ㅑ':'i', 'ㅒ':'O', 'ㅓ':'j',     'ㅔ':'p', 'ㅕ':'u', 'ㅖ':'P', 'ㅗ':'h', 'ㅘ':'hk',
    'ㅙ':'ho', 'ㅚ':'hl', 'ㅛ':'y', 'ㅜ':'n', 'ㅝ':'nj',     'ㅞ':'np', 'ㅟ':'nl', 'ㅠ':'b', 'ㅡ':'m', 'ㅢ':'ml', 'ㅣ':'l',}
__eng_from_double_jaum11_dict__ = {# 종성 겹받침 {호환 자모:영문자} 11자
   'ㄳ':'rt', 'ㄵ':'sw', 'ㄶ':'sg', 'ㄺ':'fr', 'ㄻ':'fa', 'ㄼ':'fq', 'ㄽ':'ft', 'ㄾ':'fx', 'ㄿ':'fv', 'ㅀ':'fg', 'ㅄ':'qt'}

__eng_from_jaummoum51_dict__ = __eng_from_cho_jaum19_dict__.copy() #- 초성 자모(19)
__eng_from_jaummoum51_dict__.update(__eng_from_moum21_dict__) #- 중성 자모(21)
__eng_from_jaummoum51_dict__.update(__eng_from_double_jaum11_dict__) #- 겹받침(11)

def HGTransString2EngString(string):
    from hgunicode import hgGetChoJungJongInx_Char
    #
    EngKBDCharString = ''
    for hgchar in string:
        CJJ_Inx = hgGetChoJungJongInx_Char(hgchar)
        # 형식 : {'cho': chosung_inx, 'jung': jungsung_inx, 'jong':jongsung_inx}
        if(len(CJJ_Inx) > 0):
            EngKBDCharString += __eng_from_chosung_inx_list__[CJJ_Inx['cho']]
            EngKBDCharString += __eng_from_jungsung_inx_list__[CJJ_Inx['jung']]
            if(CJJ_Inx['jong'] >= 1): # jonugsung-0: filler
                jongsung_inx = (CJJ_Inx['jong'] - 1)
                EngKBDCharString += __eng_from_jongsung_inx_list__[jongsung_inx]
        else: # 한글 음절이 아니라서 [초-중-종성]값이 없는 경우
            Eng4JaumMoum = __eng_from_jaummoum51_dict__.get(hgchar)
            if(Eng4JaumMoum): # 자음/모음 낱글자 확인
                EngKBDCharString += Eng4JaumMoum
            ...
            # 추가 확인
            if(Eng4JaumMoum is None): # 영문자로 바뀌지 않은 경우
                EngKBDCharString += hgchar # 원래 문자를 전달
    #
    return EngKBDCharString
#----------
#----------
String = '듄'  # '듄' <==> 'ebs'
EngString = HGTransString2EngString(String)
print('한글:', String)
```

```
print('영문자:', EngString)
print()

String = 'ㅏㅐㄱㄷㅁ'  # 'ㅏㅐㄱㄷㅁ' <==> 'korea'
EngString = HGTransString2EngString(String)
print('한글:', String)
print('영문자:', EngString)
print()

String = 'ㅒㅜ됴'  # 'ㅒㅜ됴' <==> 'honey'
EngString = HGTransString2EngString(String)
print('한글:', String)
print('영문자:', EngString)
>>>
한글: 듄
영문자: ebs

한글: ㅏㅐㄱㄷㅁ
영문자: korea

한글: ㅒㅜ됴
영문자: honey
```

[예제 8-4]는 HGTransString2EngString() 함수를 이용하여 한글을 영문자로 변환한다. 이 함수는 hgGetChoJungJongInx_Char() 함수를 이용하여 한글 음절을 초성, 중성, 종성 인덱스로 분해한 후 각각의 인덱스에 해당하는 영문지로 변환한다. 이때 한글 코드에서는 종성 없이 '초성+중성'만으로 음절을 구성할 수 있어 종성 없는 음절 상태를 반영하기 위해 종성 인덱스 [0]을 비워 두고 인덱스 [1]부터 한글 맞춤법의 종성 목록 27개를 할당하므로 유의해야 한다. 이에 예제에서는 종성 자모에 대응하는 영문자 변환 테이블을 한글 맞춤법과 일치하도록 27개로 구성하여 종성 인덱스에서 항상 '-1'을 계산한다.

[예제 8-5]에서는 '한', '하ㄴ', 'ㅎㅏㄴ'을 차례대로 영문자로 변환하여 출력한다. 또한 HGGetJaumMoum__EngString() 함수와 HGGetSyllable_JaumMoumString() 함수를 이용하여 영문자를 한글 음절로 역변환하여 출력한다.

[예제 8-5]에서 세 단어를 영문자로 변환하면 모두 'gks'로 바뀐다. 단어 '한'은 음절을 초성, 중성, 종성 인덱스로 분해한 후에 영문자로 변환한 것이다. 단어 '하ㄴ'은 음절('하')과 자음('ㄴ')이

[예제 8-5]

```
def Hng2Eng_411(string):
    EngString = HGTransString2EngString(string) # 한영변환
    print(string, ':', EngString)
    #
    return EngString

def Hng2Eng_421(EngString):
    JaumMoumString = HGGetJaumMoum_EngString(EngString) # 영문 자모 변환
    HGSyllable = HGGetSyllable_JaumMoumString(JaumMoumString) # 자모 음절 변환
    print(EngString, ' ==> ', JaumMoumString, ' ==> ', HGSyllable)
    return HGSyllable
#--------------------------------------
print('문자열을 영문자 문자열로 변환')
EngString1 = Hng2Eng_411('한')
EngString2 = Hng2Eng_411('하ㄴ')
EngString3 = Hng2Eng_411('ㅎㅏㄴ')
print()
print('영문자 문자열을 음절 문자열로 변환')
Hng2Eng_421(EngString1) # from 'gks' <== 'ㅎㅏㄴ' <== '한'
Hng2Eng_421(EngString2) # from 'gks' <== 'ㅎㅏㄴ' <== '하ㄴ'
Hng2Eng_421(EngString3) # from 'gks' <== 'ㅎㅏㄴ' <== 'ㅎㅏㄴ'
>>>
문자열을 영문자 문자열로 변환
한 : gks
하ㄴ : gks
ㅎㅏㄴ : gks

영문자 문자열을 음절 문자열로 변환
gks  ==>  ㅎㅏㄴ  ==>  한
gks  ==>  ㅎㅏㄴ  ==>  한
gks  ==>  ㅎㅏㄴ  ==>  한
```

합쳐진 단어이므로 음절 형태인 '하'만 초성, 중성, 종성 인덱스로 분해하여 영문자로 변환하고, 자음('ㄴ')은 자모 상태에서 영문자로 변환한다. 단어 'ㅎㅏㄴ'은 음절이 없으므로 자모 상태에서 영문자로 변환한다. 이렇게 변환한 영문자 단어는 자음과 모음으로 이루어진 두벌식 오토마타를 사용하여 음절 단위로 변환하기 때문에 다시 한글 음절로 변환하면 모두 음절 '한'으로 바뀌면

[표 8-15] 한글 문자열의 영문자 변환 과정

단어	상태 구분 (코드값)	초성, 중성, 종성 분해			영문자 변환	
		글자	상태	코드값	글자	문자열
한	음절 (0xD55C)	ᄒ	초성	0x1112	g	gks
		ᅡ	중성	0x1161	k	
		ᆫ	종성	0x11AB	s	
하ㄴ	음절+자모 (0xD558, 0x3134)	ᄒ	초성	0x1112	g	gks
		ᅡ	중성	0x1161	k	
		ㄴ	(낱글자)	0x3134	s	
ㅎㅏㄴ	자모+자모+자모 (0x314E, 0x314F, 0x3134)	ㅎ	(낱글자)	0x314E	g	gks
		ㅏ	(낱글자)	0x314F	k	
		ㄴ	(낱글자)	0x3134	s	

서 두 번째와 세 번째 문자열은 원래 형태로 복원되지 않는다.

한편 한글 코드에는 초/중/종성 자모와 호환 자모 외에도 반각 자모(Halfwidth Jamo)가 있다. 한글 입력기는 두벌식 자모를 사용하므로 반각 자모를 직접 입력할 수 없지만 문서 편집을 위해 입력된 반각 자모 문자열을 복사하여 검색창에 입력하는 경우가 있다. 예를 들어 한글 문서 편집기에서 'apple'을 입력하려다가 한/영 변환 오류로 인하여 '**ㅁㅔㅔㅣㄷ**'로 입력된 것을 반각 변환 기능을 적용하면 'ﾱￆￆￜﾧ'로 바뀐다. 만약 이런 반각 문자를 특수 문자로 간주하면 키워드로 추출되지 않아 검색이 불가능해진다. 이에 검색 엔진은 반각 문자로 입력된 단어도 한글 문자로 처리해야 올바른 검색 결과를 제시할 수 있다.

[표 8-16] 인터넷 검색 엔진에서 반각 자모의 영문자 변환

반각 자모는 호환 자모와 1:1 매칭되므로 변환 테이블을 이용해서 두벌식 자모로 변환할 수 있다. 따라서 한/영 변환 오류의 반각 자모 검색어를 영문자 단어로 변환하기 위해서는 반각 자모를 두벌식 자모로 변환한 후에 한영 변환 알고리즘을 적용하면 된다.

[표 8-17] 반각 자모 문자열의 영문자 변환(1)

순서	반각 자모			두벌식 자모 (한영 변환 알고리즘)			영문자 (한영 변환 알고리즘)	
	글자	16진수		글자	16진수		글자	16진수
1	ﾱ	0xFFB1		ㅁ	0x3141		a	0x61
2	ￇ	0xFFC7		ㅔ	0x3154		p	0x70
3	ￇ	0xFFC7	⇒	ㅔ	0x3154	⇒	p	0x70
4	ￜ	0xFFDC		ㅣ	0x3163		l	0x6C
5	ﾧ	0xFFA7		ㄷ	0x3137		e	0x65

[표 8-17]에서는 반각 자모 문자열을 두벌식 자모로 변환한 뒤 영문자로 변환하는데, 알고리즘 관점에서는 [표 8-18]과 같이 두벌식 자모로의 변환 없이 곧바로 영문자 변환 테이블을 사용하여 변환하는 것이 더 효율적이다.

[표 8-18] 반각 자모 문자열의 영문자 변환(2)

순서	반각 자모			영문자	
	글자	16진수		글자	16진수
1	ﾱ	0xFFB1		a	0x61
2	ￇ	0xFFC7		p	0x70
3	ￇ	0xFFC7	⇒	p	0x70
4	ￜ	0xFFDC		l	0x6C
5	ﾧ	0xFFA7		e	0x65

[예제 8-6]에서는 한영 변환에 사용한 HGTransString2EngString() 함수를 수정하여 반각 자모까지 처리한다. 예제에서는 반각 자모에 대응하는 영문자를 하나의 변환 사전(dict)으로 구성하여 총 51자를 변환한다. 변환 테이블에서 7글자는 대문자로, 중성의 조합 모음과 종성의 조합 자음은 2글자의 영문자로 변환한다.

[예제 8-6]

```
__eng_from_half_jamo_dict__ = { # 반각 자모(51자)에 대응하는 영문자
    'ﾡ': 'r', 'ﾢ': 'R', 'ﾣ': 'rt', 'ﾤ': 's', 'ﾥ': 'sw', 'ﾦ': 'sg', 'ﾧ': 'e', 'ﾨ': 'E', 'ﾩ': 'f', 'ﾪ': 'fr',
    'ﾫ': 'fa', 'ﾬ': 'fq', 'ﾭ': 'ft', 'ﾮ': 'fx', 'ﾯ': 'fv', 'ﾰ': 'fg', 'ﾱ': 'a', 'ﾲ': 'q', 'ﾳ': 'Q', 'ﾴ': 'qt',
    'ﾵ': 't', 'ﾶ': 'T', 'ﾷ': 'd', 'ﾸ': 'w', 'ﾹ': 'W', 'ﾺ': 'c', 'ﾻ': 'z', 'ﾼ': 'x', 'ﾽ': 'v', 'ﾾ': 'g',
    #-----
    'ￂ': 'k', 'ￃ': 'o', 'ￄ': 'i', 'ￅ': 'O', 'ￆ': 'j', 'ￇ': 'p', 'ￊ': 'u', 'ￋ': 'P', 'ￌ': 'h', 'ￍ': 'hk', 'ￎ': 'ho',
    'ￏ': 'hl', 'ￒ': 'y', 'ￓ': 'n', 'ￔ': 'nj', 'ￕ': 'np', 'ￖ': 'nl', 'ￗ': 'b', 'ￚ': 'm', 'ￛ': 'ml', 'ￜ': 'l',
    }

def HGTransString2EngString(string, HalfJamoTrans=True):
    # HalfJamoTrans: 반각 자모를 영문자로 변환):
    ...
    ...
        else: # 한글 음절이 아니라서 [초-중-종성]값이 없는 경우
            Eng4JaumMoum = __eng_from_jaummoum51_dict__.get(hgchar)
            if(Eng4JaumMoum): # 자음/모음 낱글자 확인
                EngKBDCharString += Eng4JaumMoum
            # 추가 확인
            if(Eng4JaumMoum is None): # 영문자로 바뀌지 않은 경우
                if(HalfJamoTrans == True): # 반각 자모를 영문자로 변환
                    Eng4JaumMoum = __eng_from_half_jamo_dict__.get(hgchar)
                    if(Eng4JaumMoum): # 반각 자모인 경우
                        EngKBDCharString += Eng4JaumMoum
            ...
            # 추가 확인
            if(Eng4JaumMoum is None): # 영문자로 바뀌지 않은 경우
                EngKBDCharString += hgchar # 원래 문자를 전달
    #
    return EngKBDCharStringg
#----------
#----------
# 반각 자모를 영문자로 변환
String = 'ﾱￇￜﾧ' # 반각(Halfwidth) 자모: <-- 'ㅁ ㅔ ㅣ ㄷ' <-- 'apple'
EngString = HGTransString2EngString(String)
print('반각 자모:', String)
print('영문자:', EngString)
print()
```

```
String = 'ﾤﾱￚﾤￊￓﾾ' # 반각(Halfwidth) 자모: <-- 'ㄴㅁㅡㄴㅕㅜㅎ' <-- 'samsung'
EngString = HGTransString2EngString(String)
print('반각 자모:', String)
print('영문자:', EngString)
>>>
반각 자모: ﾱￇￇￜﾧ
영문자: apple

반각 자모: ﾤﾱￚﾤￊￓﾾ
영문자: samsung
```

[예제 8-6]에서는 반각 자모를 영문자로 변환하기 위해 HGTransString2EngString() 함수의 매개변수(HalfJamoTrans)를 True로 지정하여 반각 자모까지 변환한다. 일반적으로 반각 자모는 특수 문자로 간주하여 처리하지 않지만 검색, 철자 교정, 검색어 추천 등을 위해서는 한글로 처리해야 한다.

한편 반각 자모 외에 초/중/종성 자모 문자열도 문서 편집 과정에서 단어로 입력되므로 한영 변환 알고리즘에 이를 반영하는 것이 필요하여, HGTransString2EngString() 함수는 기본값(default) 상태에서 초/중/종성 자모 문자열도 영문자로 변환해 준다. 관련 내용은 소스 코드를 참고한다.

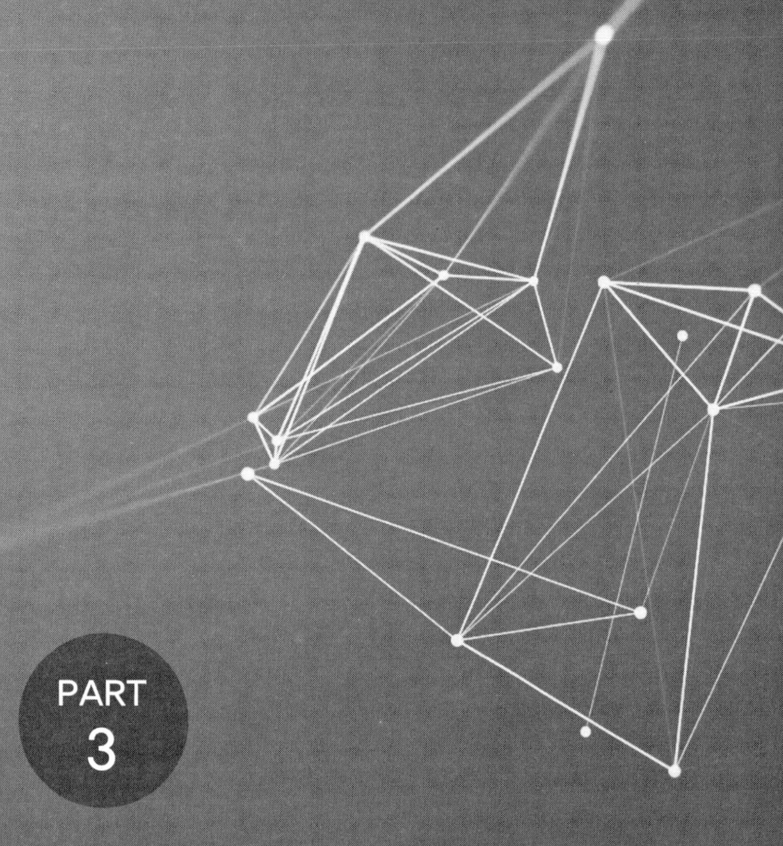

PART
3

정보 검색과 자연어 처리

Chapter 9 한국어 정보 검색 알고리즘

구글, 아마존, 네이버 및 카카오와 같은 플랫폼에서 단어를 입력하면 해당 단어와 관련된 검색 결과를 제시한다. 예를 들어 검색 엔진에서 '방탄소년단'을 검색하면 검색어 사전에서 단어를 탐색한 후에 검색 결과를 제시한다. 검색은 정보 처리의 기본으로 철자 교정, 단어 추천 등의 응용 프로그램에서도 기본적인 단계이다. 이에 정보 검색 알고리즘은 다양하게 발전되어 왔는데, 이 장에서는 정보 검색의 주요 알고리즘인 선형 탐색 알고리즘과 역파일 알고리즘을 중심으로 정보 검색 시스템의 구현 원리를 설명한다.

1. 선형 탐색

일반적으로 어떤 자료를 찾고자 한다면 우선 눈 앞에 보이는 자료를 차례대로 훑어볼 것이다. 컴퓨터 보급 초기의 정보 검색도 이와 유사하게 데이터를 차례대로 훑어보는 방식을 사용했는데 이를 선형 탐색 알고리즘이라 한다. 선형 탐색은 문자열을 차례대로 비교하는 쉽고 단순한 방식으로 검색 속도나 효율은 고려하지 않은 알고리즘이지만 당시에는 데이터가 많지 않아서 큰 문제없이 사용되었다.

문자열 탐색

문자열 탐색은 텍스트 자료 탐색의 기본이자 시작으로, 현재 파이썬을 비롯한 모든 프로그래밍 언어에서는 내용을 순차적으로 탐색하는 함수를 제공하고 있다.

[예제 9-1]은 프로그래밍을 처음 배울 때 문자열을 탐색하는 예제로 자주 소개되는 것이다. 예제에서는 애국가에서 '남산'이라는 단어를 찾아 해당 위치를 출력하는데, 문자열의 시작부터 검색어의 첫 번째 글자와 일치하는 글자를 찾을 때까지 차례대로 비교한다. 일치하는 글자를 찾은 후에는 검색어의 나머지 문자열을 차례대로 비교한다. 예제에서는 인덱스 [39]에서 검색어의 첫 글자 '남'과 일치하는 글자를 찾았으므로 여기서부터 검색어의 나머지 글자를 차례대로 비교한다.

[표 9-1] 문자열에서 글자 비교 찾기

인덱스	0	1	2	3	4	5	...	39	40	41	42	43	...
문자열 글자	동	해		물	과		...	남	산		위	에	...
비교 글자	남	남	남	남	남	남	남	남	산				
비교 인덱스	-1	-1	-1	-1	-1	-1	-1	0	1				

[예제 9-1]

```
text = '동해 물과 백두산이 마르고 닳도록 ... 대한으로 길이 보전하세.'
textlen = len(text)

find = '남산'
findlen = len(find)

for tx_i in range(textlen):
    if(text[tx_i] == find[0]): # '남'
        match = True
        for fn_j in range(findlen):
            if(find[fn_j] != text[tx_i + fn_j]):
                match = False
                break
        if(match == True):
            print('find:', tx_i)
>>>
find: 39
```

컴퓨터가 보급되던 초기에는 이렇게 간단한 문자열 탐색 알고리즘을 이용하여 컴퓨터에 보관된 문서를 차례대로 탐색하여 원하는 데이터를 찾았고, 이러한 문자열 탐색 알고리즘으로 검색 엔진을 개발하였다. 현재는 대부분의 프로그래밍 언어에서 문자열 탐색을 필수 기능으로 포함하고 있기 때문에 문자열 탐색 알고리즘을 직접 구현하지 않고 함수를 호출하여 탐색할 수 있다. [예제 9-2]는 파이썬에 내장된 find() 함수를 이용하여 문자열을 탐색한다.

[예제 9-2]

```
text = '동해 물과 백두산이 마르고 닳도록 ... 대한으로 길이 보전하세.'
# ㄱ)
find = '남산'
find_inx = text.find(find)
print('# ㄱ) find:', find_inx)
if(find_inx >= 0):
    print(text[find_inx: (find_inx+11)])
# ㄴ)
find_inx = text.find('남대문')
print('# ㄴ) find:', find_inx)
if(find_inx >= 0):
    print(text[find_inx: (find_inx+11)])
>>>
# ㄱ) find: 39
남산 위에 저 소나무
# ㄴ) find: -1
```

[예제 9-2]에서는 파이썬에 내장된 문자열 탐색용 find() 함수를 이용하여 단어를 탐색한다. find() 함수는 찾는 단어가 있으면 문자열의 위치(인덱스)를 반환하고, 찾는 단어가 없으면 '-1'을 반환한다. ㄱ)은 '남산'을 탐색하여 위치를 출력한 후에 검색어를 포함한 10글자의 문자열도 함께 출력한다. ㄴ)은 '남대문'을 탐색하지만 애국가에 없는 단어이므로 '-1'을 반환한다.

파일 탐색

앞선 예제에서는 선형 탐색 알고리즘을 설명하기 위해 짧은 문자열을 대상으로 검색하였다. 그러나 대부분의 자료와 데이터는 파일로 저장하여 보관하기 때문에 컴퓨터에 보관된 파일을 대상으로 문자열을 탐색하는 것이 필요하다. 이를 위해 이 책에서는 KBS 9시 뉴스를 대상으로 파일 탐색 알고리즘을 설명하고자 한다. 예제로 사용하는 뉴스 데이터는 16년(2001.1.1.~

2016.12.31) 동안 방송된 것으로 203,607개의 파일로 구성되었으며 전체 파일의 용량은 269MB이다.

[예제 9-3]에서는 뉴스 항목별로 따로 저장된 폴더에서 단어를 검색한다. 검색어를 탐색하기 위해서 FileScan() 함수를 호출하여 뉴스 파일에서 검색어의 위치를 찾는다. 예제에서는 뉴스 텍스트에서 시간 순서상 가장 빠른 2001년 1월 1일 첫 번째 뉴스에 등장하는 'KBS'와 상대적으로 끝 부분에 해당하는 2015년 뉴스에 등장하는 '별풍선'을 대상으로 탐색 시간을 비교한다. 예제에서는 중복되는 부분을 생략하기 위해서 '별풍선'의 탐색 시간만 출력한다.

탐색 시간 측정에는 단위 테스트(unittest) 프레임워크의 테스트 케이스(TestCase)를 사용하며, 테스트 케이스로부터 유래한 사용자 클래스(HGTest)를 생성한다. 사용자 클래스는 'test'로 시작하는 함수만 자동으로 실행시키므로 실행 시간을 측정하기 위해서 함수 이름을 'test_41'로 정의한다. 마지막으로 사용자 클래스를 완성한 후에 unittest의 main() 함수를 호출한다. main() 함수를 호출하면 테스트 케이스로부터 유래한 HGTest 클래스에서 test_41() 함수를 자동으로 실행한 후에 실행 시간을 출력한다.

[예제 9-3]

```
def FileScan(find, filename, encoding = 'cp949'):
    from pathlib import Path
    real_filename = Path(filename)
    file = open(real_filename, 'r', encoding=encoding)
    try:
        texts = file.read()
    except UnicodeDecodeError:
        # UnicodeDecodeError: # 'cp949' codec can't decode byte 0x80 in position 2: illegal
multibyte sequence
        # UnicodeDecodeError: # 'utf-8' codec can't decode byte 0xb0 in position 0: invalid
start byte
        file.close()
        if(encoding == 'cp949'):
            file = open(real_filename, 'r', encoding='utf8')
        else:
            file = open(real_filename, 'r', encoding='cp949')
        texts = file.read()
    file.close()
```

```
    find_pos = texts.find(find)
    return find_pos

from unittest import TestCase, main
import glob
class HGTest(TestCase):
    def test_41(self): #=2015년 처음 출현한 단어 = {완벽주의자, 도어맨, 모노핀, 별풍선}
        FindWord = 'KBS'
        FindWord = '별풍선'
        fileID = 1
        find_inx = (-1)
        for inx, pathname in enumerate(PathList):
            for filename in glob.glob(pathname):
                find_inx = FileScan(FindWord, filename)
                if(find_inx >= 0): # 처음으로 발견, 위치를 출력하고 종료
                    print(f'{FindWord} [{fileID}]: ({find_inx})', filename)
                    break
                fileID += 1
            if(find_inx >= 0): # 발견했으면 종료
                break
# TestCase 호출
main()
>>>
별풍선 [177522]: (268) /kbs9news/worker/-txt_each_all/2015\20150105_2996378.txt
----------------------------------------------------------------------
Ran 1 test in 483.737s
```

[표 9-2] 파일 상태에서 검색어 탐색 시간 비교

검색어	시간	파일 ID	파일명
'KBS'	0.122초	1	/kbs9news/worker/-txt_each_all/2001\20010101_001.txt
'별풍선'	483초	177,522	/kbs9news/worker/-txt_each_all/2015\20150105_2996378.txt

출력 결과를 보면 '별풍선'은 177,522 번째 파일에서 검색되며 탐색 시간은 8분 정도로 측정된다. 이와 같이 순차 탐색 방식은 운이 좋아서 검색 대상이 앞쪽에 위치하면 빨리 찾을 수 있지만 그렇지 않으면 데이터의 크기에 비례하여 탐색 시간이 길어진다는 단점이 있다. 이처럼 파일을 대상으로 검색할 때 탐색 시간이 오래 걸리는 이유는 물리적 저장 장치인 하드 디스크에

서 파일을 열고(open) 닫는(close) 시간이 오래 걸리기 때문이다. 이러한 단점을 극복하고자 등장한 것이 데이터베이스(DB) 시스템이다. 데이터베이스 시스템은 데이터를 파일 단위로 처리하지 않고 레코드 단위로 조작하기 때문에 파일을 열고 닫는 과정을 생략하므로 탐색 시간이 줄어든다. 이에 데이터베이스 시스템이 등장한 이후 모든 검색 엔진은 데이터베이스 시스템을 기반으로 통합되기 시작한다.

데이터베이스 시스템 탐색

일반적으로 데이터베이스 시스템을 처리하려면 질의 언어(Query Language)를 사용하지만 이 책에서는 파이썬을 기반으로 알고리즘을 설명하므로 데이터베이스 시스템처럼 동작하도록 시뮬레이션하는 방식을 사용하고자 한다. 이를 위해 검색어를 탐색하기 전에 텍스트 파일을 모두 열어 두고 검색이 끝나면 텍스트 파일을 모두 닫는다.

[표 9-3] 데이터베이스 검색과 파이썬 예제 비교

절차	데이터베이스(DB)	파이썬 예제
시작	DB open	file open
검색	select	find
종료	DB close	file close

뉴스 텍스트를 대상으로 데이터베이스 시스템처럼 시뮬레이션하기 위해서 월(month) 단위로 통합한 텍스트 파일 192개를 사용한다. [예제 9-4]에서는 시작과 동시에 뉴스 텍스트 파일을 모두 열어 두고 검색어를 탐색할 때는 순차적으로 파일의 내용을 읽은 후에 find() 함수를 호출하여 검색어의 위치를 찾는다.

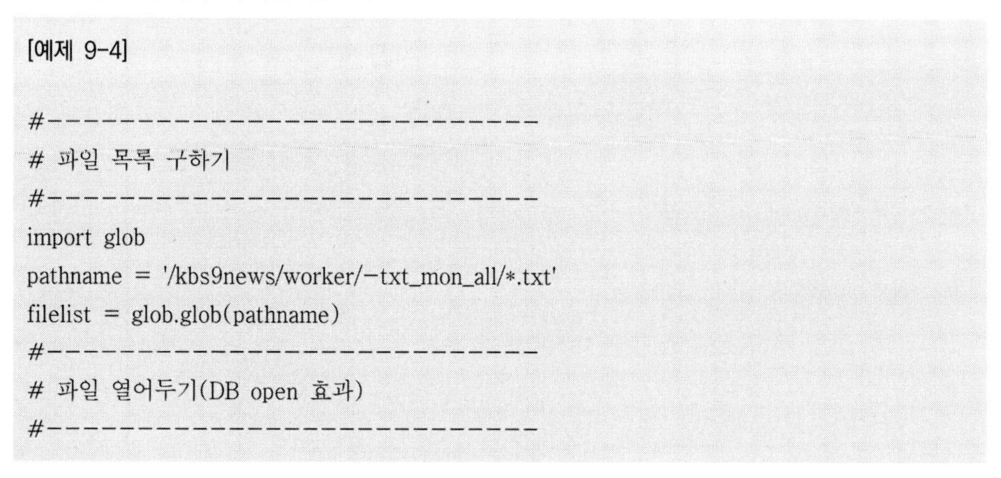

[예제 9-4]

```
#-----------------------------
# 파일 목록 구하기
#-----------------------------
import glob
pathname = '/kbs9news/worker/-txt_mon_all/*.txt'
filelist = glob.glob(pathname)
#-----------------------------
# 파일 열어두기(DB open 효과)
#-----------------------------
```

```
from pathlib import Path
filehandles = []
for filename in filelist:
    real_filename = Path(filename)
    file = open(real_filename, 'r', encoding='cp949')
    filehandles.append(file)
#-----------------------------
# 검색
#-----------------------------
import hgsysinc
from hgfind import FileScan
from unittest import TestCase, main
class HGTest(TestCase):
    def test_41(self): #=2015년 처음 출현한 단어 = {완벽주의자, 도어맨, 모노핀, 별풍선}
        FindWord = '별풍선'
        find_inx = (-1)
        for fileID, file in enumerate(filehandles):
            texts = file.read()
            find_inx = texts.find(FindWord)
            if(find_inx >= 0): # 처음으로 발견, 위치를 출력하고 종료
                print(f'{FindWord} [{fileID+1}]: ({find_inx})', filelist[fileID])
                break
#-----------------------------
# TestCase 호출
#-----------------------------
main()
#-----------------------------
# 파일 닫기(DB close 효과)
#-----------------------------
for file in filehandles:
    file.close()
>>>
별풍선 [169]: (104153) /kbs9news/worker/-txt_mon_all\201501.txt
---------------------------------------------
Ran 1 test in 2.053s
```

[표 9-4] 파일 열어두기 상태에서 검색어 탐색 시간 비교

검색어	시간	파일명
'KBS'	0.023초	/kbs9news/worker/-txt_mon_all/2001\200101.txt
'별풍선'	2.053초	/kbs9news/worker/-txt_mon_all/2015\201501.txt

출력 결과를 보면 '별풍선'의 탐색 시간은 약 2초로 측정된다. 이처럼 파일을 열고 닫는 조작만 생략해도 탐색 시간을 크게 줄일 수 있다. 그러나 컴퓨터의 성능이 향상되고 데이터의 양이 기하급수적으로 증가하면서 더 빠르고 효율적인 탐색 알고리즘을 채택하게 된다.

2. 역파일 색인과 자동 색인

선형 탐색 알고리즘은 간단한 원리로 컴퓨터에 저장된 파일을 효율적으로 탐색할 수 있다. 그러나 컴퓨터에 저장된 파일에서 정보를 탐색하는 것과 인터넷에서 정보를 탐색하는 것은 다르다. 인터넷 정보 검색은 온라인상에 흩어져 있는 문서를 모아 정보를 검색하기 때문에 시간이 오래 걸린다. 특히 선형 탐색 방식은 시간이 오래 걸려서 온라인상에서 문서를 모아 빠른 시간 안에 검색 결과를 제시하는 것은 불가능하다. 탐색 시간을 줄이기 위해서는 미리 검색 정보를 만들어 두었다가 사용자가 검색하는 순간 저장된 검색 정보를 기반으로 검색 결과를 제시하는 것이 효율적인데, 이때 사용하는 알고리즘이 역파일 색인이다.

역파일(Inverted File) 색인

색인은 책이나 문서의 내용 중에서 중요한 단어나 항목, 인명 따위를 쉽게 찾아볼 수 있도록 일정한 순서에 따라 별도로 배열하여 놓은 목록을 말한다. 정보 검색에서 색인은 정보를 검색할 수 있도록 돕는 것으로 특정한 원칙이나 목적에 의해 정리된 것을 의미한다. 역파일 색인은 색인을 이용해서 역으로 파일 혹은 문서를 찾는 것으로, 알고리즘이 단순하여 구현하기 쉽고 빠르게 검색할 수 있어서 정보 검색 시스템에서 널리 쓰인다. 역파일 색인은 각 문서에서 검색어로 사용할 색인어를 추출한 후 검색어 사전을 생성하는데, 이때 검색어가 포함된 문서의 정보를 검색어 사전에 함께 저장해 둔다. 실제 검색은 텍스트 본문이 아니라 색인어 사전을 탐색하기 때문에 텍스트 용량에 관계없이 매우 빠르게 검색할 수 있다.

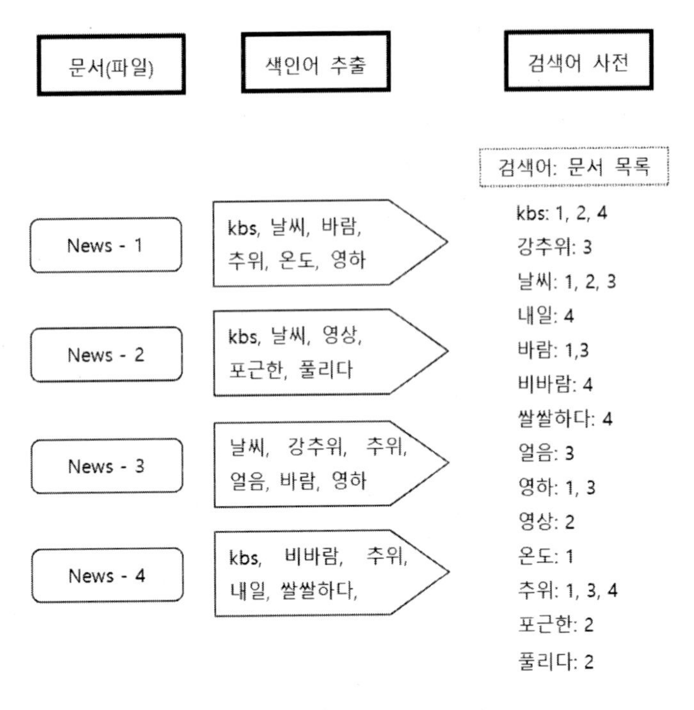

[그림 9-1] 역파일 구조 예

[그림 9-1]은 총 4개의 뉴스에서 색인어를 추출하여 검색어 사전에 저장한 것이다. 전체 문서에서 추출한 색인어는 총 14단어이며 각 색인어는 색인어를 포함한 문서 ID를 목록(list)으로 저장한다. 예를 들어 색인어 'kbs'의 문서 목록에는 3개의 문서 ID(1, 2, 4)가 있으며, 색인어 '바람'의 문서 목록에는 2개의 문서 ID(1, 3)가 있다. 사용자가 '날씨'를 검색하면 뉴스 텍스트가 아닌 검색어 사전에서 '날씨'라는 어휘를 탐색한 후에 3개의 문서를 결과로 제시한다.

자동 색인

역파일 알고리즘은 구조가 단순해서 구현이 쉽지만 이 방식을 사용하기 위해서는 검색용 색인어를 추출해야 한다. 컴퓨터가 등장하기 이전에는 사람이 문헌 자료를 검토하여 직접 색인어를 추출하였으나, 컴퓨터로 처리된 전자 문서는 소프트웨어를 활용하여 색인어를 추출하는데 이것을 자동 색인이라고 한다. 정보 검색 시스템에서 자동 색인은 검색어를 추출하기 위한 '문서 색인 단계'와 입력된 질의어에 대한 색인어를 추출하는 '검색 단계'에서 각각 이루어진다.

일반적으로 영문 텍스트의 자동 색인은 다음과 같은 방식으로 진행한다. 먼저 문자열에서 단어 경계를 이루는 토큰 단위로 단어를 분리한 후에 어휘를 확장하거나 축소(삭제)한다. 대문자를 포함한 단어는 소문자로 변환하여 동의어로 처리하고 복수형은 단수형으로 검색해도 찾을 수 있도록 기본형으로 변환한다. 한편 검색에서 사용하지 않는 단어는 불용어(stopword)라고 하는데 이것을 제거하기 위해서 불용어 처리를 한다. 전통적으로 색인어는 명사와 동사(혹은 형용사)가 중심이어서 관사, 전치사 등은 불용어로 처리한다. 마지막으로 철자가 다르더라도 뜻이 같은 어휘는 함께 검색될 수 있도록 동의어로 처리한다.

[표 9-5] 영문 자동 색인

기능	설명	색인어 추출 예
토큰 분리	문자열에서 단어 분리	Korea Standard → Korea, Standard
소문자 변환	대문자를 소문자로 변환	Korea → korea
기본형 추출	기본형으로 변환	governments → government
불용어 제거	사용하지 않는 어휘 삭제	a, the, is... → 삭제
동의어 확장	동의어 추가	S.Korea → south korea

[표 9-5]는 초기 정보 검색 시스템에서 적용된 색인 방식으로 최근 정보 검색 시스템에서는 색인어 처리 방식이 달라지고 있다. 먼저 정보 검색의 목적이 사용자가 입력한 것을 찾는 것이므로 자동 색인 과정에서 단어의 원래 형태를 색인어로 보관해 둔다. 예를 들어 사용자가 대문자로 시작하는 'Korea'를 검색하고자 할 경우에는 소문자로 시작하는 'korea'를 결과로 제시한다면 만족스럽지 않을 수도 있다. 대문자의 소문자 변환은 두 단어를 동의어로 확장한 것인데, 사용자에 따라 대문자와 소문자를 구분해서 검색할 수도 있으므로 자동 색인 과정에서 소문자로 변환하더라도 원래 형태인 'Korea'를 버리지 않고 색인어로 보관해 둔다. 마찬가지로 기본형이 아닌 복수형 'governments'으로 검색하는 경우도 있으므로 'governments'는 2개의 색인어(governments, government)로 검색어 사전에 등록한다.

불용어의 처리 기준도 달라졌다. 과거에는 영어 처리에서 관사, 전치사, 부사 등은 불용어로 간주하여 검색어에서 제외시키는 경우가 많았다. 그러나 최근에는 이런 단어도 문서 유사도 측정이나 표절 검사에서는 중요한 역할을 하기 때문에 색인어로 저장한다. 예를 들어, 미국 대통령 오바마의 연설문(2012년)에서는 'forward'가 9번 등장하는데, 해당 연설문에서 'forward'는 중요한 키워드 중 하나여서 'forward'를 이용한 검색이 가능하도록 부사도 색인어에 포함시킨다. 반대로 명사나 동사를 불용어로 처리하는 경우도 있다. 문서 유사도를 측정할 때 대부분의 문서에서 공통적으로 나타나는 고빈도 단어는 관사나 대명사처럼 변별력이 없기 때문에 고빈도 명사 혹은 동사를 불용어에 포함시키기도 한다.

한편 한국어는 언어 체계와 유형이 영어와 달라 한국어의 특징을 알고 그에 따른 자동 색인 방식을 이해하는 것이 필요하다.

[표 9-6] **한국어 자동 색인**

구분	설명	색인어 추출 예
토큰 분리	문자열에서 단어 분리	학교에서 퍼졌다 → 학교에서, 퍼졌다
토큰 확장	체언 분리(조사 제거)	학교에서 → 학교
	용언 기본형 변환	퍼졌다 → 퍼지다

한국어는 첨가어로 조사와 어미가 발달한 언어이다. 한국어에서 색인어를 추출하려면 일차적으로 명사와 동사 혹은 형용사를 중심으로 기본형을 추출해야 하는데, 이때 명사는 조사와 분리하고 동사 혹은 형용사는 기본형을 추출해야 한다. 이를 위해 형태소 분석 과정을 거쳐야 하는데, 한국어 자동 색인은 형태소를 자동으로 추출하는 한국어 형태소 분석 시스템을 이용한다. 영어는 단어가 어절 단위와 일치하고 어형 자체가 변화하는 단어가 많아 형태소 분석이 복잡하지 않다. 그러나 한국어는 명사와 조사, 용언 어간과 어미가 결합하는 구조여서 조사와 어미를 분리해야 하기 때문에 영어에 비하여 형태소 분석이 복잡하고 어렵다. 또한 정보 검색이나 문서 분류 수준에서는 체언과 용언의 기본형만 있어도 충분하지만 목적에 따라 조사, 어미, 접사 등 모든 형태소를 추출해야 하는 경우에는 정교한 형태소 분석 규칙과 이를 기반으로 한 형태소 분석기가 필요하다.

3. 정보 검색 시스템 구현

역파일 색인 알고리즘이 데이터베이스 시스템에 접목되면서 본격적인 정보 검색의 시대가 열린다. 초기 정보 검색 시스템은 자동 색인을 통하여 추출한 색인어를 데이터베이스 시스템에 사전처럼 저장해 두었다가 검색어가 입력되면 검색어 사전 데이터베이스를 탐색하는 방식을 사용했다. 이 절에서는 자동 색인과 역파일 색인 알고리즘을 활용하여 간단하게 정보 검색 시스템을 구현하는 방법을 설명한다.

자동 색인을 통한 검색어 사전 생성

정보 검색 시스템을 구현하기 위해서는 먼저 검색 대상인 텍스트가 필요하고 해당 텍스트를 대상으로 자동 색인을 거쳐 검색어 사전을 생성해야 한다. 이 책에서는 미국 대통령 취임 연설문을 대상으로 자동 색인과 역파일 알고리즘을 활용하여 정보 검색 시스템의 구현 방법을 설명한다. 이를 위해 먼저 위키백과에서 대통령 취임 연설문을 다운로드해야 하는데, 이와 관련된 내용은 부록에서 제공한다. 정보 검색 시스템 구현에 사용한 미국 대통령 취임 연설문은 59개이며 파일 크기는 총 781KB이다.

[그림 9-2] 텍스트 파일로 저장된 미국 대통령 취임사

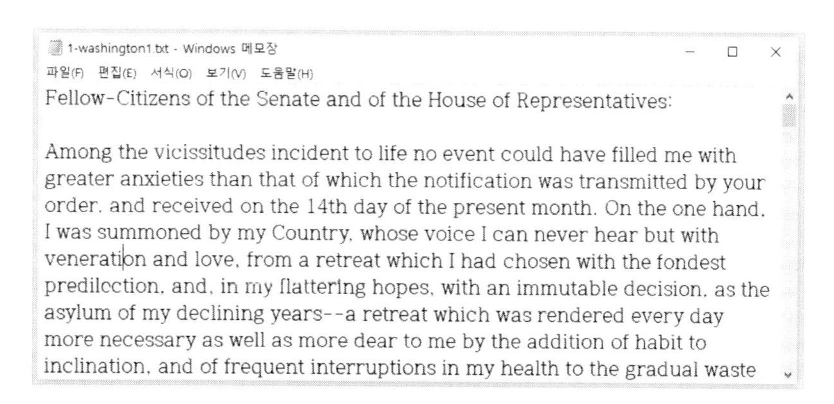
1-washington1.txt - Windows 메모장

파일(F) 편집(E) 서식(O) 보기(V) 도움말(H)

Fellow-Citizens of the Senate and of the House of Representatives:

Among the vicissitudes incident to life no event could have filled me with greater anxieties than that of which the notification was transmitted by your order, and received on the 14th day of the present month. On the one hand, I was summoned by my Country, whose voice I can never hear but with veneration and love, from a retreat which I had chosen with the fondest predilection, and, in my flattering hopes, with an immutable decision, as the asylum of my declining years--a retreat which was rendered every day more necessary as well as more dear to me by the addition of habit to inclination, and of frequent interruptions in my health to the gradual waste

[그림 9-3] 제1대 대통령 취임사 연설문

[예제 9-5]에서는 미국 대통령 취임 연설문 파일에서 텍스트를 읽은 후에 자동 색인을 통하여 검색어 사전을 생성하는데, 텍스트를 읽기 위해 load_textlist_us_president() 함수를, 자동

색인을 수행하기 위해 MakeDictFreqList__EngTextList() 함수를 이용한다. 연설문에서 생성한 검색어 사전(DictFreqList)은 총 9,110단어로 예제에서는 'nation'을 검색한 후에 검색 결과와

[예제 9-5]

```
import hgsysinc
from hgtest import load_textlist_us_president
from hgdict import MakeDictFreqList__EngTextList
from datetime import datetime
#-------------------------------
us_president = load_textlist_us_president() # 미국 대통령 취임 연설(InaugurationSpeech)
#-------------------------------
# 자동 색인: 공백 문자를 기준으로
# foramt: {'word': {13: 1, 27: 1, 30: 1, 47: 1}}
DictFreqList = MakeDictFreqList__EngTextList(us_president)
print('Dict Num:', len(DictFreqList))
TotalFreq = sum(DictFreqList[dic][df_k]
                for dic in DictFreqList
                for df_k in DictFreqList[dic])
print('Word Num:', TotalFreq)
#-------------------------------
# 검색:
time_beg = datetime.now() # 검색 시작 시각
FindWord = 'nation'
results = DictFreqList.get(FindWord)
time_end = datetime.now() # 검색 종료 시각
if(results):
    TotalFreq = sum(results[df_k] for df_k in results)
    print(f'{len(results)} Docs: {TotalFreq} 회 출현')
    print(results)
# 경과 시간 출력
elapsed = time_end - time_beg
print('Elapsed:', elapsed)
>>>
Dict Num: 9110
Word Num: 136767
54 Docs: 317 회 출현
{0: 2, 2: 9, 3: 2, 4: 2, 5: 2, 6: 4, 7: 4, 8: 8, 9: 8, 10: 1, ..., 56: 12, 57: 6, 58: 9}
Elapsed: 0:00:00
```

탐색 시간을 출력한다. DictFreqList는 사전형(dict) 변수여서 단어를 검색하기 위해 get() 함수를 호출한다. 출력 결과를 보면 'nation'은 54개의 문서에서 317회 출현하며 탐색 시간은 0초이다.

[예제 9-5]에서 자동 색인을 위해 호출한 MakeDictFreqList__EngTextList() 함수는 텍스트 목록에서 각 텍스트의 토큰을 분리하기 위해서 소문자로 변환한 후 re.findall() 함수를 호출한다. findall("[a-z]+") 명령은 영문자를 기준으로 토큰을 분리하며 검색어 사전(DictFreqList)은 색인어를 기본형과 원형으로 변환하지 않고 서로 다른 단어로 간주한다. 한편 각 텍스트마다 목록(TextList) 인덱스를 문서ID로 부여한다. 이와 관련된 소스 코드는 [예제 9-6]에서 확인할 수 있다.

[예제 9-6]

```
def MakeDictFreq__WordList(WordList): # 샘플용 짧은 길이 간편 함수
    DictFreq = defaultdict(int)
    for word in WordList:
        DictFreq[word] += 1
    return DictFreq

def MakeDictFreqList__EngTextList(TextList): # 샘플용 짧은 길이 간편 함수
    import re
    DictFreqList = {}
    for doc_i, Text in enumerate(TextList):
        Text = Text.lower()
        WordList = re.findall("[a-z]+", Text) # string -> word list
        DictFreq = MakeDictFreq__WordList(WordList)

        for word, freq in DictFreq.items():
            # foramt: {'word': {13: 1, 27: 1, 30: 1, 47: 1}}
            DocFreq = {doc_i: freq}
            if(word in DictFreqList):
                DocFreqList = DictFreqList[word]
                DocFreqList.update(DocFreq)
            else:
                DictFreqList[word] = DocFreq
    return DictFreqList
```

검색어 사전에서 단어 탐색

[예제 9-5]에서 검색어 사전(DictFreqList)은 사전형(dict) 변수이므로 단어를 검색하기 위해 get() 함수를 호출한다. 파이썬을 비롯하여 일부 프로그래밍 언어는 사전형(dict) 타입(type)을 제공하기 때문에 예제처럼 사전을 생성한 후에 함수(get) 호출을 통하여 검색어를 빠르게 탐색할 수 있다. 하지만 사전형(dict) 타입을 지원하지 않는 프로그래밍 언어에서는 사전을 생성하고 탐색하는 알고리즘을 직접 구현하거나 외부에서 구현된 라이브러리를 연동하여 처리해야 한다. 한국어 정보 처리에서는 텍스트 분석을 위해 사전 및 정렬, 탐색 알고리즘을 사용하는데, 파이썬은 사전형(dict) 타입(type)을 지원하기 때문에 직접 개발하지 않고 내장된 함수를 활용하면 간단하게 처리할 수 있다.

[예제 9-7]

```
import hgsysinc
from hgtest import load_dictfreq_kbs_01_16
from datetime import datetime
#------------------------------
print('주제어 파일을 읽고 검색어 사전으로 변환')
Vocabulary = load_dictfreq_kbs_01_16()  # [KBS 9시 뉴스: 16년치(2001~2016)]
print('Dict Num:', len(Vocabulary))
print('Word Num:', sum([Vocabulary[dic] for dic in Vocabulary]))
#------------------------------
# 검색
time_beg = datetime.now() # 검색 시작 시각
FindWord = '별풍선' # 2015년 처음 출현한 단어
WordFreq = Vocabulary.get(FindWord) # foramt: {'word': freq}
time_end = datetime.now() # 검색 종료 시각
if(WordFreq):
    print(f'{FindWord}:', WordFreq)
# 경과 시간 출력
elapsed = time_end - time_beg
print('Elapsed:', elapsed)
>>>
Dict Num: 413165
Word Num: 26707228
별풍선: 12
Elapsed: 0:00:00
```

한편 [예제 9-5]에서 구현한 정보 검색 시스템의 검색어는 9천 단어로 역파일 색인의 장점을 확인하기에는 어휘수가 부족하다. 따라서 뉴스 텍스트를 대상으로 어휘수를 40만 단어로 확장하여 탐색 시간을 측정한다. [예제 9-7]에서는 뉴스에서 색인어를 추출하는 자동 색인 과정은 생략하고 이미 추출된 색인어 파일을 읽어 검색어 사전으로 변환한다. 예제의 뉴스 텍스트는 어휘 수가 413,165개이며 이들의 빈도 합은 26,707,228회이다. 한국어 텍스트에서 색인어를 추출하여 저장하는 방법은 부록을 참고한다.

[예제 9-7]에서는 뉴스에서 추출한 색인어 파일로 검색어 사전을 생성하기 위해 load_dictfreq_kbs_01_16() 함수를 호출한다. 이 함수가 반환한 Vocabulary(검색어 사전)에서 get() 함수를 호출하여 '별풍선'을 확인한 후에 결과를 출력한다. 출력 결과를 보면 '별풍선'은 총 12회 출현하며 탐색 시간은 0.0초로, 선형 탐색 시간과 비교하면 매우 빠른 것을 알 수 있다.

Chapter 10 단어 및 토큰 처리

정보 검색을 포함한 언어 처리의 첫 단계는 텍스트에서 단어를 분리하는 것이다. 9장의 색인어 추출도 텍스트에서 분리한 단어를 기반으로 하는데, 이처럼 한국어 텍스트 처리는 일차적으로 단어를 분리해야 그 다음 작업을 이어갈 수 있다. 그렇다면 '단어'란 무엇인가?

- 한국어에서 '단어'는 분리하여 자립적으로 쓸 수 있는 말이나 이에 준하는 말, 또는 그 말의 뒤에 붙어서 문법적 기능을 나타내는 말을 의미한다. 예를 들어 "오늘은 날씨가 좋다."에서 '오늘, 날씨, 좋다'처럼 자립하여 쓰는 말과, '은, 가'와 같은 조사가 해당된다.
- 영어에서 'word'는 말과 글을 구성하는 하나의 의미 단위로 정의하면서, 글에서는 띄어쓰기로 구별할 수 있음을 밝히고 있다 (Oxford Dictionary: A single distinct meaningful element of speech or writing, used with others (or sometimes alone) to form a sentence and typically shown with a space on either side when written or printed.).

위의 정의를 비교하면, 한국어 처리는 영어 처리와 단어를 분리하는 것부터 차이가 있고, 한국어 단어의 정의는 언어학적인 개념이어서 컴퓨터 과학에 기반을 두고 있는 한국어 정보 처리와도 차이가 있다. 이 장에서는 한국어 처리의 관점에서 단어와 토큰의 개념을 설명한다.

1. 단어 처리

한국어 처리에서 단어는 텍스트의 주제 혹은 내용을 파악하는 주요 정보로 사용된다. 그런데 한국어는 조사와 어미가 발달한 첨가어이다. 첨가어는 실질적인 의미를 가진 단어 또는 어간에 문법적인 기능을 가진 요소가 차례로 결합함으로써 문장 속에서의 문법적인 역할이나 관계의 차이를 나타내는 언어를 의미한다. 여기서 중요한 부분이 '문법적인 기능을 가진 요소가 차례로 결합'한다는 것이다. 한국어 처리에서 단어 분리는, 이 문법적 기능을 가진 요소를 정확하게 분리해 내는 것이 가장 중요하다.

한국어 문법과 단어 처리

앞에서 영어는 띄어쓰기로 단어를 구별할 수 있다고 하였는데, 한국어는 다르다. 한글 맞춤법 제2항에서는 다음과 같이 설명하고 있다.

- 제 2 항 문장의 각 단어는 띄어 씀을 원칙으로 한다.

  [해설] 단어는 독립적으로 쓰이는 말의 단위이기 때문에, 글은 단어를 단위로 하여 띄어 쓰는 것이 가장 합리적인 방식이라 할 수 있다. 다만, 우리말의 조사는 접미사 범주(範疇)에 포함시키기 어려운 것이어서 하나의 단어로 다루어지고 있으나, 형식 형태소이며 의존 형태소(依存形態素)이므로, 그 앞의 단어에 붙여 쓰는 것이다.

위의 원칙을 바탕으로 한국어 텍스트 처리에서 단어 분리는 다음과 같은 기준을 세울 수 있다.

- 한국어에서 각 단어는 띄어 씀을 원칙으로 한다. 곧 일반적으로 한 어절은 한 단어로 이루어진다. 일차적으로 단어 분리는 띄어쓰기 단위로 분리하는 것에서 시작한다.

- 한국어에서 조사는 단어이다. 그러나 의존 형태소이므로 체언 뒤에 붙여 쓴다. 곧 조사가 결합되어 있는 어절은 조사를 분리시켜야 문법적으로 정확하게 단어를 분리한 것이라 할 수 있다.

한국어에서 조사와 어미는 중요한 문법 요소인데, 이는 한국어 처리에서도 다르지 않다. 다만 한국어에서 조사는 단어로 분류되지만 문법적 의미를 지시하기 때문에 한국어 처리에서는 불용어로 처리하여 단어 추출의 대상에 포함시키지 않는다.

한편 한국어는 어미가 발달하여 용언, 즉 동사와 형용사의 어간에 여러 어미가 붙어 문장의 성격을 바꾸는데 이를 활용이라 한다. 이때 어간과 어미의 형태가 규칙적인 것은 규칙활용, 어간 또는 어미의 형태가 달라지는 것은 불규칙활용이라 한다. 형태적으로 한국어의 불규칙활용 용언은 영어의 불규칙 동사와 유사해 보이지만, 언어 처리의 방식은 다르다. 영어 처리에서 불규칙 동사는 어형 변화에 규칙이 없어 알고리즘적으로 해석하기 어려워 치환 방식으로 기본형을 찾지만, 한국어 처리에서는 불규칙활용 용언이라도 어형 변화에 규칙을 찾을 수 있어 알고리즘적으로 규칙적인 해석이 가능하여 규칙 유형으로 분류한다.

위와 같이 한국어 문법과 한국어 처리의 차이를 바탕으로, '띄어 씀을 원칙'으로 하는 단어의 정의에 따라 띄어쓰기 단위를 기준으로 단어를 분리하는 방법부터 설명한다.

공백 문자로 단어 분리

[예제 10-1]은 띄어쓰기 단위를 기준으로 "문장의 각 단어는 띄어 씀을 원칙으로 한다"라는 문장에서 단어를 추출한 것이다. 위의 문장에서 단어를 추출하려면 문자열에서 띄어쓰기, 곧 공백 문자를 찾아야 한다.

[예제 10-1]

```
>>> text = '문장의 각 단어는 띄어 씀을 원칙으로 한다'
>>> print (text.split())
['문장의', '각', '단어는', '띄어', '씀을', '원칙으로', '한다']
```

예제에서는 split() 함수를 이용하여 공백 문자를 기준으로 텍스트를 일곱 개의 단어로 분리한다. 이때 공백 문자는 단순히 띄어쓰기(spacing word)만을 가리키는 것이 아니다. 프로그램에서는 화면에 보이지 않으면서 자리를 차지하는 문자를 공백 문자에 포함시키기 때문에 탭(\t) 문자와 개행(\r\n) 문자도 공백 문자로 간주하여 단어를 분리한다.

한편 split() 함수에 다음과 같은 매개변수를 추가하면 정교하게 제어할 수 있다.

```
str.split(sep=None, maxsplit=-1)
return: 분리한 단어의 목록(list)
```

split() 함수와 함께 쓰인 매개변수 'sep'는 분리할 때 기준으로 삼는 구분 문자열로, 이 값을 지정하지 않으면 공백 문자로 분리한다. 'maxsplit'는 분리할 횟수를 지정하는 것으로 이 값을 지정하지 않으면 모두 분리한다.

[예제 10-2]에서는 다양한 문자가 포함된 텍스트를 대상으로 단어를 분리힌다. 예제의 텍스

트는 행정안전부에서 제공하는 e-나라지표(www.index.go.kr)에 공개된 '교원 1인당 학생수'에 대한 정의이다.

[예제 10-2]

```
>>> text = "교원 1인당 담당하는 학생수임. 총학생수를 총교원수로 나누어 산출함. 학생수는 재적학생수(휴학자 포함) 기준임. 교원수는 초·중등교육기관의 경우에는 교장, 교감, 교사(기간제 교사 포함), 전문상담교사, 실기교사, 보건교사, 사서 등을 포함하고, 고등교육기관의 경우에는 총(학)장, 전임교원(교수, 부교수, 조교수)을 포함하는데, 대학부설 대학원의 교원은 대학원 소속 교원만 해당함."
>>> print(text.split())
['교원', '1인당', '담당하는', '학생수임.', '총학생수를', '총교원수로', '나누어', '산출함.', '학생수는', '재적학생수(휴학자', '포함)', '기준임.', '교원수는', '초·중등교육기관의', '경우에는', '교장,', '교감,', '교사(기간제', '교사', '포함),', '전문상담교사,', '실기교사,', '보건교사,', '사서', '등을', '포함하고,', '고등교육기관의', '경우에는', '총(학)장,', '전임교원(교수,', '부교수,', '조교수)을', '포함하는데,', '대학부설', '대학원의', '교원은', '대학원', '소속', '교원만', '해당함.']
```

[예제 10-2]는 split() 함수로 단어를 분리하였으나, 분리된 결과를 보면 일부 단어는 어색하다. 예를 들어 '교사(기간제', '재적학생수(휴학자', '포함)'과 같이 기호 문자까지 포함하여 하나의 단어로 분리하고 있다. 이러한 결과는 공백 문자만으로는 단어 분리가 완벽하지 않으므로 기호 문자도 분리해야 한다는 것을 보여준다.

기호 문자로 단어 분리

이번에는 기호 문자로 단어를 분리하기 위해 파이썬의 re.findall() 함수를 이용하여 단어를 추출한다.

[예제 10-3]

```
>>> import re
>>> text = "교원 1인당 담당하는 학생수임. 총학생수를 총교원수로 ... ... 교원만 해당함."
>>> print(re.findall("[\w]+", text)) # <= print(text.split())
['교원', '1인당', '담당하는', '학생수임', '총학생수를', '총교원수로', '나누어', '산출함', '학생수는', '재적학생수', '휴학자', '포함', '기준임', '교원수는', '초', '중등교육기관의', '경우에는', '교장', '교감', '교사', '기간제', '교사', '포함', '전문상담교사', '실기교사', '보건교사', '사서', '등을', '포함하고', '고등교육기관의', '경우에는', '총', '학', '장', '전임교원', '교수', '부교수', '조교수', '을', '포함하는데', '대학부설', '대학원의', '교원은', '대학원', '소속', '교원만', '해당함']
```

[예제 10-3]에서 사용한 re.findall( ) 함수는 한글이나 영문자 단어를 정확하게 분리한다. split()의 결과와 비교하면, 앞뒤에 문장 부호가 있는 '전문상담교사,', '해당함.'과 중간에 괄호가 있는 '교사(기간제', '전임교원(교수' 등에서 필요 없는 기호는 삭제되고, 괄호 안의 단어는 따로 분리하여 정확하게 단어를 분리한다. 그러나 re.findall() 함수는 기호 문자로 연결된 복합어를 인식하지 못하고 단어로 분리한다는 한계가 있다. 한글 텍스트에서는 기호 문자, 특히 가운뎃점(·)을 이용하여 한 단어처럼 사용하는 것이 있는데, 예를 들어 '3·1 운동'이나 '8·15 광복'과 같은 것이 있다. 이들 단어의 경우 re.findall( ) 함수를 이용하면 다음과 같은 결과가 나온다.

```
[예제 10-4]

>>> import re
>>> print(re.findall("[\w]+", "3.1운동  3·1운동    한·일  韓·中"))
['3', '1운동', '3', '1운동', '한', '일', '韓', '中']
```

re.findall() 함수는 가운뎃점이 포함된 '3·1운동'을 하나의 단어로 처리하지 않고 '3'과 '1운동'으로 분리한다. 사실상 한 단어로 취급해야 하는 것을 잘못 분리한 것이다. 이러한 한계는 영문 텍스트에서도 나타난다. [예제 10-5]는 CNN 뉴스에서 자주 등장하는 단어를 re.findall() 함수로 처리한 결과의 일부이다. 한글 텍스트를 다룰 때와 마찬가지로 기호(-) 문자로 연결된 단어를 부정확하게 분리한다.

```
[예제 10-5]

# 하이브리 글자 타입
str61 = '14-year-old'
str62 = 'out-performed'
str63 = 'commander-in-chief'
str64 = 'U.S.'

print(re.findall("[\w]+", str61))
print(re.findall("[\w]+", str62))
print(re.findall("[\w]+", str63))
print(re.findall("[\w]+", str64))
>>>
['14', 'year', 'old']
['out', 'performed']
['commander', 'in', 'chief']
['U', 'S']
```

한글과 영어의 단어 분리 예제를 보면, 파이썬에서 제공하는 함수만으로는 단어를 완벽하게 분리하는 데에는 한계가 있다. 따라서 단어 분리를 정교하게 수행하려면 토큰 처리기와 같은 별도의 프로그램을 개발하여야 한다.

2. 토큰과 문자 영역

컴퓨터 과학에서 프로그램을 개발할 때 사용하는 언어를 프로그래밍 언어라고 한다. 프로그래밍 언어도 사람이 사용하는 자연 언어처럼 일정한 문법이 있고 문법에 따라 소스 코드를 실행 코드로 번역한다. 소스 코드를 번역할 때는 문장 단위로 분할하고, 각 문장은 어휘 분석(lexical analysis)의 단위인 토큰으로 분석하여 처리한다. 이때 토큰은 더 이상 나누면 안 되는 최소의 의미 있는 단위를 가리킨다. 이에 언어 처리에서도 최소의 의미 단위를 토큰(token)이라 하며 토큰을 분석 단위로 하여 단어를 추출하는데, 토큰을 추출하는 과정을 토큰 처리(tokenization), 토큰을 처리하는 프로그램을 토큰 처리기(tokenizer)라고 한다.

토큰 분리

토큰을 분리하려면 먼저 파이썬 내부에서 문자열을 어떻게 처리하는지 알아야 한다. 파이썬을 비롯하여 모든 프로그램 언어는 내부적으로 정보를 숫자로 표현한다. 유니코드를 사용하는 파이썬에서 'K-팝' 문자열의 코드값을 읽어 보면 다음과 같다.

[표 10-1] 파이썬 내부의 문자열 코드값

인덱스	글자	십진수	십육진수	문자 영역
0	K	75	0x4B	영문자
1	-	45	0x2D	기호
2	팝	54045	0xD31D	한글

우선 파이썬 내부에서의 문자열 코드값을 확인한다. 그러나 숫자값만으로는 문자열에서 글자가 한글인지 영문자인지 구별할 수 없으므로 유니코드에서 각 문자 영역을 참조하여 한글과 영문자를 구별해야 한다. 유니코드는 크게 문자(script), 기호(symbol), 문장 부호(punctuation)로 구분되어 있는데, 한글을 비롯한 각 나라의 문자는 문자(script) 영역에 배치되어 있다. 첫 번째 글자 'K'의 십육진수는 0x4B이고 영문 대문자 범위에 있으므로 영문자 토큰으로 처리한다.

참고로 영문 대문자의 범위는 0x41(A)부터 0x5A(Z)이다. 두 번째 글자인 '-'는 기호 문자이므로 기호 토큰으로, 세 번째 글자 '팝'의 십육진수는 0xD31D이고 한글 음절 범위에 있으므로 한글 토큰으로 판단한다. 참고로 유니코드에서 한글 음절의 범위는 '가(0xAC00)'부터 '힣(0xD7A3)'까지이다.

[표 10-2] 유니코드의 한글 음절 영역(팀~)

0x	0	1	2	3	4	5	6	7	8	9	A	B	C	D	E	F
D30	팀	팁	팂	팃	팄	팅	팆	팇	팈	팉	팊	팋	파	팍	팎	팏
D31	판	팑	팒	팓	팔	팕	팖	팗	팘	팙	팚	팛	팜	팝	팞	팟
D32	팠	팡	팢	팣	팤	팥	팦	팧	패	팩	팪	팫	팬	팭	팮	팯
:	:	:	:	:	:	:	:	:	:	:	:	:	:	:	:	:

파이썬의 기본적인 함수를 이용하여 다음 문자열에서 토큰을 분리한다.

[예제 10-6]

```
str1 = '서울 abc'
str2 = '서울(Seoul)'

print(str1.split())
print(str2.split())

import re
print(re.findall("[\w]+", str2))
>>>
['서울', 'abc']
['서울(seoul)']
['서울', 'seoul']
```

[예제 10-6]에서 str1은 6글자의 문자열이고, 토큰은 총 2개이다. 여기에서 '서울'과 'abc'의 토큰 추출은 공백 문자를 이용하여 쉽게 처리할 수 있으며 split() 함수를 이용한다. str2는 9글자의 문자열이고, 토큰은 '서울'과 'Seoul'로 총 2개이다. 그러나 str2는 공백 문자가 없고 기호로 연결되었기 때문에 split() 함수로는 토큰을 분리하기가 어렵다. re.findall() 함수는 기호 문자까지 찾아서 토큰을 분리하므로 str2에서는 이 함수를 이용하여 토큰을 분리한다.

한편 re.findall() 함수는 기호로 연결된 복합어를 인식하지 못하기 때문에 가운뎃점(·)이나 하이픈(-)으로 연결된 복합어는 불완전하게 분리한다.

[예제 10-7]

```
import re
str3 = '3.1운동  3·1운동    한·일'
str4 = '14-year-old'
str5 = 'K-POP K-팝'
str6 = 'apple애플ａｐｐｌｅㅁㅔㅔㅣㄷAPPLEﾭﾔﾔﾣﾧＡＰＰＬＥ'
str7 = '사과沙果ᄉᆞ과'

print(re.findall("[\w]+", str3))
print(re.findall("[\w]+", str4))
print(re.findall("[\w]+", str5))
print(re.findall("[\w]+", str6))
print(re.findall("[\w]+", str7))
>>>
['3', '1운동', '3', '1운동', '한', '일']
['14', 'year', 'old']
['K', 'POP', 'K', '팝']
['apple애플ａｐｐｌｅㅁㅔㅔㅣㄷAPPLEﾭﾔﾔﾣﾧＡＰＰＬＥ']
['사과沙果ᄉᆞ과']
```

[예제 10-7]에서 str3~5는 기호로 연결된 하나의 단어이므로 하나의 토큰으로 처리해야 하고, str6과 str7은 여러 단어이므로 여러 개의 토큰으로 처리해야 한다. str5의 문자 영역은 '영문자, 기호, 한글'로 3개의 토큰으로 볼 수 있지만 '-' 기호는 새로운 단어를 파생시키는 역할을 하므로 3개의 토큰을 하나의 단어로 간주하여 처리해야 한다. str6의 'ａｐｐｌｅ, APPLE'은 전각 알파벳 입력, 'ㅁㅔㅔㅣㄷ'은 'apple'의 영한 변환 오류 입력, 'ﾭﾔﾔﾣﾧ'는 'ㅁㅔㅔㅣㄷ'의 반각 입력 단어이며, str7의 'ᄉᆞ과'는 '사과'의 옛한글인데, re.findall() 함수는 이들을 정확하게 분리하지 못한다. 이러한 문제를 해결하려면 입력된 문자의 영역을 정교하게 식별해야 한다.

문자 영역

우리는 한국어를 사용하여 텍스트를 만들어 내지만, 글을 보면 한글만 쓰는 것은 아니다. 한글이나 숫자는 물론 영어, 한자 등도 많이 사용한다. 텍스트에 따라서는 일본어나 유럽 언어의 문자, 곧 프랑스어, 독일어, 스페인어를 사용하는 경우도 있다. 최근에는 사회관계망(SNS: Social Networking Service)의 발달로 전 세계 사람들과 교류가 활발해져서 타이 문자, 미얀마 문자, 아랍 문자 등도 볼 수 있다. 이와 같은 양상은 한국어 텍스트 처리 특히 한글 토큰을 처리하기 위해서는 한글뿐만 아니라 각 나라별로 할당된 유니코드 문자에 대해 정확하게 이해해야 한다는 것을 의미한다.

유니코드의 문자 영역에는 한글을 비롯하여 전 세계의 모든 문자가 할당되어 있으며, 유니코드 13.0 버전에서는 문자 집합의 수가 150여 개에 이른다. 그러나 이 책은 한국어 문서에 자주 등장하는 문자를 중심으로 토큰을 설정한다. 언어 문자는 한글, 숫자, 영문자, 한자, 일본어를 중심으로 나머지 기타 문자를 대상으로 한다. 이들 언어 문자는 우리나라에서 자주 사용하는 문자인데, 이는 한국어 어문 규범 중 외래어 표기법을 통해서도 알 수 있다. 외래어 표기법에서는 우리나라에서 자주 사용하는 외래어 중에서 21개 언어에 대한 표기법을 제시한다. 이것을 문자 코드 관점에서 재분류하면 라틴어에서 분화한 유럽 언어는 유니코드에서 아스키코드와 라틴어 확장 코드에 대부분 포함되고, 러시아를 중심으로 한 동유럽의 문자는 키릴 문자에 포함된다. 분리 문자에는 공백 문자와 개행 문자가, 기호 문자에는 특수 문자와 아스키 영역을 벗어난 나머지 문자가 포함된다. 영문자는 아스키코드에 있는 영문 알파벳을 기본으로 라틴어 계열 문자까지 확장하여 하나의 단위 토큰으로 설정한다.

[표 10-3] 한국어 처리를 위한 토큰 구분

토큰		설명
언어 문자	한글	음절과 자모
	숫자	아스키 영역의 숫자
	한자	한중일 통합
	영문자	라틴어 계열 문자
	일본어	가나
	키릴 문자	러시아를 비롯한 키릴 문자권
분리 문자	공백 문자	공백 문자와 탭 문자
	개행 문자	줄바꿈 (LF, line feed)
기호 문자	특수 문자	아스키 영역에서 숫자와 영문자를 제외한 문자
	기타	그 밖의 나머지 문자

한편 한국어 처리에서 유의할 것이 있다. 한글은 현대 한글 음절뿐만 아니라 자모 문자까지 토큰으로 설정한다는 것이다. 음절 문자가 있음에도 자모를 따로 토큰으로 설정하는 이유는 옛한글 처리를 위한 것이다. 옛한글은 오늘날은 쓰지 않는 옛날의 한글로, 'ᄒᆞᆫ, ᄉᆞᆸ'과 같은 글자를 말한다.

한글 토큰

한국어 처리에서 기본은 한글 토큰 분리이다. 유니코드에서 한글 영역은 크게 한글 음절(Hangul Syllables)과 한글 자모(Hangul Jamo)로 구분되며, 한글 자모는 다시 다섯 개의 영역으로 나누어진다.

[표 10-4] 유니코드의 한글 토큰

문자	문자 영역		글자수		범위
한글	음절	Hangul Syllables	11,172		0xAC00(가) ~ 0xD7A3(힣)
	자모	Hangul Jamo	256	503	0x1100(ᄀ) ~ 0x11FF(ᇿ)
		Hangul Jamo Extended-A	29		0xA960(ꥠ) ~ 0xA97C(ꥼ)
		Hangul Jamo Extended-B	72		0xD7B0(ힰ) ~ 0xD7C6(ퟆ)
					0xD7CB(ퟋ) ~ 0xD7FB(ퟻ)
		Hangul Compatibility Jamo	94		0x3131(ㄱ) ~ 0x318E(ㆎ)
		Halfwidth Jamo	52		0xFFA0(filler) ~ 0xFFDC(ￜ)

한글 음절은 한글 맞춤법에서 제시한 자모로 조합이 가능한 음절을 가리킨다. 한글 음절은 총 11,172자이며 국어사전의 표제어 순서에 맞게 '가, 각, 갂'으로 시작하여 '힡, 힢, 힣'으로 끝난다. 여기서 말하는 한글 음절은 한글 맞춤법에 없는 종성 'ㅃ'으로 조합한 '바ퟦ'과 같은 음절은 해당되지 않는다. '바ퟦ'은 이 책을 편집하는 문서처리기에 옛한글 자모로 입력한 것으로, 대부분의 한글 입력기는 이러한 조합을 허용하지 않고 '바ㅃ'과 같은 형태로 처리한다.

한글 자모는 유니코드에서 'ㄱ, ㄴ, ㅏ, ㅑ'와 같은 낱글자를 가리킨다. 자모(字母)는 음소 문자 체계에 쓰이는 낱낱의 글자로 한글의 자음과 모음을 지칭하는 말이다. 한글 맞춤법을 기준으로, 한글 자모는 초성 19자, 중성 21자, 종성 27자로 모두 합하면 67자이다. 현재 유니코드의 한글 자모 영역에는 현대 한글 초/중/종성 자모와 옛한글에 사용된 초/중/종성의 총 256자가 배정되어 있고, 확장된 자모 영역까지 포함하면 총 357자가 배정되어 있다. 한글 자모에 대한 코드값은 부록을 참고한다.

한자 토큰

한자는 우리나라를 비롯하여 중국, 일본, 베트남에서 사용한다. 한자는 오랫동안 우리의 문자 생활에서 중요한 역할을 하였기 때문에 한국어 처리에서 한자 코드 처리는 매우 중요하다.

유니코드를 제정할 때 한자는 통합 원리에 의해서 표준화되었는데, 이것을 한중일 통합 한자(CJK Unified Ideographs)라고 부르며 유니코드 13.0에 등록되어 있는 통합 한자는 9만 자가 넘는다. 이 중에는 한국, 중국, 일본이 공통으로 사용하는 한자가 있는가 하면, 각 나라만 사용하는 한자도 있다. 유니코드 한자 9만 자 중 우리나라에서 사용하는 한자는 약 2만 자 정도이다. 유니코드에서 한자 영역은 13곳이며 한자 영역 코드에 속한 문자는 한자 토큰으로 분류한다.

유니코드에서 한자 토큰의 문자 영역과 범위는 다음과 같다. 일부 한자는 화면에 출력되지 않아 '□' 기호로 표시한다.

[표 10-5] 유니코드의 한자 토큰

문자	문자 영역	범위
한자	한중일 통합 한자(CJK Unified Ideographs)	0x4E00(一) ~ 0x9FFC(□)
	CJK Unified Ideographs Extension-A	0x3400(㐀) ~ 0x4DBF(□)
	CJK Unified Ideographs Extension-B	0x20000(𠀀) ~ 0x2A6DD(□)
	CJK Unified Ideographs Extension-C	0x2A700(□) ~ 0x2B734(□)
	CJK Unified Ideographs Extension-D	0x2B740(□) ~ 0x2B81D(□)
	CJK Unified Ideographs Extension-E	0x2B820(□) ~ 0x2CEA1(□)
	CJK Unified Ideographs Extension-F	0x2CEB0(□) ~ 0x2EBE0(□)
	CJK Unified Ideographs Extension-G	0x30000(□) ~ 0x3134A(□)
	CJK Compatibility Ideographs	0xF900(豈) ~ 0xFAFF 0xFAD9(龎)가 마지막 글자
	CJK Compatibility Ideographs Supplement	0x2F800(丽) ~ 0x2FA1F 0x2FA1D(𪘀)가 마지막 글자
	CJK Radicals / Kangxi Radicals	0x2F00(⼀) ~ 0x2FDF 0x2FD5(⿕)가 마지막 글자
	CJK Radicals Supplement	0x2E80(⺀) ~ 0x2EFF 0x2EF3(⻳)가 마지막 글자
	CJK Strokes	0x31C0(㇀) ~ 0x31EF 0x31E3(□)가 마지막 글자

영문자 토큰

영문자 토큰을 설명하기에 앞서 영문자와 라틴 문자의 개념을 이해할 필요가 있다. 먼저 라틴 문자(Latin文字)는 라틴어를 적는 데 쓰이는 음소 문자로, 영어를 비롯하여 프랑스어, 독일어 등 유럽 대부분의 언어를 기록하는 문자이며 로마자라고도 한다. 영문자는 영어를 표기하는 데 쓰는 문자로, 라틴 문자에 J, U, W가 추가된 것이다. 아스키코드는 영문자를 대상으로 정의하였으며, 영문 알파벳의 대문자와 소문자에 각각 26개의 코드값을 할당하였다. 영문자가 할당된 아스키 영역에는 다양한 기호 문자도 있는데, 입력 문자가 영문자 코드 범위이면 영문자 토큰으로 해석한다.

프랑스어나 독일어 역시 라틴 문자를 사용하는데, 이들 대부분은 아스키 영역의 문자와 겹치지만 일부 언어에는 영문 알파벳에 없는 문자가 있다. 예를 들어 독일어의 알파벳은 총 30자인데, 'Tschüß'와 같이 움라우트가 붙은 모음(ä, ö, ü)과 에스체트(ß) 문자가 있다. 프랑스어는 'déjà', 'naïve'와 같이 악상(accent) 모음(é, è, à, î 등)이, 스페인어는 'España'와 같이 에녜(ñ) 문자가 있다. 유니코드에서는 영어, 독일어, 프랑스어 등에서 사용하는 공통적인 라틴어 알파벳 문자는 아스키코드에 할당하고(Basic Latin, ASCII) 아스키코드에 없는 라틴어 문자는 새로운 코드로 확장하여 할당하였다.

[표 10-6] 유니코드의 라틴 문자

Basic Latin(ASCII)																
0x	0	1	2	3	4	5	6	7	8	9	A	B	C	D	E	F
2	SP	!	"	#	$	%	&	'	(	)	*	+	,	-	.	/
3	0	1	2	3	4	5	6	7	8	9	:	;	<	=	>	?
4	@	A	B	C	D	E	F	G	H	I	J	K	L	M	N	O
5	P	Q	R	S	T	U	V	W	X	Y	Z	[	\	]	^	_
6	`	a	b	c	d	e	f	g	h	i	j	k	l	m	n	o
7	p	q	r	s	t	u	v	w	x	y	z	{	|	}	~	
Latin-1 Supplement																
0x	0	1	2	3	4	5	6	7	8	9	A	B	C	D	E	F
A		¡	¢	£	¤	¥	¦	§	¨	©	ª	«	¬		®	¯
B	°	±	²	³	´	µ	¶	·	¸	¹	º	»	¼	½	¾	¿
C	À	Á	Â	Ã	Ä	Å	Æ	Ç	È	É	Ê	Ë	Ì	Í	Î	Ï
D	Ð	Ñ	Ò	Ó	Ô	Õ	Ö	×	Ø	Ù	Ú	Û	Ü	Ý	Þ	ß
E	à	á	â	ã	ä	å	æ	ç	è	é	ê	ë	ì	í	î	ï
F	ð	ñ	ò	ó	ô	õ	ö	÷	ø	ù	ú	û	ü	ý	þ	ÿ

토큰 처리 관점에서 아스키코드에 속한 영문자와 라틴어 보충(Latin-1 Supplement), 라틴어 확장A/B(Latin Extended-A/B), 국제 음성 기호(IPA Extensions), 라틴어 확장 추가(Latin Extended Additional), 그리스어(Greek)에 속한 알파벳은 모두 영문자 토큰으로 분류한다. 한편 한글 입력기에서는 전각 영문자의 입력도 가능하므로 전각 영문자와 전각 숫자 모두 각각 영문자 토큰과 숫자 토큰으로 처리한다.

[표 10-7] 유니코드의 숫자와 영문자 토큰

문자	문자 영역	범위
숫자	숫자(ASCII digits, 10자)	0x0030(0) ~ 0x0039(9)
영문자	대문자(Uppercase Latin alphabet, 26자)	0x0041(A) ~ 0x005A(Z)
	소문자(Lowercase Latin alphabet, 26자)	0x0061(a) ~ 0x007A(z)
	Latin-1 Supplement	0x00C0(À) ~ 0x00D6(Ö)
		0x00D8(Ø) ~ 0x00F6(ö)
		0x00F8(ø) ~ 0x00FF(ÿ)
	Latin Extended-A	0x0100(Ā) ~ 0x017F(ſ)
	Latin Extended-B	0x0180(ƀ) ~ 0x01BF(ƿ)
	IPA Extensions	0x0250(ɐ) ~ 0x02AF(ʯ)
	Greek and Coptic	0x0370(Ͱ) ~ 0x03FF(Ͽ)
	Latin Extended Additional	0x1E00(Ḁ) ~ 0x1EFF(ỿ)
숫자	전각 숫자(Fullwidth ASCII digits, 10자)	0xFF10(０) ~ 0xFF19(９)
영문자	전각 대문자(Fullwidth Uppercase Latin alphabet, 26자)	0xFF21(Ａ) ~ 0xFF3A(Ｚ)
	전각 소문자(Fullwidth Lowercase Latin alphabet, 26자)	0xFF41(ａ) ~ 0xFF5A(ｚ)

가나(かな) 및 그 밖의 문자 토큰

일본어의 가나(かな)는 일본어를 적는 데 쓰이는 음절 문자로, 한자를 빌려 그 일부를 생략하여 만든 가타카나와 한자의 초서체를 따서 만든 히라가나가 있다. 한국어 텍스트에는 과거부터 문화적으로 가깝게 교류한 일본의 가나도 자주 등장하기 때문에 한국어 처리에서는 일본어 문자에 대한 토큰 분리가 필요하다. 유니코드에서 일본어 문자 영역은 8곳이며, 이 영역의 코드에 속한 문자는 일본어 토큰으로 분류한다. [표 10-8]에서 일부 가나 문자는 화면에 출력이 되지 않아서 '□' 기호로 표시한다.

키릴 문자는 러시아 문자, 우크라이나 문자, 불가리아 문자 등을 통틀어 이르는 것으로 우리나라의 외래어 표기법에서 다룰 만큼 한국어 텍스트에서 종종 볼 수 있는 문자이므로 토큰으로 설정한다. 러시아어의 알파벳은 총 33자이고 키릴 알파벳은 지역별로 차이가 있다. 대부분의 글자가 키릴 문자에만 있는 것이고 일부 글자만 영어 알파벳과 겹친다. 따라서 유니코드에서 키릴 문자는 아스키코드와 함께 사용하지 않고 독립된 코드로 할당되어 있다. 이처럼 유럽 언어 문자 중에는 같은 글자이지만 나라별로 다른 코드값이 할당된 글자가 있다. 예를 들어 알파벳 'A'는 라틴 문자와 그리스 문자, 키릴 문자에 모두 있으며 각각 코드값이 '0x0041, 0x0391, 0x0410'으로 다르다. 따라서 화면에 출력된 'A'는 토큰 처리를 할 때 코드값을 확인하여 구별하는 것이 필요하다.

한편 교역과 문화 교류가 증가하면서 최근 한국어 텍스트에는 타이 문자, 미얀마 문자, 아랍 문자 등 다양한 문자가 사용되고 있으며 사용 빈도도 높아지고 있다. 따라서 한국어 텍스트 처리를 위해서는 사실상 세계 모든 문자를 구별하여 토큰으로 처리할 수 있어야 한다. 아랍 문자나 타이 문자 등은 유니코드에서 해당 문자 영역을 찾아서 추가하면 토큰으로 처리할 수 있다.

[표 10-8] 유니코드의 가나/키릴/타이/미얀마/아랍 문자 토큰

문자	문자 영역	범위
가나 문자	Hiragana	0x3041(ぁ) ~ 0x309F(ゟ)
	Katakana	0x30A1(ァ) ~ 0x30FF(ヿ)
	Katakana Phonetic Extensions	0x31F0(ㇰ) ~ 0x31FF(ㇿ)
	Kana Supplement	0x1B000(□) ~ 0x1B0FF(□)
	Kana Extended-A	0x1B100(□) ~ 0x1B11E(□)
	Small Kana Extension	0x1B150(□) ~ 0x1B167(□)
	Kana repeat marks	0x3031(〱) ~ 0x3035(〵)
	Halfwidth Katakana	0xFF65(･) ~ 0xFF9F(ﾟ)
키릴 문자	Cyrillic	0x0400(Ѐ) ~ 0x04FF(ӿ)
타이 문자	Thai	0x0E00( ) ~ 0x0E7F( )
미얀마 문자	Myanmar	0x1000(က) ~ 0x109F( )
아랍 문자	Arabic	0x0600(؀) ~ 0x06FF(ۿ)
	Arabic Extended-A	0x08A0(ࢠ) ~ 0x08FF(◌)

분리 문자와 기호 토큰

분리 문자에 해당하는 공백 문자와 개행 문자는 텍스트 처리에서 매우 중요하다. 공백 문자는 문자열에서 단어 혹은 어절을 분리할 때, 개행 문자는 문단을 분리할 때 기준이 되는 문자이기 때문이다. 한편 아스키코드에서 영문자, 숫자 및 분리 문자에 포함되지 않는 나머지 문자는 기호 문자 토큰으로 설정한다. 또한 문자 토큰에 속하지 않고 아스키코드보다 코드값이 큰 나머지 글자는 기타 토큰으로 설정한다.

[표 10-9] **분리 문자 및 기호 문자 토큰**

문자	문자 영역	범위
분리 문자	공백 문자	0x0020(공백 문자), 0x0009(탭문자)
	개행 문자	0x000D(carrage-return), 0x000A(line-feed)
기호 문자	기호	아스키 영역에서 숫자와 영문자를 제외한 기호 문자
	기타	아스키 영역보다 값이 큰 나머지 문자(? > 128)

3. 토큰 처리

토큰 단위로 단어를 추출하려면 추출하고자 하는 글자가 문자(alphabet)인지 아닌지, 문자라면 어느 나라의 문자인지 구별해야 한다. 토큰 처리의 과정을 설명하면 다음과 같다.

문자 영역 확인

토큰을 분리하려면 먼저 각 글자가 어떤 문자 영역에 속하는 것인지를 알아야 한다. 예를 들어, '韓-美 FTA 체결'이라는 문자열이 입력되면, 한자, 기호, 영문자, 한글로 구성된 것임을 알아야 한다. 이 책에서는 't2bot 토큰 처리기'를 이용하여 문자 영역을 확인하는데, 토큰 처리기에서는 get_scripts() 함수를 이용하여 유니코드의 문자 영역을 20개로 구분하여 반환한다 [표 10-10].

[표 10-10] t2bot **토큰 처리기의 토큰 구분**

토큰		설명	토큰 기호
언어 문자	한글	음절과 자모	H(h) - Hangul
	숫자	아스키와 전각 영역의 숫자	N - Number
	한자	한중일 통합	C - China

토큰		설명	토큰 기호
	영문자	라틴어 계열 문자	E(e) - English
	일본어 문자	가나	J - Japan
	키릴 문자	러시아를 비롯한 키릴 문자권	Y - cYrillic
분리 문자	공백 문자	공백 문자와 탭 문자	S - Space
	줄바꿈	줄바꿈(LF: line feed, CR: carrage return)	L - Line feed
기호 문자	특수 문자	아스키 영역에서 숫자와 영문자를 제외한 문자	I - sIng
	기타	그 밖의 나머지 문자	X - eXtra

다음의 예는 파이썬에서 입력된 문자열의 문자 영역을 확인하여 값을 반환하는 소스 코드이다.

[예제 10-8] '서울[Seoul]'의 문자 영역 확인

```
글자상태_한글 = 'H' # 'Han'
글자상태_영문자 = 'E' # 'Eng'
글자상태_숫자 = 'N' # 'Num'
글자상태_자모 = 'h' # 'Jamo'
글자상태_한자 = 'C' # 'Hanja'
...

def get_script(char1):
    if(len(char1) != 1): # 1글자만 허용
        return 0
    ord_char = ord(char1)
    if((ord_char >= 0xAC00) and (ord_char <= 0xD7A3)):
        return 글자상태_한글 # hangul 0xAC00(가) 0xD7A3(힣))
    elif((ord_char >= ord('a')) and (ord_char <= ord('z'))):
         return 글자상태_영문자 # english # 0x0061(a) ~ 0x007a(z)
    elif((ord_char >= ord('A')) and (ord_char <= ord('Z'))):
        return 글자상태_영문자 # english # 0x0041(A) ~ 0x005a(Z)
    elif((ord_char >= ord('0')) and (ord_char <= ord('9'))):
        return 글자상태_숫자 # number # 0x0030(0) ~ 0x0039(9)
    elif(ord_char == ord(' ')):
        return 글자상태_공백 # space 0x0020
    elif(ord_char == ord('\n')):
        return 글자상태_줄바꿈 # line-feed  0x000A
    elif((ord_char >= 1) and (ord_char <= 127)):
```

```
        return 글자상태_기호  # sign
    #-----------------------------------
    #----- Hangul Jamo
    elif((ord_char >= 0x1100) and (ord_char <= 0x11FF)):
        return 글자상태_자모 # hangul Jamo 0x1100(ᄀ ) 0x11FF(ᇿ)
    ...
    #-----------------------------------
    #----- CJK Unified Ideographs -----
    elif((ord_char >= 0x4E00) and (ord_char <= 0x9FFC)):
        return 글자상태_한자 # (20928) CJK Unified Ideographs 0x4E00(一) 0x9FFC(鿼 )
    ...
    #-----------------------------------
    # 일본어 가나
    elif((ord_char >= ord('ぁ')) and (ord_char <= ord('ゟ'))):
        return 글자상태_일문자 # Hiragana 0x3041(ぁ) ~ 0x309F(ゟ)
    ...
    #-----------------------------------
    # 라틴계 문자          # https://unicode.org/charts/nameslist/ 참조
    elif((ord_char >= ord('À')) and (ord_char <= ord('Ö'))):
        return 글자상태_라틴어 # Latin-1 Supplement 0x00C0(À) ~ 0x00D6(Ö)
    ...

def get_scripts(str):
    hglen = len(str)
    scripts = '';
    for i in range(hglen):
        char1 = str[i]
        script1 = get_script(char1)
        if(script1 != 0):
            scripts += get_script(char1)
        else:
            print('logic error: get_script(char1) == 0')
            return scripts
    return scripts

#-----
#-----
print(get_scripts("서울[seoul]"))
>>>
'HHIEEEEEI'
```

[예제 10-8]에서는 '서울[Seoul]'이라는 문자열을 입력해서 'HHIEEEEEI'라는 문자 영역의 상태를 반환한다. 'H'는 한글 상태를 가리키는 것으로 'HH'는 한글(H) 문자가 2개라는 뜻이며 'I'는 기호 문자 상태를, 'E'는 영문자 상태를 가리킨다.

[표 10-11] 문자열 '서울[Seoul]'의 문자 영역 확인

인덱스	글자	10진수	16진수	문자 영역
0	서	49436	0xC11C	Han
1	울	50872	0xC6B8	Han
2	[	91	0x5B	Sign
3	S	83	0x53	Eng
4	e	101	0x65	Eng
5	o	111	0x6F	Eng
6	u	117	0x75	Eng
7	l	108	0x6C	Eng
8	]	93	0x5D	Sign

문자열 '서울[Seoul]'은 한글 2글자, 기호 1글자, 영문자 5글자, 기호 1글자로 이루어졌다. 문자 영역의 상태를 차례대로 검사하여 문자 영역의 상태가 달라질 때마다 토큰으로 할당하는데, 이는 [표 10-12]와 같다.

[표 10-12] 문자열 '서울[Seoul]'의 토큰 변환

인덱스	0	1	2	3	4	5	6	7	8
글자	서	울	[	S	e	o	u	l	]
문자 영역	H	H	I	E	E	E	E	E	I
토큰	H		I	E					I

```
서울[Seoul] = H(2) + I(1) + E(5) + I(1) = H I E I
```

문자 영역의 토큰 변환

get_scripts() 함수를 이용하여 입력된 문자열의 문자 영역 상태를 확인한 후에는 이것을 토큰으로 변환해야 한다. 문자열의 각 글자를 대상으로 문자 영역 상태를 확인하는데, 현재 글자 영역과 이전 글자 영역이 같으면 같은 토큰으로 할당하고 영역이 다르면 새로운 토큰으로 할당한다. 다음의 예에서는 get_script_list() 함수를 이용하여 '서울'의 문자 영역을 토큰으로 변환한다.

[예제 10-9] '서울'의 문자 영역 토큰 변환

```
get_script_list("서울")
>>>
[{'script': 'H', 'pos': 0, 'len': 2, 'string': '서울'}]
```

[예제 10-9]는 '서울'이라는 문자열을 입력해서 문자(script) 상태, 토큰 위치(pos), 토큰 길이(len) 및 문자열(string)을 사전(dict) 형식으로 반환한 것이다. 예제에서는 토큰의 시작 위치(pos)는 0, 길이(len)는 2글자, 문자열(string)은 '서울'이라는 토큰 'H'가 결과로 출력된다.

[표 10-13] 토큰 사전(dict) 구조

변수	설명	예
script	문자 영역 상태	H(한글)
pos	문자열에서 토큰 위치	0
len	토큰 길이	2
string	토큰 문자열	'서울'
ending	마지막 토큰(합성 토큰에서 사용)	(없음)

다음은 문자열 '서울[Seoul]'의 문자 영역을 토큰으로 변환한 것이다.

[예제 10-10] '서울[Seoul]'의 문자 영역 토큰 변환

```
print(*get_script_list("서울[seoul]"), sep='\n')
>>>
[
{'script': 'H', 'pos': 0, 'len': 2, 'string': '서울'},
{'script': 'I', 'pos': 2, 'len': 1, 'string': '['},
{'script': 'E', 'pos': 3, 'len': 5, 'string': 'Seoul'},
{'script': 'I', 'pos': 8, 'len': 1, 'string': ']'}
]
```

[예제 10-10]은 '서울[Seoul]'이라는 문자열을 토큰 목록(list)으로 반환한 것이다. 예제에서 토큰은 총 4개이고, 각 토큰의 항목은 사전(dict) 형식으로 되어 있다. 문자열 '서울[Seoul]'에 대한 토큰 목록은 [표 10-14]와 같다.

[표 10-14] 문자열 '서울[Seoul]'의 토큰 목록

인덱스	script	pos	len	string
0	'H'	0	2	'서울'
1	'I'	2	1	'['
2	'E'	3	5	'Seoul'
3	'I'	8	1	']'

토큰의 합성

단어는 하나의 토큰으로 구성되기도 하지만 2개 이상의 토큰으로 구성된 것도 많다. 언어 처리에서 단어 추출이 까다롭고 복잡한 것은 토큰 구성이 단순하지 않기 때문이다. 한국어 텍스트를 분석해 보면 'e메일'처럼 두 개 이상의 토큰으로 하나의 단어를 이루는 것을 자주 볼 수 있다. 'e메일'과 같은 문자열을 하나의 단어로 추출하기 위해서는 두 개의 토큰을 합성하는 것이 필요하다. 이처럼 2개 이상의 토큰이 하나의 단어를 이루면서 의미 있는 토큰 단위가 된 것은 합성 토큰으로 설정한다. 뉴스 텍스트에서 자주 볼 수 있는 합성 토큰의 사례를 살펴보면 다음과 같다.

[예제 10-11]은 23글자로 이루어진 문자열에서 토큰 목록을 구한 것으로 총 11개의 토큰이

[예제 10-11] 합성 토큰으로 이루어진 문자열

```
print(*get_script_list("중앙亞  한미FTA  비타민A  워싱턴DC"), sep='\n')
>>>
[
{'script': 'H', 'pos': 0, 'len': 2, 'string': '중앙'}
{'script': 'C', 'pos': 2, 'len': 1, 'string': '亞'}
{'script': 'S', 'pos': 3, 'len': 2, 'string': '  '}
{'script': 'H', 'pos': 5, 'len': 2, 'string': '한미'}
{'script': 'E', 'pos': 7, 'len': 3, 'string': 'FTA'}
{'script': 'S', 'pos': 10, 'len': 2, 'string': '  '}
{'script': 'H', 'pos': 12, 'len': 3, 'string': '비타민'}
{'script': 'E', 'pos': 15, 'len': 1, 'string': 'A'}
{'script': 'S', 'pos': 16, 'len': 2, 'string': '  '}
{'script': 'H', 'pos': 18, 'len': 3, 'string': '워싱턴'}
{'script': 'E', 'pos': 21, 'len': 2, 'string': 'DC'}
]
```

출력된다. 출력 결과를 보면 한글과 한자 혹은 영문자가 결합되면서 문자 영역의 상태가 달라지면 토큰이 할당되기 때문에 토큰 경계와 단어가 일치하지 않는 경우가 생기고, 이에 단어 분리가 불완전하게 된다. 예를 들어 '중앙亞'라는 단어는 '중앙'과 '亞'로 토큰이 분리되는데 이것을 하나의 단어로 추출해야 한다.

이처럼 토큰을 합성하여 한 단어로 추출하려면 두 개 이상의 문자 상태를 검사하여 하나의 토큰으로 통합해야 한다. 예를 들어 한글 토큰 다음에 한자 혹은 영문자 토큰이 이어지면 이들을 합성 토큰으로 할당하도록 규칙을 생성할 수 있다. [예제 10-12]는 한글 토큰과 한자 토큰의 합성은 'HC'로, 한글 토큰과 영문자 토큰의 합성은 'HE'로 정의한 뒤, HGGetToken() 함수를 이용하여 합성 토큰을 처리한 것으로, 토큰 목록은 총 7개이며 단어 단위에 맞게 토큰으로 분리한다.

[예제 10-12] HGGetToken( ) 함수를 이용한 합성 토큰 처리

```
def HGGetToken(str):
    str_script_list = get_script_list(str)
    new_str_script_list = get_hybrid_script_list(str_script_list)# 스크립트 합성 => 토큰 변환
    return new_str_script_list

print(*HGGetToken("중앙亞  한미FTA  비타민A  워싱턴DC"), sep='\n')
>>>
{'script': 'HC', 'pos': 0, 'len': 3, 'string': '중앙亞', ...}
{'script': 'S', 'pos': 3, 'len': 2, 'string': '  '}
{'script': 'HE', 'pos': 5, 'len': 5, 'string': '한미FTA', ...}
{'script': 'S', 'pos': 10, 'len': 2, 'string': '  '}
{'script': 'HE', 'pos': 12, 'len': 4, 'string': '비타민A', ...}
{'script': 'S', 'pos': 16, 'len': 2, 'string': '  '}
{'script': 'HE', 'pos': 18, 'len': 5, 'string': '워싱턴DC', ...}
```

이처럼 한국어 텍스트에는 다양한 유형의 합성 토큰이 사용되고 있는데 이들 중 일부를 살펴보면 [표 10-15]와 같다. [예제 10-13]은 [표 10-15]에서 제시하는 합성 토큰을 대상으로 토큰을 추출하는 예제이다.

[예제 10-13] 합성 토큰 처리

```
# 하이브리 글자 타입
string1 = "벙커C유  대책T/F  워싱턴D.C  갤S10  비타민B1  중2  미그21  미그-21 "
```

```
string2 = "2000cc  2000cc  2천CC    80km/h    1/2    16.6g    1/4분기  06/1/18 "
string3 = "D-데이    e-북    CD-롬    K-팝    M&A    CD-ROM  K-POP "
string4 = " S-Oil    H5N1    A1-광구    U.S. "
string_hybrid = string1 + string2 + string3 + string4

# HGGetToken()
toknum = 0
toklist = HGGetToken(string_hybrid)
for tok in toklist:
    word = tok['string']
    if(word.isspace() == False):
        print(tok['string'], end='\t')
        toknum += 1
>>>
벙커C유   대책T/F   워싱턴D.C갤S10    비타민B1 중2        미그21     미그-21  2000cc
2000cc   2천CC     80km/h   1/2        16.6g      1/4분기   06/1/18    D-데이   e-북
CD-롬    K-팝      M&A      CD-ROMK-POP  S-Oil    H5N1       A1-광구 U.S.
HGGetToken toknum : 27
```

[표 10-15] 합성 토큰의 유형 및 예

	유형	예
1	한자+한글	李총리
2	한글+한자	중앙亞
3	한글+영어	한미FTA, 비타민A, 워싱턴DC
4	한글+영어+한글	벙커C유
5	한글+영어+기호+영어	대책T/F, 워싱턴D.C, 김포C.C
6	한글+영어+숫자	갤S10, 비타민B1, 갤럭시S6
7	한글+숫자	중2, 미그21
8	한글+기호+숫자	미그-21
9	숫자+영어	80km, 3DTV
10	숫자+한글+영어	2천CC
11	숫자+영어+기호+영어	80km/h
12	숫자+기호+숫자	1/2, 1/4
13	숫자+기호+숫자+영어	16.6g, 8.54Hz
14	숫자+기호+숫자+한글	1/4분기

	유형	예
15	숫자+기호+숫자+기호+숫자	06/1/18
16	영어+한글	e메일
17	영어+숫자	A4
18	영어+기호+한글	D-데이, e-메일, e-북, CD-롬, K-팝, S-오일
19	영어+기호+영어	M&A, R&D, CD-ROM, ctl+v, K-POP, S-Oil
20	영어+숫자+영어+숫자	H5N1, H5N2
21	영어+숫자+기호+한글	A1-광구
22	영어+기호+영어+기호	B.J., U.S.

한편 표준 완성형 한글 코드에는 두 글자 이상의 영문자를 모아서 하나의 글자 코드로 할당한 단위 문자가 있다. 예를 들어 'km, kW'와 같은 단위 문자는 1바이트 영문자를 연속하여 출력하면 어색하게 보이기 때문에 '㎞, ㎾'와 같이 하나의 글자로 등록한 것이다. 이러한 단위 문자가 유니코드로 확장되면서 표준 완성형 한글 코드와 호환되도록 만든 문자 영역이 한중일 호환(CJK Compatibility) 영역이다.

[표 10-16] **유니코드의 한중일 호환 영역**(CJK Compatibility)

0x	0	1	2	3	4	5	6	7	8	9	A	B	C	D	E	F
:	:	:	:	:	:	:	:	:	:	:	:	:	:	:	:	:
338	㎀	㎁	㎂	㎃	㎄	㎅	㎆	㎇	㎈	㎉	㎊	㎋	㎌	㎍	㎎	㎏
339	㎐	㎑	㎒	㎓	㎔	㎕	㎖	㎗	㎘	㎙	㎚	㎛	㎜	㎝	㎞	㎟
33A	㎠	㎡	㎢	㎣	㎤	㎥	㎦	㎧	㎨	㎩	㎪	㎫	㎬	㎭	㎮	㎯
33B	㎰	㎱	㎲	㎳	㎴	㎵	㎶	㎷	㎸	㎹	㎺	㎻	㎼	㎽	㎾	㎿
33C	㏀	㏁	㏂	㏃	㏄	㏅	㏆	㏇	㏈	㏉	㏊	㏋	㏌	㏍	㏎	㏏
33D	㏐	㏑	㏒	㏓	㏔	㏕	㏖	㏗	㏘	㏙	㏚	㏛	㏜	㏝	㏞	㏟
:	:	:	:	:	:	:	:	:	:	:	:	:	:	:	:	:

유니코드에서는 아스키코드를 조합하여 2글자로 된 'km, kW'를 사용하도록 권장하지만, 지금도 한 글자로 된 단위 문자를 사용하는 경우가 많다. 그러나 [표 10-17]을 보면 문자열 '2000㏄'와 '2000cc'는 비슷해 보여도 코드값은 다르다. 따라서 한글 토큰 처리기는 문자 영역에서 벗어나 한중일 호환 영역에 있는 'cc' 글자를 합성 토큰으로 처리한다. 한편 findall(r"[\w]+", string) 함수는 한중일 호환 영역의 글자들을 알파벳으로 처리하시 않기 때문에 토큰으로 추출

되지 않으므로 유의해야 한다. '2000㏄'를 findall(r"[\w]+") 함수로 변환하면 '2000'만 토큰으로 반환하고 한중일 호환 영역의 'cc'는 반환하지 않는다.

[표 10-17] **단위 문자 상태와 영문자 조합 상태 비교**

문자열 상태	인덱스	글자	10진수	16진수	문자 상태
2000㏄ (단위 문자, 길이 5)	0	2	50	0x32	(Num)
	1	0	48	0x30	(Num)
	2	0	48	0x30	(Num)
	3	0	48	0x30	(Num)
	4	㏄	13252	0x33C4	(Extra)
2000cc (영문자 조합, 길이 6)	0	2	50	0x32	(Num)
	1	0	48	0x30	(Num)
	2	0	48	0x30	(Num)
	3	0	48	0x30	(Num)
	4	c	99	0x63	(Eng)
	5	c	99	0x63	(Eng)

Chapter 11

키워드 및 용례 추출 알고리즘

언어 처리에서 단어 처리는 기본적인 단계이지만, 단어를 추출하면 목적에 따라 다양한 방식으로 텍스트 처리 작업을 수행할 수 있다. 단어 목록은 사전 순서나 길이를 기준으로 정렬하여 활용할 수 있고 빈도를 중심으로 통계 분석도 가능하다. 단어 목록을 중심으로 텍스트 간의 유사도를 측정하여 스팸 및 문서 자동 분류, 감성 평가 및 유사 문서 검색 등으로도 확장시킬 수 있다. 이처럼 문자열이나 텍스트에서 단어만 추출해도 할 수 있는 작업은 많은데, 이때 문자열이나 텍스트에서 유의미한 정보를 전달하는 핵심 단어를 정보 검색에서는 '키워드(keyword)'라 한다. 이 장에서는 정보 검색에 필요한 키워드 추출과 용례 추출 알고리즘을 설명한다.

1. 키워드 추출

키워드(keyword)는 데이터를 검색할 때에, 특정한 내용이 들어 있는 정보를 찾기 위하여 사용하는 단어나 기호를 의미하는 것으로 주제어라 부르기도 한다. 일반적으로 키워드는 명사로 인식되지만 데이터의 유형과 검색 목적에 따라 동사나 형용사는 물론 부사까지도 키워드가 될 수 있다. 따라서 입력된 문자열 혹은 텍스트에서 단어를 모두 추출하는 것이 필요한데, 단어 추출을 위해서는 토큰 추출이 선행되어야 한다.

[예제 11-1] 문자열에서 키워드 추출

```
_keyword_char_state_list_ = [
```

```
    글자상태_한글, # 'Han'
    글자상태_영문자, # 'Eng'
    글자상태_숫자, # 'Num'
    글자상태_자모, # 'Jamo'
    글자상태_한자, # 'Hanja'
    글자상태_일문자, # 'Japan'
    글자상태_라틴어, # 'Latin'
    글자상태_라틴어3, # 'Latin3'
    글자상태_라틴어4, # 'Latin4'
    글자상태_라틴어5, # 'Latin5'
    글자상태_음성, # 'Phonetic' # Phonetic Extensions 1D00(ᴀ) ~ 1D7F(ᵿ)
    글자상태_키릴, # 'Cyrillic' # Cyrillic 0400(Ѐ) ~ 04FF(ӿ)
    글자상태_아랍어, # 'Arabic'   # Arabic 0600(؀ ) ~ 06FF( ۿ )
]
_non_keyword_char_state_list_ = [
    글자상태_공백,# space
    글자상태_탭,# tab
    글자상태_리턴,# carrage-return
    글자상태_줄바꿈,# line-feed
    글자상태_기호,# sign
    글자상태_엑스,# extra
    글자상태_널, # 0x00 Zero
]


def MakeWordTokByScriptList(script_list):
    if(script_list == None): return None
    script_list_len = len(script_list)

    tok_list = []
    for i in range(script_list_len):
        script_rec = script_list[i]
        if(script_rec['script'] in _keyword_char_state_list_):
            pass
        elif(script_rec['script'] in _non_keyword_char_state_list_):
            continue
        else:
            if(len(script_rec['script']) <= 1):
                continue
            if(get_keyword_type_num__scripts(script_rec['script']) <= 0):
```

```
                continue # kwd type 하나도 없는 경우
            else: # type 2개 이상
                pass
        #
        tok_list.append(script_rec['string'])
    #
    return tok_list

def HGGetKeywordList(string):
    str_script_list = HGGetToken(string, debugflag = False)
    if(str_script_list == None):
        return None
    wordtok = MakeWordTokByScriptList(str_script_list)
    return wordtok
#----------------------
#----------------------
str1 = "원주율(π, paɪ, 圓周率)은 수학 상수로 3.1415926535...이다."
print('ㄱ)', GetStringListByScriptList(HGGetToken(str1)))
print('ㄴ)', HGGetKeywordList(str1))
>>>
ㄱ) ['원주율', '(', 'π', ',', ' ', 'paɪ', ',', ' ', '圓周率', ')', '은', ' ', '수학', ' ', '상수로', ' ', '3.1415926535',
'...', '이다', '.']
ㄴ) ['원주율', 'π', 'paɪ', '圓周率', '은', '수학', '상수로', '3.1415926535', '이다']
```

[예제 11-1]에서는 HGGetKeywordList() 함수를 이용하여 토큰에서 단어가 될 수 있는 이른바 '키워드 목록'을 추출한다. 이 함수는 토큰 처리기를 이용하여 문자열에서 키워드가 될 수 있는 토큰인지 아닌지 검사한 후에 키워드로 추출한다. 예제에서는 문자열에서 전체 토큰을 추출하는 HGGetToken() 함수를 이용하여 ㄱ)에서는 토큰의 목록만, ㄴ)에서는 기호 문자나 문장 부호는 제외하고 키워드 역할을 하는 단어만 추출한다.

한편 대부분의 텍스트는 파일 상태로 관리되므로 [예제 11-2]에서는 일기예보 텍스트 파일을 읽은 후에 키워드를 추출한다. 예제에서는 파일에서 키워드 목록을 추출하기 위해 GetKeywordList_File( ) 함수를 이용하는데, 이 함수는 문자열에서 키워드 추출을 위해 HGGetKeywordList( ) 함수를 호출한다.

[예제 11-2]에서 사용한 일기예보 텍스트는 표준 완성형(EUC-KR)으로 저장한 것이어서 파일을 읽을 때 인코딩을 표준 완성형으로 지정한다. 파이썬은 인코딩을 지정하지 않으면 시스템

[예제 11-2] 텍스트 파일에서 키워드 추출

```
def GetKeywordList_File(filename, encoding='utf-8'):
    KeywordList = []
    if filename.is_file():
        if filename.exists():pass
        else: return KeywordList
    else:
        print("file not found: %s" %filename)
        return KeywordList

    file = open(filename, 'r', encoding=encoding)
    while True:
        line = file.readline()
        if not line:
            break
        word_tok = HGGetKeywordList(line)
        if(word_tok != None):
            KeywordList.extend(word_tok)
    file.close()
    return KeywordList
#----------
#----------
encoding='euc-kr'
KeywordList = GetKeywordList_File(filename1, encoding)
print(f'KeywordList Num : {len(KeywordList)}')
print(KeywordList)
>>>
KeywordList Num : 173
['새해', '첫날', '강추위', '내일부터', '누그러질', '듯', '새해', '첫날', '강추위로', '시작했습니다', '호남과', '제주', '지방엔', ... ... ... ... ... , '대체로', '맑은', '날씨가', '이어질', '전망입니다', 'KBS', '뉴스']
```

환경 설정 값으로 처리하기 때문에 파일을 처리할 때는 인코딩을 정확하게 지정해야 한다. 출력 결과를 보면 텍스트에서 순차적으로 173개의 키워드를 추출한다.

2. 키워드 용례 추출

추출된 키워드는 용례가 제공되면 그 쓰임을 분명하게 이해하는 데에 도움이 된다. 이에 용례는 텍스트 분석이나 사전 보기, 외국어 어휘 학습 등에서 다양하게 사용된다. 이번에는 영문 텍스트 'Anne of Green Gables'을 대상으로 'goodness'에 대한 용례를 출력한다. 해당 텍스트는 쿠텐베르크 프로젝트에서 다운로드한 것이다.

[예제 11-3] 문자열에서 키워드가 포함된 문장 색인

```
def HGTextScanPos(Find, Text):
    """텍스트에 검색어 위치 반환: format: [find_pos, ...]"""
    #-----
    FindNum = 0
    findlen = len(Find)

    begin_pos = 0
    resultDoc = []
    while(True):
        find_pos = Text.find(Find, begin_pos)
        if(find_pos >= 0):
            # format: [find_pos, ...]
            resultDoc.append(find_pos)
            FindNum += 1
            begin_pos = (find_pos + findlen)
        else:
            break
    return resultDoc
#---------
#---------
filename1 = get_filename__Anne_of_Green_Gables() # {빨강 머리 앤}의 파일 경로
...
#-----
encoding='utf-8'
booktext = ReadTxtFile(filename1, encoding=encoding)
booktext = booktext.lower() # 대문자를 소문자로 통합하기 위해서 소문자 변환

#===============
#===============
```

```
Find = 'goodness'
FindPosList = HGTextScanPos(Find, booktext) # 단어 위치 탐색
print('Find Num:', len(FindPosList))

# 용례 출력
FindLen = len(Find)
PreTextLen = 35 # 앞쪽 여백
PostTextLen = (35 + FindLen) # 뒤쪽 여백

print(Find.center((PreTextLen + PostTextLen) + len(Find), '*') ) # 헤더 출력
for i, KwdPos in enumerate(FindPosList):
    # {WordBreak=True} # 공백문자 단위로 처리
    CenterText = CatchCenterText__Pos(booktext, KwdPos=KwdPos,
        PreTextLen=PreTextLen, PostTextLen=PostTextLen, WordBreak=True,
        HtmlMode=False, # 결과를 웹페이지(html) 방식으로 처리
        )
    print(f'{i+1}\t{CenterText}')
>>>
Find Num: 14
**************************************goodness**************************************
1                                       "goodness, i don't care. but where on earth
2        decided on the experiment and goodness only knows what will come of it."
3    wisdom, power, holiness, justice, goodness, and truth,'" responded anne
...
...
13                                      goodness. i did make a mistake in judging
14                                      goodness we hadn't got to that stage in
```

[예제 11-3]에서는 'goodness'가 포함된 문장을 차례대로 총 14개를 출력한 뒤 문맥을 분석할 수 있도록 키워드('goodness')를 문장 중앙에 배치한다. 텍스트에서 키워드의 위치를 탐색하기 위해 HGTextScanPos() 함수를 이용하며, 이 함수에서 반환한 위치 정보를 CatchCenterText__Pos() 함수에 전달한다. CatchCenterText__Pos() 함수는 키워드가 포함된 문장을 색인처럼 모아놓은 키워드 용례 추출(Key Word In Context, 약어로 KWIC) 알고리즘을 적용한 것이다. [표 11-1]은 용례를 출력할 때 홈페이지(html) 버전으로 저장하기 위해 매개변수(HtmlMode)를 변경(True)한 후에 웹브라우저에서 읽은 것이다.

[표 11-1] 'goodness' 사용 예문(KWIC 색인)

1	"	**goodness**	, i don't care. but where on earth
2	and	**goodness**	only knows what will come of it."
3	wisdom, power, holiness, justice,	**goodness**	, and truth,'" responded anne
4	you do know something then, thank	**goodness**	! you're not quite a
5	feelings of orphans, brought from	**goodness**	
6	"thanks be to	**goodness**	for that," breathed marilla in
7	"merciful	**goodness**	!"
8	why, it's only twilight. and	**goodness**	knows you've gone over
9	inveigled into the party only	**goodness**	
10	anne's got plenty of faults,	**goodness**	knows, and far be it
11	anne.	**goodness**	knows what's to be done. i suppose
12	can. anne, for	**goodness**	sake smile a little. you know
13		**goodness**	. i did make a mistake in judging
14		**goodness**	we hadn't got to that stage in

이번 예제에서는 [예제 11-3]에서 사용한 코드를 함수로 전환하여 텍스트 파일에서 간단한 명령으로 키워드에 대한 용례를 추출한다.

[예제 11-4] 파일에서 키워드가 포함된 문장 색인

```
...
Find = 'wonderful'
PreTextLen = 35 # 앞쪽 여백
PostTextLen = 35 # 뒤쪽 여백

PrintMode = False # 결과를 모아서 반환
CenterTexts, FindNum = CatchCenterText_File(Find, filename1, encoding=encoding,
    LowerCasifyFlag=True, # 대문자를 소문자로 통합할 것인가
    PreTextLen=PreTextLen, PostTextLen=PostTextLen,
    SepChar='',
    WordBreak=True,
    CaptionAdd=True, # 헤더 추가 <=====
    IndexAdd=True, # 인덱스 추가 <=====
    PrintMode=PrintMode, # 직접 출력(하면 반환값 없음)
    HtmlMode=False, # 결과를 웹페이지(html) 방식으로 처리
)
print('Find Num:', FindNum)
print(CenterTexts) # PrintMode=True, # 직접 출력일 때는 반환값이 없어서 내용 없다.
>>>
Find Num: 26
***********************************wonderful***********************************
1           love driving. oh, it seems so wonderful that i'm going to live with you
```

```
2           don't go far enough. oh, it was wonderful--wonderful.
3         far enough. oh, it was wonderful—wonderful.
...
...
25                     how great and still and wonderful everything was, with the murmur of
26             in september. doesn't it seem wonderful? i'll
```

[예제 11-4]에서는 CatchCenterText_File( ) 함수를 이용하여 예제 텍스트 파일에서 'wonderful'에 대한 용례를 출력한다. 이 함수는 매개변수로 탐색어(Find)와 파일 이름(filename1)을 전달하고 중간 과정은 내부에서 처리하여 사용법이 간단하다. 출력 결과를 보면 'wonderful'에 대한 용례는 총 26개이다.

[표 11-2] 'wonderful' 사용 예문(KWIC 색인)

1	love driving. oh, it seems so	**wonderful**	that i'm going to live with you
2	don't go far enough. oh, it was	**wonderful**	--wonderful.
3	far enough. oh, it was wonderful--	**wonderful**	.
4	"oh, isn't it	**wonderful**	?" she said, waving her hand
5	"isn't the sea	**wonderful**	?" said anne, rousing from a long,
6		**wonderful**	place, all flowers and sunshine and
7	spring down in the hollow--that	**wonderful**	
8	seeing nothing save her own	**wonderful**	visions.
9	a	**wonderful**	sensation just to think of it. can
10		**wonderful**	! it's a ray of light which will
11		**wonderful**	ly twisted and folded, and a small
12	presence of mind perfectly	**wonderful**	in a child of her age. i never saw
13	anne had gone home in the	**wonderful**	, white-frosted winter morning,
14	"oh, matthew, isn't it a	**wonderful**	morning? the world looks like
15		**wonderful**	event very coolly. "you needn't get
16	"i don't think it's such a very	**wonderful**	thing to walk a little, low,
17	wood were all feathery and	**wonderful**	; the birches
18	christmas, diana! and oh, it's a	**wonderful**	christmas. i've
19	child don't seem half so	**wonderful**	to you when you get them."
20	of her lively fancy; adventures	**wonderful**	and enthralling
21	the test and i did. it's really	**wonderful**	, marilla,
22	children. it's nothing short of	**wonderful**	how
23		**wonderful**	gown of shimmering gray stuff like
24	and	**wonderful**	power of expression; the audience
25	how great and still and	**wonderful**	everything was, with the murmur of
26	in september. doesn't it seem	**wonderful**	? i'll

3. 키워드 목록 정렬과 통계

텍스트 파일에서 키워드를 추출한 뒤에 키워드 목록을 중심으로 정렬과 통계 처리를 하면 텍스트의 특징을 파악할 수 있다. 일반적으로 정렬은 가나다 순서의 배열을 먼저 떠올리지만 실제로 정렬은 매우 다양하게 이루어진다. 이 절에서는 뉴스 텍스트 중 일기예보를 대상으로 키워드를 추출하고 정렬 작업을 수행한다.

키워드 목록 정렬

✿ 파이썬의 sort( ) 함수를 이용하면 키워드 목록(list)을 사전 순서대로 정렬할 수 있다.

[예제 11-5] 키워드 정렬

```
...
KeywordList = GetKeywordList_File(filename1, encoding)
KeywordList.sort() # sort by abc -> xyz
print('KeywordList num:', len(KeywordList))
print(KeywordList)
>>>
KeywordList num: 173
['10cm의', '15도까지', '18.6도까지', '1월', '1일이라서', '26cm의', '5에서', '9.5도까지', 'KBS', '가장', '강추위', '강추위로', '거리로', '거리의', '것으로', '겨울', '겨울바람이', '계속', '곳이', '그', '기록했습니다', '기분', ... ... ... ... ... ... ... ... ... ... ... ... ... ... ... ... ... ... ... ... ... ... ... ... ... ... ... ... ... ...'한파가', '한파와', '함께', '함께', '합니다', '호남', '호남과', '호남지방과', '확장했던']
```

[예제 11-5]에서는 텍스트 파일에서 키워드를 추출한 후 사전 순서 곧 코드 순으로 오름차순 정렬을 수행한다. 정렬 목록을 보면, 첫 단어는 '10cm의'로 숫자로 시작하는 단어가 먼저 놓이고 이어서 영문자, 한글의 순서로 이어진다. 정렬의 마지막 단어는 '확장했던'이다.

✿ 파이썬의 sort() 함수에서 매개변수에 reverse 값을 지정하면 코드값이 큰 것부터 작은 값 순서로 내림차순 정렬을 수행한다.

[예제 11-6] 키워드의 역순 정렬

```
...
KeywordList = GetKeywordList_File(filename1, encoding)
KeywordList.sort(reverse=True) # sort by xyz -> abc
print('KeywordList num:', len(KeywordList))
print(KeywordList)
```

```
>>>
KeywordList num: 173
['확장했던', '호남지방과', '호남과', '호남', '합니다', '함께', '함께', '한파와', '한파가', '한낮에도',
'하지만', '풀린다고', '큰', '큰', '출근이', ... ... ... ... ... ... ... ...., '거리로', '강추위로', '강추위', '가장',
'KBS', '9.5도까지', '5에서', '26cm의', '1일이라서', '1월', '18.6도까지', '15도까지', '10cm의']
```

✿ 파이썬의 sort() 함수에서 매개변수에 key를 지정하면 키워드의 길이 순서로 정렬할 수 있다.

[예제 11-7] 키워드의 길이에 따른 정렬

```
...
KeywordList = GetKeywordList_File(filename1, encoding)
KeywordList.sort(key = lambda wd: len(wd)) # by len 1-> high
print('KeywordList num:', len(KeywordList))
print(KeywordList)
>>>
KeywordList num: 173
['듯', '올', '뚝', '첫', '찬', '큰', '그', '밤', '더', '큰', '눈', '새해', '첫날', '새해', '첫날', '제주', '많은',
'눈이', '조금', '새해', '영하', '나온', '장갑', '몸이', '절로', '1월', '기분', '좋게', ... ... ... ... ... ...
... ... ... ... ... ... ... ... ... ... ... ... ... ... ... ... ... ... ... ...., '오르겠습니다', '우리나라까지', '대륙고기압이',
'이어졌습니다', '서해안지역도', '기록했습니다', '기상전문기자가', '끌어내렸습니다', '18.6도까지']
```

[예제 11-7]에서는 key 매개변수를 len() 함수로 지정하여 키워드 길이의 오름차순으로 정렬하는데, '듯, 올'의 1글자 단어부터 '18.6도까지'의 7글자 단어까지 길이 순으로 정렬한다.

✿ 파이썬의 sort() 함수에서는 매개변수에 key를 지정할 때 len() 함수에 '-' 기호를 사용하면 키워드의 길이가 긴 것부터 짧은 순서로 내림차순 정렬을 수행한다.

[예제 11-8] 키워드의 길이에 따른 역순 정렬

```
...
KeywordList = GetKeywordList_File(filename1, encoding)
KeywordList.sort(key = lambda wd: -len(wd)) # by len high -> 1
print('KeywordList num:', len(KeywordList))
print(KeywordList)
>>>
KeywordList num: 173
['기상전문기자가', '끌어내렸습니다', '18.6도까지', '시작했습니다', '전해드립니다', '움츠러듭니다
', '집에가려고요', '9.5도까지', '떨어졌습니다', '이어졌습니다', '오르겠습니다', '우리나라까지', ...
... ... ... ... ... ... ... ... ... ... ... ... ... ... ... ... ... ... ... ... ... ... ...., '겨울', '들어', '가장',
'낮은', '영하', '영하', '계속', '새해', '점차', '내일', '함께', '함께', '세찬', '전북', '눈이', '왔고', '밖의',
```

```
'호남', '오늘', '제주', '조금', '곳이', '이후', '맑은', '뉴스', '듯', '올', '뚝', '첫', '찬', '큰', '그', '밤',
'더', '큰', '눈']
```

한편 단어 목록을 키워드의 길이 순서로 정렬하더라도 가나다순으로 정렬되지 않으면 알아보기가 쉽지 않다. 따라서 1차 기준, 곧 단어의 길이 순서로 정렬한 후에 사전 순서에 따른 2차 정렬이 필요하다.

[예제 11-9] 키워드의 길이와 사전 순서에 따른 다중 정렬

```
...
KeywordList = GetKeywordList_File(filename1, encoding)
KeywordList.sort(key = lambda wd: (len(wd), wd)) # by [len 1-> high] and [abc->xyz]
print('KeywordList num:', len(KeywordList))
print(KeywordList)
>>>
KeywordList num: 173
['그', '눈', '더', '듯', '뚝', '밤', '올', '찬', '첫', '큰', '큰', '1월', '가장', '겨울', '계속', '곳이', '기분',
'나온', '낮은', '내일', '너무', '눈이', '눈이', '뉴스', '들어', '많은', '맑은', '몸이', '밖의', '빨리', '새해',
'새해', '새해', '새해', '세찬', '손도', '아침', '안에', '영하', ... ... ... ... ... ... ... ... ... ... ... ... ...
... ... ... ... ... ... ... ... ... ... ..., '9.5도까지', '기록했습니다', '대륙고기압이', '떨어졌습니다', '서해안
지역도', '시작했습니다', '오르겠습니다', '우리나라까지', '움츠러듭니다', '이어졌습니다', '이어졌습
니다', '전해드립니다', '집에가려고요', '18.6도까지', '기상전문기자가', '끌어내렸습니다']
```

[예제 11-9]에서는 키워드 목록을 길이 순서로 정렬한 다음, 사전 순서로 2차 정렬을 수행한다. 길이가 가장 짧은 1글자 단어 '그, 눈, 더, 듯'을 보면 1글자 단어 내에서 다시 사전 순서로 정렬된 것을 알 수 있다.

[표 11-3] 파이썬 sort( ) 함수를 이용한 목록(list) 정렬

정렬 방식	사용 예
코드 순서	list.sort()
코드 순서(내림차순)	list.sort(reverse=True)
길이 순서	list.sort(key = lambda wd: len(wd))
길이 순서(내림차순)	list.sort(key = lambda wd: -len(wd))
길이 순서(1차), 코드 순서(2차)	list.sort(key = lambda wd: (len(wd), wd))

사전형 정렬

앞서 [예제 11-5]에서는 텍스트 파일에서 키워드를 추출한 후에 키워드를 사전 순서로 정렬하였는데, 이렇게 정렬하여 출력하면 [예제 11-10]과 같이 중복된 단어를 쉽게 확인할 수 있다. 중복된 단어는 한 단어로 통합하여 제시하는 것이 필요한데 이때 사전형 정렬을 사용한다.

[예제 11-10] 키워드의 사전순 정렬

```
...
print('KeywordList num:', len(KeywordList))
print(KeywordList)
>>>
KeywordList num: 173
['10cm의', '15도까지', '18.6도까지', '1월', '1일이라서', '26cm의', '5에서', ... ...
... ... '기온은', '기온은', '기온을', ... ...
... ... '내일', '내일부터', '내일부터는', '내일부터는', ... ...
... ... '새해', '새해', '새해', '새해', '서울도', '서울시', ... ...
... ... '영하', '영하', '영하', '영하권에', '영향으로', ... ... '오늘', '오늘', ... ...
... ... '한파가', '한파와', '함께', '함께', '합니다', ...
]
```

[예제 11-10]을 보면, '기온은', '새해', '영하', '오늘'과 같이 반복적으로 등장하는 단어를 쉽게 찾을 수 있는데, 이런 단어는 한 단어만 제시하고 출현 빈도를 통합하여 보여주는 것이 필요하다. [예제 11-11]에서는 GetWordDictList_WordList() 함수를 사용하여 단어 목록을 정렬한 후에 반복적으로 출현하는 단어를 통합하여 빈도를 계산한 후 사전형(dict) 항목으로 된 목록(list)으로 반환한다. 예제에서 'word'는 단어를, 'freq'는 단어 빈도를, 'len'은 단어 길이를, 'script_num'은 문자 개수 곧 토큰 개수를 의미하며 합성 토큰을 구분하기 위해 설정한 것이어서 대부분의 값은 1이고 합성 토큰은 2 이상이다.

[예제 11-11] 키워드의 사전 목록 변환과 빈도 통계

```
def GetWordDictList_WordList(WordList,
    EraseNonKeyword=False, LowerCasifyFlag=False):
    WordDictList = []
    if(WordList == None):
        return WordDictList
    if(LowerCasifyFlag == True): # 소문자로 변환
        WordList_lower = [word.lower() for word in WordList]
        WordList_Sort = sorted(WordList_lower)
```

```
    else:
        WordList_Sort = sorted(WordList)

    PreWord = None
    for word in WordList_Sort:
        if(EraseNonKeyword == True):
            char_type_string = get_scripts(word)
            if(get_keyword_type_num__scripts(char_type_string) <= 0):
                continue
        #
        addflag = False
        if(PreWord == None):
            addflag = True
        else:
            if(PreWord['word'] == word):
                PreWord['freq'] += 1
            else:
                addflag = True
        if(addflag == True):
            string_char_type_list = get_script_list(word)
            wordlen = len(word)
            script_num = len(string_char_type_list)
            WordItem = {'word': word, 'freq':1, 'len': wordlen, 'script_num':script_num}
            WordDictList.append(WordItem)
            PreWord = WordItem

    return WordDictList
#----------
#----------
KeywordList = GetKeywordList_File(filename1, encoding=encoding)
WordDictList = GetWordDictList_WordList(KeywordList)
print('word num:', len(KeywordList))
print('word dict num:', len(WordDictList))
print(*WordDictList, sep='\n')
>>>
word num: 173
word dict num: 153
:
{'word': '기온은', 'freq': 2, 'len': 3, 'script_num': 1},
```

```
{'word': '기온을', 'freq': 1, 'len': 3, 'script_num': 1},
:
{'word': '내일', 'freq': 1, 'len': 2, 'script_num': 1},
{'word': '내일부터', 'freq': 1, 'len': 4, 'script_num': 1},
:
{'word': '새해', 'freq': 4, 'len': 2, 'script_num': 1},
:
{'word': '영하', 'freq': 3, 'len': 2, 'script_num': 1},
{'word': '영하권에', 'freq': 1, 'len': 4, 'script_num': 1},
:
{'word': '오늘', 'freq': 2, 'len': 2, 'script_num': 1},
:
{'word': '함께', 'freq': 2, 'len': 2, 'script_num': 1},
{'word': '합니다', 'freq': 1, 'len': 3, 'script_num': 1},
:
```

[예제 11-11]에서는 텍스트 파일에서 키워드를 추출한 후에 추출한 단어를 사전 순서로 정렬하는데, 반복적으로 출현하는 '기온은', '새해', '영하', '오늘'과 같은 단어는 빈도를 계산한다. 173개의 단어를 정렬하여 사전으로 변환하면 중복 출현한 단어가 통합되어 153개로 줄어든다.

✿ 반복적으로 출현하는 단어를 통합한 후에 sort() 함수의 매개변수에 key 값을 조정하여 단어 길이의 순서에 따라 정렬할 수 있다.

[예제 11-12] 키워드의 사전 목록 변환과 단어 길이에 따른 정렬

```
...
print('# @@@ 단어 길이 (짧은) 순서로 정렬(코드 순시로 2차 정렬)')
WordDictList.sort(key = lambda item: (item['len'], item['word'])) # by len low, abc
PrintWordDictList(WordDictList, OneLine=True, PrintIndex=True, SimpleFormat=True)
>>>
# @@@ 단어 길이 (짧은) 순서로 정렬(코드 순서로 2차 정렬)
순서 단어 빈도     점유율
1:   그  1        0.6
2:   눈  1        0.6
3:   더  1        0.6
:
11:  1월 1        0.6
12:  가장 1       0.6
:
```

```
29:  새해 4        2.3
:
34:  영하 3        1.7
35:  오늘 2        1.2
:
49:  KBS 1         0.6
50:  강추위        1        0.6
:
96:  강추위로      1        0.6
97:  나왔는데      1        0.6
:
129: 겨울바람이    1        0.6
130: 내일부터는    2        1.2
:
152: 기상전문기자가         1        0.6
153: 끌어내렸습니다         1        0.6
```

[예제 11-12]에서는 사전형(dict) 목록을 길이 순서로 정렬한 후 사전 순서에 따라 2차 정렬을 수행한다. 이를 위해 사전 항목(item)에서 정렬 키를 'len'으로 지정한 후 'word'로 정렬한다. 출력 결과를 보면 길이가 가장 짧은 1글자 '그'부터 길이가 가장 긴 '끌어내렸습니다'까지의 순서로 출력된다. 사전(dict) 항목의 길이가 긴 단어부터 짧은 단어의 순서로 정렬하려면 sort() 함수 매개변수의 key 값에 '-' 기호를 붙인다.

```
# 사전(dict) 항목에서 길이가 짧은 단어부터 오름차순 정렬
WordDictList.sort(key = lambda item: (item['len'], item['word'])) # by len low, abc

# 사전(dict) 항목에서 길이가 긴 단어부터 내림차순 정렬
WordDictList.sort(key = lambda item: (-item['len'], item['word'])) # by len high, abc
```

단어 통계 처리

이번에는 GetWordDictList_LenListInfo() 함수를 사용하여 텍스트의 단어 길이와 관련된 통계를 출력한다. [예제 11-13]에 따르면 일기예보 텍스트에 등장하는 단어는 총 153개로 단어의 길이는 1글자부터 7글자까지 분포되어 있으며 그 중 3글자의 단어가 가장 많다.

```
[예제 11-13] 사전 목록 변환과 길이 통계
...
LenListInfo = GetWordDictList_LenListInfo(WordDictList)
PrintWordDictListInfo(LenListInfo)
>>>
List Num: 7 List Sum: 153
Total Freq: 173
Freq Filter: 0
{'len': 1, 'count': 10}
{'len': 2, 'count': 37}
{'len': 3, 'count': 48}
{'len': 4, 'count': 29}
{'len': 5, 'count': 13}
{'len': 6, 'count': 13}
{'len': 7, 'count': 3}
```

한편 sort() 함수의 매개변수 key를 조정하면 키워드의 빈도 순서로 정렬할 수 있다. 이번에는 'Anne of Green Gables'을 대상으로 단어의 빈도 순서로 정렬한다. 영문 텍스트에서는 정확한 통계 산출을 위해 대문자를 소문자로 통합한다. 대문자를 포함한 단어를 소문자로 통합하기 위해서 GetWordDictList_WordList() 함수를 호출할 때 매개변수(LowerCasifyFlag)를 'True'로 지정한다.

```
[예제 11-14] 사전 목록 변환과 단어 빈도에 따른 정렬

filename1 = get_filename__Anne_of_Green_Gables() # {빨강 머리 앤}의 파일 경로
...
#-----
encoding='utf-8'
KeywordList = GetKeywordList_File(filename1, encoding=encoding)
WordDictList = GetWordDictList_WordList(KeywordList, LowerCasifyFlag=True) # 대문자
를 소문자로 통합)

print('# @@@ 단어 빈도 (높은) 순서로 정렬(코드 순서로 2차 정렬)')
WordDictList.sort(key = lambda item: (-item['freq'], item['word'])) # by freq high, abc
PrintWordDictList(WordDictList, OneLine=True,
    PrintIndex=True, SimpleFormat=True, RateFlag=True)
>>>
# @@@ 단어 빈도 (높은) 순서로 정렬(코드 순서로 2차 정렬)
```

```
TotalWordFreq: 106775
순서 단어 빈도    점유율
1:  the  3925   3.7
2:  and  3395   3.2
3:  i    3265   3.1
4:  to   3042   2.8
5:  a    2226   2.1
6:  it   2098   2.0
7:  of   1914   1.8
8:  you  1700   1.6
9:  she  1519   1.4
10: in   1479   1.4
:
```

[예제 11-14]에서는 빈도(item['freq']) 순서로 정렬한 후에 사전(item['word']) 순서로 2차 정렬을 수행한다. 예제에서 단어 빈도가 높은 것부터 내림차순으로 정렬하기 위해 sort() 함수의 매개변수 key에 '-' 기호를 붙인다. 빈도가 낮은 단어부터 오름차순으로 정렬하려면 다음과 같이 sort() 함수의 매개변수 key에 '-' 기호를 사용하지 않는다.

```
# 출현 빈도가 높은 단어부터 내림차순 정렬
WordDictList.sort(key = lambda item: (-item['freq'], item['word'])) # by freq high, abc

# 출현 빈도가 낮은 단어부터 오름차순 정렬
WordDictList.sort(key = lambda wd: (item['freq'], item['word'])) # by freq low, abc
```

이번에는 GetWordDictList_FreqListInfo() 함수를 사용하여 텍스트의 단어 빈도에 관한 통계를 출력한다.

[예제 11-15] 사전 목록 변환과 단어 빈도 통계

```
...
FreqListInfo = GetWordDictList_FreqListInfo(WordDictList)
PrintWordDictListInfo(FreqListInfo)
>>>
List Num: 224 List Sum: 7598
Total Freq: 106775
Len Filter: 0
{'freq': 1, 'count': 3488}
{'freq': 2, 'count': 1248}
{'freq': 3, 'count': 613}
```

```
{'freq': 4, 'count': 377}
{'freq': 5, 'count': 238}
{'freq': 6, 'count': 214}
{'freq': 7, 'count': 160}
{'freq': 8, 'count': 118}
{'freq': 9, 'count': 100}
{'freq': 10, 'count': 77}
:
{'freq': 3265, 'count': 1}
{'freq': 3395, 'count': 1}
{'freq': 3925, 'count': 1}
```

[예제 11-15]에 따르면 'Anne of Green Gables'에 등장하는 단어는 총 106,775개이고, 이 중에서 중복된 단어를 통합하면 단어 목록은 7,598개이다. 단어의 출현 빈도는 1회부터 3,925회까지 분포하며, 출현 빈도의 항목(List Num)은 총 224개로 나타나며 1회 출현한 단어가 3,488개로 가장 많은 것을 알 수 있다. 이러한 통계 정보를 이용하면 각 단어별 텍스트 점유율 등을 확인할 수 있다.

단어 끝부터 정렬(Backward Sort)

일반적으로 단어 정렬은 사전 순서에 따른 정렬을 먼저 떠올리지만 언어 처리에서는 단어 끝부터의 정렬도 중요하다. 단어 끝부터의 정렬은 단어의 끝 글자를 기준으로 정렬하는 것으로 언어 연구에서는 중요한 기능이다. 예를 들어 '-ty'로 끝나는 단어 목록처럼 접미사에 의한 파생어를 찾으려면 단어 끝을 기준으로 정렬하면 쉽게 처리할 수 있다. 한국어 문서에서도 특정한 접미사나 조사, 어미가 붙은 단어를 찾으려면 단어의 끝을 기준으로 정렬해야 한다.

[예제 11-16]에서는 GetBackWordDictList__WordList() 함수를 이용하여 단어 빈도 사전 목록을 생성할 때 단어의 앞뒤를 뒤집어서 처리한다. 이렇게 생성된 빈도 사전 목록을 정렬하면 단어 끝을 기준으로 정렬한 것과 같은 효과가 있다.

[예제 11-16] 단어 끝부터 정렬

```
def get_backword_string(str):
    backword_str = str[::-1]  # slicing 가장 빠르다. 다른 방식에 비해 최소 5배 이상
    return backword_str
```

```
def GetBackWordDictList__WordDictList(WordDictList):
    #
    BackWordDictList = []
    #
    if(WordDictList == None):
        return
    #
    WordDictList_len = len(WordDictList)
    FilterCnt = 0
    for i in range(WordDictList_len):
        WordItem = WordDictList[i]
        ###
        FilterCnt += 1

        BackWordItem = dict(WordItem)
        BackWordItem['word'] = get_backword_string(WordItem['word']) # 단어 뒤집기
        BackWordDictList.append(BackWordItem)

    return BackWordDictList

def GetBackWordDictList__WordList(WordList, LowerCasifyFlag=False):
    BackWordDictList = []
    WordDictList = GetWordDictList_WordList \
        (WordList, LowerCasifyFlag=LowerCasifyFlag)
    if(len(WordDictList) > 0):
        BackWordDictList = GetBackWordDictList__WordDictList(WordDictList)
    return BackWordDictList
#-----
#-----
KeywordList = GetKeywordList_File(filename1, encoding=encoding)
BackWordDictList = GetBackWordDictList__WordList(KeywordList)
BackWordDictList.sort(key = lambda item: (item['word'])) # by abc
PrintWordDictList(BackWordDictList, OneLine=True,
                  PrintIndex=True, SimpleFormat=True)
>>>
순서 단어 빈도     점유율
1:   SBK 1       0.6
2:   가씨날       2          1.2
3:   가자기문전상기          1          0.6
```

```
.........
25: 는되작시     1       0.6
26: 는리날      1       0.6
27: 는위추      1       0.6
.........
94: 요어싶      1       0.6
95: 운가차      1       0.6
96: 운서매      2       1.2
97: 울겨 1      0.6
.........
151: 해새 4     2.3
152: 후이 1     0.6
153: 히단단     1       0.6
```

[예제 11-16]은 단어의 앞뒤를 뒤집어 이를 사전 순서로 정렬하여 출력한 것이다. 예를 들어 2번째에 출력된 '가씨날'의 원래 단어는 '날씨가'인데 글자의 순서를 거꾸로 배치하여 사전 순서에 따라 정렬하면서 앞에 놓인 것이다. 그러나 단어의 앞뒤를 뒤집어 놓은 상태에서 출력하면 단어 목록도 어색하고 가독성도 떨어지므로 출력할 때에는 다시 앞뒤를 전환하여 출력해야 한다.

[예제 11-17] 단어 목록 뒤집기 출력

```
...
PrintWordDictList(BackWordDictList, OneLine=True,
    PrintIndex=True, SimpleFormat=True, BackwardFlag=True)
>>>
순서 단어 빈도    점유율
1:  KBS 1       0.6
2:  날씨가      2       1.2
3:  기상전문기자가          1       0.6
.........
25: 시작되는    1       0.6
26: 날리는      1       0.6
27: 추위는      1       0.6
.........
94: 싫어요      1       0.6
95: 차가운      1       0.6
96: 매서운      2       1.2
97: 겨울 1      0.6
```

```
.........
151: 새해 4          2.3
152: 이후 1          0.6
153: 단단히          1          0.6
```

[예제 11-17]에서는 PrintWordDictList() 함수의 매개변수(BackwardFlag)를 조정(True)함으로써 출력 단계에서 단어의 앞뒤를 뒤집어서 원래 모습으로 출력한다. 예제와 같은 출력 결과는 조사, 어미, 접미사의 쓰임을 이해하는 데에 활용할 수 있다.

[표 11-4] 단어 앞뒤 뒤집기 비교

순서	앞뒤 뒤집은 단어	원래 단어
1	SBK	KBS
2	가씨날	날씨가
3	가자기문전상기	기상전문기자가
:	:	:
25	는되작시	시작되는
26	는리날	날리는
27	는위추	추위는
:	:	:
94	요어싶	싶어요
95	운가차	차가운
96	운서매	매서운
97	울겨	겨울
:	:	:
151	해새	새해
152	후이	이후
153	히단단	단단히

[예제 11-18]에서는 영문 텍스트에서 접미사로 파생된 단어 목록을 추출하기 위해 'Anne of Green Gables'에서 추출한 단어의 앞뒤를 뒤집어 빈도 사전 목록으로 변환한 후에 단어 끝부터 정렬한다.

[예제 11-18]에서는 출력할 때 매개변수(BackwardFlag)를 조정(True)함으로써 출력 단계에서 단어의 앞뒤를 전환해서 출력한다. 출력 결과를 보면 단어 끝에 점(.)을 포함한 단어('c.s.')가 가장 먼저 출력되는데, 이는 아스키코드에서 점이 숫자나 영문자보다 앞에 위치하기 때문이다.

[예제 11-18] 'Anne of Green Gables' 단어 끝부터 정렬

```
filename1 = get_filename__Anne_of_Green_Gables() # {빨강 머리 앤}의 파일 경로
...
#-----
encoding='utf-8'
KeywordList = GetKeywordList_File(filename1, encoding=encoding)
BackWordDictList = GetBackWordDictList__WordList(KeywordList, LowerCasifyFlag=True)
# 대문자를 소문자로 통합
BackWordDictList.sort(key = lambda item: (item['word'])) # by abc
PrintWordDictList(BackWordDictList, OneLine=True,
   PrintIndex=True, SimpleFormat=True, BackwardFlag=True)
>>>
순서 단어 빈도     점유율
1:   c.s.  1       0.0
2:   p.s.  1       0.0
3:   a     2226    2.1
4:   canada       2       0.0
5:   veranda      1       0.0
6:   miranda      1       0.0
7:   rhoda        1       0.0
8:   idea 15      0.0
9:   avonlea      92      0.1
10:  plea 2       0.0
11:  sea  11      0.0
12:  tea  58      0.1
.........
7596:     bronzy  2       0.0
7597:     cozy    1       0.0
7598:     dizzy   4       0.0
```

마찬가지로 단어('dizzy')는 단이 끝에 있는 'y'의 코드값이 아스키코드에서 뒤쪽에 위치하기 때문에 마지막으로 출력된다. 이와 같이 처리하면 단어 끝을 기준으로 정렬한 것과 같은 효과가 있기 때문에 부분 문자열 일치 함수(startswith)를 이용하면 접사로 파생된 어휘 목록을 추출할 수 있다.

[예제 11-19]에서는 BackWordDictList_Suffix() 함수를 이용하여 단어 빈도 사전 목록에서 '-ness'로 끝나는 파생어를 추출한다.

[예제 11-19] 단어 끝을 기준으로 정렬한 후에 접미사 포함 단어 추출

```
def BackWordDictList_Suffix(BackWordDictList, Suffix):
    # 단어 끝을 기준으로 접미사 포함 단어 추출
    # BackWordDictList: 앞뒤가 뒤집힌 단어(word) 목록
    # BackWordDictList 변수는 여기서 정렬하기 때문에 종료 후 순서가 바뀐 상태이므로 주의
    BackWordDictList.sort(key = lambda item: (item['word'])) # by abc

    suffix_rev = Suffix[::-1] # 'elba' <= -able reverse
    findflag = False
    BackWordDictList_Find = []
    for worddict in BackWordDictList:
        if(worddict['word'].startswith(suffix_rev) == True):
            findflag = True
            worddict_copy = worddict.copy()
            BackWordDictList_Find.append(worddict_copy)
        else:
            if(findflag == True):
                break # 정렬된 상태라서 찾은 이후에 못 찾으면 종료
    #
    return BackWordDictList_Find
#----------
#----------
filename1 = get_filename__Anne_of_Green_Gables() # {빨강 머리 앤}의 파일 경로
...
#-----
encoding='utf-8'
KeywordList = GetKeywordList_File(filename1, encoding=encoding)
BackWordDictList = GetBackWordDictList__WordList(KeywordList, LowerCasifyFlag=True)
# 대문자를 소문자로 통합

Suffix = 'ness'
BackWordDictList_Suffix = BackWordDictList_Suffix(BackWordDictList, Suffix)
print('# 빈도 높은 순 정렬')
print(f'[-{Suffix}] word num:', len(BackWordDictList_Suffix))
BackWordDictList_Suffix.sort(key = lambda item: (-item['freq'])) # by high -> low
PrintWordDictList(BackWordDictList_Suffix, OneLine=True,
    PrintIndex=True, SimpleFormat=True, BackwardFlag=True, RateFlag=False)
>>>
```

```
# 빈도 높은 순 정렬
[-ness] word num: 66
순서 단어 빈도
1:      goodness        14
2:      business        11
3:      consciousness   9
4:      darkness        7
5:      happiness       5
:
65:     grayness        1
66:     slyness 1
```

[예제 11-19]의 출력 결과를 보면 '-ness'로 끝나는 단어는 총 66개이며 빈도가 가장 높은 단어는 'goodness'(14회)이다. 나머지 단어들을 차례대로 살펴보면 대부분 감성 어휘들이며 긍정적인 감성 어휘의 순위와 빈도가 부정 어휘보다 상대적으로 높다는 점을 알 수 있다. '-ness' 이외에 다른 접미사로 끝나는 단어의 분포와 통계를 함께 비교하면 텍스트를 분석하는 데에 도움이 된다.

[표 11-5] 접미사 파생어 목록 비교

순서	단어(-ness)	빈도	순서	단어(-ly)	빈도	순서	단어(-ful)	빈도
1	goodness	14	1	only	136	1	beautiful	44
2	business	11	2	really	116	2	dreadful	27
3	consciousness	9	3	lovely	64	3	wonderful	25
4	darkness	7	4	perfectly	39	4	awful	21
5	happiness	5	5	certainly	26	5	delightful	15
6	sweetness	5	6	exactly	25	6	careful	14
7	loveliness	4	7	simply	24	7	cheerful	13
8	weakness	4	8	especially	23	8	grateful	9
9	bitterness	4	9	likely	22	9	fearful	7
10	kindness	3	10	awfully	20	10	thankful	6
...	...	...	...	...	...	...	...	...
65	grayness	1	517	narrowly	1	57	unlawful	1
66	slyness	1	518	dryly	1	58	joyful	1

Chapter 12 단어 유사도 측정 알고리즘

인터넷에서 검색할 때 실수로 잘못된 단어를 입력하거나 정확한 철자를 몰라서 비슷한 단어를 입력하는 경우가 있다. 그러나 잘못된 단어를 입력해도 검색 엔진은 올바른 단어를 제시하면서 검색 결과를 보여 준다.

[표 12-1] 인터넷 검색 엔진의 '대헌민국' 입력 화면

Google 대헌민국

전체 지도 이미지 동영상 뉴스 더보기

검색결과 약 244,000,000개 (0.77초)

수정된 검색어에 대한 결과: **대한민국**
다음 검색어로 대신 검색: 대헌민국

[표 12-1]은 인터넷 검색 엔진에서 '대한민국'이라는 단어를 검색하는데 실수로 '대헌민국'을 입력했을 때의 상황이다. 검색 엔진은 '대헌민국'으로 잘못 입력해도 '대한민국'이라는 수정된 검색어로 결과를 제시하는데, 이러한 기능은 오래 전부터 검색 사이트에서 제공해 왔다. 만약 이런 기능이 없다면 '대한민국'을 다시 입력해서 검색해야 할 것이다.

한국어 정보 처리의 관점에서 이러한 기능은 문자열 탐색 및 비교와 관련이 있다. 프로그램을 개발할 때 문자열과 관련하여 가장 많이 하는 작업이 문자열을 비교하고 탐색하는 것이어서 대부분의 프로그래밍 언어는 문자열 탐색 함수를 제공한다. 그런데 똑같은 문자열을 찾는 것이 아니라 비슷한 것을 찾으려면 어떻게 해야 할까? 또한 비슷한 것이 하나가 아니라 여럿인 경우에는 우선순위를 어떻게 부여해야 할까?

예를 들어, 'take'와 비슷한 단어를 찾을 때 'make'는 1글자만 다르고 나머지는 같기 때문에 유사해 보인다. 그런데 'takes'와 'make' 중에서 어느 것이 'take'와 더 유사할까? 길이는 달라도 글자는 같은 'takes'가 유사하다고 볼 수도 있고 길이가 같고 첫 글자만 다른 'make'가 더 유사하다고 볼 수도 있다. 만일 'like'와도 비교한다면 2글자가 다르기 때문에 앞의 비교 단어보다 유사도가 낮다고 할 것이다.

그러나 이러한 설명은 직관에 의존한 것으로 이들 단어의 유사도를 과학적이고 객관적으로 측정하기 위해서는 비교 기준과 과정을 알고리즘화하는 것이 필요하다. 알고리즘은 사람의 직관을 절차적으로 기술한 것으로, 앞의 예시를 보면 단어 사이의 유사도는 공통 글자의 수와 단어의 길이로 판단하는데 단어의 유사도를 측정하는 알고리즘도 직관적인 판단 기준과 다르지 않다. 이 장에서는 단어 유사도 측정에 사용하는 다양한 단어 거리(distance) 측정 알고리즘을 설명한다.

1. 자카드 거리(Jaccard Distance)

자카드 유사도(Jaccard Similarity)는 자카드 지수(index)나 자카드 계수(coefficient)라고도 부르는데, 두 문자열에서 공통으로 포함된 글자가 많을수록 유사하다고 판정하는 것이다. 이때 같은 글자가 여러 번 나와도 1글자로 계산한다. 만약 두 문자열의 글자 집합이 완전하게 일치하면 1이고, 공통 글자가 하나도 없으면 0이다. 자카드 거리는 자카드 유사도를 '1-자카드 유사도'로 계산하여 변환한 것이다.

$$J(A,B) = \frac{|A \cap B|}{|A \cup B|} = \frac{|A \cap B|}{|A| + |B| - |A \cap B|}$$

[예제 12-1]은 자카드 거리 측정 알고리즘을 구현한 것으로, 집합(set) 명령을 사용하여 단어의 글자 집합을 구한 후에 두 단어의 교집합(intersection)과 합집합(union)을 계산한다. 최종적으로 교집합을 합집합으로 나눈 것이 자카드 유사도이다. 이 책에서는 거리 개념을 사용하기 때문에 '1-유사도'로 계산하여 자카드 거리로 변환한다.

[예제 12-1]

```
def GetWordDistance_Jacard(BaseSeq, CompSeq): # Jacard Similarity
    BaseSet = set(BaseSeq)
    CompSet = set(CompSeq)

    InterSec = BaseSet.intersection(CompSet)
    UnionSec = BaseSet.union(CompSet)
    Similarity = len(InterSec) / len(UnionSec)
    Distance = 1 - Similarity
    return Distance
#---
words = ['make', 'taken', 'takes', 'stake', 'makes', 'like']
for word in words:
    print (f'[{word}] Distance: %.2f' % GetWordDistance_Jacard('take', word))
>>>
[make] Distance: 0.40
[taken] Distance: 0.20
[takes] Distance: 0.20
[stake] Distance: 0.20
[makes] Distance: 0.50
[like] Distance: 0.67
```

[예제 12-1]은 'take'와 다른 단어와의 자카드 거리를 측정한 것으로 가장 가까운 단어는 한 글자씩 추가된 'taken, takes, stake'이다. 두 번째로 가까운 단어는 한 글자가 바뀐 'make'이다. 나머지 단어들의 거리를 보면 글자가 추가된 경우에 상대적으로 거리가 가깝고, 글자가 변경된 경우에는 거리가 더 멀다는 것을 알 수 있다.

[표 12-2] 'take'와 'make'의 **자카드 거리**

구분	take	make
글자 집합	t, a, k, e	m, a, k, e
교집합	a, k, e	
합집합	t, a, k, e, m	
유사도	0.6 = len(a, k, e) / len(t, a, k, e, m)	
거리	0.4 = 1 - (len(a, k, e) / len(t, a, k, e, m))	

2. 타니모토 거리(Tanimoto Distance)

타니모토 거리는 자카드 거리를 확장한 것으로 자카드 거리에 빈도 가중치를 적용한 것이다. 가중치를 계산하기 위해서 단어에 있는 글자의 빈도 내적(product)과 제곱합을 적용한다. 타니모토 거리는 타니모토 계수나 타니모토 유사도로 부르기도 하는데, 개념적으로 자카드 거리를 확장한 것이어서 여러 종류의 계산식이 있다. 타니모토 거리는 두 문자열의 글자 집합이 완전하게 일치하면 0, 공통 글자가 하나도 없으면 1이다.

$$T(A,B) = \frac{A \cdot B}{\sum_i A_i^2 + \sum_i B_i^2 - A \cdot B}$$

$$A \cdot B = \sum_i A_i B_i$$

[예제 12-2]는 타니모토 거리 측정 알고리즘을 구현한 것으로 각 단어의 글자 빈도 사전(dict)을 만든 후에 글자 빈도의 내적을 계산하고 두 단어의 글자 빈도 제곱합을 구한 후에 최종적으로 거리를 반환한다.

[예제 12-2]

```
def GetDictFreq_Char__String(String, FreqRate=False):
    '''문자열을 글자 단위로 빈도 사전으로 변환'''
    if(FreqRate == True): # 빈도 비율
        DictFreq = defaultdict(float)
    else:
        DictFreq = defaultdict(int)

    CharNum = len(String)
    for c in String:
        if(FreqRate == True):  # 빈도 비율
            curVal = 1.0 / CharNum
        else:
            curVal = 1
        DictFreq[c] += curVal
    #
    return dict(DictFreq)
```

```
def GetDictFreq_Product(DictFreqBase, DictFreqComp):
    '''빈도 사전의 내적(Product) 계산'''
    Product = 0
    ProductCnt = 0
    for key, base_val in DictFreqBase.items():
        comp_val = DictFreqComp.get(key, 0)
        if((base_val > 0) and (comp_val > 0)):
            mul_c = base_val * comp_val
            Product += mul_c
            ProductCnt += 1
    #
    return Product, ProductCnt

def GetDictFreq_Tanimoto_Distance(DictFreqBase, DictFreqComp):
    ProductBC, ProductCnt = GetDictFreq_Product(DictFreqBase, DictFreqComp)
    #
    SquareSumBase = sum([(DictFreqBase[d] * DictFreqBase[d]) for d in DictFreqBase])
    SquareSumComp =sum([(DictFreqComp[d] * DictFreqComp[d]) for d in DictFreqComp])
    Bunmo = (SquareSumBase + SquareSumComp - ProductBC)
    Similarity = ProductBC / Bunmo
    #
    Distance = 1 - Similarity
    return Distance

def GetWordDistance_Tanimoto(BaseSeq, CompSeq): # Tanimoto coefficient
    DictFreqBase = GetDictFreq_Char__String(BaseSeq)
    DictFreqComp = GetDictFreq_Char__String(CompSeq)
    Distance = GetDictFreq_Tanimoto_Distance(DictFreqBase, DictFreqComp)
    return Distance
#---
words = ['make', 'taken', 'takes', 'stake', 'makes', 'like']
for word in words:
    print (f'[{word}] Distance: %.2f' % GetWordDistance_Tanimoto('take', word))
>>>
[make] Distance: 0.40
[taken] Distance: 0.20
[takes] Distance: 0.20
[stake] Distance: 0.20
[makes] Distance: 0.50
[like] Distance: 0.67
```

[예제 12-2]는 'take'와 다른 단어와의 타니모토 거리를 측정한 것으로 가장 가까운 단어는 한 글자씩 추가된 'taken, takes, stake'이다. 두 번째로 가까운 단어는 한 글자가 바뀐 'make'이다. 자카드 거리 측정 알고리즘을 확장한 타니모토 거리도 글자가 추가된 경우에 상대적으로 거리가 가깝고 글자가 변경된 경우에는 거리가 더 멀다.

[표 12-3] 'take'와 'make'의 타니모토 거리(B: take, C: make)

구분	take	make
글자 빈도 사전	{'t': 1, 'a': 1, 'k': 1, 'e': 1}	{'m': 1, 'a': 1, 'k': 1, 'e': 1}
내적(product)	3 = product(BC)	
제곱합(sum(square( ))	4 = sum(square(B))	4 = sum(square(C))
유사도(sim)	0.6 = product(BC)/(sum(square(B))+sum(square(C))-product(BC))	
거리	0.4 = 1 - sim(0.6)	

한편 예제를 중심으로 타니모토 거리와 자카드 거리를 비교하면 차이가 없다. 그 이유는 [예제 12-2]는 단어의 모든 글자가 1회만 포함되어 빈도 가중치를 적용하는 타니모토 알고리즘에서는 가중치 효과가 나타나지 않기 때문이다. 따라서 가중치 효과가 있는 다른 단어와 비교하면 타니모토 거리 측정 알고리즘이 더 효과적임을 확인할 수 있다.

[예제 12-3]은 타니모토 거리에서 빈도 가중치 효과를 확인하기 위해서 한 글자가 2회 이상 등장하는 단어로 바꾸어 거리를 계산한다. 예제의 첫 번째 단어 'govenment'는 'government'에서 'r'글자가 빠진 것이다. 예제의 두 번째 단어 'difterential'는 'differential'에서 중간에 'f'가 't'로 바뀐 것이다.

[예제 12-3]

```
print ('Distance_Jacard: %.2f' % GetWordDistance_Jacard('govenment', 'government'))
print ('Distance_Jacard: %.2f' % GetWordDistance_Jacard('difterential', 'differential'))
print ('Distance_Tanimoto: %.2f' % GetWordDistance_Tanimoto('govenment', 'government'))
print ('Distance_Tanimoto: %.2f' % GctWordDistance_Tanimoto('difterential', 'differential'))
>>>
Distance_Jacard: 0.12
Distance_Jacard: 0.00
Distance_Tanimoto: 0.07
Distance_Tanimoto: 0.11
```

[예제 12-3]을 보면 'govenment'는 빈도를 반영하는 타니모토 거리가 자카드 거리보다 더 가깝게 나타나고, 'difterential'는 철자 오류가 있음에도 글자 집합만 비교하는 자카드 거리는 '0'으로 측정된다. 자카드 거리에서는 철자 오류가 있어도 철자 오류 글자 't'가 단어에 포함되기 때문에 글자 집합만으로 비교하여 두 단어를 같은 단어로 판별하는 것이다. 그러나 원래 단어는 't'가 1개이고 오류 단어는 2개이므로 이러한 빈도 차이를 반영하여 타니모토 거리에서는 0.11로 측정한 것이다.

3. 레벤슈타인 거리(Levenshtein Distance)

레벤슈타인 거리는 서로 다른 두 단어가 같아지려면 편집해야 하는 횟수를 의미한다. 서로 다른 두 단어가 같아지려면 삽입, 삭제, 치환 과정을 거치는데 각 연산마다 가중치를 1로 계산하여 산출되는 연산 횟수의 최솟값이 레벤슈타인 거리다. 이 알고리즘은 1965년 블라디미르 레벤슈타인(Vladimir Levenshtein)이 고안한 것으로 단어 유사도를 측정할 때 널리 사용하며, 철자 오류를 교정할 때에도 매우 효과적이다. 한편 레벤슈타인 거리를 편집 거리(Edit Distance)라고도 하는데 이 책에서는 지금처럼 개념을 설명할 때를 제외하고는 편집 거리로 지칭한다. 편집 거리 연산에 대한 알고리즘은 다음과 같다.

✿ 편집 거리 계산: 현재 값 = min(치환, 삽입, 삭제). 치환 값은 현재 글자가 같으면 대각선(i-1, j-1)에 있는 값을 그대로 사용하고, 다르면 대각선(i-1, j-1)에 있는 값에 '+1'을 한 값을 사용한다.

	i-1	i
j-1	치환(0 or +1)	삽입(+1)
j	삭제(+1)	현재

```
if lev[0, 0], 0                 # init
if lev[i, 0], lev[i-1, 0] + 1 # deletion
if lev[0, j], lev[0, j-1] + 1 # insertion
if [i] == [j], lev[i-1, j-1] # substitution
else 1 + min(lev[i-1, j], lev[i, j-1], lev[i-1, j-1])
```

편집 거리는 현재 비교하는 두 글자의 거리를 구할 때 다음과 같은 4가지 상태에서 최솟값을 선택한다. 현재 비교하는 두 글자가 같으면 왼쪽과 위쪽의 대각선 방향의 값을 그대로 사용한다.

다를 경우에는 '+1'을 하는데, 삽입해서 같아지면 위쪽 값에 '+1'을, 삭제해서 같아지면 왼쪽 값에 '+1'을, 모두 해당되지 않으면 대각선 방향 값에 '+1'을 한다. 이렇게 연산한 4가지 상태 중에서 최솟값을 현재 거리로 선택한다.

'make'와 'mke'를 대상으로 편집 거리를 계산하는 과정은 다음과 같다.

- 초기화: [0, 0] ⇒ 0

  가로 문자열 'make' 초기화: [i-1]+1

  세로 문자열 'mke' 초기화: [j-1]+1

초기화: [0,0]

		m	a	k	e
	0				
m					
k					
e					

가로 문자열 초기화

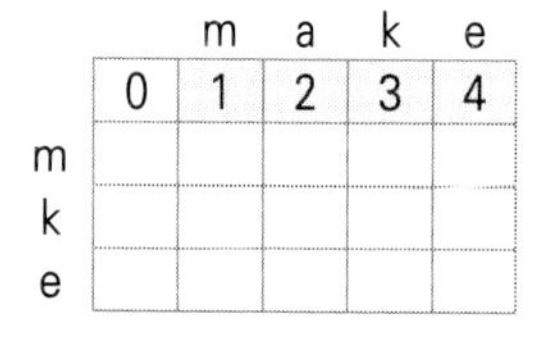

		m	a	k	e
	0	1	2	3	4
m					
k					
e					

세로 문자열 초기화

		m	a	k	e
	0	1	2	3	4
m	1				
k	2				
e	3				

- [가로1, 세로1](m, m) 거리: 글자가 같으므로 대각선 값을 받음.

  [가로2, 세로1](a, m) 거리: 삭제하면 같아지므로 왼쪽(+1) 값을 받음.

  [가로3, 세로1](k, m) 거리: 가장 작은 왼쪽(+1) 값을 받음.

  [가로4, 세로1](e, m) 거리: 가장 작은 왼쪽(+1) 값을 받음.

[가로1, 세로1]

		m	a	k	e
	0	1	2	3	4
m	1	0			
k	2				
e	3				

[가로2, 세로1]

		m	a	k	e
	0	1	2	3	4
m	1	0	1		
k	2				
e	3				

[가로3, 세로1]

		m	a	k	e
	0	1	2	3	4
m	1	0	1	2	
k	2				
e	3				

[가로4, 세로1]

		m	a	k	e
	0	1	2	3	4
m	1	0	1	2	3
k	2				
e	3				

앞의 과정을 반복하면 최종적인 편집 거리는 1이다.([가로4, 세로3]=1)

		m	a	k	e
	0	1	2	3	4
m	1	0	1	2	3
k	2	1	1	1	2
e	3	2	2	2	1

[예제 12-4]는 편집 거리 측정 알고리즘을 구현한 것으로 거리 테이블을 생성한 후에 두

단어의 글자 쌍에 대한 거리값을 계산한다. 2차원 거리 테이블을 모두 채우고 나면 두 단어의 마지막 글자 쌍의 거리값을 최종 거리로 반환한다.

[예제 12-4]

```
def GetEditDistance(BaseStr, CompStr): # Levenshtein Distance
    #
    BaseLen = len(BaseStr)
    CompLen = len(CompStr)
    #
    DisTable = [[0 for _ in range(CompLen + 1)] for _ in range(BaseLen + 1)]
    #
    for i in range(1, BaseLen + 1):
        DisTable[i][0] = i
    for j in range(1, CompLen + 1):
        DisTable[0][j] = j
    #
    for j in range(1, CompLen + 1):
        for i in range(1, BaseLen + 1):
            SubstitutionCost = 1
            if((i <= BaseLen) and (j <= CompLen)):
                if BaseStr[i-1] == CompStr[j-1]:
                    SubstitutionCost = 0
            DelVal = DisTable[i-1][j] + 1    # deletion
            InsVal = DisTable[i][j-1] + 1    # insertion
            SubVal = DisTable[i-1][j-1] + SubstitutionCost # substitution
            DisTable[i][j] = min([DelVal, InsVal, SubVal])
    #
    Distance = DisTable[BaseLen][CompLen]
    #
    return Distance

#-----------------------------------
words = ['make', 'taken', 'takes', 'stake', 'makes', 'like']
for word in words:
    print (f'[{word}] EditDistance:', GetEditDistance('take', word))
>>>
[make] EditDistance: 1
[taken] EditDistance: 1
```

```
[takes] EditDistance: 1
[stake] EditDistance: 1
[makes] EditDistance: 2
[like] EditDistance: 2
```

[예제 12-4]에서 편집 거리로 측정하였을 때 'take'와 가장 가까운 단어는 'make, taken, takes, stake'이다. 이 결과는 다른 거리 측정 알고리즘과 비교하면 차이가 있다. 자카드 거리와 타니모토 거리는 글자가 추가된 경우에 상대적으로 더 가깝고 글자가 변경된 경우에 더 멀지만 편집 거리에서는 편집 가중치를 모두 '1'로 설정하기 때문에 네 단어의 거리는 모두 '1'이다.

[표 12-4] 거리 측정 알고리즘에 따른 'take'와의 유사도 비교

단어	자카드 거리	타니모토 거리	편집 거리
make	0.40	0.40	1
taken	0.20	0.20	1
takes	0.20	0.20	1
stake	0.20	0.20	1
makes	0.50	0.50	2
like	0.67	0.67	2

편집 거리 정규화

편집 거리는 단어 간 거리를 비교할 때 유용하지만 긴 단어와 짧은 단어를 구분하지 않는다는 단점이 있다. 예를 들어 'take'와 'make'의 편집 거리와 'govenment'와 'government'의 편집 거리를 2차원 테이블을 통해 비교해 보자. 'take'와 'make'는 첫 글자만 다르고 나머지 글자는 같은데 두 단어의 편집 거리를 표로 정리하면 [표 12-5]와 같다. 테이블에서 첫 글자에 해당하는 [가로1, 세로1](m, t)는 글자가 다르기 때문에 대각선([가로0, 세로0])에서 값을 받을 때 '+1'을 하고, 나머지 글자는 같기 때문에 대각선에서 값을 그대로 받아서 최종 거리는 '1'이 된다.

[표 12-5] 'take'와 'make'의 편집 거리

		m	a	k	e
	0	1	2	3	4
t	1	1	2	3	4
a	2	2	1	2	3
k	3	3	2	1	2
e	4	4	3	2	1

'govenment'와 'government'는 중간에 'r'글자만 없고 나머지는 모두 같은데, 두 단어의 편집 거리를 정리하면 [표 12-6]과 같다. [가로5, 세로4](r, e)를 제외한 나머지는 모두 글자가 같으므로 대각선에서 값을 그대로 받고, [가로5, 세로4](r, e)는 'r'을 삭제하면 같아지므로 왼쪽(+1) 값을 받으며 최종 거리는 '1'이 된다.

[표 12-6] 'govenment'와 'government'의 편집 거리

		g	o	v	e	r	n	m	e	n	t
	0	1	2	3	4	5	6	7	8	9	10
g	1	0	1	2	3	4	5	6	7	8	9
o	2	1	0	1	2	3	4	5	6	7	8
v	3	2	1	0	1	2	3	4	5	6	7
e	4	3	2	1	0	1	2	3	4	5	6
n	5	4	3	2	1	1	1	2	3	4	5
m	6	5	4	3	2	2	2	1	2	3	4
e	7	6	5	4	3	3	3	2	1	2	3
n	8	7	6	5	4	4	3	3	2	1	2
t	9	8	7	6	5	5	4	4	3	2	1

'take'와 'make', 'govenment'와 'government'의 편집 거리는 똑같이 1이지만 상대적으로 문자열의 길이가 긴 'govenment'와 'government'가 더 유사해 보인다. 이와 같이 단어 길이에 의한 편차를 보완하기 위해 길이를 활용하여 편집 거리를 정규화한다. 편집 거리의 정규화는 두 단어 중 긴 단어에서 편집 거리를 빼고 이것을 긴 단어의 길이로 나눈 값이다. 엄격히 말해서 이 값은 편집 유사도를 나타내는 것으로, 값이 클수록 유사도가 높다는 것을 의미한다. 정규화하기 전의 편집 거리는 값이 클수록 유사도가 낮아지는데 정규화된 편집 거리는 값이 클수록 유사도가 높기 때문에 반대의 의미를 가지고 있다. 따라서 이 책에서는 정규화된 편집 거리를 '1-편집 유사도'로 변환하여 통일된 편집 거리 개념을 유지한다.

[예제 12-5]는 편집 거리 정규화 알고리즘을 구현한 것으로 앞서 편집 거리 계산에서 사용한 GetEditDistance() 함수에 정규화 부분을 추가한다.

[예제 12-5]

```
def GetEditDistance(BaseStr, CompStr, Norm=False):
    ...
    #
```

```
    Distance = DisTable[BaseLen][CompLen]
    #
    if(Norm == True):
        NormLen = max([BaseLen, CompLen])
        if(NormLen > 0):
            NormSimilarity = (NormLen - Distance) / NormLen
            Distance = 1 - NormSimilarity # NormSimilarity값은 유사도를 의미하므로 거리
개념으로 바꿈
    #
    return Distance
#-----------------
#-----------------
words = ['make', 'taken', 'takes', 'stake', 'makes', 'like']
for word in words:
    print (f'[{word}] EditDistance: %.2f' % GetEditDistance('take', word, Norm=True))
print()
print ('EditDistance: %.2f' % GetEditDistance('govenment', 'government', Norm=True))
print ('EditDistance: %.2f' % GetEditDistance('difterential', 'differential', Norm=True))
>>>
[make] EditDistance: 0.25
[taken] EditDistance: 0.20
[takes] EditDistance: 0.20
[stake] EditDistance: 0.20
[makes] EditDistance: 0.40
[like] EditDistance: 0.50

EditDistance: 0.10
EditDistance: 0.08
```

[예제 12-5]에서는 정규화된 편집 거리를 이용하여 단어를 출력한다. 먼저 'take'와 정규화된 편집 거리의 특징을 비교하면 정규화하지 않았을 때는 'make, taken, takes, stake' 등이 모두 편집 거리기 1이지만 정규화하면 'make'는 거리가 더 멀어진다. 한편 편집 거리가 1인 단어들을 대상으로 비교해 보면 정규화 이후에는 편집 거리가 달라진 것을 확인할 수 있는데, 비교 단어 중에서 길이가 가장 길면서 공통 글자가 가장 많은 'difterential(differential)'의 거리가 가장 가깝게 나타난다.

[표 12-7] 편집 거리가 1인 단어 비교

단어 비교	길이	일치 글자 수	편집 거리	
			정규화 이전	정규화 이후
take - make	4, 4	3	1	0.25
take - taken	4, 5	4	1	0.20
take - takes	4, 5	4	1	0.20
take - stake	4, 5	4	1	0.20
govenment - government	9, 10	9	1	0.10
difterential - differential	12, 12	11	1	0.08

n-gram 편집 거리

앞에서는 한 글자를 대상으로 편집 거리를 계산, 비교하였는데 두 글자 이상의 부분 문자열을 하나의 단위로 확장하여 비교하는 것도 가능하다. 이와 같이 두 글자 이상의 문자열을 하나의 단위로 분할하여 편집 거리를 계산하는 것을 n-gram 편집 거리 측정 알고리즘이라고 한다. n-gram은 연속성을 바탕으로 확률을 예측할 때 사용하는 언어 모델로, 컴퓨터 언어학(computational linguistics)에서 인공지능에 이르기까지 언어 처리에서 주요하게 활용하는 알고리즘이다. 연어 관계(collocational relation) 즉 어휘적 긴밀성을 보이는 단어 결합 관계 확률에 의존하는 방식으로, 과거 검색 엔진에서는 형태소 분석 없이 n-gram으로 검색어를 추출하기도 하였다. 최근에는 철자 교정은 물론 텍스트 검색, 텍스트 유사도 측정 및 자동 분류 등에도 사용한다. n-gram 생성 시 'n'이 1이면 유니그램(unigram), 2이면 바이그램(bigram), 3이면 트라이그램(trigram)이라 부른다.

[예제 12-6]은 n-gram 알고리즘을 구현한 것으로 예제에서는 단어를 1글자에서 4글자까지 n-gram으로 변환하여 출력한다.

[예제 12-6]

```
def MakeStringNGram(BaseSeq, NGram=1):
    NGramList = []
    BaseLen = len(BaseSeq)
    for i in range(BaseLen + 1 - NGram):
        NGramWord = BaseSeq[i:(i + NGram)] # [NGram]길이만큼만 분리
        NGramList.append(NGramWord)
    return NGramList
```

```
#-----------------------------------------
print(MakeStringNGram('government', NGram=1))
print(MakeStringNGram('government', NGram=2))
print(MakeStringNGram('government', NGram=3))
print(MakeStringNGram('government', NGram=4))

print(MakeStringNGram('대한교과서주식회사', NGram=1))
print(MakeStringNGram('대한교과서주식회사', NGram=2))
print(MakeStringNGram('대한교과서주식회사', NGram=3))
print(MakeStringNGram('대한교과서주식회사', NGram=4))
>>>
['g', 'o', 'v', 'e', 'r', 'n', 'm', 'e', 'n', 't']
['go', 'ov', 've', 'er', 'rn', 'nm', 'me', 'en', 'nt']
['gov', 'ove', 'ver', 'ern', 'rnm', 'nme', 'men', 'ent']
['gove', 'over', 'vern', 'ernm', 'rnme', 'nmen', 'ment']
['대', '한', '교', '과', '서', '주', '식', '회', '사']
['대한', '한교', '교과', '과서', '서주', '주식', '식회', '회사']
['대한교', '한교과', '교과서', '과서주', '서주식', '주식회', '식회사']
['대한교과', '한교과서', '교과서주', '과서주식', '서주식회', '주식회사']
```

초기 검색 엔진은 형태소 분석 없이 어절 단위로 검색하여 '한국을'과 '한국'을 서로 다른 단어로 검색해야 했고, '교과서'나 '주식회사'로 검색하면 '대한교과서주식회사'와 같은 단어는 찾을 수 없었다. 그러나 n-gram 알고리즘으로 단어를 글자 단위로 분할하면 '교과서'나 '주식회사'로 검색해도 '대한교과서주식회사'까지 찾을 수 있다. 대신 n-gram 알고리즘으로 검색어를 추출하면 '과서주', '교과서주'처럼 의미 없는 중간 문자열도 검색 결과로 제시된다.

[예제 12-7]에서는 편집 거리를 계산할 때 n-gram을 적용할 때와 그렇지 않을 때의 차이를 비교하기 위해 2-gram으로 편집 거리를 계산하여 출력한다.

```
[예제 12-7]

def GetEditDistance_NGram(BaseStr, CompStr, NGram=1):
    BaseNgram = MakeStringNGram(BaseStr, NGram=NGram)
    CompNgram = MakeStringNGram(CompStr, NGram=NGram)
    EditDistance_Ngram = GetEditDistance(BaseNgram, CompNgram)
    return EditDistance_Ngram
#-----
```

```
words = ['make', 'taken', 'takes', 'stake', 'makes', 'like']
for word in words:
    print (f'[{word}] EditDistance:', GetEditDistance_NGram('take', word, NGram=2))
>>>
[make] EditDistance: 1
[taken] EditDistance: 1
[takes] EditDistance: 1
[stake] EditDistance: 1
[makes] EditDistance: 2
[like] EditDistance: 2
```

[예제 12-7]은 단어를 2-gram으로 변환한 후에 편집 거리를 계산하기 위해서 GetEditDistance_NGram() 함수를 이용한다. 출력 결과를 보면 2-gram으로 분리하여 편집 거리를 계산한 것과 그렇지 않은 것에 차이가 없다. 이것은 예제로 사용한 단어의 길이가 짧아서 n-gram의 효과가 나타나지 않기 때문이다. 따라서 n-gram을 적용하지 않을 때 편집 거리가 1인 단어 중에서 길이가 긴 단어로 바꾸어 비교한다.

```
[예제 12-8]

print('[N-Gram(X)]')
words = ['govenment', 'overnment', 'govetnment', 'fovernment', 'governmenr',]
for word in words:
    print (f'[{word}] EditDistance:', GetEditDistance( word, 'government'))
print()

print('[N-Gram(O)]')
for word in words:
    print (f'[{word}] EditDistance:',GetEditDistance_NGram(word,'government', NGram=2))
>>>
[N-Gram(X)]
[govenment] EditDistance: 1
[overnment] EditDistance: 1
[govetnment] EditDistance: 1
[fovernment] EditDistance: 1
[governmenr] EditDistance: 1

[N-Gram(O)]
[govenment] EditDistance: 2
```

```
[overnment] EditDistance: 1
[govetnment] EditDistance: 2
[fovernment] EditDistance: 1
[governmenr] EditDistance: 1
```

[예제 12-8]은 편집 거리가 1인 단어 중에서 n-gram을 적용할 때와 그렇지 않을 때의 차이를 확인하기 위해서 길이가 긴 단어로 바꾸어 비교한다. 길이가 긴 단어를 대상으로 2-gram을 적용하면 단어 시작이나 끝에서 글자가 바뀌거나 삭제될 경우에는 거리값이 달라지지 않지만 단어 중간에서 글자가 바뀌거나 삭제되면 더 멀어져서 편집 거리가 2로 바뀐다.

[표 12-8] 'govenment'와 'government'의 편집 거리 2차원 테이블

		go	ov	ve	er	rn	nm	me	en	nt
	0	1	2	3	4	5	6	7	8	9
go	1	0	1	2	3	4	5	6	7	8
ov	2	1	0	1	2	3	4	5	6	7
ve	3	2	1	0	1	2	3	4	5	6
en	4	3	2	1	1	2	3	4	4	5
nm	5	4	3	2	2	2	2	3	4	5
me	6	5	4	3	3	3	3	2	3	4
en	7	6	5	4	4	4	4	3	2	3
nt	8	7	6	5	5	5	5	4	3	2

4. 코사인 거리(Cosine Distance)

코사인 유사도(Cosine Similarity)는 문서의 유사도를 측정하기 위하여 고안된 알고리즘으로 문서의 단어 빈도를 벡터화하는데, 두 벡터 간의 코사인 각도로 유사도를 측정한다. 이 알고리즘은 제라드 솔튼(Gerard Salton)이 1975년 벡터 공간 모델(A Vector Space Model for Automatic Indexing)을 발표하면서 널리 알려진 것으로 문서 유사도를 측정하기 위한 것이지만, 문서 대신 단어에 포함된 글자의 빈도로 벡터화하면 단어의 유사도를 측정할 수 있다. 벡터 공간 모델은 문서의 단어 빈도를 벡터로 표현하는데, 자연어 처리에서는 단어나 글자의 빈도를 벡터로 치환해서 유사도를 계산한다. 이때 문서(문장)의 유사도 측정에는 단어 빈도를, 단어 유사도 측정에는 단어의 각 글자 수를 벡터로 적용한다. 코사인 거리는 코사인 유사도를 '1-코사인 유사도'로 계산하여 변환한 것이다.

$$\text{similarity} = \cos(\theta) = \frac{\sum_{i=1}^{n} A_i B_i}{\sqrt{\sum_{i=1}^{n} A_i^2} \times \sqrt{\sum_{i=1}^{n} B_i^2}}$$

[예제 12-9]는 코사인 거리 측정 알고리즘을 구현한 것으로 단어를 글자 빈도로 변환하는 벡터화를 거친 후에 빈도값으로 코사인 거리를 계산한다. 앞의 자카드 거리 측정 알고리즘 등에서 측정한 단어를 대상으로 코사인 거리를 측정한다.

[예제 12-9]

```
def GetDictFreq_CosDistance(DictFreqBase, DictFreqComp):
    # bunmo-calc
    #=basePowSum = sum([(value**2) for key, value in DictFreqBase.items()])
    basePowSum = 0
    for BaseNum, WordDict_i in enumerate(DictFreqBase):
        basePowSum += (DictFreqBase[WordDict_i]**2)

    #=compPowSum = sum([(value**2) for key, value in DictFreqComp.items()])
    compPowSum = 0
    for CompNum, WordDict_c in enumerate(DictFreqComp):
        compPowSum += (DictFreqComp[WordDict_c]**2)

    baseRoot = basePowSum**0.5 # square-root
    compRoot = compPowSum**0.5 # square-root
    Bunmo_Total = baseRoot * compRoot

    # bunja-calc
    Bunja_Total, BunjaCnt = GetDictFreq_Product(DictFreqBase, DictFreqComp)
    if(Bunja_Total == 0): # 공통단어가 하나도 없는 경우
        pass
    if(Bunmo_Total == 0): # 로직 오류(함수 입력이 잘못된 경우)
        print('BaseNum :', BaseNum, '\t', 'CompNum: ', CompNum)
        assert False, '(Bunmo_Total == 0)'
        CosDistance = 1 # 가장 멀리 있는 상태
```

```
        return CosDistance

    #================
    # sqrt(float) limit 패치
    #================
    # 제곱근을 구할 때 미세하게 정확도가 떨어진다. 그래서 두 사전이 같으면 값이 같게 조정함.
    # DictFreqBase: {'app': 1, 'ban': 1, 'can': 1}
    # DictFreqComp: {'app': 1, 'ban': 1, 'can': 1}
    # (Bunja_Total > Bunmo_Total)
    # (3 > 2.9999999999999996)
    #================
    #----------
    # result
    #----------
    if(Bunja_Total > Bunmo_Total): # 오류 상태
        #----------
        # 무조건 오류로 처리하지 않고 소수점의 부정확한 계산이면 반올림으로 보정한다.
        #----------
        # 예) (Bunja_Total > Bunmo_Total)=>(208 > 207.99999999999997)
        #----------
        Bunmo_Total_Round = round(Bunmo_Total, 7) # {7}자리에서 반올림
        if(Bunja_Total == Bunmo_Total_Round):
            Bunmo_Total = Bunja_Total #분모값을 분자값으로 변경,아래에서 '1'이 되도록 함.
        if(Bunja_Total > Bunmo_Total): # 오류 상태
            print('DictFreqBase:', DictFreqBase)
            print('DictFreqComp:', DictFreqComp)
            assert False, f'(Bunja_Total>Bunmo_Total) => ({Bunja_Total} > 
{Bunmo_Total})'
    #
    CosSimilarity = (Bunja_Total / Bunmo_Total)
    CosDistance = 1 - CosSimilarity
    #
    return CosDistance

def GetWordDistance_Cosine(BaseSeq, CompSeq):
    from hgdict import GetDictFreq_Char__String

    DictFreqBase = GetDictFreq_Char__String(BaseSeq)
    DictFreqComp = GetDictFreq_Char__String(CompSeq)
```

```
    Distance = GetDictFreq_CosDistance(DictFreqBase, DictFreqComp)
    return Distance
#-----------------------------------
words = ['make', 'taken', 'takes', 'stake', 'makes', 'like']
for word in words:
    print(f'[{word}] Distance: %.2f' % GetWordDistance_Cosine('take', word))
print()
print('Distance: %.2f' %GetWordDistance_Cosine('govenment','government'))#Distance:0.04
print('Distance: %.2f' %GetWordDistance_Cosine('difterential','differential'))# Distance:0.06
>>>
[make] Distance: 0.25
[taken] Distance: 0.11
[takes] Distance: 0.11
[stake] Distance: 0.11
[makes] Distance: 0.33
[like] Distance: 0.50

Distance: 0.04
Distance: 0.06
```

[예제 12-9]에서는 단어의 글자 빈도를 벡터화한 후에 코사인 거리를 계산하여 출력한다. 출력한 결과를 다른 거리 측정 알고리즘과 비교하면 단어의 길이가 길고 일치하는 글자수가 많을수록 코사인 유사도가 높아서 거리는 더 가까워지는데, 이러한 결과는 타니모토 거리와 유사하다.

[표 12-9] 코사인 거리 비교

단어 비교	코사인 거리	길이	일치하는 글자수
take - taken	0.11	4, 5	4
take - takes	0.11	4, 5	4
take - stake	0.11	4, 5	4
take - make	0.25	4, 4	3
take - makes	0.33	4, 5	3
take - like	0.50	4, 4	2
govenment - government	0.04	9, 10	9
difterential - differential	0.06	12, 12	11

지금까지 단어 유사도 측정 알고리즘을 설명하였는데 [표 12-10]에서 보는 바와 같이 알고리

즘에 따라 측정 결과에 차이가 있다. 이에 개발자 혹은 연구자는 이들 알고리즘을 비교하여 효과적인 알고리즘을 선택하여 적용하는 것이 필요하다.

[표 12-10] 단어 거리 측정 알고리즘의 결과 비교

단어 비교	자카드	타니모토	편집 거리		코사인 거리
			정규화 이전	정규화 이후	
take - make	0.40	0.40	1	0.25	0.25
take - taken	0.20	0.20	1	0.20	0.11
take - takes	0.20	0.20	1	0.20	0.11
take - stake	0.20	0.20	1	0.20	0.11
take - makes	0.50	0.50	2	0.40	0.33
take - like	0.67	0.67	2	0.50	0.50
govenment - government	0.12	0.07	1	0.10	0.04
difterential - differential	0.00	0.11	1	0.08	0.06

Chapter 13 철자 교정 알고리즘

인터넷 검색 엔진에서 '대한민국'이라는 단어를 '대헌민국'으로 잘못 입력해도 '대한민국'이라는 정확한 검색어가 제시되는 것은 검색 엔진의 철자 교정 기능 덕분이다. 영문 검색에서도 'government' 대신 'n'이 빠진 'goverment'를 입력하면 "Did you mean:" 문장을 제시하면서 철자 오류를 교정한 'government'의 검색 결과를 보여준다.

[표 13-1] 인터넷 검색 엔진의 철자 교정

철자 교정 알고리즘은 검색어 사전 데이터베이스, 편집 거리 및 단어 가중치(인기도, 빈도, 사전 순서 등)를 이용하여 검색어를 교정한다. 사용자 입장에서 보면 검색 엔진이 철자를 교정하여 검색어를 제시하는 것처럼 보이지만, 입력된 검색어가 검색어 사전에 있으면 그 결과를 출력하고 사전에 없으면 전체 검색어 사전의 어휘와 편집 거리를 계산하여 유사도가 가장 높은 단어를 선택하여 교정 결과를 제시하는 것이다. 이 장에서는 편집 거리를 이용하여 철자 오류를 교정하는 알고리즘을 설명한다.

1. 철자 교정 알고리즘의 원리

일반적으로 정보 검색 시스템은 검색할 텍스트에서 미리 단어를 추출하여 어휘 사전을 만들어 두었다가 사용자가 검색어를 입력하면 어휘 사전을 탐색하여 결과를 제시한다. 인터넷 검색 엔진은 인터넷 사이트에서 텍스트를 다운로드한 후에 단어를 추출해서 어휘 사전을 만든다. 이 책에서는 정보 검색 시스템 모형을 구현하여 철자 교정 알고리즘을 설명한다. 이를 위해 검색어 사전을 구축하는데, 영어는 미국 대통령 취임사 텍스트를, 한국어는 뉴스 텍스트를 대상으로 한다.

영어 철자 교정을 위한 검색어 사전 구축

영어 철자 교정 알고리즘을 구현하기 위해서는 먼저 영어 검색어 사전을 구축해야 한다. 검색어 사전 구축에 사용하는 텍스트는 미국 대통령 취임사로, 홈페이지에서 다운로드하여 총 59개의 텍스트 파일로 저장했으며 전체 파일 크기는 약 781KB이다. 대부분의 검색 엔진은 텍스트에서 검색어를 추출할 때 토큰 처리와 형태소 분석이라는 전처리 과정을 거치는데 이와 관련된 내용은 9장과 11장에서 설명하였으므로 이 장에서는 생략한다.

[예제 13-1]은 미국 대통령 취임사에서 공백 문자로 단어를 분리한 후에 검색어를 추출하여 검색어 사전을 생성한다. 다만 공백 문자로 단어를 분리하면 형태소 분석이 되지 않아 명사는 단수형과 복수형이 다른 단어로 처리되고 시제 혹은 인칭에 따른 동사 변화형도 다른 단어로 처리된다.

[예제 13-1]

```
us_president = load_textlist_us_president() # 미국 대통령 취임 연설(InaugurationSpeech)
DictFreqList = MakeDictFreqList__EngTextList(us_president)
print('Dict Num:', len(DictFreqList))

if('freedom' in DictFreqList):
    docnum = len(DictFreqList['freedom'])
    print(f'freedom ({docnum}) :', DictFreqList['freedom'])
>>>
Dict Num: 9110
freedom (37) : {3: 4, 4: 2, 5: 1, 9: 5, 10: 1, 13: 6, 14: 2, 16: 3, ..., 56: 3, 57: 6}
```

[예제 13-1]에서는 load_textlist_us_president( ) 함수로 취임사 텍스트를 읽어오고 MakeDictFreqList__EngTextList() 함수로 텍스트를 소문자로 변환한 후에 공백 문자로 분리하여 어휘 빈도 사전으로 변환한다. 이렇게 생성된 검색어 어휘 사전은 {검색어:{문서번호: 빈도, ...}}의 사전(dict) 형식으로 구축한다. 공백 문자를 기준으로 미국 대통령 취임사의 단어수는 총 9,110개이다. 사전에서 'freedom'의 문서 빈도를 출력해 보면, 'freedom'은 총 37개 문서에서 등장하는데 가장 먼저 4번째 문서에서 4회 나타나고, 58번째 문서에서는 6회 포함된 것을 알 수 있다.

어휘 사전 상태를 확인하기 위해서 사전이 생성된 순서대로 어휘 10개를 뽑아서 출력하면 [표 13-2]와 같다. 단어 'fellow'가 먼저 등장하는 이유는 첫 번째 텍스트의 첫 문장이 "Fellow-Citizens of the Senate…"로 시작하는데 문서를 읽은 순서대로 어휘를 뽑아서 표제어로 등록하였기 때문이다.

[표 13-2] **미국 대통령 취임사 검색어 사전**

순서	어휘	문서수	문서번호: 빈도
1	fellow	50	{0: 3, 1: 1, 2: 7, 3: 1, ... , 56: 3, 57: 6, 58: 12}
2	citizens	53	{0: 5, 1: 1, 2: 11, 3: 2, ... , 56: 3, 57: 6, 58: 27}
3	of	59	{0: 71, 1: 11, 2: 298, 3: 62, ... , 56: 76, 57: 198, 58: 604}
4	the	59	{0: 117, 1: 13, 2: 397, 3: 99, ... , 56: 101, 57: 252, 58: 829}
5	senate	10	{0: 1, 3: 1, 11: 1, 14: 1, ... , 38: 1, 44: 1, 58: 5}
6	and	59	{0: 48, 1: 2, 2: 191, 3: 52, ... , 56: 53, 57: 150, 58: 231}
7	house	9	{0: 2, 16: 2, 20: 1, 21: 1, ... , 38: 2, 44: 2, 58: 1}
8	representatives	15	{0: 2, 9: 1, 10: 1, 11: 2, 14: 1, ... , 56: 1, 57: 1, 58: 4}
9	among	44	{0: 1, 2: 6, 3: 1, 5: 2, ... , 55: 1, 56: 1, 57: 3, 58: 3}
10	vicissitudes	5	{0: 1, 9: 1, 10: 1, 12: 1, 24: 1}

영어 철자 교정을 위한 검색어 사전 탐색

검색어 사전을 대상으로 편집 거리 측정 알고리즘을 적용하면 사용자가 입력한 검색어와 편집 거리가 가장 가까운 단어를 추출할 수 있다. [예제 13-2]에서는 단어 중간에 'r'글자가 빠진 검색어 'govenment'를 입력한 후 이 단어와 편집 거리가 가장 가까운 단어 10개를 추출한다.

[예제 13-2]

```
def FindDisWord_Vocabulary(UserWord,
```

```
    DictFreqList, # 검색어 사전(format1:{word:freq}, format2:{word:{doc-id:freq}}
    DisNum=10, # 찾을 개수
    DisMax=3,  # 편집 거리 한계값(이 값보다 크면 사용하지 않는다.)
    ):
    UserWordLen = len(UserWord)
    DisWord = {}
    for inx, DictWord in enumerate(DictFreqList):
        EditDistance = GetEditDistance(UserWord, DictWord)
        # 편집 거리가 검색어 길이와 같으면 완전히 다른 관련 없는 단어다.
        if(EditDistance >= UserWordLen):
            continue
        # 편집 거리 최대 한계 검사 -  편집 거리 최대 한계(3)를 벗어나면 어색하다.
        if((DisMax > 0) and (EditDistance > DisMax)):
            continue # 이 함수 밖에서 (DisMax=0)으로 바꿔서 전부 출력하는 경우 있음
        #
        if(type(DictFreqList[DictWord]) == int): # format1: {word:freq}
            DictWord_DocNum = DictFreqList[DictWord]
        else: # farmat2: {word:{doc-id:freq}}
            DictWord_DocNum = len(DictFreqList[DictWord])
        DisWord[DictWord] = (EditDistance, DictWord_DocNum) #(편집거리,단어-문서수)

        if(DisNum > 0): # 편집거리 단어가 많으면 (DisNum * 5) 크면 중간 삭제한다.
            if(len(DisWord) > (DisNum * 5)): # 단어 등록 제한 검사
                DelDictDistance(DisWord, ByOrderHigh=False, DictNum=DisNum)
    #
    if(DisNum > 0):
        if(len(DisWord) > DisNum): # 단어 등록 제한 검사
            DelDictDistance(DisWord, ByOrderHigh=False, DictNum=DisNum)
    #
    return DisWord

...
#----
print('EditDistance: 1글자 빠진 상태')
DisWord = FindDisWord_Vocabulary('govenment', DictFreqList, DisNum=10, DisMax=0)
print('DisWord Num:', len(DisWord))
>>>
...
EditDistance: 1글자 빠진 상태
DisWord Num: 33
```

[예제 13-2]에서는 검색어 사전에서 편집 거리를 활용하여 가까운 단어를 추출하기 위해서 FindDisWord_Vocabulary() 함수를 이용하는데, 이 함수는 검색어 사전에서 차례대로 각 어휘와 검색어의 편집 거리를 계산하여 목록으로 저장한다. 이 함수는 지정한 개수(DisNum)까지만 가까운 단어를 찾는데 만약 이 범위를 초과하면 편집 거리가 먼 단어부터 삭제하면서 지정한 범위 내에서만 어휘를 저장한다. 출력 결과를 보면 철자 오류 상태인 'govenment'와 가까운 단어 10개를 반환하도록 했지만 반환 결과는 33단어이다. 이것은 10번째 이후 단어의 편집 거리가 같으면 해당 단어를 모두 포함하기 때문이다.

[예제 13-3]은 FindDisWord_Vocabulary() 함수에서 반환한 목록을 대상으로 코드값을 기준으로 정렬한 것과 'govenment'와의 편집 거리를 기준으로 정렬한 것을 출력한다. 편집 거리로 정렬할 때 편집 거리가 같으면 단어가 포함된 문서 빈도가 높은 순서로 2차 정렬을 한다.

[예제 13-3]

```
...
print('# 코드 순서 출력')
DisWord_Sort = sorted(DisWord.items(), key=lambda kv: kv[0]) # by a->z
for i, x in enumerate(DisWord_Sort):
    print((i+1), ':', x)
print()
print('# 편집 거리 순서 출력')
DisWord_Sort = sorted(DisWord.items(), key=lambda kv:(kv[1][0],-kv[1][1]))#by low
for i, x in enumerate(DisWord_Sort):
    print((i+1), ':', x)
>>>
# 코드 순서 출력
1 : ('agreement', (4, 4))
2 : ('amendment', (4, 7))
3 : ('cement', (4, 3))
4 : ('concernment', (4, 2))
5 : ('consent', (4, 7))

... ...
32 : ('reverent', (4, 1))
33 : ('torment', (4, 1))

# 편집 거리 순서 출력
```

```
1 : ('government', (1, 54))
2 : ('governments', (2, 29))
3 : ('movement', (2, 6))
4 : ('governmental', (3, 5))
5 : ('movements', (3, 4))
... ...
32 : ('torment', (4, 1))
33 : ('resentment', (4, 1))
```

[예제 13-3]에서 어휘와 함께 제시되는 괄호 안의 숫자는 '편집 거리'와 '문서수'를 의미한다. 여기에서 '문서수'는 해당 어휘가 포함된 문서의 양을 가리키는데 값이 클수록 많은 문서에 포함되었다는 뜻이다. 이 책에서는 편집 거리가 같을 때는 단어에 대한 문서 빈도를 가중치로 적용한다.

편집 거리가 가까운 것을 기준으로 정렬하면 제일 먼저 등장한 단어는 'government'로 검색어와의 편집 거리는 '1'이다. 두 번째로 가까운 단어는 'governments, movement'로 편집 거리는 '2'이다. 이렇게 편집 거리가 같은 단어는 여러 문서에 많이 등장할수록 가중치를 높게 부여하여 2차 정렬을 수행한다. 'governments'는 29개 문서에, 'movement'는 6개의 문서에 출현하므로 'governments'를 두 번째로 가까운 단어로 선택한다.

[표 13-3] 'govenment'에 대한 편집 거리와 빈도

순서	단어	거리	빈도	순서	단어	거리	빈도
1	government	1	54	11	amendment	4	7
2	governments	2	29	12	governed	4	7
3	movement	2	6	13	element	4	6
4	governmental	3	5	14	governing	4	6
5	movements	3	4	15	content	4	5
6	covenant	3	4	16	dependent	4	4
7	convenient	3	1	17	agreement	4	4
8	moment	4	22	18	contentment	4	4
9	govern	4	12	19	investment	4	4
10	consent	4	7	20	cement	4	3

그런데 출력 결과를 보면 편집 거리가 '4'인 단어들은 'govenment'와 비교하면 유사도가 매우 낮다. 유사도가 낮은 단어는 추출하지 않는 편이 낫기 때문에 편집 거리로 철자를 교정할

때는 최대 거리에 제한을 둔다. 실제로 편집 거리로 철자를 교정할 때는 편집 거리의 최대 한계를 설정하여 그 범위를 초과하는 단어들은 제외시킨다. FindDisWord_Vocabulary() 함수는 매개변수(DisMax)를 통하여 편집 거리 최댓값을 제한하는데, 이 함수에서 DisMax의 기본값은 '3'으로 설정되어 있어서 매개변수를 지정하지 않으면 편집 거리를 '3'으로 제한한다. 이를 적용하여 [예제 13-4]에서는 편집 거리가 3 이내인 단어만 출력한다.

```
[예제 13-4]
...
DisWord = FindDisWord_Vocabulary('govenment', DictFreqList, DisNum=10)
print('DisWord Num:', len(DisWord))

print('# 편집 거리 순서 출력')
DisWord_Sort = sorted(DisWord.items(), key=lambda kv: (kv[1][0], -kv[1][1])) # by low
for i, x in enumerate(DisWord_Sort):
    print((i+1), ':', x)
>>>
DisWord Num: 7
# 편집 거리 순서 출력
1 : ('government', (1, 54))
2 : ('governments', (2, 29))
3 : ('movement', (2, 6))
4 : ('governmental', (3, 5))
5 : ('movements', (3, 4))
6 : ('covenant', (3, 4))
7 : ('convenient', (3, 1))
```

[예제 13-4]의 출력 결과를 보면 이전과는 다르게 7단어까지만 보여준다. 예제에서는 편집 거리를 '3'으로 제한하지만 철자 오류를 교정할 때에는 교정 후보어를 많이 제시하는 것보다 올바르게 교정된 단어를 제시하는 것이 중요하므로 편집 거리 최댓값을 '2'로 제한하는 것이 적합하다.

한글 철자 교정을 위한 검색어 사전 구축

이번 절에서는 한글을 대상으로 철자 오류를 교정하여 검색어를 제시하는 알고리즘을 설명한다. 이를 위해 KBS 9시 뉴스를 텍스트로 사용하는데, 2009년 뉴스 텍스트 13,148개를 사용하며 전체 파일 용량은 약 16.4MB이다. 영어 텍스트처럼 단어를 추출하여 어휘 사전을 만들어 두고 사용자가 검색어를 입력하면 어휘 사전을 탐색하여 결과로 제시한다.

한국어 철자 교정을 위해서는 한국어 검색어 사전이 필요하다. 앞선 예제에서 영어 텍스트는 공백 문자를 이용하여 단어를 추출하였지만 한국어 텍스트는 형태소 분석을 통해 단어를 추출하여 검색어로 사용한다. 한국어는 첨가어로 문장 내에서 체언과 용언이 조사 및 어미와 결합되어 사용된다. 예를 들어 '한국, 한국이, 한국을'에서 공백 문자로 검색어를 추출하면 서로 다른 단어로 처리되므로 형태소 분석을 통해 조사를 분리하여 '한국'을 검색어로 추출해야 한다. 이에 한국어 검색어 사전은 t2bot의 형태소 분석기를 이용하여 검색어를 추출한다.

[표 13-4] **한국어 검색어 추출 방법**

단어 예	공백 문자 (3단어)	형태소 분석 (1단어)
한국 한국이 한국을	한국, 한국이, 한국을	한국
추출 추출한 추출했다	추출, 추출한, 추출했다	추출
만들고 만들다 만들면	만들고, 만들다, 만들면	만들다

[예제 13-5]에서는 뉴스 텍스트에서 추출한 검색어 빈도 목록 파일을 읽어 검색어 사전으로 변환한다. 검색어 빈도 목록 파일은 문단 단위로 구성된 텍스트 파일로 [순서, 검색어(주제어), 빈도] 쌍으로 이루어졌다. 따라서 각 문단을 읽은 후에 {검색어:빈도} 사전(dict)형으로 변환하기 위해 GetDictFreq_WordFreqText() 함수를 이용한다.

[예제 13-5]

```
def GetDictFreq_WordFreqText(filename, encoding='utf-8', IgnoreError=False):
    #
    DictFreq = {}
    if filename.is_file():
        if filename.exists():pass
        else: return DictFreq
    else:
        print("file not found: %s" %filename)
        return DictFreq

    errors = None
    if(IgnoreError == True):
        errors = 'ignore'
    file = open(filename, 'r', encoding=encoding)
```

```
    ReadCnt = 0;
    while True:
        try:
            line = file.readline()
            if not line:
                break
            line = line.strip() # 양끝 공백문자 지움
            if(len(line) > 0):
                word_tok = line.split('\t')
                if(word_tok != None):
                    if(len(word_tok) == 3): # format: ['순서', '주제어', '빈도']
                        TopicWord = word_tok[1]
                        Freq = word_tok[2]
                    elif(len(word_tok) == 2): # format: ['주제어', '빈도']
                        TopicWord = word_tok[0]
                        Freq = word_tok[1]
                    else: # 형식이 맞지 않는 경우
                        break
                    DictFreq[TopicWord] = int(Freq)
            else: # 내용은 없고 줄바꿈만 있는 경우
                pass
        except UnicodeDecodeError as UDError:
            print('[',filename,']', '\n', (ReadCnt + 1), 'line ', UDError)
            pass
        ###
        ReadCnt += 1
    ###
    file.close()
    return DictFreq

def load_dictfreq_kbs_wordlist(filename, SortFlag=True):
    #encoding='utf-8'
    #encoding='euc-kr'# 표준완성형 범위를 벗어난 통합완성형 코드는 오류 때문에 못 읽는다.
    encoding='cp949'
    #
    DictFreq=GetDictFreq_WordFreqText(filename, encoding=encoding)
    if SortFlag == True: # sort by a->z
        dict_by_keys = sorted(DictFreq.items(), key=lambda item: item[0]) #by key:a->z
```

```
        #=DictFreq_AZ = {dic[0]:dic[1] for dic in dict_by_keys}
        DictFreq_AZ = dict(dict_by_keys)
        return DictFreq_AZ
    else:
        return DictFreq

def load_dictfreq_kbs_2009(SortFlag=True):
    from pathlib import Path
    filename = Path('./../testtext/hgdatsci/_kbs_2009_/2009.가나순_WordList.txt')
    DictFreq = load_dictfreq_kbs_wordlist(filename, SortFlag)
    return DictFreq

#-------------------------------
DictFreqList = load_dictfreq_kbs_2009() # {KBS 9시 2009년 뉴스}
print('Dict Num:', len(DictFreqList))
WordNum = sum(DictFreqList[dic] for dic in DictFreqList)
print('Word Num:', WordNum)

if('대한민국' in DictFreqList):
    print('대한민국:', DictFreqList['대한민국'])
if('한국' in DictFreqList):
    print('한국:', DictFreqList['한국'])
>>>
Dict Num: 99989
Word Num: 1689975
대한민국: 261
한국: 1655
```

[예제 13-5]에서는 load_dictfreq_kbs_2009() 함수로 뉴스 텍스트의 검색어를 읽은 후 {검색어:빈도} 형식(dict)의 어휘 빈도 사전으로 변환한다. 앞서 영어 텍스트에서는 사전(dict) 형식을 {검색어:{문서번호:빈도}}로 제시하였는데 한국어는 문서 정보 없이 빈도만 제시한다.

예제에 사용하는 뉴스 텍스트의 단어 수는 99,989개이며 검색어의 전체 빈도는 1,689,975이다. 사전에서 '대한민국'과 '한국'의 빈도를 출력해 보면, 각각 261회와 1,655회로 나타난다. 한편 검색어의 어휘 목록을 살펴보면, 가장 많이 등장한 단어는 '있다'이며 그 외에 '것, KBS, 뉴스' 등이 있다. 뉴스 텍스트는 '뉴스, 기자, 오늘, 대하여' 등이 많이 등장하는데, 검색어의 사용 목적과 의도에 따라 의미가 없다고 생각하는 단어는 불용어로 처리하여 자동 색인을 하면 원하는 검색어 목록을 얻을 수 있다. 이 책에서는 명사를 비롯하여 동사, 형용사, 부사, 관형사 등 가능한 모든 실질 형태소를 추출하여 '있다, 없다, 받다, 보이다, 밝히다, 나오다'와 같은 용언도 검색어 목록에 포함시킨다.

[표 13-5] 뉴스 텍스트의 검색어 목록 및 빈도

순위	단어	빈도	순위	단어	빈도	순위	단어	빈도
1	있다	35376	13	받다	5195	25	못하다	3059
2	것	17894	14	때문	4401	26	그	3018
3	KBS	11266	15	보이다	3771	27	우리	3018
4	뉴스	10478	16	북한	3735	28	서울	3012
5	등	9970	17	또	3691	29	사람	2924
6	기자	9734	18	지난	3360	30	하지만	2922
7	이	8043	19	경찰	3328	31	때	2899
8	않다	7746	20	밝히다	3299	32	시작	2721
9	없다	7334	21	아니다	3137	33	전	2705
10	오늘	6109	22	정부	3136	34	미국	2674
11	대하다	5674	23	나오다	3131	35	이번	2671
12	위하다	5205	24	뒤	3091	36	모두	2644

한글 철자 교정을 위한 검색어 사전 탐색

검색어 사전이 준비되면 편집 거리 측정 알고리즘을 이용하여 한글 철자 교정을 시작한다. [예제 13-6]에서는 '대헌민국'을 검색어로 입력하고 편집 거리가 가장 가까운 단어 10개를 추출한다.

```
[예제 13-6]
...
DisWord = FindDisWord_Vocabulary('대헌민국', DictFreqList, DisNum=10)
print('DisWord Num:', len(DisWord))

print(), print('# 코드 순서 출력')
DisWord_Sort = sorted(DisWord.items(), key=lambda kv: kv[0]) # by a->z
for i, x in enumerate(DisWord_Sort):
    print((i+1), ':', x)

print(), print('# 편집 거리 순서 출력')
```

```
DisWord_Sort = sorted(DisWord.items(), key=lambda kv: (kv[1][0], -kv[1][1])) # by low
for i, x in enumerate(DisWord_Sort):
    print((i+1), ':', x)
>>>
...
DisWord Num: 15

# 코드 순서 출력
1 : ('강민국', (2, 1))
2 : ('대국', (2, 7))
3 : ('대국민', (2, 20))
4 : ('대국민적', (2, 1))
5 : ('대민', (2, 1))
6 : ('대상국', (2, 4))
7 : ('대선정국', (2, 1))
8 : ('대중국', (2, 2))
9 : ('대치정국', (2, 7))
10 : ('대한민국', (1, 261))
11 : ('대한민보', (2, 1))
12 : ('대한제국', (2, 15))
13 : ('대형약국', (2, 3))
14 : ('최헌국', (2, 1))
15 : ('한민국', (2, 7))

# 편집 거리 순서 출력
1 : ('대한민국', (1, 261))
2 : ('대국민', (2, 20))
3 : ('대한제국', (2, 15))
4 : ('대국', (2, 7))
5 : ('대치정국', (2, 7))
6 : ('한민국', (2, 7))
7 : ('대상국', (2, 4))
8 : ('대형약국', (2, 3))
:
```

[예제 13-6]에서는 FindDisWord_Vocabulary() 함수를 호출하여 검색어 사전에서 처음부터 끝까지 차례대로 각 어휘와 검색어의 편집 거리를 계산하여 10단어까지만 찾도록 지정한다. 반환 결과를 보면, 10번째 이후에도 편집 거리가 같은 단어가 있어 총 15단어를 반환하고 코드

순서와 편집 거리를 기준으로 정렬하여 출력하는데, 어휘와 함께 제시되는 괄호 안의 숫자는 '편집 거리'와 '빈도수'를 의미한다. 여기서 '빈도수'는 값이 클수록 뉴스에 많이 포함되었다는 뜻으로, 이 책에서는 단어 빈도를 가중치로 사용한다. 제일 먼저 등장한 단어는 '대한민국'이고 검색어와의 편집 거리는 '1'로 가장 가깝다. 편집 거리가 '2'인 단어는 많지만 단어의 출현 빈도를 가중치로 적용하면 두 번째로 가까운 단어는 '대국민'이다. 최종적으로 편집 거리가 가장 가까운 '대한민국'을 교정 후보로 선택함으로써 정확하게 교정된 후보어를 제안할 수 있다.

[표 13-6] '대헌민국' 철자 교정 결과

순위	단어	(편집 거리, 빈도)
1	대한민국	(1, 261)
2	대국민	(2, 20)
3	대한제국	(2, 15)
4	대국	(2, 7)
5	대치정국	(2, 7)
6	한민국	(2, 7)
7	대상국	(2, 4)
8	대형약국	(2, 3)

Google 대헌민국
전체 지도 이미지 동영상
검색결과 약 244,000,000개 (0.77초)
수정된 검색어에 대한 결과: **대한민국**
다음 검색어로 대신 검색: 대헌민국

한글 음절 단위 철자 교정의 한계

[예제 13-6]에서는 검색어 사전과 편집 거리를 이용하여 '대헌민국'의 철자 오류를 교정하여 정확하게 '대한민국'으로 제시한다. 그러나 철자 교정 결과가 적합하지 않은 경우도 있다. [예제 13-7]에서는 '미국경제'를 검색하는데 첫 번째 글자에서 'ㅣ'를 'ㅏ'로 잘못 입력하여 '마국경제'로 검색하는 상황이다.

```
[예제 13-7]
...
DisWord = FindDisWord_Vocabulary('마국경제', DictFreqList, DisNum=10)
print('DisWord Num:', len(DisWord))

print(), print('# 편집 거리 순서 출력')
DisWord_Sort = sorted(DisWord.items(), key=lambda kv: (kv[1][0], -kv[1][1])) # by low
for i, x in enumerate(DisWord_Sort):
    print((i+1), ':', x)
```

```
>>>
...
DisWord Num: 42

# 편집 거리 순서 출력
1 : ('한국경제', (1, 64))
2 : ('미국경제', (1, 14))
3 : ('중국경제', (1, 7))
4 : ('경제', (2, 343))
5 : ('국제', (2, 216))
6 : ('세계경제', (2, 101))
7 : ('국경', (2, 38))
:
41 : ('정국경색', (2, 1))
42 : ('지방경제', (2, 1))
```

[예제 13-7]에서는 검색어 사전에서 '마국경제'와 편집 거리가 가까운 단어 10개를 추출한다. FindDisWord_Vocabulary() 함수를 이용하여 10단어까지만 찾도록 지정하지만 10번째 이후에도 편집 거리가 같은 것이 있어 총 42단어를 반환한다. 편집 거리를 기준으로 정렬한 목록을 보면 편집 거리가 가장 가까운 단어는 '한국경제(64), 미국경제(14), 중국경제(7)'의 세 단어로 이 중에서 가장 적합한 교정 단어를 골라야 한다. 인터넷 검색 엔진은 검색어의 인기도를 적용하여 2차 정렬을 하지만 일반적인 검색 엔진은 단어 빈도로 2차 정렬을 한다. 단어 빈도로 2차 정렬을 하면 [표 13-7]처럼 빈도가 가장 높은 '한국경제'가 교정 단어로 선택됨으로써 부적합한 교정 결과를 제시하게 된다.

[표 13-7] '마국경제' 음절 단위 철자 교정 결과

순위	단어	(편집 거리, 빈도)
1	한국경제	(1, 64)
2	미국경제	(1, 14)
3	중국경제	(1, 7)
4	경제	(2, 343))
5	국제	(2, 216))
6	세계경제	(2, 101)
7	국경	(2, 38))
8	지역경제	(2, 25)

Google
마국경제
전체 뉴스 이미지 동영상
검색결과 약 133,000,000개 (0.65초)
수정된 검색어에 대한 결과: **미국 경제**
다음 검색어로 대신 검색: 마국경제

[표 13-7]과 같은 교정 오류는 철자를 교정할 때 자모 단위로 처리하면 개선할 수 있다. 한글은 초성, 중성, 종성 자모를 모아서 음절을 구성하기 때문에 비록 음절로는 1글자일지라도 그 안에는 2~3개 자모 글자를 가지고 있는 것과 마찬가지여서 검색어를 자모로 변환하면 이러한 오류를 개선하여 보다 정확한 교정 결과를 제시할 수 있다.

2. 초/중/종성 기반 철자 교정

비슷한 단어를 찾거나 철자를 교정할 때 단어 길이는 중요한 역할을 한다. 길이가 짧을수록 글자 하나당 차지하는 비중이 높아지기 때문에 짧은 길이의 단어일수록 글자가 잘못 입력되면 정확한 교정어를 제시하는 것도 어려워진다. 그런데 한글은 초성, 중성, 종성 자모를 모아서 하나의 음절을 만들기 때문에 한 글자 혹은 두 글자로 이루어진 단어가 많다. 대신 자모를 모아쓴 것이어서 1음절은 2~3개의 자모로 변환할 수 있으며 한글 단어를 자모로 풀어쓰면 단어의 길이는 2~3배 길어진다. 그렇다면 한글 단어를 자모로 풀어서 비슷한 단어를 찾거나 철자를 교정하면 교정의 정확도도 높아질까? 이를 확인하기 위해서 먼저 음절 단위로 단어 거리를 측정할 때와 초성, 중성, 종성 자모로 풀어서 단어 거리를 측정할 때의 차이를 비교하고 철자 교정의 정확도를 높이는 데에도 유용한지 살펴본다.

초/중/종성 기반 유사도 측정

네 개의 음절로 이루어진 '대한민국'을 대상으로 '대한밍국/대한미국/대한지국/대한제국'을 비교하여 단어 유사도를 측정해 보자. 이들 네 단어는 모두 '대한민국'의 세 번째 음절에서 차이가 있는데, 이처럼 음절 단위로 보면 1글자만 다르기 때문에 편집 거리를 측정하면 모두 1로 측정된다. 그러나 자모 단위로 비교하면 차이가 있다. '대한밍국'은 종성 한 개가 다르고, '대한미국'은 종성이 없다는 점에서 다르다. '대한지국'은 초성과 종성 두 개가 다르고, '대한제국'은 초성, 중성, 종성의 자모 세 개가 모두 다르다. 이것을 명확하게 구분하기 위해서 단어를 초성, 중성, 종성으로 풀어쓰면 [표 13-8]과 같다.

[예제 13-8]에서는 TestEditDistance_Jamo3() 함수를 이용하여 '대한민국'과 세 번째 음절이 다른 네 단어의 음절을 초성, 중성, 종성 문자열로 변환한 후에 편집 거리를 측정하여 출력한다.

[표 13-8] '대한민국'과 철자 오류 단어의 자모 비교

단어	자모로 풀어쓰기	자모 길이	비교 결과
대한민국	ㄷㅐㅎㅏㄴㅁㅣㄴㄱㅜㄱ	11	-
대한밍국	ㄷㅐㅎㅏㄴㅁㅣㅇㄱㅜㄱ	11	종성 다름
대한미국	ㄷㅐㅎㅏㄴㅁㅣ ㄱㅜㄱ	10	종성 다름
대한지국	ㄷㅐㅎㅏㄴㅈㅣ ㄱㅜㄱ	10	초성, 종성 다름
대한제국	ㄷㅐㅎㅏㄴㅈㅔ ㄱㅜㄱ	10	초성, 중성, 종성 다름

[예제 13-8]

```
def TestEditDistance_Jamo3(base_v, comp_v):
    base_j = hgGetChoJungJongString(base_v)
    comp_j = hgGetChoJungJongString(comp_v)
    print('EditDistance:', GetEditDistance(base_j, comp_j))

#---
TestEditDistance_Jamo3('대한민국', '대한밍국') # '민' 음절에서 자모 1 수정
TestEditDistance_Jamo3('대한민국', '대한미국') # '민' 음절에서 자모 1 수정
TestEditDistance_Jamo3('대한민국', '대한지국') # '민' 음절에서 자모 2 수정
TestEditDistance_Jamo3('대한민국', '대한제국') # '민' 음절에서 자모 3 수정
>>>
EditDistance: 1
EditDistance: 1
EditDistance: 2
EditDistance: 3
```

[예제 13-8]에서는 hgGetChoJungJongString() 함수를 호출하여 한글 단어를 초/중/종 자모로 변환한다. 출력 결과를 음절 단위로 측정한 것과 비교해 보면 [표 13-9]와 같이 차이가 있다. '대한밍국'은 종성만 다르고 '대한미국'은 종성이 없어 모두 편집 거리가 1이므로 음절 기반의 측정 결과와 차이가 없다. 반면 '대한지국'은 초성이 디르고 종성이 없어 편집 거리가 2로, '대한

[표 13-9] '대한민국'과 철자 오류 단어의 편집 거리 비교

단어	자모	자모 길이	편집 거리	
			음절	자모
대한밍국	ㄷㅐㅎㅏㄴㅁㅣㅇㄱㅜㄱ	11	1	1
대한미국	ㄷㅐㅎㅏㄴㅁㅣ ㄱㅜㄱ	10	1	1
대한지국	ㄷㅐㅎㅏㄴㅈㅣ ㄱㅜㄱ	10	1	2
대한제국	ㄷㅐㅎㅏㄴㅈㅔ ㄱㅜㄱ	10	1	3

제국'은 종성이 없고 초성과 중성이 달라 편집 거리가 3으로 측정되어 음절 기반의 편집 거리보다 더 멀어진다. 이와 같이 단어를 초성, 중성, 종성으로 변환하면 음절 단위로 측정할 때보다 훨씬 더 정확하게 단어 거리를 계산할 수 있다.

초/중/종성 기반 철자 교정

이번에는 뉴스 텍스트의 검색어 사전을 초/중/종성으로 변환한 상태에서 편집 거리를 이용하여 가장 가까운 단어부터 출력한다. [예제 13-9]에서는 '마국경제'를 검색어로 입력하고 편집 거리가 가장 가까운 단어 10개를 추출한다.

[예제 13-9]

```
DictFreqList = load_dictfreq_kbs_2009() # [KBS 9시 뉴스: 2009년]
print('Dict Num:', len(DictFreqList))

print('# 사전을 초성, 중성, 종성 자모로 변환:')
DictFreq_jamo = {}
for dic in DictFreqList:
    dic_jamo = hgGetChoJungJongString(dic) # 초성, 중성, 종성 자모 문자열로 변환
    DictFreq_jamo[dic_jamo] = int(DictFreqList[dic])
#
word_jamo = hgGetChoJungJongString('마국경제') # 초성, 중성, 종성 자모 문자열로 변환
print('초성, 중성, 종성 자모 사전 스캔:')
DisWord = FindDisWord_Vocabulary(word_jamo, DictFreq_jamo, DisNum=10, DisMax=0)
print('DisWord Num:', len(DisWord))

print(), print('# 편집 거리 순서 출력')
DisWord_Sort = sorted(DisWord.items(), key=lambda kv: (kv[1][0], -kv[1][1]))
for i, x in enumerate(DisWord_Sort):
    SyllableStr = hgSyllableStr__Jamo3Str(x[0])
    print((i+1), ':', SyllableStr , x[1])
>>>
Dict Num: 99989
# 사전을 초성, 중성, 종성 자모로 변환:
초성, 중성, 종성 자모 사전 스캔:
DisWord Num: 25
```

```
# 편집 거리 순서 출력
1 : 미국경제 (1, 14)
2 : 한국경제 (2, 64)
3 : 중국경제 (3, 7)
4 : 세계경제 (4, 101)
5 : 국경 (4, 38)
6 : 지역경제 (4, 25)
7 : 미국령 (4, 10)
8 : 가격경쟁 (4, 8)
:
24 : 사회경제 (4, 1)
25 : 서울경제 (4, 1)
```

[예제 13-9]에서는 FindDisWord_Vocabulary() 함수를 호출하기 전에 검색어 사전과 검색어를 초성, 중성, 종성으로 변환하기 위해서 hgGetChoJungJongString() 함수를 호출한다. 예제에서는 10단어까지만 찾도록 지정하지만 10번째 이후에도 편집 거리가 같은 단어가 있어 총 25단어를 반환한다. 반환 결과는 편집 거리를 기준으로 정렬하여 출력하는데, 이때 검색어 사전의 어휘는 초/중/종성으로 바뀐 상태이므로 원래 음절 상태로 바꾸기 위해서 hgSyllableStr__Jamo3Str( ) 함수를 이용하여 출력한다.

편집 거리를 기준으로 정렬한 목록을 보면 편집 거리가 가장 가까운 단어는 '미국경제'이고, '한국경제, 중국경제'는 편집 거리값이 더 커져 2순위로 밀려난다. 이처럼 자모 단위로 편집 거리를 계산하는 것이 음절 단위보다 더 정확한 교정 결과를 제시할 수 있다.

[표 13-10] '마국경제'에 대한 편집 거리 비교

초/중/종성 단위

순위	단어	(편집 거리, 빈도)
1	미국경제	(1, 14)
2	한국경제	(2, 64)
3	중국경제	(3, 7)
4	세계경제	(4, 101)
5	국경	(4, 38)
6	지역경제	(4, 25)
7	미국령	(4, 10)
8	가격경쟁	(4, 8)

음절 단위

순위	단어	(편집 거리, 빈도)
1	한국경제	(1, 64)
2	미국경제	(1, 14)
3	중국경제	(1, 7)
4	경제	(2, 343))
5	국제	(2, 216))
6	세계경제	(2, 101)
7	국경	(2, 38))
8	지역경제	(2, 25)

초/중/종성 기반 철자 교정의 한계

한글 철자 오류는 음절보다는 초/중/종 자모 단위로 편집 거리를 측정하는 것이 효과적임을 확인하였다. 그러나 이 방법에도 한계가 있다. 다음의 예는 '광장'을 검색하기 위해 입력하는 과정에서 첫 번째 글자의 'ㄱ'을 'ㅅ'으로 잘못 입력하여 '솽장'으로 검색하는 상황이다.

```
[예제 13-10]
...
word_jamo = hgGetChoJungJongString('솽장') # <-- '광장'
print('초성, 중성, 종성 자모 사전 스캔:')
DisWord = FindDisWord_Vocabulary(word_jamo, DictFreq_jamo, DisNum=10)
print('DisWord Num:', len(DisWord))

print(), print('# 편집 거리 순서 출력')
DisWord_Sort = sorted(DisWord.items(), key=lambda kv: (kv[1][0], -kv[1][1]))
for i, x in enumerate(DisWord_Sort):
    print((i+1), ':', hgSyllableStr__Jamo3Str(x[0]) , x[1])
>>>
...
초성, 중성, 종성 자모 사전 스캔:
DisWord Num: 65

# 편집 거리 순서 출력
1 : 성장 (1, 277)
2 : 광장 (1, 95)
3 : 상장 (1, 15)
4 : 생장 (1, 7)
5 : 송장 (1, 1)
6 : 황장 (1, 1)
7 : 시장 (2, 466)
8 : 공장 (2, 386)
9 : 사장 (2, 341)
:
```

[예제 13-10]에서는 검색어 사전과 검색어를 초/중/종성으로 변환한 후에 편집 거리가 가까운 단어 10개를 추출한다. 편집 거리를 기준으로 정렬한 목록을 보면 편집 거리가 1인 단어는 6개가 있지만 빈도 가중치를 적용하여 2차 정렬을 하면 가장 가까운 단어는 '성장(277)'이다. '광장(95)'은 2번째로 가까운 단어가 되어, 편집 거리와 가중치를 고려할 때 가장 가까운 단어인

'성장'을 교정 단어로 선택하게 된다. 이러한 결과는 인터넷 검색 엔진과 비교하면 차이가 있다.

[표 13-11] '솽장'의 철자 교정 결과

순위	단어	(편집 거리, 빈도)
1	성장	(1, 277)
2	광장	(1, 95)
3	상장	(1, 15)
4	생장	(1, 7)
5	송장	(1, 1)
6	황장	(1, 1)

Google 솽장

전체 이미지 지도

검색결과 약 1,290개 (0.67초)

이것을 찾으셨나요? **광장**

검색어 '솽장'의 '솽'은 한글 자판에서 모음 'ㅗ'와 'ㅏ'를 연달아 입력하기 때문에 모음 'ㅓ' 하나만 있는 '성'보다는 '광'을 잘못 입력했을 가능성이 높다. 한글 입력에 사용하는 두벌식 자판은 'ㅢ'나 'ㄶ'처럼 자판을 두 번 입력하여 만드는 조합 모음과 조합 자음이 있다. 조합 모음과 조합 자음은 한글 맞춤법에서 중성 혹은 종성 글자 하나로 표기하지만, 한국어 정보 처리에서는 각각의 자모로 분해해야 정확하게 철자를 교정할 수 있다. 한국어는 초/중/종성을 모아서 하나의 음절로 표기하지만, 입력 자판을 기준으로 보면 한 음절 안에 최대 5개의 자모를 가지고 있어서 검색어를 초/중/종성 단위보다는 두벌식 자모 단위로 변환하는 것이 효과적이다. 따라서 [표 13-11]과 같은 교정 결과는 두벌식 자모를 기반으로 철자 교정 알고리즘을 개선하면 해결할 수 있다.

3. 두벌식 자모 기반 철자 교정

한글 철자 교정은 모아쓰는 한글의 특성으로 인해 철자 교정의 정확도를 높이기 위해서는 음절 단위보다 초/중/종성 단위로 편집 거리를 적용하는 것이 효과적이다. 여기에 두벌식 조합 알고리즘의 특성까지 반영하여 자모를 분해하면 철자 교정의 정확도를 더욱 높일 수 있다. 이를 확인하기 위해 먼저 초/중/종성 단위로 편집 거리를 측정한 것과 두벌식 자모로 편집 거리를 측정한 결과를 비교한다. 또한 검색어 사전의 어휘를 두벌식 자모로 변환하여 유사도가 높은 단어를 찾는 방식이 철자 교정의 정확도를 높일 수 있는지 확인한다.

두벌식 자모 기반 유사도 측정

한글은 초성, 중성, 종성을 모아 하나의 음절을 이루는데, 컴퓨터에서 한글을 입력할 때 사용하는 두벌식 자판에서는 자음과 모음을 최대 5글자까지 모아서 하나의 음절로 조합한다. 따라서 역으로 1음절을 두벌식 자모로 변환하면 길이가 2~5배까지 늘어난다.

다음 단어를 초/중/종성과 두벌식 자모로 변환하여 비교해 본다. 각 단어 쌍의 첫 번째 항목은 원래 입력할 단어이고 두 번째 항목은 잘못 입력한 단어이다. 실제로 인터넷 검색 엔진에서 두 번째 항목의 단어를 입력하면 첫 번째 항목의 단어로 교정한다.

(ㄱ) '대한민국' : '대한밍국'

(ㄴ) '미국경제' : '마국경제'

(ㄷ) '된장' : '죈장'

(ㄹ) '광장' : '솽장'

위의 예는 모두 자모 1글자에 오류가 있다. 그런데 초/중/종성으로 변환한 것과 두벌식 자모로 변환한 것의 길이를 비교하면 (ㄱ)과 (ㄴ)은 같지만 (ㄷ)과 (ㄹ)은 차이가 있다. (ㄷ)과 (ㄹ)은 첫 음절의 중성이 조합 모음이어서 두벌식 자모로 변환하면 두 개의 자모로 바뀌기 때문이다. 이렇게 두벌식 자모로 변환할 때 단어의 길이가 길어지면 철자 오류에 대한 교정 결과도 달라진다.

[표 13-12] 초/중/종성 및 두벌식 자모 단위 비교

단어	초/중/종성 단위	길이	두벌식 자모 단위	길이
대한민국	ㄷㅐㅎㅏㄴㅁㅣㄴㄱㅜㄱ	11	ㄷㅐㅎㅏㄴㅁㅣㄴㄱㅜㄱ	11
대한밍국	ㄷㅐㅎㅏㄴㅁㅣㅇㄱㅜㄱ	11	ㄷㅐㅎㅏㄴㅁㅣㅇㄱㅜㄱ	11
미국경제	ㅁㅣㄱㅜㄱㄱㅕㅇㅈㅔ	10	ㅁㅣㄱㅜㄱㄱㅕㅇㅈㅔ	10
마국경제	ㅁㅏㄱㅜㄱㄱㅕㅇㅈㅔ	10	ㅁㅏㄱㅜㄱㄱㅕㅇㅈㅔ	10
된장	ㄷㅚㄴㅈㅏㅇ	6	ㄷㅗㅣㄴㅈㅏㅇ	7
죈장	ㅈㅚㄴㅈㅏㅇ	6	ㅈㅗㅣㄴㅈㅏㅇ	7
광장	ㄱㅘㅇㅈㅏㅇ	6	ㄱㅗㅏㅇㅈㅏㅇ	7
솽장	ㅅㅘㅇㅈㅏㅇ	6	ㅅㅗㅏㅇㅈㅏㅇ	7

[예제 13-11]은 TestEditDistance_Jamo2() 함수를 이용하여 음절을 두벌식 자모 문자열로 변환한 후에 편집 거리를 측정한다. 비교 단어들은 자모 1글자만 다르기 때문에 두벌식 자모 단위로 편집 거리를 측정하면 모두 1이다.

```
[예제 13-11]

def TestEditDistance_Jamo2(base_v, comp_v):
    base_j = HGTransString2KBDJamo(base_v)
    comp_j = HGTransString2KBDJamo(comp_v)
    print('EditDistance:', GetEditDistance(base_j, comp_j))

#---
TestEditDistance_Jamo2('마국경제', '미국경제')
TestEditDistance_Jamo2('대한밍국', '대한민국')
TestEditDistance_Jamo2('쇤장','된장')
TestEditDistance_Jamo2('솽장','광장')
>>>
EditDistance: 1
EditDistance: 1
EditDistance: 1
EditDistance: 1
```

[예제 13-11]에서는 HGTransString2KBDJamo() 함수를 이용하여 한글 단어를 두벌식 자모로 변환한다. 출력 결과를 보면 편집 거리가 모두 1이어서 차이가 없어 보이지만 검색어 사전에서 철자 오류를 교정할 때는 차이가 나타난다. 특히 '쇤장'과 '솽장'의 경우에는 초/중/종성으로 분해할 때보다 길이가 1만큼 늘어나기 때문에 철자 오류를 정확하게 교정할 수 있는데 이는 예제를 통하여 확인할 수 있다.

두벌식 자모 기반 철자 교정

이번에는 뉴스 텍스트의 검색어 사전을 두벌식 자모로 변환한 상태에서 편집 거리를 이용하여 가장 가까운 단어부터 출력한다. [예제 13-12]에서는 '광장'을 검색할 때 'ㄱ'을 'ㅅ'으로 잘못 입력하여 '솽장'으로 검색하는 상황이며, 편집 거리가 가장 가까운 단어 10개를 출력한다.

[예제 13-12]에서는 HGTransString2KBDJamo() 함수를 이용하여 검색어 사전을 두벌식 자모로 변환하고 검색어 사전을 탐색하기 전에 검색어를 두벌식 자모로 변환하여 편집 거리를 계산한다. 반환 결과는 편집 거리로 정렬하여 출력하며 검색어 사전의 어휘가 두벌식 자모로 바뀐 상태이므로 원래 음절로 되돌려서 출력하기 위해 HGGetSyllable_JaumMoumString() 함수를 이용한다. 결과를 보면, 편집 거리가 1인 단어는 5단어이지만 빈도 가중치를 적용하여

[예제 13-12]

```
DictFreqList = load_dictfreq_kbs_2009() # [KBS 9시 뉴스: 2009년]
print('Dict Num:', len(DictFreqList))

print('# 사전을 두벌식 자모로 변환:')
DictFreq_KBDJamo = {}
for dic in DictFreqList:
    dic_jamo = HGTransString2KBDJamo(dic) # 두벌식 자모 문자열로 변환
    DictFreq_KBDJamo[dic_jamo] = int(DictFreqList[dic])
# '솽장' <-- '광장'
kbd_jamo = HGTransString2KBDJamo('솽장') # 두벌식 자모 문자열로 변환
print('두벌식 자모 사전 스캔:')
DisWord = FindDisWord_Vocabulary(kbd_jamo, DictFreq_KBDJamo, DisNum=10)
print('DisWord Num:', len(DisWord))

print(), print('# 편집 거리 순서 출력')
DisWord_Sort = sorted(DisWord.items(), key=lambda kv: (kv[1][0], -kv[1][1])) # by low
for i, x in enumerate(DisWord_Sort):
    print((i+1), ':', HGGetSyllable_JaumMoumString(x[0]) , x[1])
>>>
Dict Num: 99989
# 사전을 두벌식 자모로 변환:
두벌식 자모 사전 스캔:
DisWord Num: 42

# 편집 거리 순서 출력
1 : 광장 (1, 95)
2 : 상장 (1, 15)
3 : 소방장 (1, 2)
4 : 송장 (1, 1)
5 : 황장 (1, 1)
6 : 공장 (2, 386)
7 : 사장 (2, 341)
8 : 당장 (2, 281)
9 : 성장 (2, 277)
:
```

2차 정렬을 하면 가장 가까운 단어는 '광장(95)'이다. [예제 13-10]에서 초/중/종성 단위로 편집 거리를 계산할 때 '성장(277)'을 교정 단어로 제시한 것과 차이가 있는데, 이는 첫 음절의 중성 모음 'ㅘ'를 두벌식 자모에서는 2글자로 처리하기 때문이다.

[표 13-13] **두벌식 자모 단위와 초/중/종성 단위의 편집 거리 비교**

단어		두벌식 자모 단위		초/중/종성 단위	
		자음, 모음	(편집 거리, 빈도)	초성, 중성, 종성	(편집 거리, 빈도)
0	솽장	ㅅㅗㅏㅇㅈㅏㅇ	(0, 0)	ㅅㅘㅇㅈㅏㅇ	(0, 0)
1	광장	ㄱㅗㅏㅇㅈㅏㅇ	(1, 95)	ㄱㅘㅇㅈㅏㅇ	(1, 95)
2	성장	ㅅㅓㅇㅈㅏㅇ	(2, 277)	ㅅㅓㅇㅈㅏㅇ	(1, 277)

[표 13-14]는 초/중/종성 단위로 철자 오류를 교정할 경우에 부적합한 결과를 제시하는 단어들을 두벌식 자모로 변환하여 교정하고 이들의 결과를 검색 엔진의 교정 결과와 비교한 것이다. 표에서 보듯이 한국어 철자 교정에서는 조합 모음 혹은 조합 자음을 두벌식 자모 단위로 변환해야 철자 교정의 정확도를 높일 수 있다.

철자 교정 알고리즘의 원리와 구현 과정을 살펴보면 한글 철자 교정은 음절보다는 자모

[표 13-14] **예제와 인터넷 검색 엔진의 철자 교정 결과**

솽장	두벌식 자모		초/중/종성	
	단어	거리,빈도	단어	거리,빈도
1	광장	(1, 95)	성장	(1, 277)
2	상장	(1, 15)	광장	(1, 95)
3	소방장	(1, 2)	상장	(1, 15)
4	송장	(1, 1)	생장	(1, 7)
5	황장	(1, 1)	송장	(1, 1)

Google
솽장
전체 이미지 지도
검색결과 약 1,290개 (0.67초)
이것을 찾으셨나요? **광장**

죈장	두벌식 자모		초/중/종성	
	단어	거리,빈도	단어	거리,빈도
1	된장	(1, 5)	전장	(1, 10)
2	회장	(2, 998)	된장	(1, 5)
3	긴장	(2, 277)	준장	(1, 5)
4	직장	(2, 90)	주장	(2, 1069)
5	지장	(2, 76)	회장	(2, 998)

Google
죈장
전체 이미지 지도
검색결과 약 17,700개 (0.37초)
이것을 찾으셨나요? **된장**

햑신	두벌식 자모		초/중/종성	
	단어	거리,빈도	단어	거리,빈도
1	혁신	(1, 15)	확신	(1, 48)
2	핵심	(2, 287)	혁신	(1, 15)
3	백신	(2, 206)	확인	(2, 1805)
4	혹시	(2, 85)	확산	(2, 536)
5	확신	(2, 48)	핵심	(2, 287)

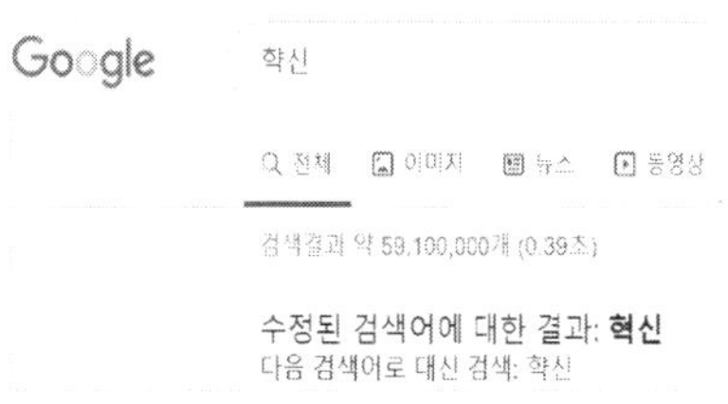

Google
햑신
전체 이미지 뉴스 동영상
검색결과 약 59,100,000개 (0.39초)
수정된 검색어에 대한 결과: **혁신**
다음 검색어로 대신 검색: 햑신

단위로 측정하는 것이 효과적임을 알 수 있다. 이는 훈민정음에 제시된 한글 음절 조합 원리를 반영하는 것뿐만 아니라 음절을 자모로 변환하여 2~3배 정도로 단어의 길이를 늘려 비교 단어의 변별력을 높인다는 점에서 의의가 있다.

마지막으로 이 장에서 설명한 철자 교정 알고리즘은 검색 환경이나 조건을 고려하여 사용해야 한다. 앞에서 설명한 예제 코드는 전체 검색어 사전을 처음부터 끝까지 비교하기 때문에 처리 시간이 오래 걸려 실시간 검색에서는 적용하기 어렵다. 이에 정보 검색 시스템은 입력된 검색어들을 모아서 정기적으로 편집 거리를 계산하여 저장해 두고 필요할 때에 저장된 교정 단어로 철자 오류를 교정한다. 그러나 이런 방식은 이전에 검색한 적이 없는 단어에 대해서는 실시간으로 교정 결과를 제시할 수 없다는 단점이 있다. 이전에 검색한 적이 없는 철자 오류 검색어도 실시간으로 교정 단어를 제안하기 위해서는 다른 방식으로 검색어 사전을 구축해야 하는데, 이와 관련된 알고리즘은 n-gram 기반의 철자 교정에서 설명한다.

Chapter 14

한/영 변환 철자 교정 알고리즘

인터넷 검색 시 한/영 변환키를 잘못 누른 상태에서 검색어를 입력할 때가 있다. 그런데 '대한민국'을 영문자 상태에서 'eogksalsrnr'로 입력해도 검색 엔진은 '대한민국'으로 교정된 결과를 보여준다. 반대로 한글 입력 상태에서 'govern' 대신 '햿ㄷ구'로 잘못 입력해도 'govern'으로 교정된 결과를 보여준다.

[표 14-1] 인터넷 검색 엔진의 한/영 변환

Google
eogjsalsrnr
전체 지도 이미지 동영상
검색결과 약 248,000,000개 (0.68초)
수정된 검색어에 대한 결과: **대한민국**
다음 검색어로 대신 검색: eogjsalsrnr

Google
햿ㄷ구
전체 뉴스 이미지 지도
검색결과 약 118,000,000개 (0.41초)
수정된 검색어에 대한 결과: **govern**
다음 검색어로 대신 검색: 햿ㄷ구

이와 같이 한/영 변환 오류는 앞서 설명한 한/영 변환 알고리즘을 이용하면 잘못 입력된 단어를 원래 단어로 바꿀 수 있다. 그러나 한/영 변환 오류와 철자 오류가 함께 발생하는 경우도 있다.

[표 14-2] 인터넷 검색 엔진의 한/영 변환 철자 교정

[표 14-2]에서 'fhksdbf'는 영문 입력 상태에서 '환율' 대신 '롼율'을 잘못 입력한 것이고, '랟ㄷ구ㅡ듯'은 한글 입력 상태에서 'government' 대신 'fovernment'를 잘못 입력한 것이다. 이런 경우에 먼저 한/영 변환을 통해 'fhksdbf'을 '롼율'로, '랟ㄷ구ㅡ듯'을 'fovernment'로 변환하지만 이들 검색어는 철자 오류가 있어 검색어 사전에서 탐색해도 단어를 찾을 수 없다. 따라서 한/영 변환한 '롼율'과 'fovernment'를 대상으로 편집 거리 측정 알고리즘을 이용하여 철자 오류를 교정해야 한다. 이 장에서는 한/영 변환과 철자 교정을 함께 수행하는 알고리즘을 설명한다.

1. 영한 변환 철자 교정

영한 변환 알고리즘은 두벌식 자판에 의한 조합 알고리즘을 기반으로 한다.

[표 14-3] 인터넷 검색 엔진의 영한 변환

Google gksfktks	Google ghksdbf
전체 이미지 지도 동영상	전체 뉴스 이미지 동영상
검색결과 약 4,840,000개 (0.46초)	검색결과 약 26,500,000개 (0.52초)
수정된 검색어에 대한 결과: **한라산** 다음 검색어로 대신 검색: gksfktks	수정된 검색어에 대한 결과: **환율** 다음 검색어로 대신 검색: ghksdbf

검색 엔진처럼 'gksfktks'를 '한라산'으로 변환하려면 자판에서 영문자에 해당하는 두벌식 자모로 변환하고 두벌식 오토마타를 적용하여 음절로 조합한다. 직관적으로 영문자를 두벌식 자모로 변환하는 것은 두벌식 자판 배열에 맞추어 영한 변환을 위한 1:1 테이블을 만들면 간단하게 처리할 수 있다. 예를 들어 'gks'를 '한'으로 바꾸려면 먼저 영문자에 해당하는 두벌식 자모로 변환하는데 'g'는 자음 'ㅎ'으로, 'k'는 모음 'ㅏ'로, 's'는 자음 'ㄴ'으로 변환한다. 이렇게 변환된 자모 문자열 'ㅎㅏㄴ'은 두벌식 오토마타를 이용하여 음절 '한'으로 조합한다. 구체적인 변환 과정은 8장을 참고한다.

[표 14-4] 두벌식 자판에서 'gks'의 한/영 1:1 변환 테이블

영문자	a	b	c	d	e	f	g	h	i	j	k	l	m	n	o	p	q	r	s	t	u	v	w	x	y	z
두벌식 자모	ㅁ	ㅠ	ㅊ	ㅇ	ㄷ	ㄹ	ㅎ	ㅗ	ㅑ	ㅓ	ㅏ	ㅣ	ㅡ	ㅜ	ㅐ	ㅔ	ㅂ	ㄱ	ㄴ	ㅅ	ㅕ	ㅍ	ㅈ	ㅌ	ㅛ	ㅋ

[표 14-5] 'gks'에서 '한'으로의 문자 코드 변환 과정

영문자			두벌식 자모 변환			음절 변환	
글자	코드값		글자	코드값		글자	코드값
g	0x67		ㅎ(자음)	0x314E			
k	0x6B	⇔	ㅏ(모음)	0x314F	⇔	한	0xD55C
s	0x73		ㄴ(자음)	0x3134			

[예제 14-1]은 영한 변환 알고리즘을 이용하여 'gksrnr'을 '한국'으로 변환한 후에 다시 검색어 사전을 탐색하는데, 검색어 사전은 앞서 구축한 뉴스 텍스트 검색어 사전을 대상으로 한다. 'gksrnr'에 대한 검색 결과는 1,655회 등장하는 '한국'으로 출력된다. 예제에서는 HGGetSyllable_EngString() 함수를 이용하여 영문자 단어를 한글로 변환하는데, 이 함수는 영한 변환 시 2단계로 구분하여 처리한다.

[표 14-6] 영한 변환 후 검색어 사전 탐색

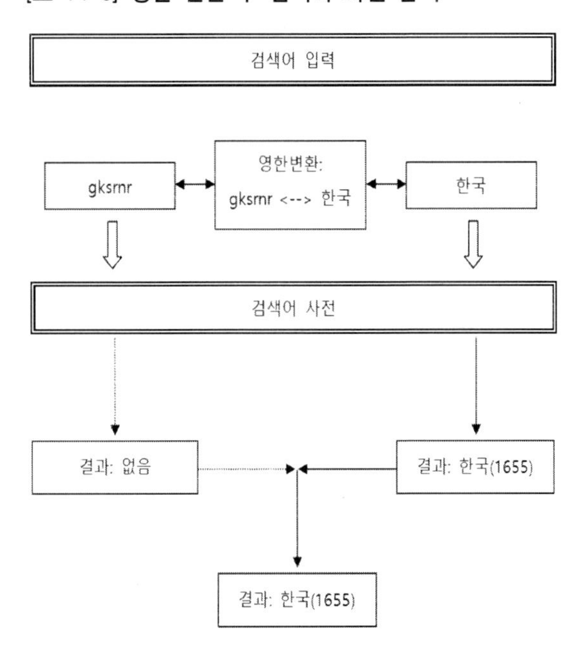

[예제 14-1]

```
DictFreqList = load_dictfreq_kbs_2009() # [KBS 9시 뉴스: 2009년]
print('Dict Num:', len(DictFreqList))
```

```
FindWord = 'gksrnr' # 한국
HGSyllable = HGGetSyllable__EngString(FindWord) # 영문자를 한글로 변환
if HGSyllable in DictFreqList:
    print(f'[{FindWord} -> {HGSyllable}] {DictFreqList[HGSyllable]}')
else:
    print(f'[{HGSyllable}] 검색어가 없습니다.')
>>>
Dict Num: 99989
[gksrnr -> 한국] : 1655 회
```

한편 'gksrnr'과 달리 'fksrnr'처럼 철자 오류가 함께 있는 경우에는 영한 변환 후에도 검색어 사전에서 적절한 검색어를 찾을 수 없기 때문에 철자 교정이 함께 이루어져야 한다.

[예제 14-2]

```
print('영문자 -> 한글 음절:')
print(HGGetSyllable__EngString('gksrnr'))  # 한국
print(HGGetSyllable__EngString('fksrnr'))  # 란국 --> 한국
print(HGGetSyllable__EngString('ghksdbf')) # 환율
print(HGGetSyllable__EngString('fhksdbf')) # 롼율 --> 환율
>>>
영문자 -> 한글 음절:
한국
란국
환율
롼율
```

[예제 14-2]는 HGGetSyllable__EngString() 함수를 호출하여 영문자로 입력된 4단어를 한글로 변환한다. 변환 결과를 보면 일부 단어는 영한 변환을 통하여 원래의 한글 단어로 교정되지만 'fksrnr'와 'fhksdbf'는 '란국'과 '롼율'로 변환되어 영한 변환 오류와 철자 오류가 동시에 나타나고 있다. 따라서 입력된 검색어는 영한 변환 후에 먼저 검색어 사전을 탐색하고 만약 검색어 사전에 단어가 없으면 편집 거리를 측정하여 가장 가까운 단어를 찾아야 한다. 이에 [예제 14-3]은 철자 교정을 위해 검색어 사전을 두벌식 자모로 변환하여 사용한다. 또한 영문자로 입력한 검색어는 두벌식 자모로 변환한 후에 검색어 사전과 편집 거리로 철자 오류를 교정한다. 영문자 단어를 두벌식 자모로 변환하기 위해서 HGGetJaumMoum__EngString() 함수를 이용한다.

[예제 14-3]

```
def Eng2HngChecker(FindWord, DictFreqList, SpellWordMode = False):
    from hgkbd import HGGetJaumMoum__EngString, HGGetSyllable_JaumMoumString
    from hgworddistance import FindDisWord_Vocabulary
    # 영한 변환
    JaumMoumWord = HGGetJaumMoum__EngString(FindWord)
    print(f'[영한변환] {FindWord}  ===>  {JaumMoumWord}')

    # [편집 거리]로 검색어 사전 탐색에서 철자 교정
    DisWord = FindDisWord_Vocabulary(JaumMoumWord, DictFreqList, DisNum=10)
    if(len(DisWord) > 0):
        # 편집 거리 순서로 정렬 (by low value(distance))
        DisWord_Sort = sorted(DisWord.items(), key=lambda kv: (kv[1][0], -kv[1][1]))
        #
        if(SpellWordMode == True):
            SpellCheckWord = DisWord_Sort[0][0] # format:(('word', (distance, freq)), ...)
            print(f"<{FindWord}> 이 단어가 맞나요? ===>", SpellCheckWord)
            return
        #
        print()
        print('DisWord Num:', len(DisWord)) # format: { 'word':(distance, freq), ...}
        print('# 편집 거리 순서 출력') # by low value(distance)
        for i, x in enumerate(DisWord_Sort): # format: (('word', (distance, freq)), ...)
            SyllableWord = HGGetSyllable_JaumMoumString(x[0]) # 'word'
            print(f"{(i+1)}: {x[0]}({SyllableWord}) {x[1]}")
    else:
        print(f'[{JaumMoumWord}({FindWord})] 교정한 검색어가 없습니다.')

#-----------------------------
#-----------------------------
DictFreqList = load_dictfreq_kbs_2009() # [KBS 9시 뉴스: 2009년]
print('Dict Num:', len(DictFreqList))
#-----
# 사전을 두벌식 자모로 변환
#-----
DictFreq_KBDJamo = {}
for dic in DictFreqList:
    dic_jamo = HGTransString2KBDJamo(dic) # 음절을 두벌식 자모로 변환
```

```
    DictFreq_KBDJamo[dic_jamo] = int(DictFreqList[dic])
print('#==============')
print('영한 변환과 철자 오류 교정')
print('#==============')
Eng2HngChecker('gksrnr', DictFreq_KBDJamo)  # '한국' (영한변환 오류)
Eng2HngChecker('eogksalsrnr', DictFreq_KBDJamo) # '대한민국' (영한변환 오류)
Eng2HngChecker('ghksdbf', DictFreq_KBDJamo) # '환율' (영한변환 오류)

Eng2HngChecker('fksrnr', DictFreq_KBDJamo)  # '란국'<- '한국' (영한변환 오류 + 철자 오류)
Eng2HngChecker('eogjsalsrnr', DictFreq_KBDJamo) # '대헌민국'<- '대한민국' (영한변환 오류
+ 철자 오류)
Eng2HngChecker('fhksdbf', DictFreq_KBDJamo) # '롼율'<-'환율'(영한변환 오류 + 철자 오류)
>>>
Dict Num: 99989
#==============
영한 변환과 철자 오류 교정
#==============
[영한변환] gksrnr  ===>  ㅎㅏㄴㄱㅜㄱ
DisWord Num: 107

# 편집 거리 순서 출력
1: ㅎㅏㄴㄱㅜㄱ(한국) (0, 1655)
2: ㅇㅏㄴㄱㅜㄱ(안국) (1, 3)
3: ㄴㅏㄴㄱㅜㄱ(난국) (1, 2)
4: ㅎㅏㄴㄱㅗㄱ(한곡) (1, 2)
5: ㅎㅏㄴㅊㅜㄱ(한축) (1, 2)
6: ㅎㅏㄴㅅㅜㄱ(한숙) (1, 1)
7: ㅎㅏㅁㄱㅜㄱ(함국) (1, 1)
8: ㅈㅓㄴㄱㅜㄱ(전국) (2, 1812)
:

[영한변환] eogksalsrnr  ===>  ㄷㅐㅎㅏㄴㅁㅣㄴㄱㅜㄱ
DisWord Num: 6

# 편집 거리 순서 출력
1: ㄷㅐㅎㅏㄴㅁㅣㄴㄱㅜㄱ(대한민국) (0, 261)
2: ㅎㅏㄴㅁㅣㄴㄱㅜㄱ(한민국) (2, 7)
3: ㄷㅐㅎㅏㄴㅈㅔㄱㅜㄱ(대한제국) (3, 15)
4: ㅎㅏㄴㅁㅣㄴㄱㅜ(한민구) (3, 2)
```

```
5: ㄷㅐㅎㅏㄴㅁㅣㄴㅂㅗ(대한민보) (3, 1)
6: ㅈㅜㅎㅏㄴㅁㅣㄱㅜㄱ(주한미국) (3, 1)

[영한변환] ghksdbf ===> ㅎㅗㅏㄴㅇㅠㄹ
DisWord Num: 11

# 편집 거리 순서 출력
1: ㅎㅗㅏㄴㅇㅠㄹ(환율) (0, 220)
2: ㅎㅗㅏㄱㅇㅠㄹ(확율) (1, 2)
3: ㅎㅗㅏㄴㄹㅠㄹ(환률) (1, 2)
4: ㅇㅗㅏㄴㅇㅠㄹ(완율) (1, 1)
5: ㅎㅏㄴㅇㅣㄹ(한일) (2, 86)
6: ㅎㅗㅏㄴㅇㅕㅇ(환영) (2, 84)
7: ㅎㅗㅏㄱㄹㅠㄹ(확률) (2, 48)
8: ㅎㅗㅏㄴㅂㅜㄹ(환불) (2, 37)
9: ㄱㅗㅎㅗㅏㄴㅇㅠㄹ(고환율) (2, 10)
10: ㅎㅏㄴㅇㅏㄹ(한알) (2, 1)
11: ㅎㅗㅅㅗㅇㅠㄹ(호소율) (2, 1)

[영한변환] fksrnr ===> ㄹㅏㄴㄱㅜㄱ
DisWord Num: 36

# 편집 거리 순서 출력
1: ㅎㅏㄴㄱㅜㄱ(한국) (1, 1655)
2: ㅇㅏㄴㄱㅜㄱ(안국) (1, 3)
3: ㄴㅏㄴㄱㅜㄱ(난국) (1, 2)
4: ㅈㅓㄴㄱㅜㄱ(전국) (2, 1812)
5: ㄱㅏㄱㄱㅜㄱ(각국) (2, 186)
6: ㄷㅏㅇㄱㅜㄱ(당국) (2, 184)
7: ㅂㅏㄴㄱㅕㄱ(반격) (2, 108)
:

[영한변환] eogjsalsrnr ===> ㄷㅐㅎㅓㄴㅁㅣㄴㄱㅜㄱ
EditDistance:
DisWord Num: 2

# 편집 거리 순서 출력
1: ㄷㅐㅎㅏㄴㅁㅣㄴㄱㅜㄱ(대한민국) (1, 261)
2: ㅎㅏㄴㅁㅣㄴㄱㅜㄱ(한민국) (3, 7)
```

```
[영한변환] fhksdbf ===> ㄹㅗㅏㄴㅇㅠㄹ
EditDistance:
DisWord Num: 53

# 편집 거리 순서 출력
1: ㅎㅗㅏㄴㅇㅠㄹ(환율) (1, 220)
2: ㅇㅗㅏㄴㅇㅠㄹ(완율) (1, 1)
3: ㅎㅗㅏㄱㅇㅠㄹ(확율) (2, 2)
4: ㅎㅗㅏㄴㄹㅠㄹ(환률) (2, 2)
5: ㅌㅏㅇㅠㄹ(타율) (3, 115)
6: ㅎㅏㄴㅇㅣㄹ(한일) (3, 86)
7: ㅎㅗㅏㄴㅇㅕㅇ(환영) (3, 84)
:
```

[예제 14-3]에서는 6단어를 대상으로 영한 변환 오류와 철자 오류를 동시에 교정한다. 철자 오류를 교정하기 위해서 FindDisWord_Vocabulary() 함수를 이용하는데, 이 함수는 검색어 사전의 어휘를 대상으로 순차적으로 편집 거리를 계산한다. 편집 거리 계산이 끝나면 편집 거리가 가까운 순서로 출력한다. 먼저 'gksrnr, eogksalsrnr, ghksdbf'는 영한 변환 오류만 있으므로 한글로 변환한 '한국, 대한민국, 환율'은 편집 거리가 '0'이다. 이에 비해 영한 변환 오류와 철자 오류가 동시에 있는 'fksrnr, eogjsalsrnr, fhksdbf'는 '란국, 대헌민국, 환율'로 변환한 뒤에 편집 거리를 계산하는데, 편집 거리가 '1'인 '한국, 대한민국, 환율'을 가장 먼저 출력한다. 한편 교정 결과를 출력할 때는 두벌식 자모로 변환된 검색어 사전의 어휘를 원래 음절로 복원하여 출력하기 위해서 HGGetSyllable_JaumMoumString() 함수를 사용한다.

[표 14-7] 영한 변환과 철자 교정

오류 유형	입력 검색어	변환	변환 결과	편집 거리	교정 결과
영한 변환	gksrnr	영한 변환	ㅎㅏㄴㄱㅜㄱ(한국)	0	한국
	eogksalsrnr		ㄷㅐㅎㅏㄴㅁㅣㄴㄱㅜㄱ (대한민국)		대한민국
	ghksdbf		ㅎㅗㅏㄴㅇㅠㄹ(환율)		환율
영한 변환 + 철자 교정	fksrnr		ㄹㅏㄴㄱㅜㄱ(란국)	1	한국
	eogjsalsrnr		ㄷㅐㅎㅓㄴㅁㅣㄴㄱㅜㄱ (대헌민국)		대한민국
	fhksdbf		ㄹㅗㅏㄴㅇㅠㄹ(롼율)		환율

[표 14-8] 영한 변환 철자 교정 과정

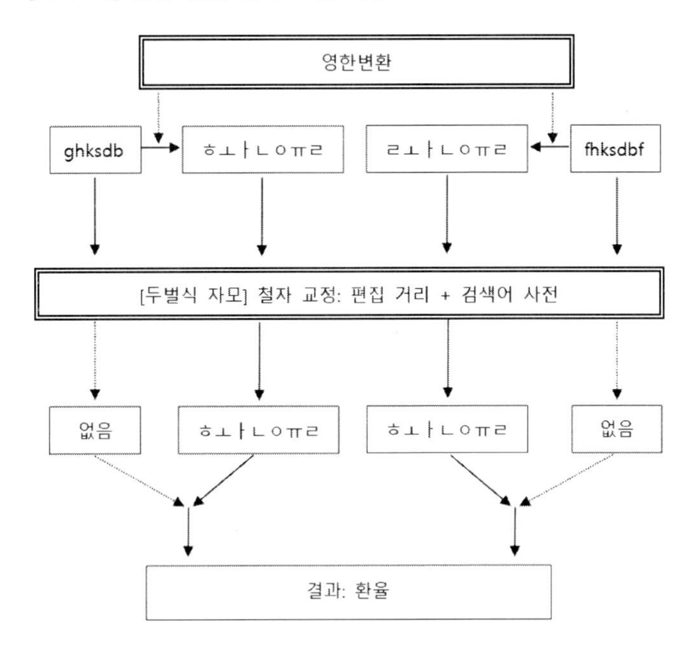

2. 한영 변환 철자 교정

한영 변환 알고리즘도 두벌식 자판에 의한 조합 알고리즘을 기반으로 한다.

[표 14-9] 인터넷 검색 엔진의 한영 변환

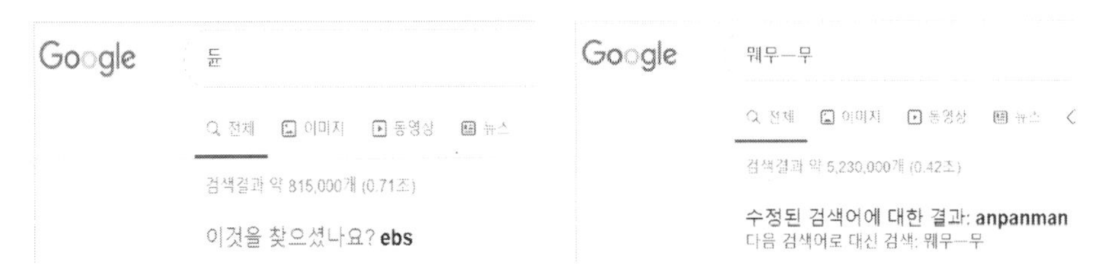

'듄'을 영문자 'ebs'로 바꾸는 과정은 간단하다. 한글을 초성, 중성, 종성으로 분해한 후 자판에서 각 자모에 대응하는 영문자로 변환하는데, 알고리즘 관점에서는 자판 배열을 바탕으로 한영 변환을 위한 1:1 테이블을 만들어 변환하면 쉽게 처리할 수 있다. 예를 들어 '듄'을 영문자로 변환하려면 초성('ㄷ'), 중성('ㅠ'), 종성('ㄴ')으로 분해하고, 초성은 'ㄷ'에 대응하는 영문자 'e'로, 중성 모음 'ㅠ'는 'b'로, 종성 자음 'ㄴ'은 's'로 변환한다. 구체적인 변환 과정은 8장을 참고한다.

[표 14-10] 두벌식 자판에서 '듄'의 한/영 1:1 변환 테이블

두벌식 자모	ㅁ	ㅠ	ㅊ	ㅇ	ㄷ	ㄹ	ㅎ	ㅗ	ㅑ	ㅓ	ㅏ	ㅣ	ㅡ	ㅜ	ㅐ	ㅔ	ㅂ	ㄱ	ㄴ	ㅅ	ㅕ	ㅍ	ㅈ	ㅌ	ㅛ	ㅋ
영문자	a	b	c	d	e	f	g	h	I	j	k	l	m	n	o	p	q	r	s	t	u	v	w	x	y	z

[표 14-11] '듄'에서 'ebs'로의 문자 코드 변환 과정

음절			초성, 중성, 종성 자모 변환			영문자 변환	
글자	코드값		글자	코드값		글자	코드값
듄	0xB4C4	⇔	ᄃ(초성)	0x1103	⇔	e	0x65
			ᅲ(중성)	0x1172		b	0x62
			ᆫ(종성)	0x11AB		s	0x73

[예제 14-4]는 한영 변환 알고리즘을 이용하여 'ㅏㅠㄴ'을 'kbs'로 변환한 후에 다시 검색어 사전을 탐색하는데, 검색어 사전은 앞서 구축한 뉴스 텍스트 검색어 사전을 대상으로 한다. 'ㅏㅠㄴ'에 대한 검색 결과는 41회 등장하는 'kbs'로 출력된다. 예제에서는 한글 단어를 영문자로 변환하기 위해 HGTransString2EngString() 함수를 이용하는데, 이 함수는 한영 변환 시 2단계로 구분하여 처리한다.

[예제 14-4]

```
DictFreqList = load_dictfreq_kbs_2009() # KBS 9시 뉴스 # foramt: {'word': 1}
print('Dict Num:', len(DictFreqList))

FindWord = 'ㅏㅠㄴ' # kbs
EngKBDCharString = HGTransString2EngString(FindWord) # 한글을 영문자로 변환
if EngKBDCharString in DictFreqList:
    print(f'[{FindWord} -> {EngKBDCharString}]:{DictFreqList[EngKBDCharString]} 회')
else:
    print(f'[{EngKBDCharString}] 검색어가 없습니다.')
>>>
Dict Num: 99989
[ㅏㅠㄴ -> kbs] : 41 회
```

[표 14-12] 한영 변환 후 검색어 사전 탐색

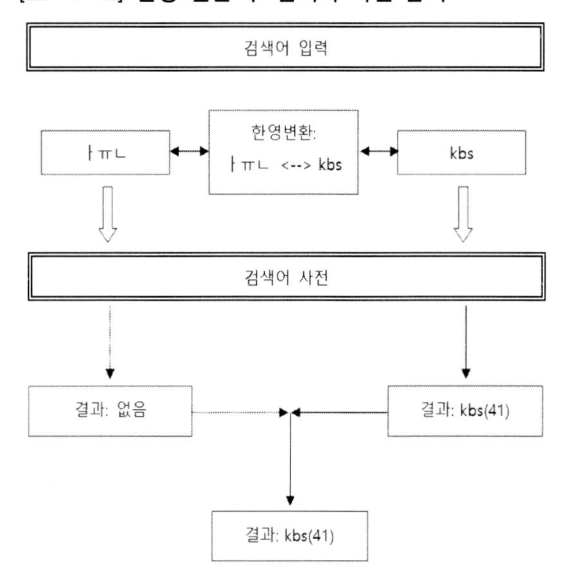

한편 'ㅏㅠㄴ'과 달리 철자 오류가 함께 있는 경우에는 한영 변환 후에도 검색어 사전에서 적절한 검색어를 찾을 수 없기 때문에 철자 교정이 함께 이루어져야 한다.

[예제 14-5]

```
print('한글 음절 -> 영문자:')
print(HGTransString2EngString('듄')) # ebs
print(HGTransString2EngString('ㅏㅠㄴ')) # kbs
print(HGTransString2EngString('햳ㄷ구ㅡ듯')) # 'government' (한영변환 오류)
print(HGTransString2EngString('랟ㄷ구ㅡ듯')) # 'fovernment'<-'government' (한영변환 오류 + 철자 오류)
print(HGTransString2EngString('퍛새교')) # 'victory' (한영변환 오류)
print(HGTransString2EngString('챷새교')) # 'cictory'<-'victory' (한영변환 오류 + 철자 오류)
>>>
한글 음절 -> 영문자:
ebs
kbs
government
fovernment
victory
cictory
```

[예제 14-5]에서는 한글로 입력한 6단어를 영문자로 변환한다. 변환 결과를 보면 일부 단어는 한영 변환을 통하여 원래의 영문자 단어로 교정되지만 '랟ㄷ구ㅡ둣'과 '챷새교'는 각각 'fovernment'와 'cictory'로 변환되어 한영 변환 오류와 철자 오류가 동시에 나타나고 있다. 따라서 입력된 검색어는 한영 변환 후에 먼저 검색어 사전을 확인하고 만약 검색어 사전에 단어가 없으면 편집 거리를 측정하여 가장 가까운 단어를 찾아야 한다. 이에 [예제 14-6]은 한글로 입력한 검색어를 영문자로 변환한 후에 검색어 사전과 편집 거리로 철자 오류를 교정하는데, 검색어 사전은 미국 대통령 취임사로 생성한다.

[예제 14-6]

```
def Han2EngChecker(FindWord, DictFreqList, SpellWordMode = False):
    from hgworddistance import FindDisWord_Vocabulary
    # 한영 변환
    EngWord = HGTransString2EngString(FindWord)
    print(f'[한영변환] {FindWord} ===> {EngWord}')

    # [편집 거리]로 검색어 사전 탐색에서 철자 교정
    DisWord = FindDisWord_Vocabulary(EngWord, DictFreqList, DisNum=10)
    if(len(DisWord) > 0):
        # 편집 거리 순서로 정렬 (by low value(distance))
        DisWord_Sort = sorted(DisWord.items(), key=lambda kv: (kv[1][0], -kv[1][1]))
        #
        if(SpellWordMode == True):
            SpellCheckWord = DisWord_Sort[0][0] # format:(('word', (distance, freq)), ...)
            print(f"<{FindWord}> 이 단어가 맞나요? ===>", SpellCheckWord)
            return
        #
        print()
        print('DisWord Num:', len(DisWord)) # format: { 'word':(distance, freq), ...}
        print('# 편집 거리 순서 출력') # by low value(distance)
        for i, x in enumerate(DisWord_Sort): # format: (('word', (distance, freq)), ...)
            print((i+1), ':', x[0] , x[1])
    else:
        print(f'[{EngWord}({FindWord})] 교정한 검색어가 없습니다.')


#------------------------------
#------------------------------
```

```
us_president = load_textlist_us_president() # 미국 대통령 취임 연설(InaugurationSpeech)
DictFreqList = MakeDictFreqList__EngTextList(us_president)
print('Dict Num:', len(DictFreqList))
print('#===============')
print('한영 변환과 철자 오류 교정')
print('#===============')
Han2EngChecker('햻ㄷ구ㅡ듯', DictFreqList) # 'government' (한영변환 오류)
Han2EngChecker('퍅새교', DictFreqList) # 'victory' (한영변환 오류)

Han2EngChecker('랟ㄷ구ㅡ듯', DictFreqList) # 'fovernment' <- 'government' (한영변환 오류
+ 철자 오류)
Han2EngChecker('�새교', DictFreqList) # 'cictory' <--'victory' (한영변환 오류 + 철자 오류)
>>>
Dict Num: 9110
#===============
한영 변환과 철자 오류 교정
#===============
[한영변환] 햻ㄷ구ㅡ듯 ===> government

DisWord Num: 7
# 편집 거리 순서 출력
1 : government (0, 54)
2 : governments (1, 29)
3 : governmental (2, 5)
4 : governed (3, 7)
5 : movement (3, 6)
6 : governing (3, 6)
7 : concernment (3, 2)

[한영변환] 퍅새교 ===> victory

DisWord Num: 11
# 편집 거리 순서 출력
1 : victory (0, 10)
2 : history (2, 36)
3 : factory (2, 6)
4 : vigor (3, 11)
5 : story (3, 5)
6 : vicious (3, 4)
```

```
7 : victories (3, 3)
:

[한영변환] 랲ㄷ구ㅡ둣 ===> fovernment

DisWord Num: 5
# 편집 거리 순서 출력
1 : government (1, 54)
2 : governments (2, 29)
3 : movement (3, 6)
4 : governmental (3, 5)
5 : concernment (3, 2)

[한영변환] 챷새교 ===> cictory

DisWord Num: 9
# 편집 거리 순서 출력
1 : victory (1, 10)
2 : history (2, 36)
3 : factory (2, 6)
4 : century (3, 22)
5 : city (3, 11)
6 : story (3, 5)
:
```

[예제 14-6]에서는 4단어를 대상으로 한영 변환 오류와 철자 오류를 동시에 교정한다. 철자 오류를 교정하기 위해서 FindDisWord_Vocabulary() 함수를 이용하여 편집 거리를 계산한다. 먼저 '햎ㄷ구ㅡ둣'과 '퍗새교'는 한영 변환 오류만 있고 철자 오류가 없기 때문에 영문자로 변환한 'government'와 'victory'는 편집 거리가 '0'이다. 한영 변환 오류와 철자 오류가 동시에 있는 '랲ㄷ구ㅡ둣'과 '챷새교'는 영문자로 변환한 'fovernment' 및 'cictory'를 대상으로 편집 거리를 계산한 후 편집 거리가 가장 가까운 'government'와 'victory'로 교정하여 결과를 출력한다.

[표 14-13] 한영 변환과 철자 교정

<table>
<tr><th>오류 유형</th><th>입력 검색어</th><th>변환</th><th>변환 결과</th><th>편집 거리</th><th>교정 결과</th></tr>
<tr><td rowspan="2">한영 변환</td><td>햎ㄷ구ㅡ둣</td><td rowspan="4">한영 변환</td><td>government</td><td rowspan="2">0</td><td>government</td></tr>
<tr><td>퍗새교</td><td>victory</td><td>victory</td></tr>
<tr><td rowspan="2">한영 변환 + 철자 교정</td><td>랲ㄷ구ㅡ둣</td><td>fovernment</td><td rowspan="2">1</td><td>government</td></tr>
<tr><td>챷새교</td><td>cictory</td><td>victory</td></tr>
</table>

[표 14-14] 한영 변환 철자 교정 과정

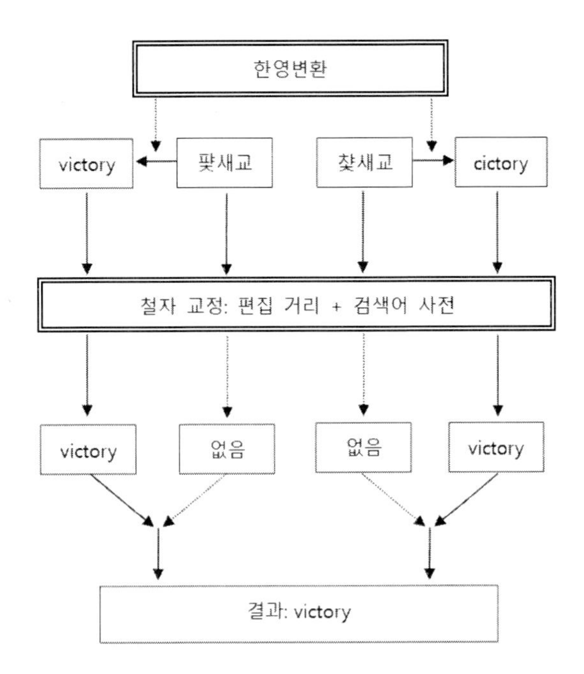

Chapter 15

n-gram 기반 철자 교정 알고리즘

검색 엔진의 철자 교정은 검색어로 입력된 단어를 모아 주기적으로 검색어 사전 목록과 편집 거리를 비교하여 저장해 두었다가 검색어가 입력되면 곧바로 거리가 가장 가까운 단어를 제시하는 방식으로 이루어진다. 그러나 이러한 방식은 한 번 이상 검색된 단어에만 적용할 수 있다. 검색한 적이 없는 철자 오류 단어가 입력되면 미리 계산된 교정 단어가 없기 때문에 실시간으로 적합한 검색 결과를 보여줄 수 없다. 이때 실시간으로 철자 오류를 교정하기 위해 사용하는 것이 n-gram 알고리즘이다. n-gram은 연속성을 바탕으로 확률을 예측할 때 사용하는 언어 모델로, 두 글자 이상의 부분 문자열을 하나의 단위로 확장하여 사용한다. 이 장에서는 앞서 설명한 n-gram 문자열 추출 방식을 이용하여 철자 교정 알고리즘을 설명한다.

1. n-gram 기반 철자 교정 알고리즘의 원리

일반적으로 검색 엔진은 미리 만들어 둔 교정 단어 사전을 기반으로 철자 오류를 교정한다. 예를 들어 'government'를 검색할 때 잘못 입력하여 'fovernment'로 검색해도 'government'로 교정 결과를 제시하는데, 이는 미리 만들어둔 교정 단어 사전을 검색하여 처리하기 때문에 가능한 것이다. 그러나 만일 이전에 검색된 적이 없는 'hovernment'가 입력된다면 어떻게 'government'로 교정하여 결과를 제시할 수 있을까?

[표 15-1] 인터넷 검색 엔진의 'fovernment/hovernment' 철자 교정

Google fovernmemt	Google hovernment
전체 이미지 뉴스 지도 동영상	전체 이미지 뉴스 지도 동영상
검색결과 약 2,760,000,000개 (0.62초)	검색결과 약 3,090,000,000개 (0.43초)
수정된 검색어에 대한 결과: **government**	수정된 검색어에 대한 결과: **government**
다음 검색어로 대신 검색: fovernmemt	다음 검색어로 대신 검색: hovernment

[표 15-1]의 'hovernment'가 이전에 검색된 적이 없는 검색어라는 가정 하에 철자 교정 과정을 설명하면 다음과 같다. 두 검색어는 'government'와 첫 글자만 다르고 두 번째 글자부터는 모두 같다. 이것을 규칙화하면 세 단어 {fovernment, government, hovernment}의 공통 부분인 'overnment'를 포함한 단어를 검색어 사전에서 찾아 교정 사전에 미리 등록해 두고 이후부터는 'overnment'를 포함한 검색어가 입력되면 교정 사전에서 교정 단어로 바꾸면 된다.

[예제 15-1]에서는 미국 대통령 취임사에서 세 단어 {fovernment, government, hovernment}의 공통 부분인 'overnment'로 검색어 사전을 탐색한다. 검색어(fovernment)에서 첫 글자를 제외한 나머지 글자로 부분 문자열(overnment)을 만든 후에 검색어 사전의 모든 단어를 순차적으로 비교하여 'overnment'를 포함한 단어를 출력한다.

[예제 15-1]

```
def Find_1_Subword(InputWord, Vocabulary):
    # 첫 번째 글자를 제외하고 두 번째 글자부터 부분 단어 만들기
    SubWord = InputWord[1:] # 두 번째 글자부터 단어 만듦
    #
    print('input:', InputWord)
    print('sub input:', SubWord)
    print('순서: 단어(빈도)')

    # 사전에서 부분 문자열 일치 탐색
    FindNum = 0
    for Dict in Vocabulary:
        if(Dict.find(SubWord) >= 0):
            FindNum += 1
            print(f'{FindNum}: {Dict}({Vocabulary[Dict]})')
#-----------------------------
```

```
#-------------------------------
Vocabulary = load_dictfreq_us_president() # 미국 대통령 취임 연설(InaugurationSpeech)
print('Dict Num:', len(Vocabulary))
#-------------------------------
Find_1_Subword('fovernment')
>>>
Dict Num: 9110
input: fovernment
sub input: overnment
순서: 단어(빈도)
1: government(607)
2: governmental(8)
3: governments(52)
4: supergovernment(1)
```

[예제 15-1]에서는 사전 어휘를 비교할 때 find() 함수를 이용하여 문자열이 포함되었는지 확인한다. 출력 결과를 보면 'overnment'를 포함한 단어는 4개이다. 이렇게 찾은 단어 목록을 대상으로 검색 엔진처럼 교정 단어를 제시하려면 편집 거리를 계산해야 한다. 한편 예제에서는 텍스트에서 공백 문자로 단어를 분리하고 추출하기 위해 load_dictfreq_us_president() 함수를 이용하는데, 이 함수는 {어휘:빈도} 형식의 사전형(dict) 검색어 사전으로 반환한다. 이 함수의 소스 코드는 16장에서 확인할 수 있다.

[예제 15-2]는 검색어 사전에서 'overnment'를 포함한 단어를 찾은 후에 이것을 대상으로 입력한 검색어(fovernment)와의 편집 거리를 계산하여 편집 거리가 가까운 순서로 정렬하여 출력한다.

[예제 15-2]

```
def Check_1_Subword(InputWord, Vocabulary):
    #-----
    from hgdistance import GetEditDistance
    #-----
    # 첫 번째 글자를 제외하고 두 번째 글자부터 부분 단어 만들기
    SubWord = InputWord[1:] # 두 번째 글자부터 단어 만듦
    #
    print('input:', InputWord)
    print('sub input:', SubWord)
```

```
    # 부분 문자열을 포함한 단어를 찾아서 편집 거리 계산
    IncludeDic_Distance = {}
    for DictWord in Vocabulary:
        if(DictWord.find(SubWord) >= 0):
            EditDistance = GetEditDistance(InputWord, DictWord)
            WordFreq = Vocabulary[DictWord]
            IncludeDic_Distance[DictWord] = [EditDistance, WordFreq]
    # 편집 거리 오름차순 정렬: format : {'word':[distance, freq], ...}
    dict_by_keys = sorted(IncludeDic_Distance.items(), key=lambda item: item[1][0]) #
by low

    print('순서: 단어\t[편집거리, 빈도]')
    for i, Dict_i in enumerate(dict_by_keys):
        print(f'{i+1}: {Dict_i[0]}\t{Dict_i[1]}')
#-----
#-----
...
Check_1_Subword('fovernment', Vocabulary)
>>>
...
input: fovernment
sub input: overnment
순서: 단어      [편집거리, 빈도]
1: government   [1, 607]
2: governments  [2, 52]
3: governmental [3, 8]
4: supergovernment      [6, 1]
```

[예제 15-2]에서는 GetEditDistance() 함수를 이용하여 편집 거리를 계산한다. 출력 결과를 보면 입력한 검색어(fovernment)와 가장 가까운 단어는 편집 거리가 1인 'government'이므로 이것을 교정 단어로 제안하면 [표 15-1]의 교정 제안과 일치한다.

[예제 15-2]처럼 검색어 사전에서 'overnment'를 포함한 단어를 찾아서 미리 교정 사전으로 만들어 두면 과거에 한 번도 검색한 적이 없는 'qovernment, zovernment'가 입력되어도 'government'로 교정할 수 있다. 예제에서 수행했던 과정을 알고리즘으로 반영하여 새로운 교정 단어 사전을 만들면 [표 15-2]와 같은 구조가 된다.

[표 15-2] 철자 교정을 위한 부분 문자열 교정 단어 사전 구조

부분 문자열(key)	부분 문자열을 포함한 어휘 목록(Value:word list)
'overnment' :	[government, governments, government's, governmental, supergovernment]

이처럼 검색 엔진에서 처음 입력된 철자 오류 검색어에 대해서도 교정 단어를 제안하려면 먼저 검색어 사전의 모든 어휘를 n-gram으로 분할하여 새로운 사전을 만들어야 한다.

검색어 사전의 n-gram 사전 변환

n-gram은 주어진 문자열에서 부분 문자열을 추출하여 목록으로 변환하는 것으로, 정보 검색에서 n-gram 사전은 검색어 사전의 모든 어휘를 n-gram으로 변환하여 모은 어휘 목록을 의미한다. 철자 교정을 위해서 구축하는 n-gram 사전은 사전의 어휘 항목이 어디로부터 파생되었는지 알 수 있도록 검색어 사전의 원래 어휘 항목을 연관 검색어로 보관한다.

[예제 15-3]은 철자 오류 검색어를 교정하기 위한 준비 단계로써 미국 대통령 취임사로 만든 검색어 사전의 모든 어휘를 n-gram으로 분할하여 n-gram 사전을 생성한다.

[예제 15-3]

```
def MakeStringNGram(BaseSeq, NGram=1, MoreThan=False):
    NGramList = []
    BaseLen = len(BaseSeq)
    for i in range(BaseLen + 1 - NGram):
        NGramWord = BaseSeq[i:(i + NGram)] # [NGram]길이만큼만 분리
        NGramList.append(NGramWord)
        if(MoreThan == True): # [NGram]길이부터 모두 분리
            j = 1
            while((i + NGram + j) <= BaseLen):
                EndPos = (i + NGram + j)
                NGramWord = BaseSeq[i:EndPos]
                NGramList.append(NGramWord)
                j += 1
    #
    return NGramList

def AddNGramVocabulary_Simple(NGramVocabulary, Word,
    RealWord=None, Weight=0, NGram=1):
```

```
    # N그램 처리용 단어(Word)와 출력을 위한 진짜 단어(RealWord)가 다른 경우에 {진짜 단어
(RealWord)}값이 있다.
    if(RealWord == None): # 진짜 단어(RealWord)가 없으면 Word --> RealWord
        RealWord=Word
    #
    dic_ngram = MakeStringNGram(Word, NGram=NGram, MoreThan=True)
    for ngram_word in dic_ngram:
        if(NGramVocabulary.get(ngram_word) is None):
            NGramVocabulary[ngram_word] = []
        NGramItem = {'key':Word, 'word':RealWord, 'weight':Weight}
        NGramVocabulary[ngram_word].append(NGramItem)

def AddNGramVocabulary__WordWeight(NGramVocabulary, Word,
    RealWord=None, Weight=0, NGram=1, EngLow=True):
    # N그램 처리용 단어(Word)와 출력을 위한 진짜 단어(RealWord)가 다른 경우에 {진짜 단어
(RealWord)}값이 있다.
    if(RealWord == None): # 진짜 단어(RealWord)가 없으면 Word --> RealWord
        RealWord=Word
    if(EngLow == True):
        Word = Word.lower() # 소문자 변환
    #
    AddNGramVocabulary_Simple(NGramVocabulary, Word,
        RealWord=RealWord, Weight=Weight, NGram=NGram)
   ...

#-----
#-----
Vocabulary = load_dictfreq_us_president() # 미국 대통령 취임 연설(InaugurationSpeech)
print('Dict Num:', len(Vocabulary))

# make n-gram
ngram_k = 7
NGramVocabulary = {}
for i, CurWord in enumerate(Vocabulary):
    CurWord_Low = CurWord.lower() # 소문자 변환
    WordFreq = Vocabulary[CurWord]
    AddNGramVocabulary__WordWeight(NGramVocabulary, CurWord_Low,
        Weight=WordFreq, NGram=ngram_k)
print('NGram Dict Num:', len(NGramVocabulary))
```

```
>>>
Dict Num: 9110
NGram Dict Num: 35855
```

[예제 15-3]에서는 AddNGramVocabulary__WordWeight() 함수를 이용하여 검색어 사전을 n-gram 사전으로 변환하는데, 이 함수는 MakeStringNGram() 함수를 이용하여 부분 문자열로 변환한다. 또한 검색어 사전의 단어 빈도를 가중치로 보관해 두었다가 편집 거리가 같은 경우 우선순위를 결정할 때 사용한다. 예제에서는 검색어 사전을 n-gram 사전으로 변환할 때 대문자는 소문자로 변환하여 7글자 이상의 부분 문자열로 분할하는데, 미국 대통령 취임사로 만든 검색어 사전의 9천 단어를 7-gram으로 분할하면 3만 5천 단어로 확장된다. 한편 MakeStringNGram() 함수는 알고리즘 설명을 위해 12장에서 간략한 코드를 게재하였는데 이번 예제에서는 부가적인 기능이 추가되어 n-gram 변환 시 n이상(MoreThan)의 길이까지 모두 부분 문자열로 변환한다.

n-gram 사전 기반 영어 철자 교정

이제부터 검색어 사전으로부터 생성한 n-gram 사전으로 철자 오류를 교정한다. 예를 들어 'government'를 대신 'gpvernment'로 잘못 입력하였을 때 n-gram 사전을 이용하여 'government'로 교정하는 방법이다. 먼저 검색어를 7-gram으로 변환하면 [표 15-3]과 같이 10단어의 부분 문자열이 생성된다. 이렇게 입력 검색어로 생성된 부분 문자열을 차례대로 n-gram 사전에서

[표 15-3] 'gpvernment'의 n-gram 분할(n>=7, 10단어)

순서	0	1	2	3	4	5	6	7	8	9	n-gram
	g	p	v	e	r	n	m	e	n	t	
1	g	p	v	e	r	n	m				7: gpvernm
2	g	p	v	e	r	n	m	e			8: gpvernme
3	g	p	v	e	r	n	m	e	n		9: gpvernmen
4	g	p	v	e	r	n	m	e	n	t	10: gpvernment
5		p	v	e	r	n	m	e			7: pvernme
6		p	v	e	r	n	m	e	n		8: pvernmen
7		p	v	e	r	n	m	e	n	t	9: pvernment
8			v	e	r	n	m	e	n		7: vernmen
9			v	e	r	n	m	e	n	t	8: vernment
10				e	r	n	m	e	n	t	7: ernment

탐색하여 연관 검색어를 모두 모은 후에 입력 검색어와의 편집 거리를 비교하여 가장 가까운 단어를 선택한다.

[예제 15-4]는 철자 오류 상태의 'gpvernment'를 입력하면 'government'로 교정하기 위해 교정 후보 단어 목록을 생성한다. 먼저 검색어가 입력되면 철자 오류 상태인 'gpvernment'를 n-gram으로 변환한 후에 n-gram 사전을 탐색하여 연관 검색어를 찾는다.

```
[예제 15-4]
...
FindWord = 'gpvernment'
FindNGram = MakeStringNGram(FindWord, NGram=ngram_k, MoreThan=True)
print(), print(f'{ngram_k}-Gram ({len(FindNGram)}): {FindNGram}')

print('#------------------------------')
# make n-gram suggest
NGramSuggestionDictFreq = {}
for NGramDicNum, dic_f in enumerate(FindNGram):
    NGramDicVocabulary = NGramVocabulary.get(dic_f)
    if(NGramDicVocabulary == None):
        continue

    print(f'{NGramDicNum+1}, {dic_f} ({len(NGramDicVocabulary)}) :')
    PrintNGramVocabulary_New(NGramDicVocabulary, PrintNum=0, LeadingString='\t')
    print()

    for NGramDic in NGramDicVocabulary:
        #= format: {'key': 'giver', 'word': 'giver', 'weight': 1}
        if(NGramSuggestionDictFreq.get(NGramDic['key']) is None):
            NGramSuggestionDictFreq[NGramDic['key']] = NGramDic['weight']
print(), print ('교정 후보 목록')
PrintVocabulary(NGramSuggestionDictFreq)
>>>
7-Gram (10): ['gpvernm', 'gpvernme', 'gpvernmen', 'gpvernment', 'pvernme', 'pvernmen',
'pvernment', 'vernmen', 'vernment', 'ernment']

#------------------------------
8, vernmen (4) :
        1, government: 607
        2, governmental: 8
```

```
        3, governments: 52
        4, supergovernment: 1

9, vernment (4) :
        1, government: 607
        2, governmental: 8
        3, governments: 52
        4, supergovernment: 1

10, ernment (6) :
        1, concernment: 2
        2, discernment: 1
        3, government: 607
        4, governmental: 8
        5, governments: 52
        6, supergovernment: 1


교정 후보 목록
0, concernment: 2
1, discernment: 1
2, government: 607
3, governmental: 8
4, governments: 52
5, supergovernment: 1
```

[예제 15-4]에서는 검색어 'gpvernment'로부터 7-gram으로 변환한 부분 문자열 10단어를 차례대로 n-gram 사전에서 탐색한다. 그 결과 검색어 사전에 연관된 어휘를 포함한 것은 {vernmen, vernment, ernment}로, 이 부분 문자열의 연관 검색어를 모아 중복된 것은 제외하고 정렬하면 총 6단어의 교정 후보 목록이 생성된다 ([표 15-4]).

n-gram 사전에서 교정 후보 목록을 생성한 후에는 입력된 검색어('gpvernment')와 편집 거리를 계산하여 정렬한 뒤에 편집 거리가 가장 가까운 단어를 교정 단어로 선택한다. [예제 15-5]는 교정 후보 목록과의 편집 거리를 계산하여 편집 거리가 가까운 순서로 정렬하여 출력한다. 편집 거리가 가장 가까운 단어는 'government'이므로 이것을 교정 단어로 선택하는데, 검색 엔진과 비교하면 교정 결과가 일치함을 알 수 있다.

[표 15-4] 'gpvernment'의 n-gram 검색어 사전 탐색(n>=7, 10단어)

순서	n-gram key	단어수	검색어 사전 어휘 항목(빈도)
1	7: gpvernm	0	-
2	8: gpvernme	0	-
3	9: gpvernmen	0	-
4	10: gpvernment	0	-
5	7: pvernme	0	-
6	8: pvernmen	0	-
7	9: pvernment	0	-
8	7: vernmen	4	government(607), governmental(8), governments(52), supergovernment(1),
9	8: vernment	4	government(607), governmental(8), governments(52), supergovernment(1),
10	7: ernment	6	concernment(2), discernment(1), government(607), governmental(8), governments(52), supergovernment(1),

[예제 15-5]

```
...
print(), print ('편집 거리 계산')
IncludeDic_Distance = {}
for DictWord in NGramSuggestionDictFreq:
    EditDistance = GetEditDistance(FindWord, DictWord)
    WordFreq = Vocabulary[DictWord]
    IncludeDic_Distance[DictWord] = [EditDistance, WordFreq]
print (IncludeDic_Distance)

#
print(), print ('편집 거리 정렬') # format : {'word':[distance, freq], ...}
IncludeDic_High =sorted(IncludeDic_Distance.items(),key=lambda item:item[1][0])#by low
print(IncludeDic_High)
>>>
...
편집 거리 계산
{'government': [1, 607], 'governmental': [3, 8], 'governments': [2, 52], 'supergovernment':
[6, 1], 'concernment': [4, 2], 'discernment': [4, 1]}
```

```
편집 거리 정렬
[('government', [1, 607]), ('governments', [2, 52]), ('governmental', [3, 8]), ('concernment',
[4, 2]), ('discernment', [4, 1]), ('supergovernment', [6, 1])]
```

[표 15-5] 'gpvernment'의 철자 교정

순서	단어	편집 거리
1	government	1
2	governments	2
3	governmental	3
4	concernment	4
5	discernment	4
6	supergovernment	6

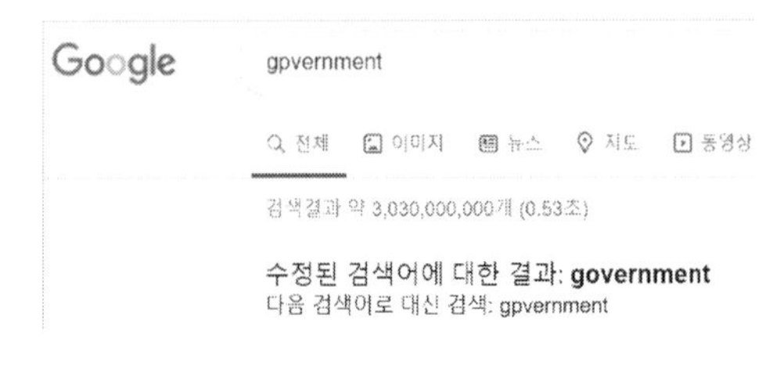

2. n-gram 기반 한글 철자 교정

n-gram 방식의 한글 철자 교정은 두벌식 자모를 기반으로 한다. 다음의 예는 '한국'을 '란국'으로 잘못 입력한 것이다. '란국'을 '한국'으로 교정하여 제안하려면 검색어 사전에서 초성 'ㄹ'을 제외한 'ㅏㄴ국'을 포함한 단어를 찾은 후에 편집 거리를 비교하여 거리가 가장 가까운 단어를 제시하면 된다. 한국어 사용자는 '란국'이라는 단어를 보았을 때 첫 음절의 초성이 잘못 입력된 것임을 인지할 수 있지만 소프트웨어는 어떤 글자가 틀렸는지 알 수 없다. 따라서 검색어 문자열의 어딘가에 틀린 글자가 있을 것으로 간주하여 검색어를 n-gram으로 변환한 후 차례대로 n-gram 사전을 탐색하여 철자 오류를 교정해야 한다. 이를 위해 먼저 검색어 사전의 모든 어휘를 두벌식 자모로 분해하여 n-gram 사전으로 변환한다.

[표 15-6] 인터넷 검색 엔진의 '란국' 철자 교정

두벌식 자모 기반의 n-gram 사전 변환

n-gram 사전 기반의 한글 철자 교정에서는 편집 거리를 측정하기 위해 입력된 검색어와 n-gram 사전의 어휘를 두벌식 자모로 변환해서 비교하고 최종 교정 단어는 다시 원래 형태의 음절 단어로 전환하여 출력한다. 그러나 음절과 두벌식 자모의 상호 변환 과정에서 원형이 완벽하게 복원되는 것은 아니다. 예를 들어 '한, 하ㄴ, ㅎㅏㄴ'은 서로 다른 단어이지만 두벌식 자모로 변환하면 모두 'ㅎㅏㄴ'으로 바뀐다. 이것을 다시 음절로 조합하면 모두 '한'으로 변환되기 때문에 원래 단어와 일치하지 않는다. 이처럼 단어 문자열과 두벌식 자모를 상호 변환할 경우에는 원래의 단어 형태로 복원되지 않을 수도 있기 때문에 n-gram 사전은 원래 형태의 단어를 따로 보관해 둔다.

원래 형태의 단어는 한/영 변환 철자 교정에서도 필요한데, [표 15-7]은 n-gram 사전의 어휘 항목과 연관 검색어 사전 구조를 나타낸 것으로 n-gram 사전에서 연관된 검색어를 처리하기 위해 'key' 항목으로 철자 오류를 교정하고, 교정 후보를 제시할 때는 원래 형태인 'word' 항목을 사용한다.

이 절에서는 16년 동안의 KBS 9시 뉴스를 대상으로 검색어 사전을 생성하여 사용한다. 해당 텍스트의 용량은 269MB이며 검색어 사전의 어휘수는 40만 단어이다. 사전의 어휘 수가 적으면 어색한 단어로 교정될 수 있기 때문에 적합한 교정 단어 제시를 위해 검색어 사전을 확장한다. 한편 어휘 수가 많으면 실제 검색 엔진이 교정 단어를 선택할 때 발생하는 복잡한 상황을 재현할

[표 15-7] n-gram 사전의 어휘 항목과 연관 검색어 사전 구조

입력어	부분 문자열(key)	부분 문자열을 포함한 검색어 목록 (Value:{'key':..., 'word':...})
'gpvernment'	'vernment'	{'key':'government', 'word':'government'}, {'key':'governmental', 'word':'governmental'}, {'key':'supergovernment', 'word':'supergovernment'}, :
'대헌민국'	'ㄴㅁㅣㄴㄱㅜㄱ'	{'key':'ㄷㅐㅎㅏㄴㅁㅣㄴㄱㅜㄱ', 'word':'대한민국'}, {'key':'ㄷㅐㅎㅏㄴㅁㅣㄴㄱㅜㄱㅎㅗ', 'word': '대한민국호'}, :
'fksrnr'	'ksrnr'	{'key':'gksrnr', 'word':'한국'}, {'key':'gksrnrdin', 'word':'한국인'}, :

수 있다. 예를 들어 앞에서 영어 철자 오류 상태인 'gpvernment'를 교정할 때 영어 검색어 사전의 어휘는 9,110단어 정도여서 편집 거리가 가까운 단어도 많지 않아 교정 단어를 결정하는 것이 어렵지 않았다. 그러나 검색어 사전의 어휘가 많아지면 편집 거리가 가까운 단어가 두 개 이상 존재하기 때문에 추천의 우선순위를 결정하기 위해 2차 가중치를 적용해야 한다. 이렇게 확장된 검색어 사전을 바탕으로 검색 엔진에서 교정 단어의 결정 과정을 설명한다.

[예제 15-6]은 HGTransString2KBDJamo() 함수를 이용하여 검색어 사전의 한글 어휘를 두벌식 자모로 변환한 뒤 이를 기반으로 n-gram 사전을 만든다. n-gram 사전에 어휘를 등록할 때는 AddNGramVocabulary__WordWeight() 함수를 이용하며 원래 단어(CurWord)와 두벌식 자모 문자열(KBDCharString)을 함께 매개변수로 전달한다. 1절에서 영문자로 된 문자열을 n-gram 사전에 등록할 때는 원래 단어(CurWord)만 전달했지만 한글 단어는 n-gram 사전 탐색을 위한 두벌식 자모 문자열(KBDCharString)과 교정 결과 출력에 사용할 원래 단어(RealWord=CurWord)를 동시에 전달한다.

[예제 15-6]

```
#----------
Vocabulary = load_dictfreq_kbs_01_16()  # [KBS 9시 뉴스: 16년치(2001~2016)]
print('Dict Num:', len(Vocabulary))

# make n-gram
ngram_k = 5
NGramVocabulary = {}
for CurWord in Vocabulary:
    CurWord_Low = CurWord.lower() # 소문자 변환
    WordFreq = Vocabulary[CurWord]
    KBDCharString = HGTransString2KBDJamo(CurWord_Low) # 한글->두벌식 자모
    AddNGramVocabulary__WordWeight(NGramVocabulary, KBDCharString,
        RealWord=CurWord, Weight=WordFreq, NGram=ngram_k)
print('NGram Dict Num:', len(NGramVocabulary))
>>>
Dict Num: 413165
NGram Dict Num: 4125348
```

[예제 15-6]에서는 검색어 사전을 n-gram 사전으로 변환할 때 최소한 5글자 이상의 부분 문자열로 분할하는데, 검색어 사전의 단어를 5-gram 사전으로 확장하면 412만 단어로 늘어난

다. n-gram 사전에서 가장 많은 검색어 사전 어휘를 포함하고 있는 항목은 'ㅣㅇㅜㅓㄴ'으로 총 2,684단어의 부분 문자열이다.

[표 15-8] 부분 문자열 'ㅣㅇㅜㅓㄴ'이 포함된 n-gram 사전 어휘 목록

순서	두벌식 자모 문자열(key)	빈도	검색어 사전 단어(word)
1	00 ㄱㅜㄱㅎㅗㅣㅇㅡㅣㅇㅜㅓㄴ	1	00 국회의원
2	000ㅇㅡㅣㅇㅜㅓㄴ	1	000의원
3	000ㅇㅡㅣㅇㅜㅓㄴㅅㅣㄹ	1	000의원실
4	00ㄱㅓㄴㄱㅏㅇㄱㅏㅈㅓㅇㅈㅣㅇㅜㅓㄴㅅㅔㄴㅌㅓ	1	00건강가정지원센터
5	00ㄱㅛㅇㅠㄱㅈㅣㅇㅜㅓㄴㅊㅓㅇ	1	00교육지원청
6	00ㄱㅜㄴㅇㅡㅣㅇㅜㅓㄴ	1	00군의원
:	:	:	:
56	前ㅇㅡㅣㅇㅜㅓㄴ	7	前의원
57	美ㅇㅡㅣㅇㅜㅓㄴ	1	美의원
:	:	:	:
2680	ㅎㅜㅇㅜㅓㄴㅎㅗㅣㅇㅜㅓㄴ	6	후원회원
2683	ㅎㅡㅣㅇㅜㅓㄴ	3	희원
2684	ㅎㅣㄹㄹㅓㄹㅣㅇㅡㅣㅇㅜㅓㄴ	1	힐러리의원

n-gram 사전 기반 한글 철자 교정

검색어 사전에 대한 n-gram 사전 변환이 완료되면 n-gram 사전을 기반으로 철자 오류를 교정할 수 있다. 예를 들어 '한국' 대신 '란국'으로 잘못 입력되면 먼저 검색어를 두벌식 자모로 변환하고 5-gram으로 변환한다. 이렇게 변환하면 [표 15-9]와 같이 3개의 부분 문자열이 생성되는데, 이것을 차례대로 n-gram 사전에서 탐색하여 연관 검색어를 모은 후에 편집 거리를 비교하여 가장 가까운 단어를 교정 단어로 선택한다.

[표 15-9] 'ㄹㅏㄴㄱㅜㄱ'(란국)의 n-gram 분할(n>=5, 3단어)

순서	0	1	2	3	4	5	길이	n-gram
	ㄹ	ㅏ	ㄴ	ㄱ	ㅜ	ㄱ		
1	ㄹ	ㅏ	ㄴ	ㄱ	ㅜ		5	ㄹㅏㄴㄱㅜ
2	ㄹ	ㅏ	ㄴ	ㄱ	ㅜ	ㄱ	6	ㄹㅏㄴㄱㅜㄱ
3		ㅏ	ㄴ	ㄱ	ㅜ	ㄱ	5	ㅏㄴㄱㅜㄱ

[예제 15-7]은 철자 오류 상태인 '란국'을 '한국'으로 교정하기 위해서 두벌식 자모로 변환한

것을 다시 5-gram으로 변환한 후에 차례대로 n-gram 사전에서 탐색하여 결과를 출력한다. 이때 사용하는 n-gram 사전의 모든 어휘는 검색어 사전을 두벌식 자모로 변환한 것이다.

[예제 15-7]

```
import hgsysinc
from hgworddistance import MakeStringNGram
from hgkbd import HGTransString2KBDJamo
from hgtest_ext_kbs import load_kbs_16_and_trans_ngram
#------------------------
ngram_k = 5
Vocabulary, NGramVocabulary = load_kbs_16_and_trans_ngram(NGram=ngram_k)
FindWord = '란국' # '한국'의 철자 오류 입력
FindWord_KBDjamo = HGTransString2KBDJamo(FindWord) # 두벌식 자모로 변환
FindNGram = MakeStringNGram(FindWord_KBDjamo, NGram=ngram_k, MoreThan=True)

print(f'@@@ 순서 : 두벌식 자모 : 길이 : 포함된 어휘수 @@@')
for NGramDicNum, dic_f in enumerate(FindNGram):
    NGramDicVocabulary = NGramVocabulary.get(dic_f)
    if(NGramDicVocabulary == None): # n-gram에 속하는 단어가 없는 경우
        NGramDicVocabularyNum = 0
    else:
        NGramDicVocabularyNum = len(NGramDicVocabulary)
    print(f'{NGramDicNum+1} : {dic_f} : {len(dic_f)} : {NGramDicVocabularyNum}')
>>>
...
@@@ 순서 : 두벌식 자모 : 길이 : 포함된 어휘수 @@@
1 : ㄹㅏㄴㄱㅜ : 5 : 7
2 : ㄹㅏㄴㄱㅜㄱ : 6 : 3
3 : ㅏㄴㄱㅜㄱ : 5 : 1127
```

[예제 15-7]에서는 두벌식 자모로 변환한 'ㄹㅏㄴㄱㅜㄱ'을 n-gram으로 변환한 뒤 차례대로 n-gram 사전에서 탐색한다. n-gram으로 변환한 3개의 부분 문자열과 연관된 검색어의 총합은 1,137단어지만 중복된 단어를 제외하면 1,131단어이다. 한편 예제에서는 검색어 사전을 n-gram 사전으로 변환하기 위해 load_kbs_16_and_trans_ngram() 함수를 사용한다. 이 함수는 중복되는 코드를 생략하기 위해 지금까지 설명한 코드를 통합한 것이다.

[표 15-10] n-gram 사전에서 '란국'의 연관 검색어

순서	자모 문자열 / 음절 표현	단어수	연관 검색어(빈도)
1	ㄹㅏㄴㄱㅜ / 란구	7	반란군(4), 이란군(2), 노란국화(1), 매란국죽(1), 토란국(1), 란궈즈(1), 산란굴(1)
2	ㄹㅏㄴㄱㅜㄱ / 란국	3	노란국화(1), 매란국죽(1), 토란국(1)
3	ㅏㄴㄱㅜㄱ / ㅏ국	1127	한국(26326), 한국인(5808), 한국축구(2469), 한국은행(1719), 한국시리즈(1528), …, 해양경비구난국장(1)

[예제 15-8] # '편집 거리 계산'

```
def TestNGramDict_KBDJamo(NGramVocabulary, FindWord, NGram=1):
    FindWord_KBDjamo = HGTransString2KBDJamo(FindWord)
    FindWord_KBDjamo_Len = len(FindWord_KBDjamo)

    NGramList = MakeStringNGram(FindWord_KBDjamo, NGram=NGram, MoreThan=True)

    NGDic_Distance = {}
    for inx, dic_f in enumerate(NGramList):
        NGramDicVocabulary = NGramVocabulary.get(dic_f)
        if(NGramDicVocabulary == None): # n-gram에 속하는 단어가 없는 경우
            continue
        for sub_j, NGDic_I in enumerate(NGramDicVocabulary):
            NGDic_Jamo = NGDic_I['key']
            EditDistance = GetEditDistance(FindWord_KBDjamo, NGDic_Jamo)
            NGDic_Distance[NGDic_Jamo] = \
                [NGDic_I['word'], EditDistance, NGDic_I['weight']]

    # '편집 거리 정렬'
    dict_by_keys = sorted(NGDic_Distance.items(), key=lambda item: item[1][1]) # by low
    IncludeDic_High = {dic[0]:dic[1] for dic in dict_by_keys}

    print ('순서: key([word, distance, freq)]')
    for i, Dict in enumerate(IncludeDic_High):# format: {key: [word, distance, freq)], ...}
        print(f'{i+1}: ', f'{Dict}({IncludeDic_High[Dict]})')
```

```
#----------
#----------
ngram_k = 5
Vocabulary, NGramVocabulary = load_kbs_16_and_trans_ngram(NGram=ngram_k)
FindWord = '란국' # '한국'의 철자 오류 입력
TestNGramDict_KBDJamo(NGramVocabulary, FindWord, ngram_k)
>>>
...
편집 거리 정렬
순서: key([word, distance, freq])
1:  ㄴㅏㄴㄱㅜㄱ(['난국', 1, 121])
2:  ㄷㅏㄴㄱㅜㄱ(['단국', 1, 2])
3:  ㅁㅏㄴㄱㅜㄱ(['만국', 1, 16])
4:  ㅇㅏㄴㄱㅜㄱ(['안국', 1, 9])
5:  ㅍㅏㄴㄱㅜㄱ(['판국', 1, 9])
6:  ㅎㅏㄴㄱㅜㄱ(['한국', 1, 26326])
7:  ㅌㅗㄹㅏㄴㄱㅜㄱ(['토란국', 2, 1])
8:  ㄱㅗㅏㄴㄱㅜㄱ(['관국', 2, 1])
9:  ㅎㅗㅏㄴㄱㅜㄱ(['환국', 2, 5])
10:  ㄹㅏㄴㄱㅜㅓㅈㅡ(['란궈즈', 3, 1])
...
1130:   ㅎㅏㄴㄱㅜㄱㅎㅏㄱㅈㅜㅇㅇㅏㅇㅇㅕㄴㄱㅜㅇㅜㅓㄴㅈㅏㅇㅅㅓㄱㅏㄱㄱㅗㅏㄴㅈㅏㅇ
(['한국학중앙연구원장서각관장', 34, 1])
1131:  ㅎㅏㄴㄱㅜㄱㄱㅓㄴㅅㅓㄹㅅㅐㅇㅎㅗㅏㄹㅎㅗㅏㄴㄱㅕㅇㅅㅣㅎㅓㅁㅇㅕㄴㄱㅜㅇㅜㅓㄴ
(['한국건설생활환경시험연구원', 35, 10])
```

[예제 15-8]은 검색어 자모 문자열 'ㄹㅏㄴㄱㅜㄱ'(란국)과 n-gram 탐색으로 찾은 1,131단어의 편집 거리를 계산한 후에 편집 거리가 가까운 순서로 정렬한다. 이를 위해 TestNGramDict_KBDJamo() 함수를 이용한다. 예제의 출력 결과를 보면 가장 가까운 단어는 편집 거리가 '1'로 자모 1글자가 다르며, 가장 먼 단어는 편집 거리가 '35'이다. 그런데 'ㄹㅏㄴㄱㅜㄱ'의 문자열 길이가 6이어서 편집 거리가 6을 초과하면 사실상 다른 단어이다. 이에 편집 거리를 5로 제한하면 193단어로 줄어든다. 그러나 여전히 어색한 단어가 많은데, 일반적으로 편집 거리가 3을 초과하는 단어는 교정 후보에 적합하지 않으므로 편집 거리를 3 이내로 제한한다.

가중치를 이용한 교정 후보 선택

1절의 영어 철자 교정에서는 편집 거리가 가장 가까운 단어가 1개여서 교정 단어 선택에 어려움이 없었다. 그러나 한글 철자 오류 상태의 '란국'은 가장 가까운 단어가 6개여서 이들 중에서 적합한 교정 후보를 선택해야 한다. 이때 우선순위를 적용하여 최적의 교정 후보를 결정해야 하는데 이 책에서는 검색어의 빈도를 가중치로 적용하여 교정 단어를 선택한다.

[예제 15-9]는 검색어 자모 문자열 'ㄹㅏㄴㄱㅜㄱ'(란국)과 n-gram 사전의 어휘와의 편집 거리를 계산할 때 가장 가까운 단어만 선택하고 나머지는 제외한다. 이렇게 선택한 단어가 여럿일 경우에는 가중치(빈도)로 정렬한 후에 가중치가 가장 높은 단어를 교정 단어로 제시한다. 이를 위해 [예제 15-8]에서 호출한 TestNGramDict_KBDJamo( ) 함수를 철자 교정용(SpellCheckMode)으로 확장한다.

[예제 15-9]

```
def TestNGramDict_KBDJamo(NGramVocabulary, FindWord, NGram=1,
    SpellCheckMode=False)
    FindWord_KBDjamo = HGTransString2KBDJamo(FindWord)
    FindWord_KBDjamo_Len = len(FindWord_KBDjamo)

    #----------
    NGramList = MakeStringNGram(FindWord_KBDjamo, NGram=NGram, MoreThan=True)

    # '편집 거리 계산'
    if(SpellCheckMode == True): # 철자 교정 상태
        print(), print ('편집 거리 계산: 검색어랑 편집 거리가 가까운 단어만 선택')
        MinDistance = (-1) # '0': 똑같은 단어는 '0'이라서 이보다 작은 초깃값
    else:
        print(), print ('편집 거리 계산')
    #---
    NGDic_Distance = {}
    for inx, dic_f in enumerate(NGramList):
        NGramDicVocabulary = NGramVocabulary.get(dic_f)
        if(NGramDicVocabulary == None): # n-gram에 속하는 단어가 없는 경우
            continue
        for sub_j, NGDic_I in enumerate(NGramDicVocabulary):
            NGDic_Jamo = NGDic_I['key']
            EditDistance = GetEditDistance(FindWord_KBDjamo, NGDic_Jamo)
```

```
        if(SpellCheckMode == True): # 철자 교정 상태
            # 가장 가까운 편집 거리 찾기
            if(MinDistance < 0): # 처음 비교하는 경우
                MinDistance = EditDistance
            else:
                if(MinDistance < EditDistance): # 최소 편집 거리보다 크면 제외
                    continue
                elif(MinDistance == EditDistance): # 최소 편집 거리와 같은 경우:등록
                    pass
                else: # 최소 편집 거리보다 작은 경우: 새로 등록하기 위해 초기화
                    MinDistance = EditDistance
                    NGDic_Distance.clear()
        #
        NGDic_Distance[NGDic_Jamo] = \
            [NGDic_I['word'], EditDistance, NGDic_I['weight']]
#
if(SpellCheckMode == True): # 철자 교정 상태
    print(), print(NGDic_Distance)
if(SpellCheckMode == True): # 철자 교정 상태
    print(), print ('가중치(빈도) 정렬') # (sort by high)
    dict_by_keys = sorted(NGDic_Distance.items(), key=lambda item: -item[1][2])
    IncludeDic_High = {dic[0]:dic[1] for dic in dict_by_keys}

    print ('순서: key([word, distance, freq)]')
    for i, Dict in enumerate(IncludeDic_High):#format:{key: [word, distance, freq)], ...}
        print(f'{i+1}: ', f'{Dict}({IncludeDic_High[Dict]})')
    #============================
    for Dict in IncludeDic_High: # format: {key: [word, distance, freq)], ...}
        OriginWord = IncludeDic_High[Dict][0]
        print(f"<{FindWord}> 이 단어가 맞나요? ===>", OriginWord)
        break  # 첫 번째 위치한 교정 단어를 찾으면 루프 탈출
else:
    # '편집 거리 정렬'
    print(), print ('편집 거리 정렬') # (sort by low)
    dict_by_keys = sorted(NGDic_Distance.items(), key=lambda item: item[1][1])
    IncludeDic_High = {dic[0]:dic[1] for dic in dict_by_keys}

    print ('순서: key(word, distance, freq)')
```

```
        for i, Dict in enumerate(IncludeDic_High):#format:{key: [word, distance, freq)], ...}
            print(f'{i+1}: ', f'{Dict}({IncludeDic_High[Dict]})')
#----------
#----------
...
ngram_k = 5
Vocabulary, NGramVocabulary = load_kbs_16_and_trans_ngram(NGram=ngram_k)
FindWord = '란국' # '한국'의 철자 오류 입력
TestNGramDict_KBDJamo(NGramVocabulary, FindWord, ngram_k, SpellCheckMode=True)
>>>
...
편집 거리 계산: 검색어랑 편집 거리가 가까운 단어만 선택
{'ㄴㅏㄴㄱㅜㄱ': ['난국', 1, 121], 'ㄷㅏㄴㄱㅜㄱ': ['단국', 1, 2], 'ㅁㅏㄴㄱㅜㄱ': ['만국', 1, 16],
'ㅇㅏㄴㄱㅜㄱ': ['안국', 1, 9], 'ㅍㅏㄴㄱㅜㄱ': ['판국', 1, 9], 'ㅎㅏㄴㄱㅜㄱ': ['한국', 1, 26326]}

가중치(빈도) 정렬
순서: key([word, distance, freq])
1:  ㅎㅏㄴㄱㅜㄱ(['한국', 1, 26326])
2:  ㄴㅏㄴㄱㅜㄱ(['난국', 1, 121])
3:  ㅁㅏㄴㄱㅜㄱ(['만국', 1, 16])
4:  ㅇㅏㄴㄱㅜㄱ(['안국', 1, 9])
5:  ㅍㅏㄴㄱㅜㄱ(['판국', 1, 9])
6:  ㄷㅏㄴㄱㅜㄱ(['단국', 1, 2])
<란국> 이 단어가 맞나요? ===> 한국
```

[예제 15-9]를 보면, n-gram 사전에서 검색어 자모 문자열 'ㄹㅏㄴㄱㅜㄱ'(란국)과 가장 가까운 단어는 편집 거리가 '1'로 총 6단어가 있다. 이것을 빈도순으로 정렬하여 첫 번째 위치한 'ㅎㅏㄴㄱㅜㄱ'(한국)을 교정 단어로 제시하는데, 출력 결과는 음절 형태인 원래 단어(Word)를 사용하며 예제의 교정 결과는 인터넷 검색 엔진의 결과와 일치한다.

지금까지 n-gram 기반의 영문자 및 한글 철사 교정 알고리즘을 차례대로 설녕하였는데, 이것을 하나의 알고리즘으로 통합한 것이 n-gram 기반 철자 교정 시스템인 GetSpellCheck_NGram() 함수이다. [예제 15-10]은 이 함수를 이용하여 한글 단어를 교정한다. 검사용 테스트 단어는 1글자부터 5글자까지 철자 오류를 포함하고 있으며 각각의 조건에 따라 교정 결과가 어떻게 달라지는지 설명한다.

[예제 15-10]

```
def GetSpellCheck_NGram(FindWord, NGramVocabulary, NGram=2,
    LowerEng=True, # 영문 대문자를 소문자로 변환
    Hng2Jamo=False, # 한글을 두벌식 자모로 변환
    Hng2Eng=False, # 한글을 영문자로 변환
    Eng2Jamo=False, # 영문자로 두벌식 자모로 변환
    EditDistanceLimit = 3, # 편집 거리 제한
):
    if(LowerEng == True):
        #.소문자 변환:'GIVERNMENT'<-'givernment'<-'government' 한영변환 오류 해결
        FindWord = FindWord.lower()
    if(Hng2Jamo == True): # 한글을 두벌식 자모로 변환
        FindWord = HGTransString2KBDJamo(FindWord) # 한글->키보드 자모
    if(Hng2Eng == True): # 한글을 영문자로 변환
        #. 한글 -> 영문 변환 + ngram: 'givern―'.<- 'governm' 한영변환 오류 해결
        FindWord = HGTransString2EngString(FindWord)
    if(Eng2Jamo == True): # 영문자로 두벌식 자모로 변환
        from hgkbd import HGGetJaumMoum__EngString
        FindWord = HGGetJaumMoum__EngString(FindWord) # 영문자 -> 두벌식 자모 변환
    #-----
    NGramList = MakeStringNGram(FindWord, NGram=NGram, MoreThan=True)

    # '편집 거리 계산' # 검색어랑 편집 거리가 가까운 단어만 선택
    NGDic_Distance = {}
    MinDistance = (-1) # '0': 똑같은 단어는 '0'이라서 이보다 작은 초깃값
    for inx, NGramWord in enumerate(NGramList):
        NGramDicVocabulary = NGramVocabulary.get(NGramWord)
        if(NGramDicVocabulary == None): # n-gram에 속하는 단어가 없는 경우
            continue
        for sub_j, NGDic_I in enumerate(NGramDicVocabulary):
            NGDic_Jamo = NGDic_I['key']
            #=NGDic_Word = NGDic_I['word']
            #=NGDic_weight = NGDic_I['weight']

            EditDistance = GetEditDistance(FindWord, NGDic_Jamo)
            #============================
            # 연관 단어 편집 거리 제한:
            # 검색어(FindWord)와 편집 거리가 제한값(기본값:3)을 초과하면 어색한 경우가
```

```
        # 많아서 그 이상의 단어는 등록하지 않도록 막는다
        #================================
        if(EditDistanceLimit > 0): # 값이 있을 때 검사
            if(EditDistance > EditDistanceLimit): # {EditDistanceLimit = 3}
                continue
        #================================
        #================================
        # 가장 가까운 편집 거리 찾기
        if(MinDistance < 0): # 처음 비교하는 경우
            MinDistance = EditDistance
        else:
            if(MinDistance < EditDistance): # 최소 편집 거리보다 크면 제외
                continue
            elif(MinDistance == EditDistance): # 최소 편집 거리와 같은 경우:등록
                pass
            else: # 최소 편집 거리보다 작은 경우: 새로 등록하기 위해서 초기화
                MinDistance = EditDistance
                NGDic_Distance.clear()
        #================================
        #================================
        # 교정 후보 단어 등록
        #================================
        # format: [origin-word, EditDistance, weight(freq)]
        #================================
        NGDic_Item = [NGDic_I['word'], EditDistance, NGDic_I['weight']]
        NGDic_Distance[NGDic_Jamo] = NGDic_Item

    # 위에서 편집 거리 제한(EditDistanceLimit)을 둘 경우에는 값이 없을 수도 있다.
    if(len(NGDic_Distance) <= 0):
        # 철자 오류 교정 후보 반환
        SpellCheckWord = ''
        return SpellCheckWord

    # '가중치(빈도) 정렬' # (sort by high)
    dict_by_keys=sorted(NGDic_Distance.items(),key=lambda item:-item[1][2]) # by high
    IncludeDic_High = {dic[0]:dic[1] for dic in dict_by_keys}

    # 철자 오류 교정 후보 반환
    SpellCheckWord = ''
```

```
    if(len(IncludeDic_High) > 0):
        for Dict in IncludeDic_High: # format: {key: [word, distance, weight], ...}
            SpellCheckWord = IncludeDic_High[Dict][0] # 'word'
            break # 첫 번째 위치한 교정 단어를 찾으면 루프 탈출
    return SpellCheckWord

#============================
#============================
Vocabulary = load_dictfreq_kbs_01_16()  # [KBS 9시 뉴스: 16년치(2001~2016)]

# make n-gram
# __Hng_2_Jamo__: 검색어 사전을 두벌식 자모 n-gram 사전으로 변환
ngram_k = 5
NGramVocabulary = MakeNGramVocabulary__DictFreq(Vocabulary,
                        ngram_k, HngFmt=__Hng_2_Jamo__)
#----------------------------
hnglist = ['란국', '환율', '대헌민국', '대한밍국'] # 1글자 오류
hnglist.extend(['란국경제',]) # 1글자 오류
hnglist.extend(['란국경재', '란국경ㅈ', ]) # 2글자 오류
hnglist.extend(['란국경ㅂ', '란국경ㄷ', ]) # 3글자 오류
hnglist.extend(['란극경ㅈ', '란극경재']) # 3글자 오류
hnglist.extend(['란극경재정']) # 5글자 오류

print('# 편집 거리 제한 기본값(3) 적용 ')
for i, word in enumerate(hnglist):
    SpellCheckWord = GetSpellCheck_NGram(word,
            NGramVocabulary, ngram_k, Hng2Jamo=True)
    if(len(SpellCheckWord) > 0):
        FindWord_KBDjamo = HGTransString2KBDJamo(word)
        SpellWord_KBDjamo = HGTransString2KBDJamo(SpellCheckWord)
        EditDistance = GetEditDistance(FindWord_KBDjamo, SpellWord_KBDjamo)
        print(f'({i+1})EditDistance: {EditDistance} <{word}> ===> {SpellCheckWord}')
    else: # 교정 단어 없는 경우
        print(f'({i+1}) EditDistance: (-1) <{word}> ===> {SpellCheckWord}')
>>>
# 편집 거리 제한 기본값(3) 적용
(1)EditDistance: 1 <란국> ===> 한국
(2)EditDistance: 1 <흰율> ===> 환율
(3)EditDistance: 1 <대헌민국> ===> 대한민국
```

```
(4)EditDistance: 1 <대한밍국> ===> 대한민국
(5)EditDistance: 1 <란국경제> ===> 한국경제
(6)EditDistance: 2 <란국경재> ===> 한국경제
(7)EditDistance: 2 <란국경ㅈ> ===> 한국경제
(8)EditDistance: 3 <란국경ㅂ> ===> 한국형
(9)EditDistance: 3 <란국경ㄷ> ===> 한국형
(10)EditDistance: 3 <란극경ㅈ> ===> 한국경제
(11)EditDistance: 3 <란극경재> ===> 한국경제
(12)EditDistance: (-1) <란극경재정> ===>
```

[예제 15-10]에서는 MakeNGramVocabulary__DictFreq() 함수를 이용하여 검색어 사전을 n-gram 사전으로 변환하는데, 이 함수는 앞선 예제에서 제시한 코드를 하나로 통합한 것이다. n-gram을 생성할 때 검색어 사전의 어휘를 두벌식 자모로 변환한 후 최소 길이를 'n=5' 이상으로 지정하여 n-gram으로 변환한다. GetSpellCheck_NGram() 함수는 테스트 단어들을 두벌식 자모로 변환한 후에 n-gram 사전에서 부분 문자열 일치 탐색을 통하여 연관된 검색어 중에서 편집 거리가 가장 가까운 단어를 교정 후보 목록으로 모은다. 연관 검색어와의 편집 거리 계산은 입력된 검색어를 두벌식 자모로 변환하여 사용하고, 교정 후보 목록이 둘 이상이면 가중치(빈도)가 가장 높은 단어를 교정 단어로 채택한다.

[예제 15-10]의 검사용 테스트 단어는 1글자부터 5글자까지 철자 오류를 포함하고 있으며 총 12단어를 테스트하여 교정 결과를 출력한다. 교정 결과를 보면 편집 거리 2 이하는 정확하게 철자 오류를 교정하지만 편집 거리 3은 단어에 따라서 교정 결과의 정확도에 차이가 있다. 편집 거리 3의 교정 단어는 알고리즘만으로는 정교하게 교정하기 어렵기 때문에 교정 결과의 정확도를 높일 수 있는 조건, 예를 들어 입력 검색어 오류 패턴이나 한글 자모의 음운적 특성 등을 추가하는 것이 필요하다. 한편 GetSpellCheck_NGram() 함수는 편집 거리를 제한하는 매개변수를 가지고 있다. 이 함수는 편집 거리 제한(EditDistanceLimit)을 3으로 설정하여 편집 거리가 5인 '란극경재정'은 교정 단어를 생성하지 않았다.

[예제 15-11]은 MakeNGramVocabulary__DictFreq() 함수의 소스 코드로 어휘 빈도 사전을 n-gram 사전으로 변환한다. 이 함수는 앞에서 설명한 여러 알고리즘을 조합한 것으로 한글 음절을 두벌식 자모, 초/중/종성 자모 및 영문자로 변환할 수 있다. 이후 설명에서는 n-gram 사전 변환 시 중복되는 코드를 생략하기 위해 이 함수를 사용한다.

[표 15-11] n-gram **사전 변환 매개변수**

매개변수	한글 변환	예
__Hng_AsItIs__	변형 없이 그대로	한글 ⇒ 한 글
__Hng_2_Jamo__	두벌식 자모로 변환	한글 ⇒ ㅎㅏㄴㄱㅡㄹ
__Hng_2_Eng__	영문자로 변환	한글 ⇒ gksrmf
__Hng_2_Jamo3__	초/중/종성 자모로 변환	한글 ⇒ ᄒ ᅡ ᆫ ᄀ ᅳ ᆯ

[예제 15-11]

```
def MakeNGramVocabulary__DictFreq(DictFreq, NGram=1, EngLow=True,
    HngFmt=__Hng_AsItIs__):
    NGramVocabulary = {}
    AddNGramVocabulary__DictFreq(NGramVocabulary,
        DictFreq, NGram=NGram, EngLow=EngLow, HngFmt=HngFmt)
    return NGramVocabulary

def AddNGramVocabulary__DictFreq(NGramVocabulary, DictFreq,
    NGram=1, EngLow=True,
    HngFmt=__Hng_AsItIs__):
    for i, CurWord in enumerate(DictFreq):
        WordFreq = DictFreq[CurWord]
        AddNGramVocabulary__WordWeight(NGramVocabulary, CurWord,
            Weight=WordFreq, NGram=NGram, EngLow=EngLow, HngFmt=HngFmt)

def AddNGramVocabulary__WordWeight(NGramVocabulary, Word,
    RealWord=None, Weight=0, NGram=1, EngLow=True,
    HngFmt=__Hng_AsItIs__):
    # N그램 처리용 단어(Word)와 출력을 위한 진짜 단어(RealWord)가 다른 경우에 {진짜 단어
(RealWord)}값이 있다.
    if(RealWord == None): # 진짜 단어(RealWord)가 없으면 Word --> RealWord
        RealWord=Word
    if(EngLow == True):
        Word = Word.lower() # 소문자 변환
    #
    AddNGramVocabulary_Simple(NGramVocabulary, Word,
        RealWord=RealWord, Weight=Weight, NGram=NGram)

    #---------
```

```
# 한글 변환
#----------
if(HngFmt == __Hng_AsItIs__): # 한글: 변형없이 그대로 처리
    pass #. 변형없이 그대로 사용
elif(HngFmt == __Hng_2_Jamo__): # 한글: 두벌식(키보드) 자모로 처리
    #. [한글] ---> [두벌식(키보드) 자모]
    KBDJamoString = HGTransString2KBDJamo(Word)
    if(KBDJamoString != Word): # [한글]이 [두벌식(키보드) 자모]로 바뀔 때 달라진다.
        AddNGramVocabulary_Simple(NGramVocabulary, KBDJamoString,
            RealWord=RealWord, Weight=Weight, NGram=NGram)
elif(HngFmt == __Hng_2_Eng__): # 한글: 영문자로 처리
    #. [한글] ---> [영문자] (한국 ---> gksrnr) 입력 오류 해결
    dic_eng = HGTransString2EngString(Word)
    if(dic_eng != Word): # [한글]이 영문으로 바뀔 때 달라진다.
        AddNGramVocabulary_Simple(NGramVocabulary, dic_eng,
            RealWord=RealWord, Weight=Weight, NGram=NGram)
elif(HngFmt == __Hng_2_Jamo3__): # 한글: 초중종 자모로 처리(사전식)
    # 알고리즘 차원에서 추가한 것임, 초성,중성,종성(사전식) 알고리즘을 설명할 때만 사용
    #. [한글] ---> [초중종 자모]
    KBDJamo3String = hgGetChoJungJongString(Word)
    if(KBDJamo3String != Word): # [한글]이 [초중종 자모]로 바뀔 때 달라진다.
        AddNGramVocabulary_Simple(NGramVocabulary, KBDJamo3String,
            RealWord=RealWord, Weight=Weight, NGram=NGram)
else:
    assert False
```

3. n-gram 기반 한/영 변환 및 철자 교정

n-gram 방식은 한/영 변환 및 철자 오류가 동시에 발생한 경우에도 활용할 수 있다.

영한 변환과 철자 교정

다음의 예에서 'fksrnrqkdthd'와 'eogjsalsrnr'은 영어 입력 상태에서 각각 '한국방송' 대신 '란국방송'으로, '대한민국' 대신 '대헌민국'으로 잘못 입력한 것이다. 'fksrnrqkdthd'와 'eogjsalsrnr'은 영문 문자열에 철자 오류가 있는 것이 아니어서 n-gram 알고리즘을 적용해도

검색어 사전에서는 교정 단어를 찾을 수 없다. 이에 인터넷 검색 엔진처럼 교정하려면 한/영 변환 오류와 철자 오류를 동시에 교정해서 수정된 검색어를 제시해야 한다.

[표 15-12] 인터넷 검색 엔진의 영한 변환 및 철자 교정

Google fksrnrqkdthd
수정된 검색어에 대한 결과: **한국방송**
fksrnrqkdthd에 대한 검색결과가 없습니다

Google eogjsalsrnr
수정된 검색어에 대한 결과: **대한민국**
다음 검색어로 대신 검색: eogjsalsrnr

'fksrnrqkdthd'를 '한국방송'으로 교정하는 과정을 알고리즘으로 정리하면, 먼저 검색어를 두벌식 자모 'ㄹㅏㄴㄱㅜㄱㅂㅏㅇㅅㅗㅇ'으로 변환하고, 변환한 자모 문자열로 n-gram 사전에서 편집 거리를 측정하여 최종적으로 'ㅎㅏㄴㄱㅜㄱㅂㅏㅇㅅㅗㅇ'을 교정 단어로 선택한다. 두 자모 문자열은 첫 글자만 다르므로 편집 거리는 1이며, 교정 단어를 제시할 때는 원래 음절 형태인 '한국방송'으로 제시한다.

[표 15-13] 영한 변환 후 n-gram 사전 기반 철자 교정 과정

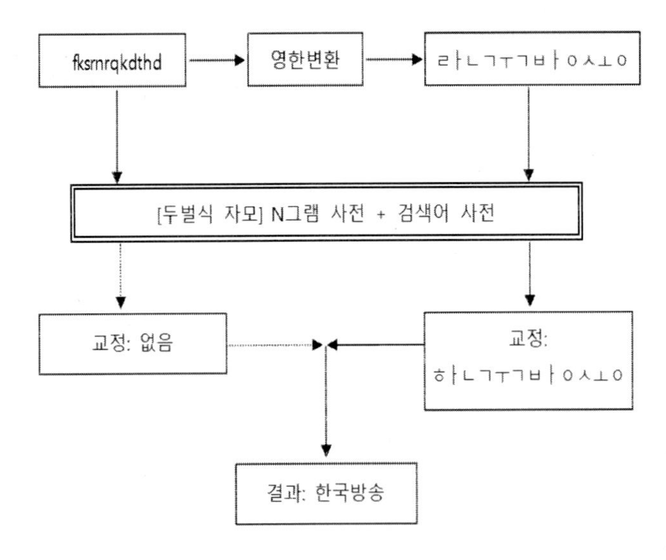

[예제 15-12]는 '대한민국' 대신 'eogjsalsrnr을, '한국방송' 대신 'fksrnrqkdthd'을 잘못 입력했을 때, 영한 변환과 n-gram 교정 알고리즘으로 오류를 교정한다. 이때 영문자 검색어를 두벌식 자모로 변환한 뒤 n-gram으로 변환한다.

[예제 15-12]

```
Vocabulary = load_dictfreq_kbs_01_16()  # [KBS 9시 뉴스: 16년치(2001~2016)]
# make n-gram
# __Hng_2_Jamo__: 한글 검색어 사전을 두벌식 n-gram 사전으로 변환
ngram_k = 5
NGramVocabulary = MakeNGramVocabulary__DictFreq(Vocabulary,
                          NGram=ngram_k, HngFmt=__Hng_2_Jamo__)
#------------------------------
FindWord = 'eogjsalsrnr' # (대헌민국) <- {대한민국}의 철자 오류 입력
FindWord_Jamo = HGGetJaumMoum__EngString(FindWord) # 영문자->한글 자모
SpellCheckWord = GetSpellCheck_NGram(FindWord_Jamo, NGramVocabulary, ngram_k)
print(f"<{FindWord}> 이 단어가 맞나요? ===>", SpellCheckWord)

#------------------------------
FindWord = 'fksrnrqkdthd' # (란국방송) <- {한국방송}의 철자 오류 입력
FindWord_Jamo = HGGetJaumMoum__EngString(FindWord) # 영문자->한글 자모
SpellCheckWord = GetSpellCheck_NGram(FindWord_Jamo, NGramVocabulary, ngram_k)
print(f"<{FindWord}> 이 단어가 맞나요? ===>", SpellCheckWord)
>>>
<eogjsalsrnr> 이 단어가 맞나요? ===> 대한민국
<fksrnrqkdthd> 이 단어가 맞나요? ===> 한국방송
```

[예제 15-12]에서는 n-gram 생성 시 최소 길이를 'n=5' 이상으로 지정하며 검색어 사전의 어휘를 두벌식 자모로 변환한 후 n-gram 사전을 생성한다. 또한 HGGetJaumMoum__EngString() 함수를 이용하여 영문자로 된 검색어를 한글 두벌식 자모로 변환한다. 예제에서 'eogjsalsrnr'에 대하여 최종적으로 선택한 교정 단어는 '대한민국'이며 'fksrnrqkdthd'의 교정 단어는 '한국방송'이다. 예제의 교정 결과를 인터넷 검색 엔진과 비교하면 일치함을 알 수 있다. 한편 검색어 사전을 두벌식 자모로 된 n-gram 사전으로 변환하기 위해 MakeNGramVocabulary__DictFreq() 함수를 호출할 때 매개변수(HngFmt)는 '__Hng_2_Jamo__'로 지정한다.

한영 변환과 철자 교정

다음의 예에서 '찿새교'와 '햳두__둣'은 한글 입력 상태에서 각각 'victory' 대신 'cictory'로, 'government' 대신 'govenment'로 잘못 입력한 것이다.

[표 15-14] 인터넷 검색 엔진의 한영 변환 및 철자 교정

Google 찾새교	Google 햁두—듯
전체 이미지 동영상 지도	전체 이미지 뉴스 지도 동
검색결과 약 869,000,000개 (0.56초)	검색결과 약 2,810,000,000개 (0.43초)
수정된 검색어에 대한 결과: victory 다음 검색어로 대신 검색: 찾새교	수정된 검색어에 대한 결과: government 다음 검색어로 대신 검색: 햁두—듯

'찾새교'를 'victory'로 교정하는 과정을 알고리즘으로 정리하면, 먼저 '찾새교'를 영문자('cictory')로 변환하고, 변환한 'cictory'로 n-gram 사전에서 편집 거리를 측정하여 최종적으로 'victory'를 교정 단어로 선택한다.

[표 15-15] 한영 변환 후 n-gram 사전 기반 철자 교정 과정

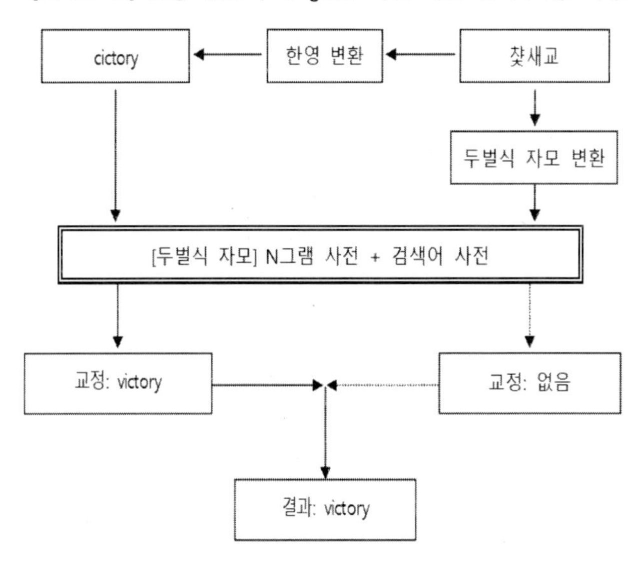

[예제 15-13]은 'victory' 대신 '찾새교'를, 'government' 대신 '햁두—듯'을 잘못 입력했을 때, 한영 변환과 n-gram 교정 알고리즘으로 오류를 교정한다. 전체적으로는 앞 절에서 설명한 철자 교정 시스템의 원리와 유사하며 한글로 입력된 검색어를 영문자로 변환한 후에 n-gram 교정 알고리즘을 적용한다.

[예제 15-13]에서는 n-gram 생성 시 최소 길이를 'n=5' 이상으로 지정하며 미국 대통령 취임사에서 추출한 검색어 사전으로 만든 n-gram 사전을 사용한다. 또한 한영 변환에는 HGTransString2EngString() 함수를, 철자 교정에는 GetSpellCheck_NGram() 함수를 사용한다. [표 15-16]을 보면 입력 검색어 '찾새교'를 영문자로 변환한 'cictory'의 n(5)-gram은 6단어

[예제 15-13]

```
Vocabulary = load_dictfreq_us_president() # 미국 대통령 취임 연설(InaugurationSpeech)
# make n-gram
ngram_k = 5
NGramVocabulary = MakeNGramVocabulary__DictFreq(Vocabulary, NGram=ngram_k)
#-----------------------------
FindWord = '챶새교' # (cictory) <- {victory}의 철자 오류 입력
FindWord_Eng = HGTransString2EngString(FindWord) # 한글->영문자
SpellCheckWord = GetSpellCheck_NGram(FindWord_Eng, NGramVocabulary, ngram_k)
print(f"<{FindWord}> 이 단어가 맞나요? ===>", SpellCheckWord)

#-----------------------------
FindWord = '햎두—듯' # (govenment) <- {government}의 철자 오류 입력
FindWord_Eng = HGTransString2EngString(FindWord) # 한글->영문자
SpellCheckWord = GetSpellCheck_NGram(FindWord_Eng, NGramVocabulary, ngram_k)
print(f"<{FindWord}> 이 단어가 맞나요? ===>", SpellCheckWord)
>>>
<챶새교> 이 단어가 맞나요? ===> victory
<햎두—듯> 이 단어가 맞나요? ===> government
```

로 확장되지만 검색어와 연관된 것은 3단어뿐이다. n-gram 사전에서 연관 검색어를 모으면 총 6단어인데 이들과 'cictory'와의 편집 거리를 비교하여 가장 가까운 단어를 교정 후보로 선택한다. [예제 15-13]에서 '챶새교'에 대하여 최종적으로 선택한 교정 단어는 'victory', '햎두—듯'의 교정 단어는 'government'이며, 예제의 교정 결과는 인터넷 검색 엔진의 결과와 일치한다. 한편 검색어 사전을 n-gram 사전으로 변환하기 위해 MakeNGramVocabulary__DictFreq() 함수를 호출할 때는 한글 처리와 관련이 없어 매개변수(HngFmt)는 생략한다.

[표 15-16] 'cictory'의 n(5)-gram

순서	n-gram 어휘	단어수	연관 검색어
1	cicto	0	-
2	cictor	0	-
3	cictory	0	-
4	ictor	3	victories, victorious, victory
5	ictory	1	victory
6	ctory	4	factory, perfunctory, satisfactory, victory

[표 15-17] 'cictory'와 연관 검색어의 편집 거리

순서	연관 검색어	편집 거리	빈도
1	victory	1	11
2	factory	2	6
3	victories	4	4
4	victorious	5	1

Chapter 16

검색어 자동 추천 알고리즘

인터넷 검색창에 글자 입력을 시작하면 검색 엔진은 곧바로 입력 문자로 시작하는 단어 목록을 제시한다. 간혹 검색어가 정확하게 기억나지 않아 막연하게 글자를 입력해도 검색 엔진이 단어 목록을 보여주거나 더 나은 검색어를 추천하기 때문에 편리하게 검색할 수 있다. 이처럼 사용자가 검색어를 입력할 때 연관 단어를 제시하는 것을 '검색어 자동 추천(autosuggest)'이라고 한다.

검색 엔진의 검색어 자동 추천 알고리즘은 비교적 간단하다. 글자를 입력할 때마다 입력된 문자열로 시작하는 단어를 검색어 사전에서 찾아 추천 단어로 제시하는 것이다. 예를 들어 '대한민국'을 검색하고자 검색창에 '대'를 입력하면 '대-'로 시작하는 단어 목록을 제시하고, 연달아 '한'을 입력하면 '대한-'으로 시작하는 단어 목록을 제시한다. 이와 같이 글자를 입력할 때마다

[표 16-1] 검색어 입력에 따른 추천 단어 변화

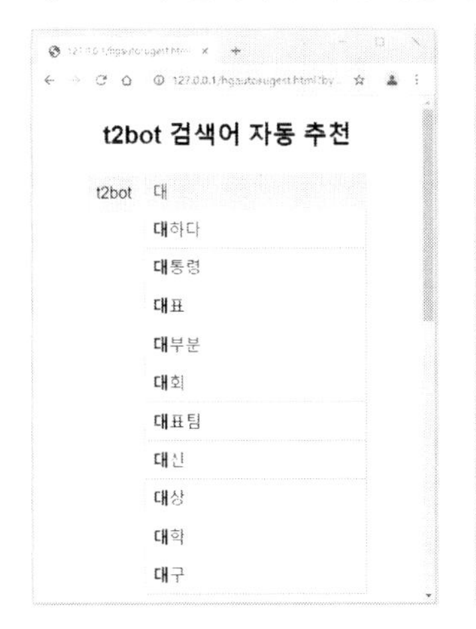

연관 검색어를 추천 목록으로 제시하기 때문에 끝까지 입력하지 않아도 추천 목록에서 '대한민국'을 선택하면 검색어가 완성된다. 이때 검색어 사전의 크기가 작으면 서버에서 전체 검색어 목록을 받은 후에 웹브라우저에서 직접 처리할 수 있지만, 일반적으로 검색어 사전의 규모가 크기 때문에 서버에서 검색어 사전으로부터 연관 단어를 찾은 후 추천 목록을 웹브라우저로 전송하여 제시한다.

이 장에서는 문자열 일치 탐색과 트라이 알고리즘을 중심으로 검색어 자동 추천 알고리즘의 원리를 설명하고 구현한다.

1. 문자열 일치 탐색

검색어 사전에서 단어를 탐색하려면 입력된 첫 음절부터 순차적으로 일치하는 단어를 찾는데, 이때 단어의 시작에서 일치하는 단어를 찾는 것을 '접두사 일치 탐색'이라 한다. 표준국어대사전에 의하면 접두사(接頭辭, prefix)는 "파생어를 만드는 접사로, 어근이나 단어의 앞에 붙어 새로운 단어가 되게 하는 말."이다. 그러나 자연어 처리에서 접두사는 단어 시작 부분에서 공통적으로 일치하는 문자열을 가리킨다. 예를 들어 'about'에서 접두사는 'a, ab, abo, abou, about'으로, 단어 형성 관점에서 파생어를 만드는 언어학의 접두사 개념과는 차이가 있다. 개념의 차이는 있지만 자연어 처리에서 관습적으로 사용해 온 표현이므로 문자열의 앞 부분에서 공통적으로 일치하는 문자열을 접두사로 지칭한다.

영어 접두사 일치 탐색

파이썬의 내장 함수 startswith()는 단어의 시작부터 일치하는지 검사하는 것으로 이를 통해 접두사 일치 단어를 찾을 수 있다. startswith() 함수는 비교하는 문자열로 시작하면 True를, 그렇지 않으면 False를 반환한다.

[예제 16-1]은 startswith() 함수를 이용하여 미국 대통령 취임사에서 검색 엔진처럼 추천 단어를 제시한다. 이를 위해 MakeDictFreq_EngTextList() 함수를 이용하여 텍스트를 공백 문자로 분리하여 단어를 추출한 후, {어휘:빈도} 형식의 사전형(dict) 검색어 사전으로 변환한다. 검색어 사전은 코드 순서로 정렬해 둔다.

[예제 16-1]

```
def MakeDictFreq__EngTextList(TextList): # 샘플용 짧은 길이 간편 함수
    import re
    DictFreq = defaultdict(int)
    for Text in TextList:
        Text = Text.lower() # 소문자 변환
        WordList = re.findall("[a-z]+", Text)
        for Word in WordList:
            DictFreq[Word] += 1
    return DictFreq

def load_dictfreq_us_president(SortFlag=True):
    us_president = load_textlist_us_president()
    Vocabulary = MakeDictFreq__EngTextList(us_president)
    if SortFlag == True: # sort by a->z
        dict_by_keys=sorted(Vocabulary.items(),key=lambda item:item[0]) # by key:a->z
        #=Vocabulary_AZ = {dic[0]:dic[1] for dic in dict_by_keys}
        Vocabulary_AZ = dict(dict_by_keys)
        return Vocabulary_AZ
    else:
        return Vocabulary

def MatchPrefix_SortDict_naive(PrefixStr, Dict):
    findFlag = False
    MatchDict = {} # format: {word: freq}
    for key in Dict:
        if key.startswith(PrefixStr):
            MatchDict[key] = Dict[key] # format: {word: freq}
            findFlag = True
        else:
            if findFlag == True: # 정렬 상태이므로 더 이상 일치하는 것이 없는 경우
                break
    return MatchDict

#-----
#-----
# 미국 대통령 취임 연설(InaugurationSpeech)
Vocabulary = load_dictfreq_us_president(SortFlag=True)
```

```
print('Dict Num:', len(Vocabulary))
#---------------------------------
# Vocabulary: sorted by a->z
#---------------------------------
FindWord = 'abo'
MatchDict = MatchPrefix_SortDict_naive(FindWord, Vocabulary)

# 접두사 일치 단어 빈도 순 정렬
MatchDict_Sort = sorted(MatchDict.items(), key=lambda item: -item[1]) # by high

# 접두사 일치 목록 출력
print(f'prefix [{FindWord}]: {len(MatchDict_Sort)}')
print('(단어, 빈도)')
print(*MatchDict_Sort, sep='\n')
>>>
Dict Num: 9110
prefix [abo]: 12
(단어, 빈도)
('about', 43)
('above', 21)
('aboriginal', 5)
('abolish', 2)
('abolished', 2)
('abounding', 2)
('abode', 1)
('abodes', 1)
('abolishing', 1)
('aborigines', 1)
('abound', 1)
('abounds', 1)
```

[예제 16-1]에서는 MatchPrefix_SortDict_naive() 함수를 호출하여 검색어 사전의 어휘를 차례대로 접두사('abo')와 비교하여 시작 부분이 일치하는 단어를 사전(MatchDict)으로 저장한다. 또한 접두사 일치 목록을 출력하기 전에 빈도를 기준으로 정렬하여 빈도가 높은 단어를 먼저 출력한다. 출력 결과를 보면 접두사 일치 단어는 총 12개이며, 검색 엔진의 추천 목록과 비교하면 {about, above, abolish}는 검색 엔진의 추천 목록에도 포함되어 있다. 한편 추천 목록 정렬은 사전의 크기나 어휘 가중치에 따라 달라진다. 예제 텍스트는 단어 수가 약 9천

개로 검색 엔진에 비해 사전 크기가 작아 추천 단어 선택의 폭이 좁다. 또한 어휘 가중치를 적용할 때 예제는 출현 빈도를, 검색 엔진은 사용자 검색 빈도(인기도)를 반영하기 때문에 예제에서는 빈도가 높은 'about(41)'이 'above(21)'보다 순위가 높지만 검색 엔진은 'above'의 순위가 더 높게 나타난다 [표 16-2].

[표 16-2] 'abo'의 추천 목록

순위	단어(빈도)
1	about(43)
2	above(21)
3	aboriginal(5)
4	abolish(2)
5	abolished(2)
6	abounding(2)
7	abode(1)
8	abodes(1)
9	abolishing(1)
10	aborigines(1)

한글 접두사 일치 탐색

[예제 16-2]는 뉴스 텍스트에서 검색 엔진처럼 추천 단어를 제시한다. 뉴스 텍스트에서 추출한 어휘 목록을 {어휘:빈도} 형식의 사전형(dict)으로 변환하여 검색어 사전으로 사용하는데, 이때 검색어 사전은 코드 순서로 정렬해 둔다.

[예제 16-2]

```
Vocabulary = load_dictfreq_kbs_01_16()  # [KBS 9시 뉴스: 16년치(2001~2016)]
print('Dict Num:', len(Vocabulary))

MatchDict = MatchPrefix_SortDict_naive('가격', Vocabulary)

# 접두사 일치 단어 빈도 순 정렬
list_by_values = sorted(MatchDict.items(), key=lambda item: -item[1]) # by high
MatchDict_Sort = dict(list_by_values) # list_by_values: [(key, value),...]
```

```
PrintMatchDictFreq('가격', MatchDict_Sort, 'dict type:')
>>>
Dict Num: 413165
prefix [가격]: 77
1, 가격 : 7286
2, 가격경쟁력 : 287
3, 가격인상 : 195
4, 가격인하 : 179
5, 가격상승 : 131
6, 가격경쟁 : 127
7, 가격차이 : 125
8, 가격담합 : 110
9, 가격하락 : 104
10, 가격대 : 84
11, 가격표 : 82
:
77, 가격협의 : 1
```

[예제 16-2]에서는 정렬된 어휘 빈도 사전에서 순차적으로 '가격'과 비교하여 접두사가 일치하는 단어 사전(MatchDict)을 생성한 후에 빈도 가중치를 기준으로 정렬하여 결과를 출력한다. 출력 결과를 보면 접두사 일치 단어는 총 77개이며, 검색 엔진의 추천 목록과 비교하면 '가격, 가격비교, 가격비교사이트, 가격표'는 검색 엔진의 추천 목록에서도 확인할 수 있다. 예제의 검색어 사전과 인터넷 검색 엔진 사전은 사전 크기와 어휘 가중치가 달라 추천 결과가 다르게

[표 16-3] '가격'의 추천 목록

순서	단어	빈도
1	가격	7286
2	가격경쟁력	287
3	가격인상	195
4	가격인하	179
5	가격상승	131
6	가격경쟁	127
:	:	:
11	가격표	82
12	가격차	70
:	:	:
27	가격비교	24
:	:	:
39	가격비교사이트	9

나타나는데, 예제에서는 텍스트 출현 빈도를 반영하여 '가격(7285)'이 '가격비교(24)'보다 순위가 높은 반면, 인터넷 검색 엔진에서는 사용자 검색 빈도를 반영하여 '가격비교'가 '가격'보다 먼저 추천되고 있다.

2. 트라이(trie) 알고리즘

1절에서 제시한 문자열 일치 탐색은 검색어 사전에서 사전 목록 전체를 탐색하기 때문에 어휘 수가 많을수록 탐색 시간이 오래 걸린다. 따라서 이러한 방식은 인터넷 검색 엔진처럼 대용량 검색어 사전에는 적합하지 않다. 이에 자연어 처리에서는 문자열 탐색의 시간을 단축하고자 다양한 알고리즘이 등장하였는데 대표적인 것이 트라이(trie) 알고리즘이다.

트라이 구조 및 원리

트라이는 탐색 트리의 일종으로 사전과 같이 문자열 목록을 빠르게 찾을 때 사용하는 대표적인 알고리즘이다. 트리(tree)는 자료 구조에서 그래프(graph)의 한 유형으로 최상위 노드(node)를 뿌리 노드(root node)라 하며 노드 사이에 연결된 관계는 부모(parent)와 자식(chid) 관계가 된다. 트리의 확장 알고리즘인 트라이에서는 문자열을 문자로 나누어서 노드를 탐색한다는 특징이 있다. 예를 들어 단어 목록 '가게, 가격, 가격경쟁, 가격대, 가격표, 가격표시, 간, 간장, 간장통, 하늘 하늘색, 하마'를 트라이로 변환하여 그림으로 표현하면 [그림 16-1]과 같다.

예를 든 단어 목록을 중심으로 트라이 변환 과정을 살펴보면 다음과 같다. 먼저 '가게'를 글자 단위로 분리하여 첫 번째 글자 '가'의 노드(Y)를 생성한다. 이어서 두 번째 글자 '게'의 노드(A)를 생성한 후에 부모 노드(Y)에 연결하고 단어 상태임을 알리기 위해서 키 상태로 둔다 [Y(가)→A(게: 가게)]. 키(key) 노드는 단어 상태를 가리키는 것으로 그림에서 굵은 선으로 표시한다. 다음으로 단어 '가격'을 글자 단위로 분리하면 첫 번째 글자 '가'는 이미 노드(Y)가 있으므로 Y노드로 이동한다. 두 번째 글자 '격'의 노드(B)를 생성한 후에 부모 노드(Y)에 연결하고 단어 상태임을 알리기 위해서 키 상태로 둔다 [Y(가)→B(격: 가격)]. 단어 '가격경쟁'을 글자 단위로 분리하면 첫 번째 글자 '가'는 이미 노드(Y)가 있으므로 Y노드로 이동한다. 두 번째 글자 '격'도 노드(B)가 있으므로 B노드로 이동한다. 세 번째 글자 '경'의 노드(Z)를 생성한 후에 부모 노드(B)

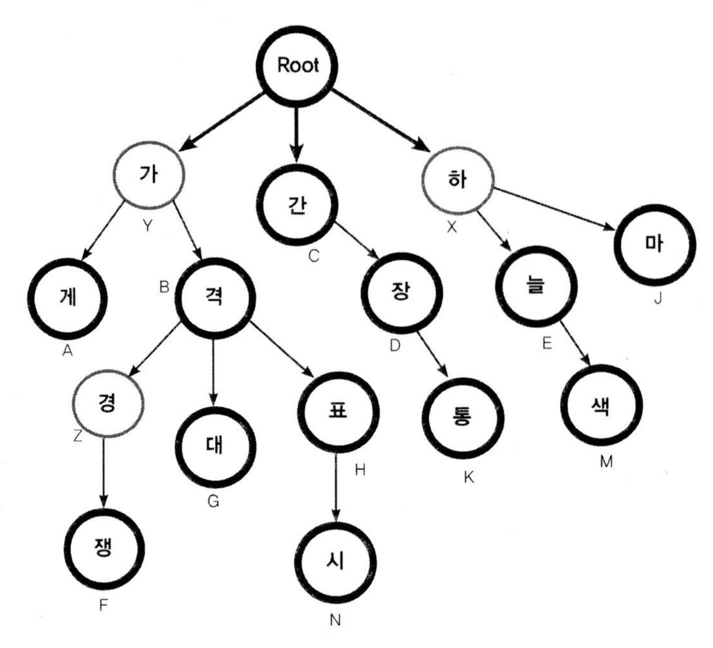

[그림 16-1] 트라이 구조

에 연결한다. 네 번째 글자 '쟁'의 노드(F)를 생성한 후에 부모 노드(Z)에 연결하고 단어 상태임을 알리기 위해서 키 상태로 둔다 [Y(가)→B(격)→Z(경)→F(쟁: 가격경쟁)]. 같은 방식으로 나머지 단어를 트라이 변환하면 [그림 16-1]처럼 생성된다. 노드 중에서 'B, C, D, E, H'는 중간 노드이면서 키 노드가 된다.

트라이에서 단어 탐색 과정은 트라이 생성 과정과 비슷하다. 예를 들어, 단어 '하늘'을 트라이에서 검색한다면, 먼저 '하늘'을 글자 단위로 분리하여 첫 번째 글자 '하'의 노드(X)를 찾고 두 번째 글자 '늘'의 노드(E)를 찾은 후에 키 노드인지 확인한다. 검색어의 마지막 글자 노드(E)가 키 노드이면 부모 노드로 이동하면서 노드를 식별하는 글자를 모아 단어 '하늘'을 만든다. 만약 '하트'를 트라이에서 검색한다면 첫 번째 글자 '하'의 노드(X)를 찾은 후에 두 번째 글자 '트'의 노드가 없으므로 검색을 종료한다. 사전에 없는 단어인 '가격경'을 검색한다면, '가'의 노드(Y)와 '격'의 노드(B)를 찾고 마지막 글자 '경'의 노드(Z)까지 찾은 후에 키 노드인지 확인하는데, '경'의 노드(Z)는 키 노드가 아니므로 검색을 종료한다.

트라이 구조에서 '가격'으로 시작하는 접두사 일치 목록을 생성하는 과정은 다음과 같다. 트라이 탐색으로 '가격'을 찾은 후에 단어 상태인 키 노드(B)에서 루트(root) 노드까지 부모 노드 글자를 모아서 [가+격]을 생성하여 추천 목록에 등록한다. 이어서 노드(B)의 모든 자식 노드를 순회하면서 키 노드(F/G/H/N)에 도달하면 루트 노드까지의 부모 노드 글자를 모아 [가+격+경+쟁], [가+격+대], [가+격+표], [가+격+표+시] 등의 단어를 생성한 후에 추천 목록을 반환한다.

[표 16-4] 트라이 중간 노드와 접두사 일치 단어

노드	접두사	일치 단어
Y	가	[가*] 가게, 가격, 가격경쟁, 가격대, 가격표, 가격표시
B	가+격	[가격*] 가격, 가격경쟁, 가격대, 가격표, 가격표시
Z	가+격+경	[가격경*] 가격경쟁
H	가+격+표	[가격표*] 가격표, 가격표시

트라이 생성 및 탐색

[예제 16-3]은 단어 목록으로 트라이를 생성하는 예제이다. 단어의 각 글자별로 자식 노드를 확인하여 노드가 없으면 생성하고, 노드가 있으면 자식 노드로 이동하여 단어의 부분 문자열에 대한 노드 처리를 재귀적으로 반복한다.

[예제 16-3]

```
class HGTrieNode():
    def __init__(self):
        self.Child = {}
        self.WordState = False # 현재 노드가 단어임을 알려줌

class HGTrie():
    def __init__(self):
        self.Root = HGTrieNode()
        self.PrefixResult = []

    def InsertWord(self, Word):
        CurNode = self.Root
        for Char in Word:
            if not CurNode.Child.get(Char): # child 노드가 없으면 생성
                CurNode.Child[Char] = HGTrieNode()
            CurNode = CurNode.Child[Char] # child 노드로 이동
        #
        CurNode.WordState = True  # 현재 노드가 단어임을 알려줌
```

```
#-----
WordList_ag = ['age', 'agent', 'ago', 'again', 'agree',]

trietest = HGTrie()
for word in WordList_ag:
    trietest.InsertWord(word)
```

[예제 16-3]에서는 트라이(HGTrie)를 이용하여 'ag'로 시작하는 5단어의 트라이를 생성한다. 트라이 노드(HGTrieNode)는 두 개의 변수를 가지고 있는데 첫 번째 변수는 사전형(dict) 자식(Child) 노드이고, 두 번째 변수는 현재 노드가 단어(WordState)인지 아닌지 구분하는 것이다. HGTrie는 InsertWord() 함수를 이용하여 단어를 등록한다.

InsertWord() 함수를 이용하여 단어 'age'를 트라이에 등록하는 과정은 다음과 같다. 1단계에서는 루트 노드에 첫 번째 글자 'a'에 해당하는 자식 노드가 있는지 확인하고, 없으면 자식 노드 'a'를 생성한 후 이것을 작업용 노드로 변경한다. 2단계에서는 작업용('a') 노드에서 두 번째 글자 'g'에 해당하는 노드가 없으므로 자식 노드를 생성하고 이것을 작업용 노드로 변경한다. 3단계에서는 작업용('g') 노드에서 세 번째 글자 'e'에 해당하는 자식 노드가 없으므로 자식 노드를 생성하고 이것을 작업용 노드로 변경한다. 'age'의 마지막 글자까지 노드 처리를 끝내고 for 루프를 빠져 나가면 마지막 작업 노드('e')는 단어 상태임을 알리기 위해서 WordState 변수를 True로 지정한다. 나머지 단어들도 동일한 방식으로 단어의 문자열에서 순차적으로 자식 노드를 바꿔가며 등록하고, 단어의 마지막 글자는 단어 상태임을 알리기 위해서 WordState 변수를 True로 지정한다. 단어 'agent'는 이미 'a', 'g', 'e' 노드가 있으므로 나머지 글자에 해당하

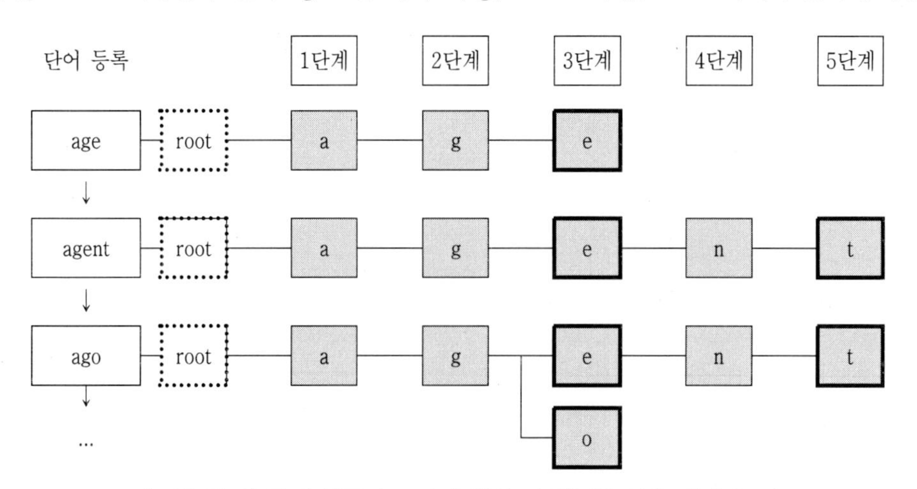

[그림 16-2] 단어 목록의 트라이 생성 과정(굵은 선은 단어 노드)

는 노드를 생성하고 'agent'의 마지막 글자인 't'는 단어이므로 WordState 변수를 True로 지정한다. [그림 16-2]에서는 단어 상태를 구분하기 위해서 'age'의 3단계 'e'와 'agent'의 5단계 't'를 각각 굵은 선으로 표시한다.

[예제 16-4]는 트라이에서 접두사로 시작하는 단어를 탐색하는 예제이다. 예제에서는 트라이를 생성하기 위해 [예제 16-3]에서 사용한 코드를 MakeTrie__WordList() 함수로 전환한다. 트라이에서 접두사 일치 목록을 생성하는 과정은 크게 두 단계로 구분된다. 먼저 접두사의 각 글자별로 자식 노드를 순회하면서 접두사와 일치하는 노드를 찾는다. 다음은 접두사와 일치하는 노드에서 자식 노드를 순회하면서 해당 노드가 단어 상태이면 노드 글자를 조합하여 접두사 목록에 추가한다.

[예제 16-4]

```
class HGTrie():
    ...
    def MakeTrie__WordList(self, WordList):
        for Word in WordList:
            self.InsertWord(Word)

     def FindNode(self, FindWord):
        CurNode = self.Root
        for Char in FindWord:
            if not CurNode.Child.get(Char):
                return None
            CurNode = CurNode.Child[Char]
        return CurNode

    def FindAllWord(self, CurNode, PrefixWord):
        if CurNode.WordState: # 현재 노드가 단어인 경우
            self.PrefixResult.append(PrefixWord)
        # child 노드에서 단어 찾아서 등록
        for Char, Node_s in CurNode.Child.items():
            self.FindAllWord(Node_s, PrefixWord + Char)

    def GetPrefixList(self, FindWord):
        #
        self.PrefixResult = []
```

```
        SearchNode = self.FindNode(FindWord)
        if SearchNode == None: # no word
            return self.PrefixResult
        else:
            self.FindAllWord(SearchNode, FindWord)
            return self.PrefixResult
# 트라이 생성
trietest = HGTrie()
trietest.MakeTrie_WordList(WordList_ag)

# 접두사 일치 탐색
PrefixList = trietest.GetPrefixList('ag')
print(f'[ag] PrefixList {len(PrefixList)}:', *PrefixList)

PrefixList = trietest.GetPrefixList('age')
print(f'[age] PrefixList {len(PrefixList)}:', *PrefixList)
>>>
[ag] PrefixList 5: age agent ago again agree
[age] PrefixList 2: age agent
```

[예제 16-4]에서는 'ag'와 'age'로 시작하는 단어를 찾아서 추천 목록을 생성하기 위해 HGTrie 클래스의 GetPrefixList() 함수를 사용한다. 이 함수는 먼저 FindNode() 함수를 이용하여 접두사(FindWord)와 일치하는 노드를 찾은 후에 FindAllWord() 함수에서 단어 상태의 노드가 발견될 때마다 노드 글자를 조합하여 접두사 목록에 등록한다.

예를 들어 'ag'로 시작하는 단어를 탐색하여 추천 목록을 생성하는 과정은 다음과 같다. 먼저 FindNode() 함수에서 접두사 'ag'가 입력되면 1단계에서는 루트 노드에서 첫 번째 글자 'a'에 해당하는 자식 노드를 찾는다. 이때 자식 노드가 없으면 종료하고, 있으면 'a' 노드로 이동하여 두 번째 글자 'g'에 해당하는 자식 노드를 찾는다. 'g' 노드는 접두사 'ag'의 마지막 글자이므로 탐색을 종료하고 'g' 노드를 반환한다. FindNode() 함수가 반환한 'g' 노드(SearchNode)로 FindAllWord() 함수에서 트라이 노드를 순회하면서 접두사 일치 어휘를 생성한다. [그림 16-3]에서 'g' 노드는 'a, e, o, r'로 시작하는 자식 노드와 연결되어 있으며 각각의 자식 노드를 매개변수로 하여 재귀적으로 FindAllWord() 함수를 호출하면서 WordState 변수가 True일 때마다 접두사 일치 어휘로 등록한다. 예제에서는 'ag'로 시작하는 단어 5개와 'age'로 시작하는 단어 2개를 찾아서 출력한다.

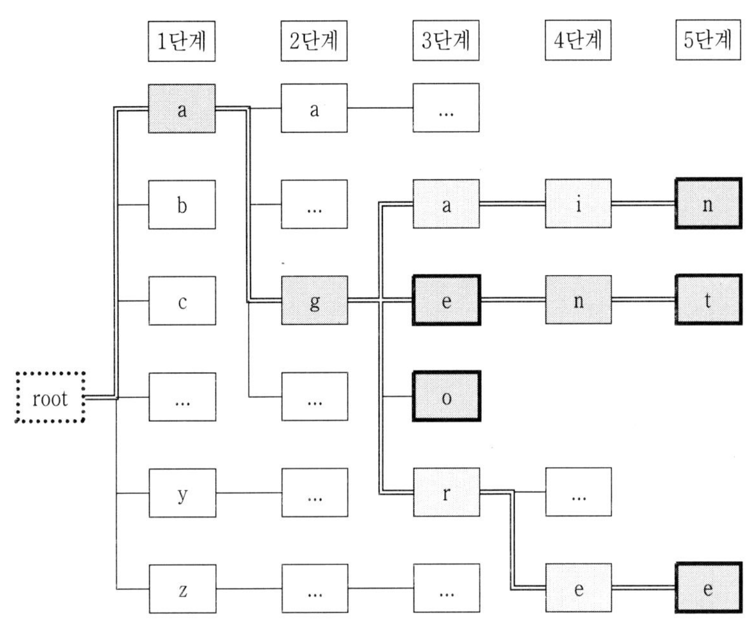

[그림 16-3] 접두사 'ag'로 시작하는 트라이

트라이 노드의 가중치 부여

검색 엔진의 자동 추천 목록은 검색어 가중치(빈도 혹은 인기도)가 부여되어 정렬된다. 이를 위해 트라이 노드에 검색어의 가중치 변수를 추가해야 한다. [예제 16-5]는 트라이 노드에 가중치 변수를 확장하고 검색어를 트라이에 추가할 때 가중치(Weight) 매개변수를 새롭게 추가한다. 단어 추가 시 호출하는 InsertWord() 함수에서도 가중치를 매개변수를 통하여 전달하고, 접두사와 일치하는 노드에서 단어 상태의 노드가 발견될 때마다 접두사 목록에 등록하는 FindAllWord() 함수에서도 (단어, 빈도) 튜플 형식으로 처리한다. 한편 이전에 설명한 코드와 구분하기 위해서 트라이 클래스 이름에 '_naive_d'를 붙인다.

[예제 16-5]

```
class HGTrieNode_naive_d():
    def __init__(self, Weight=0):
        self.Child = {}
        self.WordState = False # 현재 노드가 단어임을 알려줌
        self.Weight = Weight # 가중치 변수 추가

class HGTrie_naive_d(): # dicfreq 방식으로 구현
```

```
    def __init__(self):
        self.Root = HGTrieNode_naive_d()
        self.PrefixResult = []

    def InsertWord(self, Word, Weight=0):
        CurNode = self.Root
        for Char in Word:
            if not CurNode.Child.get(Char):
                CurNode.Child[Char] = HGTrieNode_naive_d()
            CurNode = CurNode.Child[Char]
        #
        CurNode.WordState = True # 현재 노드가 단어임을 알려줌
        CurNode.Weight = Weight

    def FindAllWord(self, CurNode, PrefixWord):
        if CurNode.WordState: # 현재 노드가 단어인 경우
            self.PrefixResult.append((PrefixWord, CurNode.Weight))#(단어,빈도) 튜플 등록
        # child 노드에서 단어 찾아서 등록
        for Char, Node_s in CurNode.Child.items():
            self.FindAllWord(Node_s, PrefixWord + Char)
```

[예제 16-6]은 검색어 사전으로 트라이를 생성할 때 가중치(Weight) 변수를 사용하여 순차적으로 단어를 트라이에 추가는 예제이다. 인터넷 검색 엔진은 검색어의 인기도를 반영하지만 이 책에서는 단어 빈도를 검색어 가중치로 사용한다. 이번 예제에서는 미국 대통령 취임사에서 공백 문자로 단어를 분리한 후 {어휘:빈도} 형식의 검색어 사전을 읽어온다.

[예제 16-6]

```
Vocabulary = load_dictfreq_us_president() # [미국 대통령 취임사]
print('Dict Num:', len(Vocabulary))

# 트라이 생성: 어휘 사전을 트라이로 변환
TrieTest = HGTrie_naive_d()
for Word in Vocabulary:
    WordFreq = Vocabulary[Word]
    TrieTest.InsertWord(Word, Weight=WordFreq)
# 트라이 탐색
PrefixList = TrieTest.GetPrefixList('abo')
print(), print(f'PrefixList {len(PrefixList)}:')
```

```
print(*PrefixList, sep='\n')
>>>
Dict Num: 9110

PrefixList 12:
('abode', 1)
('abodes', 1)
('abolish', 2)
('abolished', 2)
('abolishing', 1)
('aboriginal', 5)
('aborigines', 1)
('abound', 1)
('abounding', 2)
('abounds', 1)
('about', 43)
('above', 21)
```

[예제 16-6]에서는 InsertWord() 함수를 호출할 때 단어 빈도(WordFreq)를 가중치(Weight)로 전달한다. 'abo'로 시작하는 접두사 일치 단어는 총 12개이며 출력 결과는 코드 순서이다. 출력 결과를 빈도 순서로 정렬하면 [예제 16-1]의 출력 결과와 같다.

한편 한글 검색어 사전도 예제와 같은 방식으로 트라이를 생성 및 탐색하여 검색어를 추천할 수 있다. [예제 16-7]은 뉴스 어휘 목록으로 트라이를 생성한 후 '가격'으로 검색한 추천 목록이다. '가격'으로 시작하는 접두사 일치 단어는 총 77개이며, 단어 빈도를 가중치로 적용하여 정렬한 후 추천 목록을 출력한다. 출력 결과를 보면 [예제 16-2]에서 startswith() 함수로 처리할 때와 알고리즘은 다르지만 추천 결과는 일치한다.

[예제 16-7]

```
Vocabulary = load_dictfreq_kbs_01_16()  # [KBS 9시 뉴스: 16년치(2001~2016)]

# 트라이 생성: 어휘 사전을 트라이로 변환
TrieTest = HGTrie_naive_d()
for Word in Vocabulary:
    WordFreq = Vocabulary[Word]
    TrieTest.InsertWord(Word, Weight=WordFreq)
# 트라이 탐색
PrefixList = TrieTest.GetPrefixList('가격')
```

```
# (단어, 빈도) 튜플 목록을 빈도순 정렬(sort)
PrefixList_Sort = sorted(PrefixList, key=lambda item:-item[1])#by high
print(f'[빈도 순서]prefix : {len(PrefixList_Sort)}')
for i, Item in enumerate(PrefixList_Sort):
    print(f'{i+1}, {Item[0]} : {Item[1]}') # format: {('that', 13), ...}
>>>
[빈도 순서]prefix : 77
1, 가격 : 7286
2, 가격경쟁력 : 287
3, 가격인상 : 195
4, 가격인하 : 179
5, 가격상승 : 131
6, 가격경쟁 : 127
:
10, 가격대 : 84
11, 가격표 : 82
12, 가격차 : 70
:
27, 가격비교 : 24
28, 가격정책 : 22
:
39, 가격비교사이트 : 9
:
77, 가격협의 : 1
```

3. 두벌식 자모 기반 검색어 자동 추천

검색어 자동 추천은 알고리즘 관점에서 복잡하지 않지만 '한글' 검색어에 대한 자동 추천은 자음과 모음을 조합하여 음절을 만드는 한글의 특성을 고려해야 한다.

두벌식 자모 기반 트라이 생성 및 탐색

예를 들어 인터넷 검색 엔진에서 '가격경쟁력'을 입력할 때, '가격'을 입력한 후에 'ㄱ'을 입력하면 검색어는 '가격ㄱ'으로 바뀌면서 추천 단어도 함께 바뀐다.

[표 16-5] 인터넷 검색 엔진의 '가격, 가격ㄱ' 추천 목록

그러나 앞에서 설명한 트라이 알고리즘은 트라이를 생성할 때 음절 단위로 분할하여 노드를 생성하기 때문에 '가격ㄱ'의 입력 단위에서는 추천이 불가능하다. 곧 한글 단어에서는 음절 단위로 노드 키를 적용하면 '가격' 다음에 'ㄱ'으로 시작하는 자식 노드가 존재하지 않기 때문에 '가격ㄱ'을 입력하면 일치하는 자식 노드를 찾을 수가 없다 [그림 16-4].

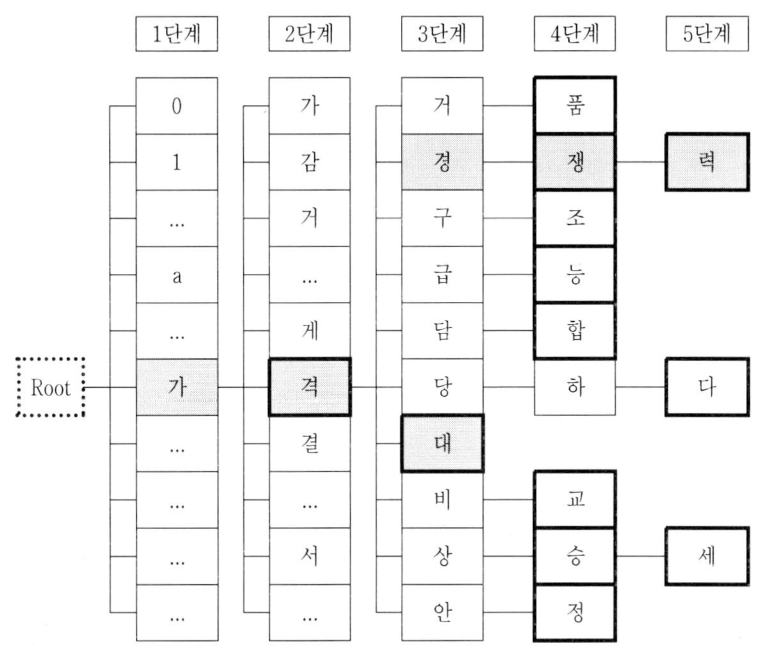

[그림 16-4] 음절 기반 트라이 구조

따라서 인터넷 검색 엔진처럼 추천하려면 [그림 16-5]와 같이 한글을 자모 문자열('ㄱㅏㄱㅕㄱㄱ')로 변환하여 노드 키를 처리해야 한다.

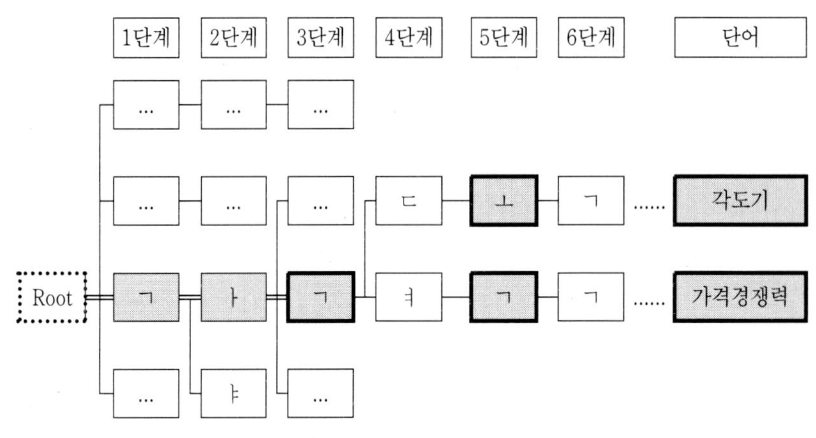

[그림 16-5] 두벌식 자모 기반 트라이 구조

검색어 추천을 위해 검색어와 검색어 사전을 자모 문자열로 변환하는 이유는 두벌식 자판을 사용하여 한글을 입력하기 때문이다. 예를 들어, '한'을 입력할 때 자음('ㅎ')과 모음('ㅏ')에 이어 자음('ㄴ')을 입력하면 한글 입력기는 일단 '한' 상태로 화면에 출력하고, 'ㄴ' 다음에 입력되는 글자에 따라서 종성으로 처리할 것인지 초성으로 처리할 것인지 결정한다. 이러한 두벌식 자판의 한글 입력 방식으로 인해 검색 엔진은 한글 단어를 두벌식 자모로 분해하여 트라이 노드를 생성해야 한다. 다만 이처럼 두벌식 자모 단위로 한글을 처리하면 '한'과 '하ㄴ'을 모두 'ㅎㅏㄴ'으로 분해하기 때문에 내부적으로 똑같은 단어로 처리하고, 트라이 노드도 같기 때문에 추천 목록 역시 같다. 한편 두벌식 자판 입력을 고려하여 한글 단어를 추천하려면 트라이를 생성할 때 검색어 사전의 어휘는 물론 사용자가 입력한 검색어도 자모 문자열로 변환하여 트라이를 탐색해야 한다.

[표 16-6] 인터넷 검색 엔진의 '한, 하ㄴ, ㅎㅏㄴ' 추천 목록

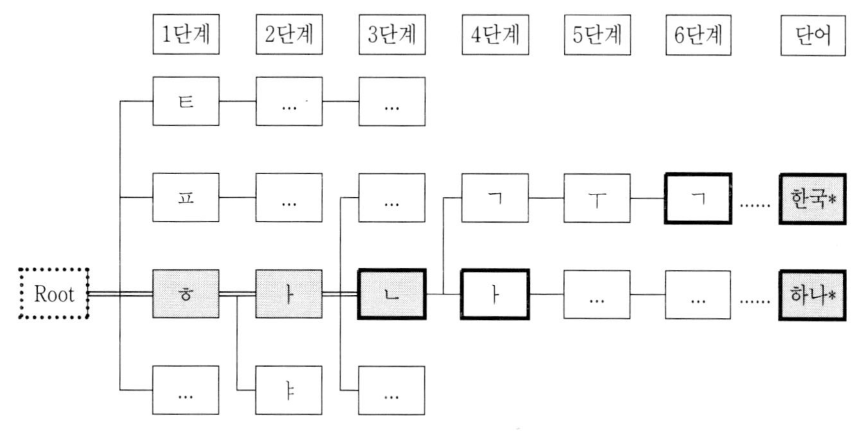

[그림 16-6] '한, 하ㄴ, ㅎㅏㄴ'의 두벌식 자모 기반 트라이 구조

음절 문자열(RealWord) 변수 추가

트라이 탐색이 끝나고 추천 단어를 생성할 때에는 노드 탐색키를 조합하여 단어를 생성하는데 이때 자모 기반 트라이에서는 키 노드로부터 조합한 자모 문자열을 음절 단위로 다시 변환해야 한다. 그러나 실시간으로 자모 문자열 키를 음절로 변환할 경우에는 속도에 영향을 주기 때문에 변환 과정 없이 곧바로 단어를 추천할 수 있도록 음절 문자열을 보관해 두는 것이 효율적이다. 이를 위해 음절 문자열(RealWord) 변수를 추가한다.

[예제 16-8]은 두벌식 자모를 지원하기 위한 트라이(HGTrie) 클래스의 소스 코드이다. 트라이에서 두벌식 자모로 탐색한 결과를 음절 문자열로 추천하기 위하여 트라이 노드에 RealWord 변수를 추가한다. 또한 트라이에 단어를 추가하기 위해서 호출하는 InsertNode() 함수에 노드 탐색키를 위한 자모 문자열(Word)과 추천 결과를 처리하기 위한 음절 문자열(RealWord)을 매개변수로 전달한다. 본 예제부터 단어 상태를 구분하기 위한 self.WordState를 self.IsWord로 변경하여 사용한다.

[예제 16-8]

```
class HGTrieNode():
    def __init__(self, KeyChar='', Weight=0):
        self.Child = {}
        self.IsWord = False # .IsWord(True) 종단 노드, 단어를 형성
        self.Weight = Weight
        #
        self.KeyChar = KeyChar
```

```
        # real-word (not key-char-word)
        self.RealWord = '' # {self.IsWord}값이 'True'일 때는 값을 보유한다.

class HGTrie():
    def __init__(self, SuggestNum=None):
        self.Root = HGTrieNode()
        self.SuggestResult = []
    ...
    def InsertNode(self, Word, RealWord='', Weight=0):
        #
        CurNode = self.Root
        for Char in Word:
            if not CurNode.Child.get(Char):
                CurNode.Child[Char] = HGTrieNode(KeyChar=Char)
            CurNode = CurNode.Child[Char]
        #
        CurNode.IsWord = True
        CurNode.Weight = Weight
        CurNode.RealWord = RealWord
```

[예제 16-9]에서는 뉴스 텍스트 검색어 사전의 트라이를 생성할 때 사전 어휘를 두벌식 자모로 변환하기 위해 HGTransString2KBDJamo() 함수를 이용한다. InsertNode() 함수를 호출할 때는 트라이 탐색키를 위한 두벌식 자모(KBDCharString)와 추천 결과 출력에 사용하는 원래 음절 단어를 매개변수(RealWord)에 전달한다.

[예제 16-9]

```
class HGTrie():
...
    def TraverseNode(self, FindWord, ExactEnd=True):
        #
        CurNode = self.Root
        for Char in FindWord:
            if not CurNode.Child.get(Char):
                return None
            CurNode = CurNode.Child[Char]
        if(ExactEnd == True): # 종단 노드일 때만 반환(종단 키 노드 검사)
            if(CurNode.IsWord == True): # 종단 키 노드
```

```
            return CurNode
        else:
            return None
    else: # 종단 키 노드가 아니어도 반환
        return CurNode

def FindWordNode(self, CurNode, FindWord):
    if CurNode.IsWord:
        self.SuggestResult.append({'word':FindWord,
            'realword':CurNode.RealWord, 'weight':CurNode.Weight})
    for Char, Node_s in CurNode.Child.items():
        self.FindWordNode(Node_s, (FindWord + Char))

def FindWord(self, FindWord):
    """
    접두사 일치 단어 탐색:
    FindWord로 시작하는 단어 목록 반환
    """
    #. init
    self.SuggestResult = []
    #. 접두사 노드 탐색
    SearchNode = self.TraverseNode(FindWord, ExactEnd=False) # ExactEnd=False:
종단이 아니어도 검색어를 포함한 것 찾기
    if SearchNode:
        self.FindWordNode(SearchNode, FindWord) # 접두사로 시작하는 단어 노드 탐색
    #
    return self.SuggestResult

#==================
Vocabulary = load_dictfreq_kbs_01_16()  # [KBS 9시 뉴스: 16년치(2001~2016)]
# 트라이 생성: 어휘 사전을 트라이로 변환
TrieTest = HGTrie()
for CurWord in Vocabulary:
    WordFreq = Vocabulary[CurWord]
    KBDCharString = HGTransString2KBDJamo(CurWord) # 한글 음절->두벌식 자모 변환
    TrieTest.InsertNode(KBDCharString, RealWord=CurWord, Weight=WordFreq)

# 트라이 추천(Suggestion)
FindWord = '맛'
```

```
FindWord_KBDjamo = HGTransString2KBDJamo(FindWord) # 한글 음절->두벌식 자모 변환
SugList = TrieTest.FindWord(FindWord_KBDjamo)
SugList_Sort = sorted(SugList, key=lambda item: -item['weight']) # by high

print(f'<{FindWord}(<==={FindWord_KBDjamo})> Suggest {len(SugList_Sort)}:')
print(*SugList_Sort[:10], sep='\n')
>>>
<맛(<===ㅁㅏㅅ)> Suggest 325:
{'word': 'ㅁㅏㅅㅣㄷㅏ', 'realword': '마시다', 'weight': 4352}
{'word': 'ㅁㅏㅅ', 'realword': '맛', 'weight': 1643}
{'word': 'ㅁㅏㅅㅡㅋㅡ', 'realword': '마스크', 'weight': 909}
{'word': 'ㅁㅏㅅㅂㅗㄷㅏ', 'realword': '맛보다', 'weight': 862}
{'word': 'ㅁㅏㅅㅇㅣㅆㄷㅏ', 'realword': '맛있다', 'weight': 748}
{'word': 'ㅁㅏㅅㅏㄴ', 'realword': '마산', 'weight': 453}
{'word': 'ㅁㅏㅅㅡㅌㅓㅅㅡ', 'realword': '마스터스', 'weight': 326}
{'word': 'ㅁㅏㅅㅡㅋㅗㅌㅡ', 'realword': '마스코트', 'weight': 275}
{'word': 'ㅁㅏㅅㅏㅎㅗㅣ', 'realword': '마사회', 'weight': 184}
{'word': 'ㅁㅏㅅㅜㄹ', 'realword': '마술', 'weight': 176}
```

[예제 16-9]에서는 검색어 자동 추천을 위해서 검색어('맛')를 두벌식 자모로 변환('ㅁㅏㅅ')한 후에 HGTrie 클래스의 FindWord() 함수를 호출한다. 이 함수는 2단계로 처리하는데, 먼저 두벌식 자모로 변환된 검색어('ㅁㅏㅅ')와 일치하는 노드를 찾기 위해서 TraverseNode() 함수를 호출한 후에 FindWordNode() 함수를 이용하여 자식 노드를 순회하면서 단어 상태의 노드만 추천 목록에 등록한다. 출력 결과를 보면 노드 탐색키로 사용한 글자의 단어('word')는 자모 문자열이므로 단어('word') 대신 음절 문자열('realword')을 추천 단어로 사용한다.

예제에서는 음절 문자열 '맛'을 두벌식 자모로 변환한 'ㅁㅏㅅ'으로 트라이를 탐색하는데, 탐색 결과는 총 325단어이며 이것을 빈도 가중치로 정렬하여 10단어만 출력한다. 두벌식 자모로 처리한 '맛'의 추천 결과는 인터넷 검색 엔진처럼 '맛'과 '마ㅅ'으로 시작하는 두 가지 계열의 추천 단어 목록을 확인할 수 있다. 예제의 추천 목록은 t2bot의 형태소 분석기를 사용하기 때문에 '마시다, 맛보다, 맛있다' 등과 같이 빈도가 높은 동사나 형용사가 추출되어 추천 목록에 포함되어 있다 [표 16-7].

[표 16-7] '맛'의 추천 목록

순위	단어(빈도)
1	마시다(4352)
2	맛(1643)
3	마스크(909)
4	맛보다(862)
5	맛있다(748)
6	마산(453)
9	마사회(184)
16	맛집(51)
27	마샬(27)
29	마시멜로(22)
115	마세라티(3)
230	마션(1)

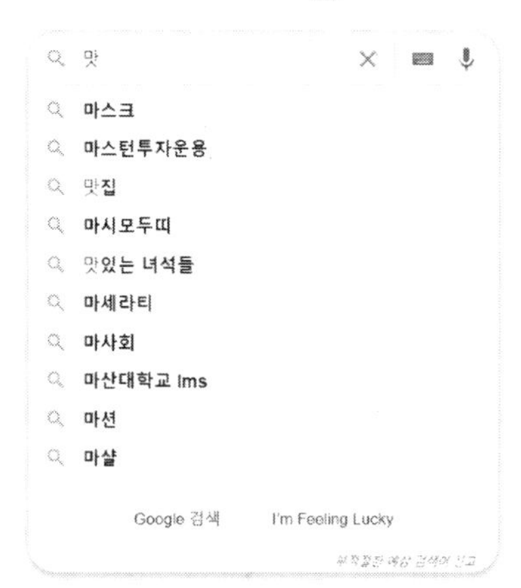

추천 목록 선별을 위한 가중치 부여

검색어 자동 추천은 순위가 높은 목록부터 제시하는데 일반적으로 10단어 정도로 제한하여 출력한다. 이때 10번째부터 가중치가 같은 단어가 둘 이상 있으면 10개까지만 추천하고 나머지는 제외하기 위해서 2차 가중치를 적용하여 선별한다. [예제 16-10]은 '한국방송'을 탐색하는데 '한국방송'으로 시작하는 단어는 총 17단어이고 가중치가 같은 경우를 확인하기 위해서 12번째 단어까지 출력한다.

```
[예제 16-10]
...
# 트라이 추천(Suggestion)
FindWord = '한국방송'
FindWord_KBDjamo = HGTransString2KBDJamo(FindWord) # 한글 음절->두벌식 자모 변환
SugList = TrieTest.FindWord(FindWord_KBDjamo)

SugList_Sort = sorted(SugList, key=lambda item: -item['weight']) # by high
print(f'<{FindWord}(<==={FindWord_KBDjamo})> Suggest {len(SugList_Sort)}:')
print(*SugList_Sort[:12], sep='\n') # 12개까지 출력
>>>
<한국방송(<===ㅎㅏㄴㄱㅜㄱㅂㅏㅇㅅㅗㅇ)> Suggest 17:
{'word': 'ㅎㅏㄴㄱㅜㄱㅂㅏㅇㅅㅗㅇㅎㅕㅂㅎㅗㅣ', 'realword': '한국방송협회', 'weight': 67}
```

```
{'word': 'ㅎㅏㄴㄱㅜㄱㅂㅏㅇㅅㅗㅇㄷㅐㅅㅏㅇ', 'realword': '한국방송대상', 'weight': 25}
{'word': 'ㅎㅏㄴㄱㅜㄱㅂㅏㅇㅅㅗㅇㄱㅣㅈㅏㅋㅡㄹㄹㅓㅂ', 'realword': '한국방송기자클럽', 'weight': 22}
{'word': 'ㅎㅏㄴㄱㅜㄱㅂㅏㅇㅅㅗㅇㄱㅗㅏㅇㄱㅗㄱㅗㅇㅅㅏ', 'realword': '한국방송광고공사', 'weight': 19}
{'word': 'ㅎㅏㄴㄱㅜㄱㅂㅏㅇㅅㅗㅇㅎㅕㅂㅎㅗㅣㅈㅏㅇ', 'realword': '한국방송협회장', 'weight': 13}
{'word': 'ㅎㅏㄴㄱㅜㄱㅂㅏㅇㅅㅗㅇㅎㅏㄱㅎㅗㅣ', 'realword': '한국방송학회', 'weight': 12}
{'word': 'ㅎㅏㄴㄱㅜㄱㅂㅏㅇㅅㅗㅇㄱㅗㅇㅅㅏ', 'realword': '한국방송공사', 'weight': 11}
{'word': 'ㅎㅏㄴㄱㅜㄱㅂㅏㅇㅅㅗㅇㅇㅕㅇㅅㅏㅇㅅㅏㄴㅇㅓㅂㅈㅣㄴㅎㅡㅇㅇㅜㅓㄴ', 'realword': '한국방송영상산업진흥원', 'weight': 8}
{'word': 'ㅎㅏㄴㄱㅜㄱㅂㅏㅇㅅㅗㅇㄱㅗㅏㅇㄱㅗㅈㅣㄴㅎㅡㅇㄱㅗㅇㅅㅏ', 'realword': '한국방송광고진흥공사', 'weight': 7}
{'word': 'ㅎㅏㄴㄱㅜㄱㅂㅏㅇㅅㅗㅇㅋㅏㅁㅔㄹㅏㄱㅣㅈㅏㅎㅕㅂㅎㅗㅣ', 'realword': '한국방송카메라기자협회', 'weight': 7}
{'word': 'ㅎㅏㄴㄱㅜㄱㅂㅏㅇㅅㅗㅇㅌㅗㅇㅅㅣㄴㄷㅐㅎㅏㄱㄱㅛ', 'realword': '한국방송통신대학교', 'weight': 7}
{'word': 'ㅎㅏㄴㄱㅜㄱㅂㅏㅇㅅㅗㅇㅌㅗㅇㅅㅣㄴㄷㅐㅎㅏㄱ', 'realword': '한국방송통신대학', 'weight': 4}
```

[예제 16-10]의 출력 결과를 보면 9번째 위치한 '한국방송광고진흥공사, 한국방송카메라기자협회, 한국방송통신대학교' 등은 모두 빈도가 같다. 이때 10단어만 추천하기 위해 3단어 중에서 2단어만 채택하고 나머지는 제외시켜야 한다. 이 책에서는 빈도를 1차 가중치로, 편집 거리를 2차 가중치로 적용한다. 검색어('한국방송')와 9번째 위치한 단어들을 편집 거리로 비교하면 '한국방송광고진흥공사'가 가장 멀기 때문에 추천 목록에서 제외한다.

[표 16-8] 검색어 '한국방송'(ㅎㅏㄴㄱㅜㄱㅂㅏㅇㅅㅗㅇ)과의 편집 거리

key(realword)	편집 거리
ㅎㅏㄴㄱㅜㄱㅂㅏㅇㅅㅗㅇㄱㅗㅏㅇㄱㅗㅈㅣㄴㅎㅡㅇㄱㅗㅇㅅㅏ(한국방송광고진흥공사)	17
ㅎㅏㄴㄱㅜㄱㅂㅏㅇㅅㅗㅇㅋㅏㅁㅔㄹㅏㄱㅣㅈㅏㅎㅕㅂㅎㅗㅣ(한국방송카메라기자협회)	16
ㅎㅏㄴㄱㅜㄱㅂㅏㅇㅅㅗㅇㅌㅗㅇㅅㅣㄴㄷㅐㅎㅏㄱㄱㅛ(한국방송통신대학교)	13

```
[예제 16-11]
...
...
# 지정한 추천 개수 초과 검사
```

```
SuggestNum = 10
if(len(SugList_Sort) > SuggestNum): # 추천 단어 초과
    # 맨 끝쪽에 가중치(빈도)가 같은 단어가 여럿이 있는 경우 - 2차 가중치 처리
    # 한글: 두벌식(키보드) 자모로 처리(TrieTest에 등록할 때 두벌식으로 했기 때문)
    WeightSuggestList_SameWeight(FindWord_KBDjamo,
        SugList_Sort, SuggestNum, HngFmt=__Hng_2_Jamo__)

    # {SuggestNum}을 초과한 것은 삭제
    while(True):
        if(len(SugList_Sort) > SuggestNum):
            del SugList_Sort[-1]
        else:
            break
print(f'<{FindWord}(<==={FindWord_KBDjamo})> Suggest {len(SugList_Sort)}:')
for i, x in enumerate(SugList_Sort):
    print(f"{i+1}, {x['realword']}({x['weight']})")
>>>
<한국방송(<===ㅎㅏㄴㄱㅜㄱㅂㅏㅇㅅㅗㅇ)> Suggest 10:
1, 한국방송협회(67)
2, 한국방송대상(25)
3, 한국방송기자클럽(22)
4, 한국방송광고공사(19)
5, 한국방송협회장(13)
6, 한국방송학회(12)
7, 한국방송공사(11)
8, 한국방송영상산업진흥원(8)
9, 한국방송통신대학교(7)
10, 한국방송카메라기자협회(7)
```

[예제 16-11]에서는 빈도 가중치가 같을 경우 2차 가중치로 편집 거리를 적용하기 위해서 WeightSuggestList_SameWeight() 함수를 호출한다. 이 함수를 이용하여 2차 정렬한 후에 11번째 이후의 단어는 모두 삭제하고 추천 목록을 출력한다.

지금까지 검색어 자동 추천 알고리즘을 차례대로 설명하였는데 이것을 하나의 알고리즘으로 통합하면 검색어 자동 추천 시스템이 된다. [예제 16-12]에서는 GetSuggestion() 함수를 이용하여 검색어에 대한 자동 추천을 테스트한다. 예제에서는 음절 문자열 '한국방송'을 두벌식 자모 문자열 'ㅎㅏㄴㄱㅜㄱㅂㅏㅇㅅㅗㅇ'으로 변환하여 GetSuggestion() 함수에 전달하면 10단어를 추천한다.

[예제 16-12]

```
class HGTrie():
    Opt_SuggestNum = 10 # 추천 단어수

    def GetSuggestion(self, FindWord):
        Return_Suggest = []

        #------------------
        New_Suggest = self.FindWord(FindWord)
        SugList_Sort = sorted(New_Suggest, key=lambda item: -item['weight']) # by high
        self.ImportSuggestion(FindWord,
            Return_Suggest, SugList_Sort, self.Opt_SuggestNum)
        ...
        return Return_Suggest

#------------------------------
...
# 트라이 추천(Suggestion)
FindWord = '한국방송'
FindWord_KBDjamo = HGTransString2KBDJamo(FindWord) # 한글 음절->두벌식 자모 변환
SugList = TrieTest.GetSuggestion(FindWord_KBDjamo)
print(), print(f'<{FindWord}(<==={FindWord_KBDjamo})> Suggest {len(SugList)}:')
for i, x in enumerate(SugList):
    print(f"{i+1}, {x['realword']}({x['weight']})")
>>>
<한국방송(<===ㅎㅏㄴㄱㅜㄱㅂㅏㅇㅅㅗㅇ)> Suggest 10:
1, 한국방송협회(67)
2, 한국방송대상(25)
3, 한국방송기자클럽(22)
4, 한국방송광고공사(19)
5, 한국방송협회장(13)
6, 한국방송학회(12)
7, 한국방송공사(11)
8, 한국방송영상산업진흥원(8)
9, 한국방송통신대학교(7)
10, 한국방송카메라기자협회(7)
```

[예제 16-12]의 추천 결과를 보면 지금까지 절차적으로 설명한 알고리즘의 추천 목록과 일치한다. 이후 검색어 자동 추천 알고리즘은 중복되는 코드를 생략하기 위해 GetSuggestion() 함수를 사용하여 설명한다. 이 함수는 예제에 수록된 코드보다 더 많은 기능을 처리하지만 이 책에서는 소스 코드의 일부만 게재한다.

한편 HGTrie 클래스는 한글 처리 옵션을 제공하기 때문에 GetSuggestion() 함수에 검색어를 전달할 때 자모 문자열을 사용하지 않고 음절 상태의 검색어를 그대로 전달하는 방법도 있다. 음절 상태의 검색어를 전달하면 함수 내부에서 자모 문자열로 변환하여 처리한다. 또한 지금까지는 알고리즘을 설명하기 위해서 트라이를 생성할 때 HGTrie 클래스 외부에서 두벌식 자모로 변환한 후에 매개변수로 전달하는 방식을 사용하였는데, HGTrie의 한글 처리 옵션을 설정하면 검색어 사전의 어휘를 자동으로 두벌식 자모로 변환하기 때문에 간단한 코드만으로 검색어를 자동 추천할 수 있다.

[예제 16-13]은 HGTrie 클래스를 생성할 때 한글 처리 옵션을 지정하여 간단하게 함수를 호출하여 검색어를 추천한다. 이번 예제에서는 검색어('한국방송')를 입력 상태 그대로 GetSuggestion() 함수에 전달한다.

```
[예제 16-13]

Vocabulary = load_dictfreq_kbs_01_16() # [KBS 9시 뉴스: 16년치(2001~2016)]

# 트라이 생성: 어휘 사전을 트라이로 변환
TrieTest = HGTrie()
TrieTest.Opt_Hng_Fmt = __Hng_2_Jamo__ # 한글: 두벌식(키보드) 자모로 처리
TrieTest.MakeTrie__DictFreq(Vocabulary)

# 트라이 추천(Suggestion)
FindWord = '한국방송'
SugList = TrieTest.GetSuggestion(FindWord)
print(f'<{FindWord}> Suggest {len(SugList)}:')
for i, x in enumerate(SugList):
    print(f"{i+1}, {x['realword']}({x['weight']})")
>>>
<한국방송> Suggest 10:
1, 한국방송협회(67)
2, 한국방송대상(25)
```

```
3, 한국방송기자클럽(22)
4, 한국방송광고공사(19)
5, 한국방송협회장(13)
6, 한국방송학회(12)
7, 한국방송공사(11)
8, 한국방송영상산업진흥원(8)
9, 한국방송통신대학교(7)
10, 한국방송카메라기자협회(7)
```

[예제 16-13]에서는 검색어 사전을 트라이로 변환할 때 MakeTrie__DictFreq() 함수를 호출하는데, 이 함수는 지금까지 알고리즘 설명에 사용한 코드를 반영한 것이다. 또한 검색어도 입력 상태 그대로 GetSuggestion() 함수에 전달하기 때문에 2개의 함수만으로 검색어에 대한 자동 추천을 실행한다. 그 대신 HGTrie 클래스를 생성하면 한글을 두벌식 자모로 처리하도록 한글 처리 옵션을 '__Hng_2_Jamo__'로 지정한다. HGTrie 클래스의 한글 처리 옵션은 [표 16-9]와 같다.

[표 16-9] HGTrie **클래스의 한글 처리 옵션**

한글 처리 옵션	설명	목적
__Hng_AsItIs__	변환 없이 (음절) 문자열 그대로 처리	음절 탐색
__Hng_2_Jamo__	한글 문자열을 두벌식 자모로 변환하여 처리	두벌식 자모 탐색
__Hng_2_Eng__	한글을 영문자로 변환하여 처리	한영 변환 추천을 위한 영문자 탐색 키 적용
__Hng_2_Jamo3__	한글 문자열을 초/중/종성 자모로 변환하여 처리	한글 맞춤법 사전식 추천

4. 초/중/종성 기반 검색어 자동 추천

한글 맞춤법에 따르면 한글 자모는 자음 19자, 모음 21자인데, 하나의 음절은 초성, 중성, 종성을 모아 쓰고 일부 자음은 종성에만 놓인다. 앞서 살펴본 두벌식 자모 기반 검색어 자동 추천은 검색어를 자음과 모음의 문자열로 인식하는데, 초/중/종성에 의한 검색어 자동 추천은 초성, 중성, 종성의 문자열로 인식한다. 이러한 방식으로 추천 목록을 제시하는 대표적인 곳이 국립국어원의 '표준국어대사전' 검색이다.

예를 들어 [표 16-10]을 보면 표준국어대사전은 '한'을 입력하면 '한-'으로 시작하는 단어를, 'ㅎㅏㄴ'을 입력하면 'ㅎㅏㄴ-'으로 시작하는 단어를 추천한다. 반면에 인터넷 검색 엔진은 '한'을 입력해도 'ㅎㅏㄴ-'과 '한-'으로 시작하는 단어를 함께 추천하며, 'ㅎㅏㄴ'을 입력해도 추천 목록은 같다. 이처럼 초/중/종성 단위와 두벌식 자모 단위는 처리 방식이 다르다.

[표 16-10] 표준국어대사전(위)과 인터넷 검색 엔진(아래)의 추천 목록

[예제 16-14]에서는 검색어 사전을 초/중/종성으로 변환한 후 트라이 사전을 생성하여 검색어('만ㄷ')를 초/중/종성으로 변환한 자모 문자열('ㅁ ㅏ ㄴ ㄷ')로 트라이를 탐색한다. 초/중/종성으로 생성된 트라이에서 'ㅁ ㅏ ㄴ ㄷ'으로 시작하는 검색어는 총 110단어이고 이중 10단어만 목록으로 출력한다.

[예제 16-14]의 초/중/종성 기반 자동 추천은 두벌식 자모 기반과 두 가지 면에서 차이가 있다. 먼저 검색어 사전과 검색어를 변환할 때 두벌식 자모가 아닌 초/중/종성으로 변환하는데 이를 위해 hgGetChoJungJongString() 함수를 사용한다. 또 다른 차이는 트라이의 탐색 결과를

```
[예제 16-14]

Vocabulary = load_dictfreq_kbs_01_16()  # [KBS 9시 뉴스: 16년치(2001~2016)]

# 트라이 생성: 어휘 사전을 트라이로 변환
TrieTest = HGTrie()
for CurWord in Vocabulary:
    WordFreq = Vocabulary[CurWord]
    Jamo3String = hgGetChoJungJongString(CurWord,
        jamo=True, CompatibleJamo2ChoJungJong=True) #. [한글] -> [초중종 자모]
    TrieTest.InsertNode(Jamo3String, RealWord=CurWord, Weight=WordFreq)

# 트라이 추천(Suggestion)
FindWord = '만ㄷ' #  단어
FindWord_Jamo3 = hgGetChoJungJongString(FindWord,
    jamo=True, CompatibleJamo2ChoJungJong=True) # [한글] -> [초중종 자모]
print(f'{FindWord}:{FindWord_Jamo3}')

SugList = TrieTest.FindWord(FindWord_Jamo3)
print(), print(f'<{FindWord}(<==={FindWord_Jamo3})> Suggest {len(SugList)}:')
print(*SugList[:10], sep='\n') # 10 단어만 출력
>>>
만ㄷ:만ᄃ
<만ㄷ(<===만ᄃ)> Suggest 110:
{'word': '만다', 'realword': '만다', 'weight': 1}
{'word': '만다나오', 'realword': '만다나오', 'weight': 1}
{'word': '만다라', 'realword': '만다라', 'weight': 2}
{'word': '만다라톡신', 'realword': '만다라톡신', 'weight': 1}
{'word': '만다린', 'realword': '만다린', 'weight': 1}
{'word': '만다섬', 'realword': '만다섬', 'weight': 1}
{'word': '만다이', 'realword': '만다이', 'weight': 1}
{'word': '만단', 'realword': '만단', 'weight': 4}
{'word': '만단위', 'realword': '만단위', 'weight': 1}
{'word': '만달러', 'realword': '만달러', 'weight': 163}
```

정렬 없이 그대로 출력한다는 것이다. 두벌식 자모 기반에서는 가중치(빈도)를 기준으로 정렬하지만 초/중/종성 기반에서는 트라이 자체가 사전 순서로 정렬되어 있으므로 결과를 그대로 반환한다.

[예제 16-14]에서 '만ㄷ'의 추천 목록을 표준국어대사전과 비교하면 '만다라, 만다린, 만단' 등은 일치하지만 나머지는 일치하지 않는다. 알고리즘 관점에서 초/중/종성으로 트라이를 구성하였지만 사전 어휘 구성이 달라 추천 목록도 차이가 있다.

[표 16-11] '만ㄷ'의 추천 목록

순서	단어	빈도
1	만다	1
3	만다라	2
4	만다라톡신	1
5	만다린	1
8	만단	4
26	만도	76
27	만도위니아	2
31	만두	148
32	만두가게	1
:	:	:

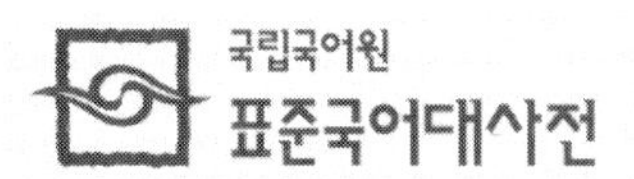

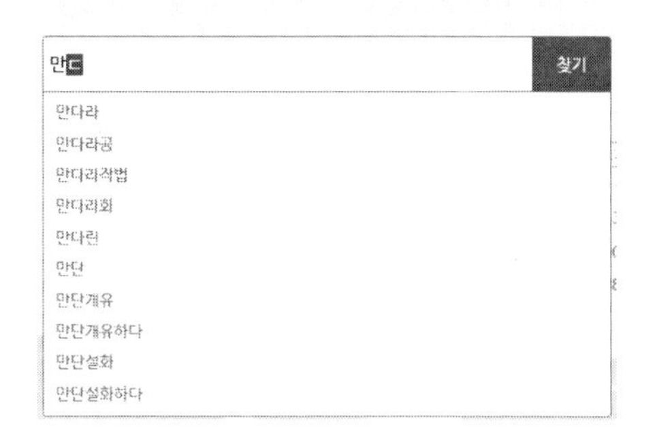

한편 '만ㄷ'에서 두 번째 음절의 첫 글자('ㄷ')는 초성 글자로 보이지만 물리적으로는 초성 코드가 아닌 자음 낱자 코드의 글자이다. 이처럼 입력창에서 음절 시작 글자는 초성 글자(코드)가 아니기 때문에 입력창에서 전달 받은 문자열로 초/중/종성 기반의 트라이를 탐색하면 추천 단어를 찾을 수가 없게 된다. 이에 '만ㄷ'으로 트라이에서 추천 단어를 찾으려면 알고리즘을 보완하여 초성 자리에 입력되는 자음 낱자('ㄷ', 0x3137)를 초성 코드 문자('ᄃ', 0x1103)로 변환해야 한다.

[표 16-12] '만ㄷ'의 코드값

검색창	문자열	만			ㄷ
	코드값(16진수)	0xB9CC			0x3137
내부 처리	문자열	ᄆ	ᅡ	ᆫ	ᄃ
	코드값(16진수)	0x1106	0x1161	0x11AB	0x1103

[예제 16-14]에서 사용한 hgGetChoJungJongString() 함수는 한글 음절을 초성, 중성, 종성 문자열로 변환할 때 CompatibleJamo2ChoJungJong 매개변수를 사용한다. 이 매개변수를 True로 지정하면 한글 음절을 포함하여 미완성 음절인 한글 낱자까지 초/중/종성 문자열로 변환한다. 일반적으로 한글 음절을 초/중/종성으로 변환할 때 자모 낱자는 변환하지 않는데,

표준국어대사전처럼 초/중/종성으로 검색어를 추천할 경우에는 자모 낱자도 초성 자모로 변환해야 하기 때문에 hgGetChoJungJongString( ) 함수를 확장한 것이다.

[예제 16-15]는 미완성 음절인 한글 낱자까지 초/중/종성 문자열로 변환하는 소스 코드이다.

```
[예제 16-15]
#
__HangulCompatibilityJamo_Modern_51__ = 'ㄱㄲㄳㄴㄵㄶㄷㄸㄹㄺㄻㄼㄽㄾㄿㅀㅁㅂㅃㅄㅅㅆ
ㅇㅈㅉㅊㅋㅌㅍㅎㅏㅐㅑㅒㅓㅔㅕㅖㅗㅘㅙㅚㅛㅜㅝㅞㅟㅠㅡㅢㅣ' # (51자) 현대 음절 가능한
Hangul Compatibility Jamo (0x3131-0x3163)(ksc5601: 0xA4A1~0xA4D3)
__jamo_string_modern_51__ = "ᄀᄁᆪᄂᆬᆭᄃᄄᄅᆰᆱᆲᆳᆴᆵᆶᄆᄇᄈᆹᄉᄊᄋᄌᄍᄎᄏᄐᄑ
하ᅢᅣᅤᅥᅦᅧᅨᅩᅪᅫᅬᅭᅮᅯᅰᅱᅲᅳᅴᅵ" # (51자) # Hangul Jamo (0x1110-0x1175)

def hgGetChoJungJongChar__CompatibilityJamo(hgchar):
    #-----
    # (낱글자) 호환 자모를 초성,중성,종성 자모로 변환
    # 사전 순서로 된 목록의 사전 검색에서 낱글자 자음을 초성으로 변환해야 하는 경우가 있음
    # 예를 들어 "한ㄱ" 을 검색하면 추천 단어는 '한'+'ㄱ~' 으로 시작하는 것을 처리할 때
    # "한ㄱ"의 'ㄱ'은 자음이라서 초성이 아니므로 초중종 자모로 구성된 사전에서 검색 불가능
    # 이런 경우 초중종 사전에서 검색할 수 있도록 두벌식 자모 'ㄱ'를 초성 자모로 변경할 때
    #-----
    ChoJungJongChar = None
    compatible_jamo_inx = __HangulCompatibilityJamo_Modern_51__.find(hgchar)
    if(compatible_jamo_inx >= 0): # 호환 자모인 경우
        ChoJungJongChar = __jamo_string_modern_51__[compatible_jamo_inx]
        return ChoJungJongChar
    else: # 호환 자모가 아닌 경우
        return ChoJungJongChar

def hgGetChoJungJongString(string, jamo=True, CompatibleJamo2ChoJungJong=False):
    ChoJungJongString = '';
    for hgchar in string:
        ChoJungJongString_Cur = hgGetChoJungJongString_Char(hgchar, jamo)
        if(len(ChoJungJongString_Cur) <= 0): # 초중종 자모로 변환되지 않은 경우
            if(jamo == True): # [jamo==True:유니코드 자모(초중종)]로 변환할 때
                if(CompatibleJamo2ChoJungJong == True):
                    # (낱글자) 호환 자모를 초성,중성 자모로 변환
                    # (사전 검색에서 낱글자 자음을 초성으로 변환해야 하는 경우가 있음)
                    # ex) "한ㄱ"을 검색하면 추천 단어는 '한'+'ㄱ~' 으로 시작하는 것을 처리
할 때
```

```
                each_jamo_char = hgGetChoJungJongChar__CompatibilityJamo(hgchar)
                if(each_jamo_char != None):
                    ChoJungJongString += each_jamo_char
                    continue # 호환 자모를 변환했으므로 루프 처음으로 이동
        # 위에서 처리된 것이 없으면
        ChoJungJongString += hgchar # 원래 글자를 넘겨 줌
    else: # 초,중,종 자모 문자열로 변환된 경우
        ChoJungJongString += ChoJungJongString_Cur

return ChoJungJongString
```

[표 16-13] 두벌식 자모와 초/중/종성 변환표(코드값 16진수)

순서	두벌식 자모(자음)		초/중/종성	
	글자	코드값	글자	코드값
1	ㄱ	3131	ᄀ	1100
2	ㄲ	3132	ᄁ	1101
3	ㄳ	3133	ᆪ(종)	11AA
4	ㄴ	3134	ᄂ	1102
5	ㄵ	3135	ᆬ(종)	11AC
6	ㄶ	3136	ᆭ(종)	11AD
7	ㄷ	3137	ᄃ	1103
8	ㄸ	3138	ᄄ	1104
9	ㄹ	3139	ᄅ	1105
10	ㄺ	313A	ᆰ(종)	11B0
11	ㄻ	313B	ᆱ(종)	11B1
12	ㄼ	313C	ᆲ(종)	11B2
13	ㄽ	313D	ᆳ(종)	11B3
14	ㄾ	313E	ᆴ(종)	11B4
15	ㄿ	313F	ᆵ(종)	11B5
16	ㅀ	3140	ᆶ(종)	11B6
17	ㅁ	3141	ᄆ	1106
18	ㅂ	3142	ᄇ	1107
19	ㅃ	3143	ᄈ	1108
20	ㅄ	3144	ᆹ(종)	11B9
21	ㅅ	3145	ᄉ	1109
22	ㅆ	3146	ᄊ	110A

순서	두벌식 자모(모음)		초/중/종성	
	글자	코드값	글자	코드값
1	ㅏ	314F	ᅡ	1161
2	ㅐ	3150	ᅢ	1162
3	ㅑ	3151	ᅣ	1163
4	ㅒ	3152	ᅤ	1164
5	ㅓ	3153	ᅥ	1165
6	ㅔ	3154	ᅦ	1166
7	ㅕ	3155	ᅧ	1167
8	ㅖ	3156	ᅨ	1168
9	ㅗ	3157	ᅩ	1169
10	ㅘ	3158	ᅪ	116A
11	ㅙ	3159	ᅫ	116B
12	ㅚ	315A	ᅬ	116C
13	ㅛ	315B	ᅭ	116D
14	ㅜ	315C	ᅮ	116E
15	ㅝ	315D	ᅯ	116F
16	ㅞ	315E	ᅰ	1170
17	ㅟ	315F	ᅱ	1171
18	ㅠ	3160	ᅲ	1172
19	ㅡ	3161	ᅳ	1173
20	ㅢ	3162	ᅴ	1174
21	ㅣ	3163	ᅵ	1175

순서	두벌식 자모(자음)		초/중/종성	
	글자	코드값	글자	코드값
23	ㅇ	3147	ᄋ	110B
24	ㅈ	3148	ᄌ	110C
25	ㅉ	3149	ᄍ	110D
26	ㅊ	314A	ᄎ	110E
27	ㅋ	314B	ᄏ	110F
28	ㅌ	314C	ᄐ	1110
29	ㅍ	314D	ᄑ	1111
30	ㅎ	314E	ᄒ	1112

(종): 초성에는 없고 종성에만 있는 겹받침.

Chapter 17

한/영 변환 자동 추천 알고리즘

트라이 기반의 검색어 자동 추천은 입력된 문자열을 기반으로 단어 목록을 추천한다. 따라서 문자열에 한/영 변환 오류나 철자 오류가 있으면 연관 단어를 추천하지 못하거나 전혀 다른 단어를 추천하게 된다. 예를 들어 [표 17-1]과 같이 '한국' 대신 영문자 'gksrnr'를, 'govern' 대신 한글 '햏ㄷ구'를 잘못 입력하면, 검색어 사전에는 'gksrnr'와 '햏ㄷ구'로 시작하는 단어가 없기 때문에 단어를 추천하기 어렵다. 그러나 인터넷 검색 엔진은 각각 '한국-'과 'govern-'으로 시작하는 단어를 추천하는데, 이를 한/영 변환 자동 추천이라 한다.

한/영 변환 자동 추천은 먼저 한/영 변환 알고리즘을 적용하여 잘못 입력된 검색어를 한/영 변환한 후, 변환된 검색어를 대상으로 검색어 추천 알고리즘을 적용하여 추천 단어를 생성한다.

[표 17-1] 인터넷 검색 엔진의 한/영 변환 자동 추천

1. 영한 변환 자동 추천

잘못 입력한 'gksrnr'을 '한국'으로 교정하여 추천하려면 영문자를 한글 자모로 변환한 자모 문자열('ㅎㅏㄴㄱㅜㄱ')로 트라이를 탐색해야 한다. 그러나 검색 엔진은 입력된 검색어가 한/영 변환 오류 상태인지 아닌지 알 수 없기 때문에 [표 17-2]와 같이 'gksrnr'과 자모 문자열 'ㅎㅏㄴㄱㅜㄱ'을 동시에 탐색한다.

[표 17-2] 영한 변환 자동 추천 과정

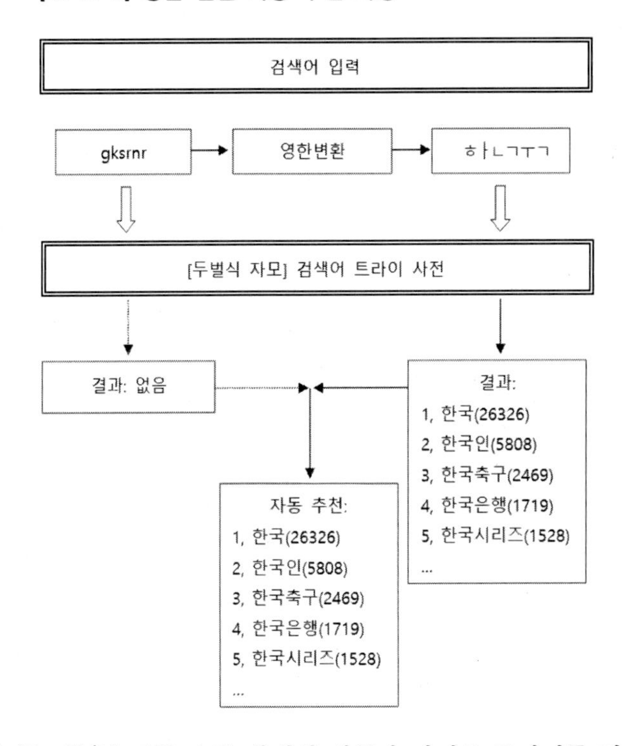

[예제 17-1]에서는 한/영 변환 오류 상태의 영문자 단어로 트라이를 탐색하는데, 추천할 단어가 없으면 한글 단어로 변환하여 트라이를 재탐색한다. 이때 검색어 사전은 한글 자동 추천을 위해 두벌식 자모로 변환하여 트라이를 생성한 상태이므로 영문자 단어를 두벌식 자모 문자열로 탐색한다.

[예제 17-1]에서는 3개의 함수를 이용한다. 검색어 사전의 한글 단어를 두벌식 자모 문자열로 변환하기 위해 HGTransString2KBDJamo() 함수를, 검색어로 입력된 영문자를 두벌식 자모로 변환하기 위해 HGGetJaumMoum_EngString() 함수를 사용한다. 마지막으로 검색어에 대한 추천 목록을 구하기 위해 GetSuggestion() 함수를 이용하는데, 이 함수는 트라이에서 접두사

[예제 17-1]

```
Vocabulary = load_dictfreq_kbs_01_16()  # [KBS 9시 뉴스: 16년치(2001~2016)]

# 트라이 생성: 어휘 사전을 트라이로 변환
TrieTest = HGTrie()
for CurWord in Vocabulary:
    WordFreq = Vocabulary[CurWord]
    KBDCharString = HGTransString2KBDJamo(CurWord) # 한글->두벌식 자모
    TrieTest.InsertNode(KBDCharString, RealWord=CurWord, Weight=WordFreq)

# 트라이 추천(Suggestion)
FindWord = 'gksrnr' # '한국' 한영변환 오류 입력
SugList = TrieTest.GetSuggestion(FindWord) # 영문자 단어로 자동 추천
print(f'<{FindWord}> Suggest {len(SugList)}:')

if(len(SugList) <= 0): # 추천 목록이 없는 경우
    # [영문자==>두벌식 자모] 방식(직접변환)
    FindWord_KBDjamo = HGGetJaumMoum__EngString(FindWord) # 영문자->두벌식 자모
    SugList = TrieTest.GetSuggestion(FindWord_KBDjamo) # 두벌식 자모로 자동 추천
    print(f'<{FindWord}(<=={FindWord_KBDjamo})> Suggest {len(SugList)}:')
#---
print(*SugList, sep='\n')
>>>
<gksrnr> Suggest 0:
<gksrnr(<==ㅎㅏㄴㄱㅜㄱ)> Suggest 10:
{'word': 'ㅎㅏㄴㄱㅜㄱ', 'realword': '한국', 'weight': 26326}
{'word': 'ㅎㅏㄴㄱㅜㄱㅇㅣㄴ', 'realword': '한국인', 'weight': 5808}
{'word': 'ㅎㅏㄴㄱㅜㄱㅊㅜㄱㄱㅜ', 'realword': '한국축구', 'weight': 2469}
{'word': 'ㅎㅏㄴㄱㅜㄱㅇㅡㄴㅎㅐㅇ', 'realword': '한국은행', 'weight': 1719}
{'word': 'ㅎㅏㄴㄱㅜㄱㅅㅣㄹㅣㅈㅡ', 'realword': '한국시리즈', 'weight': 1528}
{'word': 'ㅎㅏㄴㄱㅜㄱㅈㅓㅇㅂㅜ', 'realword': '한국정부', 'weight': 912}
{'word': 'ㅎㅏㄴㄱㅜㄱㅅㅓㄴㅅㅜ', 'realword': '한국선수', 'weight': 830}
{'word': 'ㅎㅏㄴㄱㅜㄱㅈㅓㄴㄹㅕㄱ', 'realword': '한국전력', 'weight': 812}
{'word': 'ㅎㅏㄴㄱㅜㄱㅈㅓㄴㅈㅐㅇ', 'realword': '한국전쟁', 'weight': 644}
{'word': 'ㅎㅏㄴㄱㅜㄱㄴㅗㅊㅗㅇ', 'realword': '한국노총', 'weight': 639}
```

일치 단어를 찾아서 가중치(빈도) 순서로 정렬하여 반환한다. [예제 17-1]의 추천 결과를 보면 '한국'의 빈도가 가장 높아 우선적으로 추천하는데, 인터넷 검색 엔진은 검색어의 인기도를

반영하여 '한국'의 추천 순위는 다섯 번째로 나타난다.

[표 17-3] 'gksrnr'의 영한 변환 자동 추천

순위	단어(빈도)
1	한국(26326)
2	한국인(5808)
3	한국축구(2469)
4	한국은행(1719)
5	한국시리즈(1528)
13	한국경제(614)
105	한국일보(79)
123	한국외대(66)
130	한국거래소(61)
133	한국투자증권(60)
238	한국장학재단(25)
381	한국연구재단(10)

한편 [예제 17-1]에서는 검색어로 입력된 영문자 단어('gksrnr')를 두벌식 자모 문자열('ㅎㅏㄴㄱㅜㄱ')로 변환하지만 알고리즘 관점에서는 변환 과정이 없이 'gksrnr' 그대로 단어를 추천하는 것도 가능하다. 'gksrnr'을 'ㅎㅏㄴㄱㅜㄱ'으로 변환하는 이유는 트라이의 노드 키가 두벌식 자모로 구성되었기 때문이다. 만일 트라이의 노드 키를 두벌식 자모가 아닌 영문자로 구성한다면 검색어를 한글로 변환하지 않고 단어를 추천할 수 있다. 예를 들어 '한국, 한국인, 한국축구' 등의 단어를 영어 문자열인 'gksrnr, gksrnrdls, gksrnrcnrrn'으로 트라이 사전을 구축하면, 한/영 변환 오류 상태인 'gksrnr'이 입력될 때 영한 변환 없이 트라이 사전에서 입력된 문자열 그대로 탐색한 후에 이에 대응하는 한글 문자열('realword')로 출력하는 것이다. 다만 이처럼 노드 키를 영문자로 생성하면 한글 검색어도 영문자로 변환하여 탐색해야 한다. [표 17-4]는 트라이 노드 키를 영문자로 처리할 경우의 자동 추천 과정이다.

[예제 17-2]는 트라이 생성 단계에서 검색어 사전의 단어를 두벌식 자모 대신 영문자로 변환한다. 예제에서는 트라이를 생성할 때 검색어 사전의 한글 어휘를 영문자로 변환하기 위해 HGTransString2EngString() 함수를 이용한다. 출력할 때는 'realword' 변수에 저장해 둔 원래 한글 단어를 출력하며 추천 결과는 [예제 17-1]과 일치한다.

[표 17-4] 영문자 기반 트라이 사전의 자동 추천

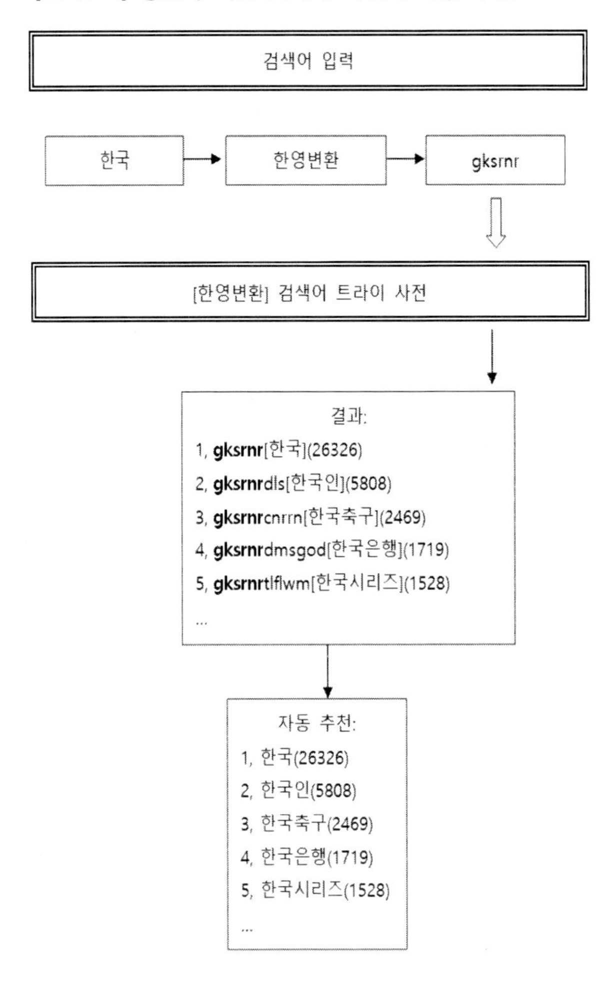

[예제 17-2]

```
Vocabulary = load_dictfreq_kbs_01_16()  # [KBS 9시 뉴스: 16년치(2001~2016)]

# 트라이 생성: 어휘 사전을 트라이로 변환
TrieTest = HGTrie()
for CurWord in Vocabulary:
    WordFreq = Vocabulary[CurWord]
    EngString = HGTransString2EngString(CurWord) # 한글->영문자
    TrieTest.InsertNode(EngString, RealWord=CurWord, Weight=WordFreq)
```

```
# 트라이 추천(Suggestion)
FindWord = 'gksrnr' # '한국' 한영변환 오류 입력
SugList = TrieTest.GetSuggestion(FindWord)
print(f'<{FindWord}> Suggest {len(SugList)}:')
print(*SugList, sep='\n')
>>>
<gksrnr> Suggest 10:
{'word': 'gksrnr', 'realword': '한국', 'weight': 26326}
{'word': 'gksrnrdls', 'realword': '한국인', 'weight': 5808}
{'word': 'gksrnrcnrrn', 'realword': '한국축구', 'weight': 2469}
{'word': 'gksrnrdmsgod', 'realword': '한국은행', 'weight': 1719}
{'word': 'gksrnrtlflwm', 'realword': '한국시리즈', 'weight': 1528}
{'word': 'gksrnrwjdqn', 'realword': '한국정부', 'weight': 912}
{'word': 'gksrnrtjstn', 'realword': '한국선수', 'weight': 830}
{'word': 'gksrnrwjsfur', 'realword': '한국전력', 'weight': 812}
{'word': 'gksrnrwjswod', 'realword': '한국전쟁', 'weight': 644}
{'word': 'gksrnrshchd', 'realword': '한국노총', 'weight': 639}
```

[표 17-5] 검색어 사전의 어휘 변환 방식에 따른 트라이 노드 구조

영문자로 생성된 노드 키

	word(key)	realword	weight
1	gksrnr	한국	26326
2	gksrnrdls	한국인	5808
3	gksrnrcnrrn	한국축구	2469
4	gksrnrdmsgod	한국은행	1719
5	gksrnrtlflwm	한국시리즈	1528
6	gksrnrwjdqn	한국정부	912
7	gksrnrtjstn	한국선수	830
8	gksrnrwjsfur	한국전력	812
9	gksrnrwjswod	한국전쟁	644
10	gksrnrshchd	한국노총	639

두벌식 자모로 생성된 노드 키

word(key)	realword	weight
ㅎㅏㄴㄱㅜㄱ	한국	26326
ㅎㅏㄴㄱㅜㄱㅇㅣㄴ	한국인	5808
ㅎㅏㄴㄱㅜㄱㅊㅜㄱㄱㅜ	한국축구	2469
ㅎㅏㄴㄱㅜㄱㅇㅡㄴㅎㅐㅇ	한국은행	1719
ㅎㅏㄴㄱㅜㄱㅅㅣㄹㅣㅈㅡ	한국시리즈	1528
ㅎㅏㄴㄱㅜㄱㅈㅓㅇㅂㅜ	한국정부	912
ㅎㅏㄴㄱㅜㄱㅅㅓㄴㅅㅜ	한국선수	830
ㅎㅏㄴㄱㅜㄱㅈㅓㄴㄹㅕㄱ	한국전력	812
ㅎㅏㄴㄱㅜㄱㅈㅓㄴㅈㅐㅇ	한국전쟁	644
ㅎㅏㄴㄱㅜㄱㄴㅗㅊㅗㅇ	한국노총	639

검색어 추천 알고리즘의 처리 방식은 내부적으로 트라이 노드를 어떻게 구성하느냐에 따라 달라진다. [예제 17-2]와 같이 노드 키를 영문자로 생성하면 잘못 입력된 영문 검색어도 한글 변환 없이 검색이 가능하고 트라이를 한 번 탐색하기 때문에 처리 속도가 빨라진다. 또한 한글 자모는 2바이트 이상의 메모리를 차지하지만 영문자는 1바이트만 차지하기 때문에 탐색기의

메모리 사용량을 절반으로 줄일 수 있다. 예제로 사용한 뉴스 텍스트의 어휘는 40만 단어이며 이것을 n(5)-gram으로 변환하면 4백만 단어까지 늘어나는데 탐색키를 두벌식 자모로 처리하면 메모리 사용량이 늘어나기 때문에 영문자로 노드 키를 생성하는 것이 효율적이다. 그러나 이 방식은 한글 검색어도 영문자로 변환하여 탐색하기 때문에 검색어 사전 관리나 디버깅 과정에서 한글 단어의 식별이 어렵다. 따라서 한글 단어를 쉽게 식별할 수 있도록 두벌식 자모 문자열로 트라이 탐색 키를 구성하고, 이후에 기술하는 자동 추천 알고리즘은 두벌식 자모 변환을 기반으로 설명한다.

2. 한영 변환 자동 추천

잘못 입력한 'ㄹㅊ'을 'fc'로 교정하여 추천하려면 한글을 영문자로 변환한 문자열('fc')로 트라이를 탐색해야 한다. 그러나 검색 엔진은 입력된 검색어가 한/영 변환 오류 상태인지 아닌지

[표 17-6] 한영 변환 자동 추천 과정

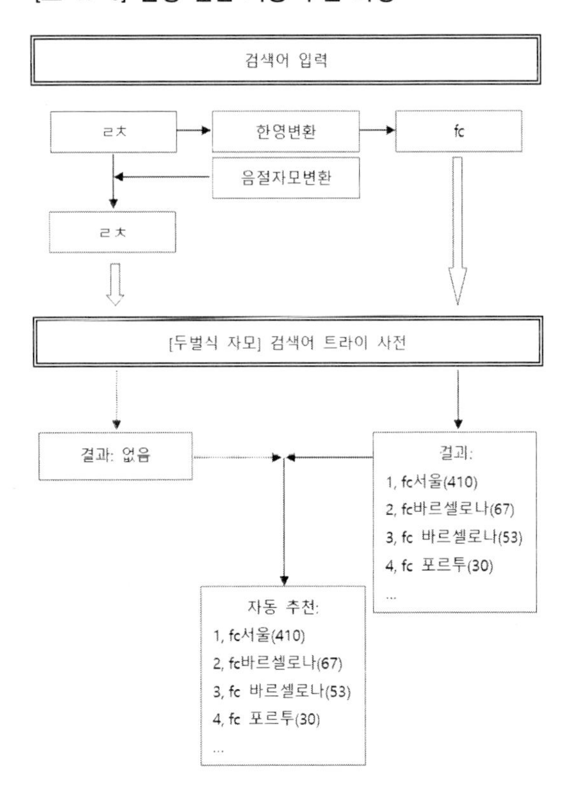

알 수 없기 때문에 [표 17-6]과 같이 '**ㄹㅊ**'과 영문자로 변환한 'fc'를 동시에 탐색한다.

[예제 17-3]에서는 철자 오류 상태의 한글 단어로 트라이를 탐색하는데, 추천할 단어가 없으면 영문자로 변환하여 트라이를 재탐색한다. 예제에서는 뉴스 텍스트 검색어 사전으로 트라이를 생성하는데 대문자와 소문자를 통합하기 위해 검색어 사전의 어휘를 소문자(lower)로 변환한다.

[예제 17-3]

```
Vocabulary = load_dictfreq_kbs_01_16()# [KBS 9시 뉴스: 16년치(2001~2016)]

# 트라이 생성: 어휘 사전을 트라이로 변환
TrieTest = HGTrie()
for CurWord in Vocabulary:
    WordFreq = Vocabulary[CurWord]
    CurWord = CurWord.lower() # 소문자 변환
    KBDCharString = HGTransString2KBDJamo(CurWord) # 한글->두벌식 자모
    TrieTest.InsertNode(KBDCharString, RealWord=CurWord, Weight=WordFreq)

# 트라이 추천(Suggestion)
FindWord = 'ㄹㅊ' # 'fc' 한영변환 오류 입력
SugList = TrieTest.GetSuggestion(FindWord)
print(f'<{FindWord}> Suggest {len(SugList)}:')

if(len(SugList) <= 0): # 추천 목록이 없는 경우
    # [한글==>영문자] 방식
    FindWord_EngString = HGTransString2EngString(FindWord) # 한글->영문자 변환
    SugList = TrieTest.GetSuggestion(FindWord_EngString)
    print(f'<{FindWord}(<=={FindWord_EngString})> Suggest {len(SugList)}:')
#---
print(*SugList, sep='\n')
>>>
<ㄹㅊ> Suggest 0:
<ㄹㅊ(<==fc)> Suggest 10:
{'word': 'fcㅅㅓㅇㅜㄹ', 'realword': 'fc서울', 'weight': 410}
{'word': 'fcㅂㅏㄹㅡㅅㅔㄹㄹㅗㄴㅏ', 'realword': 'fc바르셀로나', 'weight': 67}
{'word': 'fc ㅂㅏㄹㅡㅅㅔㄹㄹㅗㄴㅏ', 'realword': 'fc 바르셀로나', 'weight': 53}
{'word': 'fc ㅍㅗㄹㅡㅌㅜ', 'realword': 'fc 포르투', 'weight': 30}
{'word': 'fcㄷㅗㅋㅛ', 'realword': 'fc도쿄', 'weight': 18}
{'word': 'fc ㅁㅔㅅㅡ', 'realword': 'fc 메스', 'weight': 14}
{'word': 'fcㅁㅔㅅㅡ', 'realword': 'fc메스', 'weight': 11}
```

```
{'word': 'fc ㅇㅏㄴㅇㅑㅇ', 'realword': 'fc 안양', 'weight': 10}
{'word': 'fc ㄷㅗㅋㅛ', 'realword': 'fc 도쿄', 'weight': 8}
{'word': 'fc', 'realword': 'fc', 'weight': 5}
```

[예제 17-3]에서는 먼저 입력 검색어 'ㄹㅊ'으로 트라이를 탐색하여 탐색 결과가 없으면 HGTransString2EngString() 함수를 이용하여 영문자 'fc'로 변환한다('fc'는 football club의 약자). 예제에서는 검색 결과에 대한 동의어 확장 처리를 하지 않아 'fc 메스, fc메스'와 같이 띄어쓰기 차이로 중복 추천되는 단어가 있다.

[표 17-7] 'ㄹㅊ'의 한영 변환 자동 추천

순위	단어(빈도)
1	fc서울(410)
2	fc바르셀로나(67)
3	fc 바르셀로나(53)
4	fc 포르투(30)
5	fc도쿄(18)
6	fc 메스(14)
7	fc메스(11)
8	fc 안양(10)
9	fc 도쿄(8)
10	fc(5)

[예제 17-4]에서는 잘못 입력된 검색어 '햏ㄷ'을 영문자('gove')로 변환하여 추천 결과를 출력한다. 이때 검색어 사전은 미국 대통령 취임사를 대상으로 하여 트라이를 생성하고, 트라이를 탐색할 때는 먼저 한글('햏ㄷ')로 탐색하고 추천 결과가 없으면 영문자('gove')로 변환한 후에 재탐색한다. 예제에서는 7개의 단어를 추천하는데 검색어 사전의 규모가 커지면 추천 단어 목록이 늘어나고 추천 순위도 달라진다. 한편 추천 목록에는 복수형의 단어도 제시되어 있는데, 이는 예제에서 공백 문자를 기준으로 단어를 추출하였기 때문이다. 민약 검색어 추출을 위한 자동 색인 단계에서 형태소 분석을 하면 추천 결과를 정교하게 처리할 수 있다.

[예제 17-4]

```
Vocabulary = load_dictfreq_us_president() # 미국 대통령 취임 연설(InaugurationSpeech)

# 트라이 생성: 어휘 사전을 트라이로 변환
```

```
TrieTest = HGTrie()
for CurWord in Vocabulary:
    WordFreq = Vocabulary[CurWord]
    CurWord = CurWord.lower() # 소문자 변환
    TrieTest.InsertNode(CurWord, Weight=WordFreq)

# 트라이 추천(Suggestion)
FindWord = '핻ㄷ' # 'gove' 한영변환 오류 입력
SugList = TrieTest.GetSuggestion(FindWord)
print(f'<{FindWord}> Suggest {len(SugList)}:')

if(len(SugList) <= 0): # 추천 목록이 없는 경우
    # [한글==>영문자] 방식
    FindWord_EngString = HGTransString2EngString(FindWord) # 한->영 입력 변환
    SugList = TrieTest.GetSuggestion(FindWord_EngString)
    print(f'<{FindWord}(<=={FindWord_EngString})> Suggest {len(SugList)}:')
#---
print(*SugList, sep='\n')
>>>
<핻ㄷ> Suggest 0:
<핻ㄷ(<==gove)> Suggest 7:
{'word': 'government', 'realword': '', 'weight': 607}
{'word': 'governments', 'realword': '', 'weight': 52}
{'word': 'govern', 'realword': '', 'weight': 19}
{'word': 'governed', 'realword': '', 'weight': 10}
{'word': 'governmental', 'realword': '', 'weight': 8}
{'word': 'governing', 'realword': '', 'weight': 6}
{'word': 'governs', 'realword': '', 'weight': 1}
```

[표 17-8] '핻ㄷ'의 한영 변환 자동 추천

순위	단어(빈도)
1	government(607)
2	governments(52)
3	govern(19)
4	governed(10)
5	governmental(8)
6	governing(6)
7	governs(1)

3. 한글 및 영문자 단어 동시 자동 추천

앞 절에서는 검색어를 입력할 때 한/영 변환이 잘못되어 입력 오류가 발생한 단어에 대한 한/영 변환 자동 추천을 설명하였다. 일반적으로 검색 시스템은 입력 오류 여부를 판단할 수 없기 때문에 입력된 검색어와 한/영 변환한 검색어를 동시에 탐색한다. 이때 양쪽 모두 일치하는 결과가 탐색되어 입력된 검색어가 한/영 변환 오류 상태인지 구별하기 어려운 경우도 있다. 예를 들어 [표 17-9]와 같이 검색창에 'skt'가 입력되면 검색 엔진은 검색어가 'skt'(SK텔레콤)인지 '낫'인지 구별하기 어려워 한글과 영문자 단어를 모두 추천하며, 검색어 '낫'의 추천 결과도 'skt'와 동일하다.

입력된 검색어에 한/영 변환 오류가 있는지 구별하기 어려울 때는 [표 17-9]와 같이 입력된 검색어와 한/영 변환 검색어 모두 탐색하여 추천 단어를 생성한다. 만약 검색어가 'skt'라면

[표 17-9] 인터넷 검색 엔진의 한글 및 영문자 단어 동시 자동 추천

단어 그대로 검색어 사전을 탐색하여 추천 단어를 선정하고, 동시에 한글로 변환한 '낫'을 추가로 탐색하여 추천 단어를 선정한다. 최종적으로 두 단어의 추천 결과를 하나로 모아 가중치에 의해 정렬하여 추천 목록으로 제시한다. 검색어가 '낫'으로 입력된 경우도 마찬가지여서 두 검색어의 추천 목록은 동일하다.

[표 17-10] 한글 및 영문자 단어 동시 자동 추천 과정

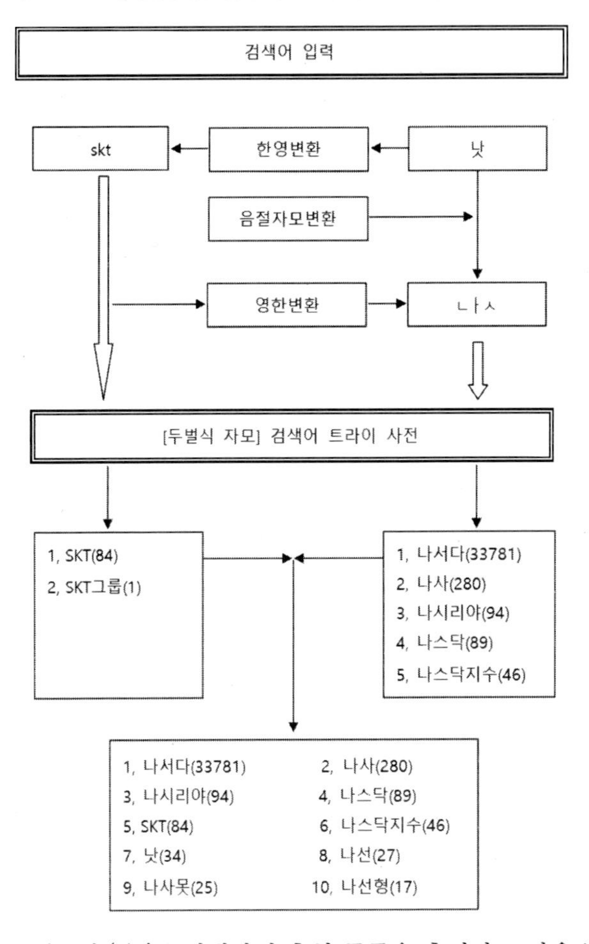

[예제 17-5]에서는 영문자 'skt'를 검색하여 추천 목록을 출력하고 다음으로 'skt'를 '낫'으로 변환하여 '낫'의 추천 목록을 출력한다. 검색어 사전은 뉴스 텍스트를 사용하고, 검색어 사전의 어휘는 두벌식 자모로 변환하여 트라이를 생성한다.

[예제 17-5]

```
Vocabulary = load_dictfreq_kbs_01_16()# [KBS 9시 뉴스: 16년치(2001~2016)]
```

```
# 트라이 생성: 어휘 사전을 트라이로 변환
TrieTest = HGTrie()
for CurWord in Vocabulary:
    WordFreq = Vocabulary[CurWord]
    CurWord_Low = CurWord.lower() # 소문자 변환
    KBDCharString = HGTransString2KBDJamo(CurWord_Low) # 한글->두벌식 자모
    TrieTest.InsertNode(KBDCharString, RealWord=CurWord, Weight=WordFreq)

# 트라이 추천(Suggestion)
FindWord = 'skt' # '낫' 한영 둘다 가능성
SugList_Eng = TrieTest.GetSuggestion(FindWord)
print(f'<{FindWord}> Suggest {len(SugList_Eng)}:')
print(*SugList_Eng, sep='\n')

# 영문자 -> 두벌식 자모
FindWord_KBDjamo = HGGetJaumMoum__EngString(FindWord)#'낫'(영문자->두벌식 자모)
SugList_Jamo = TrieTest.GetSuggestion(FindWord_KBDjamo)
print(f'<{FindWord}(<=={FindWord_KBDjamo})> Suggest {len(SugList_Jamo)}:')
print(*SugList_Jamo, sep='\n')
>>>
Dict Num: 413165
<skt> Suggest 2:
{'word': 'skt', 'realword': 'SKT', 'weight': 84}
{'word': 'sktㄱㅡㄹㅜㅂ', 'realword': 'SKT그룹', 'weight': 1}

<skt(<==ㄴㅏㅅ)> Suggest 10:
{'word': 'ㄴㅏㅅㅓㄷㅏ', 'realword': '나서다', 'weight': 33781}
{'word': 'ㄴㅏㅅㅏ', 'realword': '나사', 'weight': 280}
{'word': 'ㄴㅏㅅㅣㄹㅣㅇㅑ', 'realword': '나시리야', 'weight': 94}
{'word': 'ㄴㅏㅅㅡㄷㅏㄱ', 'realword': '나스닥', 'weight': 89}
{'word': 'ㄴㅏㅅㅡㄷㅏㄱㅈㅣㅅㅜ', 'realword': '나스닥지수', 'weight': 46}
{'word': 'ㄴㅏㅅ', 'realword': '낫', 'weight': 34}
{'word': 'ㄴㅏㅅㅓㄴ', 'realword': '나선', 'weight': 27}
{'word': 'ㄴㅏㅅㅏㅁㅗㅅ', 'realword': '나사못', 'weight': 25}
{'word': 'ㄴㅏㅅㅓㄴㅎㅕㅇ', 'realword': '나선형', 'weight': 17}
{'word': 'ㄴㅏㅅㅡㄷㅏㄱㅅㅣㅈㅏㅇ', 'realword': '나스닥시장', 'weight': 15}
```

[예제 17-5]의 추천 목록은 뉴스 텍스트의 검색어 사전을 기반으로 하기 때문에 검색어 'skt'에 대한 추천 단어가 많지 않아 2단어만 제시되고 검색어 '낫'에 대한 추천 단어는 가장 빈도가 높은 '나서다'가 먼저 제시된다.

[표 17-11] 한글 및 영문자 단어 동시 자동 추천

'skt' 추천 목록

순서	단어(빈도)
1	SKT(84)
2	SKT그룹(1)

'낫' 추천 목록

순서	단어(빈도)
1	나서다(33781)
2	나사(280)
3	나시리야(94)
4	나스닥(89)
5	나스닥지수(46)
6	낫(34)
7	나선(27)

[예제 17-6]은 'skt'와 '낫'의 추천 목록을 하나로 통합하여 가중치(빈도)로 정렬하여 최종 추천 목록을 출력한다.

[예제 17-6]

```
class HGTrie():
    ...
    @classmethod
    def ImportSuggestion(cls, FindWord,
        SuggestionList, SuggestionNew, SuggestNum=None,
        HngFmt=__Hng_AsItIs__):
        #
        SuggestionNewNum = len(SuggestionNew)
        for new_i, SuggestionItem in enumerate(SuggestionNew):
            if(SuggestNum != None): # 추천 개수 제한 있는 경우
            ....
            # 중복 검사
            isAlready = False
            if(len(SuggestionItem['realword']) > 0):#성능테스트 때 realword값 없을 때 있음
                isAlready = next((si for si in SuggestionList
                                if si['realword'] == SuggestionItem['realword']), None)
            if(not isAlready): # 중복 확인
```

```
                SuggestionList.append(SuggestionItem)
        ...
        #
        return True

#----------
#----------
...
...
print('#------')
print('# 각 추천 목록 통합')
print('#------')
# 위에서 트라이를 두벌식 자모로 변환했기 때문에 여기서 한글(__Hng_2_Jamo__) 옵션 지정
Merge_Suggest = []
TrieTest.ImportSuggestion(FindWord,
            Merge_Suggest, SugList_Eng, HngFmt=__Hng_2_Jamo__)
TrieTest.ImportSuggestion(FindWord_KBDjamo,
            Merge_Suggest, SugList_Jamo, HngFmt=__Hng_2_Jamo__)
for i, dic in enumerate(Merge_Suggest):
    print(f"{i+1}, {dic['realword']}({dic['weight']})")
print()

print('#------')
print('# 통합 추천 목록 정렬')
print('#------')
SugList_Sort = sorted(Merge_Suggest, key=lambda item: -item['weight']) # by high
for i, dic in enumerate(SugList_Sort):
    print(f"{i+1}, {dic['realword']}({dic['weight']})")
>>>
...
#------
# 각 추천 목록 통합
#------
1, SKT(84)
2, SKT그룹(1)
3, 나서다(33781)
4, 나사(280)
5, 나시리야(94)
6, 나스닥(89)
```

```
7, 나스닥지수(46)
8, 낫(34)
9, 나선(27)
10, 나사못(25)
11, 나선형(17)
12, 나스닥시장(15)

#------
# 통합 추천 목록 정렬
#------
1, 나서다(33781)
2, 나사(280)
3, 나시리야(94)
4, 나스닥(89)
5, SKT(84)
6, 나스닥지수(46)
7, 낫(34)
8, 나선(27)
9, 나사못(25)
10, 나선형(17)
11, 나스닥시장(15)
12, SKT그룹(1)
```

[예제 17-6]에서는 ImportSuggestion() 함수를 이용하여 영문자와 한글 단어의 추천 결과를 통합한 목록(Merge_Suggest)을 가중치(빈도)로 정렬하여 새로운 추천 목록(SugList_Sort)을 생성한다. 예제의 추천 목록은 t2bot의 형태소 분석기를 사용하여 '나서다'와 같이 빈도가 높은 동사가 추출되어 추천 목록에 포함되어 있다.

[표 17-12] 'skt'의 한글 및 영문자 단어 동시 자동 추천

순서	단어(빈도)
1	나서다(33781)
2	나사(280)
3	나시리야(94)
4	나스닥(89)
5	SKT(84)
6	나스닥지수(46)
7	낫(34)
8	나선(27)
9	나사못(25)
10	나선형(17)

Chapter 18 n-gram 기반 철자 교정 자동 추천 알고리즘

문자열 일치 탐색이나 트라이에 의한 검색어 자동 추천은 사용자가 검색어를 끝까지 입력하지 않아도 검색하고자 하는 단어를 제시해 주어 편리하다. 그러나 철자 오류 상태의 검색어가 입력되면 오류 상태 그대로 탐색하기 때문에 사용자가 원하지 않은 단어를 추천하거나 추천 결과를 제시하지 못하는데, 인터넷 검색 엔진은 철자 오류의 검색어를 교정하여, 교정된 단어를 기준으로 검색어를 추천한다.

[표 18-1]은 '한국경제'와 'government'를 검색하고자 단어를 입력하는데 '한국' 대신 '란국'으로, 'govern' 대신 'gpvern'으로 잘못 입력한 상황이다. 만일 문자열 일치 탐색만 적용하여 단어를 추천하면 검색어와 일치하는 단어가 없기 때문에 단어를 추천할 수 없다. 그러나 인터넷 검색 엔진은 철자 오류를 교정한 후에 각각 '한국-'과 'govern-'으로 시작하는 단어를 추천하는

[표 18-1] 인터넷 검색 엔진의 철자 교정 자동 추천

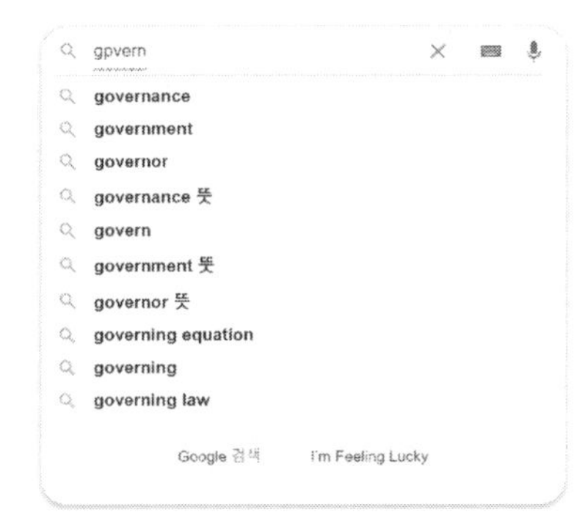

데, 이때 n-gram 철자 교정 알고리즘을 사용한다. 앞에서 n-gram 철자 교정 알고리즘을 설명하였으므로 이 장에서는 n-gram 기반의 자동 추천 알고리즘을 중심으로 설명한다.

1. n-gram 기반 철자 교정 자동 추천의 원리

n-gram을 기반으로 철자를 교정하기 위해서는 먼저 검색어 사전의 모든 어휘를 부분 문자열 단위, 곧 n-gram으로 변환하여 사전을 만들어야 한다. 검색어 사전을 n-gram 사전으로 변환하는 과정은 15장을 참고한다.

검색어의 n-gram 변환 및 연관 검색어 탐색

[예제 18-1]은 'government'를 입력하는데 'm'을 'n'으로 잘못 입력하여 'governnen'까지 입력한 상황에서 철자를 교정하여 검색어를 추천한다. 이를 위해 먼저 검색어 사전을 n(5)-gram 사전으로 변환하고 검색어를 n-gram으로 변환하여 부분 문자열을 생성한 뒤 각 부분 문자열로 n-gram 사전을 탐색하여 연관된 검색어를 출력한다.

[예제 18-1]

```
Vocabulary = load_dictfreq_us_president() # 미국 대통령 취임 연설(InaugurationSpeech)
print('Dict Num:', len(Vocabulary))

# make n-gram dict: 어휘 사선을 n-gram로 변환
ngram_k = 5
NGramVocabulary = MakeNGramVocabulary__DictFreq(Vocabulary, NGram=ngram_k)
print('NGram Dict Num:', len(NGramVocabulary))

# 검색어 n-gram 변환
FindWord = 'governnen'
FindNGram = MakeStringNGram(FindWord, NGram=ngram_k, MoreThan=True)
print(f'[{FindWord}] {ngram_k}-Gram ({len(FindNGram)}): {FindNGram}')

# 검색어 n-gram으로 n-gram 사전 탐색
for NGram_i, dic_f in enumerate(FindNGram):
    NGramDicVocabulary = NGramVocabulary.get(dic_f)
```

```
    if(NGramDicVocabulary):
        print(f'{NGram_i + 1}, {dic_f} ({len(NGramDicVocabulary)}) :')
        PrintNGramVocabulary_New(NGramDicVocabulary, LeadingString='\t')
        print()
>>>
Dict Num: 9110
NGram Dict Num: 63715
[governnen] 5-Gram (15): ['gover', 'govern', 'governn', 'governne', 'governnen', 'overn', 'overnn', 'overnne', 'overnnen', 'vernn', 'vernne', 'vernnen', 'ernne', 'ernnen', 'rnnen']
1, gover (8) :
        1, govern: 19
        2, governed: 10
        3, governing: 6
        4, government: 607
        5, governmental: 8
        6, governments: 52
        7, governs: 1
        8, supergovernment: 1

2, govern (8) :
        1, govern: 19
        2, governed: 10
        3, governing: 6
        4, government: 607
        5, governmental: 8
        6, governments: 52
        7, governs: 1
        8, supergovernment: 1

6, overn (8) :
        1, govern: 19
        2, governed: 10
        3, governing: 6
        4, government: 607
        5, governmental: 8
        6, governments: 52
        7, governs: 1
        8, supergovernment: 1
```

[예제 18-1]에서는 검색어 사전을 n-gram 사전으로 변환하기 위해 MakeNGramVocabulary_DictFreq() 함수를 사용한다. 검색어 'governnen'을 n(5)-gram으로 변환하면 15개의 부분 문자열이 생성되는데, 이것으로 n-gram 사전을 탐색하면 세 단어('gover, govern, overn')만 연관 검색어를 가지며 3단어의 연관 검색어 목록은 모두 같다.

[표 18-2] 'governnen'의 n(5)-gram과 연관 검색어

n-gram (길이)	0	1	2	3	4	5	6	7	8	(단어수){단어 목록}
	g	o	v	e	r	n	n	e	n	
gover(5)	g	o	v	e	r					(8){govern:19, governed:10, governing:6...}
govern(6)	g	o	v	e	r	n				(8){govern:19, governed:10, governing:6...}
governn(7)	g	o	v	e	r	n	n			(0){}
governne(8)	g	o	v	e	r	n	n	e		(0){}
governnen(9)	g	o	v	e	r	n	n	e	n	(0){}
overn(5)		o	v	e	r	n				(8){govern:19, governed:10, governing:6...}
overnn(6)		o	v	e	r	n	n			(0){}
overnne(7)		o	v	e	r	n	n	e		(0){}
overnnen(8)		o	v	e	r	n	n	e	n	(0){}
vernn(5)			v	e	r	n	n			(0){}
vernne(6)			v	e	r	n	n	e		(0){}
vernnen(7)			v	e	r	n	n	e	n	(0){}
ernne(5)				e	r	n	n	e		(0){}
ernnen(6)				e	r	n	n	e	n	(0){}
rnnen(5)					r	n	n	e	n	(0){}

이번에는 연관 검색어를 대상으로 가중치가 높은 순서로 단어를 추천하는데, 이 책에서는 단어 빈도를 가중치로 적용하여 정렬한다. [예제 18-2]에서는 n(5)-gram으로 변환한 부분 문자열을 대상으로 n-gram 사전에서 탐색할 때 연관 검색어를 사전(dict) 형식으로 모아 가중치(빈도) 기준으로 정렬하여 추천 단어 목록을 출력한다.

[예제 18-2]

```
...
print('# make n-gram suggest')
NGramSuggestionDictFreq = {}
for dic_f in FindNGram:
    NGramDicVocabulary = NGramVocabulary.get(dic_f)
    if(NGramDicVocabulary is None):
        continue
```

```
    for NGramDic in NGramDicVocabulary:# format: {'key':'giver','word':'giver','weight': 1}
        Keyword = NGramDic['key']
        if(NGramSuggestionDictFreq.get(Keyword) is None):
            NGramSuggestionDictFreq[Keyword] = NGramDic['weight']
PrintVocabulary(NGramSuggestionDictFreq)

print('# {n-gram suggest} sort by high')
Vocabulary_High = sorted(NGramSuggestionDictFreq.items(),
                         key=lambda item: -item[1]) # by high
print(*Vocabulary_High, sep='\n')
>>>
...
# make n-gram suggest
0, govern: 19
1, governed: 10
2, governing: 6
3, government: 607
4, governmental: 8
5, governments: 52
6, governs: 1
7, supergovernment: 1

# {n-gram suggest} sort by high
('government', 607)
('governments', 52)
('govern', 19)
('governed', 10)
('governmental', 8)
('governing', 6)
('governs', 1)
('supergovernment', 1)
```

[예제 18-2]의 출력 결과를 보면 'governnen'과 연관된 검색어는 총 8단어이며 자동 추천을 위해서 빈도가 높은 순서로 정렬하면 'government'를 가장 먼저 추천한다. 예제의 출력 결과를 인터넷 검색 엔진과 비교하면 'government'를 먼저 추천한다는 점에서는 동일하지만, 검색어 사전의 어휘 구성과 가중치 적용이 달라 나머지 추천 목록은 차이가 있다.

[표 18-3] 'governnen'의 **철자 교정 자동 추천**

순위	단어(빈도)
1	government (607)
2	governments (52)
3	govern (19)
4	governed (10)
5	governmental (8)
6	governing (6)
7	governs (1)
8	supergovernment (1)

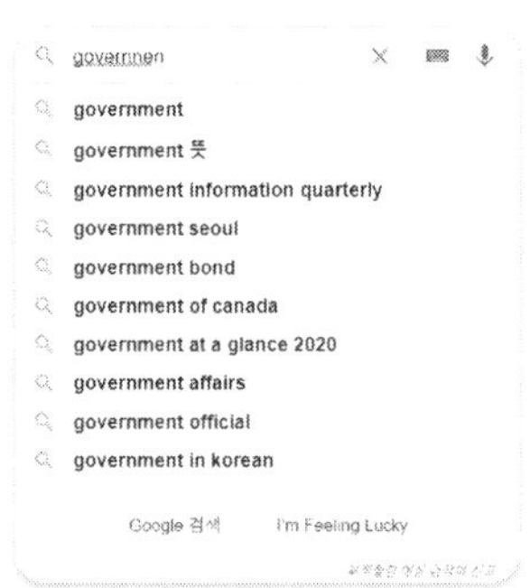

앞서 살펴본 [예제 18-1]에서 'governnen'을 n(5)-gram으로 변환하면 총 15개의 부분 문자열이 생기지만 n-gram 사전의 어휘 목록에서 연관 검색어를 포함한 단어는 3개이다. 이들 3단어의 연관 검색어 목록은 모두 같아서 사실상 n-gram 사전에서 한 개의 부분 문자열과 연관된 검색어를 추천한 것과 같고 예제의 추천 목록도 의미적으로 관련된 단어여서 어색하지 않다. 그러나 검색어 자동 추천은 사전 어휘 분포에 따라 추천 목록이 달라지는데, 경우에 따라서는 유사한 단어들을 묶음으로 추천하여 두 종류 이상의 전혀 다른 단어를 추천하는 경우도 있다.

[예제 18-3]은 'givernm'을 n(5)-gram으로 변환하여 부분 문자열을 생성한 뒤 미국 대통령 취임사로 생성한 n-gram 사전을 탐색하여 연관 검색어를 출력한다.

[예제 18-3]

```
...
ngram_k = 5

# 검색어 n-gram 변환
FindWord = 'givernm'
FindNGram = MakeStringNGram(FindWord, NGram=ngram_k, MoreThan=True)
print(f'[{FindWord}] {ngram_k}-Gram ({len(FindNGram)}): {FindNGram}')

# 검색어 n-gram으로 n-gram 사전 탐색
for NGram_i, dic_f in enumerate(FindNGram):
    NGramDicVocabulary = NGramVocabulary.get(dic_f)
    if(NGramDicVocabulary):
        print(f'{NGram_i + 1}, {dic_f} ({len(NGramDicVocabulary)}) :')
```

```
        PrintNGramVocabulary_New(NGramDicVocabulary, LeadingString='\t')
        print()
>>>
...
[givernm] 5-Gram (6): ['giver', 'givern', 'givernm', 'ivern', 'ivernm', 'vernm']
1, giver (3) :
        1, giver: 1
        2, lawgiver: 1
        3, lawgivers: 1

6, vernm (4) :
        1, government: 607
        2, governmental: 8
        3, governments: 52
        4, supergovernment: 1
```

[예제 18-3]에서 검색어 'givernm'을 n(5)-gram으로 변환하면 여섯 개의 부분 문자열 {giver, givern, givernm, ivern, ivernm, vernm}이 생성된다. 이것으로 n-gram 사전을 탐색하면 'giver'와 'vernm'만 연관 검색어가 있다.

[표 18-4] 'givernm'의 n-gram과 연관 검색어

n-gram (길이)	0	1	2	3	4	5	6	(단어수){단어 목록}
	g	i	v	e	r	n	m	
giver(5)	g	i	v	e	r			(3){giver:1, lawgiver:1, lawgivers:1}
givern(6)	g	i	v	e	r	n		(0){ }
givernm(7)	g	i	v	e	r	n	m	(0){ }
ivern(5)		i	v	e	r	n		(0){ }
ivernm(6)		i	v	e	r	n	m	(0){ }
vernm(5)			v	e	r	n	m	(4){government:607, governments:52...}

```
[예제 18-4]
...
print('# {n-gram suggest} sort by high')
Vocabulary_High = sorted(NGramSuggestionDictFreq.items(),
                         key=lambda item: -item[1]) # by high
print(*Vocabulary_High, sep='\n')
>>>
```

```
...
# make n-gram suggest
0, giver: 1
1, government: 607
2, governmental: 8
3, governments: 52
4, lawgiver: 1
5, lawgivers: 1
6, supergovernment: 1

# {n-gram suggest} sort by high
('government', 607)
('governments', 52)
('governmental', 8)
('giver', 1)
('lawgiver', 1)
('lawgivers', 1)
('supergovernment', 1)
```

[예제 18-4]의 출력 결과를 보면 'givernm'과 연관된 검색어는 총 7단어이다. 이들을 대상으로 빈도가 높은 순서로 정렬하면 'government'와 관련된 단어를 먼저 추천하지만 'giver'와 관련된 단어도 포함되어 있다. 예제에서는 검색어 사전에 'government'와 관련된 어휘가 많지 않아서 'giver'와 관련된 단어까지 추천 목록에 포함되는데, 이 때문에 인터넷 검색 엔진의 추천 목록과 차이를 보인다. 한편 인터넷 검색 엔진도 검색어에 따라 두 가지 계열의 단어를 추천하는 경우가 있다. 예를 들어 'vovern'을 입력하면 [표 18-5]와 같이 'vovern'과 'govern' 계열의 단어를 함께 추천한다.

[표 18-5] 두 종류 이상의 철자 교정 후보 제시

순위	단어(빈도)
1	government(607)
2	governments(52)
3	governmental(8)
4	giver(1)
5	lawgiver(1)
6	lawgivers(1)
7	supergovernment(1)

편집 거리에 의한 추천 순위 결정

n-gram 사전을 이용하여 추천 단어를 생성할 때에도 가중치를 적용하여 순위를 결정한다. 이때 가중치는 시스템마다 차이가 있어서 인터넷 검색 엔진은 검색 빈도를, 앞선 예제에서는 단어 출현 빈도를 적용하였는데, 편집 거리를 가중치로 적용할 수도 있다. [예제 18-5]에서는 검색어로 'fovern'을 입력한 후에 n-gram의 추천 목록을 생성할 때 각각 빈도와 편집 거리를 가중치로 적용하여 그 결과를 출력한다.

```
[예제 18-5]
...
#
FindWord = 'fovern'
FindNGram = MakeStringNGram(FindWord, NGram=ngram_k, MoreThan=True)

# make n-gram suggest
NGramSuggestion_ByFreq = {} # 빈도용
NGramSuggestion_ByEditDis = {} # 편집 거리용
for dic_f in FindNGram:
    NGramDicVocabulary = NGramVocabulary.get(dic_f)
    if(NGramDicVocabulary == None):
        continue
    for NGramDic in NGramDicVocabulary:#format:{'key': 'giver', 'word': 'giver', 'weight': 1}
        Keyword = NGramDic['key']
        if(not NGramSuggestion_ByFreq.get(Keyword)):
            NGramSuggestion_ByFreq[Keyword] = NGramDic['weight']
            # 편집 거리 계산
            EditDistance = GetEditDistance(FindWord, Keyword)
            NGramSuggestion_ByEditDis[Keyword] = EditDistance
print('# 생성 순서대로 출력')
print("('단어', 빈도)")
print(*NGramSuggestion_ByFreq.items(), sep='\n'), print()

#------------------------------
print('[가중치:빈도] {n-gram suggest} sort by high')
Vocabulary_High = sorted(NGramSuggestion_ByFreq.items(), key=lambda item: -item[1])
# by high
print("('단어', 빈도)")
print(*Vocabulary_High, sep='\n'), print() # (빈도) 큰 값부터 출력
```

```
#-----------------------------
print('[가중치:편집 거리] {n-gram suggest} sort by low')
Vocabulary_Low = sorted(NGramSuggestion_ByEditDis.items(), key=lambda item: item[1])
# by low
print("('단어', 편집거리)")
print(*Vocabulary_Low, sep='\n'), print() # (편집 거리) 작은 값부터 출력
>>>
...
# 생성 순서대로 출력
('단어', 빈도)
('govern', 19)
('governed', 10)
('governing', 6)
('government', 607)
('governmental', 8)
('governments', 52)
('governs', 1)
('supergovernment', 1)

[가중치:빈도] {n-gram suggest} sort by high
('단어', 빈도)
('government', 607)
('governments', 52)
('govern', 19)
('governed', 10)
('governmental', 8)
('governing', 6)
('governs', 1)
('supergovernment', 1)

[가중치:편집 거리] {n-gram suggest} sort by low
('단어', 편집거리)
('govern', 1)
('governs', 2)
('governed', 3)
('governing', 4)
('government', 5)
('governments', 6)
('governmental', 7)
('supergovernment', 10)
```

[예제 18-5]에서 출력 결과를 보면 편집 거리를 기준으로 가장 먼저 추천한 단어는 'govern'이다. 빈도 가중치를 적용하면 'government'의 순위가 가장 높지만 편집 거리를 기준으로 하면 5번째로 출력된다. [표 18-6]을 보면 가중치의 유형에 따라 추천 결과가 달라지므로 검색 시스템의 환경이나 목적을 고려하여 가중치 기준을 결정해야 한다.

[표 18-6] 가중치에 의한 'fovern' 추천 단어 비교

순위	빈도	편집 거리
1	government(607)	govern(1)
2	governments(52)	governs(2)
3	govern(19)	governed(3)
4	governed(10)	governing(4)
5	governmental(10)	government(5)
6	governing(6)	governments(6)
7	governs(1)	governmental(7)
8	supergovernment(1)	supergovernment(10)

한편 예제에서는 편집 거리를 제한하지 않았지만 편집 거리를 기반으로 검색어를 추천할 때에는 어색한 단어는 추천 목록에서 제외되도록 편집 거리를 3 이하로 제한하는 것이 필요하다.

2. n-gram 기반 한글 철자 교정 자동 추천

n-gram 기반의 한글 철자 교정 자동 추천은 철자 오류를 교정한다는 점에서는 철자 교정 알고리즘과 유사하지만, 앞으로 입력될 가능성이 있는 여러 단어를 추천한다는 점에서는 차이가 있다. 예를 들어, '한국경제'를 입력하는 과정에서 'ㅎ'을 'ㄹ'로 잘못 입력하여 '란국'으로 입력하여도 인터넷 검색 엔진은 철자 오류를 교정하여 '한국'으로 시작하는 여러 단어를 추천한다. 또한 '란국경ㅈ'까지 입력하면 '한국경제'로 시작하는 단어를 추천하기 때문에 다시 입력하지 않고 추천 목록의 단어를 선택하면 된다.

알고리즘 관점에서 검색 엔진처럼 '란국경ㅈ'을 입력해도 철자 오류를 교정한 후에 '한국경제'로 시작하는 단어를 추천하려면, 초성 'ㄹ'을 제외한 'ㅏㄴ국경ㅈ'을 검색어 사전에서 찾은 후에

[표 18-7] 인터넷 검색 엔진의 철자 교정 자동 추천

가중치 순서대로 추천하면 된다. 그러나 검색 엔진은 검색어 '란국경ㅈ'에서 어떤 글자에 오류가 있는지 알 수 없기 때문에 문자열 어딘가의 철자 오류 가능성을 고려하여 검색어를 n-gram으로 변환한 후 검색어 사전에서 탐색한다. 이를 위해 검색어 사전의 모든 어휘는 두벌식 자모로 분해하여 n-gram 사전으로 변환해야 한다.

검색어의 n-gram 변환 및 연관 검색어 탐색

n-gram으로 한글 추천 목록을 생성하기 위해서는 먼저 검색어를 두벌식 자모로 변환해야 한다. '란국경ㅈ'을 두벌식 자모로 변환하면 10글자의 'ㄹㅏㄴㄱㅜㄱㄱㅕㅇㅈ' 문자열이 된다. 이렇게 변환한 문자열로 n-gram 사전을 탐색하기 위해 최소 길이 '5' 이상의 n-gram으로 변환하면 [표 18-8]과 같이 총 21개의 단어로 늘어난다. n-gram으로 변환한 21개 단어를 n-gram 사전에서 탐색하면 일부 단어는 연관된 검색어가 없기 때문에 실제로 연관된 검색어를 포함한 것은 17단어뿐이다. '란국경ㅈ'의 n(5)-gram에 연관된 검색어는 총 1,880개이지만 중복된 검색어를 제외하면 1,347개로, 이것을 대상으로 가중치를 적용한 뒤 정렬하여 추천 목록을 생성한다.

자동 추천은 입력 검색어를 기준으로 앞으로 입력될 가능성이 있는 단어를 추천하는 것이므로 n(5)-gram에 연관된 검색어 1,347개 전부를 확인할 필요는 없다. 특히 입력 검색어 'ㄹㅏㄴㄱㅜㄱㄱㅕㅇㅈ'(란국경ㅈ)보다 (자모) 문자열 길이가 짧은 단어는 애당초 관련성이 낮아지므로 추천 가능성도 낮아진다. 따라서 'ㄹㅏㄴㄱㅜㄱㄱㅕㅇㅈ'(란국경ㅈ)을 n(5)-gram으로 변환한 21개 단어를 대상으로 길이가 긴 n-gram 단어부터 차례대로 연관 검색어 10단어를 찾을 때까지만

[표 18-8] '란국경ㅈ'의 n(5)-gram과 연관 검색어

순서	두벌식 자모 기반 n-gram 어휘										음절	연관 검색어 수
	ㄹ	ㅏ	ㄴ	ㄱ	ㅜ	ㄱ	ㄱ	ㅕ	ㅇ	ㅈ		
1	ㄹ	ㅏ	ㄴ	ㄱ	ㅜ						란구	7
2	ㄹ	ㅏ	ㄴ	ㄱ	ㅜ	ㄱ					란국	3
3	ㄹ	ㅏ	ㄴ	ㄱ	ㅜ	ㄱ	ㄱ				란국ㄱ	0
4	ㄹ	ㅏ	ㄴ	ㄱ	ㅜ	ㄱ	ㄱ	ㅕ			란국겨	0
5	ㄹ	ㅏ	ㄴ	ㄱ	ㅜ	ㄱ	ㄱ	ㅕ	ㅇ		란국경	0
6	ㄹ	ㅏ	ㄴ	ㄱ	ㅜ	ㄱ	ㄱ	ㅕ	ㅇ	ㅈ	란국경ㅈ	0
7		ㅏ	ㄴ	ㄱ	ㅜ	ㄱ					ᅡᆫ국	1127
8		ㅏ	ㄴ	ㄱ	ㅜ	ㄱ	ㄱ				ᅡᆫ국ㄱ	139
9		ㅏ	ㄴ	ㄱ	ㅜ	ㄱ	ㄱ	ㅕ			ᅡᆫ국겨	9
10		ㅏ	ㄴ	ㄱ	ㅜ	ㄱ	ㄱ	ㅕ	ㅇ		ᅡᆫ국경	9
11		ㅏ	ㄴ	ㄱ	ㅜ	ㄱ	ㄱ	ㅕ	ㅇ	ㅈ	ᅡᆫ국경ㅈ	6
12			ㄴ	ㄱ	ㅜ	ㄱ	ㄱ				ㄴ국ㄱ	210
13			ㄴ	ㄱ	ㅜ	ㄱ	ㄱ	ㅕ			ㄴ국겨	13
14			ㄴ	ㄱ	ㅜ	ㄱ	ㄱ	ㅕ	ㅇ		ㄴ국경	13
15			ㄴ	ㄱ	ㅜ	ㄱ	ㄱ	ㅕ	ㅇ	ㅈ	ㄴ국경ㅈ	9
16				ㄱ	ㅜ	ㄱ	ㄱ	ㅕ			국겨	56
17				ㄱ	ㅜ	ㄱ	ㄱ	ㅕ	ㅇ		국경	54
18				ㄱ	ㅜ	ㄱ	ㄱ	ㅕ	ㅇ	ㅈ	국경ㅈ	17
19					ㅜ	ㄱ	ㄱ	ㅕ	ㅇ		ᅮᆨ경	109
20					ㅜ	ㄱ	ㄱ	ㅕ	ㅇ	ㅈ	ᅮᆨ경ㅈ	26
21						ㄱ	ㄱ	ㅕ	ㅇ	ㅈ	ㄱ경ㅈ	73

검사한다. [표 18-9]는 21단어 중에서 문자열 길이가 긴 것부터 정렬한 것이다.

[표 18-9]를 중심으로 '란국경ㅈ'에 대한 n-gram 추천 목록을 생성하는 과정은 다음과 같다. 최소 길이 '5'의 n-gram으로 변환하면 총 21단어이며 길이가 긴 n-gram 단어부터 차례대로 n-gram 사전을 탐색하여 10단어의 연관 검색어를 찾으면 탐색을 중단한다. 길이가 가장 긴 'ㅏㄴㄱㅜㄱㄱㅕㅇㅈ(ᅡᆫ국경ㅈ)'은 연관 검색어가 6단어이므로 4단어를 더 채우기 위해 두 번째로 긴 'ㅏㄴㄱㅜㄱㄱㅕㅇ(ᅡᆫ국경)'과 'ㄴㄱㅜㄱㄱㅕㅇㅈ(ㄴ국경ㅈ)'을 추가로 탐색한다. 두 번째로 긴 자모 문자열은 각각 9단어가 있지만 이미 'ㅏㄴㄱㅜㄱㄱㅕㅇㅈ(ᅡᆫ국경ㅈ)'의 연관 검색어와 6단어가 겹치기 때문에 새롭게 추가된 것은 각각 3단어이다. 이것을 모두 합치면 총 12단어의 추천 목록이 생성되는데, 추천 단어가 10단어를 초과하면 n-gram 사전 탐색을 중단하고 추천

[표 18-9] '란국경ㅈ' n-gram 어휘의 연관 검색어

순서	n-gram 단어(자모 길이)	편집 거리	단어 수	검색어(빈도)
1	ㅏㄴㄱㅜㄱㄱㅕㅇㅈ(9)	1	6	한국경제(614), 한국경제연구원(288), 한국경제보고서(5), 한국경제연구원장(4), 한국경제연구소(3), 한국경제신문(1)
2	ㅏㄴㄱㅜㄱㄱㅕㅇ(8)	2	9	한국경제(614), 한국경제연구원(288), 한국경영자총협회(90), 한국경찰(48), 한국경기(28), 한국경제보고서(5), 한국경제연구원장(4), 한국경제연구소(3), 한국경제신문(1)
	ㄴㄱㅜㄱㄱㅕㅇㅈ(8)	2	9	한국경제(614), 한국경제연구원(288), 전국경제인연합회(132), 전국경제인연합(5), 한국경제보고서(5), 한국경제연구원장(4), 한국경제연구소(3), 전국경제인엽합회(1), 한국경제신문(1)
4	ㅏㄴㄱㅜㄱㄱㅕ(7)	3	9	...
	ㄴㄱㅜㄱㄱㅕㅇ(7)	3	13	...
	ㄱㅜㄱㄱㅕㅇㅈ(7)	3	17	...
:	:	:	:	:

목록을 가중치(빈도) 순서로 정렬한다. 12개의 추천 단어 중에서 가중치(빈도)가 가장 낮은 '한국경제신문(1)'과 '전국경제인엽합회(1)'는 목록에서 제외되고 최종적으로 [표 18-10]과 같이 10단어를 추천한다.

[표 18-10] '란국경ㅈ'의 철자 교정 자동 추천 목록

순서	추천 단어	빈도(가중치)
1	한국경제	614
2	한국경제연구원	288
3	전국경제인연합회	132
4	한국경영자총협회	90
5	한국경찰	48
6	한국경기	28
7	한국경제보고서	5
8	전국경제인연합	5
9	한국경제연구원장	4
10	한국경제연구소	3
11	전국경제인엽합회	1
12	한국경제신문	1

n-gram 기반 철자 교정 자동 추천 구현

철자 오류 상태의 한글 검색어를 교정하여 자동으로 추천하는 것은 영문자를 대상으로 한 알고리즘과 동일하지만 검색어를 두벌식 자모로 변환한다는 점에서 차이가 있다.

[예제 18-6]

```
Vocabulary = load_dictfreq_kbs_01_16() # [KBS 9시 뉴스: 16년치(2001~2016)]
print('Dict Num:', len(Vocabulary))

# make n-gram: 검색어 사전을 두벌식 자모에 의한 n-gram으로 변환
# __Hng_2_Jamo__: 한글 검색어 사전을 두벌식 n-gram 사전으로 변환
ngram_k = 5
NGramVocabulary = MakeNGramVocabulary__DictFreq(Vocabulary,
                                    NGram=ngram_k, HngFmt=__Hng_2_Jamo__)
print('NGram Dict Num:', len(NGramVocabulary))

# 검색어 두벌식 자모 변환
FindWord = '란국경ㅈ' # '한국경ㅈ'의 철자 오류 입력
FindWord_KBDjamo = HGTransString2KBDJamo(FindWord) # 한글->두벌식 자모

# n-gram에서 검색어 추천
SuggestNum = 10 # N그램에서 10개만 추천
SugList_NGram = GetSuggestion_NGram(FindWord_KBDjamo, NGramVocabulary,
          NGram=ngram_k, SuggestNum=SuggestNum, HngFmt=__Hng_2_Jamo__)

# 추천 목록 출력
print(f'<{FindWord}(<==={FindWord_KBDjamo})>',
    f'NGram Suggest {len(SugList_NGram)}:')
if(len(SugList_NGram) > 0):
    print(*SugList_NGram, sep='\n')
>>>
Dict Num: 413165
NGram Dict Num: 4353077
<란국경ㅈ(<===ㄹㅏㄴㄱㅜㄱㄱㅕㅇㅈ)> NGram Suggest 10:
{'word': 'ㅏㄴㄱㅜㄱㄱㅕㅇㅈ', 'realword': '한국경제', 'weight': 614}
{'word': 'ㅏㄴㄱㅜㄱㄱㅕㅇㅈ', 'realword': '한국경제연구원', 'weight': 288}
{'word': 'ㄴㄱㅜㄱㄱㅕㅇㅈ', 'realword': '전국경제인연합회', 'weight': 132}
{'word': 'ㅏㄴㄱㅜㄱㄱㅕㅇ', 'realword': '한국경영자총협회', 'weight': 90}
```

```
{'word': 'ㅏㄴㄱㅜㄱㄱㅕㅇ', 'realword': '한국경찰', 'weight': 48}
{'word': 'ㅏㄴㄱㅜㄱㄱㅕㅇ', 'realword': '한국경기', 'weight': 28}
{'word': 'ㅏㄴㄱㅜㄱㄱㅕㅇㅈ', 'realword': '한국경제보고서', 'weight': 5}
{'word': 'ㄴㄱㅜㄱㄱㅕㅇㅈ', 'realword': '전국경제인연합', 'weight': 5}
{'word': 'ㅏㄴㄱㅜㄱㄱㅕㅇㅈ', 'realword': '한국경제연구원장', 'weight': 4}
{'word': 'ㅏㄴㄱㅜㄱㄱㅕㅇㅈ', 'realword': '한국경제연구소', 'weight': 3}
```

[예제 18-6]에서는 n-gram 사전에서 '란국경ㅈ'을 입력하는 순간 철자 오류를 교정하여 단어를 추천하는 상황을 가정한 것이다. n-gram을 생성할 때 최소 길이를 'n=5' 이상으로 지정하며 뉴스 검색어 사전의 모든 어휘를 두벌식 자모로 변환한 후에 n-gram으로 변환한다. MakeNGramVocabulary__DictFreq() 함수를 이용하여 검색어 사전을 n-gram 사전으로 변환하는데 이 함수의 매개변수 'HngFmt'를 '__Hng_2_Jamo__'로 지정하면 모든 한글 단어를 두벌식 자모로 변환해 준다. n-gram으로 철자 오류를 교정하여 추천하기 위해 GetSuggestion_NGram() 함수를 사용하는데, 이 함수는 철자 오류 단어를 교정한 후에 10단어를 추천한다. 이 함수에 검색어(FindWord)를 그대로 전달하지 않고 HGTransString2KBDJamo() 함수를 이용하여 두벌식 자모로 변환한 문자열(FindWord_KBDjamo)을 전달한다.

한편 예제의 추천 목록을 인터넷 검색 엔진과 비교하면 각각 가중치 기준은 다르지만 '한국경제'와 '한국경제연구원'이 공통적으로 제시되고 특히 '한국경제'가 1순위로 제시된 것을 확인할 수 있다.

[표 18-11] '란국경ㅈ'의 철자 교정 자동 추천

순위	단어(빈도)
1	한국경제(614)
2	한국경제연구원(288)
3	전국경제인연합회(132)
4	한국경영자총협회(90)
5	한국경찰(48)
6	한국경기(28)
7	한국경제보고서(5)
8	전국경제인연합(5)
9	한국경제연구원장(4)
10	한국경제연구소(3)

[예제 18-7]은 n-gram으로 철자 오류를 교정하여 추천하기 위해 호출한 GetSuggestion_NGram( ) 함수의 소스 코드로, 앞에서 설명한 알고리즘을 통합한 것이다. 이후 알고리즘을 설명할 때 중복되는 코드는 생략하기 위해 이 함수를 사용한다. 한편 GetSuggestion_NGram() 함수는 매개변수를 조정하면 음절 상태 그대로 전달해도 내부적으로 두벌식 자모로 변환할 수 있다. 다만 이번 절에서는 한글 처리의 과정을 절차적으로 설명하기 위해 두벌식 자모 문자열을 매개변수로 전달하는 방식을 사용한다.

[예제 18-7]

```
def FindSuggestion_NGramList(NGramList, FindWord,
    NGramVocabulary, NGramSuggestionList, SuggestNum=10, HngFmt=__Hng_AsItIs__):
    # find n-gram suggest
    NGramListLen = len(NGramList)
    for inx, NGramWord in enumerate(NGramList):
        NGramDicVocabulary = NGramVocabulary.get(NGramWord)
        if(NGramDicVocabulary == None): # n-gram에 속하는 단어가 없는 경우
            # 다음 {NGramWord}으로 가기 전에 추천 개수를 채웠으면 중단해야 한다.
            if(SuggestNum > 0):
                if(len(NGramSuggestionList) >= SuggestNum): # 버퍼 꽉 채움 - 중단
                    break
            #
            continue

        for NGramDic_Value in NGramDicVocabulary:
            #=format: {'key': 'roqkfwpgksrndur', 'word': '개발제한구역', 'weight': 7}
            # 중복 검사
            isAlready = next((si for si in NGramSuggestionList
                            if si['realword'] == NGramDic_Value['word']), None)
            if(not isAlready): # 중복 확인
                #=format: HGTrie.SuggestResult.append(
                #{'word':FindWord,'realword':CurNode.RealWord,'weight':CurNode.Weight}
                #)
                NGramSuggestion_Item = {'word':NGramWord,
                    'realword':NGramDic_Value['word'],'weight':NGramDic_Value['weight']}
                NGramSuggestionList.append(NGramSuggestion_Item)
                if(SuggestNum > 0): # 추천목록 개수 제한이 있으면 정렬해준다.
                    SugList_Sort = sorted(NGramSuggestionList,
                                    key=lambda item: -item['weight']) # by high
```

```
            #-----
            # 외부에서 넘어온 것이라서 직접 전달하면 함수 밖에서 사라진다.
            # NGramSuggestionList = SugList_Sort
            #-----
            NGramSuggestionList.clear() # 외부에서 넘어온 것은 clear() 한 후 확장
            NGramSuggestionList.extend(SugList_Sort)
    #
    if(SuggestNum > 0):
        if(len(NGramSuggestionList) >= SuggestNum): # 버퍼 꽉 채움 - 중단
            # 방금 추가한 것의 가중치가 [목록 맨 마지막 항목]의 가중치보다 크면
            # 중단하지 않고 다음 항목을 계속 추가해야 한다.
            # 여러 N그램 단어를 순차적으로 처리하기 때문에
            # 길이가 긴 것부터 목록이 채워진다.
            # 현재 이후의 N그램 단어의 길이가 현재와 같으면 계속 찾아야 한다.
            # 나중의 N그램 단어에 속한 것들의 가중치가 높은 경우도 있으므로
            # 무조건 추천개수(SuggestNum)를 채웠다고 종료하면 안 된다.
            NGramSuggestionList_Tail = NGramSuggestionList[-1]
            Tail_weight = int(NGramSuggestionList_Tail['weight'])
            if(int(NGramDic_Value['weight']) < Tail_weight):
                break
            else:
                if(len(NGramSuggestionList) > SuggestNum):
                    #-----
                    # 버퍼를 초과함 - 맨 마지막 것을 지운다.
                    #-----
                    # 초과된 맨 마지막 것을 무조건 지우면 안 된다.
                    # 맨 마지막 직전 것과 가중치(빈도)가 같으면 남겨주고
                    # 이 함수 끝날 때 따로 조절해야 한다.
                    if(SuggestNum >= 2):
                        NGramSuggestionList_Tail2 = NGramSuggestionList[-2]
                        Tail_weight2 = int(NGramSuggestionList_Tail2['weight'])
                        if(Tail_weight == Tail_weight2):
                            # 맨 마지막의 직전 것과 가중치가 같으면 지우지 않는다.
                            pass
                        else:
                            del NGramSuggestionList[-1]
#
if(SuggestNum > 0):
    if(len(NGramSuggestionList) >= SuggestNum): # 버퍼 꽉 채움
        # 곧 바로 끝내지 말고, 유사도(편집길이)가 같은 다음 단어까지 확인해야 한다.
```

```
                if((inx + 1) < NGramListLen):
                    FindWord_Next = NGramList[inx + 1]
                    if(len(FindWord_Next) == len(NGramWord)):
                        # 현재 {FindWord}와 다음 {FindWord} 길이가 같은 경우
                        pass # 다음 검사로 넘어가도록 한다.
                    else:
                        # 현재 {FindWord}와 다음 {FindWord} 길이가 다르면
                        # 더 이상 찾을 필요가 없다.
                        break
                else: # 맨 끝 단어인 경우
                    break # 루프가 끝나기 때문에 {pass}를 해도 되지만 확실하게 break함.

    # 가중치 추가 조절 - 가중치가 같은 것은 편집거리로 가까운 것에 우선순위를 둔다.
    WeightSuggestList_SameWeight(FindWord,
        NGramSuggestionList, SuggestNum, HngFmt=HngFmt)

    #
    if(SuggestNum > 0):
        if(len(NGramSuggestionList) > SuggestNum):
            # SuggestNum보다 조금 더 만들 때가 있다.
            #-----
            # 외부에서 넘어온 것이라서 직접 전달하면 함수 밖에서 사라진다.
            #= NGramSuggestionList = NGramSuggestionList[:SuggestNum]
            #-----
            while(True):
                if(len(NGramSuggestionList) > SuggestNum):
                    del NGramSuggestionList[-1]
                else:
                    break

def GetSuggestion_NGram(FindWord, NGramVocabulary, NGram=2, SuggestNum=10,
    HngFmt=__Hng_AsItIs__):
    # 검색어 NGram 변환
    NGramList = MakeStringNGram(FindWord, NGram=NGram, MoreThan=True)

    # 길이순 정렬(길이가 긴 것을 가중치 높게 주기 위해서 앞에서 먼저 검사하도록 함)
    NGramList = sorted(NGramList, key=lambda item: -len(item)) # by high

    # find n-gram suggest
    NGramSuggestionList = []
```

```
FindSuggestion_NGramList(NGramList, FindWord, NGramVocabulary,
    NGramSuggestionList, SuggestNum=SuggestNum, HngFmt=HngFmt)

# [n-gram suggest] sort by high
SugList_Sort=sorted(NGramSuggestionList,key=lambda item:-item['weight'])# by high
return SugList_Sort
```

3. n-gram 기반 한/영 변환 철자 교정 자동 추천

인터넷 검색 엔진은 한/영 변환 오류와 철자 오류가 함께 있는 경우에도 올바른 추천 목록을 제시한다. 예를 들어, 한글 입력 상태에서 'government'을 입력하는데 중간에 'r'을 생략한 채 '햬두_듯'(govenment)으로 잘못 입력하거나, '한국방송'을 입력하는데 첫 글자 'ㅎ'을 'ㄹ'로 바꾸어 'fksrnrqkdthd'(란국방송)으로 잘못 입력해도 한/영 변환 오류는 물론 철자 오류까지 교정된 추천 목록을 보여준다. 이 절에서는 n-gram 기반의 한/영 변환 및 철자 교정 자동 추천을 설명한다.

영한 변환 철자 교정 자동 추천

인터넷 검색 엔진에서 '한국방송'을 'fksrnrqkdthd'(란국방송)으로 잘못 입력하면 한/영 변환

[표 18-12] 인터넷 검색 엔진의 영한 변환 철자 교정 자동 추천

및 철자 오류를 교정하여 '한국방송'으로 시작하는 단어를 추천한다. 또한 첫 글자 'ㅎ'을 'ㅗ'로 바꾸어 'hksrnrrud'(ㅘㄴ국경)으로 잘못 입력해도 철자 오류를 교정한 후 '한국경'으로 시작하는 단어를 추천한다 [표 18-12].

[표 18-13]은 영한 변환 오류와 철자 오류를 동시에 교정하여 검색어를 추천하는 과정을 정리한 것이다. 검색 엔진은 검색어 문자열만으로 오류 여부를 판단할 수 없어 우선 입력된 검색어 'fksrnrqkdthd'로 검색어 사전과 트라이를 탐색하지만 일치하는 단어가 없으므로 추천 단어도 없다. 한편으로는 영문자 검색어를 두벌식 자모로 변환한 후에 검색어 사전과 트라이를 탐색한다. 'fksrnrqkdthd'를 두벌식 자모로 변환하면 'ㄹㅏㄴㄱㅜㄱㅂㅏㅇㅅㅗㅇ'이 되는데, 트라

[표 18-13] 영한 변환 철자 교정 자동 추천 과정

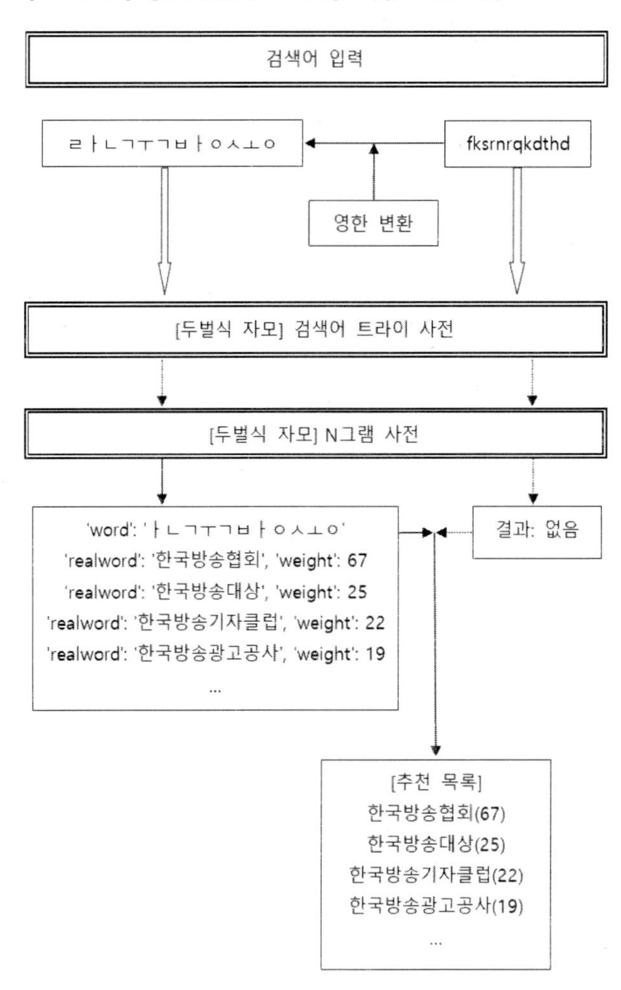

이에는 해당 단어가 없으므로 철자 오류를 교정해야 한다. 이때 'ㄹㅏㄴㄱㅜㄱㅂㅏㅇㅅㅗㅇ'으로 n-gram 사전을 탐색하여 부분적으로 일치하는 문자열이 포함된 단어를 찾아 가중치를 기준으로 정렬하여 추천 목록을 생성한다.

[예제 18-8]

```
Vocabulary = load_dictfreq_kbs_01_16()  # [KBS 9시 뉴스: 16년치(2001~2016)]

# make n-gram: 검색어 사전을 두벌식 자모에 의한 n-gram으로 변환
# __Hng_2_Jamo__: 한글 검색어 사전을 두벌식 n-gram 사전으로 변환
ngram_k = 5
NGramVocabulary = MakeNGramVocabulary__DictFreq(Vocabulary,
                                 NGram=ngram_k, HngFmt=__Hng_2_Jamo__)

# 검색어 변환: 영문자 -> 한글
FindWord = 'fksrnrqkdthd' # (란국방송) <- {한국방송}의 철자 오류 입력
FindWord_KBDJamo = HGGetJaumMoum__EngString(FindWord)#영문자->한글 두벌식 자모

# n-gram에서 검색어 추천
SuggestNum = 10 # N그램에서 10개만 추천
SugList_NGram = GetSuggestion_NGram(FindWord_KBDJamo, NGramVocabulary,
          NGram=ngram_k, SuggestNum=SuggestNum, HngFmt=__Hng_2_Jamo__)

# 추천 목록 출력
FindWord_Hangul = HGGetSyllable__EngString(FindWord) # 영문자->한글
print(f'<{FindWord}(<=={FindWord_KBDJamo}, {FindWord_Hangul})> NGram Suggest
{len(SugList_NGram)}:')
if(len(SugList_NGram) > 0):
    print(*SugList_NGram, sep='\n')
>>>
<fksrnrqkdthd(<==ㄹㅏㄴㄱㅜㄱㅂㅏㅇㅅㅗㅇ, 란국방송)> NGram Suggest 10:
{'word': 'ㅏㄴㄱㅜㄱㅂㅏㅇㅅㅗㅇ', 'realword': '한국방송협회', 'weight': 67}
{'word': 'ㅏㄴㄱㅜㄱㅂㅏㅇㅅㅗㅇ', 'realword': '한국방송대상', 'weight': 25}
{'word': 'ㅏㄴㄱㅜㄱㅂㅏㅇㅅㅗㅇ', 'realword': '한국방송기자클럽', 'weight': 22}
{'word': 'ㅏㄴㄱㅜㄱㅂㅏㅇㅅㅗㅇ', 'realword': '한국방송광고공사', 'weight': 19}
{'word': 'ㅏㄴㄱㅜㄱㅂㅏㅇㅅㅗㅇ', 'realword': '한국방송협회장', 'weight': 13}
{'word': 'ㅏㄴㄱㅜㄱㅂㅏㅇㅅㅗㅇ', 'realword': '한국방송학회', 'weight': 12}
{'word': 'ㅏㄴㄱㅜㄱㅂㅏㅇㅅㅗㅇ', 'realword': '한국방송공사', 'weight': 11}
{'word': 'ㅏㄴㄱㅜㄱㅂㅏㅇㅅㅗㅇ', 'realword': '한국방송영상산업진흥원', 'weight': 8}
{'word': 'ㅏㄴㄱㅜㄱㅂㅏㅇㅅㅗㅇ', 'realword': '한국방송통신대학교', 'weight': 7}
{'word': 'ㅏㄴㄱㅜㄱㅂㅏㅇㅅㅗㅇ', 'realword': '한국방송카메라기자협회', 'weight': 7}
```

[예제 18-8]은 영한 변환과 n-gram 알고리즘을 이용하여 영한 변환 오류와 철자 오류를 교정한 후에 단어를 추천한다. n-gram 생성은 최소 길이를 'n=5' 이상으로 지정하며 검색어 사전의 모든 한글 단어는 두벌식 자모로 변환한 후 n-gram으로 변환한다. 검색어 사전을 n-gram 사전으로 변환하기 위해 MakeNGramVocabulary__DictFreq() 함수를 호출할 때 매개 변수(HngFmt)를 '__Hng_2_Jamo__'로 지정하여 모든 한글 단어를 두벌식 자모로 변환한다. 검색어('fksrnrqkdthd')는 HGGetJaumMoum__EngString() 함수를 이용하여 두벌식 자모('ㄹㅏㄴㄱㅜㄱㅂㅏㅇㅅㅗㅇ')로 변환하여 GetSuggestion_NGram( ) 함수에 전달한다. 예제의 추천 결과와 인터넷 검색 엔진을 비교하면 '한국방송협회, 한국방송대상, 한국방송학회, 한국방송통신대학교' 등 4단어가 공통적으로 제시되며 모두 '한국방송-'과 관련된 단어를 추천한다.

[표 18-14] 'fksrnrqkdthd'(란국방송)의 영한 변환 철자 교정 자동 추천

순서	단어(빈도)
1	한국방송협회(67)
2	한국방송대상(25)
3	한국방송기자클럽(22)
4	한국방송광고공사(19)
5	한국방송협회장(13)
6	한국방송학회(12)
7	한국방송공사(11)
8	한국방송영상산업진흥원(8)
9	한국방송통신대학교(7)
10	한국방송카메라기자협회(7)

한영 변환 철자 교정 자동 추천

인터넷 검색 엔진에서 'government'을 '햳두__듯(govenment)'으로 잘못 입력해도 한/영 변환 철자 오류를 교정하여 'government'로 시작하는 단어를 추천한다. 또한 'victory'를 '찿색(cictor)'으로 잘못 입력해도 'victor-'로 교정하여 관련된 단어를 추천한다.

[표 18-16]은 한영 변환 오류와 철자 오류를 동시에 교정하여 검색어를 추천하는 과정을 정리한 것이다. 검색 엔진은 검색어 문자열만으로 오류 여부를 판단할 수 없어 입력된 검색어 '찿색'을 두벌식 자모로 변환하여 검색어 사전과 트라이를 탐색하지만 일치하는 단어가 없으므로 추천 단어도 없다. 한편으로는 검색어 '찿색'을 영문자 'cictor'로 변환하여 검색어 사전과 트라이를 탐색하는데, 'cictor'로 시작하는 단어가 없기 때문에 영문 철자 오류를 교정한다.

[표 18-15] 인터넷 검색 엔진의 한영 변환 철자 교정 자동 추천

[표 18-16] 한영 변환 철자 교정 자동 추천 과정

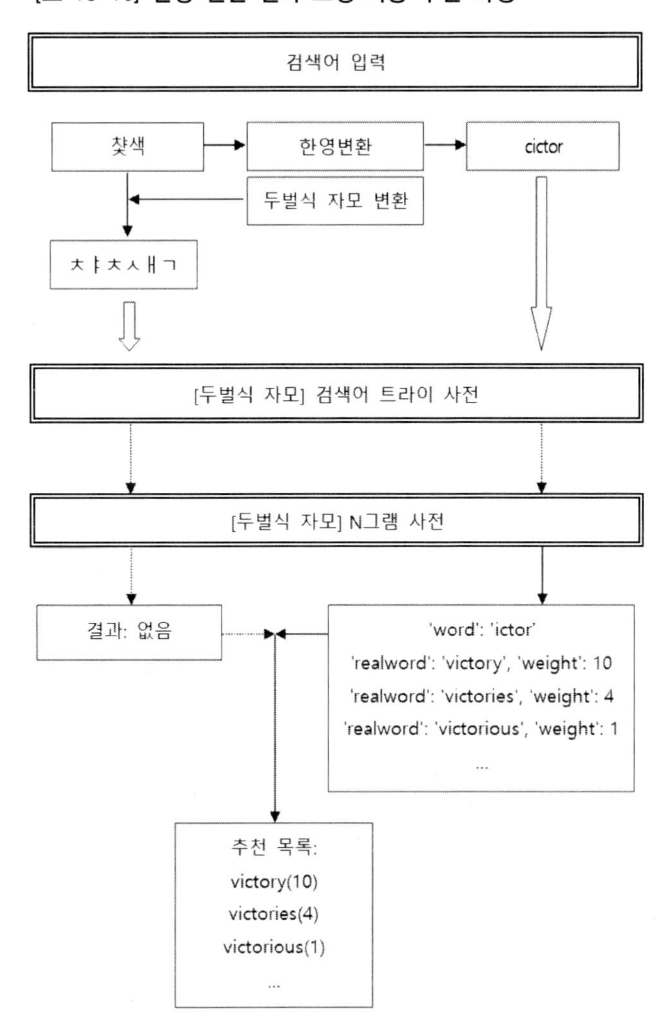

이때 검색어 사전에 없는 'cictor'를 'victory'로 교정하기 위해 n-gram 사전을 탐색하여 부분적으로 일치하는 문자열을 포함한 연관 검색어를 찾아 가중치를 기준으로 정렬하여 추천 목록을 생성한다.

[예제 18-9]

```
Vocabulary = load_dictfreq_us_president()

# make n-gram: 검색어 사전을 n-gram으로 변환
ngram_k = 5
NGramVocabulary = MakeNGramVocabulary__DictFreq(Vocabulary, NGram=ngram_k)

# 검색어를 영문자로 변환
FindWord = '랬ㄷ구ㅡ' # (fovernm) <- {government}의 철자 오류 입력
FindWord_Eng = HGTransString2EngString(FindWord) # 한글->두벌식 자모->영문자

# n-gram에서 검색어 추천
SuggestNum = 10 # N그램에서 10개만 추천
SugList_NGram = GetSuggestion_NGram(FindWord_Eng,
    NGramVocabulary, NGram=ngram_k, SuggestNum=SuggestNum)

# 추천 목록 출력
print(f'<{FindWord}(<=={FindWord_Eng})> NGram Suggest {len(SugList_NGram)}:')
if(len(SugList_NGram) > 0):
    print(*SugList_NGram, sep='\n')
>>>
<랬ㄷ구ㅡ(<==fovernm)> NGram Suggest 8:
{'word': 'overnm', 'realword': 'government', 'weight': 607}
{'word': 'overnm', 'realword': 'governments', 'weight': 52}
{'word': 'overn', 'realword': 'govern', 'weight': 19}
{'word': 'overn', 'realword': 'governed', 'weight': 10}
{'word': 'overnm', 'realword': 'governmental', 'weight': 8}
{'word': 'overn', 'realword': 'governing', 'weight': 6}
{'word': 'overn', 'realword': 'governs', 'weight': 1}
{'word': 'overnm', 'realword': 'supergovernment', 'weight': 1}
```

[예제 18-9]는 'government'를 입력하는데 '랬ㄷ구ㅡ'('fovernm')로 잘못 입력했을 때 한영 변환과 함께 n-gram 알고리즘으로 철자 오류를 교정하여 단어를 추천한다. 먼저 MakeNGramVocabulary__DictFreq() 함수로 n-gram 사전을 생성하는데, 최소 길이를 'n=5'

이상으로 지정하여 검색어 사전을 변환한다. '랠ㄷ구_'는 HGTransString2EngString() 함수를 이용하여 영문자('fovernm')로 변환하여 GetSuggestion_ NGram() 함수로 전달한다.

'fovernm'의 n(5)-gram은 6개의 부분 문자열을 생성하지만 'overn, overnm, vernm'만 검색어를 포함하며 연관된 검색어는 16단어이지만 중복된 단어를 제외하면 총 8단어이다. 추천 결과를 인터넷 검색 엔진과 비교하면 공통적으로 'government, govern, governing'를 추천한다.

[표 18-17] '랠ㄷ구_'(fovernm)의 **한영 변환 철자 교정 자동 추천**

순서	단어(빈도)
1	government(607)
2	governments(52)
3	govern(19)
4	governed(10)
5	governmental(10)
6	governing(6)
7	governs(1)
8	supergovernment(1)

[예제 18-10]

```
...
# 검색어를 영문자로 변환
FindWord = '챷색' # (cictor) <- {victory}의 철자 오류 입력
FindWord_Eng = HGTransString2EngString(FindWord) # 한글->두벌식 자모->영문자

# n-gram에서 검색어 추천
SuggestNum = 10 # N그램에서 10개만 추천
SugList_NGram = GetSuggestion_NGram(FindWord_Eng,
    NGramVocabulary, NGram=ngram_k, SuggestNum=SuggestNum)

# 추천 목록 출력
print(f'<{FindWord}(<=={FindWord_Eng})> NGram Suggest {len(SugList_NGram)}:')
if(len(SugList_NGram) > 0):
    print(*SugList_NGram, sep='\n')
>>>
<챷색(<==cictor)> NGram Suggest 3:
{'word': 'ictor', 'realword': 'victory', 'weight': 11}
```

```
{'word': 'ictor', 'realword': 'victories', 'weight': 4}
{'word': 'ictor', 'realword': 'victorious', 'weight': 1}
```

[예제 18-10]은 'victory'를 '찿색'(cictor)으로 잘못 입력했을 때 한영 변환과 n-gram 알고리즘으로 철자 오류를 교정한 후 단어를 추천한다. '찿색'을 영문자로 변환한 'cictor'의 n(5)-gram은 'cicto, cictor, ictor' 등 3단어이지만 'ictor'만 3개의 검색어를 포함하고 있다. 'ictor'는 원래 입력하려던 'victor'의 최대 공통 문자열이며 'victory, victorries, victorious'의 부분 문자열이다. 추천 결과를 인터넷 검색 엔진과 비교하면 공통적으로 'victory'를 1순위로 추천하며 모두 'victor-'와 관련된 단어를 추천하는데, 예제에서는 추천 단어가 충분하지 않아 3단어만 제시한다.

[표 18-18] '찿색'(cictor)의 **한영 변환 철자 교정 자동 추천**

순서	단어(빈도)
1	victory(11)
2	victories(4)
3	victorious(1)

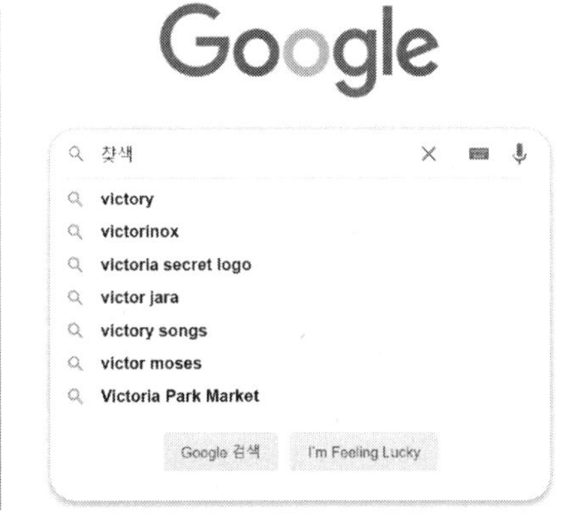

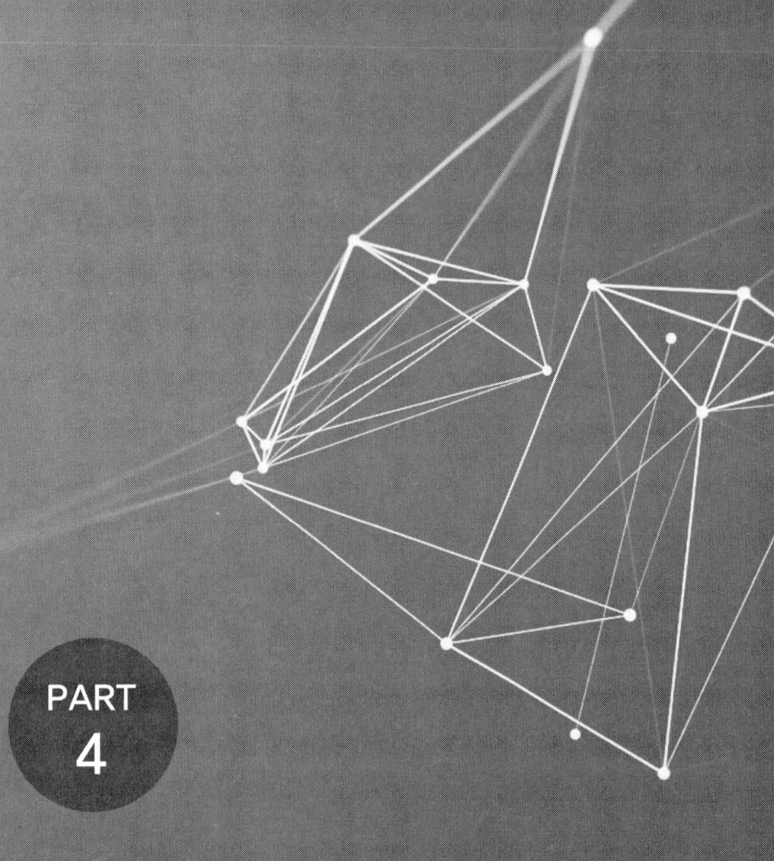

PART 4

데이터 기반 추천

Chapter 19

파이썬 통계 처리 기초

자연어 처리는 방대한 문서 자료에서 단어 추출, 정렬 등을 손쉽게 해 주었는데 이들 자료에서 의미 있는 정보를 추출하려면 통계 처리가 필요하다. 통계는 어떤 현상을 종합적으로 한눈에 알아보기 쉽게 일정한 체계에 따라 숫자로 나타낸 것으로, 데이터 과학에서 통계 처리는 기본이자 핵심이다. 예를 들어 앞장에서는 텍스트 내에서 단어의 전체 빈도만을 산출하였지만 연(year) 혹은 월(month) 단위로 빈도 추이나 누적 추이를 산출하면 해당 단어를 중심으로 한 이슈의 변화를 분석할 수 있다. 이때 수치 데이터를 그래프로 시각화(visualization)하면 복잡한 수식이나 알고리즘 없이 데이터의 특징 혹은 일정한 패턴을 찾을 수 있고 이를 통해 의미 있는 정보를 추출할 수 있다.

한편 정보 검색부터 검색어 추천까지 자연어 처리는 기본적으로 '단어'를 대상으로 하는데, 검색과 추천 대상을 다른 영역으로 확대하면 상품 추천이나 영화 추천 등에서도 활용할 수 있다. 상품 추천은 구매자의 상품 구매 이력을 기반으로 하는데 이때 구매 이력의 유사도는 구매자와 구매 상품의 상관관계를 측정하여 상관 계수를 산출하여 활용한다. 이처럼 검색과 추천의 결과는 다양한 통계 작업을 거쳐야만 효용 가치가 높아진다. 이에 이 장에서는 파이썬을 이용한 기본적인 통계 처리 구현 방법을 설명한다.

1. 통계 기초 및 데이터 시각화

이 절에서는 파이썬으로 합계 및 평균 처리, 그래프 출력 방법 등을 설명하는데, 데이터는 코로나19(COVID-19) 확진자 발생 현황 수치를 대상으로 하며 해당 데이터는 질병관리청(www.kdca.go.kr)과 월드오미터(www.worldometers.info)를 참조한다.

신규와 누적 데이터 처리 및 선 그래프 출력

[예제 19-1]은 우리나라의 신규 확진자 발생 현황(20. 2. 15-21. 1. 21)을 그래프로 출력한 것으로, 파이썬에서 그래프와 관련된 작업을 할 때 가장 많이 사용하는 matplotlib 라이브러리를 이용하여 선(line) 그래프로 출력한다 [표 19-1(왼쪽)]. 선 그래프를 출력하기 위해 matplotlib에서 pyplot.plot 함수를 호출하며, 매개변수로 데이터 목록(list)을 전달하여 그래프로 변환한다. [예제 19-2]는 신규 확진자의 누적 현황을 그래프로 변환한 것으로 이를 실행하면 [표 19-1(오른쪽)]과 같이 출력된다.

[예제 19-1]

```
covid19_korea_data = [0,1,1,1,27, ... ,386,403,400] # total:73890(342개),20.2.15~21.1.21
import matplotlib.pyplot as plt
plt.figure(figsize=(10, 5))
plt.plot(covid19_korea_data)
plt.show()
```

[예제 19-2]

```
covid19_korea_data = [0,1,1,1,27, ... ,386,403,400] # total:73890(342개),20.2.15~21.1.21
data_acc = []
data_sum = 0
for value in covid19_korea_data:
    data_sum += value
    data_acc.append(data_sum)
#
import matplotlib.pyplot as plt
plt.figure(figsize=(10, 5))
plt.plot(data_acc)
plt.show()
```

[표 19-1] matplotlib **선 그래프 출력**

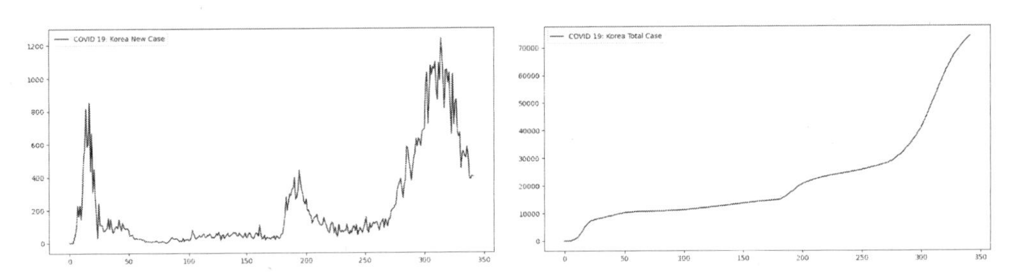

[예제 19-3]은 우리나라와 일본의 확진자 발생 패턴을 비교하기 위해 두 나라의 데이터를 동시에 그래프로 변환한다. 하나의 창(figure)에 선 그래프를 여러 번 출력할 때에는 pyplot.plot 함수를 반복해서 호출한다.

[예제 19-3]

```
covid19_korea_data = [0,1,1,1,27, ... ,386,403,400] # total:73890(342개),20.2.15~21.1.21
covid19_japan_data = [0,6,7, ..., 6034,5446,5447] # total:345168(342개),20.02.15~21.01.21
covid19_datas = [covid19_korea_data, covid19_japan_data]
import matplotlib.pyplot as plt
plt.figure(figsize=(10, 4))
for i, data in enumerate(covid19_datas):
    plt.plot(data)
plt.show()
```

[예제 19-3]을 실행하면 [표 19-2]와 같이 출력된다. 이처럼 두 개의 데이터를 통합하여 하나의 그래프로 시각화하면 데이터의 유사성과 차이점을 쉽게 파악할 수 있다.

[표 19-2] **두 개의 선 그래프 출력**

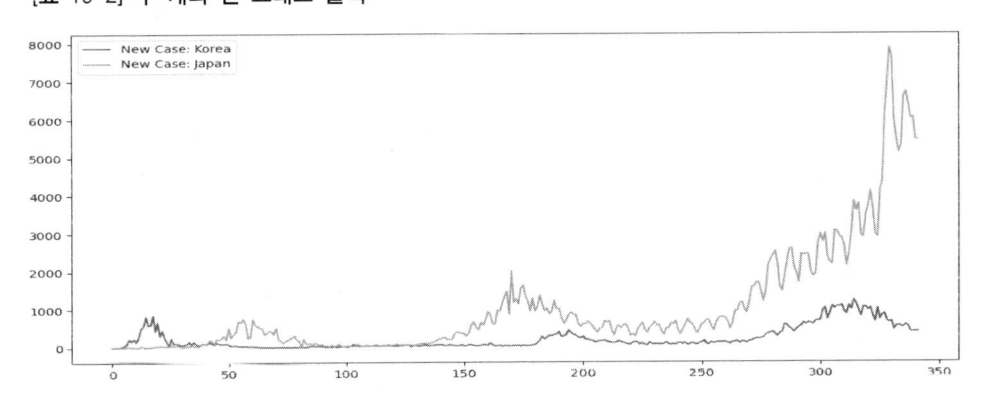

[예제 19-4]는 이탈리아 확진자 데이터를 추가하여 세 나라를 비교한 것으로 그래프를 비교 출력하기 위해서 stat_graph_line_compare() 함수를 호출하며, 우리나라는 실선(solid line), 일본은 점선(dotted line), 이탈리아는 파선(dashed line)으로 표시한다. 출력 결과는 [표 19-3]과 같다.

[예제 19-4]

```
def stat_graph_line_compare(datas, labels=None,
    title=None, linestyles=None, saveImageFile='',):
    #-------
    import matplotlib.pyplot as plt
    figsize = (10, 5)
    #
    plt.figure(figsize=figsize)
    for i, data in enumerate(datas):
        label = ''
        if(labels != None):
            label = labels[i]
        if(linestyles != None):
            linestyle = linestyles[i]
        else:
            linestyle = 'solid'
        plt.plot(data, label=label, linestyle=linestyle)
    #
    plt.legend(loc='upper left')

    figure = plt.gcf()
    if(title != None):
        figure.canvas.set_window_title(title) # 윈도우 창에 [제목] 보이기
        #=plt.suptitle(title, fontsize=20, y=1.04) # 이미지 밖의 위쪽에 [제목] 표시
        plt.title(title, fontsize=20, y=1.04) # 이미지 밖의 위쪽에 [제목] 표시
    #
    figure.tight_layout() # x,y label 짤리지 않도록
    #
    if(saveImageFile != ''):
        # plt.savefig() 함수는 plt.show() 보다 먼저 호출해야 내용이 비어 있지 않다.
        plt.savefig(saveImageFile + '.png', bbox_inches='tight')
    else:
        plt.show()
```

```
    #
    plt.close() # 이 함수를 호출하지 않으면 다음 호출에 이전 그림이 같이 호출됨.

#-----
covid19_korea_data = [0,1,1,1,27, ... ,386,403,400] # total:73890(342개),20.2.15~21.1.21
covid19_japan_data = [0,6,7, ..., 6034,5446,5447] # total:345168(342개),20.02.15~21.01.21
covid19_italy_data = [0,0,0,0,0,1,17,...,13548,14078] # total: 2428218건(342개),
2020.02.15 ~ 2021.01.21

#-----
nation = '<Korea:Japan:Italy>'
title = 'COVID 19: ' + nation + ' Total Case'

label1 = 'New Case: Korea'
label2 = 'New Case: Japan'
label3 = 'New Case: Itay'

covid19_datas = [covid19_korea_data, covid19_japan_data, covid19_italy_data]
labels = [label1, label2, label3]
linestyles = ['solid', 'dotted', 'dashed']

# 그래프 출력
stat_graph_line_compare(covid19_datas, labels, linestyles=linestyles)
```

[표 19-3] 세 개의 선 그래프 출력

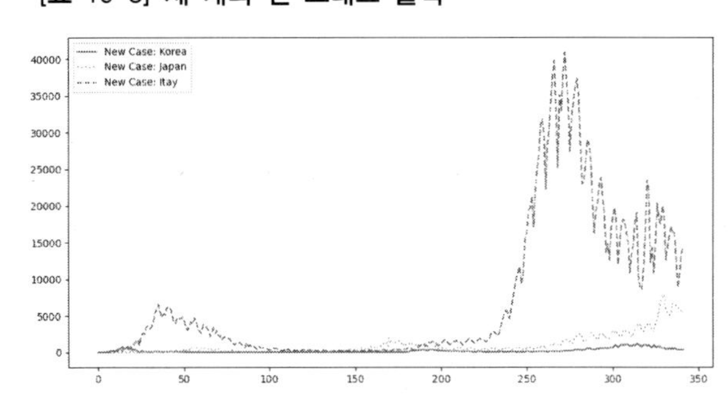

비율과 평균 산출 및 막대 그래프 출력

일반적으로 통계에서는 단순 총합보다는 데이터 항목 수로 총합을 나누는 평균값을 사용하여 비교한다. 앞에서 제시한 데이터에서도 우리나라, 일본, 이탈리아는 인구 수가 다르므로 객관적인 비교를 위해서 인구 대비 확진자 수로 환산하여 비교해야 한다. [예제 19-5]는 백만 명 당 확진자 수를 계산한 후에 그래프로 출력하며, 출력 결과는 [표 19-4]와 같다.

```
[예제 19-5]

def get_milion_value(value):
    milion_value = value / 1000000 # 백만분의 1
    return milion_value

# 나라별 인구 : 위키백과(ko.wikipedia.org), 2021.01.23. 기준
data_korea_pop = int('51,821,669'.replace(',',''))
data_japan_pop = int('125,960,000'.replace(',',''))
data_italy_pop = int('59,575,231'.replace(',',''))
#
print('[확진자 비교] 인구 1백만 명 당')
covid_milion_korea = sum(covid19_korea_data) / get_milion_value(data_korea_pop)
covid_milion_japan = sum(covid19_japan_data) / get_milion_value(data_japan_pop)
covid_milion_italy = sum(covid19_italy_data) / get_milion_value(data_italy_pop)
print('백만 명 당 [korea] : %.1f' % covid_milion_korea)
print('백만 명 당 [japan] : %.1f' % covid_milion_japan)
print('백만 명 당 [italy] : %.1f' % covid_milion_italy)
#
covid_milion_rate = covid_milion_japan / covid_milion_korea
print('covid_milion_rate [japan / korea] : %.1f ( %.0f / %.0f)' %
    (covid_milion_rate, covid_milion_japan, covid_milion_korea))
covid_milion_rate = covid_milion_italy / covid_milion_korea
print('covid_milion_rate [italy / korea] : %.1f ( %.0f / %.0f)' %
    (covid_milion_rate, covid_milion_italy, covid_milion_korea))
covid_milion_rate = covid_milion_italy / covid_milion_japan
print('covid_milion_rate [italy / japan] : %.1f ( %.0f / %.0f)' %
    (covid_milion_rate, covid_milion_italy, covid_milion_japan))
#
covid19_datas = [covid_milion_korea, covid_milion_japan, covid_milion_italy]
#-----
# 그래프 출력
#-----
import matplotlib.pyplot as plt
bar_num = [n for n in range(len(covid19_datas))]
plt.figure(figsize=(5, 6))
```

```
bars = plt.bar(bar_num, covid19_datas, width=0.65)
plt.show()
>>>
[확진자 비교] 인구 1백만 명 당
백만 명 당 [korea] : 1425.9
백만 명 당 [japan] : 2740.3
백만 명 당 [italy] : 40758.9
covid_milion_rate [japan / korea] : 1.9 ( 2740 / 1426)
covid_milion_rate [italy / korea] : 28.6 ( 40759 / 1426)
covid_milion_rate [italy / japan] : 14.9 ( 40759 / 2740
```

[표 19-4] 총합(왼쪽)과 평균(오른쪽)에 의한 그래프 출력

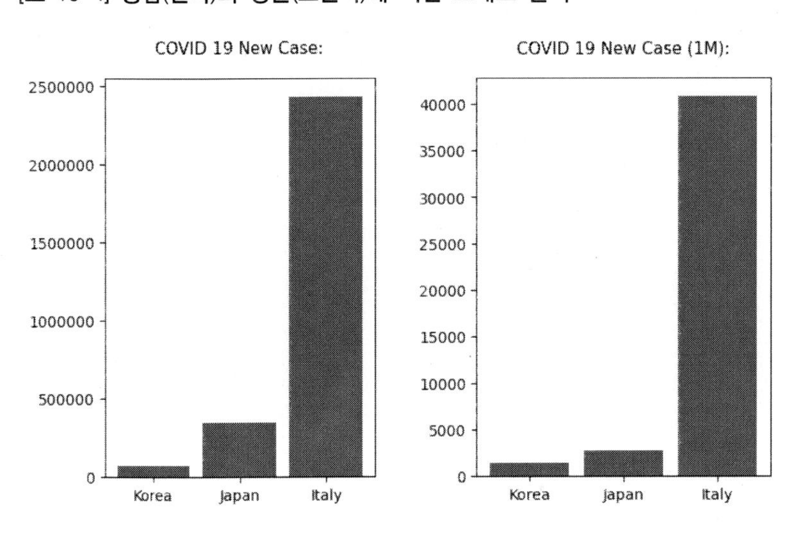

2. 도수분포와 히스토그램

도수분포는 측정값을 몇 개의 계급으로 나누고 각 계급에 속하는 수치의 출현 도수를 나타낸 통계 자료의 분포 상태로, 5단계 혹은 10단계로 구분된 영화 평점, 상품 평점 등의 데이터를 처리할 때 사용한다. 도수분포는 히스토그램이라는 막대그래프로 시각화하여 데이터의 분포를 확인할 수 있다.

[예제 19-6]은 평점 항목이 10개로 구분된 영화 평점에 대해 히스토그램 평균을 계산한

것이다. 평균값은 히스토그램의 평균 공식을 사용하는데, 각 계급별로 값과 빈도를 곱한 것을 모두 더한 후에 빈도 총합으로 나누면 히스토그램 평균값이 된다.

[예제 19-6]

```
v: 계급, f: 빈도
sum(빈도) = (f1+f2+f3+...+fn)
sum(계급 X 빈도) = (v1*f1+v2*f2+v3*f3+...+vn*fn)
히스토그램 평균 = sum(계급 X 빈도) / sum(빈도)
              = (v1*f1+v2*f2+v3*f3+...+vn*fn) / (f1+f2+f3+...+fn)

def get_histo_avg(values, counts):
    each_x_freq_sum = 0
    data_sum = 0
    for i in range(len(counts)):
        data_sum += counts[i]
        each_val = counts[i] * values[i]
        each_x_freq_sum += each_val
    if(data_sum == 0):
        data_avg = 0
    else:
        data_avg = each_x_freq_sum / data_sum
    return data_avg

# 가상 영화 평점
vals = [0.5, 1.0, 1.5, 2.0, 2.5, 3.0, 3.5, 4.0, 4.5, 5.0]
data = [10, 8, 25, 11, 130, 67, 250, 33, 186, 0]
data_sum = sum(data)
data_avg = get_histo_avg(vals, data)
print(f'({len(data)}) sum: {data_sum}')
print('data_avg: %.1f' % data_avg)
>>>
(10) sum: 720
data_avg: 3.4
```

[예제 19-6]에서 히스토그램 평균 공식을 적용하여 계산하면 평점 평균은 '3.4'이며 평점의 분포를 히스토그램으로 출력하면 [표 19-5]와 같다. 히스토그램에서는 세로막대의 간격을 띄우지 않는 것이 원칙이지만 이 책에서는 평점 단위를 구분하기 위해서 막대의 간격을 띄워서 출력한다.

[표 19-5] **평점 통계와 도수분포**

평점	참여자 수
0.5	10
1.0	8
1.5	25
2.0	11
2.5	130
3.0	67
3.5	250
4.0	33
4.5	186
5.0	0

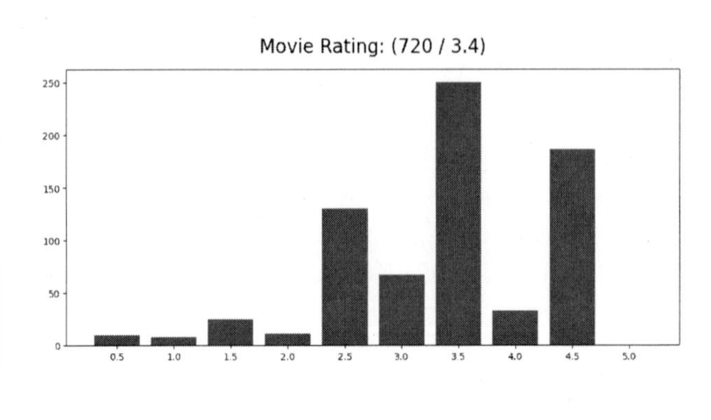

영화 한 편의 평점 평균은 큰 의미가 없지만 여러 영화와 평점 평균을 비교하여 사용자에게 추천할 때에는 중요한 값이 된다. 캐글 영화 데이터 중에서 20개의 영화를 대상으로 평점 평균을 계산한 후 평균값이 큰 것부터 차례대로 출력하면 [표 19-6]과 같다.

[표 19-6] **평점 평균 목록**

순서	영화 제목	빈도합계	평점평균
1	Pulp Fiction	316	3.8
2	Star Wars	281	3.8
3	Twelve Monkeys	187	3.5
4	Apollo 13	192	3.4
5	Toy Story	238	3.4
6	Legends of the Fall	63	3.1
7	GoldenEye	113	3
8	Star Trek: Generations	104	3
9	Stargate	136	2.9
10	Jumanji	99	2.9
11	Broken Arrow	85	2.7
12	Dumb and Dumber	148	2.7
13	The Bridges of Madison County	40	2.7
14	Under Siege 2: Dark Territory	23	2.6
15	Free Willy 2 - The Adventure Home	1	2.5
16	Waterworld	104	2.4
17	Pocahontas	53	2.4

순서	영화 제목	빈도합계	평점평균
18	Batman Forever	120	2.4
19	Dracula: Dead and Loving It	12	2.2
20	Ace Ventura: When Nature Calls	82	2.1

[표 19-6]에서 평점 평균이 가장 높은 영화는 'Pulp Fiction'과 'Star Wars'이며 값은 3.8이다. 두 영화의 히스토그램을 비교해 보면 평점 패턴이 비슷하다. 한편 평균 평점이 3.4인 'Toy Story'와 'Apollo 13'의 히스토그램을 비교해 보면 'Toy Story'가 평균보다 높은 평점을 매긴 사람이 더 많다. 만약 두 영화 중 하나를 추천한다면 'Toy Story'를 추천하는 것이 좋은 평가를 받을 가능성이 높다.

[표 19-7] 평점 히스토그램 비교

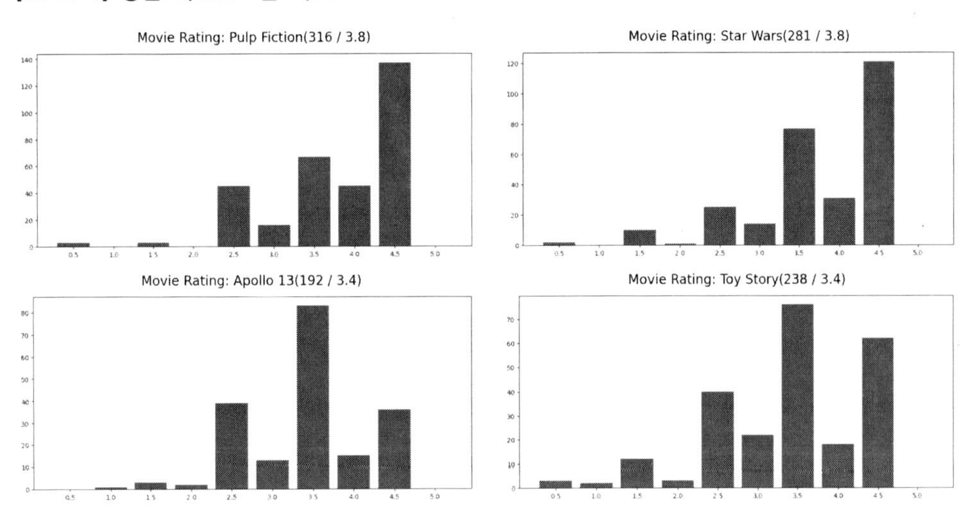

한편 [표 19-5/ 7]의 히스토그램은 [예제 19-7]을 이용하여 출력한 것으로 stat_graph_bar_histo() 함수를 호출한다. 이 함수는 매개변수 'saveImageFile'에 파일 이름을 지정하면 그래프를 파일로 저장한다.

[예제 19-7]

```
def stat_graph_bar_histo(data, xticks=None, label=None, title=None,
    xlabel=None, ylabel=None,
    ymax=None,
    horizontal_line=None, saveImageFile=''):
```

```
#----------------------
import matplotlib.pyplot as plt
figsize = (10, 5)
histo_num = len(data)
#
plt.figure(figsize=figsize)
#=plt.hist(data, bins=histo_num, label=label)
bar_num = [n for n in range(len(data))]

#
bars = plt.bar(bar_num, height=data, label=label)
#
if(horizontal_line != None):
    plt.axhline(y=horizontal_line, linewidth=3, color='r')
#
if(xticks != None):
    plt.xticks(bar_num, xticks)
#
if(xlabel != None):
    plt.xlabel(xlabel, fontsize=15)
if(ylabel != None):
    plt.ylabel(ylabel, fontsize=15)
if(label != None):
    plt.legend(loc='upper left')

figure = plt.gcf()
if(title != None):
    figure.canvas.set_window_title(title) # 윈도우 창에 [제목] 보이기
    #=plt.suptitle(title, fontsize=20, y=1.04) # 이미지 밖의 위쪽에 [제목] 표시
    plt.title(title, fontsize=20, y=1.04) # 이미지 밖의 위쪽에 [제목] 표시

# 숫자가 클 경우에 라벨 표기가 지수형(exponential)으로 바뀌지 않게
plt.ticklabel_format(useOffset=False, style='plain', axis='y')
#
figure.tight_layout() # x,y tick 짤리지 않도록
#
if(ymax != None):
    plt.ylim(0, 1.05 * ymax)
#
```

```
    if(saveImageFile != ''):
        # plt.savefig() 함수는 plt.show() 보다 먼저 호출해야 내용이 비어 있지 않다.
        plt.savefig(saveImageFile + '.png', bbox_inches='tight')
    else:
        plt.show()
    #
    plt.close() # 이 함수를 호출하지 않으면 다음 호출에 이전 그림이 같이 호출됨.

#------
#------
# 가상 평점
vals = [0.5, 1.0, 1.5, 2.0, 2.5, 3.0, 3.5, 4.0, 4.5, 5.0]
data = [10, 8, 25, 11, 130, 67, 250, 33, 186, 0]

data_sum = sum(data)
data_avg = get_histo_avg(vals, data)
name = 'Movie' # 영화 제목 없음
print(f'{name} >> data_sum {len(data)}:', data_sum)
print('data_avg: %.1f' % data_avg)

data_avg_str = '{:.1f}'.format(data_avg)
title = 'Movie Rating: ' + name + f'({data_sum} / {data_avg_str})'

# 그래프 출력
stat_graph_bar_histo(data, xticks=vals, title=title)
>>>
Movie>> data_sum 10: 720
data_avg: 3.4
```

3. 산포도와 상관 계수

변수(변량)가 하나인 확진자 현황이나 영화 평점 데이터는 선 그래프나 히스토그램으로 시각화하면 추이 혹은 패턴을 파악할 수 있다. 하지만 변수가 2개일 경우에는 산포도 그래프를 이용하여 데이터 간의 특징을 분석할 수 있는데, 이때 두 변수 사이의 상관관계 정도를 나타내는 계수가 상관 계수이다. 이 절에서는 온도 변화에 따른 음료수 판매량을 산포도 그래프로 출력한다. 이를 위해 2010년 1월부터 11월까지 기온과 음료 생산량 데이터를 대상으로 하는데, 기온 데이터는 기상청 자료를, 음료 생산량 데이터는 농수산물유통센터(2010)의 자료를 참고한다.

[표 19-8] **월별 기온 및 음료 생산량**(단위: 1000 kl)

월	01	02	03	04	05	06	07	08	09	10	11
기온(℃)	-1.7	2.3	5.5	9.9	17.1	22.3	25.4	26.9	21.8	14.5	7.1
혼합음료	32.1	36.5	52.4	63.6	72.3	72.2	72.0	69.5	56.6	53.9	45.2
탄산음료	96.2	95.2	103.5	99.8	108.7	108.1	111.1	103.1	91.6	98.7	80.5
두유	13.6	14.7	18.6	16.2	16.2	16.4	16.3	17.4	17.9	20.3	19.7

[예제 19-8]은 날씨와 음료 생산량과의 상관 계수를 네 가지 방식으로 출력한다. 첫 번째 방법은 상관 계수 공식을 직접 구현한 것이고 나머지는 파이썬의 수치 연산에서 자주 사용하는 numpy, scipy, pandas의 함수를 이용하여 계산한다. 파이썬에는 수학 및 데이터 과학과 관련하여 다양한 함수를 제공하여 편리하게 이용할 수 있지만, 상관 계수 공식이 간단하므로 이 책에서는 t2bot에서 제공하는 소스 코드를 함께 제시한다. 예제의 출력 결과를 보면 날씨와 혼합음료(drink)의 상관 계수는 0.86이다.

```
[예제 19-8] # 상관계수

sum : (a1+a2+a3+...+an)
x̄ : (x1+x2+x3+...+xn) / N
ȳ : (y1+y2+y3+...+yn) / N
sum((x - x̄) * (y - ȳ)) / sqrt(sum((x - x̄)²) * sum((y - ȳ)²))

def hgCoefficient_low(datalist1, datalist2): # Correlation coefficient(Pearsons correlation)
    dataNum = len(datalist1)
    if(dataNum != len(datalist2)):
        assert False, '(dataNum != len(datalist2))'
        return 0
    #---
    Avg1 = hgAvg(datalist1)
    Avg2 = hgAvg(datalist2)
    #---
    calc_bunja = 0
    dif2_1 = 0
    dif2_2 = 0
    for i in range(0, dataNum):
```

```
        val1 = datalist1[i]
        val2 = datalist2[i]

        dif2_1 += (val1 - Avg1)**2
        dif2_2 += (val2 - Avg2)**2

        bunja = (val1 - Avg1) * (val2 - Avg2)
        calc_bunja += bunja
    #---
    calc_bunmo = dif2_1 * dif2_2
    sqrt_bunmo = (calc_bunmo**0.5) # square-root
    #---
    coefficient = calc_bunja / sqrt_bunmo
    return coefficient

#
data_drink = [32122,36529,52409,63650,72324,72228,71971,69514,56564,53861,45193]
data_weather = [-1.7, 2.3, 5.5, 9.9, 17.1, 22.3, 25.4, 26.9, 21.8, 14.5, 7.1]
#. 1
print('# 혼합음료 상관계수:', hgCoefficient_low(data_drink, data_weather))
#. 2
import numpy
print('# {numpy} 혼합음료 상관계수:', numpy.corrcoef(data_drink, data_weather))
#. 3
from scipy.stats import pearsonr
print('# {scipy} 혼합음료 상관계수:', pearsonr(data_drink, data_weather))
# 4
import pandas as pd
drink_series = pd.Series(data_drink)
weather_series = pd.Series(data_weather)
print('# {pandas} 혼합음료 상관계수:', drink_series.corr(weather_series))
>>>
# 혼합음료 상관계수: 0.8642998742161233
# {numpy} 혼합음료 상관계수: [[1.         0.86429987]
 [0.86429987 1.        ]]
# {scipy} 혼합음료 상관계수: (0.8642998742161233, 0.0005990129506067524)
# {pandas} 혼합음료 상관계수: 0.8642998742161232
```

[예제 19-9]는 matplotlib를 이용하여 산포도를 출력하는 것으로 이를 이용하여 혼합음료, 탄산음료, 두유의 산포도를 출력하면 [표 19-9]와 같다. 산포도에서는 상관관계가 낮을수록 점들이 더 흩어지는데, 산포도 그래프를 보면 기온을 기준으로 두유(soymilk)는 혼합음료(drink)보다 점의 분포가 상대적으로 흩어져 있으므로 상관관계가 낮음을 알 수 있다. 이렇게 흩어진 정도를 객관적으로 측정하기 위해서 상관 계수를 활용하며, 상관 계수의 범위는 -1에서 +1로, 상관 계수가 +1에 가까울수록 양의 상관관계를, -1에 가까울수록 음의 상관관계를 갖는다.

[예제 19-9] # 산포도

```
# 산포도 : 혼합음료 x 날씨
data_drink=[32122,36529,52409,63650,72324,72228,71971,69514,56564,53861,45193]
data_weather = [-1.7, 2.3, 5.5, 9.9, 17.1, 22.3, 25.4, 26.9, 21.8, 14.5, 7.1]

#
data_x = data_weather # 날씨
data_y = data_drink # 혼합 음료

title_x = '2010 Weather'
title_y = '2010 Drink',
label_x = 'Weather'
label_y = 'Drink'
title = '2010 ' + label_y + ' & ' + label_x

# 그래프 출력
import matplotlib.pyplot as plt
figsize = (6, 6) # 가로, 세로 데이터 수가 같을 때
dotSize = 130 # 점을 크게
#
plt.figure(figsize=figsize)
plt.scatter(data_x, data_y, s=dotSize) # 날씨(data_x)를 가로축에
#
plt.xlabel(label_x, fontsize=15)
plt.ylabel(label_y, fontsize=15)

figure = plt.gcf()
plt.title(title, fontsize=20, y=1.04) # 이미지 밖의 위쪽에 [제목] 표시
figure.tight_layout() # x,y label 잘리지 않도록
plt.show()
```

[표 19-9] **월별 기온과 음료 생산 상관 계수 및 산포도**

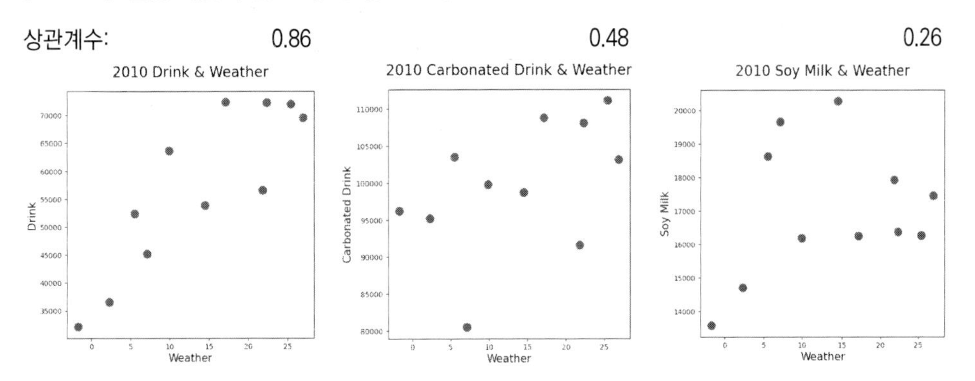

통계 처리 및 데이터 시각화는 한국어 정보 처리는 물론 데이터 과학에서 핵심적인 역할을 하여 유용하게 활용할 수 있다. 이 책에서는 영화 추천을 중심으로 구체적인 활용 방법을 설명하고자 한다.

Chapter 20

영화 추천 알고리즘

인터넷 영화 데이터베이스(Internet Movie Database, 이후 IMDb로 지칭함)에서 'Toy Story'(1995)를 검색하면 [표 20-1]과 같이 영화를 추천한다. 추천 목록을 살펴보면 'Toy Story' 시리즈와 함께 장르가 같은 만화(Animation) 영화를 추천한다.

[표 20-1] 인터넷 영화 데이터베이스(IMDb)의 추천 목록

순서	제목
1	Toy Story 3(2010)
2	Toy Story 2(1999)
3	Monsters, Inc.(2001)
4	Finding Nemo(2003)
5	Up(2009)
6	WALL·E(2008)
7	The Lion King(1994)
8	Toy Story 4(2019)
9	Inside Out(2015)
10	Coco(2017)

그런데 추천 순서를 보면 'Toy Story 2'(1999)보다 'Toy Story 3'(2010)을 먼저 추천한다. 그러나 최근에 발표한 'Toy Story 4'(2019)는 8번째 추천하는 것을 보면 시리즈를 연속해서 추천하는 것도 아니다. 이와 같이 영화를 추천할 때는 단순히 추천 목록을 나열하는 것이 아니라 추천 알고리즘에 의해서 우선순위를 결정하는데, 앞서 살펴본 상관 계수를 활용하여 영화에 대한 성향이 유사한 사용자를 선택하여 영화를 추천할 수 있다. 즉 'Toy Story'를 본 사용자들의

상관 계수를 측정한 후에 큰 값부터 추천하는 것이다.

이 장에서는 영화 추천을 위해 영화 평점 데이터 수집부터 알고리즘 구현까지 모든 과정을 설명하고자 한다. 데이터 기반의 추천 알고리즘은 충분한 양의 정제된 데이터를 기반으로 하기 때문에 데이터 수집, 가공, 정제, 규격화 과정에 많은 시간과 노력이 든다. 다행히 영화 평점 데이터는 공개된 것이 있으므로 이를 활용하여 데이터 가공과 추천 알고리즘의 구현 과정을 단계적으로 설명한다.

1. 협업 필터링 기반 영화 추천

이 절에서는 무비렌즈 데이터 세트(MovieLens Dataset)를 이용하여 영화 추천 알고리즘을 구현한다. 무비렌즈 데이터 세트는 미네소타 대학의 GroupLens 연구소에서 공개한 것으로 추천 알고리즘을 연구할 때 많이 사용하는 영화 데이터이다. 영화 평점은 1에서 5단계로 나누어 부여하며 전체(Full) 데이터 세트와 작은(Small) 데이터 세트로 구분한다. 전체 데이터 세트는 데이터가 많아 처리 시간이 오래 걸리므로 이 책에서는 작은 데이터 세트를 중심으로 알고리즘을 설명한다.

[표 20-2] 무비렌즈 데이터 세트(2018년 9월 기준)

구분	사용자(명)	영화(편)	평점(개)	태그(개)
전체(Full) 데이터 세트	280,000	58,000	27,000,000	1,100,000
작은(Small) 데이터 세트	600	9,000	100,000	3,600

무비렌즈의 작은 데이터 세트에는 총 5개의 파일이 있는데 읽어보기(README) 파일을 제외한 나머지는 모두 확장자가 'csv'이다. 알고리즘 구현에는 movies.csv와 ratings.csv만 사용한다.

[표 20-3] 무비렌즈 작은 데이터 세트

순서	파일명	파일 크기(byte)	내용
1	links.csv	197,979	연결
2	movies.csv	494,431	제목, 장르
3	ratings.csv	2,483,723	평점
4	README.txt	8,342	읽어두기
5	tags.csv	118,660	태그

평점 데이터 읽기

상관 계수를 이용하여 영화를 추천하기 위해서는 먼저 영화 평점 데이터를 읽은 후에 데이터베이스처럼 변환해야 한다. 평점 데이터는 ratings.csv 파일에 있는데, 확장자 'csv'는 'comma-separated values'의 줄임말로 스프레드시트나 데이터베이스의 항목을 쉼표(comma)로 구분하여 텍스트 형식으로 저장한 파일을 가리킨다. ratings.csv 파일을 메모장으로 읽으면 데이터베이스의 항목을 쉼표로 구분한 것을 확인할 수 있다. 이것을 스프레드시트에서 읽으면 쉼표 단위로 항목을 구분하여 보여준다. 다만 이 파일은 텍스트로 저장된 것이어서 데이터베이스 처리용으로 변환해야 한다.

[표 20-4] ratings.csv 파일 보기

```
ratings.csv - Windows 메모장
파일(F) 편집(E) 서식(O) 보기(V) 도움말(H)
userId,movieId,rating,timestamp
1,1,4.0,964982703
1,3,4.0,964981247
1,6,4.0,964982224
1,47,5.0,964983815
1,50,5.0,964982931
1,70,3.0,964982400
1,101,5.0,964980868
1,110,4.0,964982176
1,151,5.0,964984041
1,157,5.0,964984100
```

	A	B	C	D
1	userId	movieId	rating	timestamp
2	1	1	4	964982703
3	1	3	4	964981247
4	1	6	4	964982224
5	1	47	5	964983815
6	1	50	5	964982931
7	1	70	3	964982400
8	1	101	5	964980868
9	1	110	4	964982176
10	1	151	5	964984041
11	1	157	5	964984100

[예제 20-1]은 상관 계수를 이용하여 영화를 추천하기 위한 전처리(preprocessing) 과정으로 영화 평점 데이터를 읽은 후에 데이터프레임으로 변환한다. 예제에서는 ratings.csv를 읽은 후에 간략하게 출력한다.

[예제 20-1]

```
def hgstat_ratings_movielens():
    import pandas as pd
    csv_data = movielens_filepath + 'ratings.csv'
    ratings =  pd.read_csv(csv_data)
    return ratings

#---------------
ratings = hgstat_ratings_movielens() # movielens 평점 데이터 읽어오기
print(ratings)
>>>
```

```
        userId  movieId  rating   timestamp
0            1        1     4.0   964982703
1            1        3     4.0   964981247
2            1        6     4.0   964982224
...        ...      ...     ...         ...
100834     610   168252     5.0  1493846352
100835     610   170875     3.0  1493846415

[100836 rows x 4 columns]
```

[예제 20-1]에서는 hgstat_ratings_movielens() 함수를 이용하여 쉼표로 구분된 데이터베이스 파일(csv)을 읽는데, 이 함수는 pandas 라이브러리의 read_csv() 함수를 호출한다. read_csv() 함수는 평점 데이터를 읽어 데이터프레임(DataFrame)이나 텍스트파서(TextParser)로 반환한다. 평점 데이터는 'userId, movieId, rating, timestamp'의 총 4개 항목으로 구성되어 있는데, 이중 timestamp는 평점을 매긴 시각을 가리키는 것으로 상관 계수를 측정할 때 관련이 없으므로 사용하지 않는다.

평점 데이터의 2차원 테이블 변환

상관 계수를 계산하기 위해서는 1차원 영화 평점 데이터를 2차원 테이블(배열)로 변환해야 하는데, 영화(movieId)를 기준으로 하여 2차원 테이블로 변환한다. [예제 20-2]는 hgstat_ratings_dict__ratings() 함수를 이용하여 1차원 영화 평점 데이터를 2차원 테이블로 변환한다. 이 함수는 영화 평점 데이터를 사용자 목록(userIdList), 영화 목록(movieIdList), 평점 사전(ratings_dict)으로 변환한다. 또한 평점 사전의 키(key)는 사용자(userId)와 영화(movieId)로 따로 지정할 수 있다. '사용자ID 키 평점 사전'은 취향이 비슷한 사용자를 찾을 때 이용하는 것으로 사용자 목록과 순서가 일치하며 사용자별로 영화ID와 평점의 쌍으로 이루어진다. 반면 '영화ID 키 평점 사전'은 영화를 기준으로 영화를 추천할 때 사용하는 것으로 영화 목록과 순서가 일치하며 영화별로 사용자ID와 평점의 쌍으로 이루어진다.

[예제 20-2]

```
def hgstat_ratings_dict__ratings(ratings, UserBase=True):
    ratings_dict = {}
    userIdList = []
```

```
movieIdList = []

list_num = len(ratings)
for i in range(list_num):
    userId = ratings.iloc[i, 0]
    movieId = ratings.iloc[i, 1]
    rating_val = ratings.iloc[i, 2]
    time_val = ratings.iloc[i, 3]

    #
    if(UserBase == True): # key:userId
        #----------------
        # userId 기준(키)으로 (movieId, 평점) 목록 생성
        # ratings_dict format: {'userId': [(movieId, rating_value), (),...]}
        #----------------
        if(userId in ratings_dict):
            value = ratings_dict[userId]
        else:
            value = []
            ratings_dict[userId] = value
        value.append((movieId, rating_val)) # (movieId, rating_val)
    else: # key:movieId
        #----------------
        # movieId 기준(키)으로 (userId, 평점) 목록 생성
        # ratings_dict format: {'movieId': [(userId, rating_value), (),...]}
        #----------------
        if(movieId in ratings_dict):
            value = ratings_dict[movieId]
        else:
            value = []
            ratings_dict[movieId] = value
        value.append((userId, rating_val)) # (userId, rating_val)
    #
    if(userId not in userIdList):
        userIdList.append(userId) # 사용자 목록에 사용자 추가
    #
    if(movieId not in movieIdList):
        movieIdList.append(movieId) # 영화 목록에 영화 추가
```

```
    # sort: userIdList, movieIdList
    userIdList.sort()
    movieIdList.sort()
    # (UserBase:False)일 경우 {key:movieId}로 정렬을 다시 해줘야 한다.
    # (UserBase:True)일 경우에는 정렬할 필요가 없지만
    # 데이터가 반드시 순서대로 구성된다는 보장이 없으므로 무조건 정렬하는 것이 안전하다.
    ratings_dict_sort = sorted(ratings_dict.items())
    ratings_dict = {key:val for key, val in ratings_dict_sort}

    #
    return ratings_dict, userIdList, movieIdList
```

[예제 20-3]은 영화를 기준으로 추천하기 위한 전처리 과정이다. 영화(movieId)를 기준으로 사용자(userId)와 평점(ratings)을 쌍으로 구성한 2차원 테이블로 변환한 후에 영화 평점 데이터의 통계를 출력하는데, 이를 위해서 hgstat_ratings_dict__ratings() 함수를 호출하기 전에 UserBase 매개변수를 False로 지정한다.

[예제 20-3] # {영화}를 기준으로 {사용자, 평점} 목록으로 읽는다.

```
UserBase=False # False: {영화}를 기준으로 {사용자, 평점} 목록으로 처리
movie_ratings_dict, userIdList, movieIdList = \
    hgstat_ratings_dict__movlens(UserBase=UserBase)

#------------------
print(f'userIdList: {len(userIdList)}')
print(f'movieIdList: {len(movieIdList)}')

# 맨 앞에서 10개 출력
prt_begin = 0
prt_num = 10
hgstat_print_ratings_dict(movie_ratings_dict,
    prt_begin=prt_begin, prt_num=prt_num, UserBase=UserBase)

# 통계를 요약
ratings_lists, ratings_count_lists, stat_max, stat_min, stat_avg \
    = hgstat_print_ratings_dict_summary(movie_ratings_dict)
>>>
userIdList: 610
```

```
movieIdList: 9724
ratings_dict: 9724
index    영화ID    영화수    영화 평점 목록(고객ID, 평점)
0    1    215    [(1, 4.0), (5, 4.0), (7, 4.5), (15, 2.5), (17, 4.5), ..., (610, 5.0)]
1    2    110    [(6, 4.0), (8, 4.0), (18, 3.0), (19, 3.0), (20, 3.0), ..., (608, 2.0)]
2    3    52     [(1, 4.0), (6, 5.0), (19, 3.0), (32, 3.0), (42, 4.0), ..., (608, 2.0)]
...
통계 요약
max rating num: 329
min rating num: 1
average rating num: 10.370
```

[예제 20-3]에서 영화 평점 사전의 통계를 보면 사용자 610명, 영화 9,724개의 정보가 있다. 평점이 가장 많은 영화는 329명의 사용자가, 가장 적은 영화는 1명의 사용자가 평점을 남겨서 평균적으로 영화 1편당 10.4명이 평점을 부여한 것으로 나타난다.

[표 20-5] 평점 데이터의 2차원 배열 변환

1차원 평점 데이터(ratings)

index	userId	movieId	rating
0	1	1	4.0
1	1	3	4.0
2	1	6	4.0
3	1	47	5.0
:	:	:	:
100834	610	168252	5.0
100835	610	170875	3.0

2차원 평점 데이터(ratings_dict)

movieId	사용자수	평점 목록[(userId, rating)]
1	215	[(1, 4.0), (5, 4.0), ... (610, 5.0)]
2	110	[(6, 4.0), (8, 4.0), ... (608, 2.0)]
3	52	[(1, 4.0), (6, 5.0), ... (608, 2.0)]
:	:	:
193585	1	[(184, 3.5)]
193587	1	[(184, 3.5)]
193609	1	[(331, 4.0)]

상관 계수를 이용한 영화 유사도 산출

영화 추천은 사용자 평점 사전을 활용하여 성향이 유사한 사용자를 대상으로 추천 영화를 찾는다. 예를 들어 애니메이션 'Toy Story'에 평점을 매긴 사용자 그룹을 대상으로 일치하는 비율이 높은 영화를 찾아서 추천하면 시청할 가능성이 높아진다.

[예제 20-4]에서는 영화를 기준으로 동시 시청한 영화의 상관 계수를 측정한 후에 상관 계수가 큰 값부터 차례대로 영화ID를 출력한다. 예제에서는 'Toy Story'에 평섬을 매긴 사용자가 동시에 평점을 매긴 다른 영화를 찾은 후에 상관 계수를 기준으로 정렬하여 출력한다.

[예제 20-4] # {영화}를 기준으로 {사용자, 평점} 목록으로 읽는다.

```
def hgstat_vector__ratings_dict(ratings_tuple_list, IdList):
    # 튜플로 된 평점 목록을 벡터화
    # {IdList}는 {userId}이거나 아니면 {movieId}
    IdList_num = len(IdList)
    ratings_vector = [0 for r in range(IdList_num)] # 개수만큼 생성

    for ratings_tuple in ratings_tuple_list:
        keyId = ratings_tuple[0]
        rating = float(ratings_tuple[1])

        keyIdId_inx = IdList.index(keyId)
        ratings_vector[keyIdId_inx] = rating
    #
    return ratings_vector

def hgstat_RValueLists__ratings_dict(base_ratings_vector, ratings_dict, IdList):
    # 평점 사전으로부터 상관계수 목록 생성
    rvalue_list = []
    for i, keyId in enumerate(ratings_dict):
        ratings_tuple_list = ratings_dict[keyId]
        comp_ratings_vector = hgstat_vector__ratings_dict(ratings_tuple_list, IdList)
        r_value = hgCoefficient_low(base_ratings_vector, comp_ratings_vector)
        rvalue_list.append((keyId, r_value)) # format: (Id, r-value)

    # 정렬: rvalue_list format [(Id, r_value),...]
    rvalue_list.sort(key=lambda r: -r[1]) # 튜플 2번째 값(r-value), 큰 값 순서로 정렬
    #
    return rvalue_list # format: [(Id, r-value), ...]

def get_rvalue__ratings_dict_by_Id(keyId, ratingIdList, ratings_dict):
    #----------------------
    # {keyId}에 대한 평점 벡터 구하기
    ratings_tuple_list = ratings_dict[keyId]
    ratings_vector = hgstat_vector__ratings_dict(ratings_tuple_list, ratingIdList)
    #----------------------
    # {keyId}의 {평점 벡터}로 전체 평점 데이터와의 상관계수 구하기
    rvalue_list = hgstat_RValueLists__ratings_dict(ratings_vector,
```

```
                    ratings_dict, ratingIdList)
    if(len(rvalue_list) <= 0):
        return rvalue_list

    # 비교 대상에서 자기 자신을 삭제 # rvalue_list format: [(keyId, r-value),...]
    rvalue_list_pure = [rv_tuple for rv_tuple in rvalue_list if rv_tuple[0] != keyId]

    #=rvalue_list_pure(rvalue_list) : 상관계수가 큰 값부터 정렬된 상태
    return rvalue_list_pure # rvalue_list_pure format: [(keyId, r-value),...]

def check_rvalue__ratings_dict_by_Id(keyId, ratingIdList, ratings_dict):
    #----------------------
    print(f'ID: {keyId}, 상관계수 계산')
    rvalue_list = get_rvalue__ratings_dict_by_Id(keyId, ratingIdList, ratings_dict)
    if(len(rvalue_list) <= 0):
        print(f'ID: {keyId}, 상관계수 계산 [결과 없음]')
        return

    #=rvalue_list : 상관계수가 큰 값부터 정렬된 상태
    print_rvalue_list__ratings_dict(rvalue_list,
        ratingIdList, title='rvalue_list (by r-value order):') # ratings_dict 없이 출력

    # 아래에서 {inx} 순으로 정렬(sort)하기 전에 최댓값과 최솟값을 받아둔다.
    rvalue_list_max = rvalue_list[0]
    rvalue_list_min = rvalue_list[len(rvalue_list) - 1]

    max_keyId = rvalue_list_max[0] # format: (keyId, r-value)
    min_keyId = rvalue_list_min[0] # format: (keyId, r-value)
    print('상관계수 최댓값:[keyId:%i] %.4f' %(max_keyId, rvalue_list_max[1]))
    print('상관계수 최솟값:[keyId:%i] %.4f' %(min_keyId, rvalue_list_min[1]))

#------------------------------
#------------------------------
# {영화}를 기준으로 {사용자, 평점} 목록으로 읽는다.
UserBase=False # {ratings_dict} 읽을 때 {영화}를 기준으로 {사용자, 평점} 목록으로 처리
movie_ratings_dict, userIdList, movieIdList = \
    hgstat_ratings_dict__movlens(UserBase=UserBase)
print(f'ratings_dict: {len(movie_ratings_dict)}')
```

```
# 데이터 목록에서 'Toy Story' 제외한 나머지 상관계수 계산
movieId = movieIdList[0] # movieIdList[0]('Toy Story')
check_rvalue__ratings_dict_by_Id(movieId, userIdList, movie_ratings_dict)
>>>
ratings_dict: 9724
ID: 1, 상관계수 계산
rvalue_list (by r-value order):
순서 ID   상관계수
1    31140.462
2    12650.362
3    780  0.358
4    10730.357
5    648  0.353
6    788  0.350
7    23550.345
8    364  0.344
9    34   0.341
10   48860.331
...
상관계수 최댓값:[keyId:3114] 0.4618
상관계수 최솟값:[keyId:55908] -0.0811
```

[예제 20-4]에서는 사용자와 평점의 쌍으로 구성된 데이터 목록으로 영화에 대한 상관 계수를 계산하기 위해서 check_rvalue__ratings_dict_by_Id( ) 함수를 호출한다. 이 함수는 hgCoefficient_low() 함수를 이용하여 차례대로 전체 평점 목록에 대한 상관 계수를 측정하여 상관 계수가 큰 값을 기준으로 정렬한다. 출력 결과를 보면 영화 ID1 'Toy Story'와 상관 계수가 가장 높은 영화는 ID3114이며 상관 계수는 0.46이다. 상관 계수가 가장 낮은 ID55908의 평점 건수는 8건이며 'Toy Story'와 공통으로 평점을 매긴 사용자는 없다.

[표 20-6] 영화 ID1(Toy Story)과 다른 영화의 상관 계수

순서	영화ID	상관 계수	평점 건수
1	3114	0.462	97
2	1265	0.362	143
3	780	0.358	202
4	1073	0.357	119
5	648	0.353	162

[표 20-7] 영화 ID1과 ID3114의 평점 목록 비교

영화ID	평점건수	평점 목록(사용자ID, 평점)
1	215	[(1, 4.0), (5, 4.0), (7, 4.5), (15, 2.5), (17, 4.5), (18, 3.5), (19, 4.0), (21, 3.5), (27, 3.0) ...(599, 3.0), (600, 2.5), (601, 4.0), (603, 4.0), (604, 3.0), (605, 4.0), (606, 2.5), (607, 4.0), (608, 2.5), (609, 3.0), (610, 5.0)]
3114	97	[(7, 4.5), (19, 2.0), (20, 5.0), (21, 3.5), (27, 4.0), (45, 5.0), (50, 3.0) ... (579, 5.0), (580, 3.5), (586, 4.5), (587, 4.0), (591, 5.0), (596, 3.5), (600, 2.0), (601, 3.5), (605, 3.5), (607, 3.0), (608, 2.5), (610, 5.0)]

[예제 20-5]에서는 추천 결과를 확인하기 위해서 상관 계수를 비롯하여 영화 제목, 평점 평균, 평점 건수를 출력한다.

[예제 20-5]

```
def print_rvalue_movie__ratings_dict_by_movieId(movieId, movieIdList, userIdList,
    movie_ratings_dict, title_dict, PrintNum = 10):
    #---------------------
    rvalue_list = get_rvalue__ratings_dict_by_Id(movieId, userIdList, movie_ratings_dict)
    if(len(rvalue_list) <= 0):
        return
    #=rvalue_list : 상관계수가 큰 값부터 정렬된 상태
    #---------------------
    movie_title = title_dict[movieId]
    print(f'({movieId}) {movie_title}: 상관계수에 의한 영화 추천')
    print('순서\t영화ID\t상관계수\t평점 건수\t평점 평균\t영화 제목')
    for ri, rvalue_tuple in enumerate(rvalue_list): # format: [(Id, r-value),...]
        #-----
        rval_movieId = rvalue_tuple[0] # movieId
        r_value = rvalue_tuple[1]
        #-----
        movie_title = title_dict[rval_movieId]
        ratings_tuple_list = movie_ratings_dict[rval_movieId]
        avg_rating = hgstat_avg_rating__ratings_dict_by_movieId \
                        (rval_movieId, movie_ratings_dict)
        #-----
        print(f'{ri+1}', end='')
        print(f'\t{rval_movieId}', end='')
```

```
        print(f'\t%.3f' %(r_value), end='')
        print(f'\t{len(ratings_tuple_list)}', end='')
        print(f'\t%.3f' %(avg_rating), end='')
        print(f'\t{movie_title}')
        #
        if((ri + 1) >= PrintNum):
            break

#-----------------------------
#-----------------------------
UserBase=False # {ratings_dict} 읽을 때 {영화}를 기준으로 {사용자, 평점} 목록으로 처리
movie_ratings_dict, userIdList, movieIdList = \
    hgstat_ratings_dict__movlens(UserBase=UserBase)
#----------------
ModifyTilteYear = True # 'title'을 정확하게 찾으려면 이렇게 호출
# 'Toy Story (1995)' --> 'Toy Story'와 '(1995)'로 분리
title_dict, genres_dict_, movies_ = \
    hgstat_dicts_movielens(ModifyTilteYear=ModifyTilteYear)
print('title_dict:', len(title_dict))
#----------------
print('# {영화ID}로 영화 정보 출력하기(상관계수 높은 순서로 )')
movieId = 1 # {Toy Story}
print_rvalue_movie__ratings_dict_by_movieId(movieId,
    movieIdList, userIdList, movie_ratings_dict, title_dict=title_dict)
>>>
title_dict: 9742
# {영화ID}로 영화 정보 출력하기(상관계수 높은 순서로 )
(1) Toy Story (1995): 상관계수에 의한 영화 추천
순서 영화ID    상관계수 평점건수 평점 평균영화 제목
1   31140.462   97      3.861   Toy Story 2 (1999)
2   12650.362   143     3.944   Groundhog Day (1993)
3   780 0.358   202     3.446   Independence Day (a.k.a. ID4) (1996)
4   10730.357   119     3.874   Willy Wonka & the Chocolate Factory (1971)
5   648 0.353   162     3.537   Mission: Impossible (1996)
6   788 0.350   82      2.732   Nutty Professor, The (1996)
7   23550.345   92      3.516   Bug's Life, A (1998)
8   364 0.344   172     3.942   Lion King, The (1994)
9   34  0.341   128     3.652   Babe (1995)
10  48860.331   132     3.871   Monsters, Inc. (2001)
```

[예제 20-5]에서 영화를 기준으로 상관 계수가 큰 순서로 영화 관련 정보를 출력하기 위해서 print_rvalue_movie__ratings_dict_by_movieId( ) 함수를 이용한다. 영화 제목은 hgstat_dicts_movielens( ) 함수를 호출하여 'movies' 데이터를 출력하고 hgstat_avg_rating__ratings_dict_by_movieId() 함수를 호출하여 평점 목록으로부터 평점 평균을 계산한다.

[예제 20-5]의 출력 결과를 보면 가장 먼저 추천한 영화 ID3114(Toy Story 2)는 'Toy Story'의 시리즈이므로 예측 가능한 추천 결과이다. 그러나 두 번째로 추천한 'Groundhog Day'부터 'Nutty Professor'는 'Toy Story'와는 장르도 다르고 내용도 유사한 점이 없어 추천 결과가 어색하게 보인다. 예제의 추천 결과는 IMDb의 추천 결과와도 차이가 있다.

IMDb의 추천 목록을 보면, 장르가 동일한 영화를 추천하고 있으며 그 중에서도 시리즈에 속하는 영화를 우선적으로 추천함을 알 수 있다. 이러한 정보를 반영하여 추천하기 위해서는 영화 제작사를 비롯하여 장르, 감독, 출연자 등의 부가 정보, 이른바 콘텐츠 정보를 활용하는 것이 필요하다. 따라서 무비렌즈와 캐글에서 제공하는 파일 중 장르 속성과 시리즈 속성을 담고 있는 파일을 활용하면 추천 알고리즘을 개선할 수 있다.

한편 [예제 20-4]에서는 상관 계수를 측정하기 위해 고정 크기의 벡터화(배열) 과정을 거치는데 이를 위해 hgstat_vector__ratings_dict() 함수를 사용한다. 일반적으로 유사도를 측정할 때 비교 항목의 개수가 같다는 전제 하에 상관 계수를 계산하기 때문에 추천 알고리즘을 구현할 때 짝을 맞추어 연속형 배열로 변환한다. 그런데 영화에 따라 1개부터 329개까지 평점 양의 차이가 크고 값이 없는 항목이 많아 이러한 연속형 배열은 비효율적이다. 예를 들어 [표 20-8]과 같이 영화 ID3114의 97개 평점 데이터를 사용자 수에 해당하는 610개의 연속 배열로 확장해서 변환하면 대부분 값이 '0'으로 표시되어 공간 낭비가 발생한다.

[표 20-8] 영화 ID3114의 연속형 배열과 튜플형 데이터

방식	항목수	평점 목록
연속형 배열	610	[0, 0, 0, 0, 0, 0, 4.5, 0, 0, 0, 0, 0, 0, 0, 0, 0, 0, 0, 2.0, 5.0, 3.5, 0, 0, 0, 0, 0, 4.0, 0, 0, 0, 0, 0, 0, 0, 0, 0, 0, 0, 0, 0, 0, 0, 0, 0, 5.0, 0, 0, 0, 0, 3.0, ..., 0, 2.0, 3.5, 0, 0, 0, 3.5, 0, 3.0, 2.5, 0, 5.0]
튜플형 데이터	97	[(7, 4.5), (19, 2.0), (20, 5.0), (21, 3.5), (27, 4.0), (45, 5.0), (50, 3.0), (57, 4.0), (62, 3.0), (64, 4.0), (68, 3.0), (89, 3.0), (91, 4.0), (98, 4.5), (115, 5.0), (122, 5.0), ..., (608, 2.5), (610, 5.0)]

상관 계수는 비교 항목의 상관성을 측정하기 위해 전체 데이터를 차례대로 비교하는 것이므로 영화 추천 예제처럼 평균적으로 98.3%가 값이 없는 상태에서는 전체 데이터를 비교하지 않고 값이 있는 것만 비교하는 것이 효율적이다. 이를 위해 연속형 배열 대신 사전형 데이터를 이용하여 평점 데이터가 있는 항목만 비교하고 나머지는 한꺼번에 계산하면 불필요한 연산을 줄일 수 있다.

2. 콘텐츠 기반 영화 추천

앞 절에서는 협업 필터링 방식의 추천 알고리즘을 설명하였는데, 이 방식은 비교 대상이 있어야 추천이 가능하기 때문에 비교 대상이 없는 아이템 혹은 고객에게는 추천이 불가능하다. 또한 사용자의 구매 정보가 많지 않으면 비교 대상이 부족하여 적합한 상품의 추천도 어렵다. 이에 비해 콘텐츠 기반 추천 알고리즘은 사용자 정보에 의존하지 않고 콘텐츠 자체의 가치에 초점을 두어 추천하기 때문에 상관관계를 산출하기 어려운 경우에도 상품을 추천할 수 있다. 영화 추천에서도 장르, 제작자, 시리즈(collection) 등과 같은 콘텐츠 정보를 활용하면 추천 결과의 만족도를 높일 수 있다. 콘텐츠 기반 필터링으로 영화를 추천하기 위해 무비렌즈 영화 데이터 세트의 'movies.csv' 파일에서 장르 속성을, 캐글 영화 데이터 세트의 'movies_metadata.csv' 파일에서 시리즈(collection) 속성을 사용한다.

장르 데이터 읽기

무비렌즈 작은 데이터 세트의 movies.csv는 영화 제목(title)과 장르(genres) 속성을 담고 있다. movies.csv 파일은 평점 데이터(ratings.csv)처럼 데이터베이스의 항목을 쉼표(comma)로 구분한 텍스트 형식이기 때문에 데이터베이스 처리용으로 변환해야 한다.

[예제 20-6]은 movies.csv 파일을 읽은 후 데이터베이스 항목과 일부를 출력한다. movies.csv 파일을 읽기 위해 hgstat_movies_movielens( ) 함수를 사용하는데, 이 함수는 pandas 라이브러리의 read_csv( ) 함수를 호출하여 파일을 읽는다.

[예제 20-6]의 출력 결과를 보면 'movieId, title, genres'의 3개 항목으로 구성되어 있으며 총 9,742개의 데이터가 있다. 기술의 편의를 위해 movies.csv에서 읽은 세 개 항목의 데이터는 'movies 데이터'로 지칭한다.

[예제 20-6]

```
def hgstat_movies_movielens(ModifyTilteYear=False):
    import pandas as pd
    csv_data = movielens_filepath + 'movies.csv'
    movies =  pd.read_csv(csv_data)
    #---------------
    # {title}에 발표 연도가 포함되어 있어서 연도를 분리해야 한다.
    #---------------
    if(ModifyTilteYear == True):
        new_titles = []
        new_release = []
        movie_num = len(movies)
        for i in range(movie_num):
            title = movies.iloc[i]['title']
            # 'Toy Story (1995)' --> 'Toy Story'와 '(1995)'로 분리
            new_title = title[:-7] # ' (1995)' : 7글자
            new_year = title[len(title) - 6:] # '(1995)' : 앞에 공백을 지워서 6글자
            #
            new_year = new_year.replace('(','') # '(1995)' ==> '1995)'
            new_year = new_year.replace(')','') # '(1995)' ==> '1995'
            #
            new_titles.append(new_title)
            new_release.append(new_year)
        #
        movies.insert(2, "origin_title", new_titles, True)
        movies.insert(3, "release", new_release, True)
    #
    return movies

#---------------
movies = hgstat_movies_movielens() # movielens movies 읽어오기
print(movies)
print('movies.columns:', movies.columns.values)

# 시작부터 일부 출력
for i in range(len(movies)):
    print(movies.iloc[i].to_list())
    if((i + 1) >= 3):
```

```
        break
>>>
     movieId  ...                                         genres
0          1  ...  Adventure|Animation|Children|Comedy|Fantasy
1          2  ...                   Adventure|Children|Fantasy
2          3  ...                               Comedy|Romance
...      ...  ...                                          ...
9740  193587  ...                             Action|Animation
9741  193609  ...                                       Comedy

[9742 rows x 3 columns]

movies.columns: ['movieId' 'title' 'genres']
[1, 'Toy Story (1995)', 'Adventure|Animation|Children|Comedy|Fantasy']
[2, 'Jumanji (1995)', 'Adventure|Children|Fantasy']
[3, 'Grumpier Old Men (1995)', 'Comedy|Romance']
```

[표 20-9] movies 데이터 항목 및 설명

순서	항목	설명
1	movieId	영화ID(ratings.csv 파일의 movieId와 동일)
2	title	제목(제목 뒤에 발표 시기 포함)
3	genres	장르(하나 이상의 장르 태그)

장르 데이터의 사전 변환

[예제 20-6]의 출력 결과를 보면 첫 번째로 등록된 영화 movie Id1은 1995년에 발표한 'Toy Story'로, 장르 정보는 '|' 문자로 연결된 'Adventure | Animation | Children | Comedy | Fantasy'의 문자열 형식(format)으로 출력된다. 추천 알고리즘에서 movies 데이터를 사용하려면 영화ID로 영화 제목과 장르를 탐색할 수 있도록 각각 영화 제목 사전과 장르 사전으로 변환해야 하는데, 이때 장르는 세부 항목이 둘 이상인 경우 '|' 문자로 분리하여 목록(list)으로 관리한다.

[예제 20-7]에서는 hgstat_dicts_movielens() 함수를 이용하여 movies 데이터를 제목 사전과 장르 사전으로 변환한 후에 일부를 출력한다. 이 사전들은 모두 영화ID를 키(key)로 사용하기 때문에 영화ID로 제목과 장르를 탐색한다.

[예제 20-7]

```
def hgstat_dicts_movielens(ModifyTilteYear=False, imax_exc=False):
    #----------------
    # movieId,title,genres
    # 1,Toy Story (1995),Adventure|Animation|Children|Comedy|Fantasy
    #----------------
    movies =  hgstat_movies_movielens(ModifyTilteYear=ModifyTilteYear)

    gentres_key = 'IMAX'
    genres_dict = {}
    title_dict = {}
    for mi in range(len(movies)):
        movieId = movies.iloc[mi]['movieId']
        genres = movies.iloc[mi]['genres']
        genres_list = genres.split('|')
        if(imax_exc == True): # 'IMAX'는 제와
            if(gentres_key in genres_list):
                genres_list.remove(gentres_key)
        #
        genres_dict[movieId] = genres_list
        #-----
        title = movies.iloc[mi]['title']
        title_dict[movieId] = title
    #
    return title_dict, genres_dict, movies

#----------------------------
#----------------------------
ModifyTilteYear = True # 'title'을 정확하게 찾으려면 이렇게 호출
# 'Toy Story (1995)' --> 'Toy Story'와 '(1995)'로 분리

title_dict, genres_dict, movies_ = \
    hgstat_dicts_movielens(ModifyTilteYear=ModifyTilteYear)
print('title_dict:', len(title_dict))
print(f'genres_dict:', len(genres_dict))
print()
print('순서\t영화ID\t영화 제목')
```

```
for ti, movieId in enumerate(title_dict):
    print(f'{ti+1}\t{movieId}\t{title_dict[movieId]}')
    if((ti + 1)>= 3):
        break
print()
print('순서\t영화ID\t장르 목록')
for li, movieId in enumerate(genres_dict):
    jenre = genres_dict[movieId]
    print(f'{li+1}\t{movieId}\t{jenre}')
    if((li + 1) >= 3):
        break
>>>
title_dict: 9742
genres_dict: 9742

순서 영화ID        영화 제목
1    1    Toy Story (1995)
2    2    Jumanji (1995)
3    3    Grumpier Old Men (1995)

순서 영화ID        장르 목록
1    1    ['Adventure', 'Animation', 'Children', 'Comedy', 'Fantasy']
2    2    ['Adventure', 'Children', 'Fantasy']
3    3    ['Comedy', 'Romance']
```

한편 hgstat_dicts_movielens() 함수는 내부적으로 pandas의 read_csv() 함수가 반환한 데이터프레임으로 처리하기 때문에 예제처럼 사전으로 변환하지 않고 직접 데이터프레임을 사용해도 된다. 그러나 직접 데이터프레임을 사용하면 사용법이 복잡한 데이터프레임의 구조를 기억해야 하기 때문에 이 책에서는 내부 동작 과정을 절차적으로 이해할 수 있도록 hgstat_dicts_movielens() 함수를 사용한다.

시리즈 데이터 읽기

시리즈 데이터는 캐글 영화 데이터 세트를 이용한다. 캐글 영화 데이터 세트는 무비렌즈 데이터 세트와 TMDb(The Movie Database)를 합쳐서 만든 것으로, 영화 시리즈 속성과 줄거리(overview) 속성이 포함되어 있다. 캐글 영화 데이터 세트에는 총 7개의 파일이 있으며 확장자는 모두 'csv'이다. 이 책에서는 추천 알고리즘 구현에 필요한 'links.csv, movies_metadata.csv, ratings_small.csv' 파일만 사용한다.

[표 20-10] **캐글 영화 데이터 세트**

순서	파일명	파일 크기(byte)	내용
1	credits.csv	189,917,659	참여자
2	keywords.csv	6,231,943	키워드
3	links.csv	989,107	연결(전체)
4	links_small.csv	183,372	연결(작은)
5	movies_metadata.csv	34,445,126	제목, 장르, 발표 시기
6	ratings.csv	709,550,327	평점(전체)
7	ratings_small.csv	2,438,266	평점(작은)

캐글 데이터 세트의 'movies_metadata.csv'는 영화 제목, 장르, 줄거리, 시리즈, 키워드, 참여자(Credits), 배우 등 다양한 정보를 담고 있다. 해당 파일에서 영화 추천에 필요한 데이터를 얻기 위해서는 먼저 어떤 데이터를 제공하는지 확인해야 하는데, 이를 위해 쉼표(comma)로 구분한 텍스트 형식의 movies_metadata.csv를 데이터베이스 처리용으로 변환한다. [예제 20-8]은 movies_metadata.csv 파일을 읽은 후 데이터베이스 항목을 출력한다. 예제에서는 hgstat_metadata_kaggle() 함수를 사용하는데 이 함수는 pandas 라이브러리의 read_csv() 함수를 호출하여 파일을 읽는다.

[예제 20-8]

```
def hgstat_metadata_kaggle(AllFlag=True, OverviewFlag=False):
    import pandas as pd
    csv_data = kaggle_filepath + "movies_metadata.csv"

    if(AllFlag == True):
        # 모든 항목(총:24)을 사용
        movies_metadata =  pd.read_csv(csv_data)
    else:
        if(OverviewFlag == False): # {overview: 줄거리(짧은 문장)}만 읽을 것인가
            csv_option = ['id', 'imdb_id', 'original_title', 'overview', 'genres',
                    'release_date', 'vote_average', 'vote_count', 'belongs_to_collection',
                    ] # 총 9개 항목
        else:
```

```
            csv_option = ['id', 'overview'] # 줄거리만 사용
        movies_metadata = pd.read_csv(csv_data, usecols = csv_option)
    #
    return movies_metadata
>>>
movies_metadata =  hgstat_metadata_kaggle()
print(movies_metadata)
print(f'movies_metadata.columns {(len(movies_metadata.columns.values))} :')
print(movies_metadata.columns.values.tolist())
print(), print(movies_metadata.iloc[0]) # 첫 번째 항목 출력
>>>
       adult  ... vote_count
0      False  ...     5415.0
1      False  ...     2413.0
2      False  ...       92.0
...      ...  ...        ...
45464  False  ...        0.0
45465  False  ...        0.0

[45466 rows x 24 columns]

movies_metadata.columns 24 :
['adult', 'belongs_to_collection', 'budget', 'genres', 'homepage', 'id', 'imdb_id', ..., 'overview',
..., 'release_date', ..., 'runtime', 'spoken_languages',  'title', 'video', 'vote_average', 'vote_count']

adult                                                                    False
belongs_to_collection    {'id': 10194, 'name': 'Toy Story Collection', ...
budget                                                                30000000
genres                     [{'id': 16, 'name': 'Animation'}, {'id': 35, '...
homepage                                 http://toystory.disney.com/toy-story
...
```

[예제 20-8]에서는 movies_metadata.csv 파일을 확인하기 위해 세 가지 유형으로 데이터를 출력한다. 먼저 read_csv() 함수가 반환한 데이터프레임을 그대로 출력한다. 출력 결과를 보면 24개의 항목으로 된 45,466개의 데이터를 확인할 수 있다. 두 번째는 구체적으로 24개 항목의 이름을 출력하여 제공 데이터의 종류를 확인하는데 이 중에는 시리즈 데이터(belongs_to_collection)와 줄거리 데이터(overview)가 있다. 마지막으로 첫 번째 등록된 영화의 24개 속성을 알파벳 순서로 출력한다. 첫 번째 등록된 영화의 제목(title)은 'Toy Story'이며,

'Pixar Animation Studios'라는 제작사(production_companies)가 1995년(release_date)에 발표한 것으로, 'Toy Story Collection' 시리즈(belongs_to_collection)이며 애니메이션(animation)을 비롯한 여러 장르(genres)에 속한다. movies_metadata.csv에서 변환한 데이터는 설명의 편의를 위해 메타데이터(metadata)로 지칭한다.

[표 20-11] movies_metadata.csv **주요 항목 설명**

항목	설명	내용
adult	성인용 구분	False
belongs_to_collection	시리즈 영화	{'id': 10194, 'name': 'Toy Story Collection', ...
genres	장르	[{'id': 16, 'name': 'Animation'}, {'id': 35, '...
homepage	홈페이지	http://toystory.disney.com/toy-story
id	메타데이터 ID(tmdbId)	862
imdb_id	imdb ID	tt0114709
original_language	원래 언어	en
original_title	원래 제목	Toy Story
overview	줄거리	Led by Woody, Andy's toys live happily in his ...
popularity	인기도	21.9469
poster_path	포스터 경로	/rhIRbceoE9lR4veEXuwCC2wARtG.jpg
production_companies	제작사	[{'name': 'Pixar Animation Studios', 'id': 3}]
production_countries	제작 국가	[{'iso_3166_1': 'US', 'name': 'United States o...
release_date	발표일	1995-10-30
runtime	상영 시간	81
title	제목	Toy Story
vote_average	평점 평균	7.7
vote_count	평점 투표수	5415

한편 영화 추천 알고리즘에서 메타데이터를 사용하려면 평점 데이터와 연결해야 한다. 앞서 살펴본 평점 데이터는 영화ID와 사용자ID를 탐색 키로 사용하였지만 [표 20-11]에서 보듯이 메타데이터는 영화ID에 대한 식별 항목이 없다. 따라서 평점 데이터의 영화ID로 메타데이터를 탐색하기 위해 중간에 연결해 주는 연결 파일(links.csv)을 사용해야 한다.

[예제 20-9]는 links.csv 파일을 읽기 위해 hgstat_links_kaggle() 함수를 사용하는데 이 함수는 pandas 라이브러리의 read_csv( ) 함수를 호출하여 데이터를 읽는다.

[표 20-12] links.csv 파일 보기

순서	항목	설명
1	movieId	영화ID (ratings.csv의 movieId)
2	imdbId	IMDb ID (www.imdb.com)
3	tmdbId	TMDbID ⇒ 메타데이터 id (https://www.themoviedb.org)

```
links.csv - Windows 메모장
파일(F) 편집(E) 서식(O) 보기(V) 도움말(H)
movieId,imdbId,tmdbId
1,0114709,862
2,0113497,8844
3,0113228,15602
4,0114885,31357
5,0113041,11862
6,0113277,949
7,0114319,11860
8,0112302,45325
9,0114576,9091
10,0113189,710
```

[예제 20-9]

```
def hgstat_links_kaggle():
    import pandas as pd
    csv_data = kaggle_filepath + "links.csv"
    links = pd.read_csv(csv_data) # ['movieId' 'imdbId' 'tmdbId']
    return links

def hgstat_get_metadataId_by_movieId(movieId, links):
    # movieId: ratins_list의 movieId
    links_movieId_inx = links.index[links['movieId'] == movieId]
    metadata_id = links.iloc[links_movieId_inx]['tmdbId']
    return metadata_id

def hgstat_get_title_kaggle_by_metadataId(metadataId, movies_metadata):
    # movieId: ratins_list의 movieId
    #-----
    metadataId_str = str(metadataId) # int -> string
    movies_find = movies_metadata[movies_metadata['id'] == metadataId_str]
    movie_title = movies_find['original_title'].values[0]
    return movie_title

def hgstat_get_genres_kaggle_by_metadataId(metadataId, movies_metadata):
...
def hgstat_get_overview_kaggle_by_metadataId(metadataId, movies_metadata):
...

#---------------
#---------------
movies_metadata = hgstat_metadata_kaggle(AllFlag=False)
```

```
links = hgstat_links_kaggle()
print(links)

print('# 영화ID로 영화 제목, 장르, 줄거리 출력')
movieId_list = [
    1, # 'Toy Story'
    3114, # 'Toy Story 2'
    2355, # Bug's Life, A (1998)
]
for li, movieId in enumerate(movieId_list):
    metadata_id = hgstat_get_metadataId_by_movieId(movieId, links)
    movie_title = hgstat_get_title_kaggle_by_metadataId(metadata_id, movies_metadata)
    genres_list = hgstat_get_genres_kaggle_by_metadataId(metadata_id, movies_metadata)
    overview = hgstat_get_overview_kaggle_by_metadataId(metadata_id, movies_metadata)
    #
    print(f'{li+1}\t{movieId}\t{metadata_id}\t{movie_title}\t{genres_list}\t{overview}')
>>>
       movieId  imdbId   tmdbId
0            1  114709    862.0
1            2  113497   8844.0
2            3  113228  15602.0
...        ...     ...      ...
45841   176275    8536  227506.0
45842   176279 6980792  461257.0

[45843 rows x 3 columns]

# 영화ID로 영화 제목, 장르, 줄거리 출력
1 1      862   Toy Story ['Animation','Comedy','Family'] Led by Woody, Andy's toys ...
2 3114 863   Toy Story 2 ['Animation','Comedy','Family'] Andy heads off to Cowboy ...
3 2355 9487  A Bug's Life ['Adventure','Animation','Comedy', 'Family'] On behalf of ...
```

[예제 20-9]에서 연결(link) 데이터의 출력 결과를 보면 'movieId, imdbId, tmdbId'의 3개 항목으로 된 45,843개의 데이터를 확인할 수 있다. 연결 데이터의 tmdbId는 메타데이터의 id를 가리키는 것이므로 이 값을 메타데이터의 탐색 키로 사용한다. 예제에서는 hgstat_get_metadataId_by_movieId() 함수를 이용하여 영화ID를 메타데이터ID로 변환하여 해당 영화의 제목, 장르, 줄거리를 탐색하여 출력한다.

[표 20-13] t2bot 메타데이터 탐색 함수

함수	입력 매개변수	출력 변수
hgstat_get_metadataId_by_movieId	movieId, links	메타데이터 id
hgstat_get_title_kaggle_by_metadataId	metadata_id, movies_metadata	제목
hgstat_get_genres_kaggle_by_metadataId	metadata_id, movies_metadata	장르
hgstat_get_overview_kaggle_by_metadataId	metadata_id, movies_metadata	줄거리

시리즈 데이터의 사전 변환

영화 추천 알고리즘에서 시리즈 데이터를 사용하기 위해서는 메타데이터의 시리즈(belongs_to_collection) 데이터를 사전으로 변환해야 한다. [예제 20-10]은 영화ID로 시리즈 속성을 탐색하기 위해 메타데이터로부터 시리즈 사전을 생성한다. 이때 메타데이터는 영화ID(movieId)로 찾을 수 없기 때문에 앞서 설명한 연결(links) 데이터를 사용한다.

[예제 20-10]

```
def hgstat_collection_dict__kagmov(movies_metadata, links):
    belongs_to_collection = movies_metadata['belongs_to_collection'].tolist()
    #
    collection_dict = {}
    belong_to_collection_dict = {}
    # <belongs_to_collection> 내용이 있는 것 중에서 컬렉션 사전 목록 생성
    for bi, item in enumerate(belongs_to_collection):
        #
        metadataId = movies_metadata.iloc[bi]['id']
        movieId = hgstat_get_movieId_by_metadataId(metadataId, links)
        collection_value = belongs_to_collection[bi]
        CollectionDict = eval(collection_value)
        CollectionID = CollectionDict['id']
        CollectionName = CollectionDict['name']
        CollectionName_Check = None
        try: # 중간에 비정상적인 데이터가 있을 수 있다.
            CollectionName_Check = collection_dict[CollectionID]
        except KeyError:#{KeyError:10194}발생, kag-mov와 mov-len 혼용할 때
            pass
        if(CollectionName_Check == None):
            collection_dict[CollectionID] = CollectionName
        #
```

```
        belong_to_collection_dict[movieId] = CollectionName
    #==========
    return belong_to_collection_dict, collection_dict

def hgstat_title_dict__kagmov(movies_metadata, links)
...

def hgstat_genres_dict__kagmov(movies_metadata, links)
...

#---------------------
#---------------------
movies_metadata = hgstat_metadata_kaggle(AllFlag=False)
links = hgstat_links_kaggle()

belong_to_collection_dict, collection_dict = \
    hgstat_collection_dict__kagmov(movies_metadata, links)
print('belong_to_collection_dict:', len(belong_to_collection_dict))
print('collection_dict:', len(collection_dict))

print('순서\t영화ID\t시리즈')
for ti, movieId_cur in enumerate(belong_to_collection_dict):
    print(f'{ti+1}\t{movieId_cur}\t{belong_to_collection_dict[movieId_cur]}')
    if((ti + 1)>= 3):
        break
print()
print('순서\t시리즈ID\t시리즈')
for li, collectId in enumerate(collection_dict):
    print(f'{li+1}\t{collectId}\t{collection_dict[collectId]}')
    if((li + 1) >= 3):
        break

title_dict, movies_metadata_ = hgstat_title_dict__kagmov(movies_metadata, links)
genres_dict, movies_metadata_ = hgstat_genres_dict__kagmov(movies_metadata, links)
#---------------------
#---------------------
print('# 영화ID로 영화 제목, 시리즈, 장르 출력')
movieId_list = [
    1, # 'Toy Story'
```

```
    3114, # 'Toy Story 2'
    2355, # Bug's Life, A (1998)
    4886, # Monsters, Inc. (2001)
    6377, # Finding Nemo (2003)
]
for li, movieId in enumerate(movieId_list):
    CollectionName = ""
    if(movieId in belong_to_collection_dict): # 시리즈 사전 탐색
        CollectionName = belong_to_collection_dict[movieId]
    #
    movie_title = title_dict[movieId]
    genres_list = genres_dict[movieId]
    print(f'{li+1}\t{movieId}\t{movie_title}\t{CollectionName}\t{genres_list}')
>>>
belong_to_collection_dict: 4485
collection_dict: 1695
순서 영화ID       시리즈
1    1    Toy Story Collection
2    3    Grumpy Old Men Collection
3    5    Father of the Bride Collection

순서 시리즈ID     시리즈
1    10194       Toy Story Collection
2    119050      Grumpy Old Men Collection
3    96871       Father of the Bride Collection

# 영화ID로 영화 제목, 시리즈, 장르 출력
1    1    Toy Story        Toy Story Collection        ['Animation', 'Comedy', 'Family']
2    3114Toy Story 2      Toy Story Collection        ['Animation', 'Comedy', 'Family']
3    2355A Bug's Life              ['Adventure', 'Animation', 'Comedy', 'Family']
4    4886Monsters, Inc.   Monsters, Inc. Collection   ['Animation', 'Comedy', 'Family']
5    6377Finding Nemo     Finding Nemo Collection     ['Animation', 'Family']
```

[예제 20-10]에서는 hgstat_collection_dict__kagmov() 함수를 이용하여 시리즈 데이터를 사전으로 변환하여 출력한다. 메타데이터의 시리즈(collection_dict)는 총 1,695개이며 시리즈(belong_to_collection_dict) 속성을 가지고 있는 영화는 4,485개이다. 또한 예제에서는 메타데이터에 포함된 영화 제목과 장르 속성을 사전으로 변환하여 영화 제목과 장르를 출력할 때 사용한다. 출력 결과를 보면 시리즈 속성을 지닌 영화만 시리즈 사전의 정보가 출력되기 때문에

"A Bug's Life"는 시리즈 내용이 비어 있다.

한편 시리즈 속성을 비롯하여 메타데이터의 모든 속성은 내부적으로 pandas의 read_csv() 함수가 반환한 데이터프레임으로 처리하기 때문에 예제처럼 사전으로 변환하지 않고 직접 데이터프레임을 사용해도 된다. 그러나 직접 데이터프레임을 사용하면 사용법이 복잡한 데이터프레임의 구조를 기억해야 하기 때문에 이 책에서는 내부 처리 과정을 절차적으로 이해할 수 있도록 사전형 함수를 사용한다. 또한 캐글 메타데이터의 영화 제목과 장르는 무비렌즈 "movies.csv" 파일(영화 제목과 장르)과 일치하지 않으므로 혼용하지 않도록 유의한다.

[표 20-14] t2bot 메타데이터 변환 사전

함수	반환 변수	사전 내용
hgstat_title_dict__kagmov	title_dict	제목
hgstat_genres_dict__kagmov	genres_dict	장르
hgstat_collection_dict__kagmov	belong_to_collection_dict, collection_dict	시리즈
hgstat_vote_average_dict__kagmov	vote_average_dict	평점 평균
hgstat_vote_count_dict__kagmov	vote_count_dict	평점 참여자 수
hgstat_overview_dict__kagmov	overview_dict	줄거리

장르 유사도 측정 및 가중치 적용

장르 유사도는 두 영화의 장르를 비교하여 유사 정도를 측정하는 것으로 영화 추천 알고리즘에서 장르 가중치를 적용하는 데에 활용할 수 있다. 장르 가중치를 활용하려면 먼저 장르 유사도를 계산해야 한다. [예제 20-11]에서는 영화 ID1(Toy Story)과 다른 영화의 장르를 비교하여 공통적으로 얼마나 일치하는지를 비율로 나타낸다. 이러한 장르 일치 비율은 장르의 유사도로 사용한다.

[예제 20-11]

```
def get_genres_similarity_by_set2(GenreSet_Base,GenreSet_Comp,GenresRawMode=False):
    # 장르 유사도 계산
    GenreSimilarity = 0 # 유사도가 클수록 비슷하기 때문에 최소 유사도 '0'으로 초기화
    GenreIntersec = set()
    if((len(GenreSet_Comp) > 0) and (len(GenreSet_Base) > 0)):
        GenreIntersec = GenreSet_Comp.intersection(GenreSet_Base)
        if(GenresRawMode == True): # 포함 일치
```

```
            #-----
            # 비교 대상의 장르가 기준보다 많을 경우에
            # 장르는 기준(base)과 비슷하지만 다른 장르를 포함하고 있기 때문에
            # 더 어색한 것을 먼저 보여준다.
            #-----
            # 공통 장르 비율
            GenreSet_BaseRate = len(GenreIntersec) / len(GenreSet_Base)# 공통 장르 비율
            GenreValRate = GenreSet_BaseRate
        else:
            # 완전 일치하는 비율
            GenreSet_CompRate = len(GenreIntersec)/len(GenreSet_Comp)#공통 장르 비율
            GenreSet_BaseRate = len(GenreIntersec) / len(GenreSet_Base)# 공통 장르 비율
            GenreValRate = GenreSet_CompRate * GenreSet_BaseRate
        #
        GenreSimilarity = GenreValRate
    #
    return GenreSimilarity, GenreIntersec

def hgstat_get_genres_similarity_by_movieId2 \
    (movieId_b, movieId_c, genres_dict, GenresRawMode=False):
    # 장르 유사도 계산
    GenreSet_Base = set(genres_dict[movieId_b])
    GenreSet_Comp = set(genres_dict[movieId_c])
    GenreSimilarity, GenreIntersec = get_genres_similarity_by_set2 \
            (GenreSet_Base, GenreSet_Comp, GenresRawMode=GenresRawMode)
    return GenreSimilarity, GenreIntersec

#-----------------
# movies 데이터를 사전으로 변환
#-----------------
ModifyTilteYear = True # 'title'을 정확하게 찾으려면 이렇게 호출
# 'Toy Story (1995)' --> 'Toy Story'와 '(1995)'로 분리
title_dict, genres_dict, movies = hgstat_dicts_movielens(ModifyTilteYear=ModifyTilteYear)
print(f'genres_dict [{len(genres_dict)}]:')

# 'Toy Story'와 'Groundhog Day' 장르 유사도 측정
FindMovieId = 1 # 첫 번째 영화() #= : Toy Story
CompMovieId = 1265 # 'Groundhog Day'
GenreSimilarity, GenreIntersec = hgstat_get_genres_similarity_by_movieId2 \
```

```
            (FindMovieId, CompMovieId, genres_dict, GenresRawMode=True)
print(f'[{FindMovieId} ^ {CompMovieId}] GenreSimilarity: %.3f' % GenreSimilarity)
print(f'GenreIntersec [{len(GenreIntersec)}] : {GenreIntersec}')

# 'Toy Story'와 'Monsters, Inc.' 장르 유사도 측정
CompMovieId = 4886 # 'Monsters, Inc.'
GenreSimilarity, GenreIntersec = hgstat_get_genres_similarity_by_movieId2 \
            (FindMovieId, CompMovieId, genres_dict, GenresRawMode=True)
print(f'[{FindMovieId} ^ {CompMovieId}] GenreSimilarity: %.3f' % GenreSimilarity)
print(f'GenreIntersec [{len(GenreIntersec)}] : {GenreIntersec}')
>>>
genres_dict : 9742
[1 ^ 1265] GenreSimilarity: 0.400
GenreIntersec [2] : {'Comedy', 'Fantasy'}

[1 ^ 4886] GenreSimilarity: 1.000
GenreIntersec [5] : {'Adventure', 'Comedy', 'Fantasy', 'Animation', 'Children'}
```

[예제 20-11]은 hgstat_dicts_movielens() 함수로 movies 데이터를 읽은 후 hgstat_get_genres_similarity_by_movieId2() 함수를 호출하여 장르 유사도를 측정한다. 예제에서는 평점 데이터를 기준으로 'Toy Story'와 상관 계수가 높은 영화 2개의 장르 유사도를 비교한다. 영화 ID1(Toy Story)과 ID1265(Groundhog Day)의 장르를 비교하면 공통적으로 일치하는 장르는 2개이므로 유사도는 0.4로 측정된다. 반면 ID1(Toy Story)과 ID4886(Monsters, Inc.)의 장르를 비교하면 완전히 일치하므로 1.0으로 측정된다.

[표 20-15] 영화 ID1(Toy Story)과의 장르 유사도

영화ID	제목	장르수	유사도	장르
1	Toy Story(1995)	5	1.0	Animation, Comedy, Fantasy, Adventure, Children
1265	Groundhog Day(1993)	3	0.4	Comedy, Romance, Fantasy
4886	Monsters, Inc.(2001)	5	1.0	Animation, Comedy, Fantasy, Adventure, Children

[예제 20-12]에서는 영화 추천 알고리즘의 성능을 개선하기 위해 영화를 기준으로 상관 계수를 측정한 후 장르 가중치를 반영하여 영화를 추천한다.

[예제 20-12]

```
def hgstat_get_similarity_movie_by_movieId(movieId, movieIdList, userIdList,
    movie_ratings_dict, title_dict, genres_dict, GenresRawMode=False):
    #----------------------
    # 전체 평점 데이터를 대상으로 상관계수 측정
    rvalue_list = get_rvalue__ratings_dict_by_Id(movieId, userIdList, movie_ratings_dict)
    if(len(rvalue_list) <= 0):
        return
    #=rvalue_list : 상관계수가 큰 값부터 정렬된 상태

    #----------------------
    GenreSet_Base = set(genres_dict[movieId]) # 영화(movieId) 장르 집합
    r_value_max = 0 # 상관계수가 클수록 비슷하기 때문에 최솟값 '0'으로 초기화
    MovieSimilarity = []
    for ri, rvalue_tuple in enumerate(rvalue_list): # format: [(Id, r-value),...]
        TotalSimilarity = 0
        #-----
        rval_movieId = int(rvalue_tuple[0]) # movieId
        r_value = rvalue_tuple[1] # 상관계수
        if(r_value_max < r_value): # 상관계수 최댓값 구하기
            r_value_max = r_value

        # 장르 유사도 가중치
        # 유사도가 클수록 비슷하기 때문에 최소 유사도 '0'
        GenreSet_Comp = set(genres_dict[rval_movieId])
        GenreSimilarity, GenreIntersec = get_genres_similarity_by_set2 \
                (GenreSet_Base, GenreSet_Comp, GenresRawMode=GenresRawMode)
        # 장르 유사도 재조정(상관계수 범위 이내로 줄임)
        GenreSimilarity *= r_value_max

        GenreAlpha = 0.5 # 장르는 절반(1/2)만 반영한다.
        GenreSimilarity *= GenreAlpha

        # 장르 가중치 반영
        TotalSimilarity += GenreSimilarity

        #-----------
        #-----------
```

```
        TotalSimilarity += r_value
        MovieSimilarity_j = {
            'movieId': rval_movieId, # 영화ID
            'similarity': TotalSimilarity, # 전체 유사도
            'r_value': r_value, # 상관계수
            'genres': GenreSet_Comp, # 비교 영화 장르
            'GenreSimilarity': GenreSimilarity, # 비교 장르 유사도
        }
        MovieSimilarity.append(MovieSimilarity_j)
        #break

    # 유사도를 기준으로 정렬
    MovieSimilarity.sort(key = lambda item: -(item['similarity'])) # 유사도(by high)
    #
    return MovieSimilarity

#================================
#================================
UserBase=False # {ratings_dict} 읽을 때 {영화}를 기준으로 {사용자, 평점} 목록으로 처리
movie_ratings_dict, userIdList, movieIdList = \
    hgstat_ratings_dict__movlens(UserBase=UserBase)
#--- (장르 완전 일치)를 적용하려면 장르에서 'IMAX'를 지우는 것이 좋다.
ModifyTilteYear = True # 'title'을 정확하게 찾으려면 이렇게 호출
title_dict, genres_dict, movies_ = hgstat_dicts_movielens \
            (ModifyTilteYear=ModifyTilteYear, imax_exc=True)
#---
#=printShortFormat = True # 간단하게 1줄로 출력(True:예)
#=GenresRawMode=True # 포함 일치
GenresRawMode = False # 완전 일치
movieId = 1 # 첫 번째 영화() #= 1: Toy Story

MovieSimilarity = hgstat_get_similarity_movie_by_movieId(
    movieId, movieIdList, userIdList, movie_ratings_dict,
    title_dict = title_dict,
    genres_dict=genres_dict, GenresRawMode=GenresRawMode)
hgstat_print_similarity_movie(MovieSimilarity,
    movieId, title_dict, genres_dict, printShortFormat=True)
#================================
>>>
```

```
<1> : Toy Story (1995)
Genre: {'Fantasy', 'Children', 'Comedy', 'Animation', 'Adventure'}

순서 movieId    similarity r-value genre_sim         title
1    3114       0.693      0.462   0.231              Toy Story 2 (1999)
2    4886       0.562      0.331   0.231              Monsters, Inc. (2001)
3    78499      0.547      0.316   0.231              Toy Story 3 (2010)
4    2355       0.530      0.345   0.185              Bug's Life, A (1998)
5    4306       0.521      0.329   0.192              Shrek (2001)
6    2294       0.495      0.264   0.231              Antz (1998)
7    6730.479   0.286      0.192             Space Jam (1996)
8    6377       0.478      0.293   0.185              Finding Nemo (2003)
9    2054       0.476      0.329   0.148              Honey, I Shrunk the Kids (1989)
10   5880.464   0.317      0.148             Aladdin (1992)
```

[예제 20-12]에서는 장르 가중치를 반영하여 영화의 유사도를 측정하기 위해 hgstat_get_similarity_movie_by_movieId() 함수를 호출한다. 이 함수는 영화 전체 목록을 대상으로 상관 계수와 장르 가중치를 조합하여 영화에 대한 유사도를 측정한다. 장르 유사도는 장르 항목의 일치 비율로 계산하고, 상관 계수보다 영향력이 커지는 것을 방지하기 위해 상관 계수의 최댓값 이내로 지정한다. 이때 장르 유사도의 반영 비율을 조절하기 위한 변수(GenreAlpha)를 사용한다. 장르 유사도가 얼마나 반영되느냐에 따라서 추천 순위가 달라지므로 이 책에서는 GenreAlpha 값을 절반(0.5)만 반영한다.

장르 유사도를 적용하는 방법은 다음과 같다. 'Toy Story 2'(ID 3114)는 'Toy Story'(ID 1)와 장르가 완전히 일치하므로 상관 계수의 최댓값인 0.462를 장르 유사도로 결정한다. 그리고 장르 유사도 반영 비율을 조절하는 GenreAlpha(0.5)값을 적용하여 0.231로 낮추어 최종적으로 상관 계수(0.462)와 장르 유사도(0.231)를 더한 값(0.693)을 ID3114의 유사도로 결정한다. 'Bug's Life'(ID 2355)는 4/5개의 장르만 일치하므로 상관 계수의 최댓값인 0.462의 80%만 반영하여 0.370을 장르 유사도로 결정한 후에 GenreAlpha(0.5)값을 반영하여 최종 장르 유사도는 0.185를 적용한다. 이렇게 상관 계수와 장르 가중치를 반영하면 앞서 [예제 20-5]의 출력 결과와 달리 장르가 같은 'Monsters, Inc.'와 'Toy Story 3' 등이 먼저 추천되는 것을 확인할 수 있다. 한편 예제에서 사용한 장르 가중치 알고리즘은 하나의 예시이므로 장르 가중치를 반영할 때에는 다른 알고리즘을 사용하거나 자신만의 방식을 적용하는 것도 가능하다.

시리즈 가중치 적용

추천 알고리즘에 시리즈 가중치를 추가하면 추천 알고리즘의 성능을 개선할 수 있다. 앞서 제시한 [예제 20-12]에서 movieId를 'Mission: Impossible'(ID648)로 변경하여 추천하면 [표 20-16]과 같다. 표를 보면 비슷한 장르의 영화를 추천하고 있지만, 'Mission: Impossible' 시리즈를 먼저 추천하는 것이 필요하다. IMDb에서는 해당 영화의 시리즈를 먼저 추천하고 주인공이 같거나 비슷한 장르의 영화를 차례로 추천하고 있으므로 이 책에서도 시리즈 가중치를 적용하여 추천 알고리즘을 개선한다.

[표 20-16] Mission: Impossible **추천 목록**

순위	영화 제목	유사도	상관 계수	장르 가중치
1	Independence Day (a.k.a. ID4) (1996)	0.712	0.556	0.156
2	Rock, The (1996)	0.656	0.447	0.208
3	Twister (1996)	0.635	0.478	0.156
4	GoldenEye (1995)	0.629	0.420	0.208
5	Jurassic Park (1993)	0.576	0.419	0.156
6	Broken Arrow (1996)	0.574	0.366	0.208
7	Con Air (1997)	0.560	0.352	0.208
8	Die Hard 2 (1990)	0.544	0.336	0.208
9	Tomorrow Never Dies (1997)	0.541	0.333	0.208
10	Executive Decision (1996)	0.539	0.330	0.208
11	Mission: Impossible III (2006)	0.521	0.313	0.208
12	Mission: Impossible II (2000)	0.496	0.288	0.208

IMDb처럼 시리즈 가중치를 반영하여 추천 알고리즘을 개선하기 위해 캐글 메타데이터의 시리즈(belongs_to_collection) 데이터를 사용한다. [예제 20-13]에서는 영화 전체 목록을 대상으로 유사도를 측정할 때 상관 계수와 장르 가중치, 시리즈 가중치를 모두 적용한다.

[예제 20-13]

```
def hgstat_get_similarity_movie_by_movieId(movieId, ..., belong_to_collection_dict=None):
...
    # 전체 평점 데이터를 대상으로 상관계수 측정
    rvalue_list = get_rvalue__ratings_dict_by_Id(movieId, userIdList, movie_ratings_dict)
    CollectionName_Base = belong_to_collection_dict[movieId]
...
    for ri, rvalue_tuple in enumerate(rvalue_list): # format: [(Id, r-value),...]
```

```
        TotalSimilarity = 0

        #-----
        rval_movieId = int(rvalue_tuple[0]) # movieId
        r_value = rvalue_tuple[1]
        if(r_value_max < r_value):
            r_value_max = r_value
        ...
        # 장르 유사도 가중치
        ...
        # 컬렉션(시리즈) 가중치
        CollectionName = None
        CollectionSimilarity = 0 # 유사도가 클수록 비슷하기 때문에 최소 유사도 '0'
        CollectionName_Comp = belong_to_collection_dict[rval_movieId]
        if(CollectionName_Comp == CollectionName_Base):
            CollectionName = CollectionName_Comp
            CollectionSimilarity = 1 # {Collection}이 일치하므로 가장 유사한 '1'로 세팅

        # Collection:가중치 재조정(상관계수보다 크면 왜곡되므로 상관계수 범위 이내 줄임
        CollectionSimilarity *= r_value_max
        # 컬렉션 가중치 반영
        TotalSimilarity += CollectionSimilarity
        ...
        #-----------
        TotalSimilarity += r_value
        MovieSimilarity_j = {
            'movieId': rval_movieId, # 영화ID
            'similarity': TotalSimilarity, # 전체 유사도
            'r_value': r_value, # 상관계수
            'genres': GenreSet_Comp, # 비교 영화 장르
            'GenreSimilarity': GenreSimilarity, # 비교 장르 유사도
            'Collection': CollectionName, # 시리즈
            'CollectionSimilarity': CollectionSimilarity, # 시리즈 유사도
        }
        MovieSimilarity.append(MovieSimilarity_j)
...
...
#------------
#------------
```

```
...
#
from hgstat_test_kagmov import hgstat_collection_dict__kagmov
belong_to_collection_dict, collection_dict = hgstat_collection_dict__kagmov()

movieId = 648 # Mission: Impossible (1996) <= 시리즈(콜렉션) 적용하지 않으면 매우 어색

MovieSimilarity = hgstat_get_similarity_movie_by_movieId(
    movieId, movieIdList, userIdList, movie_ratings_dict, title_dict,
    genres_dict=genres_dict, belong_to_collection_dict=belong_to_collection_dict)

RankNum = 20 # 'Mission: Impossible(id:648)' 시리즈 출력 위해 20개로 늘림
hgstat_print_similarity_movie(MovieSimilarity, movieId, title_dict, genres_dict,
    belong_to_collection_dict=belong_to_collection_dict, RankNum=RankNum)
>>>
<648> : Mission: Impossible (1996)
Collection: Mission: Impossible Collection
Genre: {'Mystery', 'Action', 'Thriller', 'Adventure'}

순서    movieId similarity    r-value genre_sim    belong_to_collection    title
1          45186   1.077    0.313    0.208    Mission: Impossible Collection    0.556
   Mission: Impossible III (2006)
2          3623    1.052    0.288    0.208    Mission: Impossible Collection    0.556
  Mission: Impossible II (2000)
3          91630   0.952    0.188    0.208    Mission: Impossible Collection    0.556
   Mission: Impossible - Ghost Protocol (2011)
4          111781 0.844    0.079    0.208    Mission: Impossible Collection    0.556
   Mission: Impossible - Rogue Nation (2015)
5      780    0.712   0.556   0.156   0.000       Independence Day (a.k.a. ID4)(1996)
6        733     0.656    0.447    0.208    0.000          Rock, The (1996)
7        736     0.635    0.478    0.156    0.000          Twister (1996)
...
```

[예제 20-13]에서는 hgstat_collection_dict__kagmov() 함수로 시리즈 사전을 읽어 가중치로 적용하기 위해 앞선 예제에서 사용한 hgstat_get_similarity_movie_by_movieId() 함수를 보완한다. 이 함수는 영화 전체 목록을 대상으로 상관 계수, 장르 가중치 및 시리즈 가중치를 조합하여 영화에 대한 유사도를 측정한다. 시리즈 가중치를 처리하는 방법은 다음과 같다. 시리

즈가 일치하면 유사도 최댓값인 1.0을, 관련이 없으면 0으로 처리한다. 또한 시리즈 가중치의 영향력이 상관 계수보다 커지지 않도록 상관 계수의 최댓값 이내로 줄여서 조정하는데 출력 결과를 보면 'Mission: Impossible' 시리즈를 가장 먼저 추천한다. 영화 평점 시스템은 최근에 개봉한 영화일수록 시청자의 평점 참여가 부족하여 상관 계수가 낮게 산출되기 때문에 [표 20-16]과 같이 동일한 시리즈에 속하는 영화일지라도 추천 순위는 낮아진다. 이러한 구조적 문제는 시리즈 가중치를 적용함으로써 개선할 수 있다. 한편 예제에서 사용한 시리즈 가중치 알고리즘은 하나의 예시이므로 시리즈 가중치를 반영할 때에는 다른 알고리즘을 사용하거나 자신만의 방식을 적용하는 것도 가능하다.

3. 텍스트 기반 영화 추천

앞 절에서는 영화 추천 알고리즘에 사용자 취향, 영화 평점, 장르 및 시리즈 속성을 활용하였다. 한편 영화 추천에서는 줄거리를 기반으로 추천하는 시도도 있다. 비록 줄거리의 양이 적어 영화 추천에 거의 활용되지는 못하지만, 줄거리 곧 텍스트 기반의 추천은 한글 텍스트 처리 기술을 익히는 데에 도움이 되고 나아가 텍스트 중심의 콘텐츠, 예를 들어 뉴스, 논문, 문학 작품 등의 유사도를 측정하여 추천하는 데에 활용할 수 있으므로 이 절에서는 영화 줄거리를 기반으로 한 추천 방법을 설명한다.

줄거리 텍스트에서 단어 추출

줄거리 기반의 영화 추천을 위해 캐글 영화 데이터 세트의 메타데이터에서 줄거리 속성을 추출한다. [예제 20-14]에서는 hgstat_overview_dict__kagmov() 함수를 이용하여 메타데이터로부터 줄거리 사전을 생성한 후에 'Toy Story'(영화 ID1)의 줄거리를 출력한다. 줄거리 텍스트는 공백 문자를 기준으로 단어 목록으로 변환한 뒤 어휘 빈도 사전으로 변환한다.

[예제 20-14]

```
movies_metadata = hgstat_metadata_kaggle(AllFlag=False)
links = hgstat_links_kaggle()
overview_dict, movies_metadata_ = hgstat_overview_dict__kagmov(movies_metadata, links)
```

```
print(f'overview_dict: {len(overview_dict)}')
#------------
print('# 영화ID로 영화 줄거리와 단어 목록 출력')
movieId = 1 # 'Toy Story'
overview = overview_dict[movieId]
print(f'overview [{len(overview)}]:')
print(overview)
#------------
stoplist = stoplist_eng_raw_min1 # 불용어 목록 지정
wordlist = GetWordList__Text6(overview,
    ExcFilter=stoplist, # 불용어 처리
    LowerCase=True, # 대문자는 소문자로 변환
    CliticsModify=True, # {~'s}, {~'t}, {~'d}는 {~}로 바꾼다.
    ExcChar1=True,  # 1글자보다 작은 것은 지운다.
    ExcNumber=True, # 숫자만 있는 것은 지운다.
    UnifySpellRule=True, # 철자 규칙으로 단일화(s 제거, es 변형)
)
print(f'wordlist [{len(wordlist)}]:')
print(wordlist)

# 단어 목록을 빈도 사전으로 변환
DictFreq = GetDictFreq__WordList(wordlist, SortFlag=True) # by high freq
print(f'DictFreq [{len(DictFreq)}]:')
print(DictFreq)
>>>
overview_dict: 44450
# 영화ID로 영화 줄거리와 단어 목록 출력
overview [303]:
Led by Woody, Andy's toys live happily in his room until Andy's birthday brings Buzz Lightyear
onto the scene. Afraid of losing his place in Andy's heart, ...

wordlist [32]:
['led', 'woody', 'andy', 'toys', 'live', 'happily', 'room', 'andy', 'birthday', 'brings', 'buzz', ...]

DictFreq [26]:
{'woody': 3, 'andy': 3, 'buzz': 3, 'led': 1, 'toys': 1, 'live': 1, 'happily': 1, ...}
```

[예제 20-14]에서는 GetWordList__Text6() 함수를 이용하여 영화 줄거리에서 단어 목록을 추출한다. 이 함수는 공백 문자를 기준으로 단어를 분리한 후에 텍스트 분석에서 쓸모없는

단어를 제외시키기 위해서 불용어를 처리한다. 형태소 분석 없이 공백 문자로 단어를 분리하기 때문에 단수, 복수, 동사 활용형 등은 서로 다른 단어로 처리된다. 출력 결과를 보면, 'Toy Story' 줄거리는 총 303글자로 이루어져 있으며 불용어 처리 후에 변환한 단어 목록은 32개로 나타난다. 단어 목록을 어휘 빈도 사전으로 변환하여 중복된 단어를 통합하면 최종적으로 26단어가 추출되는데, 3회 등장하는 'woody, andy, buzz' 등이 상위 빈도 어휘로 나타난다.

한편 텍스트를 단어 목록으로 변환하는 과정에서 텍스트 분석에 관계 없는 단어 이른바 불용어를 처리해야 한다. 예제의 불용어 목록은 영화 줄거리 처리를 위해서 임시로 생성한 'stoplist_eng_raw_min1' 목록을 사용한다.

텍스트 유사도 측정 및 영화 추천

텍스트 유사도는 두 텍스트의 단어 목록과 빈도를 중심으로 코사인 거리(Cosine Distance)를 계산하여 측정한다. 코사인 거리는 0~1 범위로 표현하지만 상관 계수와는 반대로 텍스트가 유사할수록 '0'에 가깝다. 코사인 거리 알고리즘은 두 텍스트에 공통된 단어가 많을수록 텍스트의 유사도가 높을 것이라는 직관적인 판단을 수식과 알고리즘으로 구현한 것이다. 코사인 거리와 GetDictFreq_CosDistance( ) 함수는 12장을 참고한다.

텍스트 유사도 측정을 위해 GetDictFreq_CosDistance() 함수를 호출하여 코사인 거리를 측정한다. 이 함수는 어휘 빈도를 중심으로 텍스트 간의 거리값을 측정하므로 줄거리 텍스트를 어휘 빈도 사전으로 변환해야 한다. [예제 20-15]에서는 'Toy Story'(ID1)와 유사도가 가장 높은 'Toy Story 2'(ID3114)의 줄거리를 어휘 빈도 사전으로 변환한 후 코사인 거리 함수로 줄거리 유사도를 측정한다. 출력 결과를 보면 두 영화의 텍스트 거리는 0.584이며, 공통적으로 포함된 단어는 7단어이다. 일반적으로 텍스트가 비슷할수록 문서 간에 공통 단어가 많으며 예제와 같은 시리즈 영화는 등장인물이 공통 단어에 포함될 가능성이 높다.

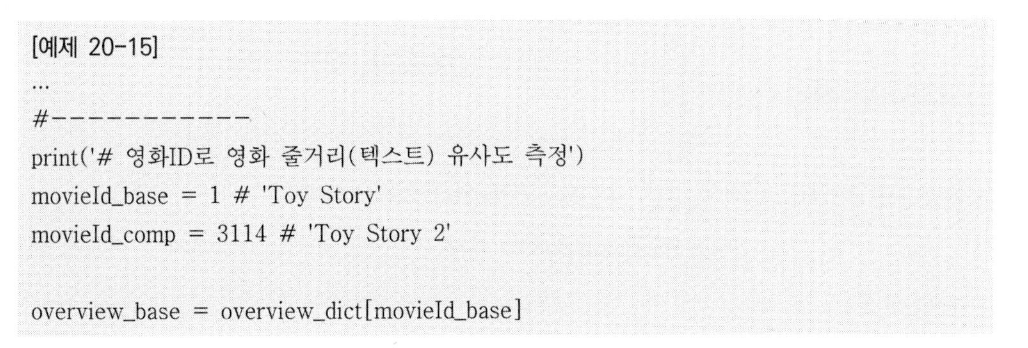
```
[예제 20-15]
...
#-----------
print('# 영화ID로 영화 줄거리(텍스트) 유사도 측정')
movieId_base = 1 # 'Toy Story'
movieId_comp = 3114 # 'Toy Story 2'

overview_base = overview_dict[movieId_base]
```

```
overview_comp = overview_dict[movieId_comp]
#-----------
stoplist = stoplist_eng_raw_min1 # 불용어 목록 지정
wordlist_base = GetWordList__Text6(overview_base, ExcFilter=stoplist, LowerCase=True,
    ExcClitics=True, ExcChar1=True, ExcNumber=True, UnifySpellRule=True)
wordlist_comp =GetWordList__Text6(overview_comp, ExcFilter=stoplist, LowerCase=True,
    ExcClitics=True, ExcChar1=True, ExcNumber=True, UnifySpellRule=True)

# 단어 목록을 빈도 사전으로 변환
DictFreq_base = GetDictFreq__WordList(wordlist_base)
DictFreq_comp = GetDictFreq__WordList(wordlist_comp)

# 코사인 거리(Text Distance) 측정
CosDistance = GetDictFreq_CosDistance(DictFreq_base, DictFreq_comp)
#
print(f'{movieId_base}   <=== >   {movieId_comp}')
print(f'[{movieId_base}] DictFreq_base [{len(DictFreq_base)}]:',
    f' <=== wordlist_base [{len(wordlist_base)}]')
print(f'[{movieId_comp}] DictFreq_comp [{len(DictFreq_comp)}]:',
    f' <=== wordlist_comp [{len(wordlist_comp)}]')
print(f'CosDistance: %.3f' %CosDistance)

# 두 영화에 공통으로 일치하는 단어 목록 출력
wordset_base = set(wordlist_base)
wordset_comp = set(wordlist_comp)
wordset_common = wordset_base.intersection(wordset_comp)
print(f'wordset_common ({len(wordset_common)}) :', wordset_common)
>>>
# 영화ID로 영화 줄거리(텍스트) 유사도 측정
1   <=== >   3114
[1] DictFreq_base [26]:  <=== wordlist_base [32]
[3114] DictFreq_comp [32]:  <=== wordlist_comp [38]
CosDistance: 0.584
wordset_common (7) : {'buzz', 'toy', 'lightyear', 'heart', 'owner', 'andy', 'woody'}
```

이번에는 줄거리로 영화를 추천하기 위해 전체 영화 목록을 대상으로 줄거리 유사도를 측정한다. 이를 위해 각 영화의 줄거리를 모두 어휘 빈도 사전으로 변환한다. [예제 20-16]에서는 'Toy Story'를 기준으로 코사인 거리를 측정한 후 거리가 가까운 영화부터 10개를 추천한다.

[예제 20-16]

```
links = hgstat_links_kaggle()
overview_wordlists, overview_list, title_list, \
    release_date_list, genres_list, vote_average_list, \
    vote_count_list, belongs_to_collection, metadataId_list = \
    hgstat_get_list_set__kaggle_movies()
print(f'overview_list: {len(overview_list)}')
print(f'overview_wordlists: {len(overview_wordlists)} movies')
print()
# 영화 줄거리 목록을 어휘 빈도 형식의 사전 목록으로 변환
WordDicts = GetWordDictLists_WordLists(overview_wordlists, EraseNonKeyword=False)
print(f'WordDicts [{len(WordDicts)}]:')

# 영화ID를 index로 변환
movieId = 1 # 첫 번째 영화() 'Toy Story'
metadataId = hgstat_get_metadataId_by_movieId(movieId, links)
movieInx = metadataId_list.index(metadataId)

# 전체 영화를 대상으로 코사인 거리(텍스트 거리) 측정
SimDocInfo = hgstat_get_distance_by_inx__kagmov(WordDicts, movieInx)
PrintSimDoc_CosDistance__ByInx(SimDocInfo, movieInx, WordDicts,
    metadataId_list, links, title_list, release_date_list, genres_list, overview_list)
>>>
overview_list: 44493
overview_wordlists: 44493 movies

WordDicts [44493]:
==========================================================
Toy Story(movieId:1) : [1995] {'Comedy', 'Animation', 'Family'}
26 단어: ['afraid', 'andy', 'aside', 'birthday', 'bring', 'buzz', 'circumstance', 'difference', 'duo',
'eventually', 'happily', 'heart', 'learns', 'led', 'lightyear', 'live', 'losing', 'owner', 'place', 'plot',
'put', 'room', 'scene', 'separate', 'toy', 'woody']

#-------------
# 추천 목록: (간편 출력)
#-------------
순위: (영화ID) 영화 제목 <코사인 거리(텍스트 거리)> [발표] (공통/전체){공통 단어}
1: [78499] Toy Story 3 <0.575> [2010] (4 / 21){'woody', 'buzz', 'andy', 'toy'}
```

```
2: [3114] Toy Story 2 <0.584> [1999] (7 / 32){'heart', 'toy', 'buzz', 'andy', 'owner', 'woody', 'lightyear'}
3: [35836] The 40 Year Old Virgin <0.705> [2005] (2 / 35){'andy', 'owner'}
4: [113149] Andy Hardy's Blonde Trouble <0.755> [1944] (1 / 36){'andy'}
5: [25775] The Champ <0.755> [1931] (3 / 64){'andy', 'owner', 'place'}
6: [115879] Small Fry <0.760> [2011] (2 / 14){'buzz', 'place'}
...
```

[예제 20-16]에서는 hgstat_get_distance_by_inx__kagmov() 함수를 이용하여 전체 영화를 대상으로 'Toy Story' 줄거리에 대한 코사인 거리를 측정한 후 거리가 가까운 문서부터 출력한다. 이를 위해 hgstat_get_list_set__kaggle_movies() 함수를 호출하여 메타데이터를 목록(list) 형식으로 변환한다. 그리고 GetWordDictLists_WordLists() 함수를 사용하여 전체 영화 줄거리를 어휘 빈도 사전(dict)의 목록(list)으로 변환한다. 출력 결과를 보면 추천 영화 대부분은 'Toy Story'의 등장인물인 'Andy'가 줄거리에 포함된 것이지만 'Toy Story' 시리즈를 제외한 나머지 영화는 공통 단어가 1개로 유사도가 낮아서 추천 영화로는 적합하지 않다.

[표 20-17] 'Toy Story' **텍스트 기반 영화 추천**

순위	영화 제목	코사인 거리	단어수	
			공통	전체
1	Toy Story 3 (2010)	0.575	4	21
2	Toy Story 2 (1999)	0.584	7	32
3	The 40 Year Old Virgin (2005)	0.705	2	35
4	Andy Hardy's Blonde Trouble (1944)	0.755	1	36
5	The Champ (1931)	0.755	3	64
6	Small Fry (2011)	0.760	2	14
7	Andy Kaufman Plays Carnegie Hall (1980)	0.772	1	73
8	Superstar: The Life and Times of Andy Warhol (1990)	0.788	1	4
9	Andy Peters: Exclamation Mark Question Point (2015)	0.793	1	38
10	Wabash Avenue (1950)	0.820	1	34

텍스트 유사도로 영화를 추천하기 위해서는 기본적으로 공통 단어가 많아야 하는데, 영화 줄거리는 텍스트의 길이가 짧아 유사도를 측정하기에 충분하지 않다. 그러나 코사인 거리 알고리즘은 기사문이나 소설, 논문 등 텍스트 중심의 콘텐츠를 대상으로 유사도를 측정하여 뉴스 추천, 논문 표절 검사, 문서 자동 분류 등 문서 중심의 한국어 정보 처리에서 다양하게 활용할 수 있다.

지금까지 영화를 중심으로 추천 알고리즘의 구현 방법을 설명하였다. 이 책에서는 상관관계, 콘텐츠 정보, 텍스트 등 다양한 정보를 바탕으로 추천 알고리즘의 구현 방법을 소개하였다. 그러나 사용자가 만족할 만한 추천 목록을 제안하기 위해서는 다양한 요소가 반영되어야 한다. 실제로 넷플릭스 프라이즈 대회에서 우승한 팀의 경우에는 100여 개의 예측 알고리즘을 활용하여 기존의 넷플릭스 추천 시스템보다 10% 이상 성능을 향상시켰다. 특히 대회 우승팀은 영화 데이터를 있는 그대로 처리하지 않고 데이터를 축소시키면서도 데이터의 특성을 유지하는 특잇값 분해(Singular Value Decomposition)라는 선형대수 알고리즘을 활용하여 추천 알고리즘을 비약적으로 발전시켰다.

결국 추천 성능을 높이기 위해서 상품과 관련된 모든 환경을 분석하여 추천 알고리즘으로 절차화하는 것이 필요하다. 따라서 데이터의 속성을 이해하고 주변 환경에 대한 통찰력을 바탕으로 알고리즘 구현 능력을 갖춘다면 누구나 자신만의 알고리즘을 고안할 수 있을 것이다.

PART
5

부록

부록은 총 5절로 구성하였다. 1절에서는 300여 개의 소스 코드와 관련하여 패키지 별로 간략하게 설명한다. 2절에서는 미국 대통령 취임사 다운로드 프로그램을 구현하면서 HTTP와 html(xml) 구문 분석(parsing)을 중심으로 웹 스크래핑(scraping)을 설명한다. 3절에서는 영어 토큰 처리기를 구현하면서 어휘 빈도 사전의 생성 과정을 설명하는데, 특히 토큰 분리 과정에서 문자열 패턴으로 기본형 추출, 접어(clitic) 처리 등을 설명한다. 4절에서는 한국어 색인어 추출을 위한 한국어 형태소 분석기 사용법을 설명하고, 5절에서는 한글 코드 변환에 필요한 유니코드 자모 코드표를 수록한다.

본문에서 제공한 예제의 실행 결과를 확인하려면 이에 필요한 영문 텍스트는 미리 다운로드해야 한다. 미국 대통령 취임사는 [append-4]를 실행하여 59개 텍스트를, 'Anne of Green Gables'는 [append-19]를 실행하여 지정된 폴더에 다운로드해야 한다.

1. t2bot 커널(kernel)과 예제 소스 코드

이 책에서는 t2bot.com에서 제공하는 커널을 중심으로 검색 엔진 알고리즘을 설명한다. 소스 코드(book_src_py_irs.zip)는 t2bot.com에서 다운로드할 수 있으며 다음과 같이 구성되어 있다.

[표 부록-1] 소스 코드 폴더 구분

폴더	주요 기능	포함 상태
hgmorp	한글 처리 커널	소스 코드 포함
hgdatsci	한글 데이터 과학 커널	소스 코드 포함
hggraph	그래프 처리	소스 코드 포함
py-irs	예제 코드	소스 코드 포함
ext-src	외부 참조 파일	제외
testtext	외부 참조 파일	제외

✿ 한글 처리 커널: hgmorp

한글 처리 커널은 한글 처리와 관련된 기능을 모아 놓은 것으로 토큰과 키워드, 음절과 자모 변환, 키워드 목록과 사전, 한글 텍스트 파일 등을 처리한다.

[표 부록-2] t2bot 한글 처리 커널

모듈명	주요 기능
hgbasic.py	한글 처리 기초
hgchartype.py	글자 처리
hgeng_spell_rule.py	영어 처리용
hgunicode.py	유니코드 처리
hgwordlist.py	단어 처리
자모.py	자모 처리(옛한글 포함)
hgsysinc.py	폴더 경로 조정

한글 처리 커널과 관련하여 한 가지 주의할 점이 있다. 이 책은 한국어 인공지능 시리즈 중 하나로, 이 책의 한글 처리 커널은 앞서 출판된 "한국어 인공지능 I"의 한글 처리 커널과 파일명은 같지만 업그레이드한 것이므로 구별하여 사용해야 한다. 한편 자모 처리기(자모.py)는 본문에서 깊이 있게 다루지 않았지만 옛한글 처리를 비롯하여 한글 처리에서 꼭 필요한 기능이므로 커널에 포함시켜 제공한다.

✿ 한글 데이터 과학 커널: hgdatsci

한글 데이터 과학 커널은 한글 처리를 중심으로 데이터 과학과 관련된 기능을 모아 놓은 것으로 단어 빈도 사전, 단어 및 문장 유사도 알고리즘, 트라이 알고리즘, 검색어 추천 알고리즘, n-gram과 철자 교정 알고리즘, 두벌식 오토마타와 한/영 변환 알고리즘, 통계와 협업 필터링, 영화 데이터와 영화 추천 알고리즘 등을 처리한다.

[표 부록-3] t2bot 한글 데이터 과학 커널

모듈명	주요 기능	커널 및 상태
hgcrawl.py	웹 페이지 처리	커널
hgdict.py	사전 처리	커널
hgdict_low.py	사전 처리 일부	커널
hgdistance.py	유사도(거리) 알고리즘	커널
hgfind.py	탐색 및 트라이 알고리즘	커널
hgfind_ngram_test.py	n-gram 테스트용	-
hgfind_test.py	탐색 테스트용	-
hgkbd.py	두벌식 오토마타(키보드 처리)	커널

hgkbd_test.py	두벌식 오토마타 테스트용	-
hgstat.py	통계 처리	커널
hgstat_test.py	통계 테스트	-
hgstat_test_data.py	통계 테스트 데이터	-
hgstat_test_kagmov.py	캐글 영화 데이터 처리	-
hgstat_test_movie.py	영화 데이터 처리	영화 추천 커널
hgstat_test_movielens.py	무비렌즈 영화 데이터 처리	-
hgstat_test_print.py	영화 처리	-
hgsysinc.py	폴더 경로 조정	-
hgtest.py	테스트용(텍스트 파일)	-
hgtest_ext_kbs.py	테스트용(kbs 뉴스 텍스트)	-
hgtext.py	샘플 텍스트	-
hgtrie_inter.py	예제용 트라이 알고리즘	-
hgtrie_wordlist.py	예제용 트라이 알고리즘	-
hgworddistance.py	단어 거리 알고리즘	커널
hgwordfile.py	텍스트 파일과 키워드 처리	커널

✿ 그래프 처리: hggraph

그래프 처리는 통계와 관련된 부분을 설명하기 위해 모아 놓은 것으로 선, 막대, 산포도 등을 출력하고 파일로 저장할 수 있다.

[표 부록-4] t2bot 그래프 처리

모듈명	주요 기능
hggraph.py	선, 막대, 산포도 출력
hgsysinc.py	폴더 경로 조정

✿ 예제 소스 코드: py-irs

예제 소스 코드는 이 책에 수록된 소스 코드를 모아 놓은 것이다.

```
01-04.py    01-05.py    01-06.py    01-07.py    01-08.py
01-09.py    01-10.py    01-11.py    01-12.py    01-13.py
01-14.py    01-15.py    01-16.py    01-17.py    01-18.py
:
```

```
text_c_euc-kr.txt   text_c_utf-8.txt   text__001.txt      text__002.txt          text__003.txt
tuple_base.py
```

✿ 외부 데이터: ext-src, testtext

예제에서 사용한 데이터 중에서 미국 대통령 취임사와 구텐베르크 프로젝트는 부록에 있는 모듈을 실행하여 지정된 폴더에 데이터를 다운로드해야 한다. 이를 제외한 나머지 데이터는 저작권 보호를 위해 경로명만 제공하므로 해당 사이트에서 직접 다운로드하여 경로명에 맞게 실행해야 한다.

- 미국 대통령 취임사, 위키문헌(wikisource): https://en.wikisource.org/wiki/Category:U.S._Presidential_Inaugural_Addresses
- Anne of Green Gables, 프로젝트 구텐베르그(Project Gutenberg): http://www.gutenberg.org/ebooks/45
- KBS 뉴스9: https://news.kbs.co.kr/
- 무비렌즈 영화 데이터(MovieLens Dataset), 미네소타 대학 GroupLens 연구소: https://grouplens.org/datasets/movielens/
- 캐글 영화 데이터 세트, 캐글(Kaggle): https://www.kaggle.com/rounakbanik/the-movies-dataset

2. 웹 스크래퍼 구현

일반적으로 텍스트를 다운로드하는 가장 단순한 방법은 해당 사이트에서 내용을 복사하여 텍스트 파일로 저장하는 것이다. 특히 미국 대통령 취임사와 같이 파일이 많지 않은 경우에는 직접 복사해서 저장하는 것이 가장 빠르고 편리하다. 하지만 파일이 많을 경우에는 소프트웨어를 이용하여 자동으로 다운로드하는 것이 편리하다. 이와 같이 소프트웨어를 이용하여 웹사이트에서 내용을 수집하는 것을 스크래핑(scraping)이라고 하며, 이러한 소프트웨어를 웹 스크래퍼라고 한다.

인터넷과 접속하려면 절차적인 통신 규약(Protocol)을 준수해야 하는데 하이퍼텍스트 통신 규약(HTTP: HyperText Transfer Protocol)은 요청(request)과 응답(response)을 기반으로 상호 작용한다. 하지만 이러한 복잡한 과정은 라이브러리(프레임워크)가 대신해주기 때문에 간단한 명령문으로 웹 스크래퍼(Web Scraper)를 만들 수 있다.

아래의 내용은 웹 스크래퍼의 구현 방법을 설명한 것으로, 본문 알고리즘 예제에 필요한 취임사 텍스트는 [예제 append-4]를 실행하면 지정한 폴더에 내려받을 수 있다.

스크래핑

이번 예제는 request 객체를 기반으로 웹 스크래퍼를 구현하는 것으로 George Washington의 취임사 사이트에 접속하여 홈페이지를 다운로드하여 파일로 저장한다.

[예제 append-1]

```
from urllib.request import Request, urlopen # https://docs.python.org/ko/3/howto/urllib2.html
#-----
# request & response
#-----
# "First_inauguration_of_George_Washington"
url = "https://en.wikisource.org/wiki/George_Washington%27s_First_Inaugural_Address"
req = Request(url)
response = urlopen(req)
if(response.status != 200):
    print('response.status:', response.status)
    exit()
# get web-page-src
responseString = response.read()
print(f'responseString [{len(responseString)}]:', type(responseString)) # bytes:byte-string

#-----
# convert & save
#-----
# convert bytes to string
htmlString = responseString.decode('utf-8') # convert bytes to string
print(f'htmlString [{len(htmlString)}]', type(htmlString))

# writing
save_file = "__First_inauguration_of_George_Washington" + '.html'
file = open(save_file, "w", encoding='utf-8')
```

```
file.write(htmlString)
file.close()
print('writing:', save_file)
>>>
responseString [45651]: <class 'bytes'>
htmlString [45609] <class 'str'>
writing: ___First_inauguration_of_George_Washington.html
```

[예제 append-1]에서는 HTTP를 기반으로 홈페이지의 소스(html)를 다운로드하기 위해 요청(Request) 객체를 생성하여 홈페이지의 주소(url)를 연결(urlopen)하고 응답(response) 객체를 통하여 홈페이지의 소스(html source)를 다운로드(read)한다. 만약 홈페이지 접속 상태가 정상이 아니면 다운로드할 수 없으므로 홈페이지의 연결 상태를 확인해야 한다. HTTP에 의하면 2XX 계열의 코드일 경우에만 다운로드할 수 있으며 예제에서는 응답 코드(response_code)가 '200'인 경우에 다운로드를 진행한다.

[표 부록-5] HTTP 응답 코드

코드	메시지
1XX	Informational
100	Continue
101	Switching Protocols
2XX	Success
200	OK
202	Accepted
...	...
3XX	Redirection
301	Moved Permanently
...	
4XX	Client Error
400	Bad Request
...	
5XX	Server Error
500	Internal Server Error
...	

응답(response) 객체를 통하여 다운로드한 데이터는 바이트 문자열이므로 웹 페이지에 적합하도록 디코딩(decode)을 하기 위해 'UTF-8'로 인코딩을 지정한다. 한편 우리나라에서는 통합

완성형(CP949) 코드를 많이 사용하기 때문에 CP949로 디코딩할 수 있지만, CP949로 디코딩하면 한글 코드에 없는 유니코드 문자는 소실되므로 유니코드(UTF-8)로 처리하는 것이 안전하다.

예제에서는 UTF-8로 변환한 문자열(htmlString)을 홈페이지 파일('.html')로 저장한다. 그런데 다운로드한 홈페이시 파일은 [그림 부록-1]과 같이 html 태그가 포함되어 있고 취임사와 관련 없는 위키백과의 배경 설명이 포함되어 있어서 순수한 취임사 텍스트만 따로 분리하는 것이 필요하다.

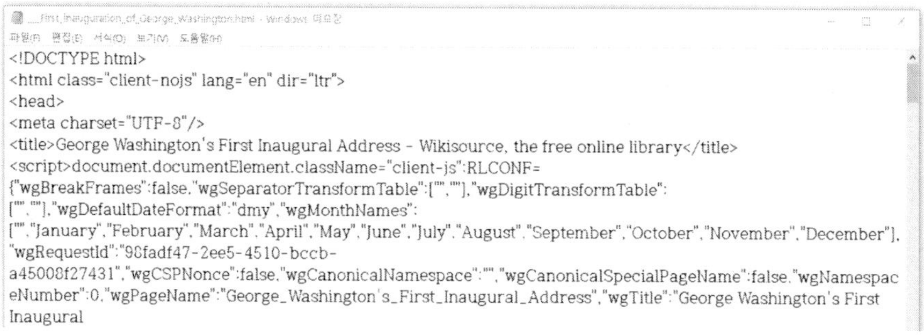

```
<!DOCTYPE html>
<html class="client-nojs" lang="en" dir="ltr">
<head>
<meta charset="UTF-8"/>
<title>George Washington's First Inaugural Address - Wikisource, the free online library</title>
<script>document.documentElement.className="client-js";RLCONF=
{"wgBreakFrames":false,"wgSeparatorTransformTable":["",""],"wgDigitTransformTable":
["",""],"wgDefaultDateFormat":"dmy","wgMonthNames":
["","January","February","March","April","May","June","July","August","September","October","November","December"],
"wgRequestId":"98fadf47-2ee5-4510-bccb-
a45008f27431","wgCSPNonce":false,"wgCanonicalNamespace":"","wgCanonicalSpecialPageName":false,"wgNamespac
eNumber":0,"wgPageName":"George_Washington's_First_Inaugural_Address","wgTitle":"George Washington's First
Inaugural
```

[그림 부록-1] request 객체로 다운로드한 파일

구조화 문서(HTML, XML) 파싱

[예제 append-2]에서는 뷰티플 수프(BeautifulSoup) 라이브러리를 이용하여 request 객체를 통하여 다운로드한 홈페이지에서 취임사 텍스트를 분리한다. 뷰티플 수프는 구조화된 문서(HTML, XML)에서 구문(syntax)을 분석(parsing)하는 도구로써 파싱 과정을 대신해 주기 때문에 홈페이지 분석에 자주 이용하는 도구이다. 취임사 홈페이지의 소스(html)를 보면 취임사와 관련 있는 부분은 계층적으로 〈div id="mw-content-text"〉 영역 중에 〈div id="ws-data"〉 태그에 있으므로 이 영역을 찾아야 한다.

[예제 append-2]

```
from bs4 import BeautifulSoup # https://beautiful-soup-4.readthedocs.io/en/latest/
...
req = Request(url)
response = urlopen(req)
if(response.status != 200):
    print('responsc_code:', response.status)
    exit()
```

```
#-----
# xml parsing
#-----
soup = BeautifulSoup(response, "lxml")

# go to real speech area
ws_data = soup.find('div', {'id': 'ws-data'}) # <div class="ws-noexport" id="ws-data"

# next : real speech area
speech = ""
next_tag = ws_data.find_next('p')
while(next_tag.name == 'p'):
    speech += next_tag.text
    next_tag = next_tag.find_next()
print('speech:', len(speech))

# writing
save_file = "___First_inauguration_of_George_Washington" + '.txt'
file = open(save_file, "w", encoding='utf-8')
file.write(speech)
file.close()
print('writing:', save_file)
>>>
speech: 8616
writing: ___First_inauguration_of_George_Washington.txt
```

[예제 append-2]에서는 홈페이지에서 취임사 텍스트 영역인 'div' 태그의 'id' 값이 'ws-data'인 것을 찾기 위해 뷰티플 수프의 find() 함수를 호출한다. 이 영역에 있는 ⟨p⟩ 태그를 순차적으로 탐색(find_next)하면서 'text' 값을 연설문으로 추출한다. 구조적으로 취임사 텍스트는 ⟨p⟩ 태그가 연속적으로 나타나므로 ⟨p⟩ 태그가 아니면 루프(while)를 끝낸다. 이렇게 추출한 취임사 텍스트를 텍스트 파일('.txt')로 저장하여 메모장으로 읽으면 [그림 부록-2]와 같다. 한편 [예제 append-1]에서는 홈페이지의 주소(url)를 연결(urlopen)한 후에 response 객체를 통하여 홈페이지를 다운로드하였지만, [예제 append-2]에서는 다운로드하지 않고 뷰티플 수프에 response 객체를 전달하기 때문에 다운로드 과정을 생략해도 된다. 한편 뷰티플 수프는 파이썬 패키지에 포함된 것이 아니므로 뷰티플 수프를 제공하는 사이트에서 다운로드하여 설치해야 한다. 뷰티플 수프 설치 방법은 해당 사이트를 참고한다.

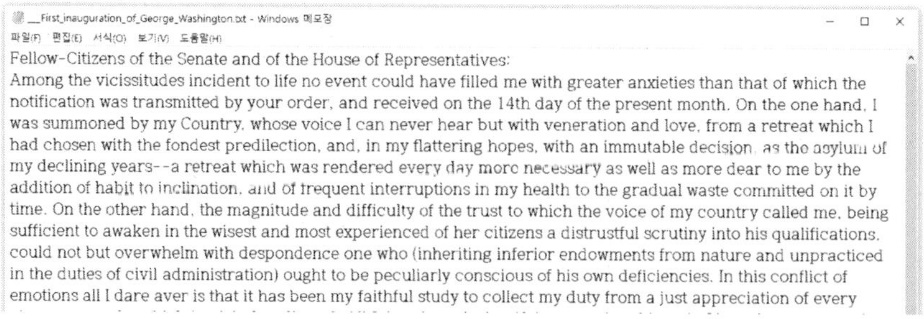

__First_inauguration_of_George_Washington.txt - Windows 메모장
파일(F) 편집(E) 서식(O) 보기(V) 도움말(H)

Fellow-Citizens of the Senate and of the House of Representatives:
Among the vicissitudes incident to life no event could have filled me with greater anxieties than that of which the notification was transmitted by your order, and received on the 14th day of the present month. On the one hand, I was summoned by my Country, whose voice I can never hear but with veneration and love, from a retreat which I had chosen with the fondest predilection, and, in my flattering hopes, with an immutable decision, as the asylum of my declining years--a retreat which was rendered every day more necessary as well as more dear to me by the addition of habit to inclination, and of frequent interruptions in my health to the gradual waste committed on it by time. On the other hand, the magnitude and difficulty of the trust to which the voice of my country called me, being sufficient to awaken in the wisest and most experienced of her citizens a distrustful scrutiny into his qualifications, could not but overwhelm with despondence one who (inheriting inferior endowments from nature and unpracticed in the duties of civil administration) ought to be peculiarly conscious of his own deficiencies. In this conflict of emotions all I dare aver is that it has been my faithful study to collect my duty from a just appreciation of every

[그림 부록-2] BeautifulSoup로 추출한 취임사 텍스트

취임사 텍스트 구조 분석

[예제 append-2]에서는 미국 대통령 취임사 홈페이지를 중심으로 구문 구조를 분석하여 텍스트를 추출하는데 나머지 취임사 58개를 대상으로 똑같이 실행할 경우에는 변형된 구문 구조 때문에 10여 개는 텍스트를 추출할 수 없다. 기본적으로 취임사 텍스트는 〈p〉 태그가 연속적으로 나타나지만 링크나 편집용 태그가 중간에 삽입된 경우도 있고 〈p〉 태그 이외에도 연설 내용이 위치한 경우도 있다. 특히 부가 설명을 위해 본문 중간에 삽입된 영역은 구조 분석을 방해하므로 해당 태그를 삭제해야 한다. [예제 append-3]는 텍스트 추출을 방해하는 태그를 삭제하고 〈p〉 태그의 연속성과 무관한 태그를 통과(pass)하도록 보완한 것이다.

[예제 append-3]

```
def get_inauguration(UrlAddress):
    #------------
    # https://en.wikipedia.org/wiki/United_States_presidential_inauguration
    #------------
    from urllib.request import Request, urlopen # https://docs.python.org/ko/3/howto/urllib2.html
    from bs4 import BeautifulSoup # https://beautiful-soup-4.readthedocs.io/en/latest/
    #---
    speechtext = ''
    #------
    # request & response
    #------
    req = Request(UrlAddress)
    response = urlopen(req)
    if(response.status != 200):
```

```
        print('response_code:', response.status)
        return speechtext

    #-----
    # xml parsing
    #-----
    soup = BeautifulSoup(response, "lxml")

    #-----
    # 본문 중간에 있는 삽입 내용은 추출에 방행되므로 제거
    #-----
    # {2009, "Barack Obama"} <div class="thumb tleft">
    # {1861, "Abraham Lincoln"} <div class="thumb tright">
    # {1861, "Abraham Lincoln"} <div class="tiInherit" ~
    # {1861, "Abraham Lincoln"} <div class="__nop wst-nop"> html src에서는 <div
class="&#95;_nop wst-nop"> 이다.
    #-----
    while(True):
        find = soup.find('div', {'class': 'thumb tleft'})
        if(find is not None): # {2009, "Barack Obama"} <div class="thumb tleft">
            find.extract()
        else:
            break
    #-----
    while(True):
        find = soup.find('div', {'class': 'thumb tright'})
        if(find is not None): # {1861, "Abraham Lincoln"} <div class="thumb tright">
            find.extract()
        else:
            break
    #-----
    while(True):
        find = soup.find('div', {'class': 'tiInherit'})
        if(find is not None): # {1861, "Abraham Lincoln"} <div class="tiInherit" ~
            find.extract()
        else:
            break
    #-----
    while(True):
```

```
    find = soup.find('div', {'class': '__nop wst-nop'})
    if(find is not None): # {1861, "Abraham Lincoln"} <div class="__nop wst-nop">
        find.extract()
    else:
        break

#-----
# 연설 내용으로 이동
#-----
ws_data = soup.find('div', {'id': 'ws-data'})

# real speech area
next_tag = ws_data.find_next('p')
while(True):
    if((next_tag.name == 'p') or
        (next_tag.name == 'br')): # ex: <p><br />
        speechtext += next_tag.text
    elif(next_tag.name == 'a'): # 본문 중간 무시 태그 <a href= >
        pass
    elif(next_tag.name == 'span'): # 본문 중간 무시 태그 <span id="Money"></span>
        pass
    elif(next_tag.name == 'sup'): # 본문 중간 무시 태그 <sup id="cite_ref-1" >
        pass
    elif(next_tag.name == 'i'): # 본문 중간 무시 태그 <i>
        pass
    elif(next_tag.name == 'dl'): # 본문 중간 무시 태그 <dl>
        pass
    elif(next_tag.name == 'dd'): # <dl>에 텍스트가 있는 경우가 있음
        speechtext += next_tag.text
    #
    else: # 취임사 텍스트가 아니면 루프 탈출
        break
    # next
    next_tag = next_tag.find_next()
#
return speechtext
```

전체 텍스트 스크래핑

[예제 append-4]에서는 get_inauguration() 함수를 이용하여 취임사 텍스트를 추출하여 대통령 이름의 파일명으로 저장하기 위해 download_inauguration_text() 함수로 확장한다. 예제에서는 이 함수를 이용하여 취임사 텍스트를 차례대로 다운로드하여 저장한다.

[예제 append-4]

```
president_list = [ # format: [(order, year, president, address),...]
    #------------
    # https://en.wikipedia.org/wiki/United_States_presidential_inauguration
    #------------
    ("01", 1789, "First inauguration of George Washington",
"https://en.wikisource.org/wiki/George_Washington%27s_First_Inaugural_Address"),
    ("02", 1793, "George Washington's Second Inaugural Address",
"https://en.wikisource.org/wiki/George_Washington%27s_Second_Inaugural_Address"),
    ("03", 1797, "John Adams's Inaugural Address",
"https://en.wikisource.org/wiki/John_Adams%27_Inaugural_Address"),
...
...
    ("58", 2017, "Donald Trump's Inaugural Address",
"https://en.wikisource.org/wiki/Donald_Trump%27s_Inaugural_Address"),
]

def download_inauguration_text(inauguration_url, file_title, down_pathname=""):
    # download
    speech = get_inauguration(inauguration_url, debugPrint=debugPrint)

    # {title}을 파일 이름에 적합하도록 변경
    filename = get_filename_from_title(file_title)

    # filename
    path_file = filename + '.txt'
    if (down_pathname != ""):
        import os
        save_file = os.path.join(down_pathname, path_file)
    else:
        save_file = path_file
    #
    print(f'[{len(speech)}]:', save_file)
```

```
    # writing
    file = open(save_file, "w", encoding='utf-8')
    file.write(speech)
    file.close()

#-----
#-----
import time
#-----------
from datetime import datetime
time_beg = datetime.now() # 시작 시각
#-----------
# https://en.wikipedia.org/wiki/United_States_presidential_inauguration
#-----------
speech_pathname = get_inauguration_text_folder()

for inx, cur_president in enumerate(president_list):
    print(f'{inx+1}', end=' ')
    speech_url = cur_president[3]
    if(speech_url == ""):
        break
    order = cur_president[0] # format: (order, year, president, address)
    title = cur_president[2]
    title = order + '_' + title
    #-----
    download_inauguration_text(speech_url, title, down_pathname=speech_pathname)

    # 다운로드 후 대기(서버 부하를 줄이기 위해)
    if((inx + 1) < len(president_list)):
        time.sleep(5) # 5초 대기

#-----------
time_end = datetime.now() # 종료 시각
elapsed = time_end - time_beg # 경과 시간
print('시작 시각:', time_beg)
print('종료 시각:', time_end)
print('경과 시간(Elapsed):', elapsed)
>>>
1 [8616]: \data\inauguration\text\01_First_inauguration_of_George_Washington.txt
```

```
2 [787]: \data\inauguration\text\02_George_Washington_Second_Inaugural_Address.txt
3 [13863]: \data\inauguration\text\03_John_Adams_Inaugural_Address.txt
:
59 [8428]: \data\inauguration\text\58_Donald_Trump_Inaugural_Address.txt
시작 시각: 2022-03-27 11:47:55.741341
종료 시각: 2022-03-27 11:53:16.795125
경과 시간(Elapsed): 0:05:21.053784
```

[예제 append-4]에서는 'order, year, president, address' 튜플 형식의 목록(president_list)을 선언해 두고 루프를 수행하면서 취임사를 다운로드한다. 파일명은 순서(order)와 대통령 이름(president)을 조합해서 사용하며, 파일들은 지정된 폴더(.\..\pyexam\ext-src\data\inauguration\text)에 저장한다. 만약 해당 폴더가 없으면 get_inauguration_text_folder() 함수를 호출할 때 자동으로 생성해 둔다.

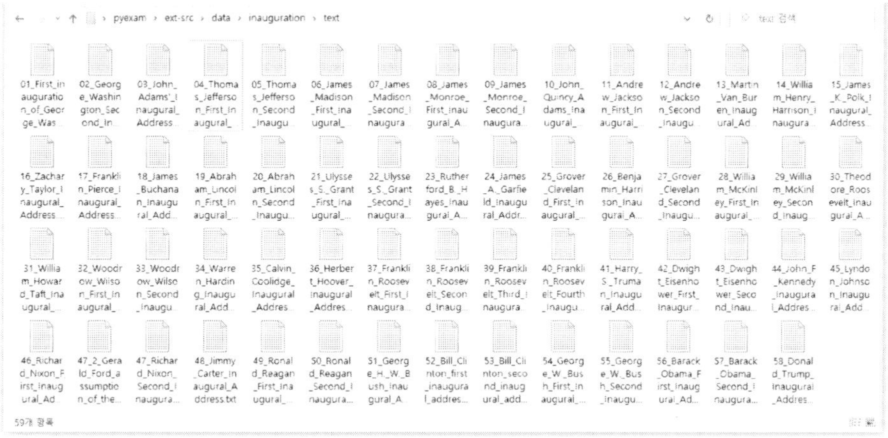

[그림 부록-3] 미국 대통령 취임사 저장 폴더

한편 [예제 append-4]에서는 datetime 라이브러리를 이용하여 다운로드 처리 시간을 기록하는데 전체 다운로드 시간은 5분 정도 소요된다. 각 파일을 다운로드하면서 중간에 5초 동안 멈추고(sleep) 다음 파일을 다운로드하는데, 이처럼 다운로드 중간에 쉼을 두는 이유는 서버에 부담을 주지 않기 위해서이다. 만약 쉬지 않고 연속적으로 다운로드하면 서비스를 독점하여 다른 사용자의 접근을 방해하는 것이 되어 서버 운영자가 접속을 제한할 수 있다. 특히 지속적으로 다운로드하거나 코딩 오류로 무한 반복 접속하면 사이버 공격으로 오해할 수 있으므로 유의해야 한다.

3. 영어 토큰 처리기와 어휘 빈도 사전

이 절에서는 간단한 영어 토큰 처리기를 구현하고 이를 이용하여 어휘 빈도 사전을 생성하는 방법을 설명한다.

토큰 분리

이 책에서는 정규식 라이브러리(re)를 사용하여 토큰을 추출한다. re(Regular expression operations) 라이브러리는 문자열 패턴 탐색(match)을 담당하는 것으로 파이썬을 비롯하여 대부분의 프로그래밍 언어에서 지원할 만큼 강력한 기능을 제공한다.

[예제 append-5]에서는 텍스트를 소문자로 변경한 후에 re.findall() 함수를 이용하여 토큰을 분리한다. 이 함수는 토큰을 분리할 때 자주 사용하는 것으로 매개변수를 "[\w]+"로 지정하면 알파벳, 숫자, '_' 문자를 경계로 단어를 추출한다.

```
[예제 append-5]

import re
# 1. 토큰 분리
text_a1 = "He can't do it."
text_a1 = text_a1.lower() # 대문자를 소문자로 변경
WordList = re.findall("[\w]+", text_a1)
print(WordList)
>>>
['he', 'can', 't', 'do', 'it']
```

[예제 append-5]의 출력 결과를 보면 대문자였던 'He'가 소문자('he')로 바뀌고 "can't"는 하나의 단어로 처리하지 않고 'can'과 't'로 분리한다. 여기서는 't'는 접어(clitic)인데, 접어(接語)는 다른 단어에 붙어서 실현되는 형태소이지만 독립된 단어의 특징을 갖는 것으로 "can't, dog's, you're, we'll" 등과 같이 발음을 구별할 때 작은따옴표(apostrophe)를 사용한다. 영어 토큰 처리에서는 "can't, dog's"와 같은 형태는 작은따옴표(~'s, ~'t, ~'re, ~'ll)를 경계로 분리하여 "can, dog" 등과 같은 형태로 추출하고 나머지 's, t, re, ll' 등은 불용어로 제외시키는 경향이 있다. 하지만 이러한 방법은 "didn't, doesn't, haven't, wasn't, won't, shouldn't, wouldn't" 등과 같은 형태에서는 "didn, haven, wasn, won, shouldn, wouldn"으로 분리하기 때문에

접어를 분리하여 토큰을 추출하는 것은 적절하지 않다. 이에 접어 형태를 하나의 단어로 처리하는 것이 필요한데, re.findall() 함수를 호출할 때 매개변수에 작은따옴표(')를 추가하여 "[\w']+"로 변경하면 "can't"와 같은 접어 패턴은 'can'과 't'로 분리하지 않고 하나의 단어로 처리할 수 있다. [예제 append-6]의 출력 결과를 보면 "can't"가 하나의 토큰으로 분리된다.

[표 부록-6] 접어 유형과 예

유형	예
~'d	he'd, i'd, she'd, that'd, there'd, they'd, we'd, when'd, where'd, who'd, you'd
~'ll	he'll, i'll. it'll, nobody'll, she'll, that'll, they'll, what'll, we'll, you'll
~'m	i'm
~'re	they're, we're, you're
~'s	he's, it's, that's, there's, we's, what's, where's, who's, you's
~'t	ain't, can't, couldn't, didn't, doesn't, don't, hadn't, hasn't, haven't, isn't, mayn't, mightn't, musn't, mustn't, needn't, oughtn't, shouldn't, warn't, wasn't, weren't, won't, wouldn't
~'ve	i've, they've, we've, you've,

[예제 append-6]

```
import re
# 1. 토큰 분리
text_a2 = """
He can't do it.
I like 'python'.
"""
text_a2 = text_a2.lower() # 대문자를 소문자로 변경
WordList = re.findall("[\w']+", text_a2)
print(WordList)
>>>
['he', "can't", 'do', 'it', 'i', 'likc', "'python'"]
```

그런데 "[\w']+" 패턴 추출에도 문제가 있다. [예제 append-6]의 출력 결과를 보면 단어 양 끝에 작은따옴표가 붙어 있는 "'python'"을 하나의 토큰으로 분리하기 때문에 보완 작업이 필요하다. [예제 append-7]에서는 토큰을 분리한 후 문자열에 내장된 strip() 함수를 호출하여 단어 양 끝의 작은따옴표를 제거한다.

```
[예제 append-7]
...
# 단어 양끝에 붙어 있는 작은따옴표(') 제거
WordList_New = list()
for word in WordList:
    word = word.strip("'")
    WordList_New.append(word)
print(WordList_New)
>>>
['he', "can't", 'do', 'it', 'i', 'like', 'python']
```

구텐베르크 프로젝트 스크래핑

구텐베르크 프로젝트에서는 [그림 부록-4]와 같이 하나의 작품에 대하여 여러 종류의 파일 형식을 지원하는데 어휘 추출에 적합한 텍스트 형식(Plain Text UTF-8)을 사용한다.

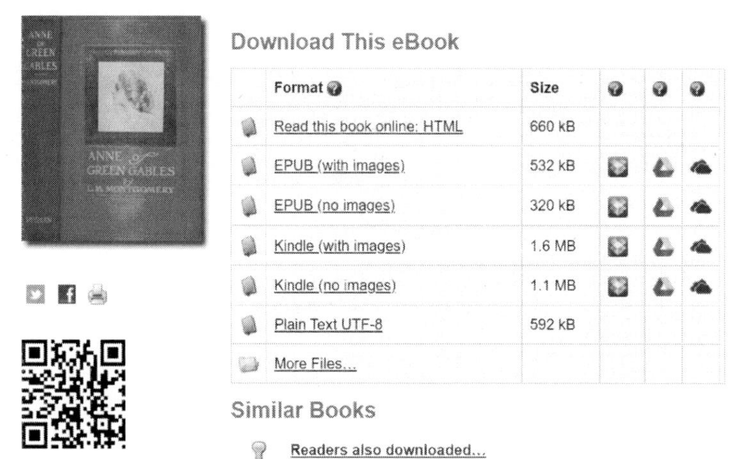

[그림 부록-4] 구텐베르크 프로젝트 홈페이지

[예제 append-8]은 구텐베르크 프로젝트에서 텍스트 형식(Plain Text UTF-8)의 홈페이지를 중심으로 구조를 분석하여 텍스트를 추출한다. 텍스트 형식이지만 작품과 무관한 html 태그를 분석(parsing)하기 위해 뷰티풀 수프를 이용하며, [그림 부록-5]와 같이 프로젝트 부가 설명을 포함하고 있으므로 실제 작품에 해당하는 텍스트를 추출하기 위해서 get_gutenberg_pure_text() 함수를 이용한다.

[예제 append-8]

```
def get_gutenberg_textbook(UrlAddress, PureText=True):
    #------------
    # gutenberg porject: https://www.gutenberg.org/
    #------------
    from urllib.request import Request, urlopen # https://docs.python.org/ko/3/howto/urllib2.html
    from bs4 import BeautifulSoup # https://beautiful-soup-4.readthedocs.io/en/latest/
    #---
    booktext = ''
    #-----
    # request & response
    #-----
    req = Request(UrlAddress)
    response = urlopen(req)
    if(response.status != 200):
        print('response_code:', response.status)
        return booktext
    #-----
    # html parsing
    #-----
    soup = BeautifulSoup(response, "html.parser")
    booktext = soup.get_text()
    #
    if(PureText == True):
        booktext_pure = get_gutenberg_pure_text(booktext)
        booktext = booktext_pure
    #
    return booktext

def get_gutenberg_pure_text(gutenberg_text):
    # Gutenberg Project 텍스트에서 본문과 관련 없는 정보 영역을 제거한다.
    texts = gutenberg_text.splitlines(keepends=True) # 문단 구분 문자 유지 분리
    pure_text = ""
    find_body = False
    for text in texts:
        # 순수한 책 내용 시작 확인
        if(text.find("START OF THE PROJECT GUTENBERG EBOOK") >= 0): # 시작 부분
            find_body = True
            continue
```

```
        if(text.find("START OF THIS PROJECT GUTENBERG EBOOK") >= 0): # 시작 부분
            find_body = True
            continue

        # 순수한 책 내용 끝 확인
        if(text.find("End of the Project Gutenberg EBook") >= 0): # 끝 부분
            break # 책 위치 순서 위의 내용이 먼저 위치하는 경우 있음
        if(text.find("END OF THE PROJECT GUTENBERG EBOOK") >= 0): # 끝 부분
            break # 본문을 모두 처리했으므로 종료
        if(text.find("END OF THIS PROJECT GUTENBERG EBOOK") >= 0): # 끝 부분
            break # 본문을 모두 처리했으므로 종료
        #
        if(find_body == True):
            # 미세한 조정
            text_strip = text.strip()
            if(len(text_strip) <= 0):
                continue

            # 시작 부분에 내용과 관련 없는 부분을 포함한 것 확인
            if(text_strip.startswith("Produced by") == True):
                continue # 관련 없으므로 다음 문장으로

            # 책 본문 합치기
            pure_text += text
    #
    return pure_text
```

The Project Gutenberg eBook of Anne of Green Gables, by Lucy Maud Montgomery

This eBook is for the use of anyone anywhere in the United States and
most other parts of the world at no cost and with almost no restrictions
whatsoever. You may copy it, give it away or re-use it under the terms
of the Project Gutenberg License included with this eBook or online at
www.gutenberg.org. If you are not located in the United States, you
will have to check the laws of the country where you are located before
using this eBook.

Title: Anne of Green Gables

Author: Lucy Maud Montgomery

Release Date: 1992 [eBook #45]
[Most recently updated: November 19, 2021]

[그림 부록-5] 'Anne of Green Gables' Plain Text UTF-8 버전

[예제 append-9]에서는 구텐베르크 프로젝트에서 작품을 차례대로 다운로드하여 저장한다. 예제에서는 '작품명, 주소' 튜플 형식의 목록(gutenberg_list)을 선언해 두고 루프를 수행하면서 작품을 다운로드하는데 작품명을 파일명으로 사용한다. 파일들은 지정된 폴더(.\..\pyexam\ext-src\data\gutenberg\text)에 저장하며 해당 폴더가 없으면 get_gutenberg_text_folder() 함수를 호출할 때 자동으로 생성해 둔다.

[예제 append-9]

```
gutenberg_list = [ # format: [(작품명, 주소),...]
    #------------
    # gutenberg porject: https://www.gutenberg.org/
    #------------
    ("A Christmas Carol", 'https://www.gutenberg.org/cache/epub/46/pg46.txt'),
    ("A Doll's House", 'https://www.gutenberg.org/files/2542/2542-0.txt'),
    ("Adventures of Huckleberry Finn", 'https://www.gutenberg.org/files/76/76-0.txt'),
...
...
    ("War and Peace", 'https://www.gutenberg.org/files/2600/2600-0.txt'),
]

def download_gutenberg_text(gutenberg_url, file_title, down_pathname="", PureText=True):
    # download
    booktext = get_gutenberg_textbook(gutenberg_url, PureText=PureText)

    # {title}을 파일 이름에 적합하도록 변경
    filename = get_filename_from_title(file_title)

    # filename
    guten_file = filename + '.txt'
    if (down_pathname != ""):
        import os
        save_file = os.path.join(down_pathname, guten_file)
    else:
        save_file = guten_file
    #
    print(f'[{len(booktext)}]:', save_file)

    # writing
    file = open(save_file, "w", encoding='utf-8')
```

```
    file.write(booktext)
    file.close()

#-----
#-----
import time
#-----------
from datetime import datetime
time_beg = datetime.now() # 시작 시각
#-----------
# gutenberg porject: https://www.gutenberg.org/
#-----------
guten_pathname = get_gutenberg_text_folder()

for inx, cur_book in enumerate(gutenberg_list):
    print(f'{inx+1}', end=' ')

    title = cur_book[0]
    gutenberg_url = cur_book[1]
    download_gutenberg_text(gutenberg_url, title, down_pathname=guten_pathname)

    # 다운로드 후 대기(서버 부하를 줄이기 위해)
    if((inx + 1) < len(gutenberg_list)):
        time.sleep(5) # 5초 대기

#-----------
time_end = datetime.now() # 종료 시각
elapsed = time_end - time_beg # 경과 시간
print('시작 시각:', time_beg)
print('종료 시각:', time_end)
print('경과 시간(Elapsed):', elapsed)
>>>
1 [160793]: \ext-src\data\gutenberg\text\A_Christmas_Carol.txt
2 [144713]: \ext-src\data\gutenberg\text\A_Doll_House.txt
3 [578503]: \ext-src\data\gutenberg\text\Adventures_of_Huckleberry_Finn.txt
:
43 [3246345]: \ext-src\data\gutenberg\text\War_and_Peace.txt
시작 시각: 2022-03-24 22:22:21.025157
종료 시각: 2022-03-24 22:27:20.257022
경과 시간(Elapsed): 0:04:59.23186
```

[예제 append-9]에서는 전체 다운로드 시간은 5분 정도 소요되지만 다운로드 중간에 5초씩 쉬는 시간을 제외하면 실제 다운로드 시간은 1분 30초 정도이며 파일 1개당 2.1초가 걸린다. [예제 append-4]에서와 같이 서버에 부담을 주지 않기 위해 대기 시간을 설정한 것이다.

[그림 부록-6] 구텐베르크 프로젝트 다운로드 폴더

텍스트 어휘 빈도 사전 생성

이번에는 다운로드한 텍스트에서 토큰을 분리한 후 어휘 빈도 사전을 생성한다. [예제 append-10]에서는 먼저 텍스트가 저장된 폴더에서 텍스트를 목록(text_list)으로 읽어 온 후 for loop를 반복하면서 re.findall("[\w']+", text) 명령을 통하여 각 텍스트에서 토큰을 분리하여 어휘 빈도 사전(DictFreq)에 등록한다. 사전 생성이 끝난 후에는 코드 순서로 정렬하고 30개의 단어를 출력한다.

[예제 append-10]

```
def AddDictFreq__Word(DictFreq, word):
    # 단어 앞(prefix)과 뒤(suffix)에서 불필요한 기호 문자 삭제: {'}
    _dcl_fix_chars_ = "'" # 영문자 토큰 합성 글자: quatation
    word = word.strip(_del_fix_chars_)
    if(word == ''): # 내용이 없는 경우
        return
    #---
    if(word not in DictFreq):
        DictFreq[word] = 1
    else:
        DictFreq[word] += 1
```

```
#-----
#-----
import hgsysinc
from hgbasic import PrintDict_ByLine
from hgtest import load_textlist_gutenberg
#-----------
# gutenberg porject: https://www.gutenberg.org/
guten_pathname = get_gutenberg_text_folder()
text_list = load_textlist_gutenberg(guten_pathname)
print(len(text_list), 'files')
#-----------
print('reading text...', guten_pathname)
PrintProcState = True # 진행 상태 출력(텍스트 목록이 많을 경우 오래 걸릴 때 출력 필요)
#---
import re
DictFreq = dict()
for ti, text in enumerate(text_list):
    # 1. 대문자를 소문자로 변환
    text = text.lower() # 대문자를 소문자로 변경

    # 2. 토큰 분리
    WordList = re.findall("[\w']+", text)
    for word in WordList:
        AddDictFreq__Word(DictFreq, word)
    if(PrintProcState == True):
        print(f'[{ti}] make wordlist...')
#
print(f'DictFreq [{len(DictFreq)}]:')
print()

# 정렬(sort): 코드 오름차순(일반적인 사전 순서)
DictFreq_Sort = dict(sorted(DictFreq.items(), key=lambda item: item[0])) # by abc
DictFreq = DictFreq_Sort
#
PrintDict_ByLine(DictFreq, ShowIndex=True, Printnum=30)
>>>
43 files
reading text... ./../ext-src/data/gutenberg/text/
[0] make wordlist...
```

```
[1] make wordlist...
:
[41] make wordlist...
[42] make wordlist...
DictFreq [64246]:

sorting dictionary...
0 :0 :  39
1 :00 : 8
2 :000 :        327
3 :0009m :      1
4 :0011m :      1
:
```

[예제 append-10]의 출력 결과를 보면 43개 파일에서 추출한 단어는 6만 단어가 넘는다. 그런데 예제처럼 코드값으로 오름차순 정렬을 수행하면 한글 음절은 사전 순서와 일치하지만 라틴 계열 알파벳은 사전 순서와 일치하지 않을 수도 있다. 유니코드는 아스키 영역에 26자의 영문자를 배치하고 나머지 글자는 라틴 보충 영역에 배치하기 때문에 코드값으로 정렬하면 라틴 보충 영역 문자는 아스키 코드 'z' 다음에 온다.

```
코드 정렬 시 아스키 코드 'z' 다음에 오는 단어:
Æthiopia    étrange    étranger    été    évidence    êtes    être    ...
über    Œchalian    Œcumenical    Œdipus    Œil    Œnomaus œil    ...
```

한편 re.findall("[\w']+", text) 명령은 '_' 문자도 단어에 포함시키기 때문에 다음과 같은 불완전한 토큰이 추출된다.

```
'_' 문자가 포함된 불완전한 토큰:
ㄱ) 양 끝에 '_' 문자: _now, then_, _common_
ㄴ) 중간에 '_' 문자: gentle_men, woman_kind, 1_st, 30_th, Un_important   any_body
```

[예제 append-11]에서는 '_' 문자를 제거 및 분리하기 위해서 split('_') 함수를 사용한다. 이 함수로 '_' 문자를 제거하면 약 3천 단어가 줄어든다.

```
[예제 append-11]

def UpdateDictfreq__Wordlist(DictFreq, WordList):
    for word in WordList:
        AddDictFreq__Word(DictFreq, word)
```

```
...
...
import re
DictFreq = dict()
for ti, text in enumerate(text_list):
    # 1. 대문자를 소문자로 변환
    text = text.lower() # 대문자를 소문자로 변경

    # 2. 토큰 분리
    WordList = re.findall("[\w']+", text)
    for word in WordList:
        # 3-1) 양 끝에 문자('_') 제거: {_now then_ _common_}
        # 3-2) 중간에 문자('_') 분리: {gentle_men  woman_kind 1_st  21_st  30_th}
        divlist = word.split('_')
        if(len(divlist) > 0): # 분리된 단어 목록이 있는 경우
            UpdateDictfreq__Wordlist(DictFreq, divlist)
        else:
            AddDictFreq__Word(DictFreq, word)
    if(PrintProcState == True):
        print(f'[{ti}] make wordlist...')
#
print(f'DictFreq [{len(DictFreq)}]:')
...
>>>
43 files
reading text... ./../ext-src/data/gutenberg/text/
[0] make wordlist...
[1] make wordlist...
:
[41] make wordlist...
[42] make wordlist...
DictFreq [61229]:
:
```

문자열 패턴을 이용한 기본형 추출

대부분의 단어 활용형은 형태소 규칙 사전이 없으면 기본형으로 변환할 수 없지만 '-s'로 끝나는 단어 중에서는 3~5개의 문자열 단위로 보면 기본형으로 변환 가능한 것이 있다. 예를

들어 '-ments'의 경우에는 's'만 제거하면 기본형이 되는데 이와 같은 방식으로 기본형을 찾을 수 있는 접미사형 단어가 많다. 부록에서는 접미사 '-s'로 끝나는 3백여 개의 부분 문자열 패턴을 대상으로 '-s'를 제거하여 기본형으로 변환한다. 이렇게 처리하면 구텐베르크 텍스트에서 추출한 전체 어휘 목록 중 10% 이상을 기본형으로 변환할 수 있다.

[표 부록-7] 접미사 '-s' 제거 후 기본형 변환 예

단어 끝	예
-ents	residents, judgements, implements
-ters	monsters, posters, clusters, plotters, twitters
-pers	wallpapers, housekeepers, helpers
-hers	fishers, weathers, gathers, bothers
-tives	negatives,natives, alternatives, narratives, motives

[예제 append-12]는 '-s'로 끝나는 단어를 대상으로 접미사를 제거하고 기본형으로 변환한다. 예제에서는 문자열 끝에서 일정한 길이의 접미사를 분리한 후 3백여 개의 접미사 목록을 탐색하여 기본형으로 변환한다.

[예제 append-12]

```
#==================================
# 철자만으로 원형으로 바꿀 수 있는 것
#==================================
# {-(e)s}를 변경하면 원형이 되는 목록
replace_end__s_dict_4 = {
    'ches':'ch', 'shes':'sh', 'bies':'by', 'cies':'cy', 'dies':'dy',
    'fies':'fy', 'gies':'gy', 'hies':'hy', 'lies':'ly', 'mies':'my',
    'nies':'ny', 'pies':'py', 'ries':'ry', 'sies':'sy', 'ties':'ty',
}
replace_end__s_dict_5 = {
    'wives':'wife',
}

# {s}를 제거하면 원형이 되는 목록(3글자 짜리)
del_end__s_list_3 = [
    'ths', 'aws', 'ews', 'ows', 'oys',
]
```

```
# {s}를 제거하면 원형이 되는 목록(4글자 짜리)
del_end__s_list_4 = [ # 300 여개(10 x 30 여개)
    #='aves', 'ives', 'oves', 'lves', # 검토가 필요하다. (~f:~ves// ~ves: ~v, ~ve)
    'aces', 'acks', 'acts', 'ades', 'afts', 'ages', 'ails', 'aims', 'ains', 'airs',
    'aits', 'akes', 'ales', 'alks', 'alls', 'alps', 'alts', 'ambs', 'ames', 'amps',
    ...
]

# {s}를 제거하면 원형이 되는 목록(5글자 짜리)
del_end__s_list_5 = [
    'turns', 'ships', 'umors', 'fects', 'jects', 'lects', 'pects',
    'rects', 'sects', 'tects', 'dicts', 'licts', 'ducts', 'duets',
    'ights', 'ughts', 'tives', 'roves', 'sives', 'vives',
]

def GetBasicForm__suiffx_s(realword):
    from hgeng_spell_rule import (
        replace_end__s_dict_4, replace_end__s_dict_5, del_end__s_list_3,
        del_end__s_list_4, del_end__s_list_5,
    )
    # 철자 규칙으로 단일화(s 제거, es 변형, 's)
    if(realword.endswith("'s") == True): # 맨 끝 {'s} 제거
        basicform = realword[:-2] # 맨 끝 {'s} 제거
        return basicform
    #
    basicform = ''
    subword = realword[-5:]
    if(subword in del_end__s_list_5):
        basicform = realword[:-1] # 맨 끝 's' 제거
    else:
        repword = replace_end__s_dict_5.get(subword)
        if(len(realword) >= 5) and (repword is not None):
            # 5글자 이상: [0] wives -> wife
            headword = realword[:-5]
            basicform = headword + repword # ~wives -> ~wife
        else:
            subword = realword[-4:]
            if(subword in del_end__s_list_4):
                basicform = realword[:-1] # 맨 끝 's' 제거
```

```
        else:
            repword = replace_end__s_dict_4.get(subword)
            if(len(realword) > 4) and (repword is not None):
                # 4글자보다 커야 한다.: [x] lies -> ly
                headword = realword[:-4]
                basicform = headword + repword # ~ties -> ~ty
            else:
                subword = realword[-3:]
                if(subword in del_end__s_list_3):
                    basicform = realword[:-1] # 맨 끝 's' 제거
    #
    return basicform
```

[예제 append-13]은 지금까지 설명한 알고리즘을 통합한 영어 토큰 처리기를 이용하여 구텐베르크 어휘 빈도 사전을 생성한다. '-s'로 끝나는 단어에서 접미사를 제거하고 기본형으로 변환하기 위해서 앞선 예제에서 사용한 AddDictFreq__Word() 함수를 수정한다. 예제의 출력 결과를 보면 최종적으로 추출한 단어는 5만 3천 개이다.

[예제 append-13]

```
def AddDictFreq__Word(DictFreq, word, WordSuifx=False):
    #---
    # 단어 앞(prefix)과 뒤(suffix)에서 불필요한 기호 문자 삭제: {'}
    #---
    _del_fix_chars_ = "'" # 영문자 토큰 합성 글자: quatation
    word = word.strip(_del_fix_chars_)
    if(word == ''): # 내용이 없는 경우
        return
    if(WordSuifx == True):
        from hgwordlist import GetBasicForm__suiffx_s
        # add-3) 철자 규칙으로 단일화(s 제거, es 변형, 's)
        basicform = GetBasicForm__suiffx_s(word)
        if(len(basicform) > 0): # 기본형으로 바꾼 경우
            word = basicform
    #---
    if(word not in DictFreq):
        DictFreq[word] = 1
    else:
```

```
        DictFreq[word] += 1

def UpdateDictfreq__Wordlist(DictFreq, WordList, WordSuifx=False):
    for word in WordList:
        AddDictFreq__Word(DictFreq, word, WordSuifx=WordSuifx)

#-----
#-----
...
...
import re
DictFreq = dict()
for ti, text in enumerate(text_list):
    # 1. 대문자를 소문자로 변환
    text = text.lower() # 대문자를 소문자로 변경

    # 2. 토큰 분리
    WordList = re.findall("[\w']+", text)
    for word in WordList:
        # add-1) 양 끝에 문자('_') 제거: {_now then_ _common_}
        # add-2) 중간에 문자('_') 분리: {gentle_men  woman_kind 1_st  21_st  30_th}
        divlist = word.split('_')
        if(len(divlist) > 0): # 분리된 단어 목록이 있는 경우
            # 3-3. 철자 규칙으로 단일화(s 제거, es 변형, 's)
            UpdateDictfreq__Wordlist(DictFreq, divlist, WordSuifx=True)
        else:
            # 3-3. 철자 규칙으로 단일화(s 제거, es 변형, 's)
            AddDictFreq__Word(DictFreq, word, WordSuifx=True)
    if(PrintProcState == True):
        print(f'[{ti}] make wordlist...')
#
print(f'DictFreq [{len(DictFreq)}]:')
...
>>>
43 files
reading text... ./../ext-src/data/gutenberg/text/
[0] make wordlist...
[1] make wordlist...
:
```

```
[41] make wordlist...
[42] make wordlist...
DictFreq [53847]:
:
```

어휘 빈도 사전 저장

토큰 처리기를 이용하여 어휘 빈도 사전을 생성하면 다른 프로젝트에서도 사용할 수 있도록 파일로 저장한다. 탭 문자로 단어와 빈도를 구분하여 문단 단위로 저장하며, 파일 확장자는 이 책에서 구분하는 '.tpx'로 지정한다. 사전 파일의 크기는 632KB이다.

```
[예제 append-14]
...
run_mode = "" # 코드 순서
#
encoding='utf-8'
# writing
save_file = guten_pathname + '/gutenberg_wordfreq' + run_mode + '.tpx'
print('dictionary writing:', save_file)
file = open(save_file, "w", encoding=encoding)
for word_cnt, word in enumerate(DictFreq):
    freq = DictFreq[word]
    tx_line = word + '\t' + str(freq) + '\n'
    wr_num = file.write(tx_line)
#
file.close()
```

어휘 빈도 사전 읽기

[예제 append-15]는 '.tpx' 파일 확장자로 된 어휘 빈도 사전을 읽는다. 예제에서는 어휘 빈도 사전을 읽기 위해 GetDictFreq_WordFreqFile2() 함수를 이용하는데, 이 함수는 문자열에 내장된 readline() 함수를 호출하여 문단 단위로 문자열을 읽어 오고 단어를 분리하기 위해 split('\t') 함수를 호출한다. 한편 [예제 append-14]에서는 사전을 '/text/' 폴더에 저장했지만 이 사전을 상위 폴더로 옮겨 두고 사전을 읽을 때는 상위 폴더에서 읽는다.

[예제 append-15]

```
def GetDictFreq_WordFreqFile2(filename, encoding='utf-8'):
    '''# format: ['주제어', '빈도'] 처리용'''
    from pathlib import Path
    #
    DictFreq = {}
    if(type(filename) == str):
        filename = Path(filename)
    if filename.is_file():
        if filename.exists():
            pass
        else:
            return DictFreq
    else:
        print("file not found: %s" %filename)
        return DictFreq
    #
    file = open(filename, 'r', encoding=encoding)
    #
    ReadCnt = 0;
    while True:
        try:
            line = file.readline()
            if not line:
                break
            #
            line = line.strip() # 양끝 공백문자 지움
            if(len(line) <= 0): # 내용은 없고 줄바꿈만 있는 경우
                continue
            #
            word_tok = line.split('\t')
            if(word_tok is not None):
                if(len(word_tok) == 2): # format: ['주제어', '빈도']
                    TopocWord = word_tok[0]
                    Freq = word_tok[1]
                else: # 형식이 맞지 않는 경우
                    break
                DictFreq[TopocWord] = int(Freq)
```

```
        except UnicodeDecodeError as UDError:
            print('[',filename,']', '\n', (ReadCnt + 1), 'line ', UDError)
            pass
        ###
        ReadCnt += 1
    ###
    file.close()
    ###
    return DictFreq

#
encoding='utf-8'
# gutenberg porject
guten_pathname = './../ext-src/data/gutenberg/'
fileame = 'gutenberg' + '_wordfreq' + '.tpx'
read_file = guten_pathname + fileame

print('dictionary reading:', read_file)
DictFreq = GetDictFreq_WordFreqFile2(read_file, encoding)
print(f'DictFreq [{len(DictFreq)}]:')
>>>
dictionary reading: ./../ext-src/data/gutenberg/gutenberg_wordfreq.tpx
DictFreq [53847]:
```

한편 텍스트 분석에 필요 없는 단어를 불용어(stopword)라고 하며 이러한 단어들은 최종 어휘 목록에서 제외시킨다. 앞선 예제에서 접어 패턴을 추출하기 위해서 re.findall() 함수 호출 시 매개변수에 작은따옴표(')를 추가하여 "[\w']+"를 적용하였는데, 처리된 단어 목록을 살펴보면 어색한 단어들(예를 들어 'a'reet, ab'litionist, amaz'n' 등)이 있다. 이런 단어는 검색어로 적합하지 않으므로 불용어로 처리한다.

[예제 append-16]에서는 어휘 빈도 사전을 읽은 후에 TransDictfreq__Stoplist() 함수를 이용하여 불용어를 처리한다. 이 함수는 불용어 목록에 있는 단어를 어휘 빈도 사전에서 삭제하고 삭제한 항목수를 반환하는데 불용어를 제외하면 어휘 빈도 사전의 목록 중에서 1백 여 단어가 줄어든다.

[예제 append-16]

```
def TransDictfreq__Stoplist(DictFreq, Stoplist): # 불용어 제거
    DelNum = 0
    for stopword in Stoplist:
        if stopword in DictFreq:
            DictFreq.pop(stopword)
            DelNum += 1
    #
    return DelNum

#-----------
# 어휘 빈도 사전 읽기
#-----------
...
DictFreq = GetDictFreq_WordFreqFile2(read_file, encoding)
print(f'DictFreq [{len(DictFreq)}]:')
#-----------
# 불용어 처리
#-----------
# 불용어 파일 읽기
fileame = 'gutenberg_wordfreq_quatation_exc' + '.txt'
stop_file = guten_pathname + fileame
stopword_txt = ReadTxtFile(stop_file)
stoplist_gutenberg = stopword_txt.split()

# 불용어 제거
print('DictFreq:', len(DictFreq))
DelNum = TransDictfreq__Stoplist(DictFreq, stoplist_gutenberg)
print('DictFreq_New:', len(DictFreq))
print('stop num:', DelNum)
>>>
DictFreq [53847]:
DictFreq_New: 53704
stop num: 143
```

어휘 빈도 사전 적용

[예제 append-17]에서는 어휘 빈도 사전을 읽어 와서 본문 13-15장의 검색어 철자 교정 알고리즘에 적용한다.

```
[예제 append-17]

import hgsysinc
from hgtest import load_dictfreq_gutenberg_wordlist
from hgworddistance import MakeNGramVocabulary__DictFreq
from hgkbd import HGTransString2EngString
from hgfind import GetSpellCheck_Find, GetSpellCheck_NGram
#---------------------------
# gutenberg porject
Vocabulary = load_dictfreq_gutenberg_wordlist(Stopword=True)
print('Dict Num:', len(Vocabulary))
print()

#---------------------------
# 철자 교정 알고리즘 (13장)
#---------------------------
FindWord = 'gpvernment' # <- {government}의 철자 오류 입력
SpellCheckWord = GetSpellCheck_Find(FindWord, Vocabulary)
if(FindWord != SpellCheckWord):
    print(f"<{FindWord}> 이 단어가 맞나요? ===>", SpellCheckWord)

#---------------------------
# 한/영 변환 및 철자 교정 알고리즘 (14장)
#---------------------------
FindWord = '햏ㄷ구ㅡ둣' # 'government' (한영변환 오류)
FindWord_Eng = HGTransString2EngString(FindWord) # 한글->영문자
SpellCheckWord = GetSpellCheck_Find(FindWord_Eng, Vocabulary)
if(FindWord != SpellCheckWord):
    print(f"<{FindWord}> 이 단어가 맞나요? ===>", SpellCheckWord)

FindWord = '랳ㄷ구ㅡ둣' # 'fovernment' <- 'government' (한영변환 오류 + 철자 오류)
FindWord_Eng = HGTransString2EngString(FindWord) # 한글->영문자
SpellCheckWord = GetSpellCheck_Find(FindWord_Eng, Vocabulary)
if(FindWord != SpellCheckWord):
```

```
    print(f"<{FindWord}> 이 단어가 맞나요? ===>", SpellCheckWord)

#------------------------
# n-gram 기반 한/영 변환 및 철자 교정 알고리즘 (15장)
#------------------------
# make n-gram
ngram_k = 5
NGramVocabulary = MakeNGramVocabulary__DictFreq(Vocabulary, NGram=ngram_k)

FindWord = 'lixurious' # <- {luxurious}의 철자 오류 입력
SpellCheckWord = GetSpellCheck_NGram(FindWord, NGramVocabulary, ngram_k)
print(f"<{FindWord}> 이 단어가 맞나요? ===>", SpellCheckWord)

FindWord = '랜두—듯' # (fovenment) <- {government}의 철자 오류 입력
FindWord_Eng = HGTransString2EngString(FindWord) # 한글->영문자
SpellCheckWord = GetSpellCheck_NGram(FindWord_Eng, NGramVocabulary, ngram_k)
print(f"<{FindWord}> 이 단어가 맞나요? ===>", SpellCheckWord)
>>>
dictionary reading: ./../ext-src/data/gutenberg/gutenberg_wordfreq.tpx
Dict Num:  53704

<gpvernment> 이 단어가 맞나요? ===> government
<핼ㄷ구—듯> 이 단어가 맞나요? ===> government
<랠ㄷ구—듯> 이 단어가 맞나요? ===> government
<lixurious> 이 단어가 맞나요? ===> luxurious
<랠두—듯> 이 단어가 맞나요? ===> government
```

[예제 append-18]에서는 어휘 빈도 사전을 읽어 와서 본문 16-18장의 검색어 자동 추천 알고리즘에 적용한다.

```
[예제 append-18]
...
from hgfind import HGTrie, GetSuggestion_NGram
#------------------------
def PrintSuggestionList(SugList):
    # format: [{'word': 'authorize', 'realword': '', 'weight': 9}, ...]
    # format: [{'word':'gksrnr','realword':'한국','weight':10}, ...]
    for si, SugItem in enumerate(SugList):
        if(len(SugItem['realword']) > 0): # 'realword'에 값이 있는 경우
```

```
            SuggestWord = SugItem['realword']
        else:
            SuggestWord = SugItem['word']
        print(f"{si+1} : {SuggestWord} ({SugItem['weight']})")
...
#--------------------------------
# 트라이 생성: 어휘 사전을 트라이로 변환
TrieTest = HGTrie()
for CurWord in Vocabulary:
    WordFreq = Vocabulary[CurWord]
    CurWord = CurWord.lower() # 소문자 변환
    TrieTest.InsertNode(CurWord, Weight=WordFreq)

#------------------------
# 검색어 자동 추천 알고리즘 (16장)
#------------------------
# 트라이 추천(Suggestion)
FindWord = 'autho'
SugList = TrieTest.GetSuggestion(FindWord)
print(f'<{FindWord}> Suggest {len(SugList)}:')
PrintSuggestionList(SugList)
print()

#------------------------
# 한/영 변환 자동 추천 알고리즘 (17장)
#------------------------
# 트라이 추천(Suggestion)
FindWord = '며쇄' # 'autho' 한영변환 오류 입력
FindWord_EngString = HGTransString2EngString(FindWord) # 한->영 입력 변환
SugList = TrieTest.GetSuggestion(FindWord_EngString)
print(f'<{FindWord}(<=={FindWord_EngString})> Suggest {len(SugList)}:')
PrintSuggestionList(SugList)
print()

#------------------------
# n-gram 기반 철자 교정 자동 추천 알고리즘 (18장)
#------------------------
# make n-gram
ngram_k = 5
```

```
NGramVocabulary = MakeNGramVocabulary__DictFreq(Vocabulary, NGram=ngram_k)
print('NGram Dict Num:', len(NGramVocabulary))

#------------------------------
FindWord = 'vircum' # (vircum) <- {circum}의 철자 오류 입력
# n-gram에서 검색어 추천
SuggestNum = 10 # N그램에서 10개만 추천
SugList_NGram = GetSuggestion_NGram(FindWord,
    NGramVocabulary, NGram=ngram_k, SuggestNum=SuggestNum)

# 추천 목록 출력
print(f'<{FindWord}}> NGram Suggest {len(SugList_NGram)}:')
if(len(SugList_NGram) > 0):
    PrintSuggestionList(SugList_NGram)
print()

#------------------------------
# 검색어를 영문자로 변환
FindWord = '퍅쳐ㅡ' # (vircum) <- {circum}의 철자 오류 입력
FindWord_Eng = HGTransString2EngString(FindWord) # 한글->영문자

# n-gram에서 검색어 추천
SuggestNum = 10 # N그램에서 10개만 추천
SugList_NGram = GetSuggestion_NGram(FindWord_Eng,
    NGramVocabulary, NGram=ngram_k, SuggestNum=SuggestNum)

# 추천 목록 출력
print(f'<{FindWord}(<=={FindWord_Eng})> NGram Suggest {len(SugList_NGram)}:')
if(len(SugList_NGram) > 0):
    PrintSuggestionList(SugList_NGram)
>>>
dictionary reading: ./../ext-src/data/gutenberg/gutenberg_wordfreq.tpx
Dict Num: 53707

<autho> Suggest 10:
1 : authority (363)
2 : author (290)
3 : authoress (43)
4 : authoritative (15)
```

```
5 : authorized (14)
6 : authorship (10)
7 : authorize (9)
8 : authorised (7)
9 : authoritatively (6)
10 : authorization (2)

<며쇄(<==autho)> Suggest 10:
1 : authority (363)
2 : author (290)
3 : authoress (43)
4 : authoritative (15)
5 : authorized (14)
6 : authorship (10)
7 : authorize (9)
8 : authorised (7)
9 : authoritatively (6)
10 : authorization (2)

NGram Dict Num: 326477
<vircum)> NGram Suggest 10:
1 : circumstance (732)
2 : circumference (29)
3 : circumstantial (25)
4 : circumspection (12)
5 : circumspectly (10)
6 : circumstantially (8)
7 : circumspect (7)
8 : circumscribed (7)
9 : circumlocution (7)
10 : circumnavigation (6)

<퍅쳐ㅡ(<==vircum)> NGram Suggest 10:
1 : circumstance (732)
2 : circumference (29)
3 : circumstantial (25)
4 : circumspection (12)
5 : circumspectly (10)
6 : circumstantially (8)
```

```
7 : circumspect (7)
8 : circumscribed (7)
9 : circumlocution (7)
10 : circumnavigation (6)
```

한편 본문에서 주로 사용한 'Anne of Green Gables' 텍스트만 다운로드할 수 있도록, [예제 append-19]에서는 구텐베르크 프로젝트에서 'Anne of Green Gables'를 다운로드한다. 이 텍스트도 앞선 예제와 같이 구문 분석을 통하여 작품 본문에 해당하는 부분만 다운로드하여 지정된 폴더에 작품명으로 저장하며, 4장과 11장의 예제에서 알고리즘 설명을 위해 사용한다.

[예제 append-19]

```
import hgsysinc
from hgcrawl import download_gutenberg_Anne_of_Green_Gables
download_gutenberg_Anne_of_Green_Gables()
>>>
[567679]: .\..\pyexam\ext-src\data\gutenberg\text\Anne_of_Green_Gables.txt
```

4. t2bot 자동 색인 시스템 매뉴얼

이 책은 t2bot의 자동 색인 시스템을 이용하여 한국어 텍스트(KBS 9시 뉴스)에서 색인어를 추출하여 예제로 사용하였다. 예제처럼 형태소 분석된 색인어를 추출해서 사용하려면 자동 색인 시스템을 이용하여 변환해 두어야 한다. 다음은 색인어 추출에 대한 매뉴얼이다.

자동 색인 시스템: m64-80tpx.exe

```
C:\Users\ia\Desktop\send>m64-80tpx.exe 폴더명
```

- 동작 환경: PC 윈도우
- 한글 코드: 통합 완성형(CP949, 멀티바이트)
- 다운로드: tpx-20210930.zip (2021년 9월 30일 버전으로 날짜는 바뀔 수 있음.)

압축 파일을 풀면 1개의 사전 폴더와 10여 개의 파일이 있는데 이 중에서 실행 파일은

'm64-80tpx.exe'이다. 이 파일은 PC 윈도우 환경에서 실행되는 것으로 통합 완성형 코드를 지원하기 때문에 유니코드로 작성된 텍스트 파일은 통합 완성형 코드로 변환해야 한다.

✿ 텍스트 파일을 매개변수로 전달하여 자동 색인을 수행한다.

```
C:\Users\ia\Desktop\send64>m64-80tpx.exe test11.txt
```

실행이 끝나면 [그림 부록-8]과 같이 탭(tab) 문자로 구분된 "주제어(색인어), 빈도, 문단ID, 문장ID" 형식으로 '~.tpx-wordlist.txt' 파일에 저장한다. 실행 결과를 보면 2개의 문장으로 이루어진 1개의 문단에서 단어를 추출한다. t2bot 자동 색인 시스템은 확률 기반 모델로 불완전한 단어가 추출될 수 있으며, 명사를 비롯하여 동사, 형용사, 부사 및 감탄사 등 거의 모든 실질 형태소를 색인어로 추출한다. 그러나 문법 형태소에 해당하는 조사와 어미는 추출하지 않으며, 실질 형태소 중 '하다, 되다'와 같이 어휘적 의미가 약한 단어도 추출하지 않는다.

test11.txt - Windows 메모장

파일(F) 편집(E) 서식(O) 보기(V) 도움말(H)

제1항 한글 맞춤법은 표준어를 소리대로 적되, 어법에 맞도록 함을 원칙으로 한다.
제2항 문장의 각 단어는 띄어 씀을 원칙으로 한다.

[그림 부록-7] test11.txt

test11.tpx-wordlist.txt - Windo...

파일(F) 편집(E) 서식(O) 보기(V) 도움말(H)

주제어	빈도	문단ID	문장ID
제1항	1	1	1
한글	1	1	1
맞춤법	1	1	1
표준어	1	1	1
소리	1	1	1
어법	1	1	1
맞다	1	1	1
함	1	1	1
원칙	1	1	1
제2항	1	1	2
문장	1	1	2
각	1	1	2
단어	1	1	2
띄다	1	1	2
쓰다	1	1	2
원칙	1	1	2

[그림 부록-8] test11.txt 색인 결과

✿ 폴더를 대상으로 색인어를 추출하려면 파일명 대신에 폴더명을 지정한다.

```
C:\Users\ia\Desktop\send>m64-80tpx.exe 폴더명
```

한편 'm64-80tpx.exe' 파일은 자동 색인 서버와 자동 요약 서버 기능이 통합되어 있으며 이에 대한 매뉴얼은 t2bot 사이트에서 확인할 수 있다.

✿ 사전 경로 변경: m64-80tpx-sysdic.ini, m64-80tpx-userdic.ini

다운로드한 t2bot 자동 색인 시스템의 실행 경로가 예제와 다를 경우에는 실행되지 않으므로 2개의 환경 설정 파일에서 3개의 'PATH=~'를 찾아 사전 경로를 변경해야 한다.

```
#. m64-80tpx-sysdic.ini 파일에서 경로 지정(PATH=~ 2곳)
PATH=C:\Users\ia\Desktop\send\dic\

#. m64-80tpx-userdic.ini 파일에서 경로 지정(PATH=~ 1곳)
PATH=C:\Users\ia\Desktop\send\dic\
```

자동 색인 결과 파일 읽기

자동 색인 시스템은 텍스트를 문단 단위로 분할한 후에 다시 문단에서 문장으로 분리한다. 문장에서 색인어를 추출한 후에 색인어가 소속된 문단과 문장의 ID를 기록한다. 이 때 모든 색인어(주제어)는 빈도가 '1'이며, 한 문장 안에 같은 색인어가 2개 이상 있더라도 빈도를 통합하지 않고 순서대로 모두 기록한다.

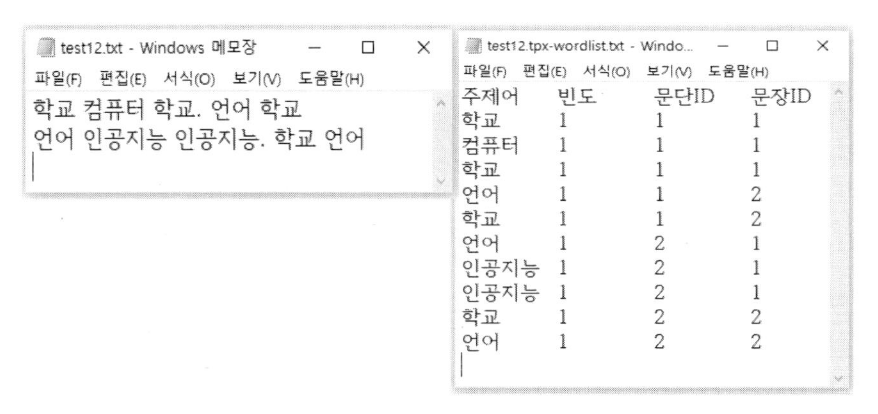
test12.txt - Windows 메모장

학교 컴퓨터 학교. 언어 학교
언어 인공지능 인공지능. 학교 언어

test12.tpx-wordlist.txt - Windo...

주제어	빈도	문단ID	문장ID
학교	1	1	1
컴퓨터	1	1	1
학교	1	1	1
언어	1	1	2
학교	1	1	2
언어	1	2	1
인공지능	1	2	1
인공지능	1	2	1
학교	1	2	2
언어	1	2	2

[그림 부록-9] test12.txt(왼쪽)와 색인 결과(오른쪽)

✿ 자동 색인 결과: ~.tpx-wordlist.txt

자동 색인에 의해서 생성된 파일에서 색인어를 단어 목록(list)과 단어 빈도 사전으로 변환하는 방법은 다음과 같다. '~.tpx-wordlist.txt' 파일은 탭 문자로 구분된 "주제어(색인어), 빈도, 문단ID, 문장ID" 형식으로 되어 있어 split() 함수로 호출하여 항목을 분리한 후에 첫 번째 항목인 '주제어'만 문자열(HGTpxText)로 모은다. 예제에서는 split() 함수를 이용하여 HGTpxText 변수를 단어 목록(HGTpxList)으로 변환한 후에 루프를 통하여 단어 빈도(WordFreq) 사전을 생성한다.

[예제 append-20]

```
def GetHGTpxText_TpxFile(filename, encoding='utf-8',
        IgnoreError=False, ReadNum=-1, PrintTextFlag = False):
    from pathlib import Path
    # 결과를 텍스트로 반환
    HGTopicText = ""

    if(type(filename) == str):
        filename = Path(filename)
    if filename.is_file():
        if filename.exists():pass
        else: return HGTopicText
    else:
        print("file not found: %s" %filename)
        return HGTopicText

    errors = None
    if(IgnoreError == True):
        errors = 'ignore'
    file = open(filename, 'r', encoding=encoding, errors=errors)
    TopicHeader = None
    ReadCnt = 0;
    RealReadCnt = 0
    while True:
        try:
            line = file.readline()
            if not line:
                break
```

```
            if(PrintTextFlag == True):
                print(line)

            line = line.strip() # 양끝 공백문자 지움
            if(len(line) > 0):
                #-if(line != None): HGTopicList.append(line)
                word_tok = line.split('\t')
                if(word_tok != None):
                    # format: ['주제어', '빈도', '문단ID', '문장ID']
                    if(ReadCnt == 0): # 맨 처음 읽음
                        TopicHeader = word_tok
                    else:
                        HGTopicText += word_tok[0] # '주제어'
                        HGTopicText += '\t'
                    #
                    RealReadCnt += 1
            else: # 내용은 없고 줄바꿈만 있는 경우
                if(len(HGTopicText) > 0): # 앞에 실제 텍스트(주제어)가 하나라도 있을 때만 
줄바꿈을 넣어준다.
                    HGTopicText += '\n' #
        except UnicodeDecodeError as UDError:
            print('[',filename,']', '\n', (ReadCnt + 1), 'line ', UDError)
            pass
        ###
        ReadCnt += 1
        if(ReadNum > 0): # 읽을 개수 검사
            if(ReadCnt >= ReadNum):
                break
    ###
    file.close()
    ###
    return HGTopicText

#-----
#-----
filename = Path(filepath + 'test12.tpx-wordlist.txt')
encoding='euckr'
HGTpxText = GetHGTpxText_TpxFile(filename, encoding=encoding)
print('HGTpxText:', HGTpxText)
```

```
#-----
HGTpxText.rstrip() # 문서 끝 쪽에 있는 공백문자 지운다.
HGTpxList = HGTpxText.split()
print('HGTpxList', HGTpxList)

#-----
WordFreq = {}
for word in HGTpxList:
    if(word in WordFreq):
        WordFreq[word] += 1
    else:
        WordFreq[word] = 1
print('WordFreq:', WordFreq)
>>>
HGTpxText: 학교  컴퓨터  학교   언어  학교  언어  인공지능  인공지능  학교 언어
HGTpxList ['학교', '컴퓨터', '학교', '언어', '학교', '언어', '인공지능', '인공지능', '학교', '언어']
WordFreq: {'학교': 4, '컴퓨터': 1, '언어': 3, '인공지능': 2}
```

✿ 사용자 불용어 사전: ./dic/임시-poststop-adder1.txt

t2bot 자동 색인 시스템이 추출한 색인어 중에서 적합하지 않거나 불필요한 단어는 [그림 부록-10]과 같이 './dic/'폴더의 '임시-poststop-adder1.txt' 파일에 단어를 등록하면 불용어로 처리된다. 불용어 사전을 갱신하여도 실행 프로그램을 새로 시작하기 전까지는 반영되지 않으므로 반드시 재실행한다.

```
임시-poststop-adder1.txt - Windows 메모장
파일(F) 편집(E) 서식(O) 보기(V) 도움말(H)
// 이 파일에는 내용이 없다.
// - 각 프로젝트 별로 이 파일과 똑같은 이름으로 추가해서 필요할 때마다 복사하도록 설계했다.
// -- 시스템 파일 복사할 때 이 파일이 복사되면 각 프로젝트별로 사용했던 이 파일은 초기화된다.

있다
없다
```

[그림 부록-10] 불용어 사전에 단어 추가

✿ 색인어 변경 사전: ./dic/임시-replace1.txt

자동 색인 시스템에서 추출된 색인어를 다른 색인어로 변경하려면 [그림 부록-11]과 같이

'./dic/'폴더의 '임시-replace1.txt' 파일에 단어를 등록한다. 예를 들어 test21.txt의 철자 오류 단어는 자동 색인을 수행하면 '맛없, 맛있, 마아아앗' 등의 부적절한 색인어가 추출된다. 철자 오류를 고려하여 맞춤법에 맞는 색인어로 변경하기 위해서 [그림 부록-11]과 같이 등록해 두면, 자동 색인이 끝나고 [그림 부록-12]와 같이 변경된 색인어로 추출된다. 색인어 변경 사전에 등록할 때는 '->' 문자열로 구분하며 실행 프로그램을 새로 시작하기 전까지는 변경 내용이 반영되지 않으므로 반드시 재실행한다.

```
임시-replace1.txt - Windows 메모장
파일(F) 편집(E) 서식(O) 보기(V) 도움말(H)
// 이 파일에는 내용이 없다.
// - 각 프로젝트 별로 이 파일과 똑같은 이름으로 추가해서 필요할 때마다 복사하도록 설계했다.
// -- 시스템 파일 복사할 때 이 파일이 복사되면 각 프로젝트별로 사용했던 이 파일은 초기화된다.
//----------------------
//-구분문자: ->
//---------------------------
맛있->맛있다
맛없->맛없다
마아아아앗->맛
```

[그림 부록-11] 색인어 변경 사전에 단어 추가

test21.tpx-wordlist.txt - Windo...

주제어	빈도	문단ID	문장ID
맛없다	1	1	1
맛없	1	1	1
맛있다	1	2	1
맛있	1	2	1
맛	1	3	1
마아아앗	1	3	1

test21.tpx-wordlist.txt - Windo...

주제어	빈도	문단ID	문장ID
맛없다	1	1	1
맛없다	1	1	1
맛있다	1	2	1
맛있다	1	2	1
맛	1	3	1
맛	1	3	1

[그림 부록-12] test21.txt 색인 결과(색인어 변경 전(왼)과 후(오른))

5. 유니코드의 한글 자모와 호환 문자 코드

[표 부록-8] 유니코드의 한글 자모와 한글 자모 확장 A/B

한글 자모																
0x	0	1	2	3	4	5	6	7	8	9	A	B	C	D	E	F
110	ᄀ	ᄁ	ᄂ	ᄃ	ᄄ	ᄅ	ᄆ	ᄇ	ᄈ	ᄉ	ᄊ	ᄋ	ᄌ	ᄍ	ᄎ	ᄏ
111	ᄐ	ᄑ	ᄒ	ᄓ	ᄔ	ᄕ	ᄖ	ᄗ	ᄘ	ᄙ	ᄚ	ᄛ	ᄜ	ᄝ	ᄞ	ᄟ
112	ᄠ	ᄡ	ᄢ	ᄣ	ᄤ	ᄥ	ᄦ	ᄧ	ᄨ	ᄩ	ᄪ	ᄫ	ᄬ	ᄭ	ᄮ	ᄯ
113	ᄰ	ᄱ	ᄲ	ᄳ	ᄴ	ᄵ	ᄶ	ᄷ	ᄸ	ᄹ	ᄺ	ᄻ	ᄼ	ᄽ	ᄾ	ᄿ
114	ᅀ	ᅁ	ᅂ	ᅃ	ᅄ	ᅅ	ᅆ	ᅇ	ᅈ	ᅉ	ᅊ	ᅋ	ᅌ	ᅍ	ᅎ	ᅏ
115	ᅐ	ᅑ	ᅒ	ᅓ	ᅔ	ᅕ	ᅖ	ᅗ	ᅘ	ᅙ	ᅚ	ᅛ	ᅜ	ᅝ	ᅞ	CF
116	JF	ᅡ	ᅢ	ᅣ	ᅤ	ᅥ	ᅦ	ᅧ	ᅨ	ᅩ	ᅪ	ᅫ	ᅬ	ᅭ	ᅮ	ᅯ
117	ᅰ	ᅱ	ᅲ	ᅳ	ᅴ	ᅵ	ᅶ	ᅷ	ᅸ	ᅹ	ᅺ	ᅻ	ᅼ	ᅽ	ᅾ	ᅿ
118	ᆀ	ᆁ	ᆂ	ᆃ	ᆄ	ᆅ	ᆆ	ᆇ	ᆈ	ᆉ	ᆊ	ᆋ	ᆌ	ᆍ	ᆎ	ᆏ
119	ᆐ	ᆑ	ᆒ	ᆓ	ᆔ	ᆕ	ᆖ	ᆗ	ᆘ	ᆙ	ᆚ	ᆛ	ᆜ	ᆝ	ᆞ	ᆟ
11A	ᆠ	ᆡ	ᆢ	ᆣ	ᆤ	ᆥ	ᆦ	ᆧ	ᆨ	ᆩ	ᆪ	ᆫ	ᆬ	ᆭ	ᆮ	ᆯ
11B	ᆰ	ᆱ	ᆲ	ᆳ	ᆴ	ᆵ	ᆶ	ᆷ	ᆸ	ᆹ	ᆺ	ᆻ	ᆼ	ᆽ	ᆾ	ᆿ
11C	ᇀ	ᇁ	ᇂ	ᇃ	ᇄ	ᇅ	ᇆ	ᇇ	ᇈ	ᇉ	ᇊ	ᇋ	ᇌ	ᇍ	ᇎ	ᇏ
11D	ᇐ	ᇑ	ᇒ	ᇓ	ᇔ	ᇕ	ᇖ	ᇗ	ᇘ	ᇙ	ᇚ	ᇛ	ᇜ	ᇝ	ᇞ	ᇟ
11E	ᇠ	ᇡ	ᇢ	ᇣ	ᇤ	ᇥ	ᇦ	ᇧ	ᇨ	ᇩ	ᇪ	ᇫ	ᇬ	ᇭ	ᇮ	ᇯ
11F	ᇰ	ᇱ	ᇲ	ᇳ	ᇴ	ᇵ	ᇶ	ᇷ	ᇸ	ᇹ	ᇺ	ᇻ	ᇼ	ᇽ	ᇾ	ᇿ

※ CF는 초성 채움 문자, JF는 중성 채움 문자이다.

한글 자모 확장 A																
0x	0	1	2	3	4	5	6	7	8	9	A	B	C	D	E	F
A96	ꥠ	ꥡ	ꥢ	ꥣ	ꥤ	ꥥ	ꥦ	ꥧ	ꥨ	ꥩ	ꥪ	ꥫ	ꥬ	ꥭ	ꥮ	ꥯ
A97	ꥰ	ꥱ	ꥲ	ꥳ	ꥴ	ꥵ	ꥶ	ꥷ	ꥸ	ꥹ	ꥺ	ꥻ	ꥼ			

한글 자모 확장B																
0x	0	1	2	3	4	5	6	7	8	9	A	B	C	D	E	F
D7B	ힰ	ힱ	ힲ	ힳ	ힴ	ힵ	ힶ	ힷ	ힸ	ힹ	ힺ	ힻ	ힼ	ힽ	ힾ	ힿ
D7C	ퟀ	ퟁ	ퟂ	ퟃ	ퟄ	ퟅ	ퟆ					ퟋ	ퟌ	ퟍ	ퟎ	ퟏ
D7D	ퟐ	ퟑ	ퟒ	ퟓ	ퟔ	ퟕ	ퟖ	ퟗ	ퟘ	ퟙ	ퟚ	ퟛ	ퟜ	ퟝ	ퟞ	ퟟ
D7E	ퟠ	ퟡ	ퟢ	ퟣ	ퟤ	ퟥ	ퟦ	ퟧ	ퟨ	ퟩ	ퟪ	ퟫ	ퟬ	ퟭ	ퟮ	ퟯ
D7F	ퟰ	ퟱ	ퟲ	ퟳ	ퟴ	ퟵ	ퟶ	ퟷ	ퟸ	ퟹ	ퟺ	ퟻ				

[표 부록-9] 유니코드의 한글 호환 자모와 반각 자모

한글 호환 자모																
0x	0	1	2	3	4	5	6	7	8	9	A	B	C	D	E	F
313		ㄱ	ㄲ	ㄳ	ㄴ	ㄵ	ㄶ	ㄷ	ㄸ	ㄹ	ㄺ	ㄻ	ㄼ	ㄽ	ㄾ	ㄿ
314	ㅀ	ㅁ	ㅂ	ㅃ	ㅄ	ㅅ	ㅆ	ㅇ	ㅈ	ㅉ	ㅊ	ㅋ	ㅌ	ㅍ	ㅎ	ㅏ
315	ㅐ	ㅑ	ㅒ	ㅓ	ㅔ	ㅕ	ㅖ	ㅗ	ㅘ	ㅙ	ㅚ	ㅛ	ㅜ	ㅝ	ㅞ	ㅟ
316	ㅠ	ㅡ	ㅢ	ㅣ		ㅥ	ㅦ	ㅧ	ㅨ	ㅩ	ㅪ	ㅫ	ㅬ	ㅭ	ㅮ	ㅯ
317	ㅰ	ㅱ	ㅲ	ㅳ	ㅴ	ㅵ	ㅶ	ㅷ	ㅸ	ㅹ	ㅺ	ㅻ	ㅼ	ㅽ	ㅾ	ㅿ
318	ㆀ	ㆁ	ㆂ	ㆃ	ㆄ	ㆅ	ㆆ	ㆇ	ㆈ	ㆉ	ㆊ	ㆋ	ㆌ	ㆍ	ㆎ	
한글 반각 자모																
0x	0	1	2	3	4	5	6	7	8	9	A	B	C	D	E	F
FFA		ﾡ	ﾢ	ﾣ	ﾤ	ﾥ	ﾦ	ﾧ	ﾨ	ﾩ	ﾪ	ﾫ	ﾬ	ﾭ	ﾮ	ﾯ
FFB	ﾰ	ﾱ	ﾲ	ﾳ	ﾴ	ﾵ	ﾶ	ﾷ	ﾸ	ﾹ	ﾺ	ﾻ	ﾼ	ﾽ	ﾾ	
FFC			ￂ	ￃ	ￄ	ￅ	ￆ	ￇ			ￊ	ￋ	ￌ	ￍ	ￎ	ￏ
FFD			ￒ	ￓ	ￔ	ￕ	ￖ	ￗ			ￚ	ￛ	ￜ			

[표 부록-10] 유니코드의 한중일 호환 영역(CJK Compatibility)

0x	0	1	2	3	4	5	6	7	8	9	A	B	C	D	E	F
:	:	:	:	:	:	:	:	:	:	:	:	:	:	:	:	:
338	pA	nA	μA	mA	kA	KB	MB	GB	cal	kcal	pF	nF	μF	μg	mg	kg
339	Hz	kHz	MHz	GHz	THz	μl	ml	dl	kl	fm	nm	μm	mm	cm	km	mm^2
33A	cm^2	m^2	km^2	mm^3	cm^3	m^3	km^3	m/s	m/s^2	Pa	kPa	MPa	GPa	rad	rad/s	rad/s^2
33B	ps	ns	μs	ms	pV	nV	μV	mV	kV	MV	pW	nW	μW	mW	kW	MW
33C	kΩ	MΩ	a.m.	Bq	cc	cd	C/kg	Co.	dB	Gy	ha	HP	in	K.K.	KM	kt
33D	lm	ln	log	lx	mb	mil	mol	pH	p.m.	PPM	PR	sr	Sv	Wb	V/m	A/m
:	:	:	:	:	:	:	:	:	:	:	:	:	:	:	:	:

참고문헌

김병선(1993), 컴퓨터 자판 옛자모 배열 연구, 국립국어연구원.

김충회(1989), 현행 KS 완성형 한글 코드의 문제점, 한국정보과학회 언어공학연구회 학술발표논문집, 한국정보과학회 언어공학연구회, 21-28쪽.

박건숙(2020), 한국어 인공지능I: Python으로 시작하는 한글 처리, 노드미디어.

박진호(2015), 국어 정보화의 방향-문자 코드를 중심으로, 새국어생활 제25권, 국립국어원.

서봉원(2016), 콘텐츠 추천 알고리즘의 진화, 방송트렌드&인사이트 5, 한국콘텐츠진흥원, 19-24쪽.

오다카 토모히로(2014), 인공지능을 이용한 빅데이터 처리 입문(김성재 옮김), 길벗.

이동주・심준호(2012), 대수적 특성을 고려한 벡터 유사도 측정 함수의 고찰, 한국전자거래학회지17(4), 한국전자거래학회, 209-219쪽.

이승재(2003), 한국어 정보 자료의 구축과 활용 방안 연구, 서강대학교 대학원 박사학위 논문.

조유근・홍영식・이지수・김명(2000/ 2005), Algorithm 알고리즘, 이한출판사.

한국어정보처리연구소(1999), C로 구현한 한글 코드 시스템 프로그래밍 가이드, 도서출판 골드.

한국전산원(1996), 한글 정보처리의 응용기술 및 표준화 방향.

한글과컴퓨터(1992), 한글코드와 자판에 관한 기초 연구, 문화부.

홍윤표(1995), 한글 코드에 관한 연구, 국립국어연구원.

Bajusz, D., Rácz, A., Héberger, K.(2015), "Why is Tanimoto index an appropriate choice for fingerprint-based similarity calculations?", *Journal of Cheminformatics 7*, 1-13.

Bennett, J., Lanning, S.(2007), "The Netflix Prize", *Proceedings of the KDD Cup Workshop*, New York, ACM, 3-6.

Frakes, W., Baeza-Yates, R.(1992), *Information Retrieval: Data Structures & Algorithms*, Prentice-Hall, Inc.

Halim, S., Halim, F.(2017), 알고리즘 트레이닝: 자료 구조, 알고리즘 문제 해결 핵심 노하우(김진현 옮김), 인사이트.

Ingersoll, G., Morton, T., Farris, D.(2014), 자연어 텍스트 처리를 통한 검색 시스템 구축(임혜연 옮김), 에이콘출판사.

Jurafsky, D., Martin, H.(2009), "N-gram Language Models", *Speech and Language Processing(2nd Edition)*, Prentice Hall.

Kondrak, G.(2005), "N-Gram Similarity and Distance", *Proceedings of the 12th international conference on String Processing and Information Retrievall (SPIRE) 3772 of Lecture Notes in Computer Science*, Berlin, Germany, 115-126.

Korean Agency for Technology and Standards(2008), *An Introduction of Korean Standard KS X 1026-1:2007; Hangul processing guide for information interchange*, Unicode Doc No: Korea JTC1/SC2 K1647-1C, https://unicode.org/L2/L2017/17081-hangulfiller.pdf.

Levenshtein, V.(1966), "Binary Codes Capable of Correcting Deletions, Insertions and Reversals", *Soviet Physics Doklady 10(8),* 707-710, Translated from *Doklady Akademii Nauk SSSR, 163(4)*(1965), 845-848.

Provost, F., Fawcett, T.(2014), 비즈니스를 위한 데이터 과학(강권학 옮김), 한빛미디어.

Salton, G., Wong, A. and Yang. C.(1975), "A Vector Space Model for Automatic Indexing", *Communications of the ACM 18(11),* 613-620.

참고 사이트

구글, https://www.google.co.kr.

국립국어원, https://www.korean.go.kr.

기상청 기상자료개방포털, https://data.kma.go.kr.

영어 위키백과, https://en.wikipedia.org.

월드오미터(Worldometer), https://www.worldometers.info/coronavirus/.

유니코드(Unicode), http://www.unicode.org.

인터넷 영화 데이터베이스(IMDb), https://www.imdb.com.

질병관리청, www.kdca.go.kr.

캐글 데이터 세트(Kaggle dataset), https://www.kaggle.com/datasets.

파이썬(Python), https://www.python.org.

한국어 위키백과, https://ko.wikipedia.org.

데이터 다운로드 사이트

무비렌즈 영화 데이터(MovieLens Dataset), 미네소타 대학 GroupLens 연구소, https://grouplens.org/datasets/movielens/.

미국 대통령 취임사, 위키문헌(wikisource), https://en.wikisource.org/wiki/Category:U.S._Presidential_Inaugural_Addresses.

캐글 영화 데이터 세트, 캐글(Kaggle), https://www.kaggle.com/rounakbanik/the-movies-dataset.

프로젝트 구텐베르그(Project Gutenberg), http://www.gutenberg.org/ebooks/45.

KBS 뉴스9, https://news.kbs.co.kr.

파이썬으로 시작하는

한국어 정보 검색과 자연어 처리

한글 프로그래밍과 자연어 처리 핵심 알고리즘

발 행 일 | 2022년 9월 1일

글 쓴 이 | 박건숙
발 행 인 | 박승합
발 행 처 | 노드미디어

편　　집 | 박효서
디 자 인 | 권정숙

주　　소 | 서울특별시 용산구 한강대로 341 대한빌딩 206호
전　　화 | 02-754-1867
팩　　스 | 02-753-1867
이 메 일 | nodemedia@naver.com
홈페이지 | http://www.enodemedia.co.kr

등록번호 | 제302-2008-000043호

I S B N | 978-89-8458-350-4 93560

정가 43,000원